KB091891

맑은샘

SCUBA DIVING WORLD TOUR

세계 주요 14개국 40개의 다이빙 여행지

스쿠바 다이빙 여행 안내서 - 2권

오키나와

베트남

캄보디아

몰디브

홍해

멕시코

갈라파고스

코코스아일랜드

한국의 스쿠바 다이버들을 위한 다이빙 여행 가이드북

자신의 취향과 여건에 맞는 목적지를 선택하여 찾아다녀야 하는 다이버들은 숙명적으로 여행자들일 수밖에 없다. 미지의 세계를 찾아 나서는 여행자들에게 여행하고자 하는 장소에 대한 정보는 성공적인 여행을 위한 중요한 요소 중 하나임이 틀림없을 것이다. 이 책의 목적은 다이버들에게 다이빙 여행의 목적지를 선택하고, 여행을 준비하며, 미지의 바다에서 다이빙을 즐길 수 있도록 도움이 되는 구체적인 정보를 제공하는 데에 있다.

이 세상에서 다이빙을 할 수 있는 장소는 헤아릴 수 없이 많으며 우리는 인터넷 등을 통해 이런 장소들에 대한 다양한 정보들을 만날 수 있다. 그러나 필자의 경험에 의하면 많은 정보들이 단편적인 것일 뿐 아니라 최근의 상황을 제대로 반영하지 못한 부정확한 것들도 적지 않아서 실제로 큰 도움이 되지 못하는 경우가 많다. 이 책에는 필자가 직접 찾아가서 다이빙을 즐겨 본 장소들 중에서 한국의 다이버들에게 추천할 만한 14개 나라의 대표적인 다이빙 지역들 약 40여 곳에 대한 최근의 정보들이 수록되어 있다. 이 14개 국가는 각각 하나의 장章으로 구분하여 소개하고 있다. 분량이 방대하다 보니 전체 내용을 한 권의 책으로 엮는 것이 어려워 불가피하게 두 권의 책으로 나누어 편집하였으며 제1권에서는 태국, 미얀마, 말레이시아, 인도네시아, 필리핀 그리고 팔라우의 6개 나라를 다루며 나머지 8개 국가들은 제2권에서 다루고 있다.

각 장은 크게 1부와 2부로 나뉜다. 제1부에서는 그 나라를 여행하는 여행자로서 알아야 할 기본적인 여행 정보를 다루고 있다. 이런 여행 정보에는 해당 국가의 위치와 지형, 기후, 인구, 종교, 언어, 전기와 통신, 치안과 안전 등의 일반적인 정보와 입·출국 수속, 현지에서의 교통편, 통화와 환전, 팁, 물가, 음식 등 여행에 관련된 필수적인 정보들이 포함된다.

각 장의 제2부에서는 본격적인 다이빙 여행에 관한 내용을 다루고 있다. 제2부의 도입부에는 해당 국가와 지역의 대표적인 다이브 포인트들을 요약 정리한 표를 첨부하였다. 제2부의 전반부에서는 해당 국가에서의 다이빙에 관한 개략적인 종합 안내와 함께 다이빙 시즌을 정리하여 언제 방문하는 것이 좋을지에 대한 가이드라인을 제시한다. 그리고 제2장의 후반부에서는 세부적인 다이빙 지역에 관한 상세한 안내들이 서술되는데 이러한 안내에는 해당 지역의 개요, 찾아가는 법, 해당 지역의 다이브 센터나 다이브 리조트 소개, 그리고 그 지역의 다이빙에 관한 특징, 대표적인 다이브 포인트들에 대한 내용들이 포함된다. 나라에 따라서 대표적인 다이빙 장소가 한 군데인 경우도 있고 여러 군데인 경우도 있다. 예를 들면 인도네시아와 같은 경우에는 발리 지역, 코모도 지역, 라자암팟 지역, 술라웨시 지역 등으로 다이빙 지역이 구분되는데, 이런 지역들은 비록 같은 국가일지라도 다이빙의 관점에서 볼 때 상당한 차이가 있기 때문에 이런 주요 지역들은 별도로 구분하여 정리하였다.

이 책은 다이빙 여행을 위한 가이드를 제공하는 데 목적이 있기 때문에 각 나라나 지역의 일반적인 관광지 등에 대해서는 다루지 않는다. 개인적으로 다이빙 이외의 관광에 대해서는 큰 관심이나 지식이 없기 때문이며, 여타 관광 정보들은 다른 가이드북이나 소스를 통해 확보하는 것이 더 정확할 것이라고 생각한다. 그러나 다이빙 여행을 하다 보면 여정의 일부로 다이버들이 관심을 가질 만한 액티비티들이 생길 수 있다. 이렇게 다이빙 여행과 관련된 액티비티들은 각 지역 소개 말미에 《사이드 트립》이라는 섹션으로 간략하게 소개하였다.

각 장의 끝에는 《스쿠바 장비 팁》이라는 제목으로 필자가 사용하는 각종 스쿠바 장비들에 관한 나름대로의 노하우들을 소개하였다. 아울러 해당 국가나 지역에 관련된 참고 자료가 있을 경우 이것을 정리하여 첨부하였는데, 대표적인 자료가 리브어보드들의 목록과 같은 것들이다.

이 책에는 적지 않은 사진들이 포함되어 있다. 이 책의 기본적인 목적이 다이빙 여행을 떠나고자 하는 다이버들에게 가능한 한 실질적이고 구체적인 여행 정보를 제공하는 데 있는 만큼 책의 내용을 이해하는 데 도움이 될 사진들을 선별하려고 노력하였다. 이 책에 수록된 사진들은 필자가 직접 촬영하거나 필자가 저작권을 가지고 있는 것들이 대부분이지만, 일부는 다른 사람의 사진을 허락을 받아 게재한 것도 있어 이런 경우에는 해당 사진의 저작권자에 대한 정보나 출처를 표시하여 두었다. 다만 필자가 전문적인 수중 사진 작가는 아니기 때문에 책에 수록된 사진들의 품질이나 예술적 가치에 대해서는 독자들의 너그러운 양해가 있었으면 하는 바람이다.

여행과 관련한 정보들은 시간이 흐름에 따라 변하게 마련이다. 예를 들어 어떤 지역에 취항하는 항공편에도 변동이 생길 수 있고 그 지역의 다이브 리조트나 리브어보드 또한 새로운 것이 생길 수도 있으며 있던 것이 없어질 수도 있다. 시간에 따라 변동되는 대표적인 정보들이 물가나 환율과 같은 돈에 관한 부분이다. 이런 정보들은 여행 가이드의 중요한 부분이기 때문에 변동성이 있다고 해서 포함시키지 않을 수는 없는 노릇이다. 가격이나 환율을 비롯한 이 책의 모든 정보들은 집필하고 있는 2017년 하반기 현재를 기준으로 가장 최근의 것으로 정리하려고 노력하였으나 실제로 독자들이 이 책을 읽는 시점에서는 어느 정도 변동이 있을 수 있다는 점에 대해서도 양해를 얻고자 한다.

2017년 8월

저자 박승안

다이빙 여행지 요약

국가	지역	표준 다이빙 형태	표준 체재 일수	기본 여행 비용	평균 수온/수트
태국	푸켓 만	**데이 트립**	4박 5일	**120만 원**	27~31도 (3밀리)
	시밀란	**리브어보드**	4박 5일	**135만 원**	26~30도 (3밀리)
미얀마	메르귀 제도	**리브어보드**	6박 7일	**205만 원**	24~30도 (3밀리)
말레이시아	시파단	**리조트 (월)**	7박 8일	**265만 원**	27~30도 (3밀리)
	라양라얀	**리조트 (상어)**	5박 6일	**280만 원**	27~31도 (3밀리)
인도네시아	발리	**데이 트립**	5박 6일	**135만 원**	22~30도 (3/5밀리)
	코모도	**리브어보드**	7박 8일	**345만 원**	22~29도 (3/5밀리)
	라자암팟	**리브어보드**	7박 8일	**380만 원**	26~29도 (3밀리)
	술라웨시	**리조트 (먹)**	6박 7일	**190만 원**	23~29도 (3/5밀리)
필리핀	투바타하	**리브어보드**	7박 8일	**320만 원**	26~30도 (3밀리)
	아포 리프	**리조트**	5박 6일	**92만 원**	25~30도 (3밀리)
	코론	**데이 트립**	4박 5일	**106만 원**	26~30도 (3밀리)
	엘니도	**데이 트립**	4박 5일	**105만 원**	26~31도 (3밀리)
	모알보알	**리조트**	4박 5일	**95만 원**	25~30도 (3밀리)
	말라파스쿠아	**리조트**	4박 5일	**125만 원**	25~30도 (3밀리)
	보홀	**리조트**	4박 5일	**103만 원**	25~30도 (3밀리)
	두마게테	**리조트**	4박 5일	**100만 원**	25~30도 (3밀리)
	보라카이	**데이 트립, 리조트**	4박 5일	**130만 원**	26~31도 (3밀리)
	아닐라오	**리조트**	4박 5일	**90만 원**	25~29도 (3밀리)
	수비크 만	**리조트 (렉)**	4박 5일	**85만 원**	24~29도 (3밀리)
	돈솔	**데이 트립 (만타)**	4박 5일	**120만 원**	25~29도 (3밀리)
	사방비치	**리조트**	4박 5일	**90만 원**	24~29도 (3밀리)
	롬블론	**리조트, 마크로**	4박 5일	**115만 원**	26~30도 (3밀리)
	다바오	**데이 트립, 리조트**	4박 5일	**90만 원**	26~31도 (3밀리)
	카미긴	**리조트**	4박 5일	**100만 원**	26~31도 (3밀리)
팔라우	팔라우	**리브어보드, 데이 트립**	7박 8일	**420만 원**	29~30도 (3밀리)
일본	오키나와	**데이 트립**	5박 6일	**165만 원**	20~29도(3/5밀리)
	요나구니	**데이 트립**	5박 6일	**180만 원**	20~29도 (3/5밀리)
베트남	나짱	**데이 트립**	4박 5일	**78만 원**	27~30도 (3밀리)
	푸꾸옥	**데이 트립**	4박 5일	**87만 원**	24~29도 (3밀리)
캄보디아	시아누크빌	**데이 트립, 리조트**	4박 5일	**90만 원**	26~31도 (3밀리)
몰디브	몰디브	**리브어보드**	7박 8일	**250만 원**	26~29도 (3밀리)
이집트	다합	**리조트, 데이 트립**	6박 7일	**270만 원**	21~30도 (5/7밀리)
	후루가다	**리브어보드 (렉)**	7박 8일	**260만 원**	21~30도 (5/7밀리)
	남홍해	**리브어보드**	7박 8일	**290만 원**	22~30도 (5/7밀리)
멕시코	코수멜	**데이 트립 (시노테)**	6박 7일	**260만 원**	25~29도 (3밀리)
에콰도르	갈라파고스	**리브어보드**	7박 8일	**750만 원**	20~28도 (7밀리)
코스타리카	코코스아일랜드	**리브어보드**	10박 11일	**770만 원**	24~30도 (5밀리)

여행지별 다이빙 시즌 요약

가장 적합한 시기 / 가능한 시기 / 불가능한 시기

국가	지역	1월	2월	3월	4월	5월	6월	7월	8월	9월	10월	11월	12월	비고
태국	푸켓 만													
	시밀란													
미얀마	메르귀 제도													
말레이시아	시파단													
	라양라양													
인도네시아	발리													
	코모도													
	라자암팟													
	술라웨시													
필리핀	투바타하													
	아포 리프													
	코론													
	엘니도													
	모알보알													
	말라파스쿠아													
	보홀													
	두마게테													
	보라카이													
	아닐라오													
	수비크 만													
	돈솔													
	사방비치													
	롬블론													
	다바오													
	카미긴													
팔라우	팔라우													
일본	오키나와													
	요나구니													
베트남	나짱													
	푸꾸옥													
캄보디아	시아누크빌													
몰디브	몰디브													
이집트	다합													
	후루가다													
	남홍해													
멕시코	코수멜													
에콰도르	갈라파고스													
코스타리카	코코스아일랜드													

차례

PART 7
오키나와 다이빙

PART 8
베트남 다이빙

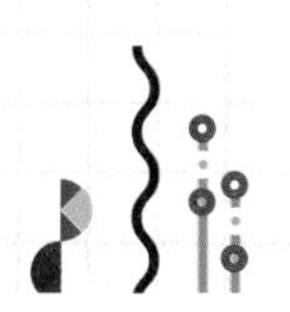
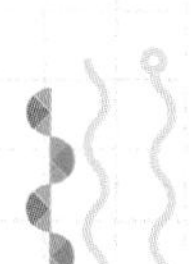

PART 9

캄보디아 다이빙

PART 10

몰디브 다이빙

PART 11

홍해 다이빙

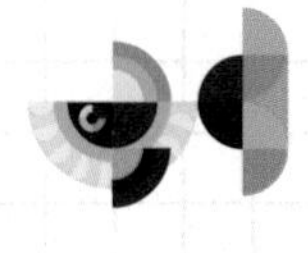

▲ 오키나와 본 섬 북쪽 코우리 섬의 해안에서 보트로 약 15분이면 도착할 수 있는 '에몬스 렉'의 모습. 2차 대전 말기에 일본 가미카제의 자살 공격을 받고 침몰한 미 해군의 구축함으로 최근에야 다이버들에게 오픈된 렉이다. 수심 40m 이상의 깊은 위치이지만, 워낙 시야가 좋아 육안으로도 거대한 렉 전체의 모습을 조망할 수 있을 정도이다.

PART 7

오키나와 다이빙

세계 여러 나라 중 스쿠바 다이버 수가 가장 많은 나라는 미국이고 그다음이 일본이라고 한다. 그러나 혼슈本州 지방을 포함한 일본 본토 지역은 우리나라와 위도가 비슷하기 때문에 여름철을 제외하고는 다이빙을 할 만한 곳이 그리 많지는 않다. 규슈九州 지역에도 다이빙을 할 수 있는 곳이 꽤 있지만, 대부분의 다이버들은 멀리 남쪽에 있는 오키나와沖縄 지역을 주로 찾는다. 일본 열도의 최남단에 위치한 오키나와는 아열대 기후 지역에 속하기 때문에 일 년 내내 다이빙이 가능한 곳이며, 호주의 대보초大堡礁, 바하마, 팔라우 같은 지역들과도 비교될 정도로 산호초 지대가 잘 발달한 곳으로 알려져 있다. 오키나와 본 섬 인근의 케라마 군도는 세계 최고 수준의 산호초 지역으로 잘 알려져 있으며, 이시가키 섬은 수많은 만타레이들이 서식하는 곳으로 유명하고, 일본 최남단인 요나구니 섬은 수많은 귀상어 떼와 불가사의한 해저 유적지로 많은 다이버들을 매료시킨다. 특히 매해 12월부터 3월까지는 거대한 혹등고래들이 번식을 위해 오키나와의 바다를 찾아오기도 한다. 오키나와 본 섬 주변에도 미 해군 구축함인 '에머슨 렉'을 비롯한 많은 포인트들이 자리 잡고 있다. 일본 본토 지역에서도 꽤 멀리 떨어져 있는 오키나와는 사실 생각보다는 세상에 많이 알려져 있지 않은 곳이다. 아직도 미군 기지가 주둔하고 있는 지역이라는 점도 외부 사람들이 오키나와를 많이 찾지 않는 이유일 수 있다. 한국에서도 단 두 시간의 비행으로 들어갈 수 있는 가까운 지역임에도 불구하고 한국의 다이버들에게도 의외로 많이 알려지지 않은 곳이 바로 오키나와이다. 그러나 이런 이유로 오키나와는 상대적으로 수중의 아름다움을 더 잘 보존하고 있다는 시각도 존재한다. 이제 가까운 일본의 오키나와에서 다이빙을 즐겨 보자.

일본 여행 가이드

일본 Japan

인구 : 약 1억3천만 명

수도 : 도쿄Tokyo, 東京

종교 : 일본 불교(90%)

언어 : 일본어

화폐 : 엔(JPY, 100 JPY = 약 1,050원)

비자 : 최대 90일까지 무비자 체류

전기 : 110볼트(미국식 2발 사각핀 콘센트)

1. 일본 일반 정보

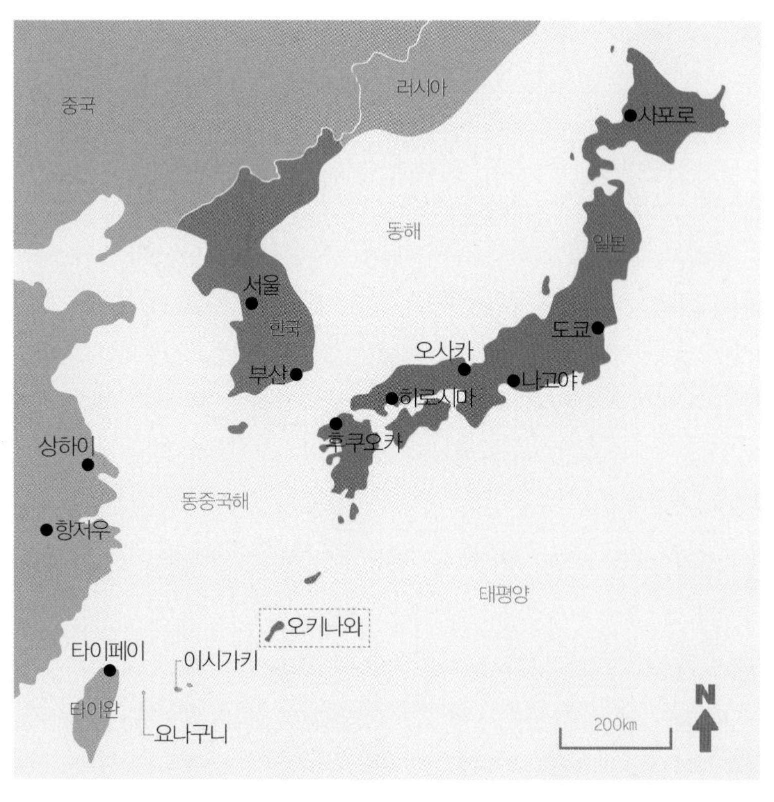

◀ 일본의 위치

일본은 우리나라와 가장 가까운 나라 중 하나이며 한국인 여행객들에게 매우 잘 알려진 곳이어서 일본에 대한 일반 정보는 이 책에서 굳이 자세하게 소개하지 않아도 좋을 것이므로 다이버들의 주 관심 지역인 오키나와 지역을 중심으로 한국인 다이버들 입장에서 알아두어야 할 사항들을 간략하게 소개하고자 한다.

위치 및 지형

일본은 한국의 동해를 사이에 두고 있는 섬나라이다. 북쪽으로부터 홋카이도北海道, 혼슈本州, 시코쿠四國 그리고 규슈九州의 네 지역으로 구분된다. 동쪽으로는 태평양, 남서쪽으로는 동중국해와 면해 있다. 국토의 면적은 약 38만㎢이고 섬나라답게 총 3만㎞에 달하는 해안선을 가지고 있다.

기후

일본 본토의 대부분은 우리나라와 비슷한 온대 기후 지역에 속한다. 그러나 본토에서 남쪽으로 멀리 떨어져 있는 오키나와 지역은 아열대 기후 지역에 속하며 연중 온화한 기후여서 가장 기온이 떨어지는 겨울철에도 평균 기온은 섭씨 20도 정도로 도쿄나 오사카의 봄철 날씨보다 더 추워지는 일이 없다. 5월과 6월은 우기로 분류되어 자주 비가 내리기는 하지만, 매일 오는 것은 아니며 비가 내리더라도 하루 종일 내리지도

▲ 오키나와 본 섬 북부 쪽에 자리 잡고 있는 '코우리 섬'의 아름다운 모습

않기 때문에 생활하는 데 그리 불편을 느끼지는 않는다. 일본은 원래 지리적 위치로 인해 매년 태풍의 피해를 많이 입는 나라이지만, 그중에서도 태풍에 가장 민감한 지역이 오키나와이다. 오키나와 지역의 태풍은 주로 9월에 집중적으로 출현하며 10월부터는 잦아져서 좋은 날씨로 되돌아간다.

인구, 인종 및 언어

일본의 인구는 약 1억3천만 명으로 집계되고 있으며 세계에서 열 번째로 인구가 많은 나라이다. 인종은 99%가 일본인이며 나머지 극소수를 한국인과 중국인 계통, 그리고 소수 원주민들이 차지하고 있다.

오키나와 현의 인구는 약 140만 명인데 여기에는 이 지역에 주둔하고 있는 미군과 그 가족들까지 포함되어 있다. 인구의 대부분은 나하 시가 있는 오키나와 본 섬의 남부 지역에 밀집되어 있으며 상대적으로 북부 지역의 인구밀도는 낮은 편이다. 오키나

와는 오랜 기간 일본 본토와 떨어져 있었기 때문에 '우치나구치'라고 불리는 고유의 언어를 가지고 있으며 현재도 나이가 많은 세대들은 이 말을 주로 사용한다. 그러나 현재는 많은 사람들이 표준 일본어를 구사하고 있는 상황이다. 전통적으로 오키나와 사람들은 세계적으로도 잘 알려진 장수 민족이다. 그러나 최근 들어서는 미국식 식생활의 영향으로 평균 수명이 많이 단축되고 있다고 한다.

잘 알려진 것처럼 일본 사람들은 대체로 영어 실력이 그리 좋지 못하다. 간단한 영어도 구사하지 못하는 사람들이 많으며 조금 영어를 하는 사람들도 특유의 일본식 발음으로 인해 다른 사람이 알아듣기가 쉽지 않다. 오키나와 지역은 오랜 기간 미군들이 주둔하고 있는 탓에 일본의 다른 지역에 비하면 영어의 이해도가 상당히 높은 편이기는 하다. 그럼에도 불구하고 대부분의 현지인들은 영어를 잘 이해하지는 못한다. 이 점은 다이브 센터를 선택할 때에도 중요한 부분이 되는데 본인이 어느 정도 일본어를 구사할 수 있지 않는 한 영어를 쓸 수 있는 가이드가 있는 다이브 센터를 찾는 것이 원활하고 안전한 다이빙을 즐기는 데 중요한 포인트가 된다. 오키나와 지역에서 영어로 의사소통이 가능한 다이브 센터들은 다음 장에서 소개하기로 한다.

전기와 통신

오키나와를 포함하여 일본 전역에서 사용하는 전기는 110볼트로, 도쿄를 포함한 관동 지역에서는 50헤르츠가, 그리고 서부 지역에서는 60헤르츠가 사용된다. 미국과 같은 사각형 두발 콘센트를 사용하기 때문에 한국에서 사용하던 전기 제품을 일본에서 쓰기 위해서는 돼지코 어댑터가 필요하다.

우리나라 못지않게 이동 통신이 발달한 일본에서는 통신에 별다른 어려움이 없다. 한국에서 사용하던 스마트폰은 현지에서 대개 자동 로밍 방식으로 그대로 이용할 수 있다. 요금 또한 다른 나라에 비해 저렴한 편이다. 로밍 요금은 통신사에 따라 약간의 차이는 있지만, 대개 일본 현지에서의 통화는 분당 500원, 한국으로 통화할 때에는 분당 1,200원 정도이다.
한국에 비하면 속도나 커버리지 면에서 조금 떨어지지만, 와이파이 또한 광범위하게 사용이 가능하다. 일본을 찾는 한국의 관광객들은 하루 1만 원 미만의 요금으로 3G나 LTE 망을 이용하여 데이터를 무제한 사용할 수 있는 와이파이 에그나 데이터 유심을 사용하는 경우가 많은 것 같다.

시차

일본 전역은 한국과 같은 표준시를 사용하기 때문에 시차는 없다.

2. 일본 여행 정보

일본 입출국

한국 여권 소지자는 최대 90일까지 비자 없이 일본에서 체류할 수 있다. 공항이나 항만의 입국 심사대에 입국 신고서를 제출하면 여권을 통해 신원을 확인하고 지문을 등록한 후 임시 체류 허가증을 여권에 붙여 준다. 입국 신고서는 앞면과 뒷면의 모든 칸을 빠짐없이 기재하고 서명하여야 한다. 세관 또한 그다지 까다롭지는 않지만, 여행객들의 가방을 열어서 검사하는 빈도는 우리나라보다 더 많은 편이다.

출입국 수속에 크게 문제 될 점은 거의 없지만, 정해진 규칙은 반드시 지키는 일본인들의 습성 때문에 조금 조심해야 할 부분은 있다. 예를 들면 기내에 반입하는 액체류의 경우 투명한 비닐 백에 넣어야 한다는 것은 대부분의 여행자들이 잘 알고 있지만, 그 안에 들어가는 용기의 크기에 대한 규정까지 자세하게 알고 있지는 못한 경우가 많다. 대개는 이 기준을 조금 초과하더라도 크게 문제가 되지 않는 경우가 많지만, 일본 공항의 보안요원들은 비닐 백의 용기 하나하나의 용량까지 확인하여 규정된 100㎖들이를 초과하면 통과시켜 주지 않는다. 특히 여성들의 화장품 용기들이 문제가 되는 경우가 많기 때문에 주의가 필요하다.

현지 교통편

일본은 국내선 항공편, 신칸센을 비롯한 열차 시스템, 고속버스 및 시내버스 그리고 택시와 지하철에 이르기까지 각종 교통수단이 잘 발달해 있어서 국내에서의 이동은 대단히 편리하다. 그러나 일반적으로 교통비의 수준은 우리나라에 비해 꽤 비싼 편이어서 많은 여행객들이 더 경제적인 대중교통을 많이 이용한다.

그러나 다이버들이 많이 찾는 오키나와 지역은 대중교통이 그리 잘 발달해 있지 않다. 지하철은 없으며 지역 간의 이동은 버스가 거의 유일한 대중교통 수단이 된다. 그러나 버스가 연결할 수 있는 지점에는 아무래도 제한이 있기 때문에 오키나와를 찾는 많은 여행객이나 다이버들은 렌터카를 빌려 사용한다. 사실 익숙하지 않은 도로를 우측에 운전석이 달린 차량으로 직접 운전하고 다닌다는 것은 일반적인 일본 여행에서는 그다지 추천할 만한 방법이 아닐 수 있지만, 오키나와에서만큼은 예외인 것 같다. 물론 어느 한 숙소와 다이브 센터만을 고정해서 이용하는 경우라면 픽업 서비스를 제공해 주는 경우가 많기 때문에 굳이 렌터카를 빌리지 않아도 된다. 오키나와 지역에는 도요타 렌터카, 오키나와 렌터카 등 여러 개의 렌터카 회사들이 있으며 인터넷 등을 통해 예약하면 대개 공항에서 픽업해 준다. 경차를 기준으로 하루에 6천엔 정도로 빌릴 수 있으며 워낙 오키나와에서 차를 빌리는 여행자들이 많아서 한국어를 지원하는 내비게이션도 이용할 수 있다. 렌터카를 빌리기 위해서는 여권과 국제 면허증이 필요하며 렌터카 회사에 따라서는 한국의 운전면허증 제시도 요구하는 경우가 있다. 오키나와의 고속도로 최고 허용 속도는 시속 80㎞라는 점도 알아두는 것이 좋다. 오키나와에서 렌터카를 이용하는 방법에 대해서는 나중에 더 자세하게 설명하기로 한다.

렌터카를 이용하지 않을 경우에는 주로 나하 공항에서 택시나 버스를 이용하여 목적지까지 이동한다. 택시는 한국에 비해 요금이 꽤 비싸기는 하지만, 일행이 세 명 이상인 경우에는 충분히 고려해 볼 만한 교통수단이 된다. 버스는 이동하는 거리에 따라 요금이 달라지는데 이용하는 방법은 대부분의 다른 일본 도시들과 그리 다르지 않다. 버스를 탈 때 정리권整理巻이라는 작은 티켓을 뽑아야 하는데 여기에 번호가 찍혀 있고 목적지에서 내릴 때 정리권에 찍혀 있는 번호에 해당하는 요금을 전광판에서 확인한 후 운전사 옆에 있는 요금통에 넣으면 된다. 잔돈이 없을 때는 요금통에 함께 붙어 있는 잔돈 교환기를 이용하여 바꿀 수 있다. 버스 요금은 그리 싸지는 않아서 나하 공항에서 온나 정도까지 이동하려면 한 사람당 2천엔 이상이 나올 수도 있다. 무거운 다이빙 장비 가방을 가져가는 경우라면 버스를 이용하는 것은 그리 쉬운 일이 아닐 수 있다.

나하 시내에서는 택시를 비교적 쉽게 잡을 수 있지만 자탄北谷이나 온나恩納와 같은 중소 도시로 내려가면 길거리에서 손님을 태우기 위해 다니는 택시를 거의 볼 수 없어서 택시가 필요할 경우 전화로 불러서 이용해야 한다. 또 오키나와 지역은 다이브 리조트 형태로 운영하는 다이브 센터가 거의 없으므로 매일 숙소에서 다이브 센터나 보트 선착장까지 택시를 불러 왕복하는 것도 꽤 번거로운 일이 된다. 결국 다이빙을 위해 자탄이나 온나를 찾는 경우라면 렌터카를 빌리는 것이 가장 추천할 만한 방법이라고 생각된다.

통화와 환전

일본의 법정 통화는 일본 엔JPY이다. 최근 급변하는 경제 상황으로 인해 환율이 가파르게 변동하고 있는 추세이지만, 2017년 8월 현재를 기준으로 100엔은 한화로 약 1천5십원 가치를 가진다. 일본의 주요 관광 지역에는 환전할 수 있는 곳이 있기는 하지만 아주 많지는 않기 때문에 한국에서 출국할 때 필요한 정도의 엔화를 바꾸어 나가는 것이 좋다. 일본은 전통적으로 현금을 선호하는 문화가 있다. 대부분의 호텔과 다이브 센터, 상점 등에서는 신용 카드를 받지만, 한국에서처럼 보편적인 것은 아니며 경우에 따라서는 일정한 수수료를 더 붙이는 경우도 있다. 특히 지방으로 가면 신용 카드를 쓸 수 없는 경우가 많다. ATM은 편의점을 비롯한 도처에서 발견할 수 있지만, 한국의 은행에서 발행한 현금 카드는 사용할 수 없는 경우가 많다. 오키나와에서도 미군들과 그 가족들이 많이 거주하고 있는 자탄, 가네다, 온나 등의 지역에서는 미국 달러화도 많이 유통된다. 편의점이나 식당, 슈퍼마켓 등에는 당일 환율이 게시되어 있을 정도이다. 그래도 한국에서 오키나와로 여행하는 경우라면 미리 엔화를 환전해 가는 것이 가장 좋은 방법이 된다.

물가

원래 일본은 물가가 비싸기로 유명한 나라이다. 시장이나 슈퍼마켓에서의 식품 가격은 그리 비싼 편은 아니지만, 사람의 서비스가 들어가면 가격이 아주 높아지는 경향이 있다. 그러나 최근 엔저의 영향으로 한국 돈의 가치가 많이 올라가서 과거에 비해 한국 여행자 입장에서는 물가의 부담이 꽤 줄어들었다고 볼 수 있다. 일본에서의 평균적인 물가 수준은 대략 다음과 같다.

일반적인 음식점에서 2인 식사 비용	4천엔
생수	100엔
콜라	140엔
맥도널드 세트	680엔
자국 맥주	400엔
수입 맥주	500엔
커피(카푸치노)	370엔
담배(말보로, 갑)	470엔

팁

한국과 마찬가지로 일본에서는 팁이 보편화되어 있지 않다. 고급 호텔이나 식당에서는 10%에서 15% 정도의 서비스 차지가 붙어서 청구되는 경우가 많지만, 이런 경우를 제외한다면 별도로 팁을 건네주는 경우는 거의 없다. 호텔에서 짐을 들어준다거나 객실로 안내해 주는 작은 서비스에 대해 감사의 보답을 하려고 해도 미화 1달러의 가치가 일본의 화폐로 100엔짜리 동전 하나에 해당하며 가장 가치가 작은 지폐가 미화 10달러에 해당하는 1천엔권이므로 사실 적은 팁을 동전으로 주는 것도 그리 자연스럽지 않은 것이 사실이다. 다이브 가이드 등의 서비스에 대해 별도로 감사의 표시를 하고 싶은 경우에는 팁 대신 작은 선물을 준비하는 것이 일본의 문화에 더 어울리는 방식이 된다.

오키나와 다이빙 가이드

다이브 포인트 요약

지역	포인트	수심(m)	난이도	특징
케라마 군도	**트윈 록**	5~30	**초중급**	리프, 드리프트, 마크로
	우간	10~40	**중급**	리프, 드리프트, 마크로
	도카시키 섬	8~18	**초중급**	리프, 마크로
치이비시 군도	**가미야마 섬**	10~25	**초중급**	수중 지형, 마크로
	나간누 섬	5~30+	**초중급**	리프, 드리프트, 마크로
	쿠에푸 섬	2~25	**초중급**	리프, 드리프트, 마크로
	루칸 환초	4~28	**초중급**	리프, 드리프트, 마크로
자탄 및 온나	**스나베 방파제**	5~20	**초중급**	비치, 리프, 마크로
	마에다 포인트	2~30+	**초중급**	비치, 리프, 동굴, 마크로
	모토부	2~10	**초중급**	비치, 리프, 마크로
	헤도 곶	8~30	**중상급**	리프, 월, 드리프트, 수중 지형
	에몬스 렉	36~45	**중상급**	렉, 딥
요나구니	**해저 유적**	10~20+	**중상급**	수중 지형, 드리프트, 상어
	니시자키	20~27	**중상급**	귀상어, 대형 어류, 드리프트
	다이야 티	10~33	**중상급**	리프, 수중 지형, 대형 어류
	단누 도롯푸	13~40	**중상급**	귀상어, 대형 어류, 드리프트

3. 오키나와 지역 다이빙 개요

오키나와 다이빙

▲ 2차 대전 말기에 오키나와 본섬 북부 수역에 침몰한 미 해군 구축함 '에몬스 렉'의 모습. 최근에야 다이버들에게 공개된 렉이라 함포를 비롯한 각종 시설들이 거의 원형 그대로 남아 있다.

▼ 화산섬으로 이루어진 오키나와 일대의 수중은 다양한 모습의 지형들로 이루어져 있다.

오키나와 일대의 섬들은 주변이 모두 산호초 지대로 둘러싸여 있다. 주변 섬들에 있는 많은 포인트들은 대개 보트를 타고 들어가지만 오키나와 본 섬 일대에는 스나베 방파제, 마에다 포인트, 사키모토부 비치 등 해변에서 바로 비치 다이빙으로 들어갈 수 있는 포인트들도 꽤 있다.

오키나와 주변의 바다는 다양성으로 유명하다. 예를 들면 어떤 섬에는 석회암 동굴이 있는가 하면 다른 섬은 깎아 지른 듯한 직벽으로 둘러싸여 있기도 하다. 오키나와 본 섬 일대는 빙하기 시대에 형성된 것으로 알려진 아치 모양의 수중 지형으로 많이 이루어져 있다. 케라마 섬은 아기자기하고 다양한 수중 지형으로 유명하며 봄철에는 이 곳을 찾은 혹등고래들이 수중에서 서로 대화를 나누는 소리도 들을 수 있다. 시모지 섬은 '도리이케'라고 불리는 바다로 연결된 신비로운 호수로 유명하다. 이시가키 섬은 거대한 자이언트 만타들을 쉽게 만날 수 있는 곳으로 잘 알려져 있다. 오키나와 지역 중에서도 최남단에 해당하는 요나구니 섬은 귀상어들이 이동하는 장소로 유명한데 운이 좋으면 한 번에 백 마리 이상의 귀상어 떼를 볼 수 있기도 하다. 아울러 요나구니 섬의 수중에 있는 '수중 유적水中 遺跡'은 먼 옛날에 사람이 만든 것인지 아니면 자연 현상으로 만들어진 것인지에 대해 아직도 논란이 뜨겁다. 요나구니 섬에는 이런 것들 외에도 바다거북, 자이언트 바라쿠다, 나폴레옹 피시, 대왕 오징어 등의 희귀한 어류들을 자주 만나 볼 수 있다.

오키나와에서는 두 마리의 고래상어와 함께 다이빙을 즐길 수 있는 곳도 있다. 자연 상태의 고래상어는 아니지만, 온나 부근의 요미탄 어항에서 약 800m 떨어진 바다에서 일종의 가두리 비슷한 그물 안에 고래상어를 키우고 있는데 수심은 10m 정도이고 두 마리 중 한 마리는 길이가 4m 정도로 작은 놈이며 다른 한 마리는 7m로 꽤 큰 녀석이다. 다이버들은 이 그물 안에 들어가서 고래상어와 함께 유영하거나 만져 볼 수도 있다. 또한 2차 세계 대전 말기에 일본 가미카제들의 공격을 받고 침몰한 미군 구축함인 '에몬스 렉' 또한 오키나와에서 놓쳐서는 안 될 포인트이다.

다이빙 시즌

오키나와 일대의 바다는 따뜻한 쿠로시오 난류의 영향으로 여름철의 평균 수온은 섭씨 29도 정도여서 3밀리 수트로 충분하며 수트를 입지 않고 다이빙하는 다이버들도 쉽게 볼 수 있다. 겨울철에도 섭씨 19도 이하로 떨어지는 경우는 거의 없어서 5밀리 수트 정도면 큰 문제가 없다.

▼ 오키나와 지역의 평균 기온과 수온 (단위 : ℃)

	1월	2월	3월	4월	5월	6월	7월	8월	9월	10월	11월	12월
기온	19	19	21	24	26	29	31	31	30	28	24	22
수온	20	20	21	23	24	26	28	28	29	26	24	21
수트	5밀리 또는 7밀리				5밀리		3밀리			5밀리		

1월부터 3월까지는 유명한 혹등고래와 귀상어 떼들이 출현하는 시기여서 다소 쌀쌀한 날씨에도 불구하고 많은 다이버들이 오키나와 지역을 찾는다. 특히 1월 중순부터는 오키나와에 벚꽃이 피는 시기여서 거의 모든 지역이 화사한 벚꽃들로 뒤덮이는 아름다운 때이기도 하다. 이 시기에는 밤낮의 기온 차이가 큰 편이어서 긴소매 옷을 챙겨가는 것이 좋다. 만타레이는 5월부터 11월까지의 기간에 이시가키 섬 지역에 자주 나타나며 화이트팁 상어와 거북 종류는 연중 항상 볼 수 있다. 다만 5월과 6월은 비가 자주 내리는 우기에 속하며, 5월부터 10월까지는 태풍이 자주 부는 시기이다. 특히 태풍이 자주 출현하는 기간은 8월과 9월이므로 이 시기에는 오키나와를 방문하지 않는 편이 현명하다. 필자 또한 이 시기에 오키나와를 방문했다가 태풍으로 인해 다이빙을 하지 못하고 돌아온 적이 있다. 날씨로만 보자면 2월과 3월, 그리고 10월부터 12월까지가 좋은 시기이지만, 혹등고래나 귀상어가 목적이라면 1월부터 3월까지의 시기에 요나구니 섬을 찾는 것이 최선이라고 볼 수 있다.

▼ 10월 초경 오키나와 인근의 케라마 섬 주변에서 다이빙을 준비하고 있는 다이버들. 대부분 3밀리 웨트수트를 입고 있다.

4. 오키나와 다이빙

오키나와 트립 브리핑

이동 경로	서울 ···▸ (항공편) ···▸ 오키나와(나하) ···▸ (육로) ···▸ 자탄/온나
이동 시간	항공편 2시간, 육로 1시간
다이빙 형태	데이 트립 다이빙
다이빙 시즌	연중
수온과 수트	여름철 28도~29도(3밀리), 겨울철 20도~26도(5밀리)
표준 체재 일수	5박 6일(4일 8회 다이빙)
평균 기본 경비	총 165만 원 • 항공료 : 25만 원(인천-나하) • 현지 교통비 : 30만 원(렌터카, 경차, 5일) • 숙식비 : 50만 원 • 다이빙 : 60만 원

오키나와 다이빙 특징

오키나와에서의 다이빙은 전형적인 데이 트립 다이빙 형태로 이루어진다. 다이버들은 자신들이 묵을 숙소와 다이빙을 할 다이브 센터를 따로 따로 예약을 해야 한다. 이동의 편의를 위해서는 가능한 한 다이브 센터에 가까운 곳에 있는 숙소를 정하는 것이 좋다. 다이브 센터에 따라서는 인근의 숙소를 소개해 주기도 하고 대신 예약해 주기도 하며 이런 숙소에서 매일 픽업 서비스를 제공하기도 한다. 다이브 센터마다 그곳이 위치한 지역이나 특성에 따라 전문성이 높은 다이브 사이트가 있을 수 있다. 예를 들면 케라마 군도가 주 목적지라면 자탄 또는 나하 지역에 있는 다이브 센터를 선택하는 것이 좋으며 반대로 섬 북쪽 지역에 위치한 '에몬스 렉'이나 '헤도 곶'이 주 관심 사이트라면 온나 지역에 있는 다이브 센터를 택하는 편이 더 나을 수 있다. 물론 며칠은 자탄 지역의 다이브 센터에서 다이빙을 하고 다른 며칠은 온나 지역으로 옮기는 방법도 가능하다. 비치 다이빙으로 들어가는 자탄의 '수나베 방파제'나 온나의 '마에다 포인트'에서 다이빙을 하고 싶은 경우에는 그 포인트 인근에 있는 작은 다이브샵들을 이용하는 편이 비용과 전문성 면에서 더 나을 수 있다. 그러나 이런 포인트들은 비용이 저렴하고 편리하기는 하지만, 항상 많은 다이버와 스노클러, 서퍼들로 붐비고 포인트의 질 또한 아주 높지는 않기 때문에 주로 경험이 아직 많지 않은 다이버들에게 적합하며 어드밴스드 다이버들에게는 다소 실망스러울 수 있다는 점을 참고하는 것이 좋겠다.

케라마 군도를 비롯한 대부분의 고급 포인트들은 보트를 이용하여 사이트까지 이동하는데, 보트가 출발하는 항구는 목적지에 따라 달라진다. 자탄의 경우 케라마 군도로 가는 보트는 자탄 타운의 공용 어항에서 출항한다. 반면 온나 지역의 포인트들로 나가는 보트들은 온나 어항에서 출발한다. '에몬스 렉'으로 나가는 보트는 온나에서도 한참 더 북쪽에 있는 코우리 섬까지 들어간 후 이곳의 어항까지 가야만 보트를 탈 수 있다. 자탄의 다이브 센터에서 이런 곳으로 데이 트립을 나가기 위해서는 육로로 온나 항이나 코우리 항으로 먼저 이동을 해야 한다. 이런 특성 때문에 오키나와 일대의 다이브 센터들은 자체적인 다이브 보트를 운영하지 않고 목적지 지역에서 운항하는 로컬 보트들을 이용한다. 이들 보트들은 대개 어선이며 다이브 센터로부터 예약을 받아서 필요한 때에만 다이빙 보트로 운영된다.

어지간한 일은 미리미리 예약하는 것이 일본의 문화이다 보니 다이빙 또한 대개 예약 중심으로 운영된다. 물론 예약을 하지 않고 찾아가더라도 그다음 날 다이빙을 할 수 있는 경우가 많지만 간혹 보트의 정원이 다 찼다거나 예약한 인원이 적어 트립이 취소되는 경우도 있기 때문에 가능한 한 미리 예약해 두는 것이 좋다.

다이브 센터의 데이 트립 요금에는 포인트까지의 수송과 가이드 서비스, 그리고 탱크와 웨이트만 포함되며 장비나 점심 식사는 포함되지 않는 것이 보통이다. 따라서 점심

▲ 오키나와 지역에서는 알루미늄 공기탱크(사진 오른쪽)보다 스틸 탱크(사진 왼쪽)를 더 많이 사용한다. 이 스틸 탱크는 같은 용량의 알루미늄 탱크에 비해 직경이 더 굵고 무게가 더 많이 나가기 때문에 BCD의 캠 벨트 길이와 웨이트의 무게를 조정해 주어야 한다.

▼ 코우리 섬의 어항에 정박하고 있는 어선들. 이 보트들은 평소에는 고기잡이에 사용되지만 다이브 센터의 요청이 있으면 다이버들을 포인트까지 수송하는 다이브 보트로 변신한다.

식사는 각자 해결을 해야 하는데, 포인트까지 이동 시간이 많이 걸리는 케라마 군도의 경우 출항하기 전에 편의점 같은 곳에서 도시락을 사서 준비해 가야 한다. 온나나 코우리 지역은 항구와 포인트 간의 이동 시간이 짧아서 매 다이빙이 끝나면 다시 항구로 돌아오기 때문에 수면 휴식 시간을 이용하여 인근의 식당을 찾아 점심을 먹고 다시 다이빙을 하게 된다.

공기탱크는 보트나 다이브 센터 쪽에서 제공하지만, 장비의 조립과 해체, 세척, 운반 등의 모든 절차는 다이버 본인이 직접 해야 한다. 다이빙 시간은 대개 안전 정지를 포함하여 45분 내외가 표준으로 되어 있다. 다만 수심이 깊은 '에몬스 렉'과 같은 포인트에서는 무감압 한계 시간의 제한으로 30분 이내로 다이빙이 이루어진다. 다이빙 시간이 짧기 때문에 그만큼 공기 소모량도 많지 않아서인지 오키나와 지역에서의 공기탱크는 200바가 가득 들어 있는 경우는 거의 없으며 평균 180바 정도를 채워 준다. 그러나 170바에 미달하는 경우에는 요청해서 탱크를 교환하는 것이 좋다. 참고로 오키나와 지역에서는 알루미늄 탱크보다 스틸 탱크를 사용하는 경우가 많다. 그런데 오키나와 지역에서 많이 사용하는 12리터짜리 스틸 탱크는 같은 용량의 알루미늄 탱크보다 길이는 더 짧고 직경은 더 굵어서 BCD의 캠 벨트 길이를 늘여 조절해야만 장착이 가능하다. 아울러 스틸 탱크는 그 자체의 무게가 알루미늄 탱크에 비해 1.5kg 정도 더 나가며 내부의 공기를 완전히 소모한 때에도 음성 부력을 유지하는 특성이 있다. 따라서 평소 사용하던 웨이트의 무게에서 대략 1.5kg 정도 무게를 줄여야만 같은 부력을 유지할 수 있다는 점도 참고하도록 한다.

물가가 비싼 일본인 만큼 다이빙 비용 또한 다른 동남아 지역 등에 비하면 꽤 비싼 편이다. 이동 거리나 다른 변수에 따라 차이는 있지만, 3회의 보트 다이빙이 포함된 데이트립의 요금은 대략 16,000엔에서 20,000엔 정도를 잡아야 한다. 물론 2회 다이빙을 하거나 비치 다이빙으로 진행하는 경우에는 더 저렴해지지만 평균적으로 한 번의 다이빙에 미화 기준으로 평균 60달러 정도 소요된다고 보아야 한다.

찾아가는 법

한국에서 오키나와의 나하공항OKA까지는 아시아나항공, 제주항공, 진에어, 티웨이항공 그리고 일본의 저가 항공사인 피치항공 등이 직항편을 운항하고 있어서 한국 다이버들이 찾아가기에는 매우 편리하다. 인천공항에서 나하공항까지는 약 두 시간 정도가 소요된다. 항공 요금은 항공사나 시즌에 따라 많이 달라져서 피크 시즌에는 40만 원이 넘어가기도 하지만, 대개 평균적으로 25만 원 정도면 왕복 티켓을 구입할 수 있다. 피치항공과 같은 저가 항공사의 프로모션을 잘 이용하면 왕복에 15만 원 이하로도 다녀올 수 있다. 일본 본토의 도쿄, 오사카, 나고야, 후쿠오카 등에서도 오키나와의 나하 또는 이시가키까지 일본 국내선 항공이 자주 운항되기 때문에 이런 도시를 경유하여 오키나와에 들어가는 방법도 가능하다. 그러나 오키나와 본 섬이 아닌 요나구니 섬으로 들어갈 때는 방법이 다소 복잡한데 이 부분은 다음에서 따로 설명하기로 한다.

나하那覇 시내에 숙소를 잡고 다이빙을 하는 경우에는 택시를 타고 호텔로 이동하는 것이 가장 편리하다. 그러나 대부분의 다이버들은 나하 시내보다는 다이브 포인트들에 더 접근하기 쉬운 자탄北谷이나 온나恩納 지역에 묵는 경우가 많은데 이런 곳으로 이동할 때에는 렌터카를 이용하는 것이 좋다.

오키나와에서의 렌터카 이용

대중교통 수단이 그다지 발달하지 않은 오키나와에서는 많은 관광객들이 렌터카를 이용한다. 이 지역을 찾는 한국인 관광객들이 많아서 대부분의 렌터카 회사들이 한국어로 된 내비게이션과 안내 자료들을 제공하고 있다. 한국어 내비게이션은 대부분의 조작을 한국어로 할 수 있으며 주행 안내 또한 한국말로 나오기 때문에 매우 편리하다. 그러나 목적지 입력은 일본어 또는 영어로 해야 하는데 이 부분이 조금 불편하기 때문에 대신 전화번호를 사용해서 목적지를 입력하는 것이 좋다. 이 책에서 소개하는 업체들에 대해서는 현지 전화번호를 명시해 두었는데, 이것은 전화해서 문의하기 위한 용도라기보다는 렌터카 내비게이션으로 찾아가는 편의를 위한 것임을 밝혀 둔다. 차를 빌리기 위해서는 당연히 국제 운전면허가 필요한데 가까운 운전면허 시험장이나 경찰서에서 손쉽게 발급받을 수 있다.

렌터카는 현지로 출발하기 전에 미리 예약해 두는 것이 좋다. 예약은 한국어 인터넷 사이트를 통해 어렵지 않게 할 수 있다. 한국인들에게 비교적 인기가 높은 현지 렌터카 회사들은 다음과 같다.

* 도요타 렌터카(여행박사, http://toyotarentcar.co.kr)
* 닛산 렌터카(HJ Tour, http://www.hi5tour.co.kr/rent)
* 마츠다 렌터카(TNT 투어, http://www.tnttour.co.kr)

인터넷을 통해 예약한 경우 대개 나하 공항에서 렌터카 회사의 표지판을 든 현지 직원이 대기하고 있으며, 셔틀버스를 통해 공항 인근에 있는 렌터카 회사로 픽업하여 체크아웃 수속을 하게 된다. 여행을 마치면 지정된 반납 장소에 차량을 반납하고 역시 셔틀버스를 타고 공항으로 돌아오게 된다. 렌트 요금은 회사에 따라 조금씩 다르지만 대개 경차가 하루 6천엔 정도이고 승합차는 하루 8천엔 정도인데 이 요금에는 일반적인 보험이 포함되어 있다. 다만 사고가 났을 경우 휴차 보상금NOC은 제외되는데 원할 경우 이 부분도 약간의 추가 요금을 내고 신청할 수 있다.

일본의 자동차는 운전석이 우측에 달려 있으며 도로에서도 좌측으로 다녀야 하기 때문에 처음에는 다소 헷갈릴 수 있지만, 조금만 운전하다 보면 금세 익숙해진다. 그러나 복잡한 교차로에서는 깜박해서 진행 방향을 실수할 수 있기 때문에 항상 주의는 기울여야 한다. 차량 좌측의 간격이 신경이 쓰이겠지만, 운전석을 기준으로 중앙선과 일정한 간격만을 유지하면 큰 어려움은 없을 것이다. 이 밖에 오키나와에서 렌터카를 이용할 때 주의해야 할 점들은 다음과 같다.

• 사고가 나면 아무리 경미한 것이라 하더라도 반드시 경찰에 사고 신고 접수를 하여야 한다. 그 방법은 렌터카 접수 과정에서 자세하게 안내된다. 경찰 신고가 없으면 보험으로의 보상 처리가 되지 않는다는 점을 유의해야 한다.

• 외국인들이 렌터카를 이용할 때 가장 빈번하게 발생하는 문제가 주차와 관련된 것이라고 한다. 정해진 주차 지역이나 주차장 외에 아무 곳에나 주차해서는 안 된다. 특히 아파트나 주거 지역의 주차 공간은 대개 모두 주인이 정해져 있기 때문에 이런 곳에 무단 주차를 하다가 적발되면 많은 벌금을 물어야 한다. 주차 위반의 경우 벌금이 우리 돈으로 15만 원 이상이 나오며 본인이 경찰서에 출두하여 납부해야

하는 번거로움도 따르기 때문에 조심해야 한다. 잠시라도 차를 세울 때는 주차비를 내는 주차장을 이용하는 것이 좋다. 호텔에서도 숙박비와 별도로 주차비를 받는 경우가 많은데 대개 하루에 1천엔 정도이다.

•제한 속도는 고속도로가 시속 80km이고 주요 국도는 보통 최고 시속 60km로 정해져 있다. 우리나라와 마찬가지로 고속도로에서 시속 80km 정속으로 달리는 차는 거의 없지만, 중요한 것은 다른 차량과 비슷한 속도를 유지해야 한다는 것이다. 일단 속도위반이나 신호 위반으로 단속될 경우 역시 큰 액수의 벌금을 내야 한다.

•신호는 반드시 지켜야 한다. 빨간 불인 경우에는 좌회전도 해서는 안 된다. 우회전의 경우 별도의 화살표 신호가 있는 경우도 있고 없는 경우도 있는데, 없는 경우에는 직진 신호에서 비보호로 우회전을 하면 된다. 이 경우 내 차의 맞은편 방향에서 직진하거나 좌회전하는 차량이 우선권이 있기 때문에 이런 차량이 있을 경우 기다렸다가 우회전을 하여야 한다. 운전석이 우측에 있다는 점을 고려하여 우회전할 경우에는 가능한 한 크게 돌아야 제대로 차선에 진입할 수 있다. 일본에서는 신호에 관계없이 보행자가 우선이므로 사람이 지나다니는 것이 보이면 무조건 정지하도록 한다.

•렌터카는 체크아웃할 때에 연료가 가득 찬 상태로 인수받게 되며 반납할 때에 역시 연료를 가득 채워서 돌려주어야 한다. 대부분의 렌터카는 보통Regular 등급의 휘발유를 사용한다. 휘발유 가격은 리터당 150엔 이하로 한국에 비하면 매우 싼 편이다. 셀프 주유소를 이용할 경우 가격은 더 저렴하다.

•자동차가 주행할 때에는 운전자는 물론 모든 승객이 안전벨트를 착용해야 한다. 안전벨트를 메지 않은 사람이 경찰에 적발된 경우에도 벌금이 부과된다. 운전 중 휴대 전화를 사용하는 것도 금지되어 있다.

•오키나와에는 나하에서 나고까지 연결하는 한 개의 고속도로가 있다. 이 고속도로의 전체 길이는 약 57km이며 끝에서 끝으로 가는 경우의 통행료는 1,020엔이다. 경차는 더 저렴하다. 진입하는 톨게이트에서 통행권을 뽑은 후 진출하는 톨게이트

에서 직원에게 통행권을 건네주고 전광판에 표시되는 요금을 지불하면 된다. 톨게이트에는 우리나라의 하이패스와 같은 'ETC' 전용차선이 있는데 ETC 카드가 없는 차량으로 이 차선으로 진입하거나 진출하면 안 된다.

▼ 오키나와의 관문인 나하 국제공항

▼ 나하 국제공항 인근의 한 렌터카 회사 사무실 모습. 워낙 이 지역을 찾는 한국인 관광객들이 많아서 한국어가 지원되는 내비게이션이 기본으로 제공되는 경우가 많다.

오키나와 지역의 다이브 센터

일본의 대표적인 다이빙 목적지인 오키나와 일대에는 많은 다이브 센터들이 있다. 그러나 일본어로만 의사소통이 가능한 곳이 대부분이어서 외국인이 큰 불편 없이 다이빙을 할 수 있는 곳을 찾는 데에는 다소의 노력이 필요하다. 최근 나하 시내에 '오리온 다이버스'라는 한국인이 운영하는 다이브샵이 생겼지만, 필자가 직접 이용해 본 적이 없고 관련 정보도 많지 않아 여기에서 소개하지는 않는다. 오키나와 일대에서 다이브 센터들이 많이 위치한 지역은 나하那覇 시내 지역, 가데나 공군 기지가 있는 자탄北谷 지역, 그리고 자탄에서 조금 더 북쪽으로 올라가는 온나恩納 지역의 세 군데이다. 여러 군데의 다이브 포인트로 이동하는 관점에서 보자면 자탄이나 온나 지역에 있는 다이브 센터를 이용하는 것이 더 편리하다. 나하 시내 지역에서 자탄이나 온나까지는 거리상으로만 보면 아주 멀지는 않지만 출퇴근 시간에는 교통체증이 심해서 생각보다 시간이 오래 걸리기 때문이다. 주요 지역별로 간단한 영어로 의사소통이 가능한 추천할 만한 다이브 센터들을 소개하면 다음과 같다.

• 리프 인카운터Reef Encounter(www.reefencounters.org, 098-995-9814) : 자탄에 위치한 비교적 규모가 큰 다이브 센터다. 나하에서 자탄까지는 자동차로 약 한 시간 정도 걸린다. 자탄은 스나베 방파제, 미즈가마 계단, 캘리포니아 사이드 등의 포인트들을 가지고 있는 오키나와 다이빙의 본거지에 해당하는 곳이기도 하다. 이 다이브 센터의 오너는 호주 출신의 덕 베넷Doug Bennett라는 사람인데 미 해군 신분으로 오키나와에서 근무하다가 이곳에 눌러앉았다고 한다. 덕은 나우이NAUI의 코스 디렉터이자 텍 강사이기도 하며 1만 2천회 정도의 다이빙 경력을 가지고 있는 베테랑이고 과거 한국의 진해와 포항에서도 근무한 적이 있다고 한다. '리프 인카운터'는 가까운 스나베 방파제를 비롯한 인근 포인트로의 비치 다이빙과 보트 다이빙이 모두 가능하며 겨울철 시즌에는 멀리 요나구니 섬으로의 스페셜 트립도 진행한다. 텍 다이빙 교육 코스도 제공하는 다이브 센터다. 인근 섬 지역이나 온나 지역으로의 데이 트립 다이빙 요금은 3회 보트다이빙 기준으로 17,000엔 정도로 다른 다이브 센터들에 비해 조금 더 싼 편이다. 다만 '에몬스 렉'으로의 데이 트립은 워낙 거리가 멀고 깊은 수심으로 인해 수면 휴식 시간이 길어서 2회의 다이빙으로 진행하며 요금도 19,000엔이다.

• 블루필드Bluefield(http://bluefi.com/english, 098-957-2200) : 자탄에서 가까운 가데

나 타운에 있는 다이브 센터다. 공군 기지와 인접해 있으며 바로 옆에 가데나 어항이 있어서 이곳에서 보트가 출발한다. 다이빙 요금은 근거리 데이 트립 코스가 2회 다이빙에 12,500엔, 3회 다이빙에 18,000엔이며, 케라마 섬으로의 데이 트립은 2회 다이빙에 14,500엔, 3회 다이빙에 20,000엔을 받는다. 바로 가까운 곳에 고래상어 가두리가 있어서 이 곳에서의 고래상어 다이빙을 포함시키는 경우에는 1회에 3천엔 정도가 추가된다. PADI 코스 디렉터를 포함한 5명의 일본인 강사들이 있으며 그중에서 하와이에서 4년 정도 살다가 오키나와로 옮겨온 여성 강사인 야마자키 미호가 비교적 영어가 능통해서 외국인 다이버들을 주로 담당하고 있다.

• 피라나 다이버스Piranha Divers(www.piranha-divers.jp, 098-967-8487) : 자탄에서 약 30여 분 정도 떨어진 온나 타운에 있는 다이브 센터다. 렌터카를 이용하지 않을 경우에는 나하에서 20번 버스 또는 120번 버스를 타고 '임부 키보우가우코'라는 곳에서 내려서 다이브 센터로부터 픽업 서비스를 받아서 찾아가는 것이 좋다. 다이브 센터에서 그리 멀지 않은 곳에 비치 다이빙으로 들어갈 수 있는 '마에다 곶'이 있으며 이 부근에 '블루 케이브' 수중 동굴이

▼ 자탄에 있는 '리프 인카운터' 다이브 센터. 미 해군 출신인 호주인이 운영하는 곳이라 영어로 의사소통이 원활해서 외국인 다이버들이 선호하는 곳이다.

있다. 오키나와 지역에서 잘 알려진 '에몬스 렉'도 비교적 가까운 곳에 위치해 있어서 데이 트립으로 갈 수 있다. 외국인 다이버들을 주로 담당하는 오너인 잰Jan은 독일계 사람으로 이집트, 그리스, 호주, 태국 등지를 떠돌며 일을 하다가 오키나와로 옮겨 터를 잡은 인물이며 짧은 머리에 귀걸이를 하고 다니는 특이한 스타일의 인물이다. 다이빙 요금은 2회 근거리 보트 다이빙이 14,000엔이며 오후에 다이빙을 한 번 더 하는 경우에는 6천엔이 추가된다. '에몬스 렉' 데이 트립은 2회 다이빙에 19,000엔을 받으며 '헤도 곶'으로의 데이 트립은 25,000엔이다. 지역적 위치로 인해 다른 곳에 있는 다이브 센터들보다 '에몬스 렉'에 대한 전문성이 높기 때문이 이 렉에서 다이빙을 하고 싶다면 파라나 다이버스의 잰을 찾는 것이 권고된다.

• 마린하우스 시써Marine House Seasir(www.seasir.com/en, 098-869-4022) : 나하 시내에 본점이 있으며 이 외에도 오키나와 지역에 몇 개의 리조트와 해양 스포츠 센터를 운영하고 있는 비교적 규모가 큰 다이브 센터다. 그러나 다이브샵 자체는 부두 지역의 골목에 위치해 있어서 찾아가기는 그리 쉽지 않지만 거의 모든 호텔에서 픽업 서비스를 해 주기 때문에 별문제가 되지는 않는다. 나하 시내에 묵는 관광객들이 많이 이용하는 곳으로 영어를 사용하는 가이드의 숫자가 많은 편이다. 나하 시내에 위치한 관계로 온나 이북으로는 이동하기가 너무 멀어서 데이 트립은 주로 케라마 섬 위주로 나간다. 다이빙 데이 트립 요금은 자가장비를 사용할 경우 성수기 기준으로 2회 다이빙에 2만엔 정도이며 3회 다이빙일 경우 2만 5천엔.수준이다. 풀 세트 장비 렌탈 비용은 하루에 5,200엔 정도를 받는다. 다이빙만을 위해 오키나와를 방문한 것이 아니고 다른 관광을 겸해 나하 시내에 묵는 경우라면 고려할 수 있는 다이브 센터다.

오키나와 지역 다이브 포인트

오키나와와 인근의 다이브 포인트들은 크게 세 지역으로 구분된다. 첫째 그룹은 오키나와 지역을 대표한다고 볼 수 있는 케라마 군도 지역이며, 둘째 그룹은 나하 시에서 가까운 치이비시 군도 지역이고, 셋째 그룹은 오키나와 섬의 서해안 일대에 흩어져 있는 중북부 지역이다. 각 지역의 주요 다이브 포인트들을 소개하면 다음과 같다.

▼ 오키나와 주요 다이브 사이트

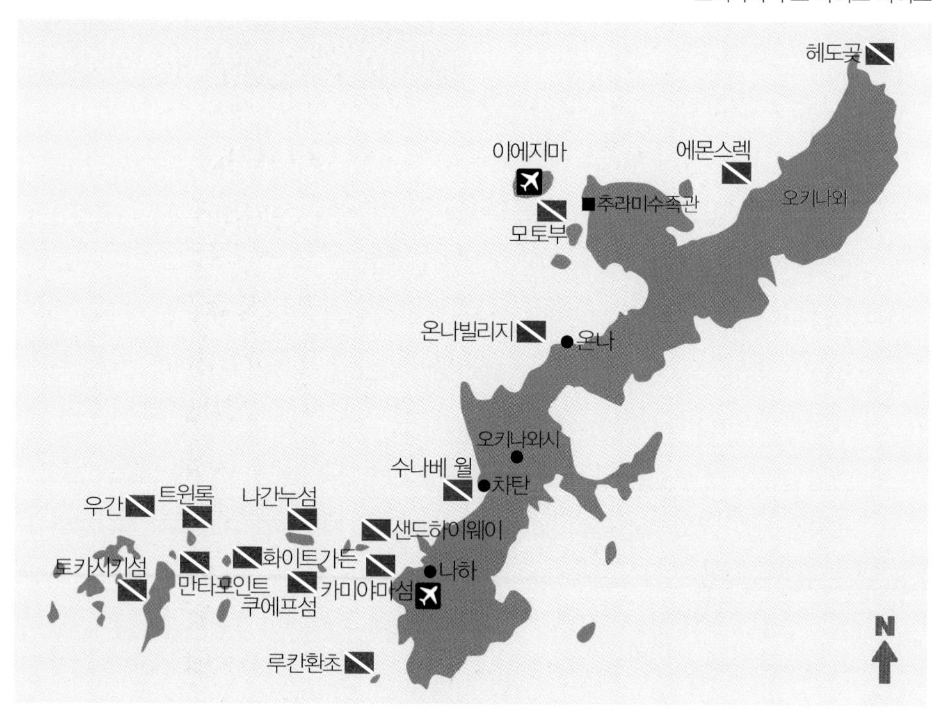

(1) 케라마 군도 지역Kerama Island Group, 慶良間諸島

케라마 군도는 오키나와를 대표하는 다이브 사이트라고 할 수 있다. 오키나와 본섬의 서쪽에 위치해 있는데 대개 나하 또는 자탄에서 보트로 들어간다. 자탄 지역의 경우 공용 어항에서 출항하며 소요 시간은 대략 한 시간 반 정도가 걸린다. 대개 한번 들어가면 3회의 다이빙을 하고 돌아오게 되는데 2회의 다이빙만 하기를 원할 경우에는 세 번의 다이빙 중 하나를 선택하여 생략하면 된다. 다이브 센터에 따라서는 두 번의 다이빙만 하고 돌아오는 경우도 있다. 오키나와 지역의 경우 데이 트립에 점심 식사가 포함되어 있지 않은 경우가 대부분이기 때문에 보트가 떠나기 전에 인근의 편의점 등에서 도시락을 사

▲ 자탄 공용 어항에 정박하고 다이버들을 기다리고 있는 다이빙 보트의 모습. 자탄 지역의 경우 케라마 섬으로 나가는 보트는 이 항구에서 출항한다.

▼ 케라마 섬의 '트윈 록' 인근 지역의 수중 지형

가지고 가야 한다. 케라마 지역에는 수많은 다이브 포인트들이 있지만, 그중 대표적인 곳들을 소개하면 다음과 같다.

- 트윈 록Twin Rocks : 케라마 군도의 섬 가운데 하나인 '구로시마'는 의미 그대로 '블랙 아일랜드'라는 이름으로도 불리는데, 사람은 살지 않는 섬이지만 대신 몇 마리의 산양들이 이 섬을 차지하고 있다. '트윈 록'은 이 작은 섬의 북쪽에 위치한 다이브 포인트다. 이 포인트에는 거대한 석회암 기둥들이 해저 바닥에서부터 시작하여 수면 바로 위까지 솟아 올라 있다. 특히 매달 조류가 바뀌는 시점에는 매우 강한 조류가 흐르기 때문에 이 시기에는 꽤 어려운 다이빙이 된다. 바위기둥들의 주변에는 부채산호, 연산호들이 덮고 있으며 그 주위로 많은 리프 어류들이 회유한다. 블루 쪽으로는 개이빨 참치, 자이언트 트레발리, 이글레이와 같은 대형 어류들이 종종 출현하는 곳이기도 하다. 강한 조류가 문제가 될 때는 수심이 낮은 만 지역에서 다이빙을 하는 방법도 있는데 이 지역은 아름다운 산호초들이 늘어서 있으며 바위틈에서는 화이트팁 상어들이 자주 발견되곤 한다. 입수 지역의 수심은 대개 5m 내외이고 최대 수심은 30m이지만 보통 20m 전후의 깊이에서 다이빙이 진행된다.

- 우간Ugan : '바위들'이라는 뜻의 이 포인트는 케라마 군도에서 가장 뛰어난 다이브 포인트 중 하나로 꼽히는 곳이다. 이곳은 항상 강한 조류가 있어서 드리프트 다이빙으로만 접근이 가능하기 때문에 초보자들에게는 적합하지 않은 곳이다. 거의

수면과 같은 깊이에서 시작되는 바위는 가파른 직벽 형태로 최대 수심 40m까지 떨어지며 이 벽을 따라 흐르는 강한 조류에 실려 드리프팅으로 흘러가다 보면 여러 개의 크레바스와 동굴들이 나타나는데, 그 속에 수많은 라이언피시들이 서식하고 있는 것을 볼 수 있다. 벽의 드롭 오프 주변에는 버터플라이 피시, 블루 퍼실리어들이 어군을 형성하여 회유하기도 한다. 강한 조류가 흐를 때에는 개이빨 참치, 나폴레옹 피시, 거북이, 상어와 같은 대형 어종들도 간혹 목격된다. 바위기둥의 벽을 따라 선회를 마칠 무렵에는 완만한 경사면을 가진 리프를 만나게 되는데 이 지점부터는 조류의 강도가 많이 약해지기 때문에 대개 이곳에서 안전 정지를 마친 후 출수하게 된다. 이 리프 지역을 잘 찾아보면 블루 리본 일을 발견할 수 있다.

•도카시키 섬Tokashiki Island, 渡嘉敷島 : 케라마 군도에는 사람이 살고 있는 섬이 네 개가 있는데 도카시키 섬이 그중 하나이다. 이곳은 케라마 군도 지역에서도 숨은 보석과 같은 존재로 여러 개의 다이브 포인트들을 가지고 있어서 나하나 자탄에서 출발한 보트들이 자주 찾는 곳이다. 도카시키 섬의 다이브 포인트들은 대부분 섬의 서쪽 지역인 '아리가아' 쪽에 집중되어 있다. 그중에서 '아리가아 케이블'이라는 포인트가 인기가 높은데 수중에 내려가 보면 여러 가닥의 해저 케이블들을 발견할 수 있기 때문에 쉽게 인식이 된다. 이 케이블들은 도카시키 섬과 인근 섬들을 연결하는 통신용 전화 케이블이다. 이 케이블들을 따라서 깊은 수심 쪽으로 진행하다 보면 모랫바닥에서 얼굴을 내밀고 있는 수많은 가든 일들을 만날 수 있다.

▲ 케라마 군도 일대는 수많은 수중 바위들이 있으며 바위들 사이로 통과할 수 있는 터널이나 동굴들이 많이 있어서 흥미로운 다이빙을 즐길 수 있다.

▼ 케라마 군도 일대의 바위틈에서 흔히 발견할 수 있는 흰점 모레이 일

▲ 가미야마 섬 일대에는 수많은 바위들이 늘어서서 복잡한 형태를 이루고 있다. 수중 바위 지역을 통과하고 있는 한 여성 다이버

▼ 나간누 섬 직벽의 바위틈에 살고 있는 랍스터

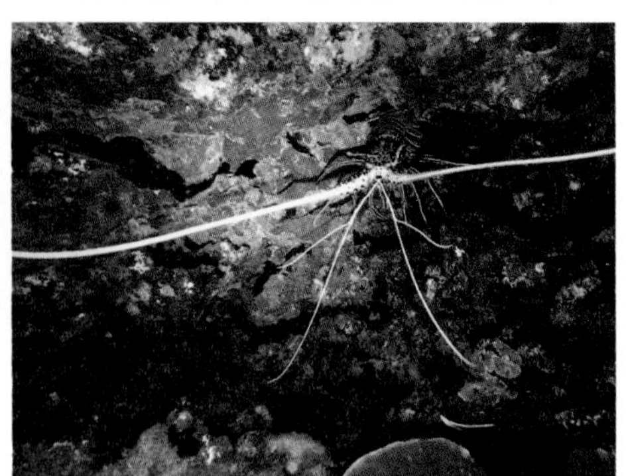

가든 일 군락지를 지나서 더 진행하면 커다란 바위를 만나게 되는데, 이 부근에는 다양한 종류의 경산호와 연산호 군락, 그리고 담셀 피시, 아네모네 피시, 코랄 트라웃을 포함한 리프 어류들이 많이 서식한다. 주변을 잘 찾아보면 감쪽같이 위장하고 먹잇감을 기다리는 두 마리의 스콜피온 피시도 찾아낼 수도 있다.

(2) 치이비시 군도 지역Chiibishi Island Group

치이비시 군도는 나하 시와 케라마 섬 사이에 위치한 일련의 섬들이다. 나하나 자탄에서 출발하면 30분 정도면 도착할 수 있는 곳이어서 단거리 데이 트립으로 자주 이용되는 지역이다. 간혹 케라마 군도로 나가는 데이 트립 보트들이 최종 목적지로 가는 중간에 체크 다이빙을 겸한 첫 다이빙 장소로도 더러 이용되곤 한다.

•가미야마 섬Kamiyama Island : 가미야마 섬은 치이비시 군도의 주 섬에 해당하는 곳이다. 오키나와 본 섬에서 보트로 30분 정도면 도착할 수 있는 이 무인도는 꽤 다양한 다이빙을 즐길 수 있는 곳이기도 하다. 이 지역에서 가장 인기가 높은 포인트는 '미로迷路, Labyrinth'라는 이름을 가진 곳인데 포인트의 면적이 꽤 넓고 볼거리도 많아서 일단 이곳을 찾으면 대개 두 차례 또는 세 차례의 다이빙을 하게 되지만, 매번 완전히 다른 수중 지형을 만나게 된다. 지형 또한 매우 복잡해서 자칫 길을 잃기 쉽다. '미로'라는 이름이 붙여진 이유이기도 하다. 심지어 이곳 사정에 밝은 현지 가이드들조차 다이빙을 마칠 무렵 일단 수면 위로 올라가서 보트의 위치를 확인하고 다시 내려오곤 한다. 이곳에서는 흔히 있는 일이기 때문에 이런 상황

이 벌어지더라도 가이드의 능력을 의심하지는 말도록 하자. 가미야마 섬에서의 다이빙은 대개 20m를 넘지 않는 얕은 수심에서 이루어지며 주요 볼거리들로는 웅장한 바위 지형들, 마치 강물이 흐르듯 바닥을 따라 구불구불 이어져 있는 흰색의 모래 줄기들, 손가락 모양의 리프들 그리고 여기저기에서 발견되는 터널들이 있다. 이곳은 시야 또한 매우 좋은 곳으로도 유명하다. 바위 아래쪽에서는 작은 화이트 팁 상어들이 잠을 자는 모습도 자주 관찰된다.

• 나간누 섬Nagannu Island : 오키나와 말로 '나간누'란 길다는 뜻이라고 하는데 그 의미처럼 이 나간누 섬은 가늘고 긴 모양을 가지고 있다. 섬 주위로는 매우 큰 환초 호수(라군)가 형성되어 있는데 이로 인해 섬 주변에서는 바나나 보트, 웨이크 보드, 패러 세일링과 같은 수상 스포츠를 즐길 수 있어서 특히 여름철에는 많은 관광객들이 배를 타고 이곳을 찾는다. 다이버들의 관점에서 보면 이 얕고 평화로운 라군을 벗어나면 바로 깎아지른 듯한 직벽 드롭 오프가 수심 60m 깊이까지 떨어진다. 이 지역은 거의 항상 조류가 흐르지만, 강도는 그리 강하지 않아 편안하게 드리프팅을 즐길 수 있다. 절벽의 끝 부분에서는 그린 터틀과 많은 블루 퍼실리어 떼들을 자주 볼 수 있으며 바위틈에는 랍스터와 게 종류들이 많이 서식한다.

• 쿠에푸 섬Kuef Island : 수면 위로는 조그마한 몇 개의 모래사장으로 이루어진 섬으로만 보이지만, 수중으로는 대단히 아름다운 산호초 지역이 펼쳐져 있는 곳이다. 비

▲ 쿠에푸 섬 일대의 수중 바닥은 대개 모래로 이루어져 있지만 주변에는 바위 벽과 산호초 지역도 잘 발달해 있다.

▼ 루칸 환초 지역은 주로 리프와 직벽들로 이루어진 곳이지만 간혹 사진과 같은 깊은 크레바스나 동굴들도 있다.

교적 조류가 강한 섬의 북쪽에서는 주로 드리프트 다이빙이 이루어지는 반면 섬의 남쪽 지역에서는 편안한 리프 다이빙을 즐길 수 있다. 점심을 먹고 난 후에는 모래밭 지역을 수영으로 지나서 섬에 올라가 남은 시간을 휴식하며 보낼 수도 있다.

• 루칸 환초Rukan Atoll : 루칸 환초는 나하에서 보트로 약 30분 정도 남쪽으로 달리면 만날 수 있는 동중국해 상의 무인도 환초이며 수면 위로는 어부들이 물고기들을 모으기 위해 설치한 부표 같은 장치 외에는 이렇다 할 만한 것이 아무것도 없다. 이 환초 지역에는 사실 단 두 개의 다이브 포인트만이 존재한다. 수심이 낮은 리프 지역에 보트를 정박시키고 리프 다이빙을 하든지 아니면 '루칸 드롭'이라는 이름의 포인트로 들어가 드리프트 다이빙을 하는 방법이 있다. '루칸 드롭'은 환초의 동쪽, 서쪽, 그리고 남쪽 지역으로 이어지는 직벽들로 형성되어 있다. 이 벽은 수면 깊이에서 시작되지만 90도 각도의 급경사로 깊이를 알 수 없는 심연까지 떨어진다. 이 주변에서 수많은 부채산호, 참치, 블루 퍼실리어 떼, 그리고 다양한 종류의 마크로 생물들을 볼 수 있다.

(3) 중북부 오키나와 지역Central and Northern Okinawa Group

• 스나베 방파제Sunabe Sea Wall : 자탄 지역에 위치한 오키나와의 대표적인 다이브 포인트 중의 하나여서 항상 많은 다이버들로 붐비는 곳이다. 해안선에 바로 인접해

▲ 온나 공용 어항의 모습. 다이브 센터들은 이곳으로 다이버들을 데려온 후 대기하고 있는 낚싯배들을 이용하여 다이브 포인트로 나간다. 대부분의 포인트들은 10분 이내에 도착할 수 있기 때문에 매 다이빙을 마친 후 다시 항구로 돌아와서 휴식을 취한다.

▼ 자탄의 명물인 스나베 방파제의 모습

▲ 헤도 곶 지역에는 '헤도 돔'을 비롯한 여러 개의 동굴들이 있다. 동굴 바닥 25m 지점의 출구 주변에서 다이브 라이트로 동굴 벽을 찾아보고 있는 다이버의 모습

▼ 모토부 일대에서는 다양한 리프 어류들과 함께 작고 신기한 마크로 생물들도 많이 발견할 수 있다.

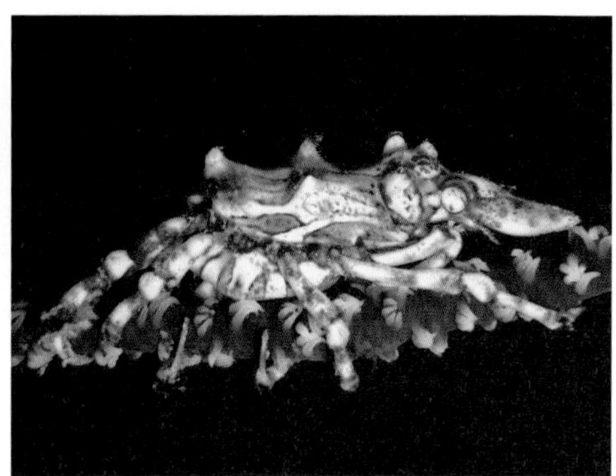

있는 곳이어서 비치 다이빙으로 들어간다. 이 포인트는 끝없이 펼쳐지는 아름다운 연산호 군락으로 유명하며 최대 수심이 18m를 넘지 않아 모든 레벨의 다이버들이 함께 즐길 수 있는 곳이기도 하지만, 경험이 많은 다이버들에게는 조금 싱거울 수도 있다. 핑크색, 오렌지색, 노란색, 자주색 등 다양한 색깔들의 연산호 군락은 마치 거대한 꽃밭에 들어온 느낌을 들게 한다. 산호초 주변에는 수많은 리프 어류들이 노닐고 있으며 갯민숭달팽이, 바다 벌레, 말미잘 게, 새우 등 다양한 종류의 마크로 생물들도 관찰할 수 있다. 포인트 주변의 해안선을 따라 꽤 많은 식당, 다이브 센터, 카페, 바들이 들어서 있어서 다이빙을 마친 후 시간을 보내기에도 좋은 곳이다. 방파제 바로 옆으로 좁은 일방통행 도로가 나 있어서 접근은 쉽다. 도로를 따라 많은 다이브샵들이 있으며 도로변에는 공용으로 사용하는 무료 주차장도 마련되어 있다.

• 온나 지역Onna Area : 온나는 자탄의 북쪽에 위치해 있는 타운이며 해안선을 따라 수많은 멋진 포인트들을 가지고 있는 곳이다. 이 지역의 대표적인 포인트들로는 '홀스 슈', '온나 포인트', '만자 드림 홀' 등이 있는데 어드밴스드 다이버들이 좋아하는 곳들이다. 이들 포인트 중에서도 '마에다 포인트'가 가장 인기가 높은데, 최대 수심 60m까지 떨어지는 직벽이 대단히 아름답다. 이 포인트의 일부인 '블루 케이브'는 다이버들은 물론 스노클러들도 많이 찾는다. 포인트 입구에는 널찍한 주

차장이 있으며 여기에서 입수 지점까지 내려갈 수 있도록 계단도 설치되어 있다. 포인트 주변에는 식당, 휴게소, 화장실, 샤워 시설 등도 잘 갖추어져 있다. 대개 비치 다이빙 형태로 들어가는 곳이지만, 다른 지역에서 이곳을 찾는 경우에는 보트 다이빙으로도 들어간다. 비치 다이빙으로 들어갈 경우에는 스쿠바 장비를 메고 약 85개 정도의 긴 계단을 걸어서 내려가고 또 올라와야 한다. 한편, 온나 인근 지역의 다른 포인트들은 온나 어항에서 보트로 평균 10분 정도면 도착하는 거리에 흩어져 있기 때문에 보트 다이빙을 나가더라도 한 번의 다이빙을 마친 후 다시 항구로 돌아와 휴식이나 식사를 하고 다음 다이빙에 나서게 된다.

• 모토부 지역Motobu Area : 모토부 지역은 오키나와의 북쪽 지역에 해당하는 곳으로 관광객들이 많이 찾는 추라우미 수족관과도 인접해 있다. 자탄이나 온나에서 이 지역까지 가는 길은 경관이 대단히 아름다운 훌륭한 드라이빙 루트로도 잘 알려져 있다. 모토부 지역에는 '고릴라 찹Gorilla Chop'을 비롯한 여러 군데의 비치 다이빙 포인트들과 보트로 갈 수 있는 '민나 섬'과 '세소쿠 섬' 등의 많은 다이브 포인트들이 있다. 대부분 수많은 거대한 바위들에 둘러싸여 있어서 장엄한 경관을 자랑한다. 이 지역은 바람을 막을 수 있는 만 지형으로 이루어져 있어서 날씨가 좋지 않아 다른 지역으로 다이빙을 나가기 어려울 때에도 여기에서는 다이빙이 가능한 경우가 많다. 비치 다이빙으로 들어가는 '고릴라 찹'은 순백색의 모랫바닥과 새파란 바닷물의 색깔이 극명한 대조를 이루고 있어서 환상적인 느낌이 들게 한다. 모랫바닥을 잘 찾아보면 다양한 종류의 작은 해양 생물들을 관찰할 수 있다. 수중의 크고 작은 바위와 산호초 주변에는 라이언 피시, 고트 피시, 코랄 코드 등의 리프 어류들이 많이 서식한다.

• 헤도 곶Cape Hedo : 헤도 곶은 오키나와 본 섬의 가장 북쪽 끝에 해당하는 곳으로 날씨가 좋은 날에는 멀리 떨어져 있는 큐슈의 남쪽 섬들까지 볼 수 있다. 이 지역의 대표적인 포인트인 '헤도 돔Hedo Dome'은 동중국해와 태평양이 겹치는 지점이어서 동시에 두 곳의 바다에서 다이빙하는 셈이 되는 곳이다. 대개 수면 위로 곧바로 솟아 있는 절벽은 수중에서도 급격한 경사로 떨어지는 드롭 오프로 이어지는 경우가 많은데 헤도 곶 또한 예외가 아니다. 나하 또는 자탄에서 출발해서 가기에

는 거리가 너무 멀기 때문에 이곳에 가기를 원하면 온나 또는 나고 지역의 다이브 센터를 이용하는 것이 좋다.

• 에몬스 렉U.S.S. Emmons : 에몬스 호는 미국 해군의 구축함으로 제2차 세계 대전 막바지인 1945년 4월에 다섯 대의 가미카제 전투기들의 자살 공격을 받고 침몰되었다가 2001년에 발견되었으며 최근에야 다이버들에게 공개되었다. 이 렉에 가기 위해서는 자탄에서 북쪽으로 올라가서 나고名護를 지난 후 나가지屋我地 섬을 지나 다시 코우리古宇利 섬까지 들어가야 한다. 나가지 섬과 코우리 섬 간은 아름답고 긴 다리로 연결이 된다. 코우리 섬의 어항에서 보트로 약 15분 정도 달리면 렉 포인트에 도착할 수 있다. 선체에서 가장 수심이 낮은 곳이 36m이고 가장 깊은 곳은 45m 이상으로 매우 깊기 때문에 경험이 많은 다이버들만 이곳에서 다이빙할 수 있다. 렉은 좌현 쪽을 바닥으로 하여 옆으로 누워 있는데 선수 부분이 약간 높고 선미 부분은 낮다. 수면에는 두 개의 부이가 떠 있는데 흰색 부이는 선체 중앙 부분에 연결되어 있고 노란색 부이는 이보다 더 깊은 선미 쪽에 연결되어 있다. 강한 조류가 자주 일어나는 곳이며 수심에 따라 조류의 방향도 수시로 달라지기 때문에 하강할 때는 부이에 연결된 로프를 잡고 내려가야 한다. 로프에는 작은 홍합 같은 것들이 많이 붙어 있어서 장갑을 끼지 않은 경우 손을 다치지 않도록 주의해야 한다. 워낙 수심이 깊어 다이빙 시간을 오래 가져가기 어렵기 때문에 대개 두 번의 다이빙으로 나누어 들어가는데 한 번은 선체 중앙 부분으로 내려가서 선수까지 이동한 후 다시 원위치로 돌아와 상승하고, 그 다음에는 선미 부분으로 내려가서 선체 중앙 부분까지 이동한 후 이곳에서 올라간다. 상승과 안전 정지 역시 로프를 잡고 실시한다. 두 번의 딥 다이빙을 위해서 수면 휴식 시간은 두 시간 이상 가지게 되므로, 이때 어항 옆에 있는 식당에

▲ 미 해군 구축함 렉인 '에몬스 렉'의 선수 부분을 향해 진행하고 있는 다이버. 렉 상단의 수심이 36m이며 바닥 부분은 45m가 넘는다. 딥 다이빙 경험이 많은 어드밴스드 다이버들만 이 렉에 접근할 수 있으며 선체 아랫부분이나 선체 내부로는 더블 탱크를 메고 감압 다이빙으로만 들어갈 수 있다.

서 점심 식사를 하게 된다. 렉을 좋아하거나 전쟁 역사에 관심이 많은 어드밴스드 다이버라면 이 포인트를 꼭 방문해 보도록 하자.

5. 요나구니 다이빙

요나구니 트립 브리핑

이동 경로	서울 ···› (항공편) ···› 오키나와(나하) ···› (항공편) ···› 요나구니
이동 시간	항공편 3시간
다이빙 형태	데이 트립 다이빙
다이빙 시즌	연중(최적 시기 1월~3월, 귀상어 시즌)
수온과 수트	여름철 28도~29도(3밀리), 겨울철 20도~26도(5밀리)
표준 체재 일수	5박 6일(4일 8회 다이빙)
평균 기본 경비	총 180만 원 • 국제선 항공료 : 60만 원(인천-나하-요나구니) • 숙식비 : 50만 원 • 다이빙 : 70만 원

현지어로는 '도우난'이라고 부르는 요나구니 섬은 면적이 28㎢ 정도이고 인구는 2천 명이 채 되지 않는 작은 섬이다. 위치는 타이완으로부터 125㎞, 그리고 오키나와에서 남쪽에 떨어져 있는 이시가키 섬으로부터는 127㎞ 떨어진 중간 지점에 있다. 지도상으로 보면 일본 영토가 아닌 타이완의 일부인 것처럼 보인다. 얼마 되지 않는 인구는 대개 섬 중앙부의 '소나이祖内', 서해안 쪽의 '쿠부라久部良' 그리고 남쪽의 '히카와比川' 세 군데의 타운에 집중되어 있다. 그리 크지 않은 섬이어서 이렇다 할 관광 시설도 없고, 이곳을 찾는 얼

◂ 요나구니 섬

▲ 한적한 요나구니 섬의 모습

마 되지 않는 외지인들은 거의 모두 다이버들이다. 일본 전역에서도 손꼽히는 오지에 해당하는 이 작은 섬에 유명한 수중 유적지와 함께 계절에 따라 찾아오는 대규모의 귀상어 떼들이 있기 때문이다.

요나구니 다이빙 특징

비록 찾아가기가 그리 쉽지 않은 곳이기는 하지만, 요나구니에는 약 70여 군데의 환상적인 다이브 포인트들이 있다. 이곳에서는 연중 어느 때나 빅아이 트레벨리, 개이빨 참치, 거북이, 오징어 등을 볼 수 있다. 4월부터 11월까지의 기간에는 청새치들이 자주 나타나며 12월부터 5월까지는 귀상어들이 출현하는 시기이다. 특히 1월부터 3월까지는 백 마리 이상의 귀상어들이 떼를 지어 유영하는 장관을 연출하기도 한다. 요나구니의 다이브 포인트들은 대개 가파른 직벽과 드롭 오프로 이루어져 있으며 뛰어난 시야를 자랑한다. 외해에 위치한 관계로 항상 강한 조류가 있어서 거의 모든 다이빙은 드리프트 방식으로 이루어진다. 요나구니에서의 다이빙은 여러 모로 초보자들이 감당하기에는 어려움이 많으며 상당한 경험을 갖춘 어드밴스드급 이상의 다이버들에게만 추천된다.

강한 조류와 파도로 인하여 입수는 항상 네거티브 엔트리 방식으로 이루어진다. 입수하기 전에 보트에서 미리 BCD의 디플레이터 단추를 누른 상태에서 입으로 강하게 빨아서 내부의 공기를 완전히 빼낸다. 입수 후에 압력 평형(이퀄라이징)을 하느라고 하강이 지체되지 않도록 미리 두어 차례 선상에서 압력 평형을 해 두는 것이 좋다. 보트가 포인트에 접근하면 점프를 앞둔 공수 부대원들처럼 미리 두 줄로 늘어서서 대기하고 있다가 신호가 떨어지면 지체 없이 자이언트 스트라이드 방식으로 물로 뛰어든다. 앞사람이 뛰어든 후 뜸을 들이지 말고 바로 따라 들어가야 그룹의 간격이 멀어지지 않는다. 수면에 떨어지면 바로 머리를 아래로 하여 핀 킥을 하면서 빠르게 하강을 시작하여 수심 10m 정도의 지점에서 집결한 후 본격적인 다이빙을 시작한다. 커다란 수중 카메라를 가지고 들어가는 경우에는 사다리를 이용하여 입수하는 것이 좋다.

출수할 때에도 그룹끼리 최대한 뭉친 상태에서 안전 정지를 마친 후 동시에 상승한다. 단독으로 수면으로 올라갈 경우 강한 파도로 인해 홀로 떠내려가 매우 위험한 상황에 처할 수 있기 때문에 부상은 항상 동시에 진행한다. 보트 후미에 접근하면 최대한 신속하게 사다리를 이용하여 승선해야 한다. 파도가 심할 때 사다리의 아래쪽을 붙잡으면 충돌로 인해 다칠 수 있기 때문에 조심해야 한다.

▲ 요나구니 섬 일대는 수많은 귀상어 떼들로 유명하다. 해마다 겨울철에는 이 귀상어들을 보기 위해 많은 다이버들이 머나먼 요나구니 섬을 찾아온다. 〈Photograph by Doug Bennett, Reef Encounter〉

▼ 요나구니 섬 동남쪽 바닷속에 있는 '해저 유적'의 모습

요나구니 섬의 모든 포인트들은 보트로 10분 거리 이내에 위치하고 있으므로 매번 다이빙이 끝나면 일단 항구로 되돌아가서 휴식을 취한 후 다음 다이빙에 나서게 된다.

요나구니의 남동쪽에 위치한 '해저 유적海底 遺跡, Underwater Ruins'은 1987년에 처음 발견되었는데 칼로 자른 듯 각이 잡힌 형태로 가공이 된 거대한 바위들이 일정한 형태로 깊은 수중에 놓여 있다. 이 모습을 두고 이 바위들이 고대의 석조 건축물이 바다에 잠긴 것이라는 주장과 오랜 세월 동안의 자연적인 풍화 작용으로 만들어진 것이라는 두 가지 설이 아직도 팽팽하게 대립하고 있다. 이 수중 유적지는 워낙 넓은 지역에 걸쳐 분포되어 있으며 위치에 따라 '사우스웨스트 포인트', '그랜드 캐슬' 등 여러 개의 다이브 포인트로 나뉜다.

12월부터 3월까지의 시기에는 수백 마리 이상의 귀상어들이 요나구니 섬 일대의 바다로 모여든다. 귀상어들이 사람을 공격하는 경우는 거의 없다고 한다. 그러나 요나구니 지역에서는 귀상어들이 가오리를 사냥하는 모습을 종종 볼 수 있는데 직사각형 망치 모양의 머리를 앞세워 가오리들이 숨어 있는 바닥의 모래밭을 향해 돌진하는 모습은 다른 곳에서는 좀처럼 보기 어려운 흥미로운 광경이다.

찾아가는 법

요나구니는 섬나라인 일본 전체를 통틀어도 사람이 사는 섬 중 가장 오지에 해당하는 곳이다. 따라서 이곳을 찾아가는 일은 그리 만만치 않으며 비용도 상당히 많이 든다. 앞으로 타이완에서 이곳으로 들어가는 정기 항공편이 생긴다면 형편은 많이 나아지겠지만, 당분간은 이런 불편이 해소되기 어려울 것 같다. 요나구니 섬으로는 항공편이나 선박편으로 들어가지만, 날씨가 나쁘면 수시로 취소되기 때문에 일정을 잡을 때는 이런 점을 고려하여 충분한 여유를 확보해 두어야 한다.

요나구니 섬 안에는 요나구니 공항OGN이라는 작은 규모의 비행장이 있다. 1999년에 확장 공사를 한 덕분에 지금은 소형 제트 항공기도 이착륙이 가능하다. 오키나와의 남쪽에 있는 이시가키 공항ISG에서 요나구니까지 트랜스오션 에어와 류큐 에어 커뮤터RAC의 소형 제트기가 각각 매일 운항하며 요금은 왕복 기준으로 20만 원 정도이다. RAC

항공은 오키나와 일대의 지점들을 전문적으로 연결하는 소형 지방 항공사로 일본 항공의 자회사로 운영되고 있는데 나하 공항OKA에서도 요나구니까지 일주일에 세 편 정도를 운항하고 있으며 왕복 요금은 35만 원 정도 한다. 타이완의 후알리엔에서도 트랜스 아시아 에어웨이가 부정기 전세 항공편을 운항하고 있는데, 40분 정도 걸린다. 이시가키까지 가는 항공편은 오키나와의 나하공항에서 전일공ANA과 재팬 트랜스오션 항공이 매일 여러 차례 운항하고 있다. 도쿄 하네다 공항에서도 이시가키까지 가는 직항편이 있기 때문에 오키나와 본 섬을 들르지 않고 바로 들어갈 수도 있다. 도쿄에서 이시가키까지는 세 시간이 조금 넘게 걸리며 요금은 왕복 정규 요금 기준으로 무려 120만 원 정도나 소요된다. 비용이나 시간 측면에서 한국에서 요나구니로 들어가는 가장 좋은 방법은 인천공항에서 오키나와의 나하까지 간 다음 나하에서 요나구니까지 들어가는 국내선 항공편을 타는 것이다.

배를 타고 요나구니에 들어가는 방법도 있다. 후쿠야마福山海運 해운이 매주 수요일과 토요일에 이시가키를 출항하여 요나구니로 들어가는 여객선을 운항하는데 돌아오는 편은 월요일과 목요일이며 왕복 편 모두 출항 시각은 오전 10시이다. 소요 시간은 바다의 상태가 좋은 경우 약 네 시간 정도 걸리며 요금은 편도에 약 3,500엔이고 왕복은 6,600엔 정도이다. 그러나 이 항해는 큰 바다를 가로질러 가는 항로이기 때문에 높은 파도에 선박의 요동이 심해서 대부분의 승객들이 멀미에 시달린다는 점을 참고하도록 한다.

요나구니 섬 안에는 소나이와 쿠부라를 잇는 버스가 7대 정도 운행되고 있다. 이 노선은 섬의 서쪽 지역으로만 운행되며 동쪽 지역에는 대중교통 수단이 없다. 놀랍게도 이 버스들은 모두 무료이다. 섬 안에는 두 개의 택시 회사도 있는데 섬 주위를 택시로 한 바퀴 도는 데에는 약 한 시간 정도 소요된다. 공항 맞은편에는 렌터카 회사도 몇 개 있어서 원할 경우 차를 빌려 이용할 수도 있다. 모터사이클이나 자전거도 빌릴 수 있다. 섬 안에 있는 다이브 센터나 숙소에서는 대부분 공항에서의 픽업 서비스를 제공한다.

섬 안에는 은행은 없지만 우체국이 하나 있으며 이곳에 ATM이 설치되어 있다. 요나구니의 다이브 센터나 숙소, 식당 등에서는 신용 카드를 거의 받지 않으므로 충분한 현금을 준비해서 가는 것이 좋다.

요나구니 지역의 다이브 센터

요나구니에서 다이빙을 하는 방법은 크게 두 가지가 있다. 오키나와 본 섬에 위치한 다이브 센터들은 시즌에 한해 부정기적으로 요나구니에 들어가는 스페셜 트립 프로그램을 운영하는 경우가 많은데 이 프로그램에 참여하는 것이 가장 손쉽게 요나구니 다이빙을 즐기는 방법이 된다. 이 경우 다이브 센터에서 요나구니에 들어가는 교통편과 숙소, 현지 가이드 등을 단체로 일괄 수배하기 때문에 다이버 입장에서는 꽤 편리한 방법이 된다. 다만 다이브 센터에 따라 일 년에 보통 서너 차례 정도만 요나구니에 들어가기 때문에 일정을 맞추기가 쉽지 않다는 것이 단점이다. 요나구니 지역에 가장 밝은 다이브 센터는 역시 자탄에 위치한 '리프 인카운터(www.reefencounters.org)'로 알려져 있다. 트립 요금은 5박 6일 코스에 대략 160만 원 정도가 드는데 이 비용에는 나하에서 요나구니까지의 항공료, 현지에서의 숙박비(민박, 2인 1실 기준), 식비, 그리고 다이빙 가이드 비용이 포함된다.

▼ 요나구니 공항에 착륙한 RAC 여객기에서 승객들이 내리고 있다.

두 번째 방법은 개인적으로 직접 요나구니 현지의 숙소와 다이브 센터를 예약한 후 찾아가는 방법이다. 물론 요나구니까지 들어가는 항공편이나 선박도 개인적으로 예약해야 한다. 요나구니 현지에는 여러 군데의 다이브 센터들이 영업을 하고 있지만 이들 중에서 가장 잘 알려진 곳들은 다음과 같다.

- 요나구니 다이빙 서비스Yonaguni Diving Service(yonaguniyds.com, 0980-87-2658) : 요나구니 지역에서 처음 영업을 시작한 다이브 센터며 규모 또한 섬 안에서 가장 크고 서비스 역시 상당히 프로페셔널하다고 소문이 나 있는 곳이다. 위치는 쿠부라에 있다. 두 차례의 보트 다이빙 요금은 12,500엔 정도이며 장비 렌털은 하루에 4,600엔 정도이다. 날씨가 좋지 않으면 가차 없이 다이빙 트립을 취소하는 것으로 유명하며 이 경우 요금은 환불해 준다. 신용 카드는 받지 않으므로 충분한 현금을 가져가야 한다. 조금 서툴기는 하지만 영어로 의사소통을 하는 데 큰 문제는 없다. 요나구니를 찾는 다이버들 사이에 인기가 높아서 가능한 한 일찍 예약하여야 한다.

- 소우웨스 다이빙 서비스SOUWES Diving Service(www.yonaguni.jp, 0980-87-2311) : 요나구니에서 '해저 유적지'를 처음 발견한 사람으로 알려진 기하치로 아라타케 씨가 운영하는 다이브 센터다. 역사는 거의 20년 정도 되었으며 다이브 센터 가까운 곳에 '이리푸네 호텔'도 함께 운영하고 있어서 다이브 리조트 형태로 묵을 수 있다. 다이빙 서비스 외에도 섬 관광이나 낚시 투어도 주선해 준다. 두 차례의 다이빙이 포함된 데이 트립 요금은 12,000엔이며 3회 다이빙의 경우에는 17,000엔이 된다. 장비 대여료는 하루 5,000엔이며 이리푸네 호텔의 싱글 룸은 아침과 저녁식사를 포함하여 1박에 7,000엔이다.

요나구니 지역의 숙소

요나구니 지역에는 고급 리조트는 없지만 민박 스타일의 저렴한 숙소들이 꽤 있으며 최근에는 호텔 스타일의 숙소도 생겼다. 작고 외딴 섬 지역이라 숙소가 그리 많지 않은 데다가 겨울철 귀상어 시즌에는 나하나 자탄의 다이브 센터들이 스페셜 트립을 위해 미리 잡아두기 때문에 일반 다이버들이 개인적으로 방을 구하기는 그리 쉽지 않다. 다이버들에게 비교적 인기가 있는 숙소들은 다음과 같은데, 대부분 민박 스타일이기 때문에 온라인으로 예약할 수 없으며 직접 전화해서 문의한 후 예약해야 한다.

- 오모로 민박Minshuku Omoro(0980-87-2419) : 일박에 4,500엔 정도의 저렴한 민박식 숙소로 배낭족 여행자들에게 인기가 높다. 요

금에는 식사가 포함되어 있는데 꽤 맛이 좋다. 객실 안에는 화장실이 없으므로 공동 화장실을 이용해야 하며 공동 목욕탕은 오후 4시에서 8시 사이에 이용할 수 있다. 로비에는 공중전화가 설치되어 있으며, 100엔짜리 동전을 넣는 세탁기도 있다. 객실에는 문을 잠글 수 있는 자물쇠가 없기 때문에 도난 사고에 주의할 필요가 있다.

• 사키하라 민박Minshuku Sakihara(0980-87-2976) : 소나이에 위치한 민박형 숙소이다. 내부 시설은 오모로 민박에 비해 훨씬 깔끔한 편이지만, 음식은 그리 좋지 않다고 소문이 나 있는 곳이다.

• 요시마루 소Yoshimaru-So(0980-87-2658) : 요나구니 다이빙 서비스에서 직영하는 민박 스타일의 숙소이며 위치는 쿠부라이다. 전형적인 일식 스타일이며 대부분의 시설은 공용이다. 숙박비는 3,500엔이며 식사를 포함할 경우에는 5,000엔이고 독실을 원할 경우 1,000엔이 추가된다. 저녁에는 조금 시끄러운 편이지만 밤 11시에는 모두 소등을 해야 한다.

• 피에스타Fiesta(0980-87-2339) : 소나이에 있는 도미토리 형태의 숙소로 숙박비는 2천엔 정도로 싼 편이다. 화장실과 샤워는 공용이다. 자전거, 모터바이크, 낚시 도구 등도 빌릴 수 있으며 공동으로 사용할 수 있는 취사 시설과 세탁기도 비치되어 있다. 주인 부부가 배낭족 여행자 출신이어서 예산이 빠듯한 젊은 배낭족 여행객들에게 인기가 높은 곳이다.

• 아일란드 리조트Ailand Resort(098-941-2323) : 2007년에 오픈한 호텔 스타일의 숙소로 수영장과 식당을 갖추고 있다. 공항에서 가까운 위치이며 로비에서는 와이파이도 쓸 수 있다. 숙박비는 식사를 포함하지 않을 경우 1박에 15,000엔 정도이다.

요나구니 지역 다이브 포인트

요나구니 섬 일대에는 대략 70여 개의 다이브 포인트들이 개발되어 있다. 대부분 강한 조류를 동반하는 곳들이어서 귀상어, 개이빨 참치와 같은 대형 어류들이 많다. 리프 지역에는 아름다운 경산호와 연산호들이 군락을 이루고 있으며 드롭 오프 지역에는 엔젤 피시, 패럿 피시, 버터플라이 피시 등의 어류들이 상주한다. 섬 주변의 해저에는 각종 아치, 동굴, 캐번 등이 많이 있어서 매우 흥미로운 다이빙을 즐길 수 있다. 요나구니를 대표하는 포인트는 역시 '해저 유적'이라고 할 수 있다.

• 요나구니 해저 유적海底遺跡, Yonaguni Underwater Ruins : 요나구니 섬의 동남쪽에 있으며 정교하게 다듬어 놓은 것 같은 거대한 바위들이 늘어서 있는 세계적으로 유명한 포인트이다. 이 해저 유적이 어떻게 만들어진 것인지는 아직도 논란이 많다. 입수 지점의 수심은 약 10m 정도인데 하강하면 바로 거대한 바위 덩어리들을 만나게 된다. 바위 구조물의 길이는 48m이고 높이는 18m인데 여러 개의 계단들과 테라스 구조물들이 마치 남미에 있는 마야 문명의 유적지를 연상케 한다. 수심 20m 지점에 놓여 있는 널찍한 바닥 바위 위로 낮은 것은 약 1.5m, 높은 것은 2~3m 정도로 계속 이어지는 잘 다듬어진 장방형이 계단석과 모서리를 보면 이것이 도저히 자연적으로 만들어진 것이라고는 믿기 어렵다는 느낌을 강하게 받게 된다. 요나구니 섬 일대에 있는 대부분의 포인트들이 강한 조류를 수반하고 있지만, 특히 이 해저 유적 포인트는 조류가 강하기 때문에 경험이 많은 어드밴스드급 이상의 다이버들만 들어갈 수 있다. 또 날씨가 좋지 않아 바람의 방향이 맞지 않으면 이 포인트로의 접근이 어려우며 설사 포인트에 도달하더라도 조류가 너무 강하면 다이빙이 불가능할 수가 있어서 이곳에서 다이빙하기 위해서는 어느 정도 운도 따라 주어야만 한다.

• 니시자키西崎 : 쿠부라久部良 항에서 3분이면 도착할 수 있는 곳으로 요나구니 섬을 대표하는 포인트 중의 하나이다. 특히 12월부터 5월까지의 시즌에 귀상어 떼들을 만날 확률이 높은 곳 중 하나로 알려져 있다. 이 외에도 돌고래, 고래상어 등의 대물들이 자주 나타난다. 수심은 대략 20m에서 27m 사이로 조류의 방향에 따라 여러 가지 방법으로 다이빙이 가능하다.

•다이아 티 : '더블 아치'라고도 알려진 포인트로 커다란 두 개의 수중 아치로 잘 알려진 포인트이다. 아치 입구를 지나 돔 내부로 들어가면 밖으로부터 들어오는 아름다운 빛의 모습을 감상할 수 있으며 주변에는 다양한 종류의 산호들이 서식한다. 입수 지점의 수심은 10m 정도이고 최대 수심은 33m이다.

•단누 도롯푸 : 입수 지점의 수심은 13m이며 곧 최대 수심 40m까지 직벽으로 떨어지는 드롭 오프 지형의 포인트이다. 겨울철에는 귀상어들도 자주 출현하는 곳으로 현지인 가이드들이 선호하는 곳이기도 하다.

▼ 요나구니 '해저 유적'에서 다이빙을 즐기고 있는 필자

스쿠바 장비 TIP

장비 가방과 패킹

스쿠바 다이빙은 장비에 대한 의존도가 높은 스포츠이다. 같은 바다에서의 다이빙이라 하더라도 어떤 장비를 어떻게 사용하느냐에 따라 그 내용은 많이 달라질 수 있다는 것이 필자의 생각이다. 필자가 사용하는 장비나 사용 방식이 반드시 정답이라는 것은 아니지만, 여러 차례 다이빙을 통해 습득한 나름의 노하우를 독자들과 공유하고자 한다.

모든 여행에서 짐을 챙기는 것은 매우 중요한 부분이다. 특히 다이빙 여행은 무겁고 가격이 비싼 스쿠바 장비를 챙겨야 하기 때문에 가방의 선택과 패킹하는 요령이 더욱 중요하다. 최근 항공사들의 무료 수하물 규정들이 점점 더 야박해짐에 따라 다이버들은 항상 가방의 무게에 신경이 곤두서게 마련이다. 특히 저가 항공사를 이용할 경우 자칫 짐의 무게가 초과되면 배보다 배꼽이 더 크다고 할 정도로 거액의 초과 수하물 요금을 물어야 하는 경우도 생긴다. 공항에서 수하물의 중량으로 인한 불필요한 수고를 피하기 위해서는 출발하기 전에 미리 가방의 무게를 재 두는 것이 좋다. 필자는 워낙 여행이 잦기 때문에 휴대용 디지털 저울을 항상 가지고 다닌다. 인터넷 등에서 20달러 내외로 구입이 가능한 이 저울은 크기가 작아서 여행 중에도 가지고 다닐 수 있으며 아주 정확한 계측이 가능하다. 그러나 이런 저울이 없더라도 일반 가정에서 많이 사용하는 체중계 등을 이용하면 큰 오차 없이 가방 무게를 측정할 수 있다.

무료 수하물 규정은 항공사마다 다르다. 일반적으로 우리나라 국적기 정규편의 국제선 일반석은 20kg 또는 23kg이지만 일부 저가 항공사들은 15kg까지만 허용한다. 대부분의 외항사들은 20kg까지의 무료 수하물이 표준으로 되어 있으며 미주 쪽의 항공사들은 32kg까지 허용하는 경우도 있다. 미주행 노선의 경우 국적기들은 23kg짜리 가방 두 개까지를 무료로 실을 수 있다. 무료 수하물과는 별도로 기내에 가지고 들어갈

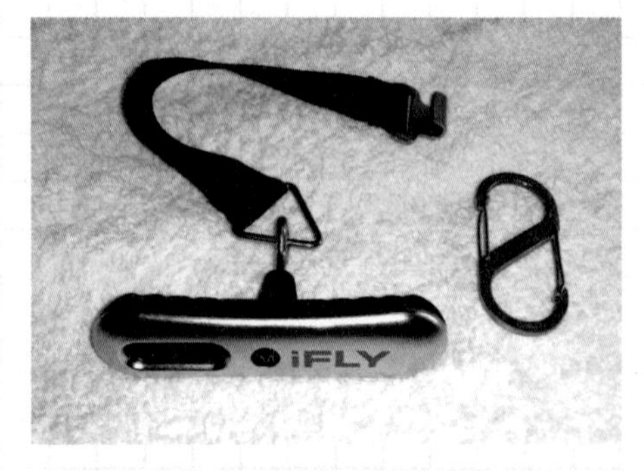

▲ 필자가 사용하는 휴대용 디지털 저울. 작고 가벼우며 정확한 계측이 가능하다. 이런 저울이 없더라도 가정에 있는 체중계 등을 이용해도 좋다.

수 있는 캐리온Carry-On 가방의 허용 중량과 규격 또한 항공사별로 약간의 차이가 있다. 국적기들은 대개 10㎏짜리 가방 한 개와 노트북이나 카메라 가방과 같은 작은 가방 하나를 추가로 가지고 들어갈 수 있다. 그러나 다른 대부분의 외항사들의 경우 기내 반입 수하물의 중량이 7㎏ 한도의 가방 한 개로만 제한되는 경우가 많다.

가방의 선택도 꽤 중요한 문제이다. 가방이 너무 작으면 필요한 물품을 모두 챙겨가기가 어렵고 너무 크면 여행지에서 이동과 보관에 애를 먹기 때문이다. 여행용 가방이 달랑 하나밖에 없는 경우라면 별도리가 없겠지만, 그렇지 않다면 상황에 맞는 적절한 크기와 디자인의 가방을 선택하는 것이 필요하다. 다이빙 여행 중에서 가장 편한 경우는 역시 다이브 리조트를 예약하여 떠나는 경우이다. 일단 목적지의 리조트에 도착하면 그곳을 떠날 때까지는 다시 짐을 옮길 필요가 없기 때문에 커다란 가방에 필요한 물건들을 적당히 챙겨 넣어도 별문제가 없다. 그러나 리브어보드를 타는 경우라면 가방 사이즈나 재질이 문제가 될 수 있다. 대개 리브어보드에서는 좁은 선실을 두 명 이상이 함께 사용하기 때문에 커다란 수트케이스는 보관하기가 어려울 수 있으므로 접거나 눌러서 부피를 줄일 수 있는 형태의 가방을 택하는 것이 좋다. 물론 예외는 있지만, 일반적으로 커다란 하드 케이스 가방은 그 자체로 무게도 많이 나간다. 과거에는 다이빙 장비 회사의 로고가 크게 박혀 있는 전용 가방을 많이 사용했지만, 공항에서의 도난 사고 등이 자주 보고되면서 최근에는 이런 로고 표시가 거의 없거나 아주 작게 표시된 가방들을 더 선호하는 것 같다.

필자는 풀 세트 장비를 챙겨가야 하는 여행에 주로 사용하는 가방으로 합성 비닐 소재로 만든 바퀴가 달린 롤러 더플백을 즐겨 사용한다. 이 가방은 어느 대형 마트에서 구입한 것인데 풀 세트 장비와 어지간한 의류 및 소품들을 모두 수납할 수 있으며, 가방을 가득 채울 경우 중량이 약 25㎏ 내외가 되는 크기이다. 다이빙 장비 전용 가방은 아니지만, 내부에 있는 물품들을 보호할 수 있는 쿠션이 있고 재질이 방수라서 여행 경로에서 작은 보트를 이용해서 이동할 경우에도 침수로 인한 내용물 손상의 위험이 적다. 튼튼한 지퍼와 두 개의 스트랩 벨트가 있어서 의도하지 않게 가방이 열리는 사고도 막을 수 있다. 목적지에 도착하면 납작하게 눌러서 침대 아래와 같은 작은 공간에도 쉽게 수납해 둘 수 있다. 여행 기간이 길어서 의류와 같은 다른 물건이 많은 경우에는 비행기 안에 들고 들어갈 수 있는 소프트한 재질의 소형 캐리온 가방을 하나 더 가져간다.

동남아시아와 같은 열대 지방에 단기간 다이빙 여행을 다녀오는 경우라면 아주 큰 가방을 사용하지 않아도 좋은 경우가 많다. 의류도 간단한 티셔츠 몇 벌이면 충분하며 수트도 얇은 반팔을 사용하고 BCD나 핀 같은 장비도 최대한 작고 가벼운 것을 쓸 수 있기 때문이다. 필자는 이런 경우에는 캐리온 사이즈의 롤러 백을 사용한다. 가벼운 핀과 BCD, 호흡기, 마스크 등 필요한 장비를 모두 챙겨 넣고도 간단한 의류들을 넣을 수 있는 공간이 남는다. 이렇게 패킹하면 대개 중량이 15kg 내외가 나가며 조금 더 욕심을 부려 가득 짐을 챙기더라도 20kg을 넘지 않는다.

조류가 강하지 않은 곳으로 일주일 이내의 짧은 단거리 여행을 다녀오는 경우에는 굳이 풀 세트 장비를 가져가지 않고 현지에서 렌털 장비를 빌려 쓰는 방법도 고려해야 한다. 특히 요금에 장비까지 포함되어 있는 시밀란의 리브어보드를 타는 경우라든가 렌털 장비 사용이 더 보편화 되어 있는 베트남이나 캄보디아 등지로 가는 경우라면 꼭 필요한 필수 장비, 예를 들어 마스크나 카메라, 갈아입을 옷 정도만을 챙겨가면 되는데 이런 경우에 필자는 바퀴가 달린 배낭처럼 생긴 소형 가방을 이용한다. 이 배낭 가방은 등에 가볍게 들쳐 멜 수도 있고 핸들을 뽑아서 바퀴로 굴려 이동할 수도 있어서 매우 편리하다.

리브어보드나 다이브 리조트에 묵으면서 숙식과 다이빙을 한 군데에서 모두 해결하

▲ 필자가 풀 세트 장비를 가져가야 하는 경우에 주로 사용하는 바퀴가 달린 롤러 더플백(사진 아래). 여행 기간이 길어서 의류 등이 더 필요한 경우에는 추가로 기내 반입 사이즈의 소프트 백을 하나 더 가져간다(사진 위).

는 경우에는 큰 가방 하나면 모두 해결되지만, 숙소와 다이브 센터가 달라서 매일 이동해야 하는 데이 트립 형태의 경우라면 숙소와 다이빙 장소까지 장비를 운반하는 방법이 추가로 필요하게 된다. 이럴 경우에 주로 사용하는 것이 그물 모양의 재질로 만든 메시 백Mash Bag이다. 일본의 오키나와, 태국의 푸켓, 인도네시아의 발리, 팔라우, 멕시코 등이 이런 지역인데 이런 곳으로 다이빙 여행을 갈 때는 메시 백을 하나 가져가면 현지에서 꼭 필요한 장비만을 챙겨 비교적 편리하게 이동할 수 있다. 물이 잘 빠지는 그물 구조이기 때문에 접으면 부피도 얼마 되지 않아 가방의 바닥에 깔거나 구석에 끼워 넣을 수 있으며 다이빙이 끝난 후 젖은 장비를 다시 숙소로 운반하기에도 편리하다. 필자는 배낭 형태로 제작된 메시 백을 즐겨 사용하는데, 용량이 커서 필요한 것들을 많이 넣을 수 있으며 바닥에 구멍이 있어서 젖은 장비의 배수가 빨리 되고 멜빵이 있어서 등에 메고 비교적 먼 거리도 편하게 이동을 할 수 있다.

다이빙 여행을 많이 다니다 보면 짐을 챙기는 요령도 늘게 마련이다. 패킹한 상태를 보면 그 다이버의 경력을 어느 정도 짐작할 수 있기도 하다. 나름대로 모두 짐을 챙기는 방법을 가지고 있겠지만, 필자가 경험을 통해 터득한 몇 가지 요령들을 소개하면 다음과 같다.

▲ 작고 가벼운 경량 장비를 가져갈 때 필자가 사용하는 캐리온 스타일의 롤러 백(사진 좌측)과 현지에서 렌털 장비를 빌려 사용할 때 이용하는 배낭형 소형 롤러 백(사진 우측)

▲ 필자가 현지에서 장비를 옮기는 데 사용하는 배낭 스타일의 메시 백(마레스)

▲ 바퀴와 핸들이 달린 가방인 경우에는 가방 바닥에 접는 핸들의 손잡이가 들어가는 파이프 비슷한 부분이 있고 이 파이프들 사이에 좁은 공간이 있다. 큰 물건을 바로 가방에 넣을 경우 이 좁은 공간이 그대로 낭비되게 마련이다. 이 가방 바닥의 홈 속에는 속옷이나 양말, 수영복과 같은 작은 물건들을 먼저 끼워 넣는다. 이렇게 하면 공간의 활용이 극대화되면서 아울러 바닥의 쿠션을 보강하는 역할도 하게 되어 된다.

▲ 가방의 맨 바닥에는 가급적 평평하고 푹신한 쿠션 역할을 할 수 있는 물건으로 채운다. 예를 들어 메시 백을 납작하게 깔거나 수트가 두 벌 이상인 경우 그중 한 벌을 펼쳐서 깔아둔다. 다른 마땅한 물건이 없으면 BCD를 잘 펴서 놓는다. 가방 속의 내용물들을 보호하기 위해서이다. 같은 이유로 가방의 맨 위에도 얇고 푹신한 웨트수트나 의류들로 덮도록 한다. BCD는 그 자체로 부피가 많이 나가기 때문에 디플레이터 단추를 누른 상태에서 공기구멍을 입으로 강하게 빨아서 내부의 공기를 모두 빼내어 납작하게 만들어 가방에 넣어야 한다. 그러나 여행이 끝난 후에도 이 상태로 오래 보관할 경우 BCD 내부의 바람 주머니가 서로 달라붙어 파손되는 경우가 있으므로 평소에 보관할 때는 내부에 바람을 조금 넣어서 행거에 걸어 두도록 한다.

▲ 핀은 항상 가방의 양옆에 한 쪽씩 세워서 넣는다. 이렇게 할 경우 고무나 플라스틱 재질의 길쭉한 핀이 옆면의 보호판 역할을 하여 역시 가방 속의 내용물들을 더 잘 보호할 수 있게 된다. 다이빙 부티나 슬리퍼 등은 처음부터 핀의 포켓 속에 넣어서 공간을 절약한다.

▲ 호흡기, 마스크, 컴퓨터, 다이브 라이트 등과 같이 손상되기 쉬운 물건은 케이스에 넣거나 의류나 수트 같은 물건으로 잘 감싸서 보호해야 한다. 이런 물건들은 가급적 가방의 가장자리에 넣지 말고 안쪽 깊숙한 곳에 끼워 넣는 것이 좋다. 가방의 표면에 가까운 부분은 아무래도 이동 과정에서 외부의 충격과 직접 부딪칠 가능성이 크기 때문이다.

▲ 무거운 물건은 가방의 아래쪽에 위치시키고 가벼운 물건은 가방 위쪽으로 넣는다. 이렇게 해야 가방 전체의 무게 중심이 안정되게 잡힌다. 반대로 무거운 물건을 가방 위에 넣을 경우 무게 중심이 불안해서 이동하는 데에도 불편할 뿐 아니라 위에 있는 무거운 물건이 아래의 가벼운 물건들을 짓눌러 장비에 손상을 입히거나 가방 내부의

상태를 엉망으로 만들 수 있다.

▲ 작은 소품들은 투명한 비닐로 된 지퍼 백에 한꺼번에 모아서 보관한다. 예를 들어 배터리와 케이블 종류, 성애 제거제나 실리콘 그리스, 스페어 오링이나 마우스피스 같은 작은 물건들은 따로따로 보관할 경우 잃어버리기도 쉽고 필요할 때 바로 찾기도 어려울 수 있으므로 항상 한꺼번에 모아 두는 습관을 들이는 것이 좋다.

▲ 마지막 다이빙이 끝나면 바로 장비를 세척한 후 건조시킨다. 잘 마르지 않은 장비를 그대로 가방에 넣을 경우 중량도 더 많이 나가게 되며 긴 여행 시간 동안 냄새도 나고 가방 안의 다른 마른 장비들까지 오염시킬 수 있다. 특히 건조에 시간이 오래 걸리는 BCD, 웨트수트, 부티 등은 더 신경을 써서 빨리 말려야 한다.

▲ 베트남은 이제 다이빙 관광 산업이 발전하고 있는 곳이어서 다른 동남아시아 국가들에 비해 다이버들에게는 덜 알려진 곳이지만 나름대로의 매력을 가진 곳이기도 하다. 사진은 베트남의 대표적인 휴양지인 푸꾸옥 섬 인근의 터틀 아일랜드에 정박하고 있는 다이브 보트의 모습

PART 8

베트남 다이빙

동남아시아 국가들 중에서 베트남은 한국의 다이버들에게 다이빙 여행지로 그다지 많이 거론되는 곳은 아니다. 베트남에서는 비교적 최근에야 다이빙 관광 산업이 활성화되기 시작했으며 다이빙할 수 있는 장소도 아직은 그리 많지는 않다. 수중 시야나 해양 생물의 다양성 측면에서도 필리핀, 태국, 인도네시아, 말레이시아 등의 다른 동남아시아 국가들과는 비교하기 어려운 것도 사실이다. 그러나 새로운 다이빙 목적지로서 베트남은 나름대로의 독특한 매력이 있다. 다른 동남아 국가들에 비해 상대적으로 경제적인 다이빙 여행을 즐길 수 있다는 것도 베트남의 장점일 것이다.

베트남은 1,600㎞가 넘는 긴 해안선을 가지고 있지만, 메콩 강의 진흙 성분이 많이 섞인 물이 유입되는 곳이 많아 시야가 좋지 못한 곳이 대부분이라 다이빙을 즐길 수 있는 장소가 아주 많지는 않다. 그러나 대표적인 휴양지인 나짱 지역이나 푸꾸옥 섬 지역에는 꽤 많은 다이브 포인트들이 개발되어 있고 다이브 센터들도 많이 들어서 있어서 다른 동남아 국가들과는 다른 분위기의 다이빙을 즐길 수 있다. 상어나 만타레이와 같은 대형 어류들을 볼 수 있는 곳은 아니지만, 다양하고 예쁜 마크로 생물들을 많이 만날 수 있는 곳이 베트남의 바다이다. 베트남의 대표적인 다이빙 여행 목적지인 나짱과 푸꾸옥을 소개한다.

베트남 여행 가이드

베트남Vietnam

인구 : 약 9천 3백만 명

수도 : 하노이Hanoi

종교 : 불교(12%)

언어 : 베트남어

화폐 : 동(VND, 20,000 VND = 약 1천 원)

비자 : 최대 15일까지 무비자 입국

전기 : 220볼트 50헤르츠(한국식 2발 원형 핀 콘센트)

1. 베트남 일반 정보

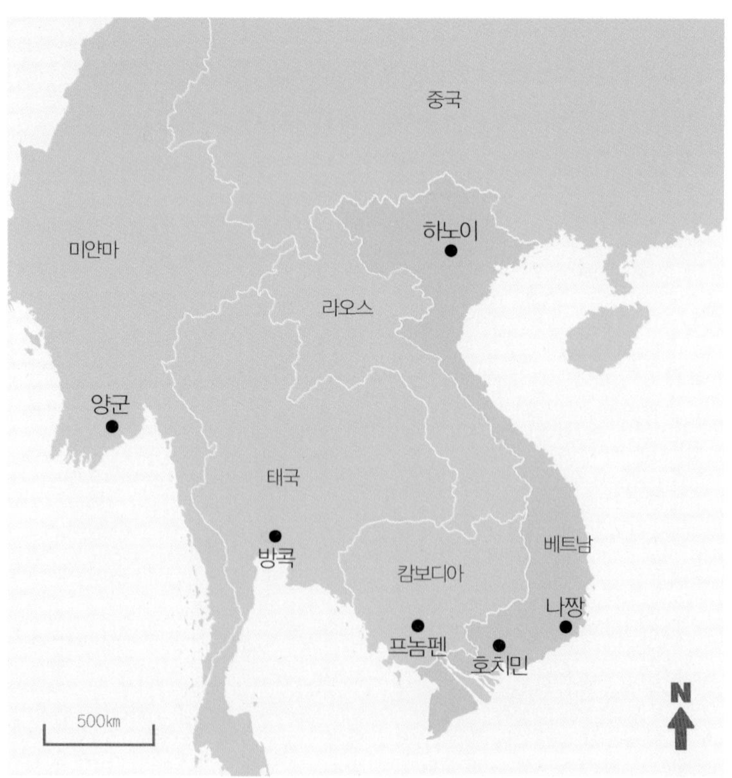

◀ 베트남의 위치

위치 및 지형

베트남은 동남아시아 지역에 속한 국가로 인도차이나 반도의 동쪽에 남북 방향으로 가늘고 긴 S자 형의 모습을 하고 있다. 남쪽부터 북쪽까지의 길이는 장장 1,650㎞이며, 국토 면적은 남북한을 합한 한반도 면적의 1.5배 정도 된다고 한다. 동쪽으로는 통킹 만, 서쪽으로는 태국만 그리고 남쪽으로는 남중국해를 각각 면하고 있으며, 내륙 쪽으로는 중국, 라오스, 그리고 캄보디아와 국경을 맞대고 있다. 수도는 북쪽의 하노이이며 가장 큰 도시는 남쪽의 호치민이다.

북부 지역은 주로 산악 지대이며, 가장 높은 산은 중국과 인접한 곳에 위치한 해발 3,143m의 판시판 산이다. 반대로 남쪽 지역은 메콩 강 삼각주를 비롯한 비옥한 토양의 평야 지대로 이곳에서 베트남 전체 쌀 생산량의 80%를 재배한다.

기후

남북으로 길게 이어지는 베트남 국토의 특성상 남쪽 지역과 북쪽 지역 간의 기후 차이가 크다. 다이버들이 주로 찾는 남쪽 지방의 경우 5월부터 10월까지가 우기이고 11월부터 4월까지가 건기로 구분된다. 우기에는 폭우성 소나기가 자주 내리기는 하지만, 최근 들어서는 건기와 우기의 날씨 차이가 그다지 크지 않다고 한다. 베트남 전국의 연평균 기온은 섭씨 27도 정도이며, 다이버들이 주로 찾는 호치민과 나짱 지역의 경우 8월 평균 일 최고 기온은 32도, 최저 기온은 24도, 12월의 경우 일 최고 기온은 30도, 최저 기온은 22도 정도이다. 연중 기온 차이가 크지 않으며 낮에는 무더운 날씨이지만, 아침저녁으로는 선선함이 느껴질 정도로 기온이 떨어지는 특징이 있다. 특히 나짱 지역은 지중해성 기후와 비슷한 점이 많아서 우기에도 그다지 비가 많이 내리지 않아 쾌적한 편이다.

태국만 지역에 위치한 푸꾸옥 섬 지역은 11월부터 3월까지가 가장 날씨가 좋은 시기

▲ 하늘에서 내려다본 호치민 시의 모습

▲ 나짱 시내의 한 광장에서의 공연 모습. 배우들의 분장이나 음악 등이 중국의 경극과 많이 닮았다.

이다. 이때의 기온은 섭씨 25도에서 28도까지로 쾌적하다. 4월부터 6월, 그리고 10월 하순에도 날씨는 비교적 괜찮은 편이고 관광객들도 많이 몰리지 않아서 다이빙을 위해 방문하기에는 나쁘지 않은 시기이다. 성수기에 비해 기온과 습도는 많이 올라가는데, 특히 4월과 5월이 가장 더운 때여서 기온이 섭씨 35도까지 올라가곤 하며 습도 또한 80%에서 85% 정도로 무더운 날씨가 이어지곤 한다. 7월부터 9월까지는 계절풍 시기여서 바람이 강하게 불고 많은 비가 내리며 바다의 상태도 매우 거칠어져서 다이빙이 거의 불가능할 정도이다. 이 시기에는 아예 문을 닫고 휴업을 하는 리조트들도 많으므로 이때는 푸꾸옥을 방문하지 않는 것이 좋다.

인구, 인종 및 종교

2016년 통계에 따르면 베트남의 인구는 거의 9천 3백만 명에 달한다고 한다. 오랜 전쟁의 영향인지 남자보다는 여자의 수가 조금 더 많고, 중장년층보다는 젊은 사람들의 비율이 높아서 전체 인구의 50%가 30대 미만이라고 하는데, 이러한 젊은 세대들이 베트남 사회에 경제에 활력을 불어넣고 있다고 한다. 베트남은 54개 민족으로 구성된 다민족 국가이기는 하지만, 전체 인구의 86% 정도를 베트남족(킨족)이 차지하고 있다.

사회주의 체제의 영향인지는 모르지만, 베트남 인구의 80% 이상이 종교를 가지고 있지 않다. 종교를 가지고 있는 사람들 중에서는 불교 신자가 12%로 가장 많다. 베트남 정부는 공식적으로는 종교의 자유를 표방하고 있어서 각자가 어떤 종교든 믿는 것은 자유이지만, 다른 사람에게 포교하는 것은 법으로 금지되어 있다고 한다.

언어

베트남의 공식 언어는 베트남어이다. 중국어의 5성처럼 베트남어에는 6성이 있어서 같은 단어라도 발음하는 억양에 따라 전혀 다른 뜻을 가지는 말이 되기 때문에 외국인이 배우기에는 매우 어려운 언어로 알려져 있다. 원래는 중국의 한자를 기본으로 하는 문자를 사용했었지만, 19세기경부터 프랑스의 영향으로 로마자로 표기하는 방식으로 바뀌었다. 베트남어에는 모음이 많아서 로마자의 5개 모음만으로는 부족하므로 모음 위에 독일어의 움라우트와 같은 부가 표기를 하여 모음을 확장해 사용한다. 또한 6성의 구분도 모음자 위에 표기하므로 하나의 모음 위에 두 개의 기호가 얹어지는 경우도 많다. 인접 국가인 캄보디아 말도 베트남어와 비슷해서 서로 어느 정도 이해가 된다고 한다. 베트남어 외에도 소수 민족들이 사용하는 언어들도 많이 있다고 한다.

역사와 문화

베트남의 역사는 말 그대로 파란만장, 칠전팔기, 도전과 승리의 기록이다. 고대 베트남은 중국의 지배를 받았으나 서기 938년 남한南漢과의 전쟁에서 승리하여 독립하였다. 그러나 이후 프랑스가 베트남을 점령하여 베트남은 프랑스령 인도차이나의 일부로 편입되게 된다. 그리고 제2차 세계 대전 기간에는 일본의 지배도 받게 되지만, 2차 대전이 끝나면서 베트남은 1945년에 하노이에서 다시 독립을 선언하게 된다. 그러나 이를 인정하지 않는 프랑스와 다시 전쟁이 일어나고 1964년 다시 승리하면서 베트남은 또 다시 독립을 쟁취하게 된다. 그러나 2차 대전 승전국인 강대국들이 북위 17도선을 그어 베트남을 남북으로 분단시키게 되는데, 이로 인해 남쪽의 월남과 북쪽의 월맹 간에 참혹한 내전이 시작된다. 베트남이 공산화되는 것을 우려한 미국은 이른바 통킹 만 사건을 빌미로 이 내전에 개입하면서 베트남 전쟁이 벌어지게 되는데 이 와중에 한국과 필리핀 같은 미국의 우방 국가들도 자의 반 타의 반으로 이 전쟁터에 참여하게 된다. 세계 최강대국인 미국은 베트남 전쟁에 엄청난 물자와 화력을 퍼부었지만, 북베트남은 끈질긴 게릴라식 저항을 통해 결국 1973년 미국이 사실상 패전하게 되고 1975년 월남의 수도였던 사이공이 북베트남에 함락되었으며, 이듬해인 1976년에 베트남 사회주의 공화국이 선포되기에 이른다.

베트남 사람들은 비록 체격은 왜소하고 대부분 가난하게 살지만 세계 최강국인 미국과의 전쟁에서 승리한 유일한 나라라는 강한 자부심을 가지고 있다. 그러나 문화적으로는 알게 모르게 중국의 영향을 강하게 받아서 전통적인 유교적 관습이 많이 남아 있고, 예술과 건축 등 여러 면에서 불교문화의 흔적을 찾아볼 수 있다.

정치와 경제

베트남은 현재 사회주의 국가이다. 그러나 독립 이후 계속되는 경제적 궁핍으로 1991년 소위 도이모이 정책이 도입되면서 현재는 사실상 시장 경제가 지배하는 나라가 되었다. 현재 베트남의 GDP는 2,045억 달러로 세계 45위로 부상하고 있으며 인당 국민 소득은 2,233달러이다. 원래는 쌀을 비롯한 후추, 커피 등의 농산물이 주력 산업이었으나 최근에는 서비스 산업, 특히 관광산업이 베트남 경제의 주축이 되어가고 있다. 잘 알려져 있지는 않지만, 베트남은 석유도 많이 생산하는 산유국이며 이 때문인지 베트남의 기름값은 매우 싸다.

전기와 통신

베트남의 전기는 220볼트로 한국과 비슷한 동그란 두발 콘센트를 사용하므로 한국에서 사용하던 전기 제품들은 베트남에서 그대로 사용이 가능하다. 전국적으로 전기 공급 상태는 양호한 편이어서 정전이 발생하는 경우는 흔치 않다.

베트남의 이동 통신은 유럽식 GSM 방식의 2G 네트워크와 WCDMA 방식의 3G 네트워크가 혼용되고 있는데, 통신 사업 자유화의 영향으로 현재 10개 이상의 이동 통신 사업자들이 통신 서비스를 제공하고 있다. 가장 큰 통신사는 비에텔과 모비폰인데 한국에서 사용하던 스마트폰을 간단한 세팅만으로 자동 로밍해서 사용하는 것도 가능하다. 로밍의 경우 통신 요금은 국내에서 사용하던 통신사에 따라 다소 차이가 있지만, 대개 베트남 내의 음성 통화는 분당 300원, 베트남에서 한국으로 발신하는 경우에는 분당 900원, 한국에서 걸려온 전화를 베트남에서 받는 경우에는 분당 700원, 문자 SMS 발신은 건당 150원, 문자 수신은 무료이다. 와이파이도 비교적 보편화되어 있지만, 한국에 비하면 속도는 많이 느린 편이다. 데이터를 많이 그리고 자주 사용하는 사람이라면 베트남에서 사용할 수 있는 유심을 구입하는 것이 좋은데 15일간 3GB까지 사용할 수 있는 유심을 15,000원 정도에 살 수 있다.

치안과 안전

베트남은 사회주의 국가인 만큼 전반적으로 치안 수준은 양호한 편이어서 다른 동남아 국가들에 비해 더 안전한 나라로 간주되고 있다. 관광 지역의 경우 야간에 밖에 다니는 것이 가능하지만, 여느 국가와 마찬가지로 절도와 소매치기 등과 같은 사소한 범죄는 항상 일어날 수 있으므로 어느 정도 기본적인 주의는 기울이도록 한다. 호치민이나 하노이와 같은 대도시에서는 모터사이클을 이용한 들치기 사고 등이 가끔 발생한다고 한다. 대도시에는 워낙 엄청난 숫자의 모터사이클들이 도로를 누비고 다니므로 사소한 교통사고가 발생할 수 있다. 특히 큰길을 건널 때는 지나다니는 모터사이클들을 조심하도록 한다.

베트남에는 전염병을 포함하여 특별히 우려할 만한 질병이 그다지 발생하지 않으므로 사전에 예방 접종을 받는 등의 조치는 필요하지 않다. 그러나 비위생적인 길거리 음식이나 오염된 식수 등을 잘못 먹거나 마셔서 배탈이 나는 경우는 더러 발생하기 때문에 간단한 비상 약품 정도는 미리 준비해 가는 것이 바람직하다. 현지에는 영어가 가능한 병원이 많으며 더러 한국계 병원도 있으므로 건강에 문제가 생길 경우 현지인의 도움을 받아 병원을 찾도록 한다.

나짱과 푸꾸옥을 포함한 대부분의 베트남

다이브 사이트들은 수심이 그다지 깊지 않다. 일반적으로 20m 이하로 내려가는 경우는 흔치 않기 때문에 그만큼 감압병과 같은 다이빙 사고가 발생할 가능성도 낮다고 볼 수 있다. 그러나 만일의 경우 나짱 시내에 재압 체임버를 갖춘 병원이 있다는 점을 알아두도록 하자.

시차

베트남의 표준시는 GMT+7시간으로 한국보다 2시간이 느리다. 한국 시각으로 정오가 베트남 시각으로는 오전 10시에 해당한다.

2. 베트남 여행 정보

베트남 입출국

한국과 베트남의 호치민, 하노이, 다낭 간에는 직항편이 운항되고 있다. 인천과 호치민, 인천과 하노이 간에는 대한항공, 아시아나항공, 진에어, 베트남항공, 비엣젯 등이 직항편을 운항하고 있으며, 인천과 다낭 간에는 대한항공, 아시아나항공, 진에어, 제주항공, 티웨이, 베트남항공, 비엣젯 등이 매일 운항한다. 인천과 나짱 간에도 대한항공과 제주항공이 주 4편을 운항한다. 한국에서 베트남 관문도시들까지의 소요 시간은 네 시간이 조금 더 걸린다.

▲ 호치민의 탄손냣 국제공항 청사

한국 여권 소지자는 미리 비자를 받지 않아도 입국 공항에서 최대 15일까지 머무를 수 있는 체류 비자를 받을 수 있다. 다만 일단 베트남을 출국한 날로부터 30일 이내에 다시 입국하는 경우 또는 15일 이상 체류하는 경우에는 무비자 입국이 허용되지 않으므로 베트남에 머물다가 캄보디아 등 인근 국가로 잠시 출국한 후 다시 베트남으로 들어올 계획이 있다면 미리 비자를 받아 두어야 한다. 베트남 입국비자는 여권과 항공권 사본만으로 신청하여 간단히 도착비자 형태로 받을 수 있다. 별도의 입국 신고서는 작성할 필요가 없으며 특별히 신고할 물품이 없는 한 세관 신고서도 작성하지 않는다. 그런데 입국 심사를 할 때 출국 항공권을 확인한 후 이 날짜를 기준으로 체류 기간을 정해 주기 때문에 베트남에 입국하기 위해서는 입국 심사관에게 돌아오는 비행기표를 반드시 제시해야 한다. 스마트폰에 저장되어 있는 것은 인정하지 않으므로 반드시 종이에 인쇄하여 지참하여야 한다. 이것을 잊고 그냥 출국한 경우에는 공항 내에 있는 해당 항공사 카운터로 가서 인쇄된 티켓을 다시 발행 받은 후 입국 심사를 받아야 한다. 대부분의 국가들이 미화 1만 달러 이상을 반입하거나 반출할 경우에 세관에 신고해야 하는 것과는 달리 베트남에서는 미화 5천 달러 이상을 가지고 있는 경우에 세관에 신고하도록 되어 있다. 또한 출국할 때 베트남 화폐(동)를 반출하는 것이 법으로는 금지되어 있지만, 실제로는 이 조항은 사문화되다시피 하여 공항 내 면세점에서도 동화를 사용하여 상품을 구매할 수 있다.

현지 교통편

베트남의 주요 도시에서의 이동은 택시를 이용하는 것이 가장 편리하다. 시내에서의 택시는 미터를 이용하는데, 요금도 저렴하고 차량들도 깨끗하다. 공항에서 시내로 이동할 경우에도 택시를 이용하는 것이 좋다. 대개 청사 밖으로 나오면 항상 택시들이 대기하고 있다. 다만, 공항과 시내 간에는 택시 요금이 정해져 있는 경우가 많으므로 타기 전에 목적지를 말하고 요금을 확인한 후 출발하는 것이 좋다. 예를 들어 깜라인 공항에서 나짱 시내까지는 미터로는 50만 동 이상이 나오지만, 이용 요금은 30만 동(약 15,000원 정도)으로 정해져 있다. 나짱 시내에서 공항으로 들어가는 경우에는 주차비 등으로 인해 조금 더 받는다. 가끔 정식 면허가 없는 사이비 택시들이 관광객들에게 바가지를 씌우는 일이 벌어지는 것으로 알려지고 있으므로 가급적 베트남에서 택시를 타야 할 때는 가장 큰 회사인 비나선Vina Sun 택시를 이용하는 것이 추천된다. 호텔에서 택시가 필요한 경우 프런트 직원이나 벨맨에게 부탁하면 전화로 금방 불러준다.

베트남 주요 도시 간의 이동은 역시 국내선 항공편이 가장 편리하다. 호치민, 하노이, 다낭의 3대 거점 도시를 중심으로 베트남의 거의 모든 도시를 베트남항공 등 여러 항공사의 국내선 항공편들이 수시로 연결하고 있으며 운임도 편도에 50달러 내외의 금액으로 비교적 합리적인 편이다. 베트남 항공을 비롯한 베트남 국내선 항공편의 경

▲ 호치민 공항의 택시. 베트남의 택시들은 미터를 사용하며 요금도 합리적인 편이다.

▲ 호치민 공항 국내선 터미널. 국제선 터미널에서 도보로 이동이 가능하다.

우 기내 반입 수하물의 최대 중량은 7㎏으로 체크인 카운터에서 철저하게 중량을 체크한다. 저가 항공사가 아닌 경우 국제선 구간의 체크인 백 허용 중량은 대개 20㎏까지이다.

항공편 외에도 베트남의 주요 도시 간에는 열차와 장거리 버스가 자주 운행되고 있으므로 보다 경제적으로 느긋하게 여행을 즐기고 싶다면 이용해 볼 만하다. 실제로 베트남을 찾는 배낭족 여행자들은 국내선 항공편보다는 값이 싼 버스를 자주 이용한다. 장거리를 운행하는 버스의 경우 일반적인 좌석 대신 간이침대와 화장실을 갖춘 경우도 많이 있다. 그러나 시간은 많이 걸려서 북부의 하노이에서 남부의 호치민까지는 가는 데 30시간 이상이 소요된다. 호치민에서 나짱까지도 비행기로는 1시간이 채 걸리지 않지만 야간 침대 버스를 타면 10시간 정도 걸린다. 그러나 요금은 우리 돈으로 1만 원 이내로 매우 저렴하다.

통화와 환전

베트남의 공식 통화는 베트남 동Dong, VND이다. 금액 단위가 매우 커서 2017년 8월 현재 환율 기준으로 미화 1달러 또는 한화 1,000원이 약 2만 동 정도에 교환된다. 한국 돈으로 쉽게 환산하는 방법은 동화 숫자 중에서 0을 하나 떼어내고 반으로 나누는 것이다. 달러화로 환산하려면 0을 4개 떼어내고 반으로 나누면 된다. 현지화 지폐 중 가장 고액권은 50만 동짜리이며 그 밑으로 20만 동, 10만 동, 5만 동, 2만 동, 1만 동 등 여러 가지 액면 권종이 유통되므로 거래하고 지불할 때 헷갈리지 않도록 조심해야 한다. 동전도 있기는 하지만, 액면 가치가 워낙 낮아 거의 사용되지 않는다.

환전은 한국에서 미화로 바꾸어 간 후 현지에서 필요한 만큼만 동화로 바꾸어 쓰는 편이 좋다. 환전은 은행은 물론 시내 곳곳에 있는 환전상에서 할 수 있으며 환율에 큰 차이가 없으므로 어느 곳에서 바꾸든 별 상관은 없다. 현행 베트남 법에 따라 출국할 때 베트남 화폐를 가지고 나갈 수 없으며, 미화를 동으로 바꾸는 것은 자유롭지만, 반대로 동을 외화로는 바꿔주지 않으므로 조금씩 필요한 만큼만 환전해서 쓰는 것이 좋다. 주요 대도시들은 물론 관광객들이나 다이버들이 많이 찾는 나짱 인근의 대부분 지

▲ 베트남 화폐인 동VDN, 2만 동이 우리 돈 약 1천 원에 해당한다.

역에서 현지화와 함께 미국 달러도 흔히 통용된다. 호텔, 식당, 상점은 물론 작은 편의점 같은 곳에서도 미국 달러를 받는다. 참고로 베트남에 입국할 때 미화 5천 달러 이상을 소지하고 있을 경우 세관에 신고하도록 되어 있다.

나짱의 경우 대부분의 호텔, 식당, 상점들은 신용 카드보다는 현금, 그중에서 미국 달러를 선호하지만 신용 카드도 통용되는 곳이 많다. ATM은 시내 곳곳에서 매우 흔하게 발견할 수 있다. 신용 카드를 이용한 현금 서비스는 대개 어느 ATM에서든 가능하지만 한국의 은행에서 발행한 현금 카드를 사용할 수 있는 ATM은 별로 많지 않다는 점도 참고하도록 한다. 푸꾸옥 또한 미국 달러도 큰 불편 없이 유통되기는 하지만, 나짱에 비하면 베트남 동화가 더 많이 사용된다. 따라서 푸꾸옥 공항에 내리면 적당한 금액의 동화를 바꾸어 두는 것이 좋다.

팁

베트남 전역에서 팁은 그다지 보편화되어 있지는 않다. 그러나 나짱 등 관광객들이 많이 몰리는 지역에서는 약간의 팁을 기대하는 경우도 있다. 호텔에서 가방을 들어준다거나 방 청소를 해 주는 경우는 대개 1만 동(한화 500원 정도) 정도가 적당하다. 택시를 타는 경우에는 미터의 잔돈 거스름돈 정도만 남겨주는 것으로 충분하다. 고급 식당의 경우 일정한 비율의 서비스 차지가 붙어 나오는 경우도 있지만, 그렇지 않은 경우의 팁은 식대의 5%에서 10% 내외가 적당하다. 일반적으로 괜찮은 레스토랑에서 저녁 식사를 하는 경우 식비는 1인당 10달러 이내인데 이 경우의 팁은 역시 1만 동(50센트)에서 2만 동(1달러) 정도면 무난하다. 베트남을 여행할 때에는 1만 동, 2만 동권이나 1달러짜리 잔돈을 항상 충분히 휴대하는 것이 좋다.

다이브 마스터에 대한 팁에도 일정한 가이드라인은 없다. 배낭족 다이버들이 많다 보니 팁을 주지 않는 경우도 많다. 그러나 필자의 경험과 현지의 물가수준 등을 종합적으로 감안했을 때 베트남에서 현지인 다이브 마스터에 대한 감사의 보답은 하루 2회 다이빙을 기준으로 2달러에서 3달러 정도가 적정선이라고 생각된다. 물론 나 혼자만을 전담해서 가이드를 한 경우라든가 특별히 뛰어난 서비스를 제공해 준 경우 어느 정도 더 생각해 주는 것이 당연하겠지만, 현지 수준에 비해 지나친 팁은 여러모로 바람직한 것만은 아니므로 어느 경우든 하루당 최대 5달러를 넘기지는 않는 것이 좋다는 생각이다. 현지인 다이브 마스터가 아닌 서양인 가이드일 경우에는 굳이 별도로 팁을 챙겨 주지 않아도 좋다.

▲ 베트남 주요 도시에서 흔히 볼 수 있는 ATM 기계들

물가

베트남은 동남아 국가들 중에서도 비교적 물가가 싼 나라에 속한다. 특히 식품이나 서비스에 대한 값이 싼 편이다. 그러나 수입에 주로 의존하는 공산품 그다지 싼 편은 아니다. 베트남의 일반적인 물가 수준은 다음과 같다.

일반적인 식당에서의 식사 비용	5만 동
고급 식당에서의 2인 식사 비용	38만 동
맥도널드 빅맥 세트	10만 동
국산 맥주(식당)	2만 동
수입 맥주(식당)	3만 동
국산 맥주(슈퍼마켓)	1만4천 동
생수 1병(식당)	7천 동
카푸치노 커피(식당)	4만 동
숙박비(게스트하우스, 1박)	10달러
숙박비(3성급 호텔, 1박)	30달러
담배(말보로 1갑)	2만5천 동

음식

베트남 음식은 고수와 같은 향채와 녁맘이라고 부르는 생선 젓갈 종류를 많이 사용하고 있음에도 불구하고 한국 사람들의 입맛에 의외로 잘 맞는다. 처음에는 다소 비주얼이 마음에 들지 않더라도 일단 먹기 시작하면 맛이 있는 경우가 많다. 특히 한국인들에게 익숙한 베트남 음식이 쌀국수인 포Pho인데 쇠고기, 돼지고기, 닭고기, 생선 등 다양한 종류의 육수와 고명을 사용한다. 어느 것을 골라도 맛이 있으며 현지에서 먹는 포의 맛은 한국이나 다른 나라에서 먹는 베트남 쌀국수와는 많은 차이가 있다는 것을 알게 된다. 포를 먹을 때 베트남식 스프링롤인 짜조Cha Gio 또는 베트남식 바게트 빵인 반미Ban Mi를 곁들이는 경우가 많다. 반미는 고급 레스토랑부터 길거리 식당에 이르기까지 어디서든 쉽게 볼 수 있으며 값도 싸고 맛도 좋다. 그냥 먹어도 맛이 있으며 살짝 구워서 버터를 발라 먹거나 반을 갈라

▲ 베트남 푸꾸옥 야시장의 한 해산물 식당에 진열된 신선한 해물들

샌드위치로 만들어 먹기도 한다. 이 외에도 동남아에서 흔한 야채인 모닝글로리와 마늘을 볶은 음식인 라우 무옹 싸오 또이도 우리의 입맛에 잘 맞는다. 다른 동남아 국가들과 마찬가지로 볶음밥 또한 간단한 식사로 많이 애용되는 메뉴이다.

나짱과 같은 해안 도시에서는 해산물 요리가 흔한데, 값도 싸고 매우 맛이 좋다. 특히 추천할 만한 해산물 음식으로는 왕새우나 조개, 가리비, 굴과 같은 신선한 어패류를 굽거나 찜으로 하여 레몬즙을 섞은 소금에 찍어 먹는 것이다. 이 외에도 각종 생선 종류, 게 요리 또한 나짱에서는 꼭 맛보아야 할 해물들이다. 해물은 진열된 것 중에서 직접 선도를 확인하여 주문하는 것이 좋으며 입을 벌리고 있는 조개와 같이 신선해 보이지 않는 것은 먹지 않도록 한다. 식당의 등급에 따라 차이는 있을 수 있지만, 어지간한 레스토랑에서도 인당 2만 원 정도면 맛있는 해물을 실컷 먹을 수 있다.

베트남은 질이 좋은 커피와 차의 생산지로도 유명하다. 베트남의 커피는 맛과 향이 다소 강한 편이며 한국에 비해 매우 진하게 타서 마신다. 베트남에도 질 좋은 맥주가 흔한데 가장 유명한 브랜드는 사이공이며, 여러 가지 종류의 다양한 맥주를 판매한다. 값도 매우 싸서 음식점에서 주문해서 마시더라도 한 병에 대개 2만 동(1천 원) 내외이다.

▲ 쌀국수 포와 베트남 바게트인 반미, 그리고 베트남 커피로 이루어진 전형적인 아침 식사

▲ 사이공 맥주를 곁들인 해산물 저녁 식사. 베트남에서는 대개 인당 1만 원 내외의 비용으로 이 정도의 푸짐한 저녁 식사를 즐길 수 있다.

베트남 다이빙 가이드

다이브 포인트 요약

지역	포인트	수심(m)	난이도	특징
나짱	**마돈나 록**	5~25	**초중급**	수중 지형, 마크로, 터널
	모레이 비치	5~18	**초급**	리프, 마크로
	마마한 비치	4~16	**초급**	리프, 마크로
	머시룸 베이	3~18	**초급**	리프, 마크로
	일렉트릭 노스	5~45	**중상급**	월, 리프, 수중 지형(터널), 마크로
	고래 섬	5~30+	**초중급**	월, 리프, 마크로, 수중 지형
푸꾸옥	**터틀 아일랜드**	1~12	**초중급**	리프, 슬로프, 마크로, 수중 지형
	핑거네일 아일랜드	2~10	**초중급**	리프, 샌드, 마크로
	누디브랜치 가든	1~10	**초중급**	리프, 마크로, 수중 지형
	마이 룻	1~10	**초중급**	리프, 수중 지형, 마크로
	담 아일랜드	3~18	**초중급**	리프, 마크로
	파인애플 아일랜드	10~35	**중급**	딥, 리프, 마크로, 수중 지형

3. 베트남 다이빙 개요

▼ 베트남의 주요 다이빙 지역

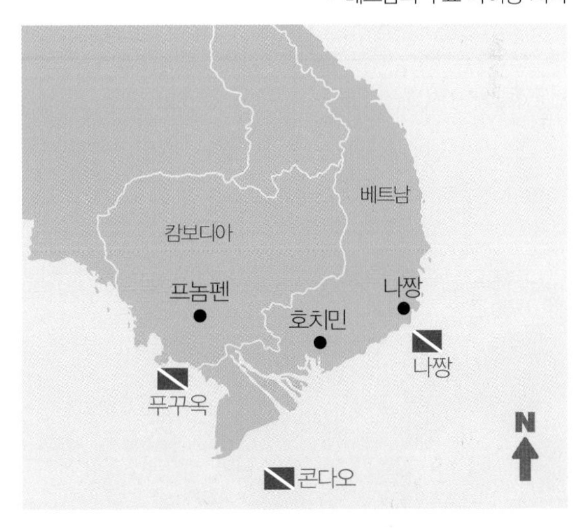

베트남에서 스포츠 다이빙이 시작된 것은 1980년대 후반부터인 것으로 알려졌다. 따라서 동남아시아 국가 중에서도 다이빙의 역사가 길지 않은 나라이며 그만큼 다이버들에게도 많이 알려져 있지 않은 곳이기도 하다. 베트남은 동쪽으로는 통킹 만, 남쪽으로는 남중국해, 그리고 서쪽으로는 태국만 등 삼면이 바다로 둘러싸여 있는 나라이지만, 다이빙에 적합한 바다는 사실 그리 많지 않다. 베트남의 강들은 대개 진흙 성분이 많이 포함되어 있어서 매우 탁하다. 따라서 큰 강이 바다로 유입되는 통킹 만 지역과 남해안 지역 등의 바다는 탁한 강물이 유입되어 시야가 좋지 않다. 다이빙을 위해 베트남을 찾는 다이버들은 대부분 중부 해양 휴양 도시인 나짱Nha Trang을 목적지로 삼는다. 나짱 외에 최근 들어 다이빙이 빠른 속도로 발전하고 있는 또 하나의 장소는 이웃 나라인 캄보디아의 시아누크빌 지역에 인접한 국경 섬 지역인 푸꾸옥Phu Quoc이다. 또한 남중국해 쪽으로 비교적 먼 곳에 떨어져 있는 꼰다오Con Dao 지역 또한 최근 들어 다이빙 관광이 빠른 속도로 개발되고 있다.

베트남 다이빙의 특징은 다양한 마크로 수중 생물들과 아름다운 수중 지형이다. 대부분의 포인트들이 물이 맑지는 않아서 시야는 전반적으로 그다지 좋지 않지만, 조류가 심하지 않고 수심도 깊지 않아서 경험이 많지 않은 다이버들도 큰 부담 없이 다이빙을 즐길 수 있다. 다른 동남아시아 국가들에 비해 전반적인 여행 경비가 싼 편이기 때문에 주머니가 가벼운 배낭족 다이버들이 많이 찾는 지역이기도 하다.

▼ 푸꾸옥 '터틀 아일랜드'의 아름다운 수중 모습

베트남에는 아직 리브어보드는 없으며 모든 다이빙이 나짱 또는 푸꾸옥, 꼰다오에 있는 다이브 센터를 근거지로 하는 데이 트립으로 진행된다.

다이빙 시즌

나짱 지역의 피크 시즌은 3월부터 10월까지이며, 11월부터 2월까지는 바람과 풍랑이 거칠어져서 특히 먼 거리를 나가는 다이빙은 어려워진다. 물론 나짱 항구에서 한 시간 정도 걸리는 문 섬Mun Island 주변의 근거리 다이빙은 연중 가능하다.

반면, 나짱과 반대쪽에 위치한 푸꾸옥 지역의 다이빙 시즌은 11월부터 3월까지가 가장 좋은 시기이며, 5월부터 9월까지가 비수기에 속한다. 따라서 봄이나 여름철에 베트남을 찾는다면 나짱 쪽이 유리하고, 반대로 가을부터 겨울까지의 시기라면 푸꾸옥 쪽을 찾는 편이 낫다. 나짱에서 남쪽으로 꽤 멀리 떨어져 있는 꼰다오 지역의 성수기는 5월부터 7월까지이며, 비수기는 1월부터 3월까지이다.

4. 나짱 다이빙

나짱 트립 브리핑

이동 경로	서울 ···› (항공편) ···› 호치민 시티 ···› (항공편) ···› 나짱
이동 시간	항공편 6시간(국내선 구간 포함)
다이빙 형태	데이 트립 다이빙
다이빙 시즌	연중(최적 시기 : 3월부터 10월)
수온과 수트	연중 27도에서 30도(3밀리 수트)
표준 체재 일수	4박 5일(3일 6회 다이빙)
평균 기본 경비	총 78만 원 • 항공료 : 35만 원(인천-호치민, 1회 경유) • 현지 교통비: 3만 원(시내 택시비 등) • 숙식비 : 20만 원(4성급 호텔, 1박 45달러, 4박) • 다이빙 : 20만 원(1일 2회, 3일 다이빙)

나짱Nha Trang 개요

베트남에서 가장 다이빙이 활발한 지역은 나짱(영어식 발음으로는 나트랑) 지역이다. 황토 성분이 많아 매우 탁한 색을 가지고 있는 메콩 강의 영향으로 베트남 인근 수역

▲ 길이가 17㎞에 달하는 해안선과 백사장으로 이루어진 아름다운 나짱 해변

의 시야는 좋지 않지만, 나짱 인근 수역은 다른 지역에 비해 비교적 시야가 좋고 주변에 다이빙에 적합한 산호초 지대가 잘 발달해 있기 때문이다. 나짱은 호치민에서 북동쪽으로 약 400km 정도 떨어져 있는 해변 도시로 약 17㎞에 달하는 아름다운 해안선과 백사장을 갖고 있는 베트남의 대표적인 휴양 및 관광 도시이다.

찾아가는 법

나짱 인근에 깜라인 국제공항(CXR)이 있어서 대부분의 다이버들은 항공편을 통해 나짱으로 들어온다. 한국 인천공항에서 나짱까지 대한항공과 제주항공이 주 4편 직항편을 운항하고 있으며 베트남항공은 호치민을 경유하여 나짱까지 들어간다. 호치민과 나짱 간은 베트남항공이 하루 세 편의 항공편을 운항하고 있으며 요금은 편도 기준 50달러 정도이고, 소요 시간은 한 시간 이내이다. 호치민의 탄손낫 국제공항에 도착하면 일단 입국 심사를 받은 후 짐을 찾아 청사 밖으로 나온 다음, 오른쪽 국내선 청사로 통하는 통로를 따라 이동하면 된다.

▲ 호치민 탄손낫 공항의 국내선 청사 연결 통로

▲ 나짱으로 들어가는 관문 공항인 깜라인 국제공항의 내부 모습

▼ 호치민(구 사이공)과 나짱 간을 10시간 정도에 연결하는 야간 이층 침대 버스

이동 시간은 도보로 5분 정도 걸린다.

탄손낫 공항의 국내선 청사는 베트남항공이 사용하는 구역과 그 밖의 항공사들이 사용하는 구역으로 구분이 되어 있다. 체크인 카운터는 목적지별로 나뉘어 있으므로 전광판에서 카운터의 위치를 먼저 확인한 다음 체크인을 하도록 한다. 베트남항공 이코노미 클라스의 경우 체크인 화물은 20㎏까지이며 기내에 들고 들어갈 수 있는 캐리온 가방은 최대 7㎏까지만 허용된다. 특히 캐리온 가방은 체크인 카운터에서 중량을 엄격하게 체크하고 있다. 체크인이 끝나고 보딩패스를 받으면 2층으로 올라가서 보안 검색을 받은 후 출발 게이트로 이동하면 된다.

나짱의 깜라인 국제공항에 도착하면 부친 짐을 찾아서 바로 청사 밖으로 나와서 대기하고 있는 택시를 타고 나짱 시내로 들어가면 된다. 이때 비나선과 같은 믿을 만한 회사의 택시를 이용하도록 한다. 택시에는 미터가 붙어 있지만, 공항에서 나짱 시내까지는 30만 동(약 15,000원)의 고정 요금으로 정해져 있다. 실제로 미터를 켜면 이 요금의 거의 2배인 60만 동 정도가 나온다. 택시에 타기 전에 요금을 재확인하고 출발하는 것이 혹시라도 나중에 문제가 생길 소지를 없애는 방법이다. 반대로 나짱 시내에서 깜라인 공항으로 들어갈 때의 요금도 30만 동으로 정해져 있지만 이 경우에는 공항 청사 주차료 등의 명목으로 조금 더 받는다. 깜라인 공항에서 나짱 시내까지는 약 30분 정도 걸린다. 구글 지도 등을 통해 보면 나짱 시내에 공항이 있는 것처럼 보이지만, 이것은 민간 공항이 아니고 베트남 공군이 사용하는 비행장이므로 착각하지 않도록 하자.

비행기 외에도 호치민에서 나짱으로 이동을 원하는 경우 열차나 버스를 이용할 수도 있다. 호치민과 나짱 간의 특급 열차는 하루 6편 정도가 운행되는데, 소요 시간은 10시간 정도 걸리며 요금은 좌석이 30달러, 침대가 40달러 내외이다. 차량은 매우 깨끗하고 쾌적하기 때문에 열차 여행을 좋아하는 사람은 한 번쯤 이용해 볼 만하다. 호치민에서 나짱까지 버스도 많이 운행된다. 특히 저녁에 호치민을 출발해서 아침에 나짱에 도착하는 이층 침대 버스는 22만 동으로 우리 돈으로 1만 원 남짓한 저렴한 요금과 아울러 숙박비까지 절약할 수 있다는 점으로 인해 배낭족 여행자들에게 인기가 높다. 인근 국가인 캄보디아의 프놈펜이나 시아누크빌에서도 호치민을 경유하여 버스 편으로 들어오는 것이 가능하다.

나짱에서 관광객들이 가장 많이 찾는 지역은 티엔 투엇Thiện Thuật 거리 주변이다. 이곳은 아름다운 나짱 비치와 가까울 뿐 아니라 다이브 센터, 호텔, 레스토랑, 바 등이 밀집되어 있는 곳이기도 하다.

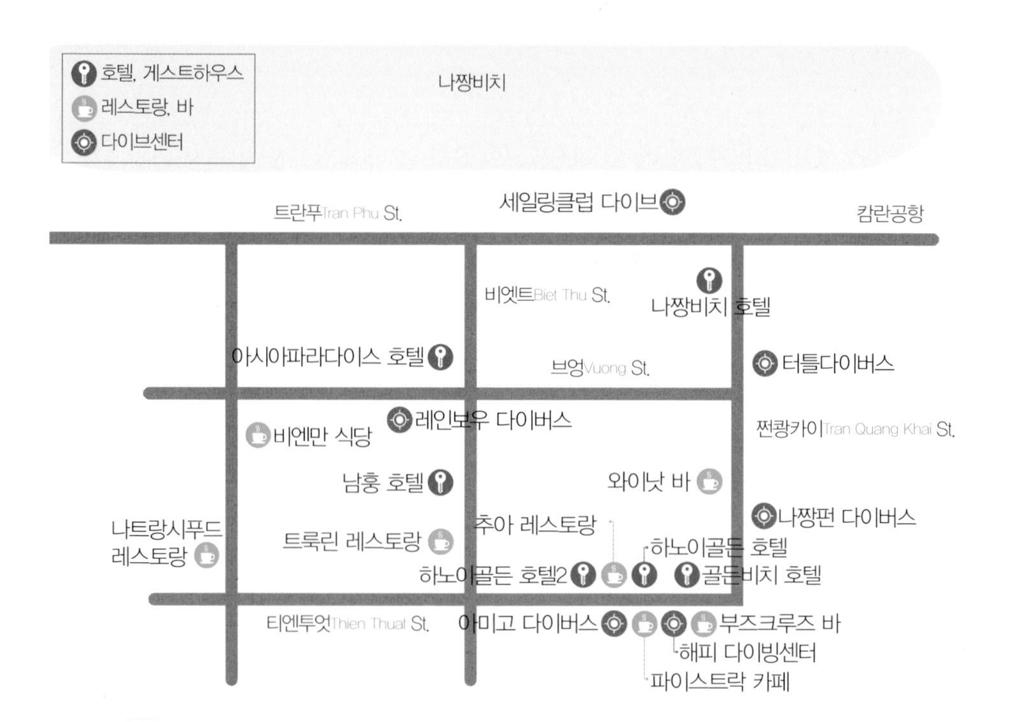

나짱의 다이브 센터

나짱 시내에는 10여 개가 넘는 다이브 센터들이 영업하고 있지만, 이 중에서 7개 정도가 티엔 투엇 거리 주변에 자리 잡고 있다. 각 다이브 센터들은 규모나 서비스, 가격 등에서 차이가 많이 있으므로 자신의 스타일이나 예산에 맞는 다이브 센터를 선택하는 것이 중요하다. 나짱에서 추천할 만한 다이브 센터들은 다음과 같다.

• 레인보우 다이버스Rainbow Divers : 나짱에서 가장 규모가 큰 다이브 센터며 서비스도 가장 좋은 곳이기는 하지만, 그만큼 다이빙 요금도 가장 비싼 곳이다. 위치는 비엣 트 거리와 브엉 거리가 만나는 교차점 부근에 있어서 인근의 호텔에서 도보로 찾아갈 수 있다. 다이브 센터 안에 식당과 바(크레이지 킴)도 갖추고 있다. 데이 트립은 보통 오전 7시경에 다이브 센터에 집합하여 차량으로 항구까지 이동한 후 보트에 승선하여 출발해서 오전에 2회의 다이빙을 모두 마치고 돌아오는 것인데, 점심 식사 전에 모든 일정이 끝난다. 주로 찾는 다이브 포인트들은 문 섬Mun Island 인근 지점들이며 날씨가 좋고 지원자들이 많을 경우 더 먼 거리에 있는 일렉트릭 노스를 찾기도 한다. 희망자가 있을 경우 오후에 별도의 1회 다이빙 트립을 나가기도 하므로 원할 경우 하루에 3회까지 다이빙을 할 수 있다. 펀 다이빙 요금은 2회 다이빙에 75달러이며 고래 섬 등 원거리로 나가는 경우에는 10달러가 추가된다. 그러나 고래 섬에서의 다이빙을 원한다면 아예 고래 섬 안으로 들어가서 그곳의 리조트에 묵는 것이 좋다. 고래 섬 안에도 레인보우 다이버스의 점포가 있다. 오후 1회를 포함하여 3회 다이빙을 하는 경우의 비용은 100달러 정도가 된다. 펀 다이빙 요금에는 보트, 다이빙 장비, 가이드 등이 포함되지만 점심 식사는 포함되지 않는다.

▲ 나짱에서 가장 규모가 큰 레인보우 다이브 센터의 내부. 식당과 바를 갖추고 있다.

• 아미고스 다이버Amigos Divers : 티엔 투엇 거리의 하노이 골든2 호텔 건너편에 자리 잡고 있다. 오전에 출발하는 펀 다이빙은 문 섬 주변에서 2회를 실시하는데, 요금은 70달러이며, 장비를 포함할 경우 90달러가 된다. 가격이나 서비스 등의 모든 면에서 중간쯤 되는 무난한 곳이다.

▲ 티엔 투엇 거리에 위치한 아미고스 다이버스 다이브 센터

▲ 다이빙을 위해 항구를 출항하는 해피 다이빙의 다이브 보트

- 해피 다이빙Happy Diving : 티엔 투엇 거리의 골든비치 호텔 바로 건너편에 자리 잡고 있다. 보통 데이 트립은 7시 반경에 호텔에서 픽업하여 항구로 이동하며 다이빙 보트에서 점심 식사까지 마치고 오후 2시경 다시 숙소로 돌아오는 다소 여유 있는 일정으로 진행된다. 대부분의 다이빙은 문 섬 주변에서 실시한다. 다이빙 보트는 다른 곳에 비해 조금 더 낡았으며 다이빙 서비스의 질도 아주 뛰어난 편은 아니지만, 요금이 매우 저렴하여 특히 배낭족 다이버들이 즐겨 찾는 다이브 센터이기도 하다. 하루 2회 펀 다이빙은 보트, 가이드, 장비와 점심 식사까지 모두 포함하여 45달러이다.

나짱의 숙소

나짱 시내 전역에는 다양한 종류와 가격대의 숙소가 널려 있다. 전체적으로 보았을 때 베트남의 물가는 다른 동남아시아에 비해 낮은 편인 만큼 숙박비나 음식값 또한 저렴한 편이다. 물론 나짱 지역에도 나짱 비치 건너 빈펄 섬에는 1박당 500달러가 넘는 럭셔리 리조트가 있고, 비치 쪽에도 1박당 1백 달러에서 150달러 정도의 5성급인 힐튼이나 인터콘티넨탈 호텔이 있지만, 대부분의 여행객이나 다이버들은 티엔 투엇 거리 부근의 작고 깔끔한 3성급 또는 4성급 호텔들을 선호한다. 이런 호텔들은 규모는 작지만 깨끗하고 쾌적한 객실과 식당 등의 기본적인 부대시설을 갖추고 있고 와이파이도 제공되는 경우가 많으며 대개 1박당 30달러 정도의 합리적인 비용으로 묵을 수 있다. 물론 원한다면 1박당 10달러에서 20달러 정도의 작은 호텔이나 게스트하우스를 택할 수도 있다. 나짱 티엔 투엇 지역에서 추천할 만한 3성급 호텔들은 다음과 같다.

- 하노이 골든호텔 : 티엔 투엇 거리에 위치한 3성급 호텔이다. 위치는 골든비치 호텔과 하노이골든 2 호텔 중간에 있으며 88개의 객실을 갖춘 10층짜리 건물이다. 3층에

는 식당이 있어서 꽤 푸짐한 아침 식사를 제공한다. 해피 다이버스, 아미고 다이버스와 매우 가까우며 레인보우 다이브 센터까지도 도보로 이동이 가능하다. 주변에 각종 식당과 바, 편의점들이 많아 여행자들이 묵기에 대단히 편리한 위치에 있다. 평균 숙박비는 1박당 30달러 정도이다.

▲ 티엔 투엇 거리에 있는 3성급 호텔인 하노이 골든 호텔

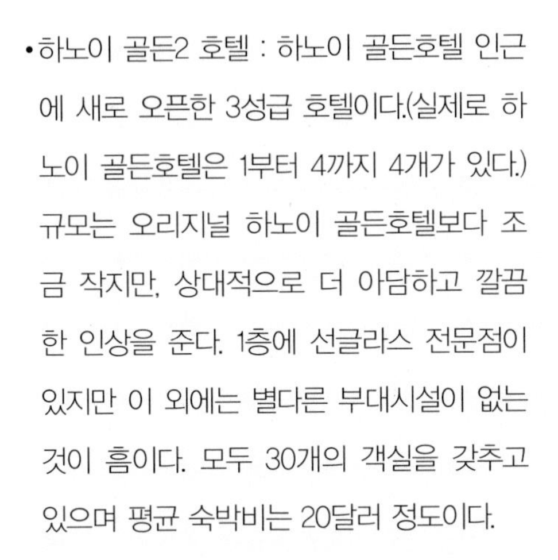

• 하노이 골든2 호텔 : 하노이 골든호텔 인근에 새로 오픈한 3성급 호텔이다.(실제로 하노이 골든호텔은 1부터 4까지 4개가 있다.) 규모는 오리지널 하노이 골든호텔보다 조금 작지만, 상대적으로 더 아담하고 깔끔한 인상을 준다. 1층에 선글라스 전문점이 있지만 이 외에는 별다른 부대시설이 없는 것이 흠이다. 모두 30개의 객실을 갖추고 있으며 평균 숙박비는 20달러 정도이다.

• 써머 호텔 : 티안 투엇 거리 조금 안쪽에 위치한 제법 규모가 큰 3성급 호텔이다. 모두 84개의 객실을 갖추고 있으며 식당과 바를 포함한 부대시설도 충실한 편이다. 레인보우 다이버스에서 비교적 가까운 거리에 있다. 평균 숙박비는 1박당 25달러 정도이다.

• 나짱 비치호텔 : 쩐 꽝 카이Trần Quang Khải 거리에 위치한 3성급 호텔로 모두 64개의 객실을 보유하고 있다. 나짱 비치에서 가까운 곳에 있으며 터틀 다이버스, 나트랑 펀 다이버, 세일링클럽 다이버스 등의 다이브 센터에서 가까운 위치에 있다. 평균 숙박비는 1박당 25달러 정도.

• 아시아 파라다이스 호텔 : 비엣 트 거리와 브엉 거리가 교차하는 지점에 위치한 3.5성급 호텔로 모두 114개의 객실을 갖춘 비교적 규모가 큰 호텔이다. 식당과 바, 비즈니스 센터 등의 다양한 부대시설을 갖추고 있으며 특히 레인보우다이버스에서 도보로 1분밖에 걸리지 않는 곳에 위치해 있다. 숙박비는 다른 곳에 비해 조금 비싼 1박당 40달러 수준이다.

나짱의 식당과 바

티엔 투엇 거리 부근에는 다양한 숙소 못지않게 여러 가지 종류의 식당과 바들이 자리잡고 있다. 간단한 식사를 할 수 있는 길거리 간이식당에서부터 웨이터가 풀 서비스를 해주는 고급 레스토랑까지 선택의 폭도 매우 넓은데, 음식값 역시 매우 저렴해서 아침 식사의 경우 3달러, 점심이나 저녁 식사의 경우 5달러 내외에 식사가 가능하다. 넓은 해안선이 있는 나짱의 경우 역시 신선한 해산물이 흔해서 시푸드 레스토랑이 많이 있으며 저렴한 가격에 맛있는 해물 요리를 즐길 수 있다. 나짱에서 추천할 만한 식당과 바들은 다음과 같다.

• 나트랑 시푸드 레스토랑Nha Tran Seafoods Restaurant : 티엔 투엇 거리와 티 민 카이 거리의 교차로 부근에 위치한 해산물 전문 식당이다. 나짱에서 손꼽히는 수준의 고급 레스토랑이며 다양한 종류의 음식과 뛰어난 서비스 수준을 자랑하는 곳이다. 고급 식당이라고는 하지만, 한국 음식 가격에 비하면 합리적인 수준의 비용으로 식사할 수 있다.

• 비엔만 식당Bien Man Restaurant : 티 민 카이 거리에서 해변 쪽으로 조금 내려가면 만날 수 있는 어시장 형태의 해산물 식당이다. 입구에 전시되어 있는 해산물 중에서 원하는 종류와 분량을 고른 후 원하는 조리 방법을 알려주고 자리에 앉아 있으면 바로 조리해서 서빙해 준다. 새우, 게, 조개, 생선 등은 물론 간혹 싱싱하고 커다란 성게도 등장하곤 한다. 성게는 살아있는 채로 윗부분을 뚜껑처럼 열고 내용물을 꺼낸 후 벽에 붙어 있는 알만을 스푼으로 긁어 먹는다.

• 트룩 린 레스토랑Truc Lynh Restaurant : 나짱 시내에 4개의 점포가 있는 유명한 해산물 전문 식당이다. 중국 음식점과 같은 인상을 풍기는 이 식당은 해산물 외에도 다양한 메뉴를 갖추고 있다. 해산물 음식은 메뉴에서 골라도 좋고 입구에 전시된 실물을 직접 골라 조리를 부탁해도 좋다. 그날의 생선, 조개, 홍합, 오징어 등을 숯불에 구운 해물 모듬 바비큐가 가장 인기가 있는 메뉴이다. 가격은 약 18,000원 정도.

• 베트남 추아 레스토랑Viet Nam Xua Restaurant : 티엔 투엇 거리의 하노이 골든호텔 바로 옆에 위치한 깔끔한 레스토랑이다. 음식의 질과 웨이터들의 서비스가 뛰어난 추천할 만한 식당인데 저녁 메뉴는 대개 10달러 이내로 정찬을 즐길 수 있다. 저녁에는 식당 앞에 그 날의 신선한 해물을 전시해 놓고 바로 숯불에 구워 주기도 한다.

• 부즈 크루즈 바Booze Cruise Bar : 쩡 꽝 카이 거리에서 티엔 투엇 거리로 꺾어지는 곳에 위치한 바인데, 24시간 영업하기 때문에 저녁에는 손님들로 붐비는 인기가 있는 바이다. 맥주는 1병에 1달러 내외이며 간단한 음식도 팔기 때문에 저녁 식사를 놓친 경

우 시원한 맥주와 함께 배를 채울 수 있는 곳이기도 하다. 저녁에는 라이브밴드가 연주를 하기도 한다.

•파 이스트 록 카페Far East Rock Café : 티엔 투엇 거리의 골든비치 호텔 바로 건너편에 있는 카페 겸 식당이다. 록 카페라고는 하지만 실제로는 70년대와 80년대의 흘러간 음악들이 주로 흘러나오는 복고풍 분위기가 강한 곳이다. 간단하게 맥주를 한 잔 하거나 피자 또는 볶음밥으로 점심을 해결하는 장소로도 적당한 곳이다.

•와이낫 바Why Not Bar : 쩡 꽝 카이 거리의 나트랑펀다이버 다이브 센터 건너편에 있는 바 겸 식당인데 바보다는 식당의 분위기가 더 강한 곳이다. 해산물을 비롯하여 비교적 다양한 종류의 음식을 제공하며 분위기도 괜찮은 편이다.

▲ 나짱의 고급 해물 전문 식당인 나트랑 시푸드 레스토랑

▲ 비엔만 식당에 진열되어 있는 싱싱한 해산물들. 이곳에서 원하는 해물과 요리 방법을 선택한다.

▼ 모듬 해물 바비큐가 인기 있는 트룩 린 레스토랑. 나짱 시내에 4개의 점포가 있다.

▼ 합리적인 가격에 분위기와 서비스가 좋은 베트남 추아 레스토랑

나짱 다이빙 특징

베트남에는 아직 리브어보드가 없기 때문에 모든 다이빙은 데이 트립 형태로 이루어진다. 출발 시각은 다이브 센터에 따라 조금씩 다르지만 대개 오전 7시 또는 7시 반쯤에 호텔이나 다이브 센터에서 픽업을 하여 미니 버스 편으로 항구로 이동한 후 다이브 보트에 승선하여 목적지로 이동한다. 나짱 항구에는 좁은 면적에 수많은 보트들이 엉켜서 계류해 있다. 이런 선박들을 조금씩 밀치면서 바다로 나가는 모습은 경이롭기까지 하다. 입출항할 때 간혹 충돌 사고가 벌어지기도 해서 항구 지역을 벗어날 때까지는 모든 승객은 구명조끼를 반드시 착용해야 한다. 목적지로 이동하는 동안 간단한 오리엔테이션과 스태프들의 소개 등이 이루어진다.

베트남의 다이브 보트는 대개 나무로 건조된 큰 배를 사용하는데 승선 인원은 20명 이상이다. 보트의 앞쪽은 벤치 스타일의 의자들이 놓여 있고, 뒤쪽에는 다이빙 장비들이 설치되어 있는 다이빙 덱으로 이루어져 있는 경우가 많다. 선체는 큰 반면 엔진은 그다지 강력하지 않아서 선박의 속도는 아주 빠르지는 않다. 나짱 다이빙에서 가장 많이 찾는 문 섬Mun Island 주변까지는 대략 한 시간 정도가 소요되며, 먼 거리에 있는 고래 섬Whale Island까지는 두

▲ 해피 다이빙 보트 안에서 조리되어 제공되는 현지식 점심 식사. 식사, 장비까지를 포함하여 2회 다이빙에 45달러라는 싼 가격이 특징이다.

▼ 목재로 건조된 베트남 다이브 보트의 내부. 보트의 앞부분은 승객들이 앉을 수 있는 벤치들이 배치되어 있고 뒤쪽은 다이빙 덱으로 이용된다.

▼ 나짱 항구에 정박해 있는 다이브 보트들

시간 정도가 걸린다.

가이드는 주로 현지인 다이브 마스터들이 담당한다. 베트남의 바다는 시야가 좋지 않은 경우가 많으므로 가이드와 최대한 간격을 가깝게 유지하는 편이 좋다. 입수는 보트 뒤쪽의 플랫폼에서 자이언트 스트라이드 방식으로 들어가며, 출수 역시 플랫폼에 설치된 사다리를 이용하여 올라오게 된다. 다이빙 시간은 참여하는 다이버들의 수준과 수심 등에 따라 다르지만 대개 45분에서 50분 정도로 진행되는 경우가 일반적이다. 거의 모든 포인트들은 수심이 그리 깊지 않아서 최대 수심이 20m를 넘는 경우는 많지 않다. 따라서 첫 다이빙 이후 수면 휴식은 짧게는 30분 정도만 취하고 바로 둘째 다이빙을 시작하기도 한다. 2회의 다이빙을 마치면 바로 나짱 항구로 돌아오기 시작한다. 다이브 센터에 따라서는 둘째 다이빙을 마치고 돌아오는 시간에 선상에서 점심 식사가 제공되기도 한다. 항구로 돌아오면 다시 미니 버스에 승차하는데, 다이브 센터 또는 숙소로 데려다준다.

나짱 지역 다이브 포인트

나짱 인근 지역의 다이브 사이트는 크게 3개의 지역으로 구분된다. 대부분의 포인

▶ 문 섬Mun Island 일대의 다이브 포인트들

▲ '마돈나 록'에서 다이빙을 마치고 출수하고 있는 다이버들

트들은 나짱 항구에서 배로 한 시간 정도 걸리는 문 섬Mun Island 인근 수역에 흩어져 있다. 이곳에서 조금 더 먼 바다 쪽으로 나가면 일렉트릭 노스Electric Nose라는 포인트가 있고, 여기에서 다시 30분 정도 더 나가는 먼 곳에 고래 섬Whale Island이 있다. 일렉트릭 노스나 고래 섬은 나짱 항에서 2시간 가까이 걸리는 먼 거리이므로 날씨가 좋고 이곳을 원하는 다이버들이 많은 경우에만 나가기 때문에 일반 다이버들이 이 지역에서 다이빙을 할 기회는 그리 많지는 않다.

문 섬 지역에는 약 15개 정도의 다이브 포인트들이 흩어져 있는데 대개 조류가 강하지 않고 수심도 얕아서 초보 다이버들에게 적합하다. 대형 어류들은 거의 없고 시야도 그리 좋지 않지만, 다른 지역에서 흔히 보기 어려운 진귀한 마크로 생물들을 많이 볼 수 있는 곳이다. 일렉트릭 노스나 고래 섬 지역은 먼 바다로 나가는 만큼 시야가 훨씬 밝고 비교적 큰 어종들을 볼 수 있지만, 조류가 강하고 수심도 깊어 경험 많은 다이버들이 좋아하는 곳이다.

•마돈나 록Madonna Rock : 나짱 지역을 대표하는 다이브 사이트다. 커다란 두 개의 삼각형 바위가 수면 위에서 서로 연결되어 있는 모습이 마치 팝 가수 마돈나의 가슴과 모양이 흡사하다고 해서 이런 이름이 붙여지게 되었다고 한다. 수중에는 바위 가운데에 다이버들이 통과할 수 있는 두 개의 터널과 동굴이 있는데 동굴 속에는 헤아릴 수 없을 정도로 많은 글라스 피시들이 서식하며 희귀한 종류의 갑각류들도 발견할 수 있는 곳이다. 수심은 5m에서 최대 25m 정도이며 초급 다이버부터 중급 다이버들까지 수준에 맞추어 즐길 수 있는 포인트이다.

•모레이 비치Moray Beach : 수심도 깊지 않고 조류도 거의 없어 초보 다이버들도 부담없이 찾을 수 있는 곳이다. 따라서 이곳은 많은 다이빙 보트들이 항상 몰려들어 다소 붐비는 곳이기도 하다. 리프에는 연산호와 테이블 산호 등 100여 종류 이상의 산호들이 군락을 이루고 있어 이 주변에 많은 리프 어종들이 회유하며 바닥에는 모레이 일, 앵글러 피시, 리본 일, 스콜피온 피시, 고비 등의 마크로 생물들이 많아 수중 사진작가들이 선호하는 포인트이기도 하다. 최저 수심은 5m이고 최대 수심은 18m이다.

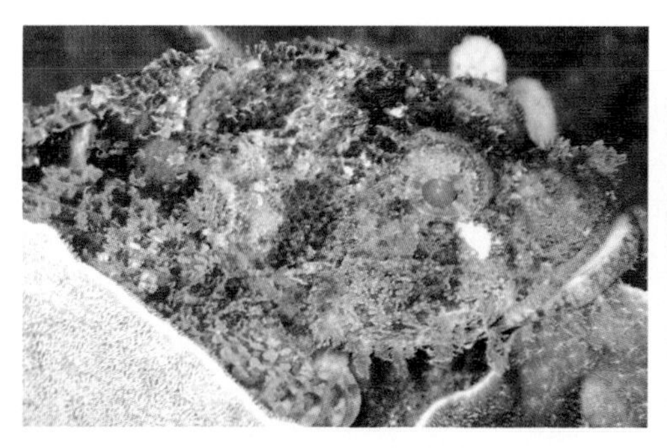

▲ '마마한 비치'는 수심이 낮은 곳이지만, 사진과 같은 스톤 피시를 포함하여 다양한 종류의 마크로 생물들을 많이 만날 수 있다.

▼ 모레이 비치에서 발견한 옐로우 모레이 일

• 마마한 비치Mamahan Beach : 바로 수면에서부터 시작되는 얕은 수심의 산호초 지역이며, 최대 수심 16m까지 완만한 경사를 이루며 들어가기 때문에 조류도 거의 없어서 오픈 워터 교육 장소로 많이 이용되는 곳이다. 산호 지역을 중심으로 해마, 라이언 피시, 랍스터, 스톤 피시 등의 마크로 생물들이 많이 서식한다.

• 머시룸 베이Mushroom Bay : 수심 3m부터 시작하여 최대 18m까지 서서히 깊어지는 산호초 지역이다. 이곳 역시 얕은 수심과 약한 조류로 인하여 초보 다이버들은 물론 스노클러들도 즐겨 찾는 곳이기도 하다. 문어, 고스트파이프 피시, 프로그 피시 등을 흔히 발견할 수 있다.

• 일렉트릭 노스Electric Nose : 수심 45m에서 시작되는 거대한 바위기둥이 수면 위까지 솟구쳐 올라오는 웅대한 지형을 가진 곳이다. 베트남의 다른 대부분의 포인트들과 마찬가지로 대물 어종들은 흔치 않지만, 온갖 색깔의 연산호들이 군락을 이루고 있는 매우 아름다운 포인트이다. 특히 50여 종류 이상의 희귀하고 다양한 갯민숭달팽이들을 이 한 곳에서 서식하며, 이 외에도 각종 새우, 게, 만티스 새우 등 다양한 갑각류 생물들을 바위틈에서 발견할 수 있다. 다양한 마크로 생물들 못지않게 이 포인트의 백미는 거대한 바위기둥 곳곳에 뚫려 있는 터널들인데 다이버들이 통과할 수 있는 이런 터널들의 표면은 온통 샛노란 색의 해바라기 연산호들로 덮여 있어서 아름다움을 더하고 있다. 이곳은 아무리 자주 방문하더라도 결코 물리지 않는 최고의 포인트 중 하나이다.

▲ '일렉트릭 노스'의 여러 바위 터널 중 하나. 좁은 터널을 지날 때에는 탱크나 장비가 터널의 벽이나 천정에 긁히지 않도록 부력 조절에 신경을 써야 한다.

▼ '머시룸 베이'의 경산호 밭에서 노니는 작은 물고기 떼

•고래 섬Whale Island : '고래 섬'은 나짱에서 북쪽으로 약 한 시간 반 정도 거리에 있는 외딴 섬으로, 완만하게 안쪽으로 들어간 만 지형에 백사장이 자리 잡고 있으며, 이런 지형 특성으로 인해 파도나 조류도 거의 없다. 매년 4월부터 7월까지의 기간에는 인근 수역에 크릴 새우나 플랑크톤의 서식 밀도가 높아져서 이것을 먹으려는 고래와 고래상어들이 자주 출몰하기 때문에 고래 섬이라는 이름이 붙게 되었다. 이곳을 찾아 며칠씩 묵으며 다이빙을 즐기려는 다이버들이 많아서 섬 해변에는 23개의 방갈로를 갖춘 리조트가 자리 잡고 있다. 또한 섬 안에는 다이브 센터들도 있어서 이곳에서 매일 인근 사이트들로 데이 트립을 나간다. 물론 나짱에서의 데이 트립도 가능하지만 꼭 이곳에서 다이빙을 하고 싶다면 섬 안에 있는 리조트에 며칠 묵는 것을 권한다.

5. 푸꾸옥 다이빙

푸꾸옥 트립 브리핑

이동 경로	서울 ⋯→ (항공편) ⋯→ 호치민 시티 ⋯→ (항공편) ⋯→ 푸꾸옥
이동 시간	항공편 6시간(국내선 구간 포함)
다이빙 형태	데이 트립 다이빙
다이빙 시즌	10월부터 4월까지(최적 시기 : 11월부터 3월)
수온과 수트	연중 24도에서 29도(3밀리 풀 수트)
표준 체재 일수	4박 5일(3일 6회 다이빙)
평균 기본 경비	총 87만 원 • 항공료 : 35만 원(호치민 또는 하노이 경유 베트남항공) • 현지 교통비 : 2만 원(현지 택시 등) • 숙식비 : 20만 원(3성급 호텔, 1박 50달러, 식비 제외) • 다이빙 : 30만 원(1일 2회, 3일 다이빙)

푸꾸옥 개요

푸꾸옥은 나짱과는 반대 쪽인 베트남의 서쪽에 자리 잡고 있는 섬으로, 베트남과 캄보디아 국경 인근에 위치한 태국만에 자리 잡은 베트남 영토이다. 실제로 푸꾸옥은 우리나라의 제주도처럼 베트남에서 가장 큰 섬이며, 캄보디아 해안선과의 직선거리는 15㎞에 불과하다. 베트남의 대표적인 새로운 관광 휴양지로 떠오르고 있는 푸꾸옥은 개발이 된 지는 그리 오래되지 않았지만, 이미 수많은 호텔과 리조트들이 들어서 있다. 다이빙의 측면에서도 다소 복잡스러운 나짱 지역과는 달리 푸꾸옥에서는 차분한 분위기 속에서 휴식을 겸한 여유로운 스타일이 주종을 이루고 있다.

찾아가는 법

푸꾸옥은 베트남에서 가장 큰 섬이며 현대식 시설을 갖춘 푸꾸옥 국제공항PQC이 있다. 푸꾸옥 공항은 2012년에 전면적인 리노베이션을 마치고 재개항했는데, 활주로 길이가 3㎞에 달해서 보잉 747기종까지 이착륙이 가능하다. 호치민에서 푸꾸옥까지의 거리는 300㎞ 정도이며 베트남 항공과 젯스타 퍼시픽 항공이 매일 여러 차례씩 운항한다. 소요 시간은 한 시간 정도이고 요금은 왕복 기준 약 70달러에서 100달러 정도이다. 편수는 호치민보다 적지만, 하노이에서도 매일 푸꾸옥으로 들어가는데, 소요 시간은 두 시간이 조금 더 걸리고 요금은 왕복 기준 170달러에서 200달러 정도 한다. 에어 메콩 항공에서도 호치민과 푸꾸옥 사이의 항공편을 운항하고 있다. 베트남항공은 캄보디아의 시엠레아프와 싱가포르에서도 푸꾸옥에 들어가는 국제선 직항편을 운항하고 있다. 캄보디아의 시아누크빌에서 보트를 타고도 푸꾸옥에 들어갈 수 있다. 베트남항공을 이용할 경우 한국을 출발하여 호치민 또는 하노이를 경유하여 푸꾸옥으로 들어가는 티켓을 30만원 대에 구입할 수 있다.

공항 청사 내에 환전소가 하나 있는데 이곳에서 푸꾸옥에서 체재하는 동안 사용할 현지화를 조금 바꾸어 두는 것이 좋다. 대부분의 대형 리조트에서는 푸꾸옥 공항에서 픽업 서비스를 제공한다. 리조트의 픽업 서비스를 이용하는 경우에는 청사를 나와서 길을 하나 건너면 커다란 주차장이 나타나는데 이곳에 픽업 밴들이 대기하고 있다. 만일 숙소나 다이브 센터에서 픽업 서비스를 제공하지 않더라도 너무 걱정할 필요는 없다. 청사 바로 앞에는 관광 안내소를 겸한 택시 안내소들이 있다. 이곳에서 목적지를 말하고 대기하고 있는 택시를 타고 가면 된다. 푸꾸옥 시내에서도 어디에서든 택시를 쉽게 발견할 수 있으며 요금도 저렴하기 때문에 시내에서의 이동 또한 택시를 이용하도록 한다. 푸꾸옥의 모든 택시는 미터를 사용하기 때문에 바가지를 쓸 염려가 없으므로 안심하고 타도 좋다.

▲ 푸꾸옥 시내 어디에서든 쉽게 발견할 수 있는 택시. 미터를 사용하기 때문에 바가지를 쓸 염려가 없다. 그리 멀지 않은 곳은 대개 2달러 이내의 가격으로 갈 수 있다.

▲ 푸꾸옥 공항의 전경. 베트남의 지방 공항치고는 규모도 꽤 크며 현대식 시설을 갖추고 있다.

▼ 푸꾸옥 섬의 비치

푸꾸옥의 다이브 센터

푸꾸옥 지역에는 이미 꽤 여러 개의 다이브 센터들이 들어서서 영업하고 있다. 이들 중에서 비교적 다이버들에게 잘 알려진 곳들은 다음과 같다.

• 레인보우 다이버스Rainbow Divers Phu Quoc(www.divevietnam.com/phuquoc) : 푸꾸옥 중심가 야시장Night Market 바로 건너편에 위치해 있다. 레인보우 다이버스는 푸꾸옥 외에도 나짱을 비롯한 베트남 전역에 영업점을 가지고 있는 규모가 큰 다이브 센터다. 데이 트립 다이빙 요금은 북쪽 지역 2회 다이빙 코스가 약 85달러 정도이고 남쪽 지역 3회 다이빙 코스는 125달러 정도 받는다. 요금에는 렌털 장비 사용료와 점심 식사가 포함되어 있다. 요금은 다른 다이브 센터들에 비해 조금 더 비싼 편이지만, 서비스 수준은 그만큼 높은 곳으로 알려져 있다. 현지인 가이드를 쓰지 않고 전원 서구인 다이브 마스터나 강사들이 가이드 서비스를 제공한다.

• 플리퍼 다이빙클럽Flipper Diving Club(www.flipperdiving.com/Vietnam) : 씨 브리즈 호텔과 골든 푸꾸옥 호텔의 중간쯤 되는 대로변에 위치해 있다. 비수기인 5월 중순부터 10월 말까지는 가까운 지역으로만 다이빙을 나가며 6월부터 7월 초까지는 아예 문을 닫고 휴업을 한다. 다이빙 비용은 근거리 코스가 1회 다이빙에 50달러, 원거리 코스는 1회에 60달러로 다소 비싼 편이지만 3회 다이빙에 140달러, 4회 다이빙 150달러 등의 패키지 요금도 운영하고 있다.

• 레드 리버 투어Red River Tours(www.phuquocredriver .com) : 즈엉 동Duong Dông 타운 쩐 흥 다우Trần Hung Dạo 대로변에 위치한 곳으로 다이빙과 스노클링을 포함한 거의 모든 종류의 투어 상품들을 취급한다. 펀 다이빙 요금은 2회 다이빙에 북쪽

▲ 푸꾸옥을 포함한 베트남 전역에 네트워크를 가지고 있는 레인보우 다이버스의 푸꾸옥 다이브 센터

▲ 푸꾸옥의 플리퍼 다이빙클럽

▲ 쩐 흥 다우 대로변에 위치한 레드 리버 투어. 픽업 서비스, 장비 렌털, 점심 식사와 가이드 서비스를 포함한 2회의 보트 다이빙에 60달러라는 저렴한 가격이 매력인 곳이다.

지역의 경우 60달러, 남쪽 지역은 70달러를 받는다. 이 요금에는 호텔에서의 픽업, 다이빙 장비, 다이빙 가이드 서비스, 점심 식사가 모두 포함되어 있다. 다른 다이브 센터에 비해 저렴한 가격이 매력인 곳이다.

푸꾸옥의 숙소

푸꾸옥에는 1박에 200달러가 넘는 빈펄 리조트 등의 고급 리조트를 비롯하여 다양한 종류의 숙박 시설이 많이 있다. 베트남의 고급 휴양 지역이라는 이미지가 강하여 전반적인 물가는 베트남의 다른 지역에 비해 다소 비싼 편이어서 적당한 수준의 3성급 호텔 숙박비로는 평균 50달러 정도는 잡아야 한다. 다이빙을 위해 푸꾸옥을 찾는 경우라면 다이브 센터들이 밀집해 있는 즈엉 동Duong Dong 타운 인근에 숙소를 잡는 것이 편리하다. 푸꾸옥 지역에서 추천할 만한 숙소는 다음과 같으며 대개 아고다나 익스피디아 등을 통해 손쉽게 예약할 수 있다. 대부분의 호텔에서는 미리 요청할 경우 공항에서 무료로 픽업해 준다. 아래의 추천 숙소들은 가격에 비해 서비스나 시설이 좋은 곳으로 알려진 곳만 엄선하였으며 여기에서 소개는 하지 않았지만, 1박에 20달러 이내의 비용으로 묵을 수 있는 깔끔한 게스트하우스(푸꾸옥에서는 대개 방갈로라고 부른다)들도 많이 있다는 점을 밝혀 둔다.

• 바우히니아 리조트Bauhinia Resort : 즈엉 동 타운 지역에서 비교적 최근에 오픈한 3성급 리조트이다. 대로변에서 골목을 따라 산 쪽으로 조금 올라가는 곳에 있어서 전용 비치가 딸려 있지 않다는 것이 흠이지만, 리조트 자체도 깔끔하고 커다란 수영장을 비롯하여 필요한 시설들을 골고루 갖추고 있으며 레드 리버 투어까지는 도보로 갈 수 있으며 플리퍼 다이빙클럽이나 레인보우 다이버스까지는 택시로 약 5분 정도 걸리는 위치에 있다. 1박에 평균 60달러 정도의 합리적인 요금도 매력이다.

▲ 바우히니아 리조트의 수영장

•오렌지 리조트Orange Resort : 즈엉 동 타운의 대로변에서 골목을 따라 비치 쪽으로 약 50m 정도 들어간 곳에 위치한 3성급 리조트로 합리적인 가격에 꽤 아름다운 프라이빗 비치를 가지고 있다는 것이 장점이다. 바다를 내려다볼 수 있는 예쁜 수영장도 갖추고 있다. 숙박비는 1박에 평균 80달러 정도이다. 바로 옆에 '킴 호아'라는 이름의 리조트가 자리 잡고 있는데 겉으로 보기에는 깔끔하고 시설도 아주 좋아 보이지만 실제로는 서비스나 식사 등 모든 면에서 악평이 높기로 유명한 곳이므로 겉모습에 현혹되어 킴 호아로 숙소를 옮기는 일은 없도록 하자.

•사이공 푸꾸옥 리조트Sigon Phu Quoc Resort : 푸꾸옥의 즈엉 동 지역에서 꽤 규모가 큰 4.5성급 리조트이다. 전반적인 시설과 서비스가 좋은 곳으로 알려져 있으며 널찍한 전용 비치도 갖추고 있다. 숙박비는 스탠다드 룸이 1박에 100달러 정도이며 해변에 인접한 빌라는 200달러 이상 받는다.

▲ 오렌지 리조트의 입구 모습. 가격은 약간 비싼 편이지만 아름다운 전용 비치를 가지고 있는 것이 장점이다.

▲ 전용 비치를 갖춘 럭셔리한 숙소인 사이공 푸꾸옥 리조트

푸꾸옥 다이빙 특징

태국만에 위치한 푸꾸옥은 지리적 특성으로 인해 다이빙할 수 있는 시즌이 존재하며 그 시기는 대개 태국 시밀란의 시즌과 거의 비슷하다고 보면 된다. 즉, 11월부터 5월 중순까지가 실제로 다이빙이 가능한 시기이며 그 밖의 기간에는 바다의 상태가 워낙 거칠어져서 정상적인 다이빙이 어려워지며 상당수의 다이브 센터들이 문을 닫고 휴업에 들어가기도 한다. 설사 다이빙이 가능하다 하더라도 포인트는 비교적 날씨의 영향을 덜 받는 남쪽 지역의 일부로 한정된다.

푸꾸옥 지역의 수온은 연중 따뜻하여 평균적으로 섭씨 26도에서 30도 정도의 분포를 보인다. 겨울철에 가끔 24도 정도까지 떨어지는 경우도 있지만, 대개 연중 3밀리 수트만으로 충분히 다이빙을 즐길 수 있다.

푸꾸옥 지역은 지리적으로 메콩 강 삼각주 지역에 가까워서 전반적인 시야는 나짱에 비해 좋지 않다. 그러나 수온은 상대적으로 더 높고 메콩 강에서 유입되는 영양분이 풍부한 물로 인해 산호초를 비롯한 건강한 수중 생태계를 가지고 있는 지역으로 알려져 있다. 푸꾸옥에서의 다이빙은 기본적으로 마크로 다이빙이며 상어나 만타레이와 같은 대형 어류를 기대하면 안 된다.

푸꾸옥의 다이빙은 전형적인 데이 트립 형태로 이루어진다. 다이브 센터에 따라 약

▲ 푸꾸옥 북쪽 핑거네일 아일랜드의 다이빙 보트에서 입수를 대기하고 있는 다이버들

▼ 하루의 다이빙을 마치고 항구로 돌아오는 보트 안에서 점심 식사를 즐기고 있는 다이버들

간의 차이는 있지만, 대개 아침 7시에서 7시 반 정도에 호텔에서 다이버를 픽업하여 보트가 정박하고 있는 항구로 수송한다. 이른 시간에 나서야 하는 데다가 보트에서 아침 식사는 제공하지 않기 때문에 아침을 거르지 않으려면 미리 전날 저녁에 도시락을 준비해 두는 것이 좋다. 아침 일찍 서두르는 이유는 푸꾸옥의 바다 상태가 대개 오후가 되면 많이 거칠어지기 때문이다. 북쪽 지역으로 나가는 보트는 주로 시내에 위치한 즈엉 동 항구에서 출항하지만 남쪽 지역으로 나갈 때에는 섬의 남쪽에 위치한 안토이 항에서 출발하는데 항구까지는 즈엉 동 시내에서 자동차로 거의 한 시간 정도 달려야 도착할 수 있다. 포인트까지 이동하는 시간은 북쪽 지역의 경우 약 한 시간 반, 그리고 남쪽 지역의 경우에는 약 두 시간 반 정도가 소요된다. 보트가 목적지로 이동하는 동안 장비를 셋업하고 그날의 다이빙에 대한 오리엔테이션이 실시된다.

포인트에 도착하면 가이드의 안내에 따라 수트를 갈아입고 장비를 착용한 상태로

▼ 푸꾸옥의 즈엉 동 항구에서 출발을 대기하고 있는 다이브 보트. 이곳에서는 주로 북쪽 지역으로 나가는 보트들이 출발한다.

대기하고 있다가 차례대로 입수한다. 입수는 보트의 후미에서 자이언트 스트라이드 방식으로 들어간다. 푸꾸옥의 바다는 대개 수심이 10m 내외로 얕으며 다이빙 시간은 안전 정지를 포함하여 1시간 이내이기 때문에 대개는 다이빙을 끝내고 나서도 대략 절반 이상의 공기가 남는 경우가 많다. 출수한 후 보트가 다이버들에게 접근하면 핀을 벗어 보트의 스태프들에게 넘겨준 후 사다리를 이용하여 보트에 오르면 된다.

하루의 다이빙 일정을 마치고 다시 항구에 도착하는 시간은 북쪽 지역 2회 다이빙 트립의 경우 대개 오후 1시경이 되고 남쪽 지역 3회 다이빙 트립인 경우에는 오후 5시경이 된다. 대개의 경우 다이빙을 마치고 항구로 돌아오는 동안 보트에서 현지식 점심 식사가 제공된다. 항구에 돌아오면 대기하고 있는 차량으로 일단 다이브 센터로 돌아와서 비용 정산과 로그북 스탬핑을 마친 후 다시 차량을 타고 숙소로 돌아가게 된다. 푸꾸옥의 다이브 보트들은 덩치는 크지만, 샤워 시설이나 전기가 없기 때문에 샤워는 숙소로 돌아온 다음에 해야 하며 카메라나 라이트와 같은 장비들은 출발하기 전에 충분히 충전을 해두고 예비 배터리도 넉넉하게 챙겨 가는 것이 좋다.

푸꾸옥 지역 다이브 포인트

푸꾸옥 지역의 다이브 포인트들은 크게 섬의 북서쪽 지역과 남쪽 지역으로 구분된다. 대부분의 포인트들은 수심이 그리 깊지 않아서 평균적으로 10m에서 12m 정도에 불과하다. 북쪽 지역의 포인트들은 대개 섬 자체가 파도와 조류를 막아 주는 지형에 위치해 있어서 그만큼 다이빙은 쉬운 편이다. 반면 안토이 항구 남쪽 안토이 군도 지역에 흩어져 있는 남쪽 포인트들은 큰 바다에 그대로 노출되어 있는 부분이 많아서 파도나 조류가 더 강한 편이다. 그러나 그만큼 남쪽 지역에는 더 많은 포인트들이 있으며 포인트들의 수준 또한 북쪽에 비해 더 좋다고 볼 수 있다. 평균적인 수심 또한 남쪽 포인트들이 더 깊은 편이다.

푸꾸옥에서의 다이빙은 전형적인 마크로 다이빙이며 상어나 만타레이, 고래상어, 거북이 등과 같은 대물을 기대할 수는 없다. 그러나 아름다운 산호초 지역과 다양한 종류들의 작은 해양 생물들을 만나 볼 수 있다. 푸꾸옥 지역에서 쉽게 발견할 수 있는 해양 생물들로는 밤부 상어, 푸른점 가오리, 스콜피온 피시, 갯민숭달팽이, 오징어와 문어 등이 있다. 포인트들은 평균 수온은 대략 연중 28도에서 30도까지의 분포로 따뜻한 편이며 시야는 대개 10m 내외이지만 조류나 플랑크톤들의 번식 상태에 따라 훨씬 나빠지기도 한다.

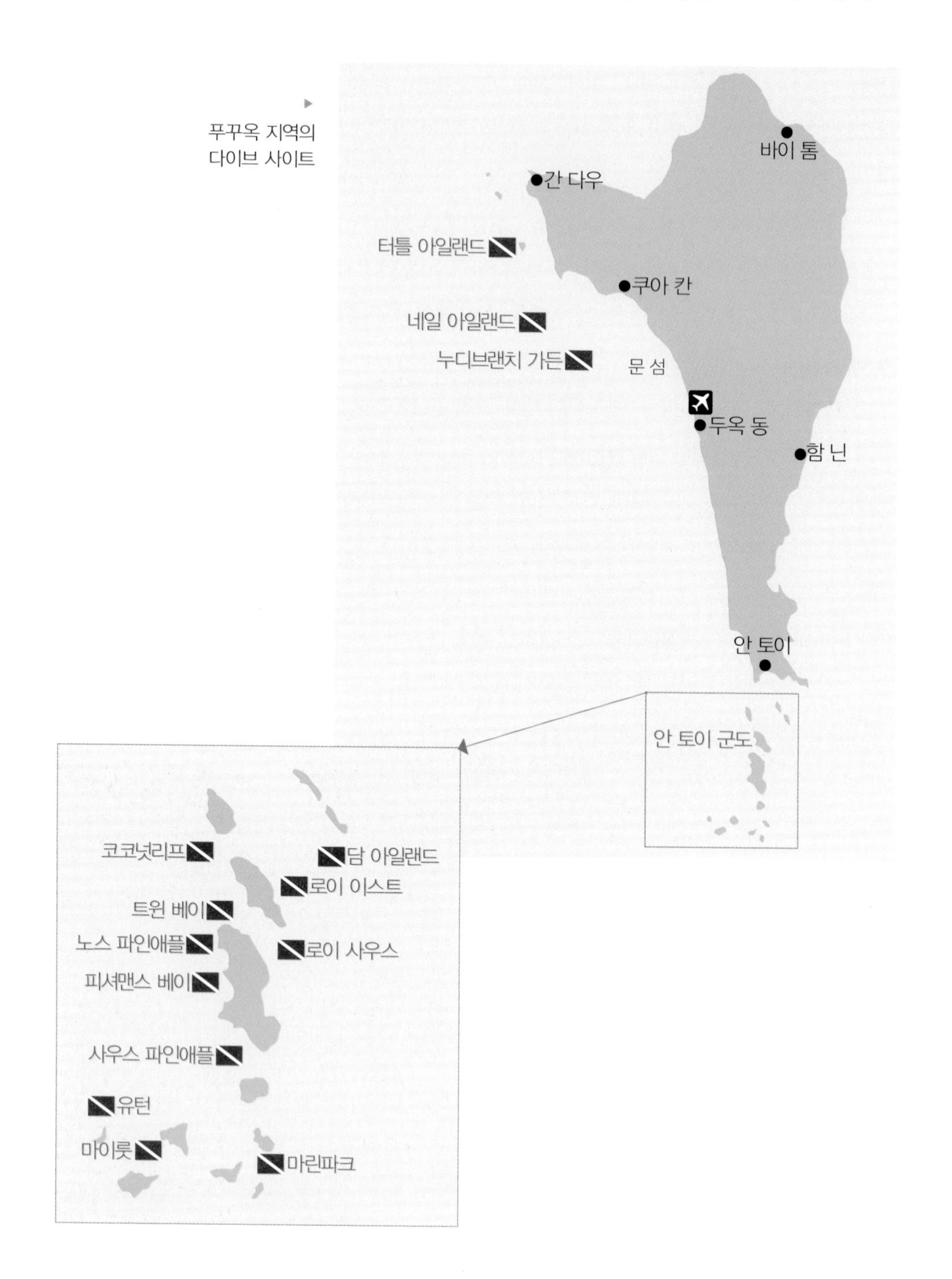

▸ 푸꾸옥 지역의 다이브 사이트

▲ 푸꾸옥 다이빙은 전형적인 마크로 다이빙이 주를 이룬다. 사진은 '핑거네일 아일랜드' 인근의 바위틈에 숨어 있는 푸른점 가오리의 모습

▼ 푸꾸옥의 남쪽 포인트로 나가는 보트들이 출항하는 안토이 항구의 다이브 보트들

북쪽 지역 포인트

•터틀 아일랜드Turtle Island : 푸꾸옥 지역의 북쪽 포인트들 중에서 가장 인기가 높은 곳이며 연중 다이빙이 가능한 곳이기도 하다. 섬 주변의 리프는 수면 바로 아래에서 시작하여 수심 12m 정도까지 이어진다. 산호초 지역이 아름다운 곳이며 리프 주변에는 퍼실리어와 댐셀 피시를 비롯한 다양한 종류의 리프 어류들이 서식한다. 수심 7m에서 10m 정도 되는 지점에 '캐니언'이라고 불리는 웅장한 바위들이 자리 잡고 있다. 수심이 낮은 리프 쪽에는 아름다운 핑크색의 말미잘들이 군락을 이루고 있다.

▲ '터틀 아일랜드'의 작은 바위 터널 속에서 노니는 물고기 한 마리

▼ '핑거네일 아일랜드'에서 가이드가 내민 손가락을 타고 올라오고 있는 작은 문어

• 핑거네일 아일랜드Fingernail Island : 본 섬에 바로 인접해 있는 작은 섬으로 물이 빠져 나가는 썰물 때에는 본 섬과 연결된 형태로 드러나는 곳이다. 리프는 수심 10m 정도의 얕고 평평한 모랫바닥으로 이어지며 모랫바닥 여기저기에는 크고 작은 바위들이 자리 잡고 있으며 이 바위들 뒤로 바라쿠다나 복어 같은 어류들이 숨어 있곤 한다. 모랫바닥을 잘 찾아보면 작은 문어들이나 만티스 새우 등의 흥미로운 마크로 생물들을 찾아낼 수 있다.

• 누디브랜치 가든Nudibranch Garden : 최대 수심이 7m에서 10m 정도밖에 되지 않는 얕은 포인트이지만, 거대한 산호초 지역과 바위들이 늘어서 있다. 이곳은 특히 아름다운 자주색의 고디바 갯민숭달팽이들이 많이 서식하는 곳으로 유명하다. 산호초나 바위 밑의 구멍을 잘 찾아보면 간혹 밤부 상어를 발견할 수 있기도 한다.

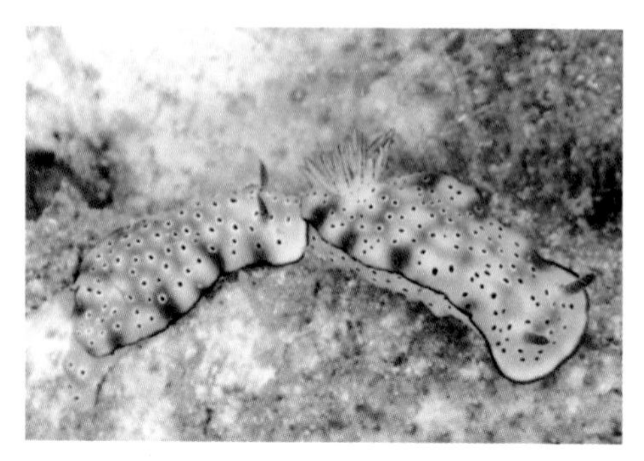

▲ '누디브랜치 가든'에서는 이름 그대로 다양한 종류의 갯민숭달팽이들을 만날 수 있다.

남쪽 지역 포인트

• 마이 룻May Rut : 안토이 군도의 남쪽 지역에 있는 작은 섬인데 주변에 산호초 지대가 잘 발달해 있는 포인트이다. 가장 깊은 곳의 수심이 10m에 불과해서 다이버들 뿐 아니라 스노클러들도 많이 찾는다. 얕은 수심의 작은 바위 섬이라 천천히 한 바퀴를 완전히 돌아보아도 공기압에는 많은 여유가 남아 있게 마련이다. 갯민숭달팽이를 비롯한 다양한 종류의 마크로 생물들을 많이 볼 수 있다.

• 담 아일랜드Dam Island : 안토이 군도의 북쪽 지역에 위치해 있는데 가늘고 긴 모양의 두 개의 섬이 이어져 있는 모습이다. 각각의 섬이 독립된 포인트들로 이루어져 있는데 서쪽에 있는 섬은 최대 수심이 12m 정도이며 갯민숭달팽이를 비롯한 여러 가지 마크로 생물들이 많이 서식하며 긴 방파제 형태를 띠고 있어서 파도나 조류가 강할 때에 피신처를 제공하는 곳이기도 하다. 반면, 남쪽 섬은 연산호와 경산호로 이루어진 리프 지형이 수심 18m까지 이어지며 역시 다양한 종류의 마크로 생물들을 찾아볼 수 있다.

•파인애플 아일랜드Pineapple Island : 파인애플 섬은 안토이 군도의 중앙에 위치한 비교적 큰 섬으로 북쪽과 남쪽에 각각 하나의 포인트들을 가지고 있다. 북쪽 포인트는 최대 수심이 18m이며 바닥까지 바위들로 이루어져 있고 수많은 산호들이 군락을 이루어 서식한다. 특히 이 지역은 많은 리프 어류들과 오징어 종류들을 만날 수 있는 곳이다. 남쪽 포인트는 최대 수심이 35m에 달해서 푸꾸옥 지역에서는 가장 깊은 포인트로 꼽힌다. 수심 뿐 아니라 조류도 가장 강해서 상당히 도전적인 곳이기도 하여 어드밴스드 급 이상들의 다이버들에게만 추천된다.

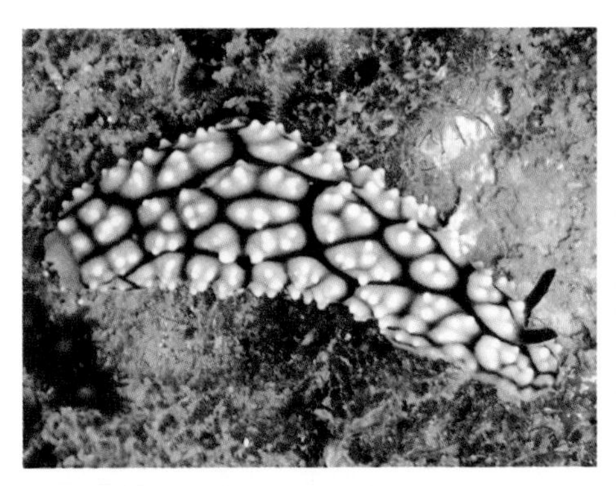

▲ '마이 룻'을 비롯한 푸꾸옥 지역의 많은 포인트들에서 흔히 발견할 수 있는 해삼 모양의 갯민숭달팽이

▲ '담 마일랜드' 인근에서 비교적 자주 발견할 수 있는 형광빛 푸른색이 선명한 아름다운 바다 벌레의 모습

▲ '파인애플 아일랜드'를 비롯한 푸꾸옥 남쪽 포인트에서는 오징어들이 흔히 발견된다.

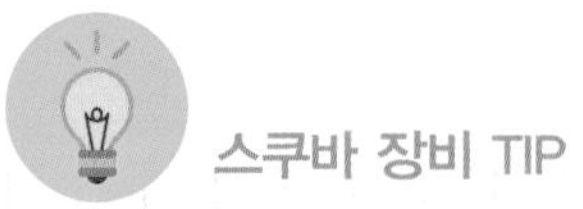

스쿠바 장비 TIP

다이브 컴퓨터Dive Computer

스쿠바 다이빙은 장비에 대한 의존도가 높은 스포츠이다. 같은 바다에서의 다이빙이라 하더라도 어떤 장비를 어떻게 사용하느냐에 따라 그 내용은 많이 달라질 수 있다는 것이 필자의 생각이다. 필자가 사용하는 장비나 사용 방식이 반드시 정답이라는 것은 아니지만, 여러 차례 다이빙을 통해 습득한 나름의 노하우를 독자들과 공유하고자 한다.

다이브 컴퓨터는 수심, 수온, 다이빙 시간 등 다이빙 상황에 관한 정보를 다이버에게 알려주고 이런 정보를 바탕으로 다이버의 몸 안에 축적된 질소의 농도를 실시간으로 계산해 주는 기능을 가진 작은 크기의 전자 제품이다. 계산된 질소의 축적도와 수심을 바탕으로 감압하지 않고 계속 다이빙할 수 있는 여유 시간(무감압 한계 시간)도 계산해 주며, 이 한계 시간을 넘기고 계속 다이빙을 진행한 경우에는 어느 정도의 수심에서 얼마 동안 감압을 해야 하는지도 알려준다. 이러한 기본적인 기능 외에도 안전정지 시간을 알려주는 기능, 수면 휴식 시간과 과거의 다이빙 이력을 바탕으로 다음 다이빙을 어느 정도 수심에서 얼마나 오래 할 수 있는지를 계산해 주는 플래닝 기능, 과거 진행한 다이빙에 관한 프로파일 정보와 로그북 정보도 제공해 주는 기능을 가진 컴퓨터들이 많이 있다. 이 외에도 고급 제품 중에는 일반 컴퓨터와 연동할 수 있는 기능, 수중에서 방향을 알려주는 컴퍼스 기능, 두 가지 이상의 호흡 기체를 전환해서 사용할 수 있는 기능, 심지어는 해양 생물들의 사진이나 다이브 사이트의 지도를 그래픽으로 저장하여 수중에서 참조할 수 있는 기능을 제공하는 기종도 있다.

다이브 컴퓨터는 원래 과거에 사용하던 '감압 테이블'을 대체하기 위한 목적으로 개발된 것이라고 하는데 오늘날에는 사실상 다이버들의 필수 장비로 간주되고 있다. 다이브 컴퓨터가 모든 종류의 감압병을 예방해 줄 수 있는 만능의 도구는 아니지만, 이 장비를 사용함으로써 우리는 감압병의 공포로부터 벗어나 훨씬 안전하게 다이빙을 즐길 수 있게 된 것이다. 경험이 많은 다이버들은 이제 막 다이빙에 입문한 초보자들에게 맨 먼저 구매해야 하는 첫 장비로 다이브 컴퓨터를 권하는 경우가 많다. 필자 역시 이러한 견해에 동의하는 입장이다.

시중에서 판매되고 있는 다이브 컴퓨터의

종류는 매우 많지만, 크게 보자면 손목에 차는 형태의 것과 호흡기의 게이지에 부착하는 콘솔 형태의 것으로 나눌 수 있다. 대부분의 다이버들은 손목에 차는 형태를 더 선호하는 것 같다. 손목에 차는 컴퓨터에도 보통의 시계와 구분하기 어려울 정도의 작은 것부터 커다란 사각형 모니터 스크린이 붙어 있는 대형의 것까지 여러 가지가 있으며, 호흡기의 1단계에 트랜스미터를 붙여서 탱크의 잔압을 화면에 표시해 주는 기종들도 많이 나와 있다.

다이브 컴퓨터는 최소 20만 원, 비싼 것은 300만 원이 넘을 정도의 고가 장비이다. 따라서 어떤 컴퓨터를 구입할 것인지를 결정하는 것도 그리 쉬운 일은 아니다. 필자의 경우 지금까지 대략 10여 종류의 다이브 컴퓨터를 사용해 왔다. 그동안의 경험을 바탕으로 내린 나름대로의 결론은 반드시 비싼 컴퓨터가 나에게 가장 알맞은 최선의 선택은 아닐 수 있다는 것이다. 예를 들어 탱크 잔압을 측정하여 표시해 주는 컴퓨터를 장만하면 호흡기 세트에서 게이지 호스 하나를 없앨 수도 있을 것 같다는 기대를 가지고 이런 기능을 가진 컴퓨터를 사서 사용한 적도 있다. 이런 고급 기능을 가진 컴퓨터는 그 자체로도 가격이 비쌀 뿐 아니라 300달러 이상 소요되는 트랜스미터를 별도로 사서 호흡기에 붙여야 한다. 그러나 실제로는 이런 컴퓨터를 쓰더라도 트랜스미터

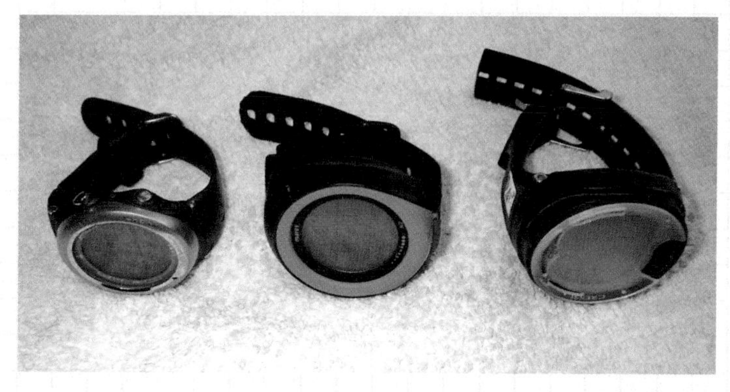

▲ 필자가 현재 사용하고 있는 다이브 컴퓨터들. 좌측으로부터 오세아닉 아톰 3.1, 마레스 퍽 프로, 크레시 레오나르도이다. 이 중에서 아톰 3.1은 트랜스미터와 관련된 트러블이 잦아져서 잘 사용하지 않으며 대신 퍽 프로를 메인 컴퓨터로 주로 사용하고 있다. 백업으로는 크레시의 레오나르도를 항상 가지고 다닌다. 퍽 프로와 레오나르도는 손목시계 스타일의 컴퓨터로는 덩치가 큰 편이어서 평소에 시계 대용으로 차고 다닐 수는 없지만, 그만큼 화면의 글자가 커서 시력이 좋지 않은 필자가 선호하는 모델들이다. 물론 가격도 3백 달러 이하로 저렴하다는 장점이 있으며 무엇보다도 필요할 경우 배터리를 직접 쉽게 교환할 수 있다는 장점이 있다.

의 고장이나 오작동에 대비하여 여전히 게이지의 잔압계는 없애기 어렵다는 사실을 알게 되었다. 고가의 컴퓨터들 중에는 수중에서 호흡 기체를 교환할 수 있는 가능을 가진 기종들도 있다. 예를 들어 매우 깊은 수심에서 오랜 시간에 걸쳐 다이빙을 하는 텍 다이버들은 한 번의 다이빙에서도 감압용 기체를 포함하여 산소농도가 다른 여러 가지 종류의 호흡 기체를 사용해야 하는 텍 다이버거나 아니면 가까운 미래에 텍 다이버가 될 계획을 가지고 있는 다이버가 아니라면 기본 기능을 가진 어떤 컴퓨터를 구입하더라도 별다른 문제가 없기 때문에 너무 비싼 것을 살 필요가 없다는 것이 필자의 생각이다. 물론 이러한 주장에 동의하지 않는 다이버도 있을 수는 있겠지만, 적어도 필자가 지금까지 경험한 바로는 레크리에이셔널 다이버에게 반드시 필요한 컴퓨터의

▲ 필자의 다이브 컴퓨터에 사용하는 여러 가지 종류의 배터리들과 배터리를 교환하는 데 사용되는 간단한 도구. 다이빙 여행이 잦은 필자는 항상 여분의 배터리를 가지고 다니며 전압이 어느 정도 떨어지면 그때그때 배터리를 교환해서 사용하고 있다.

데, 이런 다이버들에게는 다이빙 도중에 다른 종류의 호흡 기체로 교환하더라도 감압 관련 정보를 적절하게 계산하여 알려줄 수 있는 기능을 가진 컴퓨터가 반드시 필요할 것이다. 그러나 일반 압축 공기나 산소 농도 40% 미만의 나이트록스 정도만을 주로 사용하는 대부분의 레크리에이셔널 다이버들에게 이런 기능은 전혀 필요하지도 않을 뿐 아니라 사용하기만 복잡하게 만들 뿐이다.

기능으로는 무감압 한계 시간 계산, 감압 정지 요건 계산, 안전 정지 시간 측정, 산소 농도 21%에서 최대 40%까지의 나이트록스 지원 정도이다. 그런데 현재 시중에 나와 있는 거의 모든 컴퓨터들은 가격에 상관없이 이 정도의 기능은 모두 제공하고 있다. 결국 보통의 다이버들에게 있어서 2백 달러짜리 컴퓨터와 1천 달러짜리 컴퓨터가 실제 다이빙에 사용하는 데에는 별다른 차이가

없었다는 것이다.

위의 사진은 현재 필자가 보유하고 있는 다이브 컴퓨터들이다. 물론 그 이전에도 꽤 비싼 여러 개의 컴퓨터를 구입하여 사용했지만, 모두 고장이 나거나 문제가 생겨서 더 이상 사용하지는 않는다. 시력이 그다지 좋지 않은 필자는 예쁘고 작은 손목시계 크기의 컴퓨터보다는 화면의 글자가 커서 쉽게 읽을 수 있는 조금은 큰 디자인의 제품을 더 선호한다. 다이브 컴퓨터를 손목시계 대용으로 사용하는 다이버들도 많이 보았지만, 아무리 작고 예쁘게 만들더라도 다이브 컴퓨터가 패션 시계를 대신하기에는 무리가 있다는 것이 필자의 의견이다. 다이빙할 때는 다이브 컴퓨터를 차고 다이빙을 하지 않을 때는 예쁘고 멋있는 패션 시계를 차는 것이 낫지 않을까? 이런 관점에서 필자가 현재 메인 컴퓨터로 사용하는 기종은 마레스에서 제작한 '펙 프로Puck Pro(사진의 가운데)' 제품이다. 아마존에서 250달러 정도면 구입할 수 있는 저렴한 제품이지만 일반적인 다이버들에게 필요한 모든 기능을 제공하며 심지어 수중에서의 호흡 기체 교환 기능까지 갖추고 있다. 필자는 이 컴퓨터를 이용하여 지금까지 100여 차례 이상 다양한 종류의 다이빙을 하였지만, 단 한 번도 문제를 일으키지 않았으며 필자에게 필요한 모든 기능과 정보를 제공해 왔기 때문에 대단히 만족하고 있는 제품이기도 하다. 이 제품의 하위 모델인 '퍽Puck' 또한 호흡 기체 교환 기능을 제외한 거의 모든 기능을 갖추고 있으며 현재 200달러 이하의 가격으로도 구입이 가능하기 때문에 이 역시 추천할 만한 제품이라고 할 수 있다. 사진의 오른쪽 제품은 크레시에서 제작한 '레오나르도Leonardo'라는 모델인데 크기나 기능 등 모든 면에서 마레스의 '퍽 프로'와 비슷한 성능이며 가격 또한 250달러 정도에 구입이 가능하다. 필자는 이 기종도 오랫동안 사용해 왔으며 대단히 훌륭한 추천할 만한 다이브 컴퓨터라고 자신하고 있다. 현재는 만일의 상황에 대비한 백업 컴퓨터로 사용하고 있다.

필자가 애용하는 다이브 컴퓨터의 또 다른 공통점은 배터리의 수명이 다 되었을 때 다이버가 직접 쉽게 교환이 가능한 것들이라는 점이다. 이른바 'Diver Replaceable Battery'인데 다이빙 여행을 자주 다니는 필자와 같은 다이버에게는 결코 무시할 수 없는 중요한 부분이라고 생각한다. 상당수의 고가 컴퓨터들은 배터리의 수명이 다 되었을 때 임의로 배터리를 교환할 수 없으며 반드시 지정 대리점으로 보내 소정의 자격을 가진 엔지니어가 배터리를 교환한 후 다시 돌려받도록 되어 있다. 물론 다이브 컴퓨터는 대단히 정교하고 중요한 장비라는 점에는 동의하지만, 그렇다고 해서 배터리 하나를 교환하기 위해 적지 않은 비용과 시간을 들여야 하고 그동안 다이빙을 할 수 없어야만 하는지에 대해서는 쉽게 수긍하기가 어렵다. 이런 이유로 지금은 배터리를 스스로 쉽게 교환할 수 없는 컴퓨터는 구입하지 않는다.

다이빙 여행이 잦은 필자는 항상 여분의 컴퓨터용 배터리와 배터리 교환 도구를 가지고 다니며 컴퓨터의 전압이 떨어져서 문제가 되기 전에 미리 미리 배터리를 교환하여 사용한다. 이것들은 더러 다이브 사이트에서 갑자기 컴퓨터의 배터리가 모두 소모되어 더 이상 다이빙할 수 없는 난감한 처지에 빠진 동료 다이버들에게 큰 선물이 되기도 한다. 배터리 교환은 간단하지만 그래도 상당한 주의를 기울여서 작업을 해야만 한다. 매뉴얼을 참조하여 정확한 순서대로 규격 배터리를 사용하여 교환을 하고 내부의 오링도 함께 교환해 주거나 깨끗하게 청소해 주는 것을 잊어서는 안 된다.

▲ 캄보디아는 한국의 다이버들에게는 그다지 잘 알려진 곳은 아니지만, 싼 물가와 여행 비용으로 인해 유럽의 배낭족 다이버들에게는 인기가 높은 곳이다. 시아누크빌을 거점으로 코롱 섬 인근 지역에 다이브 사이트들이 개발되어 있다. 사진은 코롱 삼로엠 섬 인근 코콘 섬의 한 포인트의 모습

PART 9

캄보디아 다이빙

찬란한 문화 유적을 가지고 있으면서도 현대사의 커다란 상처를 안고 있는 캄보디아는 다이빙에 관한 한 다른 동남아 국가들에 비해서 늦게 발전하였으며 특히 한국의 다이버들에게는 거의 알려져 있지 않은 곳이기도 하다. 그러나 태국만 쪽에 자리 잡은 시아누크빌을 중심으로 최근 들어 많은 다이브 센터들이 들어서고 있으며 다이브 사이트들도 계속 개발되고 있다. 캄보디아는 동남아 국가들 중에서도 가장 물가가 싼 곳이라서 유럽 등지의 배낭족 다이버들에게는 매우 인기가 높은 곳이다. 캄보디아에서는 경제적 예산과 개인의 취향에 따라 코롱 삼로엠 섬의 작은 게스트하우스에 묵으면서 저렴한 가격으로 다이빙을 즐길 수도 있고, 시아누크빌의 고급 리조트에서 조금은 호사스러운 데이 트립 다이빙을 즐길 수도 있다. 다른 관광을 목적으로 캄보디아를 방문할 계획이 있다면 시아누크빌에 들러 며칠 더 묵으면서 캄보디아에서의 다이빙을 경험해 보는 것도 나쁘지는 않을 것이다.

캄보디아 여행 가이드

캄보디아Cambodia

인구 : 1천 6백만 명

수도 : 프놈펜Pnompenh

종교 : 불교(95%)

언어 : 크메르어

화폐 : 리엘(KHR, 4,000KHR = 약 1천 원)

비자 : 공항에서 도착 비자 구입(30일까지 체재, 30달러)

전기 : 230볼트 50헤르츠(한국식 2발 원형 핀 콘센트)

1. 캄보디아 일반 정보

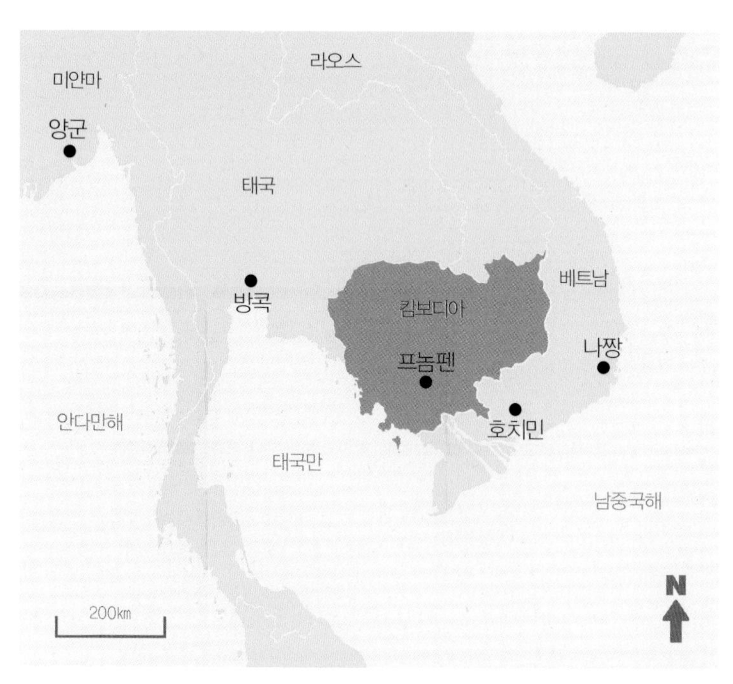

캄보디아의 위치

▲ 캄보디아 시아누크빌 인근 코롱 섬의 모습

위치 및 지형

캄보디아는 동남아시아 인도차이나반도의 가장 남쪽 부분에 위치하고 있으며, 내륙 쪽으로 태국, 라오스 및 베트남과 국경을 접하고 있다. 국토의 면적은 약 18만㎢이며 남쪽은 태국 만에 접해 있는데 해안선의 총 길이는 443㎞ 정도이다. 수도는 프놈펜이며 관광객들이 많이 찾는 도시는 앙코르와트가 있는 시엠레아프, 그리고 아름다운 비치들이 많은 시아누크빌이다.

기후

캄보디아에는 세 개의 계절이 있다. 5월부터 10월까지는 우기이며 11월부터 1월까지는 건기이고, 2월부터 4월까지는 무더운 날씨가 이어지는 혹서기이다. 기온은 계절별로 꽤 편차가 심한 편인데 최저 섭씨 21도부터 최고 섭씨 35도 정도의 분포를 보인다.

인구, 인종 및 종교

캄보디아의 인구는 2016년 말 통계로 약 1천6백만 명 정도로 추산되고 있으며, 인구의 90% 이상이 크메르족이다. 이 외에도 베트남족이 약 5%, 중국계가 약 1% 정도로 구성되어 있다. 국민들의 95% 이상이 소승불교를 믿는 불교 국가인데 크메르루주 통치 하에서 불교가 극심한 탄압을 받았음에도 불구하고 캄보디아에서의 불교의 위치는 굳건하여 대부분의 국민들이 독실한 불교 신자들이다.

언어

캄보디아의 공식 언어는 크메르어이며 언어는 물론 독자적인 크메르 문자도 가지고 있다. 크메르어의 근원은 인도어(힌디)로 알려져 있는데 두 언어 사이에는 어휘, 문법, 문자 등 여러 가지 면에서 공통점이 많다고 한다. 크메르 표준어는 33개의 자음과 23개의 모음으로 이루어져 있지만, 실제로 사용되는 말에서는 헤아릴 수 없을 정도의 많은 모음들이 사용되고 있다. 인근 국가인 태국어나 베트남어, 중국어 등이 성조聲調를 가지고 있는 반면, 크메르어는 높낮이의 차이가 거의 없으며 지방에 따른 방언도 그리 많지 않다고 한다. 따라서 외국인들도 조금만 배우면 간단한 크메르어를 구사할 수 있다. 대표적인 크메르어 표현들은 다음과 같다.

안녕?	쑤어 쓰다이
감사합니다	아쿤
네yes	바(남자), 차아(여자)
아니요no	아웃타이
나I	크놈
당신you	니야악
미안합니다	쏨또
맛있어요	칭한나
얼마예요?	툴라이 푼마안?
이름이 뭐예요?	니야악 치무아 아와이?
몇 살이예요?	니야악 아유 푼마안 히?

최근 들어 젊은 세대를 중심으로 영어를 구사하는 사람들의 비율이 높아지고 있으며, 특히 시엠레아프나 시아누크빌과 같은 관광지역에서는 영어가 큰 불편이 없을 정도로 통용된다. 아울러 오랜 프랑스 식민 통치의 영향으로 나이가 많은 사람들 사이에서는 불어도 꽤 많이 사용된다고 한다.

역사와 문화

학설에 의하면 오늘날 캄보디아의 뿌리는 기원전 2000년경 중국 동남부에서 이주해 온 인류들이 이룬 신석기 시대부터 시작되었다고 한다. 이후 기원후 1세기경 인도와의 교류를 통해 인도차이나 반도에서 최초의 국가인 푸난을 세워 6세기까지 번성하였으나 7세기 들어 주변 외세의 침략에 의해 멸망했다. 이후 다시 말레이족과 자바족들의 지배하에 놓여 있다가 9세기경 독립을 선포하고 크메르 제국을 건설하여 13세기까지에 걸쳐 번성하였는데, 앙코르와트와 같은

▲ 캄보디아는 국민들의 95% 이상이 소승불교를 믿는 불교 국가이다. 시주를 위해 한 레스토랑을 방문한 승려들을 식당 주인이 무릎을 꿇고 맞이하고 있다.

찬란한 유적들도 이 시기에 건설된 것으로 알려지고 있다. 그러나 이후 18세기에 이르기까지 베트남 등 주변 국가들의 지배하에 놓여 근근이 명맥만 유지하는 어두운 시기를 보내게 되며, 19세기 들어서는 프랑스의 식민지가 되었으나 1854년에 다시 자치권을 확보하게 된다.

그러나 이렇게 굴곡이 많았던 캄보디아의 역사는 1975년부터 1979년의 4년 동안 벌어진 현대사의 비극으로 최대의 시련을 맞게 된다. 당시까지는 베트남과 비슷하게 친미 성향의 론놀이 정권을 잡고 있었는데 사이공이 월맹군에게 함락당하면서 원리주의적 공산주의자인 폴 포트가 프놈펜을 장악하게 된다. 이 시기에 폴 포트 정권은 캄보디아 전역에서 소위 농민을 위한 유토피아 건설이라는 이상을 내세워 모든 지식인들과 자본가들을 비롯한 수많은 국민들을 학살하는 전대미문의 참변을 일으키게 된다. 소위 '킬링 필드'라고 알려진 이 학살극에서 당시 700만 명에 불과하던 캄보디아 국민 중에서 200만 명 정도가 죽임을 당했다고 알려지고 있으며 이 역사는 오늘날까지 캄보디아 전역에 커다란 흉터로 남아 있는 실정이다.

이후 베트남 군대의 침공과 연이은 내란으로 극도의 혼란을 겪은 끝에 1991년에 파리 평화 협정이 체결되면서 캄보디아는 조금씩 안정을 되찾기 시작했고, 1993년에 입헌 군주제로 헌법을 고쳐 당시 해외에 망명 중이던 시아누크를 불러와 국왕으로 옹립하고 캄보디아 역사상 최초의 자유선거를 실시하게 된다. 이후에도 몇 차례의 정변과 쿠데타가 일어나기는 했지만, 대체로 정치적인 안정을 많이 되찾은 것으로 평가되고 있다.

정치와 경제

현재 캄보디아의 정치 체제는 국왕이 있는 입헌 군주제이지만 국왕은 실제 정치에는 관여하지 않고 다수당의 대표인 총리가 국가의 수반이 되는 내각 책임제 형태를 취하고 있다. 여러 차례 역사의 격변기를 겪은 후 현재의 정정은 비교적 안정된 편이라고는 하지만, 아직도 불안 요인이 남아 있어서 외국의 투자는 만족스럽지 않은 수준이며 따라서 경제 발전은 아직도 더딘 상태이다. 또한 캄보디아는 전통적으로 부정부패가 만연한 국가로 악명이 높은데, 정치적 부패 수준이 동남아시아에서 라오스와 미얀마에 이어 세 번째로 높은 나라로 꼽히고 있을 정도이다.

캄보디아의 인당 국민 소득은 1천 달러가 채 되지 않으며 빠른 속도로 늘어나고는 있지만 아직도 대부분의 국민들은 가난을 벗어나지 못하고 있다. 주요 산업은 농업과 임업이지만 쌀의 자급자족이 이루어진 것은 불과 2000년부터라고 한다. 학교와 같은 사회 간접 자본의 투자가 부족하여 아직도 문맹률이 높고 발전 시설도 빈약하여 전기를 이웃 나라인 태국에서 수입해서 사용하고 있어서 만성적인 전력 부족에 시달리고 있는 실정이다. 다이빙이 이루어지는 도서 지역의 경우 대부분의 리조트들이 자가발전에 의해 전기를 충당하며 꼭 필요한 시간에만 제한적으로 전기가 공급되는 것이 보통이다.

전기와 통신

캄보디아의 전력 사정은 전반적으로 꽤 열악한 편이다. 자체적으로 생산하는 전력이 얼마 되지 않아 대부분의 전기를 이웃 나라인 태국에서 수입해서 쓰고 있는 실정이다. 그나마 대도시나 주요 호텔 등은 자체 발전기를 통해 비교적 안정적으로 전기를 공급하지만, 시골이나 섬 지역으로 나가면 시간을 정해 놓고 전기를 공급하며, 그나마도 정전이 자주 발생한다. 다이빙 보트에서는 전기 사용이 거의 불가능하기 때문에 다이빙 중에 사용할 카메라나 라이트 등을 위해서 충분한 예비 배터리를 준비해 가는 것이 좋다. 캄보디아의 전기 규격은 230볼트 50헤르츠로 콘센트의 모양도 우리나라에서 사용하는 것과 비슷하기 때문에 한국에서 사용하던 대부분의 전기 기구들은 별도의 어댑터 없이도 그냥 사용할 수 있다.

잦은 내전을 겪는 와중에서 통신 시설 등 인프라들이 많이 파괴되어 캄보디아의 전반적인 통신 수준 또한 열악한 편이다. 이동통신의 보급이 최근 들어 늘어나고 있지만 통신 비용은 아직까지는 꽤 비싼 편이다. 수도인 프놈펜 지역은 와이파이 등 인터넷이 많이 보급되어 있고 속도도 괜찮은 편이며 사용료도 합리적인 수준이지만, 지방으로 갈수록 품질도 떨어지고 사용료는 비싸진다.

한국에서 사용하던 스마트폰을 자동 로밍 방식으로 사용할 수는 있지만, 사용료가 생각보다 비싸다는 점을 감안하여야 한다. 로밍으로 사용할 경우 캄보디아 내에서의 통화는 분당 850원, 캄보디아에서 한국으로 발신할 경우 분당 2,500원, 한국에서 걸려온 전화를 받을 경우 분당 1,800원 정도가 나온다. 현지에서 20일간 사용할 수 있는 2GB 데이터 유심을 4달러 정도의 가격으로 구입할 수 있으므로 이것을 이용하는 것을 권한다.

치안과 안전

캄보디아의 치안 수준은 동남아 국가들 중에서도 그다지 나쁜 편은 아니어서 특별히 위험한 상태는 아니다. 그러나 다른 동남아 국가들과 마찬가지로 간혹 여행자들을 노리는 절도나 강도, 소매치기와 같은 범죄를 종종 일어나기 때문에 어느 정도 조심은 해야 한다. 특히 프놈펜이나 시엠레아프와 같은 대도시에서는 밤에 혼자 돌아다니거나 카메라나 스마트폰 같은 고가의 물건들을 눈에 띄게 가지고 다니는 행동을 피하는 것이 좋다.

모기에 의해 감염되는 말라리아나 뎅기열과 같은 질병이 간혹 발생하는 것으로 보고되고는 있지만, 사전에 예방 접종을 꼭 받아야 할 정도는 아니다. 가장 흔히 발생하는 건강 문제는 비위생적인 음식을 먹거나 오염된 식수를 마심으로써 생기는 설사나 배탈과 같은 것들이다. 음식은 꼭 잘 조리된 것만 먹도록 하고 식수 또한 반드시 병에 들어 있는 생수만을 마시도록 하며 설사약과 같은 비상 약품을 준비해 가는 것이 좋다.

대부분의 동남아시아 국가들과는 달리 캄보디아는 마약류에 관해 그다지 엄격한 편이 아니다. 이로 인해 유흥업소에 종사하는 현지인이나 유럽의 젊은 배낭족 관광객들 사이에서 마약이 흔하게 사용되고 있다. 특히 암페타민은 값이 싸서 흔하게 유통되고 있다는 점을 유의할 필요가 있다. 캄보디아에서는 매춘이 불법이기는 하지만, 관광객들이 많이 몰리는 프놈펜이나 시아누크빌 같은 곳에서는 공공연하게 이루어지고 있는데, 캄보디아가 에이즈 보균율 또한 높은 나라라는 점도 알아두어야 한다.

프놈펜이나 시아누크빌에는 병원을 쉽게 찾을 수 있다. 그러나 크메르루주 통치 기간 동안 거의 모든 의사들이 학살을 당한 영향으로 아직까지도 의사의 숫자가 부족하며 이로 인해 작은 도시에서는 의대를 나오지 않은 돌팔이 의사들이 많다고 하므로 캄보디아 여행 중에는 가능한 한 병원 신세를 지는 일이 없도록 최선을 다하는 것이 상책이다.

시차

캄보디아의 표준시는 GMT+7로 한국 시각보다 2시간이 느리며, 태국이나 베트남과 같은 시간대를 사용한다. 한국 시각으로 정오가 캄보디아 시각으로는 오전 10시가 된다.

2. 캄보디아 여행 정보

캄보디아 입출국

국제공항을 갖춘 캄보디아의 관문은 수도인 프놈펜과 관광 도시인 시엠레아프 두 곳이다. 한국과 캄보디아의 프놈펜 및 시엠레아프 간에는 대한항공과 아시아나항공이 매

▲ 하늘에서 바라본 캄보디아의 수도 프놈펜의 모습

일 직항편을 운항하고 있으며 소요 시간은 약 6시간 정도이다. 태국의 방콕, 베트남의 호치민 등에서도 수시로 항공편이 있는데 방콕으로부터는 에어아시아가 취항하며 소요 시간은 약 45분, 그리고 호치민으로부터는 앙코르항공이 셔틀 형태로 운항하는데 비행시간이 40분이 채 걸리지 않는다. 이 외에도 싱가포르나 홍콩 등을 경유해서 프놈펜에 들어가는 방법도 있다. 다만, 캐세이퍼시픽 항공으로 홍콩을 경유하여 프놈펜으로 들어가는 경우, 홍콩과 프놈펜 구간은 드레곤에어가 운항하는데, 인천공항에서 연결편까지 한꺼번에 체크인할 수 없다. 따라서 홍콩 공항에 내려서 항공사 카운터에서 다시 탑승권을 받아야 하며 위탁 수하물의 환적 수속도 별도로 하여야 하므로 특히 짐을 부치는 경우 충분한 연결 시간을 확보할 필요가 있다.

태국이나 베트남에서는 국경을 따라 여러 도시들이 육로로도 연결되어 있어서 양 국가의 도시 간을 연결하는 장거리 국제선 버스들도 많이 운행되고 있다. 시아누크빌에도 소규모 국제공항이 있기는 하지만, 이곳에 취항하는 국제선 항공편은 한국의 인천공항을 계절에 따라 한시적으로 운항하는 스카이윙 아시아항공뿐이다. 베트남의 호치민에서 캄보디아의 프놈펜까지는 버스로 이동할 수도 있다. 베트남에서 캄보디아로 들어가는 국제 버스는 캄보디아 국경 도시에서 내려 갈아타야 하는 경우도 있고 직행편도 있다. 어느 경우든 메콩 강을 건너 캄보디아의 국경 도시에서 입국 비자를 받아야 한다. 프놈펜으로 가는 직행버스는 호치민에서 매일 여러 편이 운행되며 요금은 15달러 내외이다. 버스 승차권은 대부분의 여행사에서 구입이 가능하지만, 직행인지 아닌지, 직행이 아니라면 어떻게 갈아타야 하는지를 확인하고 구입하는 것이 좋다.

시엠레아프와 프놈펜 간의 항공편은 프레지던트항공과 시엠레아프항공이 각각 하루에 두 편씩 운항하고 있다. 또한 이 두 도

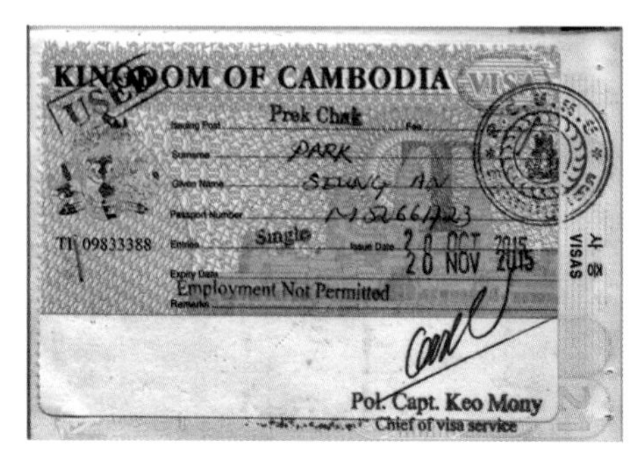
KINGDOM OF CAMBODIA
VISA
USED
Prek Chak
PARK
TI 09833388
Single
20 OCT 2015
20 NOV 2015
Employment Not Permitted
Pol. Capt. Keo Mony
Chief of visa service
VISAS

▲ 캄보디아의 입국 비자(도착 비자). 30달러의 수수료를 내고 도착 공항에서 신청할 수 있다.

시 간에는 장거리 버스도 운행되는데, 버스를 이용할 경우 거리는 314㎞, 소요 시간은 5시간에서 7시간 정도, 요금은 6달러에서 9달러 정도이다. 시엠레아프과 시아누크빌 간에도 장거리 버스는 물론 국내선 항공편도 자주 운행되고 있다.

캄보디아에 입국하기 위해서는 입국 신고서와 세관 신고서를 작성해야 한다. 이 외에도 에볼라 같은 전염병의 위험이 있을 때는 검역 설문지를 작성해야 하는 경우도 있다. 한국 국적자는 사전에 비자를 받지 않아도 공항에서 도착 비자VOA를 받을 수 있다. 도착 비자를 받기 위해서는 입국 심사를 받기 전에 먼저 비자 신청서를 작성하고 수수료를 납부한 후 비자 창구에 접수하여 대기한 다음 자신의 이름이 호명되면 교부 창구로 가서 비자가 붙은 여권을 찾으면 된다. 비자 수수료는 2014년 10월부터 인상되어 상용 비자Ordinary Visa는 35달러, 관광 비자Tourist Visa는 30달러고 최대 체류 기간은 입국일로부터 30일이다. 상용 비자는 캄보디아 내에서 체류 기간 연장을 할 수 있는 반면 관광 비자는 30일을 초과하여 체재하고자 하는 경우에는 일단 출국한 후 재입국을 해야 하는 차이가 있다. 비자를 신청할 때는 증명사진이나 여권 사진이 한 장 있어야 하는데, 사진이 없을 경우 여권의 사진을 스캔 해서 쓸 수 있으며 이 경우에는 2달러 정도의 추가 비용을 내야 한다. 필리핀 등 아세안 국가 국민들은 비자 없이 캄보디아로 입국이 가능하다. 공항 입국장에서 줄을 서서 비자를 기다리기 번거로울 경우 사전에 인터넷을 통한 e-비자를 신청할 수도 있다. e-비자는 캄보디아 e-비자 사이트(https://www.evisa.gov.kh)에서 신청하는데 요금은 수수료를 포함하여 37달러이고 증명사진이나 여권 사진의 디지털 이미지 파일(jpg 또는 png 포맷)도 첨부해야 한다. 수수료는 신용 카드로 결제하면 된다. e-비자 발급 신청 후 약 3일 후에 비자가 이메일로 돌아오는데 이것을 프린터로

▲ 베트남의 호치민과 캄보디아의 프놈펜을 연결하는 앙코르항공 소속의 프로펠러 항공기. 채 40분이 걸리지 않는 짧은 비행시간으로 연결이 되기 때문에 많은 관광객들이 베트남과 캄보디아를 연결해서 방문하는 경우가 많다.

▲ 캄보디아의 관문인 프놈펜 공항 모습. 규모는 그리 크지 않지만 최근에 전면적인 리노베이션을 하여 현대식 시설이 갖추어진 쾌적한 공항이다.

출력하여 입국할 때에 여권과 함께 제출하면 된다.

최근 한국의 언론에서 캄보디아 입국 심사 관리들이 관광객들을 상대로 1달러 정도의 팁을 공공연하게 요구한다는 보도가 나온 적도 있는데, 캄보디아에 자주 들어가 본 경험에 의하면 이런 말이 전혀 사실무근은 아니지만, 이런 경우는 대개 입국에 필요한 서류에 무엇인가 하자가 있는 것이 대부분이다. 서류를 보완해서 다시 가져오라고 줄의 맨 뒤로 되돌려 보내는 대신 작은 팁을 준다면 빨리 나갈 수 있도록 봐주겠다는 것인데 캄보디아의 현실을 감안한다면 너무 과민하게 반응할 문제는 아닌 것 같다는 생각도 든다. 일단 입국에 필요한 서류를 빠짐없이 잘 작성한다면 이런 시비에 휘말릴 필요도 없을 것이다.

현지 교통편

캄보디아 내 도시 간의 이동은 버스를 이용하는 것이 가장 일반적인 방법이다. 열차도 있기는 하지만, 매우 느리기 때문에 관광객들이 이용하는 것은 별로 추천되지 않는다. 지방의 도로 사정은 전반적으로 그리 좋지 않지만 프놈펜, 시아누크빌, 시엠레아프, 캄퐁 등을 연결하는 주요 도로는 꽤 상태가 좋은 편이다.

도시 내에서는 모터사이클 택시 또는 툭툭Tuk Tuk이 대중교통을 담당한다. 툭툭은 필리핀의 트라이시클처럼 모터사이클을 개조하여 승객을 승객을 태울 수 있도록 만든 것이다. 요금은 거리에 따라서 다르지만 가까운 거리는 1달러 정도이다. 프놈펜 시내버스 정류장에서 공항까지 가는 경우는 6달러 정도까지 받는다. 시아누크빌의 경우에도 모터 택시나 툭툭의 요금은 이동 거리에 따라 1달러에서 5달러 사이가 된다. 먼 거리를 보다 쾌적하게 이동하고 싶을 경우 승용차를 택시처럼 이용할 수도 있는데 미리 요금을 확실하게 흥정해 두어야 한다. 하루 5달러 내외의 싼 가격으로 소형 모터사이클

▲ 프놈펜과 시아누크빌을 연결하는 국도변의 한 과일 노점의 모습

▲ 캄보디아 전역에서 단거리 대중교통 수단으로 주로 이용되는 툭툭

이나 스쿠터를 빌릴 수도 있다. 모터사이클 운전에 익숙한 사람이라면 시아누크빌 같은 비교적 한적한 도시에서는 가능할 수 있지만, 교통이 매우 복잡한 프놈펜에서는 위험한 선택으로 추천할 수 없다.

프놈펜 공항에서 시내까지는 택시나 툭툭을 이용한다. 택시는 미터가 없기 때문에 출발 전에 요금을 흥정해야 하는데 대개 5달러에서 7달러 정도 소요된다. 툭툭은 값이 더 싸서 1달러면 시내까지 들어갈 수 있지만 시간은 더 오래 걸린다. 시엠레아프 공항의 경우 시내에서 6㎞ 정도로 비교적 가까운 거리에 있다. 터미널 밖에 공항 택시를 탈 수 있는 티켓을 파는 부스가 있는데 시내까지의 요금은 5달러이다. 청사 바로 밖에는 일반 택시나 툭툭도 대기하고 있다.

통화와 환전

캄보디아의 법정 통화는 캄보디아 리엘KHR 이며, 2017년 8월 현재 공식 환율은 미국 달러 1달러에 4,000리엘 정도이다. 그러나 리엘화는 계속되는 정변 등으로 인해 화폐로서의 가치와 신뢰를 많이 잃어서 실제로 법정 통화의 역할을 제대로 하지 못하고 있는 실정이며, 대신 미국 달러화가 사실상의 주력 화폐로 유통되고 있다. 프놈펜, 시엠레아프, 시아누크빌 등의 대도시는 물론 시골 동네에서조차 미국 달러가 더 선호되며 리엘화는 1달러 미만의 잔돈 역할만을 하고 있다. 시아누크빌과 같이 태국에 가까운 곳에서는 태국 밧화도 같이 통용된다. 따라서 캄보디아를 여행할 때에는 현지화를 환전할 필요가 없으며 미국 달러를 가져가면 된다. 달러화는 1달러권이 가장 많이 사용되므로 잔돈을 넉넉히 준비해 가는 것이 좋다. 현지의 상인들은 위폐의 가능성을 두려워해서 20달러권 이상의 고액권은 조금이라도 손상이 있을 경우 잘 받지 않는다.

대부분의 상점이나 식당 등에서는 미국 달러 현금을 선호하지만, 고급 호텔이나 고급

▲ 캄보디아의 법정 통화인 리엘화. 그러나 리엘은 1달러 미만의 잔돈으로만 사용되며 대부분 미국 달러가 주력 화폐로 통용된다. 현재 1달러의 가치는 4,000리엘 정도이다.

식당 등에서는 신용 카드도 받는다. 도시에서는 거리에서 ATM 기계를 쉽게 발견할 수 있으며 대부분 현지 화폐가 아닌 미국 달러화를 취급한다. ATM에서 신용 카드를 이용한 현금 서비스는 쉽게 받을 수 있지만, 한국에서 발행된 은행 현금 카드는 거의 사용할 수 없다는 점도 참고하도록 한다.

팁

캄보디아 전역에서 팁은 그다지 보편화되어 있지 않다. 그러나 시엠레아프이나 시아누크빌과 같은 관광지에서는 서비스에 대해 약간의 팁을 기대하는 경향이 있다. 고급 호텔에서 가방을 운반해 주거나 방 청소를 해주는 등의 서비스에 대해서는 대략 1달러 이하(2,000리엘 정도)의 팁으로 충분하다. 그러나 배낭족 여행자들이 주로 묵는 게스트하우스 형태의 숙소에서는 팁을 주지 않아도 좋다.

캄보디아에는 유난히 배낭족 여행자들이 많다. 그만큼 여행 경비가 저렴하기 때문일 것이다. 다이빙 보트를 타 보면 학생이나 배낭족 다이버들이 많은 것을 볼 수 있는데 그만큼 현지인 다이브 마스터들도 가이드 서비스에 대한 팁을 그다지 기대하지 않는다. 필자의 견해로는 가이드의 서비스가 만족스러울 경우에 한해 하루 2회 다이빙을 기준으로 미화 3달러에서 최대 5달러 정도의 팁이 적당하다고 보여진다. 다만 현지인 가이드가 아닌 서양인 가이드일 경우에는 팁을 따로 주지 않는 것이 보통이다.

물가

캄보디아는 동남아 국가들 중에서도 가장 물가가 싼 나라에 속한다. 특히 식품이나 서비스에 대한 값이 싼 편이다. 그러나 수입에 주로 의존하는 공산품이나 전기 요금, 통신 요금 등은 다른 어느 나라보다도 비싸다. 캄보디아의 일반적인 물가 수준은 다음과 같다.

일반적인 식당에서의 식사 비용	2.5달러
고급 식당에서의 2인 식사 비용	15달러
맥도널드 빅맥 세트	4.5달러
국산 맥주(식당)	1달러
국산 맥주(슈퍼마켓)	80센트
생수 1병(식당)	40센트
카푸치노 커피(식당)	2달러
숙박비(게스트하우스, 1박)	8달러
숙박비(3성급 호텔, 1박)	30달러
담배(말보로 1갑)	1.5달러

카지노

최근 들어 관광산업을 적극적으로 육성하려는 캄보디아의 정책으로 인해 캄보디아 전국에 카지노가 많이 들어서 있다. 특히 시아누크빌과 같은 관광 지역에는 수많은 카지노들이 있는데 실제로 대부분의 카지노들은 규모나 분위기 면에서 필리핀의 카지노들과는 차이가 크다. 게임은 슬롯머신과 바카라 종류가 주종을 이룬다. 시아누크빌에서 유일하게 블랙잭 테이블을 갖춘 카지노는 빅토리비치 지역에 있는 퀸코 카지노호텔Queenco Casino & Hotel인데 규모는 그리 크지 않다. 이곳은 4성급 호텔로 하루 숙박비는 50달러 정도이며 식당과 바 등의 부대시설을 갖추고 있다.

음식

인접 국가들인 태국과 베트남 등에 비해 캄보디아의 음식은 그다지 잘 알려져 있지는 않은 편이다. 그러나 캄보디아에도 나름대로 훌륭한 전통적인 음식들이 있다. 인도와의 오랜 인연 때문인지 캄보디아 음식에는 카레를 응용한 것들이 많다. 전통적인 캄보디아 음식 외에도 똠얌꿍, 팟타이 등과 같은 태국 음식과 포 종류의 베트남 음식도 대부분의 식당에서 흔히 발견할 수 있다.

대표적인 캄보디아 음식은 아목Amok과 룩락Luk Lak이다. 아목은 닭고기, 돼지고기 또는 해산물을 달콤하고 부드러운 코코넛 카레로 조리한 음식인데 흰 쌀밥과 함께 먹는다. 룩락 역시 닭고기, 돼지고기 또는 해산물을 주재료로 사용하지만 여기에 고추와 양파, 계란 등을 넣어 볶은 음식이다.

시아누크빌 등 바다가 가까운 지역에서는 해산물 요리도 흔하다. 캄보디아의 해산물은 게나 랍스터와 같은 비싼 것들보다는 새우, 오징어, 생선과 같은 대중적인 재료를 주로 사용한다. 시아누크빌의 해변가 길거리를 걷다 보면 작은 숯불 화로를 어깨에 메고 오징어 꼬치구이를 파는 상인들을 흔히 발견할 수 있다. 현지어로 '뜨라이메욱'이라고 부르는 이 길거리 음식은 작은 오징어를 꼬치에 꿰어 생선 젓갈이나 라임즙을 발라 작은 숯불 화로에 구운 것인데 남녀노소 누구나 좋아하는 반찬이자 간식이다.

캄보디아에서 빼놓을 수 없는 중요한 것이 바로 맥주이다. 캄보디아 사람들은 정말 맥주를 좋아해서 시도 때도 없이 마셔댄다. 맥주 종류도 앙코르, 캄보디아 등 매우 다양하며 하이네켄, 타이거, 산미구엘 등 다양한 수입 브랜드 맥주들도 많이 팔리고 있다. 맥줏값도 싸서 고급 식당에서 주문하더라도 1달러 내외인 경우가 대부분이다. 특

▲ 캄보디아의 대중적인 음식인 '치킨 아목'. 닭고기를 코코넛 카레로 조리한 것이다.

히 시아누크빌에는 앙코르 맥주와 캄보디아 맥주 공장이 있어서 어디에서나 맥주가 흔하며 특히 신선한 생맥주가 맛이 좋다. 시아누크빌에는 인구 한 명당 약 세 개 정도의 술집이 있다고 알려져 있을 정도이다.

▲ 캄보디아 맥주를 곁들인 해산물 요리도 싸서 대략 10달러 내외의 가격으로 푸짐한 저녁 식사를 즐길 수 있다.

▲ 시아누크빌의 길거리에서 자주 발견할 수 있는 길거리 음식인 오징어 꼬치구이인 '뜨라이메욱'. 길거리 행상들은 이 화로를 어깨에 메고 다니면서 즉석에서 구워서 판다.

캄보디아 다이빙 가이드

다이브 포인트 요약

지역	포인트	수심(m)	난이도	특징
코롱 삼로엠	**코너 바**	4~18	**초급**	리프, 마크로
	베트남 베이	4~16	**초급**	리프, 마크로
	KC 리프	14~27	**초중급**	리프, 수중 지형, 마크로
	아웃 데어	14~24	**중급**	리프, 드리프트, 마크로, 수중 지형
	백 도어	5~18	**초급**	리프, 마크로, 코비아
	코랠	5~16	**초중급**	리프, 드리프트, 마크로
	라스트 트리	5~20	**초중급**	리프, 드리프트, 마크로, 바라쿠다
코탕	**익스플로전 리프**	6~18	**초급**	리프, 마크로
	쓰리 베어스	2~16	**초급**	리프, 마크로, 바라쿠다, 잭피시
	지라페 룩아웃	2~16	**초급**	리프, 마크로
	아틀란티스	2~16	**초급**	리프, 마크로
	스팅레이 엘리	5~26	**초중급**	리프, 마크로, 가오리
	스태프스	3~12	**초급**	리프, 수중 지형, 마크로
	비디아이 베어	3~15	**초급**	리프, 마크로, 야간
	플라이 바이 리프	5~20	**초중급**	리프, 드리프트, 마크로

3. 캄보디아 다이빙 개요

캄보디아 다이빙

캄보디아는 동남아시아 국가들 중에서도 비교적 최근에야 스포츠 다이빙이 개발되기 시작한 나라이다. 인접해 있는 태국이나 베트남에 비해서 캄보디아의 해안선 길이는 상대적으로 짧은 편이지만, 시아누크빌 인근의 태국만 수역은 아름다운 산호초 지역과 수중 지형으로 이루어져 있어서 최근 들어 꽤 많은 다이버들이 찾아오고 있다. 아직까지 대부분의 다이빙이 시아누크빌 인근의 코롱 삼로엠 섬을 중심으로 이루어지고 있지만, 새로운 다이브 사이트들이 지속적으로 개발되고 있어서 거의 매주 새로운 포인트들이 등장하고 있을 정도이다. 이 지역에서 며칠에 걸쳐 다이빙을 하다 보면 지금까지 아무도 다이빙을 해 보지 않았던 새로운 곳에서 가이드와 함께 탐험 다이빙을 하게 되는 기회를 갖게 되는 경우가 많다는 점도 캄보디아 다이빙이 지니는 또 다른 매력이다.

캄보디아 수역의 시야는 5m에서 최대 25m 정도이지만, 날씨와 계절에 따라 편차가 꽤 큰 편이다. 우기에 특히 비가 많이 온 직후에는 시야가 3m 이내로 떨어지는 경우도 많다. 조류는 강하지는 않지만 어느 정도는 항상 있는 편이어서 대부분의 다이빙은 조류를 따라 편안하게 흘러가는 드리프트 다이빙으로 진행된다.

다이빙 포인트들이 밀집해 있는 코롱 삼로엠 섬Koh Rong Samloem 부근 수역의 또 다른 특징은 수심이 깊은 곳이 별로 없다는 점이다. 다이브 포인트들의 평균 수심은 10m 전후에 불과하며, 15m가 넘어가면 깊은 수심으로 간주될 정도이다. 비록 시야가 전반적으로 그다지 좋지는 않고 상어와 같은 대형 어류를 보기 어려운 마크로 중심의 포인트들이기는 하지만, 깊지 않은 수심, 약한 조류, 따뜻한 수온이 캄보디아 바다의 특징인 만큼 이 지역은 초보 다이버들도 별다른 어려움이 없이 다이빙을 즐길 수 있다.

▼ 시아누크빌의 다이브 포인트들은 코롱 삼로엠 섬 부근에 밀집해 있다. 사진은 코롱 삼로엠 섬의 모습

캄보디아의 바다는 만灣으로 이루어져 있어서 상어나 만타레이와 같은 대형 어종들은 그다지 흔치 않다. 그러나 사람의 손이 거의 타지 않은 아름다운 경산호와 연산호들, 그리고 다른 바다에서는 찾아보기 어려운 특이한 종류의 갯민숭달팽이 종류를 비롯하여 해마, 문어, 말미잘 등을 볼 수 있어서 마크로 다이빙을 좋아하는 다이버들은 흥미 있는 경험을 할 수 있는 곳이기도 하다. 오징어, 모레이 일, 가오리 등의 어류들도 꽤 다양한데 이런 해양 생물들은 사람들을 별로 두려워하지 않아서 다이버들을 졸졸 쫓아다니는 경우도 많다. 먼 바다 쪽에 자리 잡은 포인트들에서는 간혹 상어, 돌고래, 심지어는 고래와 조우하는 경우도 더러 생긴다고 한다.

다이빙 시즌

캄보디아에서는 연중 다이빙이 가능하지만 11월부터 다음 해 5월까지가 성수기로 간주된다. 이 중에서도 특히 2월부터 5월까지가 바다 상태 및 수중 시야가 가장 좋은 시기로 알려져 있다. 6월부터 9월까지는 우기로 거의 매일 많은 비가 내리기 때문에 다이빙 조건도 그다지 좋지 않고 수중의 시야도 3m 이내로 떨어지는 경우가 많다. 10월부터 12월까지는 바다 상태가 최상은 아니지만 대신 대형 어류들이 자주 나타나는 시기이다. 수온은 연중 섭씨 27도에서 31도 정도의 분포이며 계절에 따른 변화도 거의 없어서 많은 다이버들이 반팔 웨트수트로 다이빙을 즐긴다.

▼ 캄보디아 시아누크빌의 세렌디피티 비치. 많은 다이브 센터들과 숙소들이 이곳에서 멀지 않은 곳에 밀집해 있다.

4. 시아누크빌 다이빙

시아누크빌 트립 브리핑

이동 경로	서울 ···› (항공편) ···› 프놈펜 ···› (육로) ···› 시아누크빌
이동 시간	총 9시간(항공편 5시간 30분, 육로 4시간)
다이빙 형태	데이 트립 다이빙, 리조트 다이빙
다이빙 시즌	연중(최적 기간 : 11월부터 6월)
수온과 수트	연중 26도에서 31도(3밀리 수트)
표준 체재 일수	4박 5일(3일 9회 다이빙)
평균 기본 경비	총 90만 원 • 항공료 : 40만 원(인천–프놈펜) • 현지 교통비 : 2만 원(프놈펜–시아누크빌 미니버스) • 숙식비 : 20만 원(3성급 호텔, 1박 45달러, 4박) • 다이빙 : 28만 원(1일 3회, 3일 다이빙, 왕복 보트 및 점심 포함)

시아누크빌Sihanoukville 개요

시아누크빌은 캄보디아 남쪽 태국 만에 면한 전형적인 해변 휴양 도시이다. 도시 자체가 아름다운 해변으로 둘러싸여 있어서 비치시티라고 불릴 정도이며, 외국인들은 물론 캄보디아 전역에서 많은 관광객들이 몰려오는 곳이기도 하다. 해변 지역에는 수많은 호텔과 게스트하우스, 식당과 바, 카지노 등이 들어서 있으며 보트를 타고 나가면 아름다운 섬들을 많이 만날 수 있는 곳이 시아누크빌이다. 또한 이곳은 캄보디아에서 거의 유일한 다이빙 지역이기도 하다.

시아누크빌을 찾는 관광객들은 대개 '세렌디피티 비치' 또는 '빅토리 힐' 쪽에 숙소를

▲ 프놈펜 시내와 시아누크빌을 연결하는 버스. 휴식을 위해 중간 휴게소에 정차해 있다. 프놈펜에서 시아누크빌까지는 약 5시간 이상 소요되며 요금은 편도 7달러다.

▼ 시아누크빌의 중심 지역 중 하나인 세렌디피티 비치로드의 모습

정한다. 빅토리 힐은 값비싼 호텔보다는 10달러 내외의 가격으로 방을 구할 수 있는 게스트하우스들이 밀집해 있는 지역으로 배낭족들이 선호하는 곳이다. 그러나 대부분의 다이버들은 다이브 센터들이 집중적으로 몰려 있는 세린디피티 지역을 선호하게 마련이다. 세렌디피티 지역에는 다이브 센터들은 물론 많은 호텔과 게스트하우스, 식당과 바 등이 몰려 있다.

찾아가는 법

인천공항과 시아누크빌 공항 간에 스카이윙 아시아항공이 직항편을 운항하고 있기는 하지만, 관광 성수기에 한해 한시적으로 운항하기 때문에 대부분의 경우 시아누크빌에 들어가기 위해서는 대개 프놈펜 공항을 이용한다. 프놈펜 대신 북쪽의 시엠레아프 공항으로 들어가는 경우에는 이곳에서 시아누크빌 공항까지 국내선 항공편이 운항되므로 이것을 이용하는 것이 좋다. 시엠레아프에서 프놈펜을 거쳐 시아누크빌까지 운행하는 버스도 있지만, 10시간 이상이 걸린다. 시아누크빌 공항에서 시내까지는 택시로 20분 정도면 이동할 수 있다.

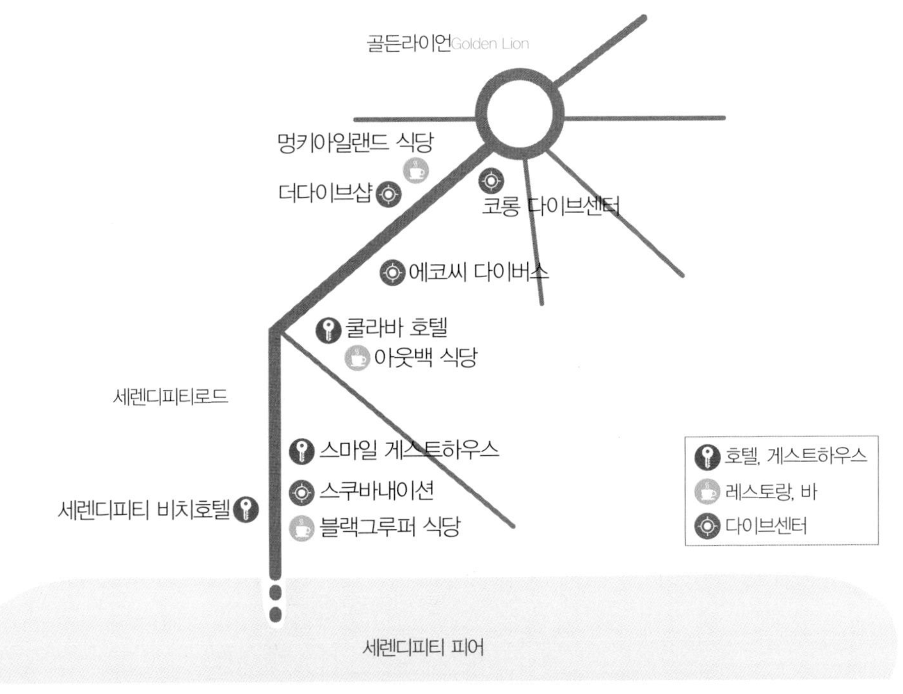

▲ 시아누크빌 세렌디피티 지역 약도. 골든 라이언 로터리에서 시작하여 세렌디피티 비치에 이르는 약 300m 정도의 비치로드 거리에 다이브 센터들을 비롯하여 식당, 바, 호텔, 게스트하우스 등의 시설들이 밀집되어 있다.

프놈펜 공항에서 시아누크빌로 가는 가장 손쉬운 방법은 택시를 타는 것이다. 택시는 공항 청사 밖에서 대기하고 있는데 대부분 일제 도요타 캠리 차종으로 차량의 상태는 매우 좋은 편이다. 일반 승용차들도 공항 밖에 세워 두고 시아누크빌로 가는 승객들을 기다린다. 택시나 승용차는 시아누크빌까지 대개 60달러에서 120달러까지도 부르지만, 표준 요금은 55달러이므로 더 이상 부를 경우 먼저 가격을 흥정하여야 한다. 시아누크빌에서 프놈펜 시내 또는 프놈펜 공항으로 나갈 때도 날짜와 시간을 알려주면 숙소까지 픽업하러 온다. 택시나 승용차들은 비교적 포장 상태가 좋은 국도를 엄청난 속도로 질주해서 대개 세 시간 반 정도면 시아누크빌에 도착할 수 있다. 시아누크빌에서 프놈펜 공항으로 가는 경우에도 호텔이나 게스트하우스의 프런트에 부탁하면 승용차를 예약할 수 있는데 요금은 대개 55달러 정도이다.

세 시간이 넘는 거리에 대한 택시비 55달러는 우리나라 기준으로는 괜찮아 보이는 가격이지만, 캄보디아 현지 물가 수준으로는 꽤 비싼 축에 속한다. 그래서 많은 여행자들은 택시 대신 프놈펜 시내와 시아누크빌을 연결하는 버스나 미니 버스를 많이 이용한다. 버스는 프놈펜 시내의 센트럴 마켓 부근 버스 정류장에서 출발하는데, 요금은 편도 기준으로 7달러 정도이다. 차량은 대체로 좀 낡은 편이고 화장실이 갖추어져 있지 않지만, 그럭저럭 큰 불편 없이 여행이 가능한 정도이다. 버스는 중간에 승객을 태우고 내려주기 위해 정차하므로 시아누크빌까지의 소요 시간은 5시간 이상이다. 중간에 화장실과 간식을 위해 휴게소 비슷한 곳에서 15분 정도 정차한다. 버스보다 조금 쾌적한 여행을 원한다면 미니 버스를 이용하면 된다. 미니 버스의 편도 요금은 10달러 또는 12달러인데 중간에 정차하는 횟수가 적어서 약 4시간 정도면 프놈펜에서 시아누크빌까지 이동이 가능하다. 버스나 미니 버스는 철저한 정원제로 운행하며 버스 정류소나 대부분의 여행사에서 티켓을 구입할 있다. 버스는 자주 있는 편이기는 하지만, 성수기에는 원하는 시간에 좌석을 구할 수 없는 경우도 있으므로 하루나 이틀 전쯤에 미리 티켓을 구입해 두는 편이 좋다.

태국의 방콕이나 베트남의 호치민에서 프놈펜이나 시아누크빌까지 운행하는 장거리 국제 버스도 있는데 대개 이들 도시에서 아침 일찍 출발하여 저녁 무렵에 도착하며 요금은 12달러에서 15달러 정도로 저렴하다. 이런 버스들은 에어컨디셔너와 화장실을 갖추고 있으며 일부 버스는 침대를 갖춘 것도 있다.

인근 국가인 베트남이나 태국에서 육로를 통해 시아누크빌에 들어갈 수도 있다. 특히 지리적으로 가까운 위치에 있는 베트남의 푸꾸옥에서도 바로 캄보디아의 시아누크빌까지 가는 교통편을 이용할 수 있다. 이 경우 푸꾸옥에서 베트남 국내선 항공편으로 호치민까지 간 다음, 호치민에서 프놈펜까지 다시 비행기를 타고 간 후 프놈펜 공항에서 육로를 통해 시아누크빌로 가야 하는 번거로움을 덜 수 있다. 물론 육로를 통해 가더라도 시간은 꽤 걸리지만, 그다지 골치 아플 일이 없기 때문에 느긋하게 마음을 먹고 있으면 된다. 비용도 꽤 저렴하여 대략 20달러에서 25달러 정도면 푸꾸옥에서 시아누크빌까지 가는 티켓을 구할 수 있다. 푸꾸옥에서 시아누크빌로 들어가는 경로는 대략 다음과 같다. 베트남이나 태국의 다른 도시에서 육로를 통해 시아누크빌로 들어가는 경우에도 개념은 비슷하기 때문에 이를 참고하면 좋을 것이다.

단, 캄보디아와는 달리 베트남은 육로 국경에서 입국비자를 발급하지 않으므로 육로로 캄보디아에서 베트남으로 들어가려면 사전에 비자를 받아 두어야 한다.

(1) 아침 7시 전후로 푸꾸옥의 숙소에서 픽업을 하여 보트가 떠나는 항구로 이동한다. 항구에 도착하면 대기하고 있는 하티엔Ha Tien행 보트에 승선하게 되는데 상당히 현대식의 쾌속선으로 실내 또한 쾌적한 편이다. 교통 요금에는 보트의 승선권이 포함되어 있으며 지정된 좌석에 앉으면 된다.

(2) 푸꾸옥에서 베트남과 캄보디아의 국경 도시인 하티엔까지는 대략 1시간 정도가 소요된다. 하티엔 항구에 도착하면 대기하고 있던 기사가 다시 픽업하여 국경으로 향하는 버스를 탈 수 있는 장소(대개는 여행사 사무실)까지 데려다준다. 이곳에 도착하는 시간과 국경으로 가는 버스가 출발하는 시간에는 꽤 여유가 있는 것이 보통이므로 이때 시내 구경을 하든지 점심 식사를 하게 된다.

(3) 정해진 시간에 다시 버스나 밴을 타는 위치로 돌아와 승차하면 출발하고 이내 국경에 도착하게 된다. 국경에 도착하면 캄보디아 측 소속의 다른 버스나 밴 기사에게 인계되는데 일단 하차하여 베트남 출국 사무소에 들어가 출국 수속을 한다. 베트남 출국 수속이 끝나면 기사의 안내에 따라 그리 멀리 않은 캄보디아 출입국 사무소로 이동하여 이곳에서 캄보디아 입국 수속을 하게 된다. 입국 수속은 프놈펜이나 시엠레아프 공

항에서와 별로 다르지 않다. 먼저 비자 창구에서 비자를 구입하여 여권에 부착한 후 입국 심사 창구로 가서 입국 심사를 받으면 된다. 다만 육로를 통해 입국하는 경우에는 공항을 통해 입국하는 경우에 비해 비자 수수료가 5달러 정도 더 비싸다. 검역 등의 핑계로 1달러 정도의 팁을 요구하는 관행 또한 이곳에서도 비슷하게 발생한다.

(4) 캄보디아 입국 수속을 마치면 대기하고 있는 캄보디아 측 버스나 밴에 승차하여 시아누크빌로 향하게 된다. 대개는 중간에 캄퐁과 같은 도시에 한 번 더 정차하여 이곳에서 시아누크빌로 가는 여행자들을 더 태우는 경우가 많다. 버스나 밴은 시아누크빌의 버스 정류장에 먼저 정차한 후 세렌디피티 지역의 골든 라이언Golden Lion 로터리 부근까지 간다.

▲ 베트남의 푸꾸옥과 하티엔을 연결하는 보트의 내부 모습

▼ 남부 베트남에서 캄보디아로 들어가는 관문인 하티엔 국경의 모습

▲ 베트남과 캄보디아의 국경 부근에 위치한 항구 도시인 하티엔의 모습

▼ 시아누크빌 세렌디피티 지역의 상징인 골든 라이언 로터리의 모습. 주변에 대략 다섯 군데 이상의 다이브 센터들이 자리 잡고 있다. 푸꾸옥에서 출발한 긴 여행도 이곳에서 끝난다.

시아누크빌의 다이브 센터

시아누크빌의 세렌디피티 지역에는 다섯 개 정도의 다이브 센터들이 자리 잡고 있다. 대개 골든 라이언 로터리에서 세린디피티 부두에 이르는 약 200m 정도의 거리 안에 흩어져 있는데 다이브 센터마다 다이빙 스타일이나 진행 방식에 약간의 차이가 있으므로 충분한 정보를 가지고 원하는 다이브 센터를 찾는 것이 좋다. 시아누크빌에서 추천할 만한 다이브 센터들은 다음과 같다.

• 에코씨 다이버스EcoSea Divers : 쿨라바 호텔 부근에 샵이 있는데 규모는 크지 않아서 자칫 그냥 지나치기 쉽다. 데이 트립 다이빙 요금은 80달러인데 3명 이상일 경우 인당 75달러로 할인이 된다. 이 요금에는 2회의 다이빙, 장비 대여료, 코롱 삼로엠 섬까지의 왕복 보트 요금(20달러), 부두까지의 교통편, 점심 식사 등이 모두 포함된 금액이므로 결코 비싸다고는 할 수 없다. 데이 트립은 오전 7시 45분에 샵에 집합하여 멀티캡을 타고 부두까지 이동한 후 보트로 코롱 삼로엠 섬까지 이동한다. 코롱 삼로엠 섬에는 에코씨 다이버스 전용의 부두와 방갈로, 식당 등의 시설이 자리 잡고 있다. 이곳에서 다이빙 보트를 타고 첫 다이빙을 마친 후 섬으로 돌아와 식당에서 점심 식사를 한 후 두 번째 다이빙을 하고 다시 시아누크빌로 돌아오는 일정으로 진행된다. 코롱 삼로엠 섬에 있는 방갈로에서 1박을 하면서 1회 야간 다이빙을 포함하여 5회 다이빙을 할 수 있는 패키지는 비수기 기준으로 155달러다. 방갈로 숙소는 종류에 따라 비수기 기준으로 1박당 3달러(공동 화장실을 사용하는 해먹 합숙소)에서 25달러(화장실이 딸린 해변 독채 방갈로) 정도이다. 이곳 숙소에서 묵으면서 다이빙을 하는 경우 1회당 25달러를 받는다.

• 스쿠바 네이션Scuba Nation : 세렌디피티 로드를 따라 부두 쪽으로 내려가다 보면 왼

▲ 코롱 삼로엠 섬에 자리 잡은 '에코씨 다이버스'의 전용 부두와 다이브 센터. 뒤쪽으로 방갈로 숙소가 보인다.

▲ 세렌디피티 로드 선상에 있는' 스쿠바네이션 다이브 센터'

쪽에 있다. 데이 트립 다이빙 요금은 85달러로 다른 다이브 센터에 비해 5달러 정도 비싸지만 이 요금에는 2회 다이빙, 장비 대여료, 아침 식사, 점심 식사, 음료, 과일, 보트 비용 등이 모두 포함되어 있다. 다이브 사이트까지의 이동은 정기 여객선 대신 자체 다이빙 보트를 이용하기 때문에 갈아타야 하는 불편은 없는 대신 속도가 늦어서 일반 여객선을 이용하는 경우에 비해 이동 시간이 한 시간 정도 더 걸린다. 간혹 1박 2일의 미니 리브어보드 트립을 나가기도 하는데 이 경우의 요금은 코롱 삼로엠 지역은 220달러이고, 먼 바다인 코탕 지역은 270달러 정도이다. 명칭은 리브어보드이지만 제대로 시설을 갖춘 리브어보드 전용 보트를 이용하는 것이 아니고 일반 데이 트립 보트의 갑판 공간에 매트리스를 깔고 잠을 자는 형태라고 보면 된다. 요금에는 야간 다이빙 1회를 포함한 5회의 다이빙, 보트 내에서의 식사, 음료와 간식, 간이 매트리스와 모포를 이용한 보트 내에서의 1박 숙박, 다이빙 장비 대여료 등이 포함되어 있다.

• 코롱 다이브 센터Koh Rong Dive Center : 코롱 다이브 센터는 시아누크빌에서 가장 규모가 큰 다이브 센터이자 여행사이며 시아누크빌과 코롱 섬, 그리고 코롱 삼로엠 섬을 연결하는 정기 여객선을 운영하는 연안 보트 운송 회사이기도 하다. 시내의 샵은 골든 라이언 로터리 바로 옆에 위치해 있어서 찾기는 매우 쉬운 편이다. 코롱 섬 내에 전진 기지에 해당하는 별도의 다이브 센터를 운영하고 있다. 데이 트립 다이빙 요금은 80달러인데 여기에는 시아누크빌과 코롱 섬간의 왕복 보트 요금(20달러), 2회 다이빙, 장비 대여료, 점심 식사 등이 포함된다. 오전 7시 30분경에 샵에 집합하여 미니 버스 편으로 부두로 이동한 후 8시쯤 보트 편으로 코롱 섬으로 이동한다. 이곳

▲ 코롱 섬의 선착장에 자리 잡고 있는 '코롱 다이브 센터'

▲ 시아누크빌 세렌디피티 입구에 자리 잡고 있는 '더 다이브샵'. 코롱 삼로엠 섬에도 작은 규모의 다이브 센터를 운영하고 있다.

에서 2회의 다이빙을 하게 되는데 첫 다이빙을 마친 후 수면 휴식 시간에 보트에서 간단한 점심 식사가 제공된다. 다이빙을 마친 후 4시경 다시 보트를 타고 시아누크빌로 돌아오게 된다. 코롱 섬의 게스트하우스에서 숙박을 하면서 이틀 또는 사흘 동안 다이빙을 즐길 수 있는 패키지도 마련되어 있다. 2박 3일짜리 패키지 요금은 210달러다.

• 더 다이브샵The Dive Shop : 골든 라이언 로터리에서 50m 정도 떨어진 곳으로 멍키 리퍼블릭과 인접해 있다. 코롱 삼로엠 섬에도 작은 규모의 다이브 센터가 있어서 현지 다이빙의 전진 기지로 사용된다. 시아누크빌에서 다이브 사이트까지의 이동은 자체적인 다이빙 보트를 이용하는데, 속도가 꽤 늦어서 코롱 삼로엠 지역까지 두 시간 반 정도가 걸린다. 데이 트립 요금은 2회 다이빙, 장비 대여료, 보트에서의 간단한 아침 식사와 점심 식사를 포함하여 80달러다. 오전 7시에 샵에 집합하여 미니밴으로 시아누크 항구까지 이동한 후 보트로 옮겨 타고 다이브 사이트로 떠난다. 수면 휴식과 점심 식사는 섬에 상륙하지 않고 보트 안에서 해결하며 오후 다이빙을 마치고 저녁에야 시아누크빌로 되돌아오게 된다. 코롱 삼로엠 섬에 자체적인 숙소는 없지만, 바로 옆에 로빈슨을 포함한 두 개의 방갈로 숙소가 있어서 이곳에 묵으면서 보다 편리하게 다이빙을 즐길 수도 있다.

시아누크빌의 숙소

시아누크빌에는 1박에 1달러짜리 초저가 숙소부터 10달러 안쪽의 게스트하우스, 20달러 내외의 4성급 호텔, 30달러 내외의 3성급 호텔은 물론 1박에 3,500달러짜리 초호화 프라이빗 풀 빌라까지 다양한 숙소들이 자리잡고 있다. 배낭족 여행객들은 저가의 게스트하우스들이 밀집해 있는 빅토리 힐 지역을 선호하지만 다이버들은 다이브 센터들이 몰려 있는 세렌디피티 지역을 주로 찾는다. 세렌디피티에서 가장 추천할 만한 호텔은 다음과 같으며 익스피디어나 아고다를 통해 예약이 가능하다.

• 쿨라바 호텔Coolabah Hotel : 비수기 기준으로 1박당 35달러 정도의 고급 호텔에 속하는 이곳은 모두 35개의 객실을 갖춘 아담한 호텔인데, 에어컨과 텔레비전, 샤워 시

▲ 세렌디피티 지역의 깔끔한 3성급 호텔인 '쿨라바 호텔'

설 등이 갖추어져 있는 깔끔한 객실과 주변의 거의 모든 다이브 센터까지 도보로 이동할 수 있는 편리한 위치가 큰 장점이다. 호텔 안에는 작기는 하지만 수영장도 갖추어져 있다. 위치는 골든 라이언 로터리에서 세렌디피티 부두 쪽으로 약 100m 떨어진 사거리 좌측이다.

• 홀리데이 빌라Holiday Villa : 세린디피티 비치 호텔 맞은편에 있는 비교적 규모가 큰 3성급 호텔이다. 전체 객실 수는 60개이며, 1박당 평균 요금은 35달러 정도이고 레스토랑, 바, 수영장 등의 시설을 잘 갖추고 있다. 바로 옆에 스쿠바네이션 다이브 센터가 있다.

세렌디피티 주변에도 수많은 게스트하우스들이 있다. 대개 이런 게스트하우스들은 방의 종류에 따라 1박에 8달러에서 20달러 정도의 요금 수준인데 럭셔리한 시설과는 거리가 멀지만 에어컨과 텔레비전, 그리고 화장실까지 갖춘 곳도 많이 있다. 시아누크빌에는 워낙 많은 수의 게스트하우스들이 있어서 미리 예약하지 않더라도 숙소를 구하는 데에는 별다른 어려움이 없다. 많은 게스트하우스 중에서 추천할 만한 곳은 스쿠바 네이션과 붙어 있는 '초치 게스트하우스'와 바로 그 옆에 있는 '스마일 게스트하우스'이다.

▲ 세렌디피티 비치호텔 바로 건너편에 있는 '홀리데이 빌라'

시아누크빌 지역에서 3일 이상 다이빙을 할 예정이라면 하루나 이틀 정도는 섬에 있는 숙소에서 묵는 것도 좋은 방법이다. 코롱 섬

▲ 코롱 섬에 있는 한 게스트하우스의 모습. 1박당 8달러 정도의 가격대이다.

▲ 세렌디피티 로드 스쿠바 네이션 다이브 센터 바로 옆에 위치한 초치 게스트하우스. 에어컨이 있는 방은 20달러 정도이고 선풍기만 있는 방은 10달러면 하룻밤을 묵을 수 있다. 작은 식당과 바가 딸려 있으며 주변에 상점이나 식당, 다이브 센터들이 많아 편리한 곳이다.

이나 코롱 삼로엠 섬에는 다이버들이 묵을 수 있는 방갈로나 게스트하우스들이 있어서 이곳에서 묵을 경우 매일 왕복 두 시간 이상이 걸리는 시아누크빌까지의 보트 여행을 하지 않고 저렴하고 여유 있는 다이빙을 즐길 수 있기 때문이다. 이들 섬의 숙소는 종류에 따라 1박당 3달러에서 30달러 정도인데, 공용 화장실 등 기본적인 시설을 갖춘 게스트하우스 방은 10달러 이내로 구할 수 있다.

시아누크빌의 식당과 바

시아누크빌 전역에는 헤아릴 수 없을 정도로 많은 식당과 바들이 있다. 특히 다이버들이 많이 찾는 세렌디피티 지역에는 다양한 종류의 음식점들과 술집들이 있어서 끼니 걱정은 하지 않아도 좋을 것이다. 이 중에서 특히 추천할 만한 장소들은 다음과 같다.

- 아웃백 바 비스트로Outback Bar & Bistro : 관광 안내소가 있는 사거리의 쿨라바 호텔에 딸린 레스토랑이다. 시아누크빌 시내에서는 가장 분위기가 좋은 식당으로 꼽히는데, 저녁 식사 시간에는 나름대로 잘 차려입은 커플들이 식사를 하는 모습을 흔히 볼 수 있다. 메뉴의 종류가 아주 많지는 않지만 대개 어느 것을 주문하더라도 정갈하고 맛있는 음식이 나온다. 웨이터나 웨이트리스들의 서비스도 훌륭하다. 아침 식사는 3달러 내외, 저녁 식사는 5달러에서 10달러 정도의 가격대이다.

- 멍키 리퍼블릭Monkey Republic : 골든 라이언 로터리에서 부두 쪽으로 약 50m 정도 들어가면 찾을 수 있는데, 더 다이브샵 다이브 센터 바로 옆에 위치해 있다. 캄보디아 스타일과 태국 스타일의 음식들이 주종이지만, 서양식 메뉴도 많이 갖추고 있다. 저녁 식사는 4달러에서 7달러 정도이고, 메뉴에서 음식을 고른 다음 안에 있는 바로 가서 주문을 하고 돈을 지불한 후 원하는 테이블에 앉아 있으면 서빙을 해 준다. 2층부터는 게스트하우스인데 10달러 정도의

▲ 쿨라바 호텔 내에 있는 '아웃백 비스트로'. 대체로 음식도 깔끔하고 서비스도 훌륭하다.

▲ '더 다이브샵' 바로 옆에 있는 '멍키 리퍼블릭' 식당 겸 바

비용으로 하룻밤을 묵을 수 있는 곳이어서 배낭족들이 선호하는 곳이지만, 이곳의 바는 밤늦은 시간까지 매우 시끄럽기 때문에 숙면을 이루기 어려울 수도 있다.

• 마크 앤 크레익스Mark & Craig's : 골든 라이언 로터리 부근 코롱다이브 센터 건너편에 있는 식당이다. 메뉴는 대개 유럽식 음식이 많은데 품질과 가격이 비교적 합리적인 편이다. 대부분의 시아누크빌 식당들이 아침에 조금 늦게 오픈하는 데 비해 이 식당은 6시 반 정도부터 문을 열기 때문에 아침 식사를 일찍 해야 하는 경우에 편리하다.

• 올리브 올리브Olive Olive : 골든 라이언 로터리의 코롱 다이버스 바로 맞은 편에 위치한 그리스 식당으로 다양한 메뉴를 갖추고 있지만, 특히 장작 화덕에서 바로 구워내는 피자의 맛이 일품이다. 전반적으로 음식 맛이 좋다고 알려져 있어서 항상 많은 사람들이 북적이는 곳이다.

▲ 코롱 다이브 센터 건너편에 있는 '마크 앤 크레익스' 식당

▲ 골든 라이언 로터리에 위치한 그리스 식당인 '올리브 올리브'

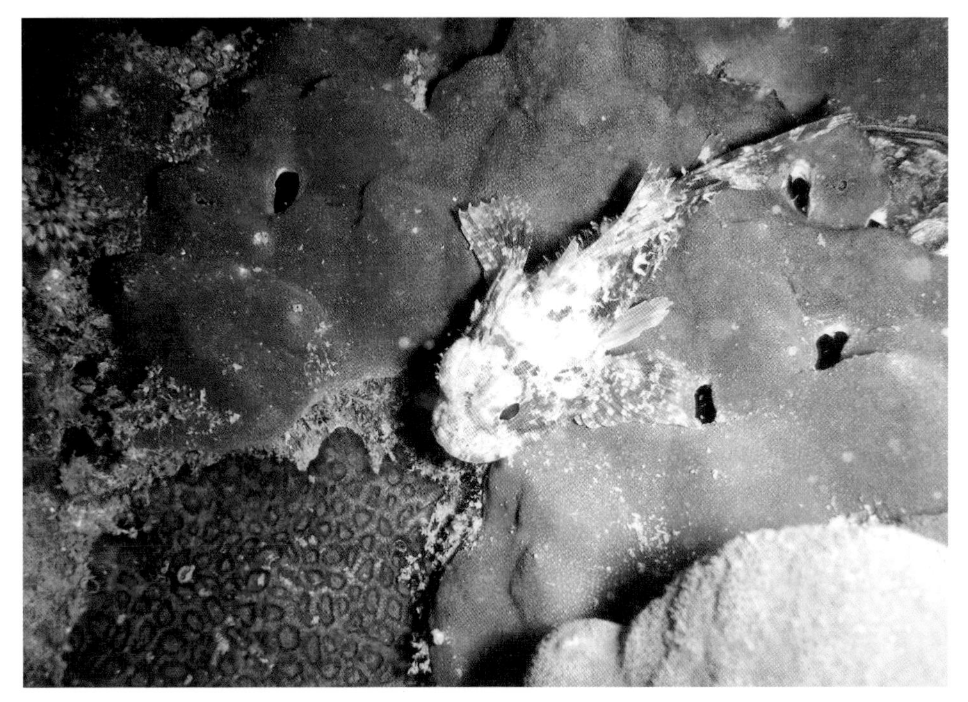

▲ 코롱 삼로엠 다이빙 중에 발견한 아주 작고 귀엽게 생긴 스톤 피시

시아누크빌 다이빙 특징

시아누크빌 지역의 다이빙은 데이 트립 형태가 기본이다. 그러나 시아누크빌 지역의 다이브 포인트들은 주로 코롱 삼로엠 섬 주위에 몰려 있으므로 시아누크빌에서 보트를 타고 한 시간 반에서 두 시간 정도 나가야만 하며, 아침 일찍 나서더라도 2회 다이빙을 마친 후 다시 시아누크빌로 돌아오면 저녁때가 되기 마련이다. 매일 이런 일정을 반복하기 싫다면 코롱 섬이나 코롱 삼로엠 섬 지역에서 묵으면서 좀 더 편안하고 여유 있는 다이빙을 즐길 수도 있다. 스쿠바 네이션이나 더 다이브샵 같은 다이브 센터에서는 1박 2일짜리 미니 리브어보드를 운영하고 있으므로 일정이 맞는다면 이 보트들을 이용하면 더 먼 거리에 있는 좋은 다이브 포인트들에서 다이빙할 수도 있다.

데이 트립 일정은 다이브 센터별로 약간의 차이는 있지만, 대개 다음과 같은 방식으로 진행된다.

(1) 오전 7시에서 7시 30분경 일단 다이브 센터에 집결한다. 첫날이라면 서류 작성이나

장비 셋업을 위해 6시 반 정도까지 가야 할 수도 있다. 숙소가 먼 경우에는 픽업 서비스를 제공하기도 한다. 집결이 끝나면 멀티캡이나 미니 버스 편으로 부두로 이동하여 8시 전후로 출발하는 보트에 승선한다. 보트가 떠나는 부두는 시아누크빌 오토노머스 항구인 경우가 많지만, 더러 세렌디피티 부두에서 떠나는 경우도 있다. 스쿠바 네이션이나 더 다이브샵은 시아누크 항에서부터 자체 다이빙 보트로 나가며, 코롱 다이브 센터나 에코씨 다이버스는 코롱 섬 지역까지의 이동에 일반 정기 여객선을 이용한다. 자체 보트를 이용하는 경우 대개 이동 중에 간단한 아침 식사가 제공된다.

(2) 정기 여객선인 경우 코롱 삼로엠 섬을 거쳐 코롱 섬까지 운항하는데, 소요 시간은 바다 상태에 따라 다르지만 보통 한 시간 정도가 걸린다. 반면, 자체 다이빙 보트로 나가는 경우에는 속도가 늦어서 한 시간 정도를 더 잡아야 한다. 정기선을 이용하는 경우에는 다이브 센터별로 전진 기지의 위치가 다르기 때문에 미리 내려야 하는 목적지를 알고 있어야 한다. 에코씨 다이버스나 더 다이브샵을 이용하는 경우에는 코롱 삼로엠 섬에서 내려야 하고(그러나 같은 섬이라도 선착장의 위치는 다르다) 코롱 다이버스를 이용하는 경우에는 코롱 섬에서 하선하도록 한다.

(3) 보트에서 내려 섬에 위치한 다이브 센터 전진 기지를 찾아가서 등록을 한다. 렌털 장비를 이용하는 경우 사용할 장비를 챙겨둔다. 첫 다이빙은 대개 10시에서 11시 사이에 시작하게 된다. 다이빙 시간이 되면 가이드의 안내에 따라 다이빙 보트에 승선

▲ 많은 비가 내리는 가운데 코롱 다이브 센터의 다이빙 보트에서 장비를 셋업하고 있는 독일의 여성 배낭족 다이버들. 캄보디아는 물가가 매우 싼 편이어서 유럽에서 오는 자유분방한 젊은 배낭족 다이버들이 많다.

▼ 시아누크빌과 코롱 섬을 연결하는 정기 여객선 보트의 내부. 소요 시간은 바다의 상태에 따라 다르지만 대개 한 시간 정도면 도착한다.

한다. 승선 후 자신의 장비를 점검하고 셋업한다.

(4) 첫 다이빙이 끝나면 수면 휴식을 갖게 되는데 다이브 센터에 따라 보트에서 쉬는 경우도 있고 섬으로 돌아오는 경우도 있다. 수면 휴식 시간에 점심 식사를 하게 된다. 점심 식사는 다이빙 요금에 포함되어 있는데, 주로 간단한 현지식 식사가 제공된다.

(5) 점심 식사 후 두 번째 다이빙이 끝나면 장비를 반납하고 휴식을 취한 다음 보트 시간에 맞추어 선착장으로 나가 보트를 타고 시아누크빌로 돌아온다. 돌아오는 보트의 시간은 대개 오후 4시 전후이며 시아누크빌에 도착하면 오후 6시경이 된다.

캄보디아의 다이빙 보트는 베트남과 비슷한 목선을 이용하는 경우가 많은데, 쾌 덩치가 커서 보통 10명 이상이 승선할 수 있다. 따라서 보트 후미의 플랫폼에서 자이언트 스트라이드 방식으로 입수하며, 출수 역시 보트 후미 또는 좌우현에 설치된 사다리를 이용하여 올라오게 된다. 보트에는 간단한 샤워 시설과 화장실이 갖추어져 있는 경우가 많다.

시아누크빌 지역에 있는 다이브 센터들의 다이빙 요금에는 보통 점심 식사와 다이빙 장비 사용료가 포함되어 있다. 따라서 굳이 자가 장비를 가져가지 않아도 되는데, 실제로 대부분의 다이버들은 이런 렌털 장비를 사용하고 있다. 코롱 섬 인근의 포인트들은 공통적으로 수심이 깊지 않아서 평균 50분 이상의 다이빙을 마치고 출수하더라도 공기 잔압

▲ 나무로 건조한 캄보디아식 다이빙 보트에서 자이언트 스트라이드 방식으로 입수하고 있는 다이버

▼ 다이빙을 마치고 스태프의 도움을 받아 보트에 오르고 있는 한 유럽의 할머니 다이버

에는 꽤 여유가 많을 것이다.

수면 휴식 시간이 비교적 길고, 다이빙이 끝난 후 보트를 기다리는 시간도 있으므로 햇빛을 가릴 수 있는 모자와 선블록을 반드시 챙겨 가도록 한다. 캄보디아의 다이빙 보트에서는 타월이 제공되지 않으므로 이것도 하나쯤 방수가 되는 작은 백에 넣어 가면 요긴하게 사용할 수 있다.

포인트들은 대부분 15m 이내의 얕은 수심인 경우가 많으며 시야는 계절과 날씨에 따라 많이 달라지는데 건기의 맑은 날씨에는 20m 이상이 나오지만 우기에 비가 많이 내리는 날에는 3m 이내로 급격하게 떨어지기도 한다. 시야가 나쁠 때는 가이드를 놓치기 쉬우므로 최대한 가깝게 붙어 다니도록 한다. 가이드를 놓친 경우에는 그 위치에서 움직이지 말고 기다리면 대개는 가이드가 다시 찾아온다. 그러나 3분 이상 기다려도 가이드가 나타나지 않을 경우에는 서서히 수면으로 상승해서 물 위에서 만나도록 한다. 수면에서 합류한 경우, 다이빙 시간과 공기 잔압에 여유가 있다면 다시 하강하여 다이빙을 계속한다.

캄보디아의 다이빙은 전반적으로 볼 때 아직 초기 단계에 불과하다. 그래서 아직도 새로운 다이브 포인트들이 계속 개발되고 있으며, 이곳에서 며칠간 다이빙을 하다 보면 아직 아무도 다이빙을 해 보지 않은 이름없는 새로운 포인트를 탐험해 보는 기회를 가질 수 있을 것이다.

▲ 나코롱 삼로엠에서 출항 준비를 하고 있는 '에코씨 다이버스'의 다이빙 보트와 현지인 스태프들

▼ 코롱 삼로엠 섬 인근의 포인트에서 다이빙을 마치고 SMB를 띄운 후 출수한 다이버가 보트가 접근해 오기를 기다리고 있다.

시아누크빌 지역 다이브 포인트

(1) 코롱 삼로엠Koh Rong Samloem 지역

시아누크빌을 베이스로 하는 다이브 포인트들은 대부분 코롱 삼로엠 섬 주변에 밀집되어 있다. 코롱 삼로엠 섬은 코롱 섬과 아주 가까운 곳에 있으며 두 섬 사이에 또 다른 작은 섬인 코콘 섬이 있다. 코롱 섬 지역에서 더 멀리 떨어진 코탕 섬이나 코프린스 섬에도 좋은 포인트들이 있는데 이런 곳은 먼 거리 때문에 시아누크빌에서 데이 트립으로 가기는 어려우며 1박 2일짜리 미니 리브어보드를 타거나 아니면 코롱 섬 지역에 묵으면서 거기서 출발하는 스페셜 트립을 이용해야만 한다. 코롱 섬 인근의 주요 포인트들은 다음과 같다.

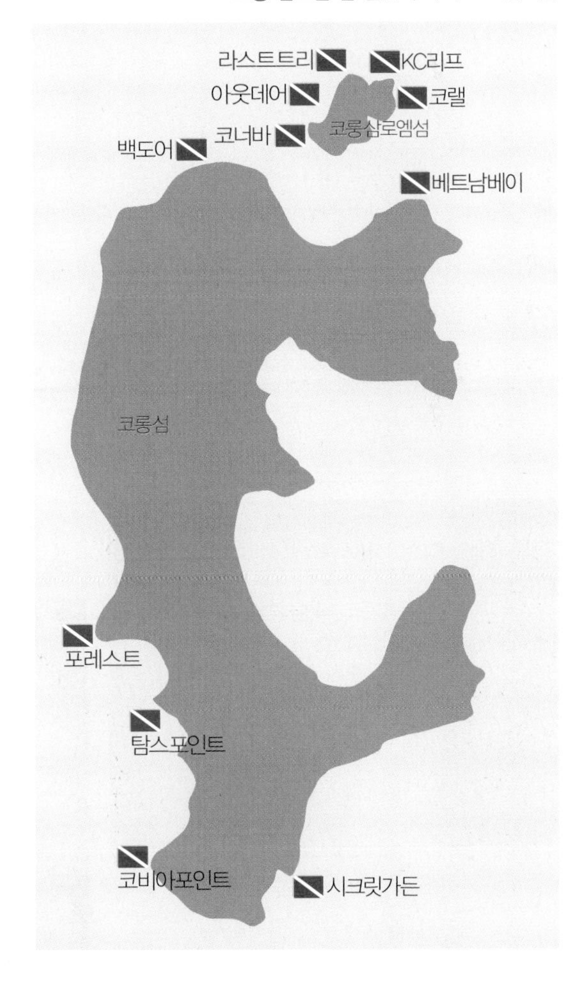

▼ 코롱 삼로엠 섬 인근의 다이브 포인트들

- 코너 바Corner Bar : 코롱 섬과 코롱 삼로엠 섬의 중간에 있는 코콘 섬의 남서쪽 끝 부분에 위치해 있는 포인트이다. 다양한 종류의 연산호, 경산호와 갯민숭달팽이를 비롯한 마크로 생물들이 많이 서식하는 지역이어서 가장 인기가 높은 포인트 중의 하나이다. 간혹 바라쿠다나 트레벨리들이 떼를 지어 나타나기도 한다. 수심은 4m에서 18m까지의 분포이며 평균 시야는 날씨에 따라 다르지만 3m에서 15m 정도이다. 조류는 어느 정도 있는 편이지만 아주 강하지는 않다.

• 베트남 베이Vietnam Bay : 코롱 삼로엠 섬의 북쪽 끝에 위치한 포인트이다. 이곳은 베트남 어민들이 불법 어로를 위해 진을 치던 곳이라서 이런 이름이 지어졌다고 한다. 지금은 이 지역이 해양 자원 보호 구역으로 지정되어 있어서 더 이상 불법 어로 행위는 없다고 한다. 베트남 베이에는 다양한 종류의 산호들을 비롯하여 리프 어종들, 그리고 희귀한 종류의 누디브랜치와 새우 종류들이 많으며 특히 한 번의 다이빙으로 다섯 가지 이상의 해마를 볼 수 있는 곳이기도 하다. 평균 시야는 날씨에 따라 3m에서 15m 정도이지만 전형적인 마크로 사이트인 만큼 시야가 나쁘더라도 큰 지장은 없다. 조류는 어느 정도 있는 편인데 조류가 강할 경우에는 자연스럽게 드리프트 다이빙으로 진행이 된다. 수심은 해변에 가까운 쪽은 약 4m이고 리프 바깥쪽은 16m 정도가 된다.

• KC 리프KC's Reef : 코쿤 섬의 북단에 위치한 이 포인트는 다이브 센터에 따라서는 '코쿤 노스'라는 이름으로도 부른다. 비교적 강한 조류와 상대적으로 깊은 수심으로 인해 경험이 어느 정도 있는 다이버들에게 적합한 곳이다. 리프가 시작되는 가장 낮은 지점이 14m이고 완만한 경사를 이루면서 점점 깊어져서 최대 수심은 27m까지 내려간다. 다른 곳에서는 쉽게 찾아볼 수 없는 경산호, 연산호와 다양한 리프 어종 및 갑각류들이 많아서 인기가 높은 포인트이기도 하다. 시야는 날씨의 영향을 많이 받는데 나쁠 때에는 2m에 불과한 반면 좋은 날에는 20m까지 나오기도

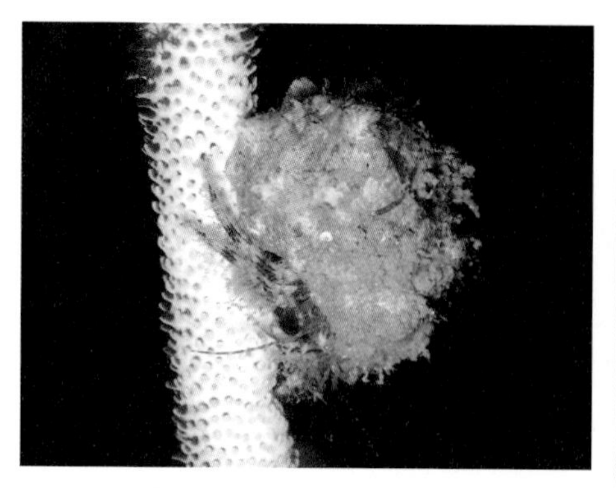

▲ '베트남 베이'는 해마를 비롯한 작은 마크로 생물들로 유명하다. 사진은 채찍 산호의 줄기에 붙어 있는 아주 작은 집게 종류

▼ '코너 바'를 비롯한 코롱 삼로엠 섬 전역에서 흔히 발견되는 흰색의 갯민숭달팽이들

한다. 수중에는 웅장한 바위들이 많이 있어서 조류가 강한 때에는 피난처로 사용되기도 한다.

•아웃 데어Out There : 코너 바와 라스트 트리 사이에 있는 곳으로 인근의 다른 포인트와 마찬가지로 날씨에 따라 시야의 폭이 큰 곳이다. 그러나 이곳은 시야가 나쁘면 나쁜 대로, 그리고 좋으면 좋은 대로 색다른 흥미진진한 다이빙을 즐길 수 있는 곳이다. 시야가 3m 내외로 나쁠 때는 자갈로 덮인 바닥을 따라 전진하게 되는데 갑자기 눈앞에 연산호로 뒤덮여 있는 거대한 바위산이 나타나는 경험을 할 수 있다. 이런 바위 주변에는 신기한 종류의 갯민숭달팽이를 비롯하여 다양한 종류의 리프 어종들을 많이 발견할 수 있다. 시야가 좋은 날에는 20m까지도 보이는데 이런 때에는 흰색, 노란색, 붉은색 등 다양한 색깔의 연산호들로 뒤덮인 아름다운 수중 바위들의 절경을 감상할 수 있다. 대체로 수심이 깊은 곳으로 들어갈수록 희귀한 종류의 해마나 갯민숭달팽이들을 만날 확률이 더 높아진다. 이 포인트의 수심은 얕은 곳이 14m, 깊은 곳은 24m 정도이다. 다른 포인트들에 비해 수심도 깊은 편이고 종종 강한 조류가 흐르는 곳이라 경험이 많지 않은 다이버들이 일행에 포함되어 있는 경우에는 가이드들이 잘 데리고 가지 않는다.

•백 도어Back Door : 코롱 삼로엠 섬의 북서쪽 끝 부분에 있는 포인트인데, 대형 코비아가 상주하는 곳으로 유명하다. 이 코비아는 큰 것은 2m에 달하는 것도 있는데

▲ '아웃 데어'는 다양한 마크로 생물, 리프 어류들과 함께 아름다운 수중 경관으로 유명한 곳이다.

▼ 'KC 리프' 일대에서 많이 서식하고 있는 허밋 크랩

▲ '코랠'은 원래 해마들의 보호 구역으로 개발된 곳이지만, 다른 다양한 종류의 마크로 생물들의 보고이기도 하다. 사진은 연산호의 틈에 숨어 서식하고 있는 길이 3밀리미터 정도의 작은 게

▼ '백 도어'는 대형 코비아나 트레벨리 종류들이 자주 나타나는 곳이다.

비교적 얕은 수심에서 다이버들 주위를 빙빙 돌다가 간혹 가만히 멈춰 서서 빤히 쳐다보기도 한다. 이곳의 지형은 주로 연산호와 경산호로 덮여 있는 산호초 군락으로 형성되어 있다. 수심은 5m에서 18m 분포이며 조류도 약해서 초보 다이버들에게 적합한 포인트이다.

•코랠The Corral : 이 포인트의 이름을 종종 산호초밭이라는 의미의 코랄 가든으로 오해하는 경우도 있지만 코랠Corral이란 원래 미국 서부의 목장에서 말을 가둬두는 울타리를 뜻하는 말이라고 한다. 이런 이름이 붙게 된 데는 이곳이 이 지역 주민들에 의해 해마들의 번식 장소와 보호 장소로 이용되고 있는데 기인한다고 한다. 이런 이유로 이 포인트는 해마를 보기 위한 목적으로 많이 들어간다. 지금도 코롱 삼로엠 주민들은 이 지역에서 불법 어로 행위를 감시하기 위한 자율적인 순찰 활동을 계속하고 있다. 이 포인트는 모랫바닥으로 이루어져 있는데 산호초 지역에서는 찾아보기 어려운 다양한 종류의 해저 생물들을 관찰할 수 있는 곳이다. 대부분 마크로 생물들이지만 간혹 참치나 트레벨리 같은 대형 어종들도 나타나며 바닥에서는 가오리 종류도 볼 수 있다. 수심은 5m에서 16m 정도이고, 시야는 조건에 따라 2m에서 20m 정도의 산포를 보인다. 가끔 조류가 흐르는 경우도 있는데 이럴 때는 조류를 타고 KC 리프까지 드리프트 다이빙을 즐길 수 있다.

• 라스트 트리Last Tree : 코쿤 섬의 북쪽에 위치한 이 포인트는 20m 깊이의 바닥에 수중 바위들이 늘어서 있는 지형인데, 이들 바위 표면은 온갖 색깔의 아름다운 연산호들로 덮여 있고 주변에는 크고 작은 다양한 어종들이 회유하고 있다. 수심은 5m에서 20m까지이며 시야 또한 5m에서 20m 사이이다. 조류는 간혹 강하게 일어나는 경우도 있지만 여러 개의 수중 바위 사이에서 비교적 쉽게 안전 정지를 마칠 수 있다. 이른 아침에 얕은 수심에서 안전 정지를 하고 있는 동안 대규모의 잭피시 또는 바라쿠다 무리들을 볼 수 있는 곳이기도 하다.

▼ '라스트 트리'의 비교적 얕은 수심에서 회유하고 있는 잭피시와 바라쿠다 떼들. 이런 어류들은 대개 아침 일찍 다이빙하면 볼 수 있는 확률이 더 높아진다.

(2) 코탕Koh Tang 지역

코탕Koh Tang 섬은 시아누크빌 본토에서 뱃길로 다섯 시간 정도 멀리 떨어져 있는 작은 섬이며, 코롱 섬으로부터도 두 시간 반 정도를 더 나가야 하는 곳이다. 따라서 시아누크빌에서 출발하는 데이 트립으로는 갈 수 없으며 대개 1박 2일의 미니 리브어보드 코스로 나가거나, 코롱 섬이나 코롱 삼로엠 섬으로부터 간혹 출발하는 스페셜 데이 트립 형태로만 다이빙이 가능한 곳이다. 이 섬에는 두어 군데 정도의 작은 백사장 해변이 있고 그 밖의 해안선은 모두 바위로 이루어져 있다. 섬 안에는 캄보디아 군대가 소수 주둔하고 있는 것 외에는 사람이 살지 않는다. 멀리 떨어져 있는 위치인 만큼 코롱 섬 일대에 비해 시야도 좋고 대형 어류도 자주 나타난다. 이 수역의 시야는 평균 15m 정도이며 날씨가 좋을 때는 30m 정도까지도 나온다. 코탕 섬 인근의 주요 포인트들은 다음과 같다.

▼ 코탕 섬 인근의 다이브 포인트들

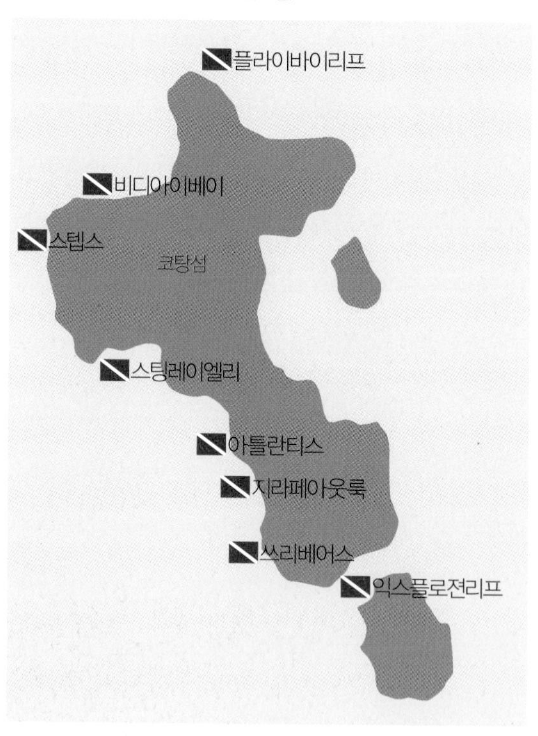

• 익스플로전 리프Explosion Reef : 코탕 섬 서쪽의 산호초 지대이며 수심은 6m에서 시작해서 18m 정도까지 깊어진다. 산호초 북쪽 지역은 대부분 스택혼 산호들이지만 남쪽은 암초로 이루어져 있다. 스택혼 산호들은 수많은 화려한 물고기들의 서식지가 되는데 그 모습이 마치 폭발물이 터지는 듯 강렬하다고 해서 이런 이름이 붙여졌다고 한다. 대형 타이탄 트리거 피시들도 많이 서식한다.

• 쓰리 베어스Three Bears : 이 지역에서 인기가 높은 포인트인데 해안선에 인접한 절벽의 중간에 있는 동굴들로 인해 이런 이름이 붙여졌다. 동굴 하나는 크기가 크고 나머지 두 개는 마치 새끼 곰처럼 작은 모습이다. 리프의 가장 얕은 지역은 수심

이 2m에 불과하며 화려한 색상의 산호초를 거쳐 수심 16m의 모랫바닥으로 이어지는 지형이다. 중간의 산호초 지역에는 수많은 리프 어류들이 서식한다. 슬로프를 따라 진행하다 보면 뱃 피시 무리들이 다이버들을 졸졸 따라오기도 한다. 모랫바닥 주변의 얕은 수심에는 잭 피시와 바라쿠다 떼들이 자주 출현한다.

• 지라페 룩아웃Giraffe Lookout : 해안선의 전망대 모양의 절벽 위에 걸쳐 있는 나무의 모습이 마치 기린 같다고 해서 붙여진 이름이라고 한다. 정말 기린 모습인지에 대해서는 논란의 여지가 좀 있어 보이기는 하지만 포인트 자체는 다이버들에게 꽤 인기가 높은 곳이다. 해저 지형은 '쓰리 베어스'와 비슷한 모습인데 다양한 종류의 갯민숭달팽이들이 많이 서식한다. 이곳의 모랫바닥 주변에도 많은 잭 피시와 바라쿠다 떼들이 자주 출현하며, 가끔 대형 코비아도 나타난다.

• 아틀란티스Atlantis : 얕은 수심으로 시작하여 완만한 경사를 이루면서 만 지형의 깊숙한 쪽까지 약 16m 수심까지 이어지는 지형으로 이루어진 포인트이다. 첫 12m까지는 다양한 종류의 산호들로 이루어진 산호초 지역인데 엔젤 피시, 버터플라이 피시, 스위트립, 그루퍼, 가오리 등 다양한 어류들이 이곳에 서식한다. 12m부터 16m까지는 스택혼 산호 지역으로 바뀌는데 수많은 작은 물고기들이 노니는 아름다운 곳이다.

▲ '익스플로전 리프'는 다양한 종류의 산호 군락들과 아름다운 리프 어류들로 인기가 높은 포인트이다.

▼ 코탕 섬 '쓰리 베어스'의 수심이 얕은 곳에서는 잭 피시 무리들이 자주 출현한다.

▲ 수심이 비교적 얕은 '아틀란티스'에는 다양한 종류의 리프 어류들이 서식한다. 사진은 필자를 가까운 거리에서 빤히 바라보고 있는 버터플라이 피시

▼ '지라페 아웃룩'의 모랫바닥에서 대형 해파리를 집단으로 공격하고 있는 물고기 떼들

• 스팅레이 엘리Sting Ray Alley : 포인트의 이름이 시사하듯 이곳에서는 수많은 가오리들을 쉽게 볼 수 있다. 이 가오리들은 야간 다이빙에서도 볼 수 있다. 대부분의 지형은 바위로 이루어져 있어서 바위틈에 문어, 스콜피온 피시, 오징어 등의 연체동물과 갑각류들을 찾아 볼 수 있다. 만 지역 안쪽으로 깊이 들어가면 수심 25m 지점에 마치 섬과 같은 또 다른 산호초 지역을 만날 수 있다.

• 스텝스The Steps : 이 포인트는 이름에서 의미하는 것처럼 마치 계단과 같이 단계적으로 깊어지는 지형으로 이루어진 곳이다. 첫 단계는 수심 3m에서 4m 지점에 평평하게 이어지다가 다음 단계인 7m 지점으로 떨어지고, 그다음 단계로 10m, 그리고 마지막으로 12m의 모랫바닥까지 떨어진다. 수면에 가까운 계단 면들은 대부분 경산호들이 덮고 있으며 보다 깊은 수심의 면에는 다양한 색상의 연산호와 경산호들이 섞여 있다. 바닥에 널려 있는 성게들 사이로 부지런히 움직이는 스위트립 새끼들을 관찰할 수 있는 곳이다. 바닥의 바위들 틈으로는 꽃게들도 많이 발견된다.

• 비디아이 베이Beady-Eye Bay : 코탕 섬 지역에서 야간 다이빙으로 인기가 높은 포인트인데 마치 구슬Bead과 같은 반짝이는 눈을 가진 특이한 모습의 갑각류 생물이 다이버가 가는 곳 어디에서나 빤히 쳐다보는 듯 나타나는 곳이라고 해서 이런 이름이 붙여졌다고 한다. 이곳에서는 오징어, 복어, 가오리 그리고 모레이 일 등도

흔히 발견할 수 있다.

• 플라이 바이 리프Fly By Reef : 이름에서 시사하듯 이곳에서는 강한 조류가 있는 곳이어서 스릴 있는 드리프트 다이빙을 즐길 수 있다. 리프는 바로 해안선에서 시작해서 물속의 바위 위를 따라 이어지는데 가장 경치가 좋고 주변에 어류들도 많은 위치는 수심 12m 지점이다. 조류를 타고 흘러가다 보면 수심 20m 이상까지도 내려가게 된다.

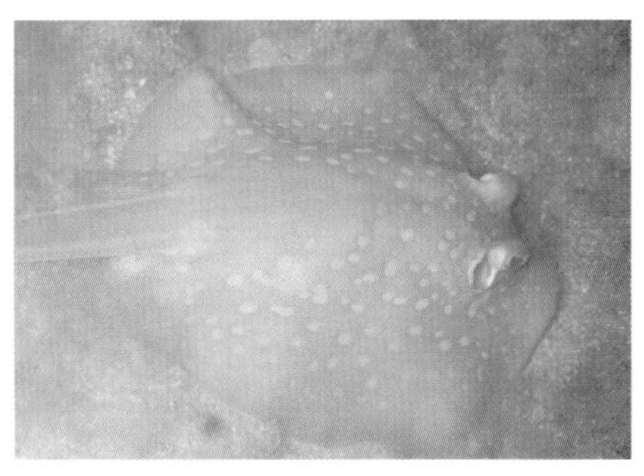

▲ '스팅레이 엘리'는 이름 그대로 가오리 종류들이 많은 곳으로 알려져 있다. 사진은 모랫바닥에 엎어져 있는 파란점 가오리

▼ '플라이 바이 리프'는 산호초 군락 사이를 조류를 타고 흘러가는 드리프트 다이빙으로 인기가 높은 곳이다.

▲ '스텝스'의 모랫바닥 바위 밑에 숨어서 동태를 살피고 있는 꽃게 한 마리

▼ '비디 아이 베이'는 야간 다이빙 장소로 인기가 높은 곳이다. 야간 다이빙을 하면 낮에는 쉽게 보기 어려웠던 생물들을 쉽게 보게 된다. 특히 사진과 같은 작은 갑각류들이 어두운 밤 속에서 반짝이는 모습을 볼 수 있다.

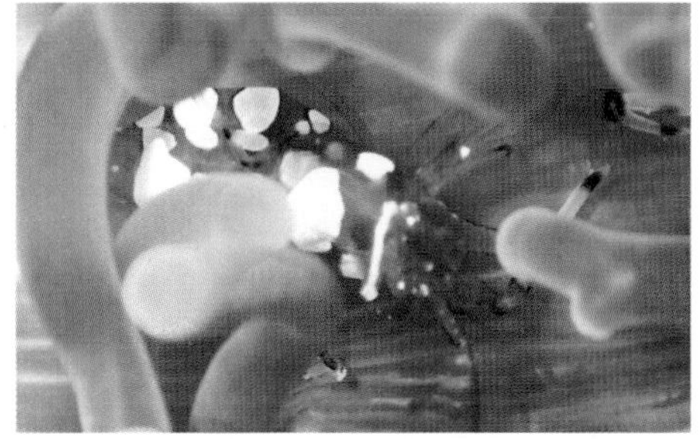

마커 부이Marker Buoy와 릴Reel

스쿠바 다이빙은 장비에 대한 의존도가 높은 스포츠이다. 같은 바다에서의 다이빙이라 하더라도 어떤 장비를 어떻게 사용하느냐에 따라 그 내용은 많이 달라질 수 있다는 것이 필자의 생각이다. 필자가 사용하는 장비나 사용 방식이 반드시 정답이라는 것은 아니지만, 여러 차례 다이빙을 통해 습득한 나름의 노하우를 독자들과 공유하고자 한다.

마커 부이란 공기가 들어 있는 튜브를 수면 위로 띄워 올려 다이버의 위치를 표시하는 장치를 말하는데, 흔히 소시지Sausage, SMBSurface Marker Buoy 또는 튜브Tube라고도 부른다. 수면에서 쉽게 눈에 띌 수 있도록 밝은 오렌지색이나 노란색으로 만들어져 있다. 튜브의 굵기나 길이는 여러 가지가 있는데 아주 큰 것은 수중의 무거운 물체를 수면으로 인양하는 용도로 사용되며 이런 종류를 리프트 백Lift Bag이라고 부른다. 크기가 아주 작은 것은 휴대가 간편하고 공기를 조금만 넣어도 쉽게 부풀릴 수 있지만, 지탱할 수 있는 부력이 약해서 무거운 웨이트를 달아야 하는 경우나 여러 명의 다이버들이 동시에 매달려서 의지하기는 어렵고 수면에서 쉽게 발견하기도 어려운 문제가 있다. 반면, 너무 큰 제품은 일단 휴대가 불편하고 충분히 부풀리기 위해서는 많은 공기를 불어넣어야 하는 어려움이 있기 때문에 적당한 크기의 제품을 선택하는 것이 좋다. 튜브의 재질은 비닐 소재의 값이 싼 제품과 패브릭 소재의 조금 비싼 제품이 있는데 안전을 위

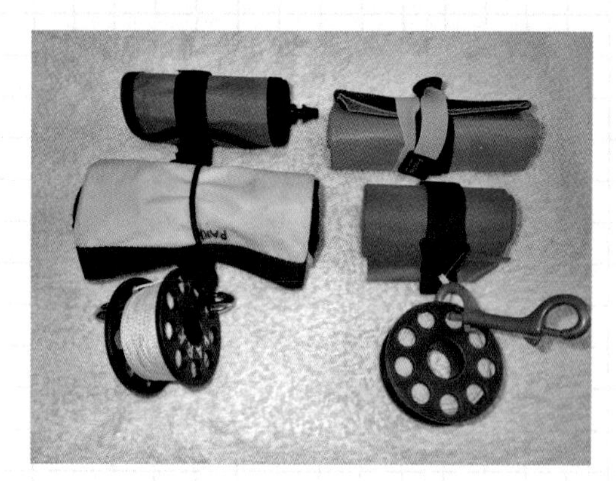

▲ 필자가 사용하고 있는 여러 가지 종류의 마커 부이. 다이빙하는 장소와 용도에 따라 적합한 것을 선택해서 가져간다.

한 소품 장비이고 한번 구입하면 오래 사용할 수 있는 것이라는 점을 감안하면 튼튼한 패브릭 소재의 것을 장만하는 것을 권한다.

마커 부이는 여러 가지 용도로 두루 사용되는 매우 중요한 장비이다. 필자는 어디에서 다이빙을 하든 항상 마커 부이를 휴대하는 습관을 가지고 있는데, 안전을 위해서도 매우 중요한 일이라고 생각한다. 마커 부이가 주로 사용되는 경우는 다음과 같다.

▲ 수중에 있는 다이버의 위치를 수면 위에 있는 보트에 알리기 위한 목적으로 가장 많이 사용된다. 다이빙 보트는 대개 계획상 출수하기로 예정된 위치에서 대기하거나 드리프트 다이빙일 경우 수면 위로 올라오는 공기 거품을 보고 다이버들의 위치를 추적

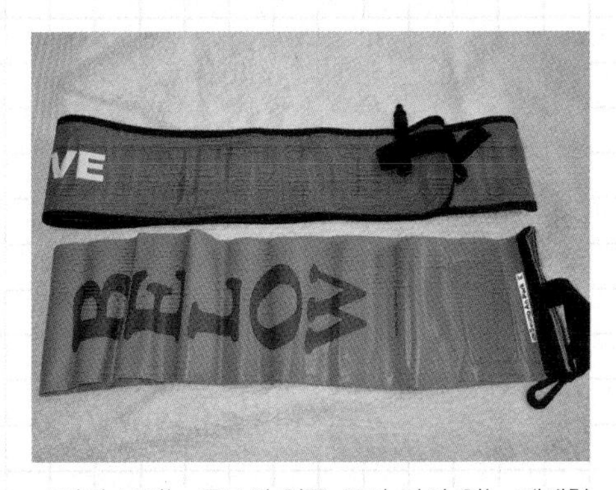

▲ 마커 부이는 튜브의 양쪽 끝이 막혀 있는 폐쇄형 제품(사진 위쪽)과 한쪽 끝이 열려 있는 개방형 제품(사진 아래쪽)으로 구분된다. 폐쇄형 제품은 수중에서 공기를 넣기가 어렵기 때문에 주로 수면 위에서 위치를 알리는 용도로 사용한다.

한다. 그러나 경우에 따라서는 계획대로 다이빙이 진행되지 않을 수도 있고 보트가 공기 거품의 흔적을 놓칠 수도 있다. 특히 일행으로부터 떨어져서 홀로 출수해야 하는 경우라면 다이버의 위치를 보트에 알리는 것이 중요한 일이 된다. 조류가 강한 지역에서는 드리프팅할 때 후미의 백 가이드가 마커 부이를 수면에 띄운 상태로 다이버들을 따라 감으로써 보트가 항상 다이버들을 정확하게 추적할 수 있도록 하기도 한다. 수면 위로 떠오른 후에도 파도가 높거나 보트로부터 먼 거리에 있는 경우에는 보트 드라이버가 수면 위의 다이버를 쉽게 발견하지 못하는 경우도 있는데 이때 마커 부이를 들어올리면 보다 쉽게 다이버들을 발견할 수 있

▲ 필자가 사용하는 두 가지 종류의 릴. 사진 좌측은 30m 길이의 줄이 감긴 핑거 릴이며 사진 우측은 50m 길이의 줄을 사용할 수 있는 알루미늄 프레임에 핸들이 달린 고급 제품이다. 그러나 실제로 필자는 거의 대부분 조작이 간단하고 휴대가 간편한 핑거 릴만을 사용하고 있다. 릴은 구입한 직후 너무 많은 줄이 감겨있지 않도록 적당한 길이를 잘라내고 사용하는 것이 좋다.

게 된다.

▲ 출수 위치가 보트의 왕래가 잦은 항로상에 있는 경우라면 자칫 출수하는 다이버와 지나가는 보트가 충돌하는 대형 사고가 발생할 위험이 있다. 제트스키, 수상스키, 패러 세일링 등의 수상 스포츠가 이루어지는 수역에서도 출수할 때에 충돌 사고가 발생할 수 있다. 실제로 이런 사고는 생각보다 더 자주 발생하며 이런 경우 사고를 당한 다이버는 치명적인 부상을 당하기 쉽다. 따라서 보트가 많이 다니는 지점에서 출수할 때에는 수중에서 마커 부이를 미리 띄워 올려서 주변의 선박들에게 다이버의 위치를 알려주는 것이 안전을 위해 매우 중요하다.

▲ 일정한 수심을 유지하면서 수중에 머무르는 용도로도 요긴하게 사용된다. 대표적인 경우가 안전 정지 또는 감압 정지를 하는 때이다. 일단 정지하고자 하는 정확한 수심에 연결 라인을 고정시킨 후 약간의 음성 부력 상태로 마커 부이의 부력에 의존하여 매달려 있으면 훨씬 편안하게 안전 정지나 감압 정지를 할 수 있으며 조류나 파도가 강한 상황에서도 일정한 수심을 지키기가 더 용이하다. 특히 조류가 있는 상황에서 3m 정도의 얕은 수심에서 긴 시간 동안 감압 정지를 해야 할 경우에는 마커 부이의 역할이 절대적일 수 있다. 감압 정지나 안전 정지를 마친 후 수면으로 올라갈 때도 릴을 감으면서 천천히 올라가야 하기 때문에 너무 빠른 속도로 상승하는 위험을 예방할 수 있다는 장점도 있다.

마커 부이는 한쪽 끝이 열려 있어서 이곳으로 공기를 불어넣을 수 있는 개방형 제품과 양쪽 끝이 모두 닫혀 있는 폐쇄형 제품으로 크게 구분된다. 개방형 제품은 수중에서 주 호흡기나 보조 호흡기를 사용하여 공기를 불어넣은 후 수중으로 띄워 올릴 수 있지만, 폐쇄형은 BCD나 드라이수트의 인플레이터를 연결하여 공기 주입구를 통해서만 바람을 넣을 수 있기 때문에 수중에서는 사용하기 어렵고 수면 위에서 보트에게 다이버의 위치를 알리는 용도로만 주로 사용한다. 대신 폐쇄형은 수면 위에서도 튜브에서 공기가 잘 빠져나가지 않는다는 장점은 있다. 특별히 폐쇄형을 사용해야 할 필요가 있는 경우가 아니라면 수중에서도 사용할 수 있는 개방형 제품을 선택하는 것을 권한다.

마커 부이는 대개 한쪽 끝에 라인(줄)을 연결하여 사용한다. 이 라인은 5m 정도의 길이로 고정된 안전 정지 전용의 간단한 것부터 30m에서 50m 정도의 긴 줄이 스풀(실패)

에 감겨 있는 릴 형태의 것도 있다. 릴 또한 가운데의 공간에 손가락을 넣어 사용하는 핑거 릴Finger Reel 형태의 간단한 구조에서부터 알루미늄 프레임에 줄을 감을 수 있는 핸들이 달린 제품까지 다양한 종류가 있다. 심지어는 전동 방식으로 자동으로 줄을 감아 주는 제품까지 등장하고 있다. 필자 역시 여러 종류의 릴을 사용하여 보았으나 현재는 조작이 간단하고 휴대가 간편한 30m 길이의 핑거 릴만을 사용하고 있다. 이 릴은 텍 다이버들이 동굴 다이빙이나 렉 다이빙할 때 나중에 되돌아 나올 루트를 표시하기 위해 가이드라인을 설치하는 용도로도 사용하는데, 이런 용도로까지 쓰기 위해서는 50m 정도의 긴 줄이 감긴 릴이 필요하다. 그러나 일반 레크리에이셔널 다이버의 경우라면 깊은 수심에서 예상하지 못한 장시간의 감압 정지를 해야 하는 경우까지만을 대비하면 충분할 것이며 이런 목적으로는 30m 길이의 라인이 감긴 핑거 릴을 사용하는 것이 가장 무난한 선택이라고 생각된다.

마커 부이와 릴은 대개 따로 구입한 후 연결하여 사용하게 되는데, 사용 중에 마커에서 줄이 풀려 떨어지지 않도록 단단하게 고정하여야 한다. 보통 마커 부이의 한쪽 끝에는 라인을 연결할 수 있는 플라스틱으로 만들어진 고리가 부착되어 있는데 이 고리의 매듭 부분이 생각보다 약해서 여기에 연결한 줄이 빠져나가는 경우가 자주 발생한다. 필자는 마커 부이를 구입하면 일단 이 플라스틱 연결고리를 니퍼를 사용하여 잘라 내 버린 후 라인을 바로 마커 부이에 직결하는 형태로 사용한다. 이렇게 할 경우 마커 부이와 릴을 쉽게 분리할 수 없어서 항상 같이 휴대하여야 하는 작은 불편이 따르지만, 그 대신 마커 부이가 줄에서 떨어져서 수중에서 분실되거나 부이만 수면으로 떠올라가 버리는 더 큰 문제를 예방할 수 있다.

핑거 릴 또한 처음에 구입하면 대개 실패에 줄이 가득 감겨 있다. 이렇게 줄이 너무 많이 감겨 있는 릴을 그대로 사용하게 되면 수중에서 라인이 릴 밖으로 빠져나와 꼬일 수 있고 상승을 위해 줄을 감거나 스냅을 걸어서 고정시킬 때에도 불편을 느끼게 된다. 따라서 처음 구입한 릴은 일단 줄을 5m 정도 풀어내서 줄을 모두 감았을 때도 스풀 안쪽에 약간의 여유 공간이 남도록 해 두는 것이 좋다. 새 제품에는 규격보다 충분한 여유가 있는 길이의 라인이 감겨 있기 때문에 어느 정도 잘라내더라도 사용하는 데에는 아무런 문제가 없다. 또 한 가지 팁은 라인을 마커 부이에 연결한 후 일정한 길이의 위치에 유성 마커 등을 이용하여 수심을 표시해 두는 것이다. 예를 들어 3m 위치에는 빨간색, 5m 위치에는 파란색, 10m 위치에는 검정색 등으로 라인에 미리 표시해 두면 감압 정지나 안전 정지를 할 때 계속 컴퓨터의 수심을 보지 않더라도 항상 일정한 수심을 유지하는 데 큰 도움이 될 수 있다.

수중에서 능숙하게 마커 부이를 쏘아 올리려면 충분한 연습이 필요하다. 자칫 마커 부이를 사용하는 과정에서 실수를 하게 되면 사고로 이어질 수 있기 때문이다. 흔하게 발생하는 문제는 마커 부이에 공기를 충분히 넣지 않고 띄워 올려서 다이버가 잡고 버틸 수 있을 만큼의 부력이 생기지 않거나 수면에서 곧게 서지 않아 쉽게 빌견되지 않는다는 것, 마커 부이를 준비하는 과정에서 릴을 놓쳐서 깊은 수심으로 떨어뜨리는 것이다. 릴을 떨어뜨렸을 경우 이것을 되찾기 위해 다시 깊은 수심으로 따라 들어가서는 안 된다. 이럴 때는 다소 지루하더라 라인을 계속 당겨서 릴을 먼저 회수한 후 다시 스풀에 줄을 감아야 한다. 그러나 마커 부이를 사용할 때 가장 위험한 실수는 릴이 잠겨 있거나 줄이 다이버의 몸이나 장비에 감겨 있는 상태에서 부이를 띄워 올림으로써 다이버가 부이에 딸려 수면으로 올라가는 급상승 사고이다. 특히 깊은 수심에서 감압 정지를 준비할 때 이런 문제가 생기면 심각한 잠수병의 위험에 노출될 수 있다. 마커 부이를 쏘아 올리기 전에 항상 릴이 풀려 있는지, 라인이 몸이나 장비에 걸리지 않았는지, 부이가 상승하게 될 수중 공간에 다른 다이버가 있지는 않은지를 반드시 확인하는 습관을 들여야 한다.

▲ 마커 부이를 띄운 상태에서 릴 라인을 잡고 안전 정지를 하고 있는 다이버. 마커 부이는 수중에 있는 다이버의 위치를 수면 위의 보트에게 알려주는 역할과 함께 다이버가 마커 부이의 부력에 의지하여 편안하게 안전 정지나 감압 정지를 할 수 있도록 도와주는 용도로도 활용된다.

▲ 몰디브는 다양한 종류의 상어들도 많지만, 만타레이를 흔히 볼 수 있는 곳으로 잘 알려져 있다.

PART 10

몰디브 다이빙

인도양에 위치한 몰디브는 아름다운 바다와 섬들의 풍광으로 인해 로맨틱한 여행지로 인기가 높은 곳이지만, 다이버들에게도 꼭 한번은 가 보고 싶어하는 선망의 여행지이기도 하다. 고요하고 평화로운 바다 위의 모습과는 조금 다르게 몰디브의 바닷속은 항상 강한 조류가 있어서 이곳에서의 다이빙은 그리 만만치 않다. 그러나 아름다운 리프와 함께 수많은 상어들과 만타레이를 포함한 대형 어류들을 많이 만날 수 있는 강한 매력을 가지고 있는 곳이 몰디브이기도 하다. 작은 섬에 있는 리조트에 묵으면서 여유 있는 리프 다이빙 휴가를 보내든지 아니면 리브어보드를 타고 바위틈에 조류걸이를 걸면서 만타레이를 기다리는 본격적인 다이빙 투어를 하든 몰디브는 결코 다이버들을 실망시키지 않을 것이다.

몰디브 여행 가이드

몰디브Maldives

인구 : 약 35만 명

수도 : 말레Male

종교 : 이슬람교

언어 : 몰디브어(디베히)

화폐 : 루피(MVR, 15 MVR = 약 1천 원)

비자 : 30일까지 무비자 입국

전기 : 220볼트 50헤르츠(영국식 3발 4각핀 콘센트)

1. 몰디브 일반 정보

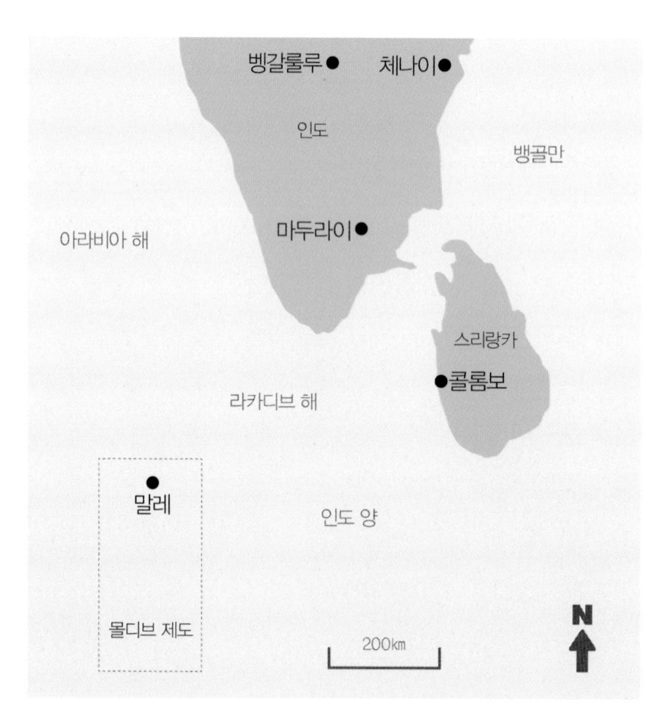

◀ 몰디브는 인도에서 남서쪽으로 약 600㎞ 정도 떨어진 인도양 상의 작은 섬나라이다.

위치 및 지형

몰디브는 인도양에 위치한 서아시아의 섬나라로 국토가 모두 26개의 환초Atoll들로만 이루어져 있다. 수면 위로 나와 있는 섬의 수는 모두 1,192개지만, 이 중 사람이 살고 있는 섬들은 192개이다. 몰디브는 인도의 남서쪽 600㎞ 지점, 그리고 스리랑카로부터는 약 750㎞ 정도 떨어진 곳에 위치하고 있으며 수도는 말레Male이다. 국토의 총면적은 300㎢이며, 국토의 평균 해발은 겨우 1.5m로서 세계에서 가장 해발이 낮은 국가이기도 하다. 국토 중 가장 높은 위치도 해발 2.4m에 불과하다. 아시아에서 가장 작은 섬나라인 데다가 그나마 매년 높아지는 해수면으로 인해 국가적 차원의 애처로운 노력에도 불구하고 국토가 조금씩 물에 잠겨가고 있어서 이 점이 이 나라 국민들의 가장 큰 걱정거리가 되고 있기도 하다.

기후

몰디브에는 뚜렷한 두 가지의 계절풍 시즌이 존재한다. 북동풍이 부는 시기는 건기로 간주되며, 반대로 남서풍이 부는 시기는 우기로 분류된다. 대서양 쪽에서는 허리케인이, 그리고 태평양 쪽에서는 태풍이 자주 발생하는 것처럼 인도양 지역에서는 사이클론이라 불리는 폭풍이 자주 발생하지만, 몰디브는 적도에 가까운 지역이어서 사이클론의 영향을 거의 받지 않는다.

일반적으로 볼 때 건기는 11월부터 4월까지이며 이 중에서 3월과 4월이 가장 무더운 시기이다. 우기는 5월부터 11월 초까지인데, 6월부터 8월까지 가장 자주 비가 내린다. 그러나 대부분의 비는 몰디브의 남쪽 수역에 집중되는 경향이 있다.

기온은 평균 섭씨 24도에서 33도까지의 분

▲ 몰디브 바다에 떠 있는 리브어보드 보트. 수없이 많은 섬들로 이루어진 몰디브에서의 다이빙을 제대로 즐기려면 리조트에 묵는 것보다 리브어보드를 타는 것이 좋다.

▲ 바다에서 바라본 몰디브의 수도 말레. 말레 국제공항이 위치한 훌룰레 섬과는 또 다른 섬이며 공항에서 스피드 보트로 약 15분 정도면 도착할 수 있다.

포이며, 연중 기온의 변화가 그리 크지 않지만, 일교차는 꽤 큰 편이므로 다른 열대 지역을 방문하는 경우와는 달리 가벼운 긴소매 옷이나 재킷 등을 챙겨 가는 것이 좋다.

수온은 섭씨 26도에서 29도의 분포이며 연중 큰 변화가 없으므로 몰디브에서는 일 년 내내 다이빙을 즐길 수 있다. 그러나 대부분의 리브어보드들이 집중적으로 출항하는 시기는 11월부터 5월까지이므로 이 시기를 택해야 원하는 보트나 다이빙 지역으로 갈 수 있는 확률이 높아지며, 전반적인 날씨도 연중 가장 좋은 시기가 된다.

인구, 인종 및 종교

몰디브는 국토 면적으로 보든 인구의 수로 보든 아시아에서 가장 작은 국가 중 하나이다. 몰디브의 전체 인구는 약 42만 명 정도에 불과하며 이 중 10만 명 이상이 북 환초 끝 부분에 자리 잡은 수도이자 가장 큰 도시인 말레에 살고 있다.

몰디브는 16세기와 17세기, 그리고 20세기 초에 포르투갈, 네덜란드 및 영국의 통치를 받은 역사가 있기는, 하지만 전체 역사의 대부분을 독립적인 위치로 유지해 온 아시아에서 몇 안 되는 나라이기도 하다. 마지막으로 영국으로부터 독립한 해는 1965년이며, 1968년에 강력한 대통령 중심제의 공화국으로 정치 체제를 개편하였다.

옛날에는 몰디브 또한 다른 아시아 국가들과 마찬가지로 불교 국가였다고 한다. 그러나 이 지역에서 교역을 하던 이슬람 수니파 상인들의 영향을 받아 12세기 중반에 이슬람 국가로 전면 개종하였고, 지금에 이르기까지 이슬람은 몰디브의 정치, 경제, 사회 등에 전반적으로 강한 영향력을 행사하고 있다.

언어

몰디브의 공식 언어는 디베히Dhivehi 언어이며 고유의 문자도 가지고 있다. 몰디브의 문자는 몇 차례의 변화를 거쳐 현재에 이르렀는데 이 문자를 '타나Thaana'라고 부른다. 이 '타나'는 오른쪽에서 왼쪽으로 써내려 가기 때문에 얼핏 보면 아랍어로 착각할 수 있다. 최근 들어서는 영어가 광범위하게 사용되고 있으며 학교에서도 영어를 가르치고 있다. 대부분의 리조트나 리브어보드들에서는 영어를 통용어로 사용한다.

전기와 통신

몰디브의 전기는 220볼트 또는 240볼트에 50헤르츠 규격이지만, 사용하는 콘센트가 여러 종류여서 한국에서 사용하던 전기 제품의 플러그가 맞지 않는 경우가 종종 생긴다. 따라서 유니버설 어댑터를 하나쯤 가져가는 것이 안전하다. 가장 흔히 사용되는 플러그는 3발짜리 영국식 사각 플러그와 한국에서도 사용하는 2발짜리 유럽식 둥근 플러그이다. 리브어보드 또한 어떤 보트는 둥근 콘센트를 사용하고 또 어떤 보트들은 영국식 사각 콘센트를 사용하기 때문에 미리 확인해 두는 것이 좋다. 어떤 리브어보드에서 어떤 종류의 전기 콘센트를 사용하는지는 이 장의 말미에 자료로 정리되어 있으므로 참고하기 바란다.

몰디브가 수많은 작은 섬들로 이루어진 나라임에도 불구하고 전반적인 통신 사정은 비교적 원활한 편이다. 무선통신 네트워크는 유럽식 GSM 계통의 망을 사용하지만, 한국에서 사용하던 스마트폰을 로밍 방식으로 사용할 수도 있다. 데이터를 많이 사용해야 하는 경우라면 말레 공항에 도착해서 선불 방식의 심 카드를 구입해 사용하던 전화기에 꽂아 쓰는 것도 가능하다. 7일간 사용할 수 있는 3GB짜리 심 카드의 현지 가격은 15달러 정도 한다. 리브어보드 보트들 중에서도 와이파이를 제공하는 경우가 있는데 보통 1주일에 20달러 정도의 요금으로 와이파이를 사용할 수 있다. 그러나 리브어보드에서 제공되는 와이파이는 이동 통신망을 사용하는 방식이므로 3G 서비스가 가능한 규모가 큰 섬 주변에서는 참고 쓸 만한 정도이지만, 먼 바다쪽으로 나가면 신호가 약해져서 거의 사용하기가 어렵다. 대부분의 호텔이나 리조트들도 일정한 요금을 받고 와이파이를 제공하는 경우가 많다.

치안과 안전

몰디브는 특별히 위험한 질병은 없는 나라인 만큼 따로 조심할 사항들은 별로 없다. 다만, 작은 섬들로만 이루어진 나라인 만큼 식수가 귀한 편이다. 대부분의 리조트나 리브어보드들은 나름대로 정수 시스템을 통해 담수를 확보해서 공급하고 있지만, 식수로 마시기에는 맛이 별로 쾌적하지는 않다. 따라서 몰디브에서는 병에 든 생수를 마시는 것이 더 낫다. 물이 귀한 만큼 대부분의 리조트에서는 하루에 생수 1병만 무료로 제공하며 그 이상에 대해서는 약간의 돈을 받는 것이 관례로 되어 있다.

몰디브에서 가장 흔하게 발생하는 건강 문제는 강렬한 태양으로 인한 것이 대부분이다. 너무 강한 햇볕에 직접 노출되는 것을 피하고 가능한 한 많은 물을 마시는 습관을 유지하는 것이 중요하며, 최대한 그늘을 찾아 휴식하고 지나치게 무리한 다이빙은 피하도록 하다.

대부분의 대형 리조트에는 의사 또는 간호사가 상주하고 있으므로 간단한 질병이나 부상은 자체적으로 처치가 가능하다. 말레에는 다이빙 사고에 대비한 재압 체임버Recompression Chamber를 갖춘 병원도 있으므로 만일의 경우에 이용이 가능하다. 본격적인 병원은 말레 시내에 두 개가 있다. 그중 하나는 국가에서 운영하는 인디라 간디 메모리얼 병원IGM이고, 다른 하나는 민간 병원인 하브두라함 돈 칼레이판 병원ADK이다. ADK는 대부분의 여행자 보험을 받지만, IGM에서는 관광객들에 대해서는 보험 처리가 되지 않는다는 점도 알아두자. 몰디브는 인도양의 먼 바다에 떠 있는 섬나라이므로 인근의 다른 국가로 후송하는 경우 막대한 비용이 발생하기 때문에 이런 상황이 벌어지는 것은 최대한 피해야 한다. 지나치게 무리한 다이빙은 삼가도록 하고 가능한 한 다이빙 보험에 가입해 두자.

최근 정파 간의 반목으로 정정이 다소 불안해진 적이 있기는 하지만, 몰디브는 전반적으로 매우 평화로운 섬나라이며, 범죄율은 아주 낮아서 안전한 나라에 속한다. 더욱이 몰디브를 찾는 관광객이나 다이버들은 대부분 한곳의 리조트나 리브어보드 보트에 눌러앉아 생활하는 시간이 대부분이고, 이곳저곳 돌아다닐 일이 그다지 많지 않아서 그만큼 안전 문제가 발생할 가능성은 더욱 낮다고 볼 수 있다.

몰디브는 관광이 주력 산업인 만큼 관광객들이 안전하고 쾌적하게 지낼 수 있도록 몰디브 정부는 이들을 위한 치안과 안전에 만전의 노력을 기울이고 있다. 더욱이 몰디브는 회교 국가인 만큼 알코올이나 마약으로 인한 범죄 문제가 발생할 소지 또한 낮다. 이런 모든 점들로 인해 몰디브는 다른 어떤 국가보다도 안전한 나라이다. 그러나 어디에서든 사소한 문제는 발생할 수 있는 만큼 항상 자신의 기본적인 안전에는 스스로 주의하도록 하며 비교적 큰 도시인 말레에서 야간에 혼자 비싼 물건을 휴대한 채 돌아다니는 등의 불필요한 행동 정도는 조심하도록 한다.

시차

몰디브의 표준시는 GMT+5로서 우리나라보다 네 시간이 늦다. 따라서 우리나라 시각으로 정오는 몰디브 시각으로 오전 8시가 된다.

2. 몰디브 여행 정보

찾아가는 법

1,100개가 넘는 작은 산호 섬들로 이루어진 인도양의 섬나라 몰디브의 관문은 훌룰레 섬에 있는 말레 국제공항MLE이며, 공항에서 수도인 말레까지는 스피드 보트로 15분 정도 걸린다. 우리나라에서 몰디브까지는 대한항공이 스리랑카의 콜롬보를 거쳐 몰디

브의 말레까지 일주일에 3회 취항하고 있다. 대부분의 관광객들이나 다이버들은 싱가포르, 홍콩, 쿠알라룸푸르, 또는 두바이 등을 거쳐 몰디브에 들어간다. 소요 시간은 경유지 또는 항공 스케줄에 따라 다르지만, 싱가포르에서 말레까지는 네 시간 정도 걸리고, 두바이에서는 세 시간 정도 소요된다. 스리랑카의 수도인 콜롬보와는 아주 가까운 곳에 있어서 이곳에서의 비행시간은 45분 정도에 불과하다.

리브어보드들이 출항하는 항구는 루트에 따라 다르다. 비교적 가까운 바다로 나가는 보트들은 대부분 말레 시내 인근의 훌룰레Hulhule 항구에서 출항하는데 이 경우 말레 국제공항에 도착해서 보트를 타고 바로 연결되기 때문에 편리한 반면, 먼 바다쪽으로 나가는 보트들은 말레 공항에서 멀리 떨어진 항구에서 출발하므로 몰디브 국내선 비행기를 타고 다시 이동해야만 한다. 그러나 말레 공항에서 몰디비안항공이 운항하는 국내선 수상 비행기를 타고 낮은 고도로 아름다운 몰디브의 수많은 섬들 위를 날아가는 잊지 못할 환상적인 경험을 할 수 있어서 이 지역에 경험이 많은 다이버들은 일부로 이 코스를 택하는 경우도 많다고 한다.

일부 리브어보드들은 첫날 밤은 항구에서 정박한 상태로 보내고 그다음 날 아침에 출항하는 경우도 있다. 이런 보트들은 말레 공항에 밤늦게 도착하더라도 탈 수가 있다는 장점이 있다. 몰디브 지역의 리브어보드들에 관한 정보는 첨부된 자료를 참고하기 바란다. 리브어보드 예약이 끝나면 자세한 안내 정보가 이메일을 통해 발송되기 때문에 이런 내용들은 출발하기 전까지 꼼꼼하게 잘 읽어 보아야 한다.

몰디브 입출국

몰디브는 관광 산업으로 먹고 사는 나라이니만큼 한국을 포함한 거의 모든 국가의 국민들은 사전에 비자를 받지 않아도 여권만

▲ 훌룰레 섬에 위치한 말레 공항 부두. 몰디브를 찾는 관광객들은 비행기에서 내려 이곳에서 보트나 수상 비행기를 타고 최종 목적지로 향한다.

▲ 몰디브에서 서로 멀리 떨어진 섬 간을 연결하는 중요한 교통수단인 수상 비행기. 에어 택시라고도 부른다.

있으면 입국이 가능하며, 도착 공항에서 30일간 체류가 가능한 도착 비자를 받을 수 있다.

몰디브에 입국할 때는 회교 율법에서 금지하는 물품을 반입할 수 없다. 대표적인 것이 주류와 돼지고기 제품으로 정식 수입허가가 없는 한 그 종류와 면세품 여부를 불문하고 몰디브로 반입할 수 없다. 과거에는 몰디브에 입국할 때 휴대한 주류를 세관에 신고하고 영치한 후 출국할 때 다시 찾아갈 수 있었지만, 워낙 영치되는 물량이 많아서 이제는 그냥 폐기 처분하는 것으로 법이 바뀌었으므로 주당들에게는 안타까운 일이지만 몰디브에 갈 때는 술은 가지고 가지 않도록 하자. 다른 나라에서는 별다른 문제가 되지 않을 수 있는 책이나 동영상이 포함된 DVD 같은 것도 몰디브에서는 문제가 될 수 있기 때문에 조심해야 한다. 특히 마약류에 대해서는 매우 민감하기 때문에 처방약은 의사의 처방전을 함께 가져가는 것이 안전하다. 체크인 가방과 기내 반입 가방 등은 입국할 때 모두 엑스레이 검사를 받아야 하므로 술병을 몰래 감춰 가져가는 것은 거의 불가능하니 아예 포기하는 것이 좋다.

현지 교통편

섬으로만 이루어진 몰디브 내에서의 주력 교통수단은 국내선 항공기와 보트 두 가지이다. 국내선 항공기는 소형 프로펠러 비행기도 있지만, 주를 이루는 것은 역시 비행장이 없어도 바다에 뜨고 내릴 수 있는 수상 비행기Seaplane이다. 원래 몰디브에는 두 개의 수상 비행기 회사가 있었지만, 최근 합병되어 현재는 TMA라는 항공사의 독점 체제가 되었다. 가까운 섬들 간에는 스피드보트가 기본적인 운송 수단이다.

통화와 환전

몰디브의 법정 통화는 몰디브 루피MVR이며 1달러당 약 15루피 정도로 환산된다. 리브어보드나 리조트에 묵는 경우 대부분의 지불은 미국 달러로 이루어지며 말레의 음식점이나 상점 등에서도 대부분 달러를 받기 때문에 굳이 일부러 현지화로 환전할 필요는 없다. 리조트 같은 곳에서 비용을 루피로 지불하려고 하면 이 금액을 일단 미국 달러로 환산한 후 다시 루피로 바꿔 계산하기 때문에 환율에서 이중으로 손해를 보게 된다. 그러나 1백 달러권 등 큰 금액을 낼 경우 거스름돈을 루피로 받는 경우가 생기고 자칫 모두 사용하기 어려운 상황이 될 수도 있으므로 몰디브를 여행할 경우에는 미화 소액권을 여유 있게 준비하는 것이 좋다.

말레를 포함한 큰 도시나 섬에서는 은행이나 ATM이 있지만 상대적으로 작은 섬에는 이런 시설들이 없다. 또한 작은 섬 지역이나 소규모 가게 등에서는 신용 카드를 받지 않는 곳도 많으므로 미화 현금을 충분히 가지고 있도록 한다. 말레 공항에서도 모든 가격은 미화로만 표기되고 지불되기 때문에 출국할 때 굳이 현지 화폐를 남겨둘 필요는 없다.

팁

관광 산업이 발달한 몰디브에서는 동남아 국가들과는 달리 팁을 주는 것이 관례로 되어 있다. 리조트에 묵는 경우에는 대개 한 사람의 웨이터가 마치 개인 버틀러처럼 체재 기간 내내 전담해서 시중을 들어주는 것이 보통인데 이 경우 웨이터에게 하루에 10달러 정도를 쳐서 팁을 주는 것이 관례이다. 물론 서비스 수준에 따라 어느 정도 증감이 있을 수 있다. 리브어보드에서도 여정이 끝난 후에도 적절한 팁을 주어야 하는데, 금액은 일주일 여정을 기준으로 일반적으로 다이버 한 사람당 미화 100달러가 표준으로 되어 있다. 대개 마지막 날 선실에 남겨진 봉투에 담아 팁 상자에 넣어준다. 이 팁은 15명 내외로 이루어지는 선원들과 다이브 가이드를 포함한 다이빙 스태프들이 똑같이 나누어 가진다.

가방을 들어준다거나 하는 소소한 서비스에 대해서는 1달러의 팁이 보편적이다. 출국할 때는 공항세도 내야 하므로 몰디브를 여행할 때에는 미화 소액권을 넉넉하게 준비해 가도록 한다.

물가

몰디브는 작은 섬나라인 만큼 거의 모든 물자를 외국으로부터 수입해서 조달한다. 따라서 전반적인 물가는 다른 아시아 국가들에 비해 훨씬 비싸다. 평균적인 몰디브의 물가 수준은 다음과 같다.

현지 음식점에서 간단한 식사	5달러
중간급 식당에서의 2인 식비	35달러
맥도널드 빅맥 세트	12달러
생수	0.5달러
콜라	1달러
국산 맥주	3달러
수입 맥주	6달러
커피(카푸치노)	2.5달러
담배(갑, 말보로)	3.5달러

몰디브 다이빙 가이드

다이브 포인트 요약

지역	포인트	수심(m)	난이도	특징
아리 환초	**브로큰 록**	12~25	**중상급**	월, 드리프트, 리프트, 대형 어류
	페스두 렉	27~30	**중상급**	렉, 대형 어류, 마크로
	피시 헤드	10~35	**중상급**	월, 드리프트, 대형 어류
	파이브 록스	7~30	**중상급**	월, 동굴, 상어, 대형 어류
	하푸사 틸라	10~35	**중상급**	월, 드리프트, 상어, 대형 어류
	알라벨리 렉	20~28	**중상급**	렉, 가오리
	해머헤드 포인트	10~30	**중상급**	월, 드리프트, 귀상어
	쿠다라 틸라	12~40	**중상급**	월, 수중 지형, 상어, 대형 어류
	마아미길리 베루	5~30	**중상급**	월, 리프, 드리프트, 고래상어
	마아야 틸라	6~30	**중상급**	월, 드리프트, 수중 지형, 이글레이
	오마드후 사우스	6~35	**중상급**	월, 드리프트, 상어, 마블레이
	파네토네 틸라	5~30	**중상급**	월, 드리프트, 상어, 만타레이
	우쿨하스 틸라	16~40+	**중상급**	월, 드리프트, 상어, 만타레이
북말레 환초	**백 파루**	5~25	**초중급**	월, 드리프트, 상어, 거북이
	바나나 리프	5~30	**중상급**	월, 수중 지형, 동굴, 대형 어류
	기리푸시 틸라	12~25	**중상급**	월, 터널, 상어, 대형 어류
	한스 하아스 플레이스	5~20	**초중급**	월, 리프, 마크로
	라이언스 헤드	3~40	**중상급**	월, 드리프트, 상어, 대형 어류
	몰디브 빅토리 렉	12~25	**중상급**	렉, 마크로, 대형 어류
	만타 포인트	12~40	**중상급**	월, 드리프트, 만타레이
	미야루 파루	10~30+	**중상급**	월, 드리프트, 상어, 만타레이
	오코베 틸라	10~25	**중상급**	월, 리프, 동굴, 스위트립
남말레 환초	**코코아 틸라**	10~30	**중상급**	월, 드리프트, 상어, 대형 어류
	엠부드후 칸두	10~30	**중상급**	월, 협곡, 드리프트, 대형 어류
	구라이드후 칸두	15~35+	**중상급**	월, 드리프트, 상어, 대형 어류
	칸두마 틸라	13~40	**중상급**	월, 드리프트, 상어, 대형 어류
	쿠다 기리 렉	15~30	**중급**	렉, 월, 마크로, 대형 어류
	메드후 파루	10~30+	**중상급**	월, 드리프트, 부채산호, 가오리
	바드후 케이브	7~40	**중상급**	동굴, 마크로, 거북이
	알리마타 서커스	1~6	**초급**	상어, 가오리, 야간

3. 몰디브 다이빙 개요

몰디브 트립 브리핑

이동 경로	서울 ···› (항공편) ···› 싱가포르/방콕/쿠알라룸푸르/두바이/콜롬보 ···› (항공편) ···› 말레
이동 시간	항공편 11시간(싱가포르 경유 기준, 공항 대기 시간 제외)
다이빙 형태	리브어보드 다이빙
다이빙 시즌	연중(최적 시기 : 12월부터 5월)
수온과 수트	연중 26도에서 29도(3밀리 수트)
표준 체재 일수	7박 8일(17회 다이빙)
평균 기본 경비	총 250만 원 • 항공료 : 90만 원(인천–말리, 1회 경유) • 리브어보드: 160만 원(스팅레이 7박 일정 기준)

▼ 몰디브에서 흔히 발견할 수 있는 화이트팁 상어. 몰디브에서는 다양한 종류의 상어들과 만타레이 등의 대형 해양 생물들을 많이 만나볼 수 있다.

몰디브 다이빙

인도양의 보석이라고도 불리는 몰디브 제도는 아름다운 바다와 섬들로 인해 세계적인 휴양지로 잘 알려져 있으며 특히 최고의 신혼여행지로도 유명한 곳이다. 그러나 수면 위의 아름다움 못지않게 몰디브의 바닷속은 다른 어느 곳에서도 찾아볼 수 없는 독특한 아름다움과 다양한 수중 생물들이 있어서 전 세계의 다이버들 사이에서는 세계 최고의 다이브 사이트들 중 하나로 꼽히고 있다.

몰디브 다이빙의 특징은 대부분의 다이빙이 조류를 타고 흐르는 드리프트 다이빙으로 진행된다는 점이다. 무수히 많은 작은 섬들과 환초들로 이루어진 몰디브는 이들 섬과 환초들 사이의 좁은 해협들로 인해 항상 강한 조류가 흐르며, 이 조류를 따라 플랑크톤을 비롯한 풍부한 먹잇감들이 끊임없이 공급되기 때문에 이런 먹이를 쫓아 많은 해양 생물들이 역동적으로 움직인다. 또한 수중에는 수많은 바위기둥 지형들이 있어서 그 자체로 훌륭한 경관을 제공하며 많은 어류들과 수중 생물들이 서식할 수 있는 환경을 제공하고 있기도 하다. 특히 환초 지역 안에서도 거대한 바위기둥들이 수중 바닥에서부터 수면 높이까지 솟아 있는 경우가 많은데 이런 수중 구조물들은 깊은 바다로부터 밀려오는 바닷물을 수면 위까지 솟구쳐 오르게 하는 역할을 한다. 이런 이유로 인해 몰디브에서는 멀고 깊은 바다까지 나가지 않더라도 만타레이라든가 고래상어 같은 대형 대양어류들을 흔히 발견할 수 있는 것이다.

몰디브에서도 리조트나 다이브 센터를 통해 랜드 베이스 다이빙을 할 수 있지만, 몰디브를 찾는 대부분의 다이버들은 리브어보드를 선택한다. 몰디브에는 수많은 환초들이 있고 이들 환초 주변에 헤아릴 수 없이 많은 다이브 사이트들이 있어서 이런 곳들을 효과적으로 둘러보기 위해서는 역시 리브어보드를 타는 것이 최선의 방법이기 때문이다. 몰디브 리브어보드 다이빙 코스는 크게 수도인 말레를 중심으로 인근의 환초 지역들을 순회하는 단거리 코스와 남쪽 또는 북쪽의 먼 바다에 있는 환초 지역까지 나가는 장거리 코스로 구분할 수 있다.

말레를 중심으로 하는 단거리 코스는 보통 중앙 환초군Central Atolls 코스라고도 부르는데 이 지역에 속하는 환초로는 아리 환초, 북말레 환초 그리고 남말레 환초가 있다. 일부 리브어보드의 경우 남말레 환초 밑에 있는 바부 환초까지 들르기도 한다. 이 중앙 환초군 지역은 말레 국제공항과 말레 항에서 지리적으로 가까운 곳들이라 이동 시간이 짧고 그 만큼 더 많은 시간에 다이빙을 즐길 수 있으며 상대적으로 비용도 적게 든다는 장점이 있어서 많은 다이버들과 리브어보드들이 이 코스를 선호한다.

• 아리 환초Ari Atoll : 아리 환초는 몰디브를 대표하는 가장 인기 있는 다이빙 사이트이다. 이 환초 주변에는 수많은 다이브 포인트들이 흩어져 있고 각 포인트들은 나름대로의 특징이 있어서 이 지역은 다양한 취향과 수준의 다이버들을 고루 만족시킬 수 있는 곳이기도 하다. 아리 환초의 특징은 대형 바위기둥(피너클, 현지에서는 '틸라'라고 부른다)들로 이루어진 웅장한 수중 지형과 대형 어종들이다. 이곳에서는 만타레이나 고래상어와 같은 희귀한 대형 어류들이 많아서 연중 많은 다이버들이 찾는다. 특히 대형 어류들이 많이 나타나는 포인트로는 '마아야 틸라'와 '피시 헤드'이며, 귀상어를 보기를 원한다면 이른 아침에 '해머헤드 포인트'로 들어가는 것이 좋다.

• 북말레 환초North Male Atoll : 몰디브의 수도인 말레의 바로 북쪽에 위치한 환초인데 남쪽 환초에 비해 거주하는 인구는 많지 않지만, 환초 주변에 많은 다이브 포인트들이 흩어져 있다. 이곳의 특징은 바위기둥, 동굴, 오버행 등 다양하고 흥미로운 해저 지형과 아름다운 총천연색의 산호초 지대이다. 아름다운 산호초를 보고 싶다면 '기리푸시 틸라'를 찾는 것이 좋으며, 만타레이를 보고 싶다면 클리닝 스테이션이 있는 '만타 포인트'가 추천된다.

▲ 아리 환초의 부채산호

▼ 남말레 환초 지역의 스위트립 떼

• 남말레 환초South Male Atoll : 북말레 환초가 아름다운 산호초로 유명하다면, 남말레 환초는 강한 조류로 인해 대형 어종들이 많은 곳으로 손꼽히는 곳이다. '코코아 틸라'는 강한 조류를 피해 오버행 바위 밑에서 숨어서 가오리, 상어들과 대규모의 대형 어류 떼들을 볼 수 있는 곳이며, '구라이드후 칸두 사우스'는 엄청난 규모의 각종 물고기 떼를 볼 수 있는 곳으로 유명하다.

다이버들은 속성상 항상 새로운 곳에 가 보고 싶어 하고, 기왕이면 사람의 손이 덜 탄 자연에 가까운 환경에서 다이빙을 즐기고 싶어 하게 마련이다. 그래서 몰디브를 자주 찾는 다이버들은 말레에서 멀리 떨어진 먼 바다에 나가고 싶어 하고 이런 다이버들을 위해 일부 리브어보드들은 몰디브의 남쪽 또는 북쪽의 먼 바다 환초 지역들을 목적지로 삼아 떠나기도 한다. 이런 코스들을 나가는 리브어보드들은 말레에서 멀리 떨어진 항구에서 출항하기 때문에 이런 보트를 타기 위해서는 말레에서 국내선 항공기나 수상비행기를 타고 또다시 이동해야 하며, 이동 시간만큼 코스의 기간도 길고 그만큼 비용도 많이 들지만 대신 사람들이 거의 찾지 않는 거친 자연 상태의 바다에서 다이빙을 즐길 수 있다는 매력이 있다. 이런 장거리 코스들은 다시 남쪽 환초군, 북쪽 환초군, 그리고 먼 북쪽 환초군으로 구분된다.

• 남쪽 환초군Southern Atolls : 몰디브 남쪽 끝 부분에 있는 여러 환초들로 이루어진 지역인데 지금도 많은 포인트들이 계속 개발되고 있고 아직도 다이버들이 찾지 않은 곳들이 많아서 이곳으로 나가는 리브어보드를 타면 지금까지 아무도 다이빙해 보지 않은 새로운 포인트를 개발하는 일에 동참할 기회도 가지게 된다. 먼 바다에 위치한 만큼 각종 대형 대양 어류들을 많이 볼 수 있으며 특히 만타레이, 이글레이, 스팅레이 등 다양한 종류의 가오리들이 흔하다. 또 이곳에서는 특별한 시즌 없이 연중 언제든지 고래상어를 만날 수 있는데, 특히 고래상어가 자주 출현하는 곳은 '메드후푸시 틸라'와 '미이무 환초'이다. 만타레이와 상어들이 많기로 소문난 곳은 '미이무 환초'와 라아무 환초에 있는 '푸쉬 칸두'이며, 그레이리프 상어와 귀상어가 많은 곳으로는 바부 환초에 위치한 '보두 미야루 칸두'와 '포테요 칸두'가 유명하다.

• 북쪽 환초군Northern Atolls : 몰디브 북부에 위치한 '라비야니 환초', '바아 환초', '누우

누 환초'들을 묶어서 북쪽 환초군이라 한다. 이곳까지 들어가는 리브어보드는 현재로서는 단 한 척밖에 없으며, 그만큼 한적하고 바다 또한 사람의 손이 거의 닿지 않은 원래의 모습을 고스란히 간직하고 있는 곳이기도 하다. 태고의 신비를 간직한 웅장한 수중 바위들에는 수많은 동굴과 터널들이 있으며 주변에는 많은 대형 어류들이 흔히 나타난다. 특히 '바아 환초' 지역은 만타레이들과 함께 다이빙을 할 수 있는 환상적인 곳이다.

• 먼 북쪽 환초군Far North Atolls : 몰디브 최북단에 위치한 먼 곳으로 극히 최근에야 다이빙 보트들이 들어가기 시작한 곳이다. 이곳에서는 수많은 만타레이들을 비롯하여 레오파드 상어, 화이트팁 상어, 블랙팁 상어 등의 대형 어류들을 거의 100퍼센트 확률로 볼 수 있는 곳이기도 하다. 수중 지형도 매우 다양하고 흥미로우며 드리프트 다이빙은 물론 월 다이빙, 렉 다이빙 등 다양한 종류의 다이빙을 즐길 수 있는 곳이기도 하다.

다이빙 시즌

몰디브에서는 연중 어느 때나 다이빙이 가능하다. 그러나 리브어보드를 많이 출항하는 시기는 11월부터 5월까지이다. 이 시기 외에는 다이버들의 숫자가 줄어들기 때문에 예정된 출항을 포기하는 보트들이 더러 생기고 따라서 자신이 원하는 날짜에 원하는 보트를 타기 어려워질 수 있다. 더러 출항 날짜가 임박해서야 출항 취소가 결정되는 경우도 있는데 이런 경우에는 대개 같은 날짜에 출항하는 다른 리브어보드로 넘겨진다.

▲ 몰디브의 바닷속 온도는 섭씨 26도에서 29도가 보편적이며 대부분의 다이버들은 3밀리 수트를 입고 다이빙을 한다. 3밀리 웨트수트 차림으로 바닥에 조류걸이를 걸고 강한 조류에 버티고 있는 커플 다이버들

▼ 몰디브의 블랙팁 상어

12월 말부터 5월까지는 건기로 알려진 북동 계절풍 시기인데, 이때는 하늘은 더없이 청명해지고 바람이 수면 또한 거울처럼 잔잔해지는 아름다운 날씨가 이어진다. 수중 시야는 동쪽 바다에서는 평균 20m에서 30m 정도이고, 서쪽 바다는 평균 15m에서 20m 정도이다. 일반적으로 볼 때 서쪽 수역보다는 동쪽이 더 시야가 나은 편이고, 시기적으로는 12월부터 3월까지가 가장 맑은 시야를 보이는 경향이 있다. 이런 현상은 조류들이 대부분 동쪽에서 서쪽 방향으로 흐르기 때문에 일어난다. 이 시기에는 조류의 강도도 가장 높아지는데 상어 종류들은 주로 환초의 동쪽을 선호하는 반면, 만타레이들은 플랑크톤들이 집결되는 서쪽 수역에서 많이 발견된다.

반면, 6월부터 11월까지는 남서 계절풍이 부는 시기이어서 상황은 대체로 반대가 된다. 이 시기에는 조류가 서쪽에서 동쪽 방향으로 흐르게 되며 따라서 만타레이들은 환초의 동쪽으로 몰리고 상어들은 서쪽으로 이동하며 시야 또한 동쪽보다는 서쪽 수역에서 더 좋아진다. 바람의 영향으로 수면 상태도 다소 거칠어져서 특히 우기에 해당하는 6월과 7월에는 1m에서 2m까지의 높은 파도가 일기도 한다. 시야도 많이 떨어져서 10m 정도밖에 나오지 않는 경우도 생긴다. 그러나 다이빙 자체가 특별히 힘들어질 정도는 아니다. 우기에는 보통 하루에 3시간에서 4시간 정도 비가 내린다. 계절풍의 방향이 바뀌는 시기는 5월 말과 12월 초가 된다. 다른 모든 지역에서도 생기는 공통적인 현상이기는 하지만, 몰디브에서의 이러한 계절 구분은 점점 더 그 특징이 없어져 가고 있다.

수온은 평균 섭씨 26도에서 29의 분포인데 연중 온도의 변화는 크지 않다. 대부분의 다이버들은 2밀리에서 3밀리 두께의 수트를 입고 다이빙을 한다. 그러나 남쪽 먼 바다 지역은 북서 계절풍의 영향으로 수온이 섭씨 24도까지 떨어지는 경우도 있으므로 이 시기에 남쪽 먼 바다 항로의 리브어보드를 타는 경우 평소 사용하던 것보다 더 두꺼운 수트를 준비하는 것이 좋다.

바다의 상태는 계절에 따라 다소의 차이는 있지만, 몰디브에서 발견할 수 있는 해양 생물들의 분포는 계절에 그다지 영향을 받지 않는다. 특히 만타레이, 고래상어, 거북이, 리프상어, 귀상어 등은 연중 언제든지 만날 수 있다. 만타레이는 남서 계절풍이 부는 시기에 더 많이 출현하는 경향을 보이고 있다. 대형 어류들은 계절보다는 오히려 다른 요인들에 더 많이 영향을 받는다. 예를 들어, 고래상어는 깊은 수심보다는 얕은 물에서 더 자주 발견되며, 귀상어는 주로 아침 동틀 무렵에 낮은 수심으로 올라온다.

그러나 '하니파루 베이' 지역만은 예외로 꼽힌다. 이 지역에는 8월부터 11월까지의 시기에 수백 마리의 만타레이들이 집결하는데, 이 시기에 이 수역은 만타 보호 구역으로 설정되기 때문에 다이빙이 금지되고 스노클러들만 허가를 받아 바다에 들어갈 수 있게 된다.

몰디브 다이빙 특징

몰디브 주변에는 환초 지형으로 이루어진 다양한 다이빙 포인트들이 널려 있지만, 일반적으로 볼 때 북쪽 지역은 마크로가 우세하고, 남쪽 지역은 상어와 같은 대형 어종들이 중심이 되는 경향이 있다. 몰디브라는 국가 자체가 수많은 작은 섬들로 이루어져 있고, 거의 섬 하나에 리조트 하나라고 말할 정도로 많은 리조트들이 있기는 하지만, 이런 리조트에서는 인근 지역의 포인트 중심으로만 다이빙이 이루어지기 때문에 몰디브의 바다를 충분히 즐기기 위해서는 역시 리브어보드를 타는 것이 추천된다.

▼ 말레 인근 훌룰레 항에 정박하고 있는 수많은 리브어보드들과 다이브 요트들

몰디브 지역에는 꽤 많은 숫자의 리브어보드 요트들이 있으며 요금도 비교적 합리적인 편이다. 리브어보드 보트들은 대개 일정에 따라 정해진 루트를 이동하면서 몰디브의 바다를 커버하고 있기 때문에 자신이 가기를 원하는 지역의 보트를 타기 위해서는 충분한 사전 조사와 함께 최대한 일찍 예약하는 것이 좋다. 특히 성수기에 인기 있는 노선은 일찍 마감이 되기 때문에 가능한 한 빨리 예약해 두는 것이 좋다. 반면, 비교적 인기가 낮은 보트들은 출발 직전에 빈자리가 나오는 경우가 있으며, 이런 경우 대폭 할인된 요금으로 자리를 얻을 수도 있다.

몰디브 환초 지역에서의 다이빙은 대부분 강한 조류를 동반한다. 조류가 강하지 않으면 만타레이나 상어들과 같은 대형 어종들이 잘 나타나지 않기 때문에 몰디브에서는 다이브 사이트에 조류가 없다는 것은 그다지 좋은 다이빙을 기대할 수 없다는 의미로 이해되곤 한다. 따라서 몰디브에서 다이빙을 제대로 즐기려면 어느 정도 조류 다이빙의 경험이 있어야 하는데 대부분의 리브어보드들은 말레 항에서 출발하는 일반적인 코스에 대해서는 적어도 50로그 이상의 다이빙 경험을 요구하며, 먼 바다로 나가는 코스는 100로그 이상의 경험자들에게만 추천하고 있다. 또한 몰디브 리브어보드에서는 다이버 보험이 필수로 요구되는데, 보험을 가지고 있지 않은 다이버들은 보트에서 단기 보험을 구입할 수 있다. 몰디브의 리브어보드에 승선할 때는 반드시 다이버 카드(C 카드)와 보험 카드, 그리고 로그북을 지참하도록 한다.

그 외에도 조류가 강한 몰디브에서 다이빙을 하기 위해서는 마커 부이SMB와 조류걸이Reef Hook는 필수품이므로 꼭 챙겨가도록 한다. 깊은 수심과 상대적으로 긴 다이빙 시간 때문에 쉽게 감압(데코)에 걸릴 수 있으므로 항상 컴퓨터에 나타나는 무감압 한계 시간에 신경을 써야 한다. 일단 감압이 걸리면 이것을 풀고 나오기가 쉽지 않은데, 이런 경우 컴퓨터가 다운되고 그때부터 최소한 24시간 이상 다이빙을 할 수 없으므로 혹시 여분의 다이브 컴퓨터가 있다면 백업으로 가져가는 것이 좋다. 강한 조류로 인해 간혹 마스크가 날아가는 경우도 있으므로 여분의 백업 마스크를 가져가는 것도 좋은 방법이다. 강한 조류 속에서 바닥의 바위에 조류걸이를 걸어야 할 경우에는 이미 자리를 잡고 있는 다이버들의 맨 뒤로 가서 자리를 잡아야 하는 것이 몰디브에서의 규칙이다. 이미 위치를 잡고 있는 다이버들 사이를 비집고 들어갈 경우 다이버들 간에 충분한 간격이 확보되지 않아 자

칫 앞에 있는 다이버의 핀에 맞아 뒤쪽 다이버의 마스크가 날아가는 경우가 종종 발생하기 때문이다.

몰디브 리브어보드들은 대개 하루 3회의 다이빙을 표준으로 한다. 일주일 여정의 경우 1회의 야간 다이빙을 포함하여 대략 17회 정도의 다이빙을 하게 된다. 다른 지역의 리브어보드들이 하루 4회 이상 다이빙을 하는 것이 보통이지만, 몰디브에서의 다이빙은 거센 조류 속에서 1회 평균 60분 내외의 다이빙을 하게 되므로 3회의 다이빙만으로도 대부분의 다이버들은 충분히 피로를 느끼게 된다. 몰디브의 다이브 포인트들은 대개 강한 조류와 깊은 수심 때문에 야간 다이빙에 적합하지 않다. 그래서 몰디브 리브어보드에서는 일주일의 일정 중에서 대개 1회, 많아야 2회 정도만 야간 다이빙이 이루어진다. 야간 다이빙은 다이빙 보트 후미에 조명등을 켜고 만타레이를 유인한 다음 만타가 나타나면 비로소 다이빙이 시작되는 경우가 많다. 만일 만타가 나타

▼ 조류가 강한 몰디브의 한 다이브 포인트에서 조류 걸이에 몸을 의지한 채 만타레이를 기다리고 있는 다이버들

▲ 몰디브 리브어보드에서 예정된 야간 다이빙을 위해 만타레이가 수면 가까운 곳으로 나타나기를 초조하게 기다리며 바닷속을 지켜보고 있는 다이버들. 만타레이가 나타나면 그때부터 다이빙이 시작되지만 만타가 끝내 나타나지 않으면 그 날의 야간 다이빙은 취소된다.

▲ 다이빙 직전에 공기탱크의 산소 농도를 아날라이저로 측정하여 기록하고 있는 모습. 몰디브에서는 긴 다이빙 시간 때문에 일반 압축 공기보다 산소 농도가 높은 나이트록스를 많이 사용한다. 또한 일반 알루미늄 탱크보다 사진에서처럼 검은색의 스틸 탱크가 많이 사용된다.

나지 않으면 그 날의 야간 다이빙은 취소되기 때문에 많은 다이버들이 보트 후미에 모여 만타레이가 나타나기를 기다리며 초조하게 지켜보는 경우가 많다.

깊은 수심에서 강한 조류를 맞아 바닥에 조류걸이를 걸고 몸을 의지한 상태로 만타레이나 상어들을 기다리는 것이 전형적인 몰디브의 다이빙 스타일이다. 따라서 몰디브에서는 일반 압축 공기보다는 나이트록스를 많이 사용한다. 리브어보드에 따라서 나이트록스가 기본으로 제공되는 경우도 있고 약간의 추가 요금을 내야 하는 경우도 있다. 나이트록스 탱크의 산소 비율은 표준이라 할 수 있는 32%보다는 낮아서 대개 26%에서 29% 정도가 많이 사용된다. 따라서 다소 번거롭더라도 매번 다이빙 직전에 탱크의 산소 농도를 아날라이저로 측정하여 다이브 컴퓨터의 FO2 값을 조정해 주어야만 안전한 다이빙을 즐길 수 있다.

▾ 몰디브의 환초군 분포도

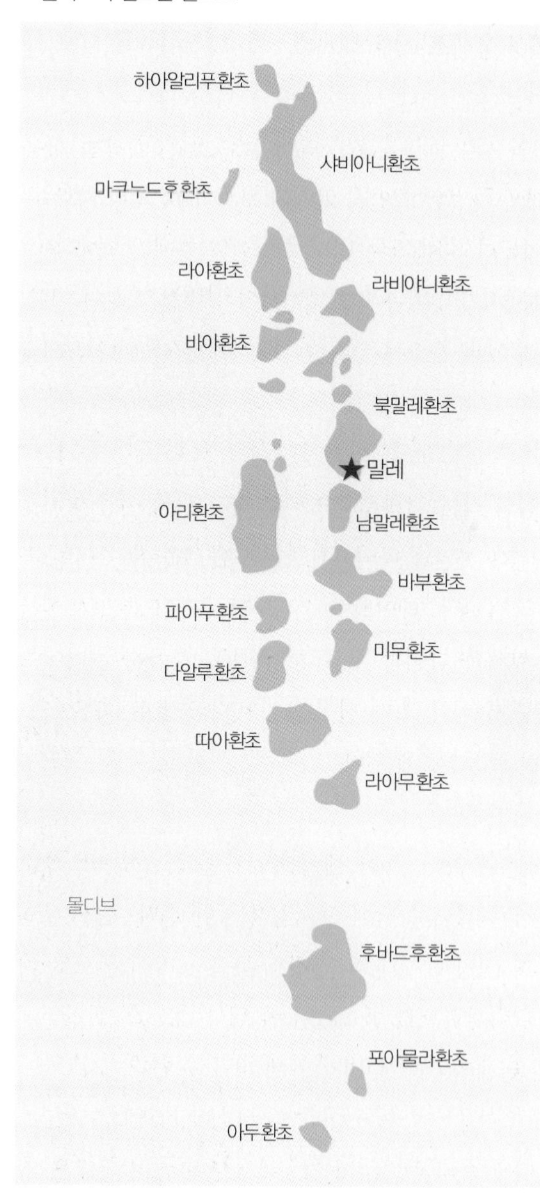

몰디브에서는 일반적인 알루미늄 탱크 못지않게 스틸 탱크도 많이 사용된다. 알루미늄 탱크는 흔히 볼 수 있는 은색이지만, 스틸 탱크는 검은색으로 칠해져 있어서 쉽게 구분된다. 탱크 용량 또한 일반적인 12리터짜리와 15리터짜리가 혼용되기 때문에 자신의 공기 소모량에 따라 적절한 탱크를 선택하면 된다. 스틸 탱크는 그 자체로 상당한 무게가 나가기 때문에 이 탱크를 사용할 경우 평소의 웨이트 무게에서 적어도 2kg에서 3kg 정도 줄여줘야 한다. 평소에 가벼운 웨이트를 달던 다이버라면 웨이트를 전혀 달지 않고 다이빙을 할 수 있다.

몰디브 리브어보드

몰디브는 고래상어, 만타레이, 그리고 귀상어 등 대형 원양 어종들을 쉽게 볼 수 있는 세계적 수준의 다이빙 목적지로 꼽힌다. 몰디브 인근에는 많은 환초 지역들이 있으며 이런 환초들 주변에 헤아릴 수 없이 많은 다이브 포인트들이 산재해 있다. 이런 포인트들을 효과적으로 커버하기 위해서는 리조트 중심의 다이빙으로는 한계가 있으며 역시 리브어보드를 타는 것이 최선의 방법이 된다. 몰디브에는 10여 척 이상의 리브어보드 보트들이 취항하고 있으며 등급 또한 경제적인 3성급부터 최고급 5성급까지 다양하다. 3성급 보트들이라 하더라도 다른 지역의 럭셔리급에 해당할 정도로 뛰어난 시설과 서비스를 제공한다.

몰디브 리브어보드들의 요금 또한 합리적인 수준이어서 몰디브 섬에 있는 럭셔리 리조트에 묵는 것보다 이런 리브어보드를 타는 것이 비용 측면에서도 오히려 더 싸게 먹힌다. 몰디브의 다이빙 비용은 다른 지역에 비해 비싼 편이며, 고급 리조트가 아닌 말레 부근의 다이브 센터를 통해 가까운 곳에 다이빙을 나가는 경우라도 다이빙 요금이 1회에 50달러에서 70달러 정도까지 소요된다. 반면 리브어보드는 1주일 코스에 1,700달러 정도

▲ 몰디브 리브어보드 내부의 바. 회교 국가인 몰디브에서는 술집이 없어서 술을 마시기 어렵지만, 대부분의 리브어보드들은 사진에서와 같은 바를 갖추고 칵테일을 비롯한 알코올음료들을 제공한다.

▼ 몰디브의 아리 환초 지역에 정박 중인 리브어보드

의 비용으로 꽤 괜찮은 시설의 보트를 탈 수 있으며 간혹 출항이 얼마 남지 않은 요트들이 아직 팔리지 않은 자리를 1,000달러대의 할인 가격에 내놓기도 한다.

몰디브의 리브어보드들은 다른 지역의 리브어보드들과는 달리 본선 외에 별도의 다이빙 전용 보트 하나를 마치 호위함처럼 거느리고 다니는데 이 보트를 이곳에서는 '도니Dhoni'라고 부른다. 모든 다이빙 활동은 본선이 아닌 이 도니에서 이루어지며, 다이버들의 장비는 물론 시끄러운 소음을 일으키는 컴프레서와 같은 장치들도 모두 이 도니에 설치되어 있다. 따라서 다른 지역의 리브어보드들과는 달리 몰디브 리브어보드의 본선에는 다이빙 덱이 없다. 그만큼 몰디브 리브어보드들은 다이브 요트라고 보이지 않을 정도로 깔끔하고 쾌적하며 공간 역시 생각보다 훨씬 여유가 많다.

몰디브 리브어보드들이 가장 많이 선택하는 코스는 역시 중부 몰디브 지역이며 이 지역으로 나가는 요트들은 대개 말레 항에서 출항하며 대부분 6박 7일 일정의 코스로 운항한다. 몰디브를 처음 방문하는 다이버라면 이 코스를 택하는 것이 좋다. 그러나 일부 요트들은 몰디브 남쪽 먼 바다나 북쪽 먼 바다로 나가기도 하는데 이런 요트들은 말레 항이 아닌 목적지에 보다 가까운 다른 항구에서 출항한다. 이런 요트들은 이미 몰디브를 여러 차례 방문한 경험이 있는 다이버들이 주로 선호하는데 이런 요트를 타기 위해서는 말레 공항에서 수상 비행기를 타고 다시 출항지로 이동하여야 하며, 다이빙 조건도 먼 바다이니만큼 더 어렵고 거칠어서 최소한 100로그 이상의 경험자들에게만 추천된다.

▲ 몰디브 리브어보드들을 항상 따라다니는 다이빙 전용 보트인 도니Dhoni. 대개 20명 정도의 다이버들을 수용할 수 있으며, 모든 다이빙 장비들은 물론 컴프레서와 나이트록스 믹서와 같은 시설들도 본선이 아닌 도니에 설치되어 있다.

▼ 몰디브 리브어보드 보트의 라운지. 다이빙을 마친 후 휴식공간과 다이버들끼리 담소를 나누는 장소로 이용된다.

몰디브 리브어보드 중에서 많은 다이버들이 선호하는 추천할 만한 요트들은 별도의 자료에서 소개해 두었으므로 참고하도록 한다.

몰디브 리브어보드 다이빙

몰디브 리브어보드에서의 다이빙은 다른 지역의 리브어보드 다이빙과 크게 다르지는 않지만, 대략 다음과 같은 특징이 있다.

- 다이빙은 하루 3회가 표준으로 다른 지역에 비해 다이빙 횟수는 적은 편이다. 대개 아침 일찍 첫 다이빙을 시작하고 아침 식사를 마친 후 두 번째 다이빙을 한다. 점심 식사를 한 후 오후에 또 한 번의 다이빙이 이루어진다. 일정 중 야간 다이빙은 1회, 많더라도 2회를 하게 되며 일주일 여정을 기준으로 총 다이빙 수는 17회가 표준으로 되어 있다.

- 다이빙 시간은 1회 60분이 표준으로 다른 지역에 비해 긴 편이다. 예정된 시간 이전에 공기압이 50바 이하로 떨어진 다이버가 생길 경우 해당 다이버와 버디만 먼저 상승하고 나머지는 계속 다이빙을 진행하는 경우가 많다.

몰디브 리브어보드에서의 다이빙 진행은 보트에 따라 조금씩 다를 수는 있지만 일반적으로 다음과 같은 순서로 이루어진다.

▲ 다이빙 보트인 도니에서 입수 준비를 마치고 대기하고 있는 다이버들. 일부 다이버들이 좌측 가슴에 부착하고 있는 장치는 조류에 밀려 조난당할 경우 다이버의 위치를 자동적으로 알려주는 조난 신호 장치 LifeLine이다.

▼ 다이빙 직전의 브리핑 모습. 몰디브의 다이브 포인트들은 상황의 변화가 심하기 때문에 사전 브리핑을 잘 들어 두어야만 한다.

(1) 브리핑 : 그 날의 다이빙 일정은 보트 내의 게시판에 게시된다. 예정된 다이빙 시간이 가까워지면 종을 쳐서 알려주는데 다이버들은 선실에서 나와 브리핑 장소(보통은 라운지)에 집결한다. 브리핑은 보통 선임 가이드가 해당 포인트의 특징과 지형, 다이빙 진행 방향, 예상 조류, 해당 지역에 서식하는 해양 생물, 다이빙 도중에 주의할 점 등을 꼼꼼하게 설명하게 된다.

(2) 장비 점검 : 브리핑이 끝나면 본선에서 도니 보트로 옮겨 탄 후 웨트수트로 갈아입고 각자의 장비를 점검한다. 나이트록스를 사용하는 경우 아날라이저로 산소 농도를 측정한 후 컴퓨터의 FO2 값을 조정하고 장부에 기입한 후 서명한다. 레귤레이터 1단계를 결합한 후 공기통을 개방하고 공기압을 확인헌다.

(3) 이동 : 다이브 포인트까지의 이동은 거리와 바다 상태에 따라 다르지만 대개 10분에서 15분 정도인 경우가 많다. 포인트에 가까워지면 가이드의 지시에 따라 장비를 착용한 후 최종 점검을 실시한다.

(4) 입수 : 포인트에 도착하면 조별로 입수한다. 입수 방식은 보통 자이언트 스트라이드 방식으로 들어가며 수면 위에서 전원 이상 여부를 확인한 후 일제히 하강을 시작하는 포지티브 엔트리 방식이 주로 사용된다. 그러나 파도가 거칠거나 조류가 심해 그룹이 분산될 위험이 있는 경우에는 수면에 떨어지자마자 바로 하강하여 바닥까지 빠르게 내려가는 네거티브 엔트리 방식이 사용되는 경우도 있다.

(5) 출수 : 예정된 다이빙 시간에 도달하면 가이드의 신호에 따라 천천히 상승하여 안전 정지를 마친 후 출수한다. 안전 정지는 가능한 경우 리프 지역에서 하는 것이 편하지만 수심이 깊거나 조류가 강한 경우에는 블루 워터에서 드리프트 상태로 진행되는 경우도 많다. 이런 경우 가이드가 SMB를 쏘아 올리게 된다. 가이드와 떨어져 있는 경우에는 다이버가 SMB를 쏘아 올려 출수 위치를 도니에게 알려야 한다.

(6) 귀환 : 수면의 다이버에게 도니가 접근하면 먼저 SMB를 스태프들에게 전달한 후 사다리를 잡고 핀을 벗어 역시 스태프에게 넘겨 준다. 이후 사다리를 타고 도니에 승

선한다. 도니에 승선하면 자신의 핀과 SMB 등을 자기 박스에 넣은 후 지정된 자리에 탱크를 위치시키고 장비를 벗는다. 스태프들이 다음 다이빙을 위해 공기통을 충전시킬 수 있도록 호흡기의 1단계를 분리해 둔다.

(7) 정리 : 수트를 벗고 도니의 샤워 시설을 이용하여 간단하게 몸을 씻은 후 제공되는 타월로 물기를 닦는다. 카메라와 다이브라이트, 컴퓨터 등은 준비된 물통에 헹구도록 한다. 전원이 승선을 마치면 도니는 다시 본선으로 돌아간다. 카메라나 라이트 등의 충전이 필요할 경우 본선으로 옮겨 탈 때 가지고 가도록 한다.

몰디브의 숙소

적지 않은 다이버들이 리브어보드 일정이 시작되기 전이나 후에 몰디브의 리조트에 며칠 더 묵으며 이 아름다운 섬의 풍광과 바다를 즐긴다. 아울러 일부 다이버들은 리브어보드 대신 한적한 리조트에 묵으며 편안한 휴식과 다이빙을 함께 즐기는 것을 선호하기도 한다. 몰디브 전역에는 이런 목적에 맞는 리조트와 호텔들이 무수히 많이 있으므로 자신이 원하는 지역과 형태의 숙소를 어렵지 않게 예약할 수 있다. 숙소의 예약은 아고다 또는 익스피디어 같은 사이트를 통해 온라인으로 편리하게 할 수 있다.

몰디브에 숙소를 정할 때 가장 중요한 것이 위치이다. 섬나라인 몰디브에서는 거의 모든 이동이 수상 비행기 또는 보트를 통해 이루어지는데, 공항에서 너무 먼 곳에 숙소를 정하면 이동에 많은 시간이 소요될 수 있기 때문이다. 도착 전후에 비교적 짧은 시간이 남을 경우에는 공항이 위치한 훌룰레 섬이나 말레에 있는 호텔에 방을 잡은 후 샤워하고

▼ 몰디브 바부 환초 지역의 한 리조트 전경. 몰디브에는 섬 하나에 리조트 하나가 자리 잡고 있는 경우가 많다.

휴식을 취하거나 짐을 보관한 후 가벼운 몸으로 시내 관광이나 쇼핑을 즐길 수도 있다.

몰디브 리조트들의 주요 고객들은 신혼여행을 오는 커플들이다. 따라서 대부분의 리조트들은 신혼여행객들의 요구와 수준에 맞추어져 있는데, 섬 하나에 리조트 하나라고 할 정도로 로맨틱한 환경과 쾌적한 시설 및 서비스를 제공한다. 물론 그만큼 비용 또한 만만치 않다. 비교적 큰 규모의 리조트들은 자체적인 다이브 센터를 보유하고 있고, 규모가 작은 리조트들은 제휴 다이브 센터를 통해 다이빙 서비스를 제공한다. 그러나 이러한 몰디브 리조트에서의 다이빙은 대개 가까운 거리에 있는 비교적 쉬운 코스만을 방문하며 커플만을 위한 서비스로 비용 또한 꽤 비싸서 일반적인 다이버들에게는 그다지 추천하기 어렵다. 그러나 낭만적인 휴가를 겸해서 가끔 다이빙을 즐기고 싶어 하는 커플 다이버라면 충분히 고려해 볼 수 있는 옵션일 것이다.

몰디브 리브어보드를 타려는 다이버들은 일단 말레 국제공항을 통해 입국한 후 자신이 예약한 요트가 정박하고 있는 항구로 이동하게 된다. 말레 항에서 출항하는 요트들은 대부분 말레 공항으로부터 픽업과 트랜스퍼 서비스를 제공한다. 출항 날짜에 말레에 도착하고, 귀항 날짜에 다시 말레 공항을 떠나는 경우에는 별도의 숙소가 필요 없지만 시간이 맞지 않는 경우에는 도착 후 또는 출발 전에 공항 부근의 숙소에 머물러야 한다. 또 적지 않은 다이버들이 리브어보드 출항 전이나 후에 몰디브에 며칠 더 머물면서 추가적인 휴가를 즐기기도 한다. 이런 경우 목적에 맞는 숙소의 예약이 필요하게 된다. 리브어보드 출항 전후로 짧은 기간 체재를 원할 경우에는 말레 시내 또는 공항이 위치한 훌룰레 섬 지역에 숙소를 정하는 것이 효율적이다. 이 지역에서 비교적 인기가 높은 숙소들을 소개하면 다음과 같다. 대부분 가까운 곳에 다이브 센터가 있지만, 확실치 않은 경우에는 프런트 데스크에 부탁을 하면 다이빙에 필요한 정보를 제공해 준다.

• 훌룰레 아일랜드 호텔Hulule Island Hotel : 말레 국제공항이 위치한 훌룰레 섬에 있는 유일한 호텔로 4성급이다. 공항까지 육로로 5분이면 이동할 수 있고 수도인 말레까지도 스피드 보트로 15분 정도면 갈 수 있다. 호텔과 공항 간에는 무료 셔틀버스가 수시로 운행되고 있으며, 호텔의 전용 부두에서 말레 시내 항구까지의 무료 셔틀버스도 거의 1시간 간격으로 운행된다. 모두 136개의 객실을 갖춘 몰디브에서는 규모가 큰 호텔이며 아담한 전용 비치를 갖추고 있어 공항 가까운 곳에서 휴식을 취하고 싶어하는 관광객들이 단기 체재용으로 선호하는

호텔이다. 평균 요금은 1박당 400달러 정도로 시설에 비해 그리 싼 편은 아니다. 밤늦게 떠나는 비행기를 타는 손님들이 짐을 보관하고 샤워한 후 풀이나 로비 라운지 등에서 휴식을 취할 수 있는 데이 패키지도 운영하고 있는데, 비용은 대략 인당 80달러 정도이다.

• 반도스 아일랜드 리조트Bandos Island Resort : 말레 공항에서 약 9㎞ 정도 떨어진 작은 섬에 있는 5성급 리조트이다. 자체에 다이브 센터를 갖추고 있어서 북말레 환초 일대에 있는 40여 곳의 포인트에서 다이빙을 즐길 수 있다. 1박당 요금은 140달러 내외로 시설이나 서비스에 비하면 꽤 합리적인 편으로 오붓한 분위기에서 다이빙과 휴식을 즐기려는 사람들에게 인기가 높은 곳이다. 다이빙 외에도 바다낚시, 수상스키, 윈드서핑 등이 다양한 수상 스포츠를 즐길 수도 있다. 공항까지의 교통편은 실비를 받고 제공한다.

• 클리어 스카이 인Clear Sky Inn : 말레 시내에 있는 작은 규모의 4성급 호텔이다. 시내 다운타운과 말레 공항으로 10분 이내에 이동이 가능한 편리한 위치에 있고 부근에 다이브 센터들도 있어서 다이빙을 즐기는 데에도 유리하다. 4층 건물에 12개의 객실을 갖추고 있으며 평균 요금은 1박당 60달러 정도이다.

• h78h78 at Huhumale Maldives : 말레 공항에서 불과 2.4㎞ 밖에 떨어지지 않은 곳에 위치한 작지만 깔끔한 4성급 호텔이다. 공항에서 아주 가깝기 때문에 비행기 시간을 맞추기 위해 하룻밤을 묵기에 적당한 곳이기도 하다. 대부분의 객실에서 베란다를 통해 바다를 조망할 수 있으며 호텔 주변에 식당과 상점들도 많이 있다. 요금 또한 1박에 100달러 이내로 저렴한 편이다.

▼ 말레 공항 인근에 위치한 훌룰레 섬의 유일한 호텔인 훌룰레 아일랜드 호텔

4. 아리 환초 다이빙

아리 환초Ari Atoll 개요

아리 환초는 '알리푸'라고도 불리는데 북말리 환초에 이어 관광객들에게 가장 많이 개방되어 있는 환초 지역이다. 환초 전체의 길이는 약 40㎞로서 몰디브에서 두 번째로 큰 환초이다. 이 지역에 있는 다이브 포인트들은 몰디브 내에서도 가장 인기가 높은 곳들이어서 많은 리브어보드들이 이 지역을 목표로 출항하고 있다. 몰디브의 다른 환초들은 산호초가 비교적 길게 늘어선 보초堡礁 형태인 반면 이 지역은 수많은 커다란 돌기둥(피너클)들로 형성되어 있는 지형이라는 특징이 있다. 이런 돌기둥들의 일부는 수면 위로 솟아 있고 일부는 수중에 잠겨 있기도 하다. 이런 돌기둥 사이의 공간은 일종의 해협과 같은 역할을 하여 강한 조류를 흐르게 하므로 다양한 해양 생물들이 서식하거나 회유하게 되고 이런 점이 아리 환초 지역을 뛰어난 다이브 사이트로 만드는 이유가 되고 있다. 따라

▼ 아리 환초의 화이트팁 상어와 그레이리프 상어

서 아리 환초를 찾는 다이버들은 예쁜 산호초를 보려는 것보다는 강한 조류 속에서 만타레이나 고래상어와 같은 대형 대양 어류들을 만나는 것을 목표로 한다. 물론 몰디브의 다른 환초 지역에서도 이런 대물들을 만날 수는 있지만, 그래도 역시 아리 환초 지역이 그런 가능성이 가장 큰 곳으로 정평이 나 있다.

특히 아리 환초 지역에는 여러 군데의 클리닝 스테이션이 있어서 만타레이를 쉽게 볼 수 있는 곳으로도 유명한데, 특히 환초 서쪽에 있는 '동칼리', 환초 남쪽에 있는 '랑갈리', 그리고 환초 동쪽에 있는 '쿠다라' 등이 잘 알려진 클리닝 스테이션 위치이다. 고래상어가 자주 출현하는 곳으로는 환초 북서쪽에 위치한 '강게히 마아바루' 지역을 꼽는다. 아리 환초의 북동쪽에 있는 '라스드후'는 지형상 깊은 수심의 바닥으로 바로 연결되는 특성이 있어서 이 부근에서 대규모 귀상어 떼들을 목격할 수 있는 확률이 높은 곳으로 알려지고 있다.

▼ 아리 환초 지역의 다이브 포인트들

아리 환초 지역에서 환상적인 마크로 생물들을 많이 찾아볼 수 있는 곳으로는 단연 '마아야' 지역을 꼽는다. 이곳에는 수많은 바위기둥들이 있어서 각종 누디브랜치 종류들과 거대한 프로그 피시 등은 물론 거북이 종류와 기타 상어 등도 쉽게 목격할 수 있다. 또한 '피시 헤드'는 그레이리프 상어가 많은 곳으로 유명하다. 아리 환초는 '오션 하이웨이'라는 별명에 걸맞게 강한 조류와 다양한 대양 어종들을 볼 수 있는 뛰어난 다이브 사이트임이 틀림없다.

아리 환초 다이빙 특징

아리 환초 지역의 다이빙은 이 환초 지역에 위치한 리조트로부터 출발해서 즐길 수도 있지만, 포인트 간의 거리가 꽤 멀어서 역시 리브어보드를 타는 것이 가장 좋은 방법이 된다. 이곳은 연중 다이빙이 가능하지만 12월부터 5월까지가 바다의 상태가 가장 좋은 시기로 간주된다. 수온은 섭씨 25도에서 29도의 분포이며 연중 수온의 변화는 그리 크지 않다. 시야는 보통 최소 15m에서 최대 30m 정도이지만 계절과 구체적인 포인트들에 따라 편차가 꽤 있는 편이다. 고래상어나 귀상어는 특별한 시즌이 없이 연중 어느 때든 나타날 수 있다. 만타레이 역시 연중 언제든지 나타나지만 그중에서도 8월부터 11월까지의 시기에 가장 출현 빈도가 높다고 한다.

아리 환초 다이브 포인트

•브로큰 록Broken Rock : 산호초 지역에 가까운 곳에서 입수하여 바로 조류를 타고 하강하면 커다란 바위가 비스듬히 무너져 있는 모습을 볼 수 있는데, 이 부서진 바위의 모습에서 이 포인트의 이름이 지어졌다고 한다. 산호초 지역의 가장 높은 수심은 12m이고 바닥은 25m 정도이다. 가이드에 따라서는 커다란 바위를 일주하는 코스로 다이빙을 진행하기도 하지만, 대부분의 가이드들은 바위 사이의 협곡으로 바로 들어가는 코스를 선호한다. 강한 조류가 있는 상태에서 벽에 충돌하지 않고 좁은 협곡을 통과하기 위해서는 상당한 부력 조절 기술이 요구된다. 협곡을 지나면 약 17m 수심에 또 다른 커다란 바

▲ 아리 환초 지역에 침몰한 트롤 어선 렉인 '페스두 렉'의 선수 부분. 선체 내부가 좁아서 대개의 경우 렉 외부만을 선회하는 방식으로 다이빙이 이루어진다.

▼ '브로큰 록'을 비롯하여 아리 환초 전역에서 떼를 지어 서식하고 있는 블루라인 스내퍼

위가 분지 형태를 이루고 있는 것을 볼 수 있다. 이곳에서는 블루라인 스내퍼와 바라쿠다들을 볼 수 있으며, 운이 좋다면 5월에서 11월 사이에 고래상어를 만날 수도 있는 곳이다. 산호초의 가장 얕은 부분의 수심이 12m이므로 안전 정지는 블루에서 하는 수밖에 없는데 꽤 강한 조류로 인해 안전 정지가 이루어지는 중에도 계속 드리프트가 일어나므로 이 지역에서 다이빙을 할 때는 SMB의 휴대가 필수적이다.

•페스두 렉Fesdu Wreck : 아리 환초의 중간 지점에서 약간 북쪽에 위치한 이 포인트에는 모랫바닥 위에 약 30m 길이의 트롤 어선 한 척이 침몰해 있다. 이 오래된 난파선 주변과 내부에는 다양한 산호들과 수중 생물들이 둥지를 틀고 있다. 선수 쪽의 수심은 약 30m이고 선미 쪽 수심은 27m이다. 선체 바깥 부분은 각종 연산호들과 다양한 종류의 누디브랜치들이 서식한다. 선체 내부에는 수많은 글라스 피시 떼들이 들어차 있으며 라이언 피시, 버터플라이 피시 등도 많이 있고, 모레이 일과 빨간 입 그루퍼, 블루핀 트레발리들도 목격할 수 있다. 그러나 대부분의 가이드들은 선체 내부까지 들어가는 것을 꺼리는데, 내부 통로가 상당히 좁을 뿐 아니라 일단 들어가면 다시 나올 수 있는 출구가 많지 않아서 상당한 위험이 따르기 때문이다. 따라서 이 포인트에서의 다이빙은 대부분 렉 전체를 크게 선회하며 서서히 상승하는 형태로 진행되는데 포인트의 가장 얕은 위치에 도달하면 서쪽으로 방향을 잡아 출수 위치를 알리는 커다란 바위기둥 쪽으로 향하게 된다. 남은 다이빙 시간은 이 바위기둥 주변에서 보내게 되며 기둥의 가장 높은 위치인 12m 지점까지 진행한 후 블루에서 안전 정지 수심까지 상승한다.

•피시 헤드Fish Head : '샤크 포인트' 혹은 '무시마스밍길'이라는 이름으로도 불리는 이곳은 해양 보호 구역으로 지정되어 있는 탓에 몰디브 10대 베스트 포인트로도 꼽히는 포인트이기도 하며, 상어 종류들을 가장 많이 볼 수 있는 포인트로도 유명하다. 위치는 아리 환초의 중간에서 동쪽 지역이며 인근 환초로부터 꽤 먼 거리에 떨어져 있어서 리브어보드로만 다이빙이 가능한 곳이기도 하다. 이곳의 리프는 실제로는 산호초가 아닌 작은 바위기둥으로 형성된 암초이며 가장 얕은 수심은 10m이고 가장 깊은 수심은 35m이다. 이곳에는 거대한 바위 안쪽으로 깊이 들어간 동굴과 반대로 밖으로 길게 돌출된 오버행들이 여러 군데 있는데, 이런 바위 지형들 주변에서 수천 마리 규모의 블루라인 스내퍼들을 볼 수 있다. 그러나 이 지역의 주인은 역시 그레이리프 상어들인데 때로는 수십 마리가

▲ '피시 헤드'에서 흔히 발견할 수 있는 대형 그레이 리프 상어

▼ '파이브 록스'의 거대한 바위 사이의 협곡을 통과하고 있는 다이버들

떼를 지어 나타나기도 한다. 상어 외에도 험프헤드 래스, 뱃 피시 떼, 퍼실리어 떼들을 흔히 볼 수 있다. 간혹 이글레이와 같은 대형 어종들도 이곳을 찾는다. 이곳은 상당히 강한 조류가 있는 곳이어서 때로는 조류를 피해 바위 뒤에 숨어야 할 경우도 생긴다. 강한 조류로 인해 안전 정지가 어려운 경우도 있어서 상승 라인을 잡고 있지 않으면 결국 수면 위에서 뿔뿔이 흩어진 상태로 출수할 수도 있다.

•파이브 록스Five Rocks : 이 포인트는 다섯 개의 바위들이 둥근 모양으로 늘어서 있는 지형으로 이루어진 곳이다. 입수는 다섯 개 바위들의 위로 떨어져서 바로 25m에서 30m 수심의 바닥까지 내려간다. 바위 주변은 다양한 산호들로 덮여 있어서 매우 컬러풀하다. 바위 지형에는 꽤 많은 동굴들과 오버행들이 있는데 바위틈에는 만티스 새우나 벌집무늬 모레이 일들을 찾아볼 수 있으며, 주변에서는 간혹 상어, 트레발리, 나폴레옹 래스 등이 나타나기도 한다. 이곳에는 다이버들이 통과할 수 있는 터널들이 많이 있어서 흥미를 배가시키고 있다. 좁은 터널의 바닥에는 부채산호들이 자라고 있으므로 이런 터널을 통과할 때에는 바닥이나 천정에 부딪히지 않도록 부력 조절에 신경을 써야 한다. 다섯 개의 바위를 모두 둘러본 다음에는 조류가 지나가는 약 20m 넓이의 채널을 핀 킥으로 건너서 산 모양의 큰 바위 쪽으로 이동하여 나머지 시간을 보내게 되는데 이 바위는 수심 7m 높이까지 솟아 있다. 이곳에는 수많은 붉은 이빨 트리거 피시들이 많이 서식하고 있는데 그 숫자가 엄청나게 많아서 바다 전체가 온통 어둡게 보일 정도이다. 안전 정지 수심에서는 수많은 배너 피시들이 떼를 지어 회유하기 때문에 심심할 틈이 없다.

•하푸사 틸라Hafusa Thila : 아리 환초 북쪽에 위치한 또 하나의 뛰어난 다이브 포인트다. '마아야 틸라' 쪽에 많은 보트들이 몰려 혼잡할 경우 대체 포인트로도 이곳이 이용되기도 한다. 이곳은 바위기둥이 늘어선 전형적인 몰디브 스타일의 지형으로 이루어진 곳인데 이 바위기둥의 위쪽은 좁고 둥근 모습이며 수심은 10m에서 15m 정도이고 밑으로 내려갈수록 점점 굵어지는 깔때기와 같은 모습을 하고 있다. 바닥은 모래 지형이며 수심은 30m에서 35m 정도이다. 이 포인트는 조류가 강할 때 더 빛을 발하는데 모랫바닥 부근에서 화이트팁 상어를 자주 발견할 수 있다. 그러나 조류가 너무 강하면 바위기둥의 바로 위 지점부터 다이빙을 시작해야 하는 경우도 있으며 조류걸이가 필요할 수도 있다. 바위기둥에서 먼 위치에 떨어질 경우 강한 조류에 밀려 이 작은 바위기둥의 위치를 찾기 어려울 수도 있기 때문이다. 이곳에서는 그레이리프 상어들이 작은 리프 어류나 문어 등을 잡아먹는 모습을 볼 수도 있다. 다이버의 바로 앞에서 우아한 자태로 춤을 추듯 유영하는 이글레이 또한 흔히 발견할 수 있다. 바위를 붙잡거나 조류걸이를 걸고 있을 때 스콜피온 피시나 라이언 피시에게 공격당하지 않도록 조심해야 한다. 이 포인트는 대부분 깊은 수심에서 진행이 되기 때문에 무감압 한계 시간과 공기 잔압에 항상 신경을 써야만 한다. 안전 정지는 대개 바위기둥에서 핀 킥을 하여 블루까지 이동한 후에 하게 되는데 강한 조류가 있고 수면에는 다른 다이버들을 기다리는 보트들이 있을 수 있으므로 상승하기 전에 SMB를 쏘아 올리는 것이 좋다.

▲ 몰디브에는 '쿠다기리 렉', '알라벨리 렉', '마차푸시 렉' 등 난파선 포인트들도 많이 있어서 흥미로운 렉 다이빙을 즐길 수 있다.

▼ '하푸사 틸라'의 리프 끝 부분에 조류걸이를 걸고 상어들을 지켜보고 있는 다이버들

•알라벨리 렉Halaveli Wreck : 1990년에 침몰된 33m짜리 화물선 난파선 포인트로 현재 몰디브에서 매우 인기 있는 다이브 포인트로 자리 잡은 곳이다. 이 포인트는 리프로부터 50m 정도 떨어진 곳에 있는데 수심은 28m 정도이다. 보통 이곳에서는 렉에 연결되어 있는 부이에 라인을 연결한 후 이 라인을 이용하여 약 20m 깊이의 주갑판까지 내려가게 된다. 이 난파선 주변에는 다양한 해양 생물들이 서식하고 있는데 가장 주목할 어종은 긴 꼬리를 가진 가오리들이다. 이 가오리들은 인근 다이브 센터들이 공동으로 충분한 먹이를 공급한 탓에 덩치가 어마어마하게 크다. 개체 수도 엄청나게 많아서 이들 주변을 다이빙할 때는 자칫 위협적인 동작으로 오해받지 않도록 조심해야 한다. 이들 가오리들의 긴 꼬리에는 꽤 강한 독성이 있기 때문에 이들에게 공격을 받아 쏘이게 되면 큰 문제가 발생한다. 다이빙 시간은 점심시간이 지난 오후에 하는 것이 가오리들을 가장 많이 만날 수 있는 방법이다.

•해머헤드 포인트Hammerhead Point : 현지에서는 '마디바루 코너'라는 이름으로도 부른다. 이 포인트가 위치한 정확한 위치는 사실 아리 환초에서 북동쪽으로 조금 떨어진 라스드후 환초이며, 많은 리브어보드들이 선호하는 유명한 포인트이기도 하다. 이름에서 의미하듯 이 포인트에서는 이른 아침에 채널의 외곽 부근에서 귀상어 떼들을 자주 목격할 수 있다. 리프는 능선 모양의 지형으로 이루어져 있는데 가장 수심이 얕은 곳은 10m이고 그 아래로 여러 개의 오버행과 캐번들을 거쳐 25m에서 30m 수심까지 내려간다. 하강하

▲ '마아야 틸라'는 다양한 해양 생물들을 두루 만날 수 있는 최고의 포인트이다. '마아야 틸라' 리프의 작은 크레바스 속에 사이좋게 같이 살고 있는 두 종류의 모레이 일

▼ 몰디브 전역의 바위 지형 주변에서 흔히 발견할 수 있는 블루라인 스내퍼 떼

면서 블루 쪽을 잘 살펴보는 것이 좋은데 이 부근에서 대형 참치, 돌핀 피시, 블랙스내퍼 떼 그리고 심지어는 청새치들도 나타날 수 있기 때문이다. 이 포인트에서는 강한 조류를 거슬러가기 위해 다소 힘든 핀 킥을 해야 하지만, 그만큼 큰 보상을 받을 수 있는 곳이기도 하다. 과거에 비해 귀상어와 조우하는 경우가 점점 줄고 있다고는 하지만 운이 좋아서 귀상어 떼를 직접 목격하고 출수한다면 정말 즐거운 하루를 기대할 수 있을 것이다.

• 쿠다라 틸라Kudarah Thila : 환초로 둘러싸인 호수 지형 안에 있는 바위기둥 포인트이며, 해양 보호 구역으로 지정된 곳이기도 하다. 수심은 12m에서 시작하여 40m까지 떨어진다. 바위기둥의 끝은 4개의 산호들로 덮인 봉우리가 있다. 바위기둥의 직경은 거의 100m에 달할 정도로 거대한데 가이드에 따라서는 바위기둥 전체를 일주하는 코스를 잡기도 하지만, 대개는 이 중 일부만을 커버하는 경우가 많다. 특히 조류가 강한 경우에는 사실상 완주는 불가능하며 나머지 다이빙 시간은 주로 조류를 피할 수 있는 곳에서 이루어지게 된다. 바위기둥 끝에 있는 4개의 봉우리 사이에서는 수많은 블루라인 스내퍼를 비롯하여 다양한 리프 어종들을 볼 수 있으며, 기둥 바깥쪽에서는 그레이리프 상어나 화이트팁 상어들을 종종 목격할 수 있다.

• 마아미길리 베루Maamigili Beru : 아리 환초의 '선 아일랜드'와 '홀리데이 아일랜드'의 두 섬을 잇는 가늘고 긴 리프를 따라 드리프트가 이루어지는 포인트이다. 이 기다란 리프는 완만한 경사면을 이루며 30m 깊이의 모랫바닥까지 이어진다. 조류가 해안 쪽으로 밀려오는 때에는 리프를 오른쪽 어깨에 두고 진행하며, 반대로 조류가 외해로 빠져나가는 시간에는 리프를 왼쪽 어깨에 두고 드리프트가 진행한다. 다이빙의 대부분은 조류를 타고 흘러가는 형태로 진행되기 때문에 이동하는 거리는 꽤 멀지만 그다지 핀 킥을 많이 하지는 않는다. 리프에서는 모레이 일, 스내퍼, 거북이 등을 볼 수 있고 더러 화이트팁 상어나 만타레이도 나타난다. 그러나 리프 자체는 사실 그다지 인상적이라고는 할 수 없다. 그럼에도 불구하고 다이버들이 이곳을 찾는 진짜 이유는 고래상어를 보기 위해서이다. 고래상어 보호 구역 내에서는 스노클러들만 들어갈 수 있지만, 이 리프를 따라 비교적 얕은 수심으로 진행하다 보면 다이버들도 고래상어를 목격하는 경우가 드물지 않기 때문이다.

•마아야 틸라Maaya Thila : 많은 다이버들이 몰디브 최고의 포인트로 꼽는 곳이다. 그만큼 이곳은 좋은 다이브 포인트로서 갖추어야 할 조건들을 거의 모두 만족시키고 있다. 다이빙은 대개 리프 위에 설치되어 있는 계류 부이에 로프를 연결하면서 시작한다. 조류가 약할 때에는 경험이 많지 않은 다이버들도 어렵지 않게 들어갈 수 있는 곳이지만, 조류가 강하게 일 때에는 그 방향이 수시로 바뀌기 때문에 상당한 경험을 가진 다이버들도 어려움을 겪을 수 있으며 가이드의 조언에 따르는 것이 매우 중요하다. 바위기둥은 6m 수심에서 시작하여 완만한 경사면이 12m 수심까지 이어지다가 이 위치부터 30m 깊이까지 급격하게 가파른 각도로 떨어지게 된다. 수심이 얕은 곳에서는 누디브랜치 종류, 프로그 피시, 벌집무늬 모레이 일, 얼룩말무늬 모레이 일, 문어 등을 흔히 발견할 수 있다. 더 깊이 내려갈수록 다양한 모습의 동굴이나 오버행과 같은 흥미로운 해저 지형들을 감상할 수 있으며 더러 다이버들이 통과할 수 있는 터널들도 만나게 된다. 리프 바깥쪽으로는 종류를 나열하기 어려울 정도로 다양한 해양 생물들과 조우한다. 운이 좋으면 수많은 이글레이들이 편대를 지어 비행하듯 지나가는 장관을 목격할 수도 있는데 그 장면에 놀라서 입에 물고 있는 호흡기가 빠지는 일이 없도록 조심해야 할 정도이다. 다이빙을 마치면 상황에 따라 출수를 진행한다. 조류가 약한 경우에는 원래의 라인이 있는 위치로 돌아가 출수하지만, 조류가 강해서 그럴 수 없는 경우도 많이 발생한다. 이럴 때는 블루 쪽에서 조류를 따라 흘러가는 상태로 안전 정지를 마친 후 출수해야 한다. 조류가 약한 때는 야간 다이빙도 가능하다. 야간에는 수많은 퍼실리어 떼들, 먹이를 사냥하는 리프상어나 빅아이 트레벨리들, 그리고 가오리 종류도 쉽게 볼 수 있다.

•오마드후 사우스Omadhoo South : 아리 환초 남쪽 지역에 있는 포인트로 두 개의 커다란 바위기둥으로 이루어진 곳이다. 이 바위기둥들은 각각 '웨스트 피너클'과 '이스트 피너클'로 불리는데 대개 덩치가 조금 더 큰 '이스트 피너클'에서 다이빙이 시작된다. 강한 조류 때문에 입수는 대개 수면에 떨어지자마자 바로 핀 킥을 하여 하강을 하는 네거티브 엔트리 방식으로 이루어진다. 최대한 빨리 30m에서 35m 수심의 모랫바닥까지 내려가는 것이 중요하다. 일단 바닥에 도착한 다음에는 조류의 방향에 따라 바위기둥을 도는 형태로 본격적인 다이빙이 진행된다. 이곳에서 모랫바닥에 엎어져서 쉬고 있는 마블레이나 바위기둥 주변을 선회하는 화이트팁 상어 등을 볼 수 있는데, 이 녀석들은 다이버들을 그다지 의식하지 않는 듯하다. 이 외에도 먹이를 쫓는 바라쿠다 떼들과 자이언트 트레벨리,

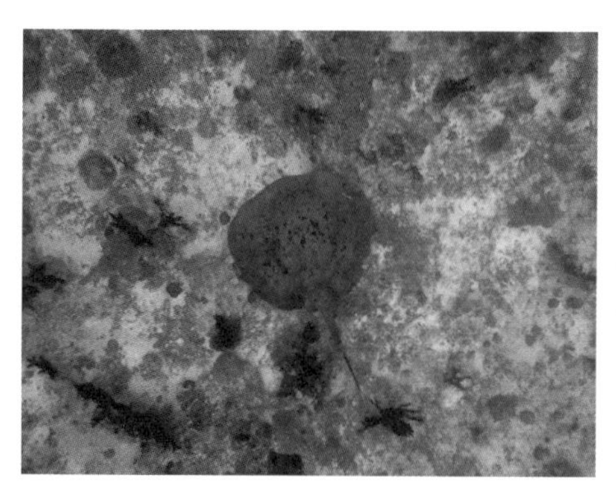

▲ '오마드후 사우스'의 모랫바닥에서 쉬고 있는 마블레이

▼ 바닥의 바위틈에서 휴식을 취하고 있는 너싱상어

대형 참치 등도 자주 목격된다. 그다음에는 강한 조류를 뚫고 두 개의 바위기둥 사이를 건너가야 한다. 조류를 타고 드리프트 방식으로 지나가면 체력을 아낄 수는 있지만, 자칫 동쪽 바위기둥을 놓칠 위험도 따른다. 이 '이스트 피너클'은 꼭대기가 6m 수심으로 이상적인 안전 정지 위치를 제공하는 곳인데 조류에 쓸려 이 곳을 놓치면 어쩔 수 없이 조류 속에서 블루 워터 출수를 해야만 한다.

•파네토네 틸라Panettone Thila : 현지에서는 '칼하한디 후라아'라는 이름으로도 불리는 포인트이다. 이곳은 아리 환초의 동쪽 지역에 위치해 있는데 몰디브에서 만타레이를 흔히 볼 수 있는 두 곳 중의 하나이기도 하다. 특히 2월과 3월에 만타레이들이 이 지역에 집중적으로 출몰한다. 그러나 이 포인트에서는 만타레이 외에도 다양한 흥미로운 경험을 할 수 있다. 리프의 평평한 부분으로부터 약 1m 아래쪽에 폭 2m에서 3m 정도의 홈이 파여 있는 곳이 있고, 부력 조절을 잘할 경우 조류가 심하면 이 틈에 숨어 조류를 피할 수도 있는데, 이때 역시 강한 조류를 피해 이 굴속에 들어와 있는 여러 가지 어류들과 좁은 공간을 공유하는 흥미로운 경험을 할 수도 있다. 리프 벽을 따라가다 보면 만타레이들을 자주 목격할 수 있고, 블루 쪽에서 레인보우 러너나 대형 참치들도 왕왕 나타난다.

•우쿨하스 틸라Ukulhas Thila : 아리 환초의 북쪽 지역에서 대양을 마주하고 있는 곳에 위치한 포인트로, 몰디브에서 만타레이를 가장 잘 볼 수 있는 곳으로 유명하다. 이곳에 만타레이들이 많이 나타나는 시기는 12월부터 3월까지이지만, 그 외의 시기에도 이곳은

찾아갈 가치가 충분히 있다. 입수는 조류에 의해 자연스럽게 바위기둥 쪽으로 흘러갈 수 있는 지점을 잡아서 이루어진다. 바위기둥 자체는 둘레가 30m 정도에 불과할 정도로 그리 크지는 않지만, 이곳에는 다양하기 짝이 없는 산호들과 모레이 일, 스내퍼 종류, 그리고 거대한 공 모양을 형성하고 있는 글라스 피시 떼들을 찾아볼 수 있다. 이곳의 수심은 꽤 깊어서 꼭대기 주변이 16m이며 이 지점부터 깊은 수심으로 절벽 형태를 이루며 급격하게 떨어진다. 따라서 깊은 수심에서 회유하는 화이트팁 상어나 그레이리프 상어를 보다가 자기도 모르게 너무 깊게 내려가지 않도록 조심해야 한다. 만타레이들은 대개 중간 부분의 위치에 있는 클리닝 스테이션 주변에서 만나게 된다.

5. 북말레 환초 다이빙

북말레 환초 North Male Atoll **개요**

북말레 환초는 '노스 카아푸'라고도 불리는데 몰디브에서 가장 인기 있는 다이브 사이트로 꼽힌다. 그 배경으로는 수중 경관 자체도 아름답지만, 많은 리브어보드 보트들이 출항하는 항구와 말레 국제공항으로부터 가까운 곳이라는 지리적 이점도 있다. 북말레 환초에서의 다이빙은 산호초, 수중 동굴, 강한 조류가 흐르는 해협, 그리고 깎아지른 듯 떨어지는 수중 낭떠러지(드롭 오프)로 특징지을 수 있다. 이 수역에는 다양한 종류의 해양 생물들이 서식하며 특히 리프 상어와 만타레이와 같은 대형 어종들이 많이 출현하는 곳이기도 하다. 또한 이 지역에는 다이빙을 위해 침몰시킨 렉들과 함께 아름다운 산호초들도 많은 곳이다.

▼ 북말레 환초 지역의 다이브 포인트들

가하아파루
아키리푸시
헬렌겔리
미야루파루
마디바루
헴바드후
미루펜푸시
라스파리
기리푸시틸라
툴루스드후
오코베틸라
히마푸시
바나나리프
만타포인트
훌루말레
라이온스헤드
말레
몰디브빅토리
한스하스플레이스

북말레 환초의 대표적인 포인트인 '만타 포인트'는 환초의 남동쪽에 자리 잡고 있는데 만타레이를 가까운 거리에서 볼 수 있다는 점 외에도 산호초 지역에서도 문어, 모레이 일, 화이트팁 상어 등 다양한 해양 생물들을 관찰할 수 있는 매력이 있는 곳이다. 이곳에서는 아주 운이 없지 않은 한 대개 만타레이를 목격하게 되는데 한두 마리가 아니고 손으로 꼽을 수 없을 정도의 많은 만타들을 한꺼번에 조우하게 되는 경우가 많다. 또한 '기리푸시 틸라'에서는 온갖 색깔의 산호들로 뒤덮인 수중바위 주변에서 강한 조류를 따라 이동하는 참치, 잭피시, 리프상어, 이글레이 등의 대형 어류들을 쉽게 볼 수 있는 곳으로 유명하다.

북말레 환초 다이빙 특징

북말레 환초 지역은 남쪽 환초 지역들에 비해 무인도들이 더 많고 그만큼 사람의 손이 덜 타서 보다 더 자연 상태에 가까운 곳이다. 이곳의 포인트들을 둘러보는 가장 좋은 방법은 이 루트를 항해하는 리브어보드를 타는 것이다. 몰디브에 있는 대부분의 다이브 사이트들이 그렇듯이 이곳 역시 강한 조류가 발생하는 경우가 많아 대부분의 다이빙이 드리프트 형태로 진행된다.

12월부터 5월까지는 북동 계절풍이 부는 시기로 상쾌한 바람이 부는 건기에 해당한다. 11월부터는 조류의 방향으로 인해 만타레이나 리프상어 등의 대형 어종들이 많이 나타나고 시야 또한 밝아지기 시작한다. 그러나 만타레이나 상어들은 연중 어느 때든 나타날 수 있다. 6월부터 11월까지는 남서 계절풍이 부는 우기로서 바다의 상태도 다소 거칠어진다. 그러나 몰디브의 남쪽 지역에 비해 이곳 북쪽 지역은 상대적으로 비가 오는 날이 적다. 5월 말부터 7월까지가 북쪽 지역에서는 가장 상태가 좋지 않은 시기인데 이때에는 대부분의 리브어보드들도 북말레 환초가 아닌 다른 지역으로 루트를 바꾸곤 한다.

북말레 환초 지역의 기온은 평균 섭씨 30도에서 32도 사이로 연중 거의 변화가 없다. 수온은 섭씨 26도에서 29도 정도의 분포이지만, 수심이 깊은 곳에서는 갑자기 찬물이 몰려오는 써모클라인 현상이 일어나는 경우도 있다. 시야는 해협 입구로 조류가 밀려들어올 때에는 30m 이상이 나오는 반면 반대로 조류가 밀려 나가는 때에는 15m 정도로 떨어진다.

북말레 환초 다이브 포인트

•백 파루Back Faru : 한때 '클럽메드'로도 알려져 있던 파루콜후푸쉬Farukolhu Fushi의 북동쪽에 위치한 이 포인트는 말레 시내로부터 불과 한 시간 정도면 도착할 수 있는 곳이다. 이곳에서의 다이빙은 조류를 타고 편안하게 흘러가는 드리프트 다이빙이며 시야도 매우 좋다. 이 포인트는 말레에서 가깝고 다이빙도 쉬운 곳이어서 본격적인 다이빙 일정에 앞서 체크 다이빙 장소로 애용되고 있다. 여러 가지 다른 종류의 바다거북들을 한 번의 다이빙으로 볼 수 있고 그 외에도 이글레이, 참치, 화이트팁 상어들을 흔히 볼 수 있는 곳이기도 하다.

•바나나 리프Banana Reef : 말레 공항에 가깝고 주변에 리조트 섬들도 많은 탓에 몰디브에서도 비교적 초기에 개발된 포인트로 아직도 많은 사랑을 받고 있는 곳이기도 하다. 입수하여 하강하면 바로 길고 살짝 휘어진 모습의 리프를 볼 수 있는데 이 리프의 모습이 바나나 형태여서 이 포인트의 이름이 붙여지게 되었다. 이곳은 매우 흥미로운 지형으로 이루어져 있는데 수심 10m에서 25m 사이에 수많은 멋진 동굴과 캐번, 오버행들을 볼 수 있다. 특히 아름다운 산호초를 자랑하는 이 포인트에는 자이언트 그루퍼, 블루라인 스내퍼, 랍스터 등 다양한 해양 생물들이 서식한다. 조류는 매우 강한 편이며 일부 수역은 '세탁기'라는 별명이 붙을 정도로 급격한 조류가 있어서 다이버들을 혼란에 빠뜨리곤 하는 만큼 이곳에서의 다이빙은 상당한 주의가 필요하다.

▲ '백 파루'에 많이 서식하고 있는 거북이. 머리를 바닥에 처박은 상태로 산호를 뜯어 먹고 있다. '백 파루'는 말레에서 가까운 곳이라 본격적인 리브어보드 다이빙에 앞서 체크 다이빙 장소로 자주 이용되는 곳이다.

▼ '바나나 리프' 주변의 바위에 서식하고 있는 다양한 종류의 산호들

•기리푸시 틸라Girifushi Thila : 'HP' 또는 '레인보우 리프'라고도 불리는 포인트로서 몰디브에서 꽤 인기가 높은 곳이다. 북말레 환초 해안선 동쪽에 있는 히마푸시 섬의 리프에 바로 붙어 있는데 거의 항상 강한 조류가 있는 곳으로 수중 바위의 가장 얕은 부분은 12m 정도의 수심이다. 이곳의 수중 지형이 매우 흥미로운데 입수 후 남서쪽으로 진행하다 보면 여러 개의 오버행들과 다이버들이 들어갈 수 있는 터널들이 있다. 이 부근에 동굴이 하나 있는데 그 안으로 들어가면 마치 굴뚝과 같은 수직 터널이 수심 25m에서부터 10m 깊이까지 위로 똑바로 뻗어 있다. 수중에 있는 많은 바위들 사이에 강한 조류를 피해 몸을 숨기고 잠시 숨을 고를 수 있는 곳들도 마련되어 있다. 이곳에는 이글레이, 바라쿠다, 참치, 그레이리프 상어 등의 대형 어류들이 많이 나타난다. 가끔 해안선에 빨간 깃발이 게양되는 때가 있는데 이것은 인근 군부대에서 실탄 사격을 하고 있다는 의미로, 이때에는 다이빙을 할 수 없다. 워낙 인기가 높은 포인트인지라 리브어보드에 따라서는 이 포인트에서 두 번 이상의 다이빙을 하는 경우도 있다.

•한스 하아스 플레이스Hans Haas Place : 거의 100m에 달하는 리프 지형이 몰디브의 강한 조류를 막아 주는 곳이어서 경험이 많지 않은 다이버들도 비교적 편안하게 다이빙을 즐길 수 있는 곳이다. 수중에는 일련의 오버행과 개방된 동굴들이 여러 개 있다. 오버행의 천정 부분에는 핑크색의 부채산호들이 붙어 있어서 이 부근에 그루퍼나 솔저피시 같은 어류들이 회유한다. 이 외에도 이곳에는 수중에서 어류 도감을 펼쳐 확인해 보고 싶을 정도로 다양한 어류들이 많이 서식하는 곳이기도 하다. 리프의 얕은 부분은 엘니뇨 현상으로 인해 일부 망가져 있지만, 점차 조금씩 복원되어 가는 모습을 확인할 수 있다. 몰디브에서는 드물게 모든 레벨의 다이버들이 함께 다이빙을 즐길 수 있는 곳이다.

•라이언스 헤드Lion's Head : '한스 하아스 플레이스' 바로 옆에 있는 포인트로 북말레 환초의 남쪽 끝에 해당하는 곳이다. 수중에는 사자의 머리 모양을 하고 있는 산호 지대를 볼 수 있는데, 실은 사자 머리 모양으로 보이려면 약간의 상상력을 보태야 한다. 이 부근에는 오버행들과 캐번들이 많이 있어서 다양한 수중 생물들이 둥지를 틀고 있다. 다이빙은 보통 3m 깊이의 얕은 리프 부분에서 시작하는데 입수 직후부터 바로 40m의 깊은 수심까지 가파르게 바로 떨어진다. 직벽 부근에서 거북이, 나폴레옹 래스, 이글레이, 참치 등을 볼 수 있지만, 이곳의 주인은 단연 그레이리프 상어들로 덩치들은 그리 크지 않지만

▲ '기리푸시 틸라'의 절벽 오버행 아래를 드리프팅으로 지나가고 있는 다이버

▼ 라이언스 헤드' 주변의 한 작은 터널

숫자가 매우 많다. 이곳의 조류는 꽤 강하며 불규칙하다. 그러나 벽 곳곳에 강한 조류를 피할 수 있는 장소들이 있으므로 필요에 따라 몸을 숨길 수 있다. 다이빙은 다시 리프의 얕은 수심으로 올라와서 끝내게 되는데 이 부분에도 흥미 있는 해양 생물들이 많이 있어서 안전 정지가 지루하지 않다. 이곳은 과거에 상어 먹이주기 장소로 이용된 적이 있어서 다이버들이 그 광경을 지켜보기 위해 바닥에 앉는 바람에 곳곳에 산호들이 망가진 부분이 많이 발견된다. 그러나 현재는 해양 보호 구역으로 지정되어 조금씩 원래의 모습으로 돌아가고 있다.

•몰디브 빅토리 렉Maldives Victory Wreck : 1981년에 침몰한 100m 길이의 대형 화물선으로 약 35m 깊이의 바닷속에 가라앉아 있는 난파선이며, 온갖 종류의 산호들과 물고기들의 놀이터 역할을 하고 있는 곳이다. 이 선박은 싱가포르 선적으로 주로 관광객들에게 공급할 물자들을 싣고 이 지역을 항해하다가 좌초하여 침몰하였는데 사고 당시 인명 피해는 없었다고 한다. 입수 후 하강 라인을 따라 내려가면 12m 깊이에서 주갑판에 도달한다. 갑판을 따라 약 25m 수심으로 다이빙이 진행되는데 도중에 거북이를 비롯한 다양한 해양 생물들을 만날 수 있다. 선수 부분으로 이동하면 라이언 피시, 솔저 피시, 호크 피시 등이 노닐고 있다. 이후에는 선체 밖으로 나가서 선미 쪽으로 이동하게 되는데 선미 부분에 있는 조타실까지 둘러본 후 상승을 시작하는 것이 보통이다. 안전 정지와 상승은 마스트 부근에 연결된 라인을 따라 실시하는데 선체 윗부분에는 거의 항상 강한 조류가 있기 때문에 만일을 대비하여 상승을 준비하기 전까지 충분한 공기를 남겨두어야 한다.

안전 정지 중에 거대한 몰디브 빅토리호의 전체 모습을 발아래로 조망할 수 있다.

•만타 포인트Manta Point : 북말레 환초의 남동쪽에 있는 포인트로서 매우 인기가 높은 곳이다. 입수한 후 12m 수심의 리프 상단까지 하강하는데 이 지점부터 완만한 경사면이 40m 수심까지 이어진다. 벽을 따라 진행하다 보면 오리엔탈 스위트립, 나폴레옹 피시, 거북이 등이 나타나는데 그 숫자가 엄청나게 많다. 벽의 틈에서도 문어나 모레이 일 등을 많이 발견할 수 있다. 바닥을 향해 내려가는 과정에서 20m 정도 수심의 블루 쪽으로는 바라쿠다, 잭 피시 떼들을 볼 수 있으며 모랫바닥에는 많은 수의 화이트팁 상어들이 휴식을 취하는 모습을 흔히 볼 수 있다. 그러나 사실 이곳을 찾는 다이버들은 이런 녀석들에게는 별반 관심이 없고 온통 만타레이에만 신경을 쏟는 것이 사실이다. 이곳이 만타레이들의 클리닝 스테이션이기 때문이다. 다이버들은 거대한 만타들이 차례대로 줄을 서서 조그만 클리닝 피시들로부터 몸에 붙어 있는 작은 기생 동물들과 죽은 피부들을 깨끗하게 청소를 받는 신기한 모습을 직접 목격할 수 있다. 청소 작업이 끝나고 개운함을 느낀 만타는 이내 자리를 떠나고 다음 순서의 만타가 그 자리에 들어간다. 이 작은 물고기들은 심지어 만타의 주둥이나 아가미에까지 들어가서 청소해 주기도 하는데 이 광경을 정신 없이 보노라면 공기통의 공기가 바닥이 나는 경우가 많다. 따라서 이 포인트에서는 여러 차례 다이빙이 이루어지는 경우가 많다. 다만, 조류가 없는 때는 만타를 볼 수 없는 불행한 경우도 생길 수 있다. 간혹 호기심 많은 만타들이 수면 가까운 곳까지 올라오기도 하는데

▲ 화물선 렉인 '빅토리호' 선창에서 밖으로 빠져나오고 있는 중국인 다이버. 몰디브에는 다양한 종류의 월 다이빙 외에도 꽤 많은 수의 난파선 포인트들이 있어서 흥미로운 렉 다이빙을 즐길 수 있다.

▼ '만타 포인트'에서 수면까지 올라온 만타레이와 스노클러들이 같이 수영을 즐기고 있다.

이럴 때에는 많은 다이버들이 스노클 장비만으로 바다에 뛰어들어 만타들과 함께 수영을 즐기기도 한다.

•미야루 파루Miyaru Faru : 몰디브 말로 '미야루'는 상어를 의미한다. 그만큼 이 포인트에서는 수많은 상어들이 있는데, 상어 외에도 다양한 대형 원양 어류들이 이 부근에서 회유하곤 한다. 이 포인트는 직벽으로 이루어져 있기는 하지만 벽 자체는 그다지 인상적이지는 않으며 중요한 것들은 대개 블루 쪽에서 일어난다. 수심 30m 지점에 오버행이 있는데, 이곳은 강하게 밀려오는 조류를 피할 수 있는 장소로 이용된다. 시야도 좋은 곳이라 각종 상어들과 바라쿠다, 킹 피시, 참치 등의 대형 물고기들의 퍼레이드를 실감 나게 감상할 수 있는 훌륭한 포인트이다. 간혹 여러 마리의 이글레이들이 편대 비행을 하듯 질서 있게 유영하는 모습은 그야말로 인상적이다. 만타레이 또한 이곳에서 자주 발견된다.

•오코베 틸라Okobe Thila : 북말레 환초의 또 다른 유명한 포인트로서 여러 차례에 걸쳐 다이빙할 수 있는 곳이다. 보통은 리프의 약 12m 지점의 구멍에 연결된 하강 라인을 따라 내려가게 된다. 리프에 도달하면 10m 수심에 세 개의 산호초 산이 보이는데 이곳부터 경사면이 시작되어 수심 25m까지 이어지고, 이곳에 나폴레옹 피시 일가족이 서식하고 있다. 이 거대한 녀석들은 호기심이 많아서 접근하는 다이버들에게 다가와 쳐다보기도 하는데 이런 모습은 수중 사진작가들로 하여금 기가 막힌 근접 사진을 얻을 수 있도록

▲ '미야루 파루'의 강한 조류 속에서 조류걸이를 걸고 상어들의 군무를 정신없이 구경하는 다이버들. 이 지역은 리프 자체는 그다지 아름답지는 않지만 많은 상어들이 조류 속을 거슬러 움직이는 모습을 볼 수 있는 곳이다.

▼ '오코베 틸라'의 한 수중 터널 안에서 밖을 내다본 모습

해 주기도 한다. 수중 지형 또한 다양한 모습의 오버행, 바위 옆에 창문 모양으로 나 있는 구멍들, 동굴들이 많이 있어서 흥미진진한 다이빙을 즐길 수 있는 곳이기도 하다. 동굴 중 하나에는 20여 마리의 대형 스위트립들이 살고 있다. 두 번째 이후의 다이빙에서는 수중바위를 따라가지 않고 조류를 타고 드리프팅 하는 방식으로 진행할 수도 있다.

6. 남말레 환초 다이빙

남말레 환초 South Male Atoll **개요**

남말레 환초 다이빙의 가장 큰 특징은 좁은 수중 해협(채널, 현지어로는 '칸두'라고 한다)과 이 해협을 흐르는 영양분 높은 조류를 따라 움직이는 대형 어종들이다. 아름다운 산호초를 선호하는 다이버라면 아마도 남말레 환초보다는 북말레 환초나 아리 환초 쪽을 택하는 편이 더 나을 것이다. 남말레 환초를 찾는 다이버들의 주 관심사는 대형 어종들을 보는 것이다.

몰디브의 수도인 말레를 중심으로 북쪽은 북말레 환초, 남쪽은 남말레 환초로 나뉘는데 그 중간 지점이 '바드후 해협'이다. 따라서 말레 시내나 말레 공항을 기점으로 본다면 북말레 환초나 남말레 환초는 방향은 반대쪽에 있지만 거리는 거의 비슷하다고 볼 수 있다.

▲ 남말레 환초 지역에는 웅장한 동굴과 오버행들을 많이 볼 수 있다.

▼ 남말레 환초와 바부 환초 일대에서는 상어들을 비롯한 대형 어류들을 쉽게 만날 수 있다.

바부 환초 개요

바부 환초Vaavu Atoll는 '펠리드후 환초'라고도 불리는데 말레에서 75km 정도 떨어진 곳에 위치해 있다. 모두 19개의 수중 섬으로 이루어진 이 환초는 몰디브에서 가장 작은 환초이자 비교적 개발이 덜 된 곳이기도 하다. 위치적으로 남말레 환초보다는 아래에 있기 때문에 먼 남쪽 환초 지역을 방문하는 리브어보드들이 주로 들르게 되지만, 더러 남말레 환초를 방문하는 근거리 리브어보드들도 이 바부 환초의 일부를 커버하는 경우도 있다. 이 환초의 대표적인 포인트는 '포테요 칸두'인데 이곳은 다양한 종류의 해양 생물들은 물론이고 웅장한 해저 지형들이 매력적인 지역이기도 하다. 좁은 해협에는 다이버가 통과할 수 있는 동굴과 터널들과 오버행들이 많이 있다. 그레이리프 상어, 이글레이, 참치, 트레벨리들이 이곳에서 흔히 볼 수 있는 어류들이며 운이 좋다면 포테이토 그루퍼, 만타레이, 귀상어들도 볼 수 있다. 현재까지 23개 정도의 포인트들이 개발되어 있는데, '포테요 칸두' 외에 다이버들에게 인기가 높은 포인트로는 '보두 미야루 칸두', '데바나 칸두', '알리마타' 등을 꼽을 수 있다. 이 지역의 수심은 5m에서 최대 40m까지 정도이고 수온은 연중 27도에서 30도 정도이며, 시야는 20m에서 30m 분포이다.

남말레 환초 다이빙 특징

북말레 환초 지역에 비해 남말레 환초 지역은 상대적으로 더 일찍부터 관광지나 리조트 등이 많이 개발되어 왔다. 그러나 다이브 포인트의 개발이라는 관점에서 보면 남말레 환초와 북말레 환초는 큰 차이가 없어 보인다. 많은 섬들에 리조트들이 들어서 있어서 리조트를 중심으로 하는 다이빙이 북말레 지역보다는 더 보편적이기는 하지만, 많은 리브어보드들이 북말레 환초와 비슷한 정도로 남말레 환초 항로를 운항하고 있다. 남말레 환초 지역의 다이브 포인트들을 가장 잘 즐기는 방

▼ 남말레 환초 지역의 다이브 포인트들

법 또한 리브어보드를 타는 것이다.

남말레 환초 지역의 다이빙 시즌은 북쪽과 크게 다르지는 않다. 연중 다이빙이 가능하지만 일반적으로 가장 좋은 시기는 북동 계절풍 시기인 12월 말부터 5월까지이다. 6월부터 11월까지는 남서 계절풍이 부는 시기로 우기에 해당하지만 남말레 환초 지역은 상대적으로 우기에도 비가 적게 오는 편이다.

남말레 환초 지역의 수온은 평균 섭씨 26도에서 29도의 분포이지만, 간혹 깊은 수심에서는 갑자기 차가운 물이 섞이는 써모클라인 현상이 나타나기도 한다. 시야는 몰디브의 다른 지역과 비슷해서 최소 15m이고 좋을 때는 30m 이상이 나온다. 그러나 시야는 계절과 날씨, 그리고 조류 등에 따라 수시로 바뀔 수 있다.

남말레 환초 다이브 포인트

• 코코아 틸라Cocoa Thila : 남말레 환초 지역의 대표적인 포인트 중 하나이며, 이곳에서의 다이빙이 얼마나 흥미가 있을지는 전적으로 조류에 달려있다. 조류가 약할 때는 대형 어류들이 거의 없으며, 반대로 너무 강한 이안류가 발생하면 사실상 다이빙이 불가능하다. 그러나 적당한 정도의 조류가 밀려와 준다면 이 포인트는 몰디브에서 가장 환상적인 곳으로 바뀐다. 경험이 많은 현지 가이드들은 언제 이곳에 들어가야 하는지를 잘 알고

▲ '코코아 틸라'에는 항상 강한 조류가 흐른다. 강한 조류로 인해 섬모들이 모두 안쪽으로 말린 모습의 말미잘들

▼ '엠부드후 칸두'에서 조우한 그레이리프 상어를 따라가고 있는 다이버

있다. 수중에는 바위기둥들이 많은데 그중에는 길이가 400m에 달하는 것도 있으며 대개 가파른 직벽 형태로 수심 30m 정도까지 떨어진다. 블루 쪽에서는 참치, 트레벨리 등을 쉽게 볼 수 있다. 이글레이들도 자주 나타나는데 어떤 때는 홀로 돌아다니기도 하고 어떤 때는 여러 마리가 편대를 이루어 이동하기도 한다. 수중바위 곳곳에는 오버행과 캐번들이 있어서 강한 조류를 피하거나 그 속에서 노니는 대형 물고기들을 감상하는 장소로 이용되곤 한다. 남서쪽 코너의 30m 수심 지역에는 많은 그레이리프 상어들이 서식한다. 이곳의 조류는 현지에서 잔뼈가 굵은 노련한 가이드들마저 어려움을 겪을 정도로 엄청나게 강할 때가 많다. 따라서 다이빙 계획을 세울 때 중간중간에 조류를 피할 수 있는 장소를 확보하여 휴식을 가지는 시간을 감안하는 것이 좋다.

• 엠부드후 칸두 Embudhoo Kandu : 남말레 환초의 북동쪽에 위치한 이 해협 포인트는 한마디로 상어로 유명한 곳이다. 사실 이 지역은 그레이리프 상어와 화이트팁 상어들을 보호하기 위한 해양 보호 구역으로 지정되어 있다. 다이빙은 보통 해협의 남쪽 위치에서 입수하여 깊은 절벽이 시작되는 수심 30m 지점까지 바로 하강하여 이곳에 잠시 머무르며 상어나 다른 대형어종들의 출현을 기다린다. 이후 다시 벽을 왼쪽 어깨 쪽에 두고 코너 부근까지 전진하게 되는데, 이 과정에서 벽의 중간중간에 파여 있는 여러 개의 동굴들을 볼 수 있다. 이런 동굴 중 일부는 깊이가 25m에 달하는 것도 있어서 내부로 들어가 볼 수도 있다. 일단 코너에 도착하면 여기서부터는 해협이 만들어 낸 좁은 협곡을 따라 약 15m 정도의 수심을 유지하며 조류를 타고 흐르는 드리프트 다이빙으로 전환된다. 가끔 해협의 북쪽 지역에서 다이빙을 시작하는 경우도 있다. 이곳에는 또 다른 수중기둥이 있는데 30m 수심의 바닥에서 시작하여 수면 아래 12m 높이까지 솟아올라 있다. 이 수중바위 하나만 둘러보는 데에도 보통 45분 정도의 다이빙 시간이 훌쩍 지나간다.

• 구라이드후 칸두 Guraidhoo Kandu : 서식하는 어류나 수중 지형의 측면에서 몰디브에서 가장 인상적인 포인트 중 하나로 자주 꼽히는 곳이다. 이곳의 지형은 조금 복잡한데 기본적으로는 두 개의 깊은 해협이 있고 그 중간에 상대적으로 얕은 리프가 자리 잡고 있는 모습이다. 포인트가 차지하고 있는 면적도 넓어서 이곳을 제대로 둘러보려면 여러 차례의 다이빙이 필요하다. 워낙 넓은 지역이다 보니 다이브 센터나 리브어보드들 중에서는 이곳을 여러 개의 세부 포인트로 구분해서 다이빙을 하는 경우도 있다. 두 개의 해

▲ '구라이드후 칸두'의 대형 나폴레옹 래스. 이곳은 조류를 타고 드리프트를 하면서 상어를 비롯한 대형 어류들을 많이 만날 수 있는 곳이다. 간혹 중간에서 조류걸이를 걸고 상어들을 기다리는 경우도 있다.

▼ '칸두마 틸라'에서 대형 물고기가 접근하는 것을 지켜보고 있는 다이버

협 중 남쪽 해협은 총 길이가 약 300m 정도인데 양쪽 끝은 직벽으로 이루어져 있으며 약 35m 지점에서 깊은 심연으로 떨어진다. 이 부근에서 대형 어종들이 흔히 나타난다. 이곳에서의 다이빙은 조류를 타고 편안하게 흐르는 드리프트로 진행되는데 리프의 벽 쪽으로는 거의 조류가 없는 지역도 있다.

•칸두마 틸라Kandooma Thila : 많은 다이버들이 남말레 환초에서 가장 뛰어난 포인트로 꼽는 곳이다. 수중바위기둥은 칸두마 섬 북쪽 해변 바로 앞에 위치해 있다. 이 바위는 아주 크지는 않으며 꼭대기 부분이 수심 13m이고 여기에서부터 모래로 이루어진 바닥까지 경사면으로 이어지는데 바닥의 수심은 34m에서 40m 정도이다. 이 바위는 전체적으로 마치 눈물방울과 같은 모습을 하고 있다. 리프와 이 수중바위 사이에는 자연스럽게 작은 해협이 형성되는데, 이곳으로 강한 조류가 외해 방향으로 흐르기 때문에 각종 흥미로운 대형 어종들이 몰려온다. 워낙 강한 조류 때문에 입수는 대개 네거티브 엔트리로 들어간다. BCD의 공기를 완전히 빼낸 상태로 수면에 떨어지자마자 바로 핀 킥을 시작해서 수중바위의 서쪽 끝 바닥지점까지 최대한 빨리 내려가야만 하는데, 이 위치를 '잭 코너'라고도 부른다. 일단 '잭 코너'에 안착하면 여기에서 잠시 머무르며 대형 어종들이 먹이 활동을 하는 것을 관찰하는 시간을 가지게 된다. 대형 바라쿠다들은 떼를 지어 먹이를 사냥하고, 그레이리프 상어나 화이트팁 상어들은 대개 홀로 먹이를 쫓는 경우가 많다. 트레벨리들은 덩치가 작은 글라스 피시 종류를 주로 쫓아다닌다. 이후의 진행은 상황에 따라 남쪽으로 나갈 수도 있고 북쪽으로 진행하는 경우도 있다. 어느 경우든 이미 상당한 시

간이 지나 있을 것이므로 서서히 수심을 높여서 13m에서 16m 정도를 유지하게 된다. 바위기둥 상단 주위에서는 거북이나 나폴레옹 래스를 흔히 발견할 수 있다. 다이빙이 끝날 무렵에는 강한 조류 때문에 원래의 바위기둥 상단으로 되돌아가기가 어려운 때가 많아서 대부분은 안전 정지와 출수가 블루 워터에서 이루어진다. 수면으로 올라가기 전에 반드시 SMB를 띄우도록 한다.

•쿠다 기리 렉Kuda Giri Wreck : 수심 30m 바닥에서 15m에 이르는 위치에 작은 난파선 한 척이 수직 방향으로 침몰해 있기 때문에 이곳에서의 다이빙을 렉 다이빙이라고 부르는 경우가 많지만, 실은 이 포인트의 이름에 있는 '기리'라는 말은 몰디브 말로 '바위기둥'이라는 뜻이다. 따라서 이곳에서의 다이빙은 일종의 월 다이빙에 가까울 수도 있다. 다이빙은 일단 렉의 가장 깊은 부분으로 떨어진 후 시작되는 것이 보통이다. 그러나 이 포인트는 몰디브에서는 드물게 조류가 거의 없는 곳으로 초보 다이버들도 쉽게 다이빙할 수 있는 곳이어서, 일행 중에 경험이 적은 다이버들이 많을 경우 수심이 얕은 선수 부분에서만 머무르는 경우도 생길 수 있다. 선체 내부는 엄청나게 많은 글라스 피시들이 점령하고 있으며 선체 곳곳에 나 있는 작은 구멍들은 고비들이 한 마리씩 자리를 잡고 있다. 렉 주변은 거북이나 험프헤드 래스 등이 자주 출현한다. 다이버들은 선체 내부에 들어갈 수 있지만, 이 경우 렉 자체가 그리 크지 않기 때문에 한 사람씩 줄을 지어 진행을 해야 한다.

•메드후 파루Medhu Faru : 남말레의 남동쪽 '구라이드후 칸두' 북쪽에 있는 포인트이

▲ '쿠다 기리 렉' 주변의 직벽 주변을 배회하는 화이트팁 상어. 이 포인트는 렉 다이빙과 월 다이빙을 함께 즐길 수 있는 곳이다.

▼ 남말레 환초 지역에서 쉽게 발견할 수 있는 부채산호와 경산호들의 군락

며 조류가 있을 때는 매우 환상적인 곳이다. 입수하면 바로 30m 수심의 바윗덩어리 위치까지 하강하는데 이곳에서부터 끝없이 깊은 심연으로 이어진다. 이후 벽의 바깥 위치로부터 좁은 채널 안으로 들어가게 되는데 이곳이 이 포인트의 목적지가 된다. 이곳에 들어가면 가장 먼저 다이버들의 눈길을 끄는 것은 채널 안쪽에 서식하고 있는 대형 부채산호들을 포함한 다양한 종류의 산호들이다. 이 부근에는 다양한 형태의 바위기둥들이 있는데 모든 바위의 표면은 마치 양탄자를 깔아 놓은 듯하게 아름다운 산호들로 뒤덮여 있다. 주변에서는 오리엔탈 스위트립, 배너 피시, 버터플라이 피시 등이 회유한다. 해협의 바닥은 모래로 이루어져 있는데 이곳에는 파란점 가오리와 리본 장어들이 많이 서식한다.

• 바드후 케이브Vaadhoo Caves : 환초의 북쪽 해안을 따라 형성되어 있는 이 포인트는 이름 그대로 많은 동굴과 캐번들이 있는 곳이다. 따라서 이곳에서의 다이빙은 진행 방향으로 나타나는 동굴들을 하나씩 탐험하는 방식으로 이루어진다. 동굴 입구의 수심은 다양해서 7m에서 40m까지의 분포이다. 동굴의 크기 또한 다양하지만, 공통적으로 벽이나 천정에 부딪히지 않도록 부력 조절에 신경을 써야 하며, 한 사람씩 줄을 지어 차례대로 진행하여야 한다. 동굴들 사이를 이동하는 중간에 솔저 피시, 거북이, 유니콘 피시 등 다양한 해양 생물들이 나타나기도 한다. 동굴 내부에서 간혹 화이트팁 상어나 대형 참치가 다이버들을 기다리는 경우도 있으며 벽 부근으로 이글레이가 지나가기도 한다. 동굴을 순회하는 동안 조금씩 수심을 올려서 8m 정도에 달하면 다이빙을 마무리하기 시작한다. 이때 강한 조류 때문에 일행들이 흩어져서 출수하게 되는 경우가 자주 발생하므로 SMB의 사용은 필수적이다.

• 알리마타 서커스Alimatha Circus : 바부 환초 지역에 위치한 '알리마타 리조트'의 하우스 리프에 해당하는 곳이다. 일부 리브어보드들은 이곳에서 야간 다이빙을 실시하는데 포인트 위치는 리조트의 선착장 바로 밑에 위치한 불과 6m 남짓한 모랫바닥이다. 이곳에서 다이빙을 하는 이유는 다이버들 사이를 헤집고 다니는 수많은 상어들과 대형 가오리들을 보기 위해서이다. 이 리조트의 식당에서 나오는 음식을 정기적으로 공급받는 탓에 이곳에는 항상 많은 수의 대형 어류들이 회유하고 있으며 그 덩치도 어마어마하게 크다. 얼마나 많은 상어와 가오리들이 이곳에 살고 있는지는 확실치 않지만, 단 한 번의 야간 다이빙으로 헤아릴 수 없는 숫자의 대형 어류들을 만나게 된다. 이 녀석들은 사람들을 전

▲ '알리마타 서커스'의 모랫바닥에 엎드려 있는 다이버들 사이를 아무렇지도 않게 넘나들고 있는 상어들. 이곳은 리조트에서 공급하는 먹이 때문에 수많은 상어들과 가오리들이 서식하는 곳으로 몰디브에서 몇 안 되는 야간 다이빙 포인트이기도 하다.

혀 두려워하지 않기 때문에 다이버들 사이의 좁은 틈을 비집고 지나가기도 하고 다이버의 머리 바로 위를 스치듯 넘나들기도 한다. 이곳에서는 야간 다이빙이라 하더라도 다이브 라이트를 사용하지 않고 선착장 위에서 비치는 조명만을 이용한다. 바닥이 모래이기 때문에 사진을 찍을 때 플래시를 사용하면 백 스캐터Back Scatter로 인해 온통 뿌연 이미지밖에 얻지 못하므로 플래시 없이 배경의 외부 빛만을 이용하여 촬영을 해야 한다. 수심이 워낙 낮기 때문에 60분 이상 다이빙을 하고 나오더라도 공기통에는 절반 이상의 공기가 남아 있을 것이다.

7. 몰디브 먼 바다 다이빙

몰디브 먼 바다 다이빙 개요

대부분의 몰디브 리브어보드들은 소위 중앙 환초군Central Atolls으로 불리는 북말레, 남말레, 그리고 아리 환초 지역을 주로 커버한다. 말레에서 지리적으로 가깝고 다이브 포인트들도 많이 개발되어 있기 때문이다. 그러나 이미 몰디브에서 여러 차례 다이빙을 해 본 다이버들은 북쪽이나 남쪽으로 더 멀리 떨어져 있는 새로운 곳에 가 보고 싶어 하는 경우도 많으며 이런 다이버들을 위해 많지는 않지만 일부 리브어보드들은 먼 길을 마다하지 않고 이런 지역으로 나가기도 한다. 리브어보드나 다이버들을 숫자가 매우 적은 만큼 이런 먼 바다 지역은 사람의 손이 타지 않은 원래의 모습을 잘 유지하고 있으며 큰 바다에 가까운 만큼 대형 원양 어종들도 더 쉽게 볼 수 있다. 몰디브에서 먼 바다 다이빙으로 간주되는 지역은 크게 북쪽 환초군, 먼 북쪽 환초군, 그리고 남쪽 환초군 등으로 나눌 수 있다.

남쪽 환초군 Southern Atolls

몰디브의 남쪽 환초군은 말레에서 남쪽으로 약 200km 정도 멀리 떨어진 곳에 산재해 있는데 이 지역에는 리조트도 거의 없으며, 이곳으로 다이빙을 나가는 리브어보드도 극히 드물다. 따라서 이곳에서는 다른 다이브 보트를 보는 일이 거의 없으며 그만큼 바닷속 또한 사람의 손이 닿지 않은 원래의 모습 그대로를 간직하고 있는 곳이다.

빠른 조류가 흐르는 해협에는 수많은 물고기들이 있고, 이런 먹이를 쫓는 대형 어류들 또한 흔한 곳이다. 플랑크톤이 풍부해서 고래상어들이 자주 나타나고 만타레이들의 클리닝 스테이션도 여러 군데 있다. 이 외에도 나폴레옹 래스, 바라쿠다, 이글레이, 스팅레이, 그레이리프 상어 등 다양한 대형 어종들을 흔히 볼 수 있는 곳이기도 하다. 남쪽 환초군에서의 다이빙은 대개 해협 사이를 흐르는 강한 조류를 타고 빠른 속도로 흘러가는 드리프트 다이빙이 주를 이루며 간혹 지형 특성으로 인해 조류가 멈춘 틈을 타서 잔잔한 물속을 핀 킥으로 넘어가는 과정이 반복되기도 한다.

남쪽 먼 바다 지역의 섬들에는 리조트들이 거의 없으므로 이 지역에서 다이빙을 하기 위해서는 이곳을 찾는 리브어보드를 타는 것이 사실상 유일한 방법이다. 현재 남쪽 환초군에 들어가는 리브어보드로는 '쉬나MY Sheena'가 있는데 말레 항구가 아닌 몰디브 남쪽에 있는 메드후푸시 항에서 출항한다. 메드후푸시에는 작은 공항이 있으며 말레로부터 국내선 항공편이 운항하고 있어 찾아가는 것은 생각보다는 어렵지 않다.

이 지역에서는 연중 언제든지 다이빙이 가능하다. 6월과 7월에는 잠깐씩 많은 비가 내리기도 하지만 클리닝 스테이션 주변에서 연중 항상 많은 만타레이들을 볼 수 있다. 귀상어와 고래상어 또한 이 지역에서는 연중 출현한다. 12월부터 5월까지의 여름철에는 덥고 건조하기는 하지만 바람이 거의 불지 않기 때문에 리브어보드 다이빙에는 아주 좋은 조건이 된다. 12월부터 5월까지의 기간에는 이 지역의 수온이 몰디브의 다른 지역에 비해 많이 낮아져서 섭씨 24도까지 떨어지는 경우도 있으므로 이 시기에 남쪽 환초군을 방문하는 경우에는 참고할 필요가 있다.

남쪽 환초군에 속한 주요 환초 지역들은 다음과 같다.

• 라아무 환초Laamu Atoll : '하드드훈마티 환초'라고도 불리는 이곳은 깊은 수심의 해협과 강한 조류로 인해 상어, 잭피시, 참치 등이 많은 지역이다. 그러나 이곳은 아직까지도 거의 개발이 되지 않은 곳이라서 이 지역에 들어가는 경우 대개 아직까지 아무도 다이빙을 해 보지 않은 곳에서 맨 처음으로 탐험 다이빙을 하는 기회를 가지게 될 것이다. 48㎞에 달하는 해안선을 가진 결코 작지 않은 환초이지만 지금까지 개발된 다이브 포인트는 9개에 불과하다. 이 중에서 다이버들에게 인기가 있는 포인트들은 '푸시 칸두', '마아멘드후 기리', '문나푸시 칸두' 등이다. 이 지역에서의 다이빙은 대부분 좁은 해협의 조류를 타고 흐르는 드리프트 다이빙으로 이루어지며 평균적인 수심은 최소 5m에서 최대 30m 정도이다. 시야는 전반적으로 매우 좋은 편이어서 최소 20m 정도는 항상 나오고 좋을 때는 30m 이상까지도 보인다. 말레에서 약 250㎞ 정도 떨어져 있다.

• 미이무 환초Meemu Atoll : 말레에서 130㎞ 정도 떨어져 있는 미이무 환초는 현지에서는 '물라쿠 환초'라고도 불린다. '메드후푸시 틸라'의 직벽 주위에 많은 리프 상어들이 회유하며, 바위 주변에 있는 동굴들을 탐험하는 과정에서 트레벨리, 참치 등을 목격할 수 있고, 오버행 주위에서는 만타레이들이 유영을 하는 곳으로 잘 알려져 있으며 거의 매 다이빙마다 만타를 볼 수 있는 곳이다. 한꺼번에 여덟 마리 이상의 만타를 동시에 보는 경우도 흔하다. 고래상어도 이 지역에 자주 출현한다. 이 지역에는 모두 25개 정도의 포인트들이 개발되어 있는데 이 중에서 '메드후푸시 틸라' 외에 다이버들이 좋아하는 포인트로는 '물라쿠 칸두'가 있다. 평균 수온은 섭씨 27도에서 30도 정도, 수심은 5m에서 최대 35m 정도이이다. 시야는 통상 20m에서 30m 정도로 나온다.

• 타아 환초Thaa Atoll : 말레에서 약 190㎞ 정도 떨어져 있는 곳이다. 현재까지 공식적

으로 확인된 포인트는 37개이지만, 이 지역에는 워낙 아직 탐험되지 않은 해협과 리프들이 많아서 언제든지 새로운 포인트들이 개발될 수 있는 곳이기도 하다. '올후기리 칸두' 포인트에서 상당히 도전적인 드리프트 다이빙을 하게 되는데 이 과정에서 화이트팁 상어와 이글레이들을 많이 볼 수 있다. 이 외에도 나폴레옹 래스나 참치 등이 작은 물고기들을 사냥하는 모습도 흔히 목격된다. 이 지역은 또한 고래상어와 다이빙을 할 수 있는 기회가 많이 찾아오는 곳이기도 하다. 이 외에도 '세븐 업'은 항상 30m에 달하는 밝은 시야와 아름다운 수중 지형으로 다이버들을 현혹하는 포인트이다. 타아 환초의 평균 수심은 5m에서 35m, 평균 수온은 27도에서 30도의 분포이다.

북쪽 환초군 Northern Atolls

북말레 환초 지역의 북쪽 수역에 자리 잡고 있는 '바아 환초', '라비야니 환초', 그리고 '누누 환초'들을 묶어 흔히 북쪽 환초군이라고 부른다. 이 지역 포인트들에서의 산호초의 분포는 편차가 큰 편이다. 어떤 포인트는 다양하고 화려한 산호들로 뒤덮여 있는 반면, 어떤 포인트는 그저 그런 정도이다. 그러나 이 지역의 가장 큰 특징은 풍부하고 다양한 물고기들이다. 어느 곳을 들어가든 다양한 각종 어류들이 많이 볼 수 있다.

'바아 환초'는 만타레이가 자주 출현하는 곳으로 알려져 있고, '누누 환초'는 많은 수의 그레이리프 상어들로 유명하다. 수중에는 수많은 바위기둥들과 동굴들이 있어서 수중 경관 역시 매우 뛰어난 곳이기도 하다.

중부의 환초 지역들과는 달리 북쪽 환초군 지역으로 나가는 리브어보드는 별로 많지 않다. 그만큼 이 지역에서는 아무도 없는 빈 바다를 혼자 전세 내어 다이빙한다는 기분이 들게 마련이다. '암바 호'MV Amba는 라비야니 환초에 자리 잡고 있는 쿠레두 리조트를 모항으로 삼아 이곳으로 나간다. 따라서 이 배를 타기 위해서는 말레에서 수상 비행기를 타고 쿠레두 리조트까지 가야 하는데, 수많은 아름다운 환초 바로 위를 낮은 고도로 약 40분간 날아가는 것 자체가 잊을 수 없는 또 다른 즐거운 경험이 된다.

북쪽 환초군에서의 다이빙은 바다의 상태가 좋지 않아 리브어보드가 출항하지 않는 6월만 제외하면 연중 가능하기는 하다. 그러나 가장 상태가 좋은 시기는 역시 북동 계절풍 기간인 12월부터 4월까지이다. 9월부터 11월까지의 기간도 그리 나쁘지 않다. 리브어보드가 이곳에 출항하는 시기는 7월부터 다음 해 5월까지이다. 특히 바아 환초를 찾기 위한 가장 좋은 시기는 만타레이와 고래상어가 자주 나타나는 8월부터 11월까지이다.

이 지역의 수온은 평균 섭씨 27도에서 30도까지로 많은 다이버들이 3밀리 반팔 수트를 입고 다이빙을 즐긴다. 시야는 계절의 영향을 거의 받지 않지만 다른 변수들로 인해 나쁠 때는 약 10m이고 좋은 날에는 30m 이상까지 나온다. 조류는 채널 쪽은 매우 강하지만 환초 지대 안에서는 충분히 견딜 만한 정도이다. 이곳에서의 다이빙은 대부분 환초 지대 안쪽에서 이루어진다.

• 바아 환초Baa Atoll : 북쪽 환초군 지역을 대표하는 곳으로 수중에는 거대한 바위기둥인 '돈파누 틸라'가 있어서 웅장한 경관을 자랑한다. 블루 쪽에는 만타레이를 비롯한 대형 어종들이 자주 출현하고 리프 쪽에는 머리가 아플 정도로 엄청나게 많은 물고기들이 다이버들을 현혹하는 곳이다. 특히 이 환초의 동쪽에 자리 잡고 있는 '하니파루 만'은 플랑크톤이 번식하는 남서 계절풍 기간에 수많은 만타레이들과 고래상어들이 찾아오는 지점으로 유명하다.

• 라비야니 환초Lhaviyani Atoll : 흥미로운 월 다이빙과 함께 많은 종류의 상어들을 볼 수 있는 곳으로 알려져 있다. 이 외에도 많은 숫자의 배너 피시, 붉은 이빨 트리거 피시, 참치, 바라쿠다, 이글레이 등의 대형 어종들도 자주 나타나는 곳이다.

• 누누 환초Noonu Atoll : 이 지역의 '오리마스 틸라'에는 클리닝 스테이션이 있어서 20여 마리의 그레이리프 상어들이 몰려 있는 곳이다. 작은 아기 상어부터 커다란 어른 상어까지 크기도 다양한데 상어들과 함께 다이빙을 즐길 수 있는 몇 안 되는 곳으로 유명하다.

• 라아 환초Raa Atoll : 웅장한 수중 바위기둥들로 잘 알려진 곳이지만, 이곳에 서식하는 어류들의 종류와 물량 또한 만만치 않은 곳이기도 하다. 래스 종류, 서전 피시, 버터플라이 피시, 퍼실리어, 트리거 피시 등 다양한 어종들이 떼를 지어 몰려다닌다.

먼 북쪽 환초군Far Northern Atolls

몰디브에서 가장 북쪽 끝 지역에 위치한 '하아 알리푸 환초'와 '하아 다알루 환초'로 이루어진 지역으로 말레에서는 280㎞ 이상 떨어진 먼 곳이다. 이 지역은 리조트는 물론 리브어보드마저도 거의 들어오지 않는 자연 그대로의 상태를 유지하고 있는 곳으로 그만큼 수중 환경이나 해양 생물들 또한 가장 원시 상태에 가까운 곳이기도 하다. 이 지역에서는 수많은 만타레이들과 화이트팁 상어, 블랙팁 상어, 레오파드 상어 등의 대형 어종들을 흔히 볼 수 있다. 웅장한 수중 지형으로 인해 이곳에서의 월 다이빙은 몰디브에서도 최고 중 하나로 꼽힐 정도이며, 동굴 다이빙과 렉 다이빙도 즐길 수 있는 곳이다. 산호초 지역은 매우 아름다우며 물이 맑아 시야도 30m에 달하는 좋은 조건을 갖추고 있다.

먼 북쪽 환초군 지역에는 다이브 리조트가 없기 때문에 오직 리브어보드로만 다이빙이 가능하다. 이 책을 집필하고 있는 현재 이 지역까지 나가는 리브어보드는 '암바MV Amba'가 유일하다. 이미 몰디브에서 리브어보드 다이빙을 해 본 경험이 있는 다이버라면 기회만 된다면 이 지역을 찾아볼 것을 권한다. 이 지역에서는 6월과 7월만 제외하면 연중 좋은 날씨에서 다이빙이 가능하다. 수온은 평균 28도에서 30도의 분포로 매우 따뜻해서 얇은 반팔 수트만으로도 다이빙을 즐길 수 있으며, 반바지와 레시가드 차림만으로 물에 뛰어드는 다이버들도 흔히 볼 수 있다.

이 지역의 조류나 바다의 상태는 계절과는 별 상관없는 변화를 보이지만, 날씨는 대체로 맑은 날이 많다. 먼 북쪽 바다를 찾기에 가장 좋은 시기로는 12월부터 5월까지를 꼽는다. 암바호가 이 지역에 들어가는 시기는 8월부터 5월까지이므로 현실적으로 이 지역에서 다이빙을 원한다면 이 시기를 택해야 하며, 특히 9월부터 11월까지의 3개월이 대형 어류들이 가장 많이 나타나는 시기라는 점도 참고하도록 한다.

• 하아 알리푸 환초Haa Alifu Atoll : 이 환초에 있는 '바아라 틸라' 포인트는 만타레이 클리닝 스테이션이 있어서 한꺼번에 30마리 이상의 만타를 볼 수 있는 곳으로 알려져 있다. 이 외에도 안다만 스위트립, 블랙핀 바라쿠다 등의 희귀한 대형 어류들을 만날 수 있고 바닥에서는 레오파드 상어가 쉬고 있는 모습도 목격할 수 있는 곳이다.

•하아 다알루 환초Haa Dhaalu Atoll : 무수히 많은 숫자의 블랙팁 상어와 화이트팁 상어들을 볼 수 있는 '넬라이드후 틸라' 포인트가 있는 환초이다. 상어들 외에도 이곳에서는 자이언트 트레벨리, 만타레이 등을 블루에서 볼 수 있고, 바닥 쪽에서는 다양한 종류의 모레이일과 누디브랜치 종류들을 찾을 수 있다.

말레 시내 관광

몰디브를 찾는 관광객들은 대부분 이곳저곳을 바삐 돌아다니는 것보다는 한적하고 아름다운 비치에서 편안한 휴식을 취하는 것으로 대부분의 시간을 보내는 것이 보통이다. 리브어보드를 타는 경우라도 휴식 시간을 이용해서 한적한 비치에 상륙하여 느긋한 시간을 보내는 경험을 해 보는 것도 좋을 것이다. 이런 수요를 의식해서 많은 리브어보드들은 일정 중에 섬에 상륙하여 바비큐로 저녁을 먹는 시간을 제공하고 있는데 간혹 아무것도 없는 작은 무인도에 내려주기도 한다. 이런 섬에 내리면 이 세상의 어느 곳으로부터도 떨어져 있다는 느낌을 강하게 받을 수 있을 것이다. 몰디브에는 바다를 오염시킬 수 있는 요소들이 아무것도 없어서 몰디브의 비치는 다른 어느 곳보다도 깨끗하고 쾌적하다.

▲ 리브어보드 여정 중 작은 섬에 상륙하여 바비큐로 저녁 식사를 준비하고 있는 모습

몰디브의 수도이자 가장 큰 도시인 말레에는 백사장을 가진 해변이 없다. 대신 인공으로 조성한 해변이 있어서 특히 저녁 무렵에는 많은 말레 시민들이 이곳에서 휴식을 취하곤 한다. 이곳에서는 또 다양한 종류의 수상 스포츠를 즐길 수도 있으며, 해가 지면 라이브 음악을 연주하는 곳도 꽤 등장한다. 몰디브는 다이빙 못지않게 서핑도 즐길 수도 있는 곳이다. 특히 북쪽 환초 지역에서는 2월 중순부터 11월까지 많은 서퍼들이 몰려들어 호황을 이룬다.

다이빙 전후로 말레 시내에서 약간의 여유 시간을 즐기고 싶다면 다음과 같은 것들을 고려해 볼 수 있겠다.

- 국립박물관National Museum : 술탄 공원 인근의 구 왕궁 근처에 자리 잡고 있는데 몰디브의 역사와 문화에 대해 알고 싶어 하는 사람들에게는 추천할 만한 장소이다. 매주 금요일과 공식 국경일에는 휴관한다.

- 물리아게 궁전Mulee-aage Palace : 1906년에 당시 술탄이던 모하메드 샴수딘에 의해 건설된 건축물로 현재는 몰디브 대통

령의 집무실로 사용되고 있다. 말레 시내에서 가장 잘 알려진 랜드 마크이기도 하다. 경내에는 많은 몰디브의 역사적 인물들이 안장된 묘소도 있어서 한번 정도는 방문해 볼 가치가 있는 곳이다.

• 금요 사원Friday Mosque : '마스지드-알-술탄 모하메드 타쿠루파누-알-아잠'이라는 긴 원래의 이름 대신 '프라이데이 모스크'라는 이름으로 더 알려져 있는 이곳은 몰디브에서 가장 규모가 큰 회교 사원이다.

▲ 말레 시내 물리아게 궁전과 바로 붙어 있는 몰디브 대통령 관저

▲ 말레 수산시장 한 켠에는 손님들이 구입한 생선을 능숙한 손놀림으로 손질해 주는 클리닝 스테이션이 있다.

수용 인원은 약 5천 명 정도이며 아름다운 건축과 장식들로 지어진 돔 형태의 건물이다. 사원 내부에는 몰디브의 역사적 인물들을 안장한 묘소가 있다.

• 재래시장과 수산시장 : 말레 항구 맨 끝쪽에 자리 잡고 있다. 그다지 규모는 크지 않지만 시장 구경을 좋아하는 사람이라면 한번쯤 들러 볼 만하다. 재래시장은 과일을 비롯한 식품 위주이며, 길 건너편에 있는 수산시장은 도미 종류나 다랑어 종류의 생선들을 팔고 있다. 구입한 생선을 전문적으로 손질해 주는 사람들의 칼 솜씨를 지켜보는 것도 꽤 흥미롭다.

▲ 약 5천 명이 동시에 예배를 볼 수 있는 몰디브 최대의 회교 사원인 금요 사원. 몰디브는 회교 국가인 만큼 일요일이 아닌 금요일이 휴일이다.

스쿠바 장비 TIP

나침반Compass

스쿠바 다이빙은 장비에 대한 의존도가 높은 스포츠이다. 같은 바다에서의 다이빙이라 하더라도 어떤 장비를 어떻게 사용하느냐에 따라 그 내용은 많이 달라질 수 있다는 것이 필자의 생각이다. 필자가 사용하는 장비나 사용 방식이 반드시 정답이라는 것은 아니지만, 여러 차례 다이빙을 통해 습득한 나름의 노하우를 독자들과 공유하고자 한다.

나침반은 수중이나 수면에서 방위를 알려주는 장비이다. 어드밴스드 다이버들은 교육 과정에서 나침반을 사용하는 수중 항법 기술을 필수적으로 배우게 된다. 그럼에도 불구하고 실제 다이빙에서 나침반을 휴대하거나 사용하는 다이버들은 그리 많지 않은 것 같다. 물론 지역의 수중 환경을 잘 알고 있는 가이드와 함께 다이빙하거나 아니면 이미 익숙한 곳에서 반복적으로 다이빙하는 경우에는 나침반을 사용해야 할 경우가 많지 않은 것도 사실이다. 그러나 다이빙이라는 것이 항상 예상한 대로만 진행되는 것은 아니며 간혹 수중에서 가이드를 잃어버리거나 조류 등으로 인해 레퍼런스로부터 멀어지는 경우도 생길 수 있다. 특히 레퍼런스를 찾을 수 없는 블루 워터 다이빙이나 시야가 극히 좋지 않은 곳에서의 다이빙에서는 나침반이 반드시 필요하다. 수중에서 방향을 잘 못 잡은 상태에서 계속 진행을 하다 보면 자칫 연안이나 보트로부터 멀리 떨어진 외해로 조난을 당할 수도 있기 때문이다. 필자의 경험으로 볼 때 나침반

▲ 필자가 사용하는 나침반. BCD의 D링에 걸 수 있는 고리가 달려 있고 리트랙터가 내장되어 있어서 평소에는 컴팩트하게 휴대할 수 있으며 필요할 경우 줄을 당겨서 쉽게 사용할 수 있는 제품이다. 스쿠바초이스 제품으로 가격은 50달러 정도이다.

은 수중에서의 항법을 위한 도구라기보다는 만약의 경우에 안전하게 원래의 위치로 돌아올 수 있는 안전 장구로서의 의미가 더 크다.

사실 실제 다이빙에서는 내비게이션 교육과정에서 배운 것처럼 복잡한 연속된 경로를 나침반을 이용해서 진행하는 경우는 거의 없다. 그러나 다이빙을 시작하기 전에 기준이 되는 위치, 즉 해안에 위치한 리조트나 보트의 위치, 그리고 진행하고자 하는 방향의 방위가 어느 쪽인지는 항상 알아두는 것이 좋다. 막연히 감으로 판단하는 방위와 실제 방위는 다른 경우가 의외로 많다. 지도를 보거나 다이브 포인트의 지형을 파악할 때 항상 북쪽이 위로 향하도록 생각하는 버릇을 들이는 것이 수중에서 방향을 파악하는 데 도움이 된다. 수중에서 방향이나 레퍼런스를 잃어 버린 경우 막연한 감으로 계속 진행하는 것은 금물이며 일단 천천히 수면 위로 부상한 다음 육안으로 목표물을 확인한 후 다시 하강하여 그 목표물을 향해 진행하는 것이 좋다. 이때 눈으로만 방향을 확인하지 말고 나침반으로 진행하고자 하는 방위를 확인해 두는 것이 중요하며 수중에서 수시로 나침반의 방위를 확인하면서 진행을 해야 엉뚱한 곳으로 가는 일을 막을 수 있다.

▲ 필자가 다이빙할 때 다이브 컴퓨터와 함께 자주 사용하는 디지털 컴퍼스가 붙어 있는 다이빙용 시계. 카시오 SGW-100 모델로 아마존에서 40달러 정도에 구입이 가능하다.

목표물의 방향을 수중에서 확인하기 위한 목적으로 나침반을 사용하는 방법은 간단하다. 먼저 수면에서 나침반의 붉은색 기준선을 목표물 방향으로 향하도록 한 후 베젤을 돌려 방위침의 북쪽(N) 위치에 0도 표시가 위치하도록 하면 된다. 이후에는 베젤을 돌려서는 안 된다. 수중에서 방위를 확인하고 싶을 때는 나침반 자체를 돌리거나 다이버의 몸을 움직여 나침반 방위침의 북쪽 위치에 0도 표시가 오도록 한다. 이때 붉은색 기준선이 가리키는 곳이 목표물의 방향이 된다. 또 입수하기 전에 해안선과 평행하도록 나침반의 붉은색 기준선을 맞춘 후 역시 베젤을 돌려 방위침 북쪽 위치에 0도가 위치하도록 해 두면 수중에서 같은 방법으로 해안선의 위치와 방향을 확인할 수 있으므로 방향을 잃어 먼 바다 쪽으로 계속 나가는 불상사를 피할 수 있다.

나침반은 폐쇄된 구조의 원통 안에 자석 성질을 가진 방향 지시판을 넣은 간단한 구조를 가지고 있다. 방위에 따라 지시판이 쉽게 움직일 수 있도록 원통 내부에는 오일이 채워져 있으며 수중의 압력에서도 견딜 수 있도록 오일 속에 작은 공기 방울이 들어 있다. 이 공기 방울이 너무 커져 있다면 기능에 문제가 생길 수 있다는 의미이므로 교환하는 것이 좋다고 한다. 나침반만을 따로 구입해서 사용하는 경우도 있고 게이지 콘솔에 압력계와 함께 붙어 있는 제품을 사용하는 경우도 있다. 필자의 경우 콘솔형 나침반은 게이지 자체의 덩치도 커지거니와 연결된 호스로 인해 수중에서 방위를 읽을 때 불편한 경우도 있어서 나침반만을 따로 사용하는 방식을 선호한다. 특히 필요할 때에 줄을 당겨서 사용하고 사용한 후에는 다시 원위치 되는 리트랙터Retractor가 달린 제

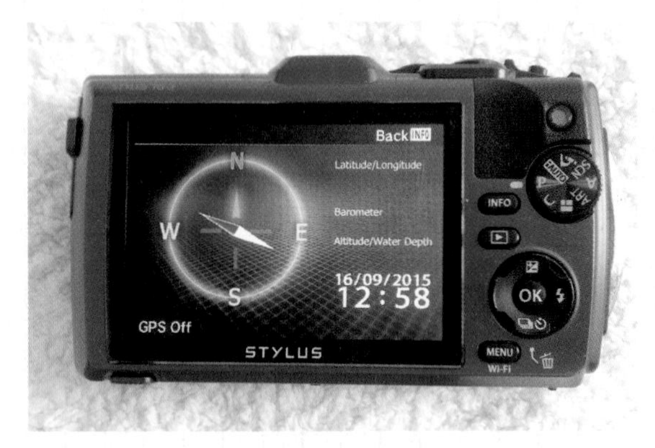

▲ 필자가 수중사진 촬영용으로 주로 사용하는 올림푸스의 TG-3 디지털 카메라. GPS와 함께 디지털 컴파스 기능이 있어서 사진이나 동영상을 촬영하는 도중에도 진행 방향을 확인할 수 있어서 간혹 요긴하게 사용한다.

품이 더 편리한 것 같다. 고급 다이브 컴퓨터에는 디지털 컴퍼스가 내장된 모델도 많이 나와 있기도 하다.

필자의 경우 BCD에 항상 나침반이 붙어 있는 상태로 다이빙하고 있지만 더러 이것을 잊어버리는 경우도 있다. 특히 현지에서 렌털 장비를 빌려서 사용하는 경우에는 나침반까지 빌리기가 여의치 않은 경우도 생긴다. 필자는 다이브 컴퓨터와 함께 방수 기능이 있는 시계를 함께 차고 다이빙을 하는 경우가 많은데 시계 중에는 디지털 컴퍼스 기능과 함께 수심과 수온까지 알려주는 것들도 있어서 다이브 컴퓨터에 문제가 생겼을 경우에 비상 백업용으로 사용할 수 있다. 또한 수중 촬영용 카메라 중에서도 컴퍼스 기능이 내장된 모델들도 있다. 이런 디지털 컴퍼스 종류는 최초 방위각에 오차가 생길 수 있기 때문에 사용하기 전에 방위각을 조정해 주는 캘리브레이션을 해 두는 것이 좋다.

DATA

몰디브 리브어보드 정보

몰디브 지역에는 여러 척의 리브어보드들이 있으며 비교적 저렴한 3성급 보트부터 럭셔리한 5성급까지 다양해서 예산에 맞는 선택을 하기가 용이한 편이다. 대부분의 보트들은 일주일 일정으로 출항한다. 가장 많은 보트들이 중앙 환초군을 중심으로 운항하지만, 더러 몰디브를 자주 찾는 경험 많은 다이버들을 대상으로 먼 바다 쪽 환초 지역까지 나가는 보트들도 있다. 리브어보드를 선택할 때에는 가격, 일정, 항로 등을 잘 살펴보고 자신에게 가장 알맞은 보트를 선택하도록 한다. 다이버들에게 잘 알려져 있고 상대적으로 인기가 높은 리브어보드 보트들을 소개하면 다음과 같다. 참고로 리브어보드 가격은 2018년 시즌 기준이다.

• 스팅레이MV Sting Ray : '스팅레이'는 꽤 오랜 기간 몰디브에서 활동하고 있는 리브어보드며, 다소 오래된 보트이지만 3성급의 저렴한 가격으로 인해 인기가 높은 요트이다. 선실은 모두 9개로 최대 18명의 다이버들을 수용할 수 있다. 선실 종류는 모두 더블 또는 트윈이며 선실 내에 화장실과 샤워 시설이 갖추어져 있다. 주로 취항하는 노선은 다이버들이 많이 찾는 북말레, 남말레 그리고 아리 환초 지역이다. 요금은 시기와 노선에 따라 일주일 코스가 1,400달러에서 1,550달러 정도이다. 장비 대여료는 일주일에 300달러 정도이며, 나이트록스는 탱크 당 6달러에 제공된다.

◦ 선장 : 31m ◦ 선폭 : 9m
◦ 순항 속도 : 10노트
◦ 선실 전원 : 영국식 사각 3핀 및 유럽식 원형 2핀 220볼트(어댑터 제공)
◦ 수용 인원 : 18 다이버
◦ 출항지 : 말레 항구(공항 왕복 픽업 서비스 제공)

• 리오MV Leo : '리오'는 비교적 합리적인 요금 수준의 4성급 리브어보드 요트이다. 몰디브를 전문으로 취항하는 리브어보드 선단인 콘스틸레이션 플릿 소속의 요트로서 주로 북말레, 남말레 그리고 아리 환초 등 몰디브에서 가장 인기가 높은 지역을 운항한다. 가격에 비해 시설과 음식, 그리고 서비스가 뛰어난 요트로 소문이 나 있다. 최대 다이버 수용 인원은 20명이다. 일주일 코스 요금은 근거리 환초 지역은 1,700달러에서 2,200달러까지의 수준이며, 먼 바다 코스는 2,900달러 정도이다. 나이트록스가 기본으로 제공된다. 장

DATA

▲ 몰디브 전문 리브어보드 회사인 콘스틸레이션 플릿 소속의 리브어보드인 '리오'

비 대여료는 하루에 50달러이다. 선실에는 개별 화장실은 물론 텔레비전과 DVD를 갖추고 있으며, 다이버들에게 조난 시 위치를 추적할 수 있는 위치 추적 장치가 무료로 제공된다. 20달러를 지불하면 일주일 동안 와이파이도 사용할 수 있다. 여정 중 말레 시내 관광도 포함되어 있다. 이 요트에서는 일반 코스는 최소 50로그 이상, 그리고 먼 바다 코스는 최소 100로그 이상의 경험을 요구하고 있다.

◦ 선장 : 35m ◦ 선폭 : 9m
◦ 순항 속도 : 10노트
◦ 선실 전원 : 영국식 사각 3핀 220볼트(어댑터 제공)
◦ 수용 인원 : 20 다이버
◦ 출항지 : 말레 항구(공항 왕복 픽업서비스 제공)

• 오라이언MV Orion : '리오' 호와 같은 콘스틸레이션 플릿 선단 소속의 '오라이언' 호는 꽤 규모가 큰 4성급 리브어보드 요트로 일정에 따라 다양한 코스를 운항하고

DATA

있다. 최대 24명의 다이버를 수용할 수 있는 쾌적한 선실과 시설을 갖춘 고급 요트이다. 선실에는 텔레비전과 DVD가 갖추어져 있으며 바닥은 목재로 마감되어 있어서 럭셔리한 느낌을 준다. 요금은 시기와 일정에 따라 2,000달러부터 3,000달러 정도까지의 수준이다. 나이트록스와 GPS를 이용한 조난 신호 장치가 무료로 제공된다. 일반적인 코스는 최소 50로그 이상, 먼 바다 코스는 최소 100로그 이상의 경험을 요구한다. 장비 대여료는 하루에 45달러이며, 와이파이도 제공된다.(1주일에 20달러)

◦ 선장 : 39m ◦ 선폭 : 11m
◦ 순항 속도 : 10노트
◦ 수용 인원 : 24 다이버
◦ 선실 전원 : 영국식 사각 3핀 220볼트
◦ 출항지 : 말레 항구(장기 일정의 경우 변경될 수 있음)

• 드림 캐쳐 2MY Dream Catcher II : 2008년에 건조된 35m 길이의 다이빙 요트로 7박짜

▲ '리오'와 같은 회사 소속의 리브어보드인 '오라이언'. '리오'보다는 조금 더 비싼 편이다.

DATA

리 중앙 환초 일대 코스를 전문으로 취항하고 있다. 매주 일요일 말레 항구에서 출항한다. 이미 출항한 후에 말레에 도착한 경우라도 별도의 요금을 내면 요트가 있는 곳까지 데려다 준다. 음식은 무난한 편이며 선실은 매우 깔끔하고 개인용 TV까지 설치되어 있다. 평균 가격은 2,400달러이다.

◦ 선장 : 32.5m ◦ 선폭 : 9m

◦ 순항 속도 : 9노트

◦ 선실 전원: 영국식 사각 3핀 220볼트

◦ 수용 인원: 17 다이버

• 오션 디바인MV Ocean Divine : 원래 '오션 댄서'라는 이름으로 운항되다가 최근 들어 '오션 디바인' 호로 이름이 바뀌었다. 5성급 럭셔리 다이빙 요트인 '오션 디바인'은 비싼 요금만큼 뛰어난 서비스와 훌륭한 음식으로 명성이 높다. 말레 항구를 모항으로 일주일짜리 코스를 운항하는데, 7박짜리 요금은 3,000달러 정도이고 10박짜리는 4,300달러 정도 한다. 선실에는 TV, DVD, 음향 시스템, 와이파이 등이 갖추어져 있고 럭셔리한 스파 서비스도 제공된다. 장비 대여료는 일주일에 210달러이지만 BCD, 호흡기, 컴퓨터, 다이브 라이트만 빌려주며 핀, 마스크 등은 렌털 장비를 쓰는 경우라도 본인이 직접 지참을 해야 한다. 나이트록스는 유료로 제공되는데, 탱크당 10달러를 받는다.

◦ 선장 : 33m ◦ 선폭 : 10m

◦ 순항 속도 : 10노트

◦ 수용 인원 : 14 다이버

◦ 선실 전원 : 영국식 사각 3핀 220볼트

◦ 출항지 : 말레 항구

• 스쿠바스파 잉Scubaspa Ying : '스쿠바스파 잉'은 몰디브에서도 매우 독특한 개성을 가진 럭셔리 리브어보드다. 대부분의 리브어보드들이 가능한 한 많은 다이빙을 하는 데 목적을 두고 있지만, '스쿠바 잉'은 다이빙과 스파의 공존을 모토로 표방하고 있다. 럭셔리한 휴식을 중요하게 여기는 이 요트에서는 다이빙을 건너 뛰는 대신 6명의 테라피스트들이 제공하는 스파 서비스를 받을 수 있다. 요금은 일주일짜리 코스가 2,600달러 정도의 수준이지만 비수기에는 가끔 2,000달러대의 할인 요금이 나오기도 한다. 여정 동안 와이파이와 요가, 섬 관광 등의 다양한 프로그램들이 제공된다. 이 요트를 찾는 다이버들은 대개 자가 장비를 가져가지 않고 렌

DATA

털 장비를 빌려 쓰는 경우가 많은데 장비 대여료는 일주일에 180달러 정도이다. 이 요트의 스파는 명성이 자자해서 다이버가 아니면서도 스파만을 목적으로 이 요트를 단골로 타는 손님들도 많다고 한다. 몰디브 바다에서 최대한 많은 다이빙을 하기를 원하는 하드코어 다이버들에게는 그다지 권할 만한 요트는 아니지만, 다이빙을 하지 않는 파트너와 함께 아름다운 몰디브의 바다에서 여유 있는 휴식을 함께 즐기고자 하는 신혼부부나 커플들에게는 최상의 선택이 될 수도 있다.

◦ 선장 : 50m ◦ 선폭 : 11m
◦ 순항 속도 : 10노트
◦ 수용 인원 : 22 다이버(스파 전용 고객을 포함하면 44명)
◦ 선실 전원 : 영국식 사각 3핀 220볼트(어댑터 비치)
◦ 출항지 : 말레 항구

• 암바MV Amba(외해 코스) : '암바' 호는 몰디브의 북쪽 먼 바다에 있는 하아 알리푸 환초와 하아 다알루 환초 지역으로 매주 일요일에 출항하는 리브어보드다. 북쪽 먼 바다 수역으로 나가는 리브어보드는 '암바'가 거의 유일하기 때문에 이미 몰디브 리브어보드를 여러 차례 타 본 경험 많은 다이버들이 선호하는 요트이다. 일주일 코스의 표준 요금은 2,123달러이다. 이 요트에서는 렌털 장비를 제공하지 않기 때문에 반드시 자가 장비를 가져가야 한다. 주로 깊은 수심에서 다이빙이 진행되기 때문에 대부분의 다이버들이 나이트록스를 사용하는데, 사용 요금은 일정 전체에 68달러이다. 출항지가 말레 항구가 아닌 하니마아드후 항구이므로 말레 공항에서 하니마아드후까지 국내선 항공편을 추가로 예약해야 한다. 항공편 예약은 에이전트를 통하거나 몰디브항공 웹사이트에서 직접 할 수도 있다.

◦ 선장 : 33m ◦ 선폭 : 10m
◦ 순항 속도 : 12노트
◦ 수용 인원 : 20 다이버
◦ 선실 전원 : 유럽식 원형 2핀 220볼트
◦ 출항지 : 하니마아드후

• 쉬나MY Sheena(외해 코스) : '쉬나' 호는 '메드후푸시 리조트'를 기지로 삼아 몰디브 남쪽 먼 바다에 있는 환초 수역을 전문적으로 운항하는 다이브 요트이다. 24m의 선체에 최대 14명까지의 다이버만 받으며 10명의 스태프들이 승선하기 때문에 거의

DATA

1대 1의 서비스가 제공된다. 리조트로부터 수시로 신선한 식재료가 공급되기 때문에 이 요트의 음식은 몰디브 최고의 수준이라고 정평이 나 있다. 7박 8일짜리 표준코스의 평균 요금은 2,150달러 정도이다. 나이트록스는 무료로 제공되며 장비 대여료는 일주일 기준 270달러이다. 쉬나호는 말레 항이 아닌 훨리테요 리조트에서 떠나기 때문에 말레에서 이곳까지 수상 비행기(에어 택시)를 타고 이동해야 한다. 이 수상비행기는 리브어보드 측에서 예약을 해 주는데 마지막 비행기가 오후 4시 반에 출발하므로 늦어도 오후 2시까지는 말레에 도착해야 한다.

◦ 선장 : 24m　◦ 선폭 : 8m
◦ 순항 속도 : 12노트
◦ 수용 인원 : 14 다이버
◦ 선실 전원 : 유럽식 원형 2핀 220볼트 (어댑터 제공)
◦ 출항지 : 메드후푸시 리조트

• 임페러 아톨MY Emperor Atoll : 이집트 홍해 지역에 세 척의 리브어보드를 운영하고 있는 임페러 플릿이 2015년부터 몰디브에 새로 투입한 리브어보드이다. 선체는 26m 길이의 단층 구조 목재선으로 그리 럭셔리한 보트라고는 볼 수 없지만 서비스는 꽤 높은 편이며 재호흡기를 사용하는 다이버들을 위한 시설이 갖춰져 있으며 나이트록스가 무료로 제공되기 때문에 텍 다이버들에게 인기를 얻어가고 있는 보트이다. 7박 일정을 기본으로 중앙 환초군 또는 남쪽 환초군까지를 커버하는 다양한 루트를 운항하는데 요금은 1,650달러에서 2,100달러 정도의 범위이다.

◦ 선장 : 26m　◦ 선폭 : 7m
◦ 순항 속도 : 7노트
◦ 수용 인원 : 12 다이버
◦ 선실 전원 : 유럽식 원형 2핀 220볼트 (어댑터 제공)
◦ 출항지 : 말레 항구

▲ 다합과 같은 일부 지역을 제외한다면 홍해 다이빙을 제대로 즐기기 위해서는 랜드 베이스 다이빙보다는 리브어보드 다이빙이 권고된다. 홍해는 크게 북홍해 지역과 남홍해 지역으로 구분된다. 북홍해 쪽은 주로 난파선을 순회하는 렉 다이빙 코스이고 남홍해는 상어와 같은 대형 어류들을 보거나 해저 동굴을 탐험하는 코스가 중심이 되기 때문에 자신의 취향에 따른 코스 선정이 중요하다. 사진은 극남홍해 '로키 아일랜드'의 대양 화이트팁 상어

PART 11

홍해 다이빙

아프리카 대륙과 아시아 대륙의 사이에 길게 걸쳐 있는 홍해는 여러 개의 얼굴을 가진 바다이다. 어느 곳에서 어떤 형태의 다이빙을 하느냐에 따라 그 내용과 느낌은 완전히 달라진다. 일반적으로 후르가다와 시나이 반도 일대의 북쪽 홍해는 상어와 같은 대형 어류는 거의 보기 어렵지만 수많은 침몰선들이 있어서 렉 다이빙의 천국으로 알려져 있으며, 전반적으로 난이도가 그다지 높지 않아서 경험이 많지 않은 오픈 워터 다이버들도 별다른 어려움 없이 다이빙을 즐길 수 있다. 반면 마르사알람이나 하마타를 기점으로 하는 남쪽 홍해는 강한 조류와 깊은 수심의 포인트들이 대부분이어서 최소한 50로그 이상의 경험이 있는 다이버들만 다이빙이 가능하다. 그 대신 남쪽 홍해에서는 북쪽 홍해에서 보기 어려운 귀상어, 환도상어, 대양 화이트팁 상어 등의 대형 어류들을 많이 볼 수 있는 혜택을 누릴 수 있다. 한국에서 홍해를 찾아가는 길은 미국이나 유럽을 가는 것과 별 차이가 없을 만큼 먼 길이며 항공료도 만만치는 않지만, 대신 홍해의 리브어보드는 요금이 다른 지역에 비해 꽤 저렴하기 때문에 전체 경비 면에서는 충분히 고려 할만한 가치가 있을 것이다. 홍해는 분명 찾아갈 때마다 새로운 매력을 발산하는 곳이다.

이집트 여행 가이드

인구 : 8천만 명

수도 : 카이로Cairo

종교 : 회교(90% 이상)

언어 : 아랍어

화폐 : 이집트 파운드(EGP, 1 EGP= 약 60원)

비자: 도착 비자(30일 체류, 25달러)

전기 : 220볼트 50헤르츠(유럽식 원형 2발 콘센트)

1. 이집트 일반 정보

▼ 이집트와 홍해의 위치

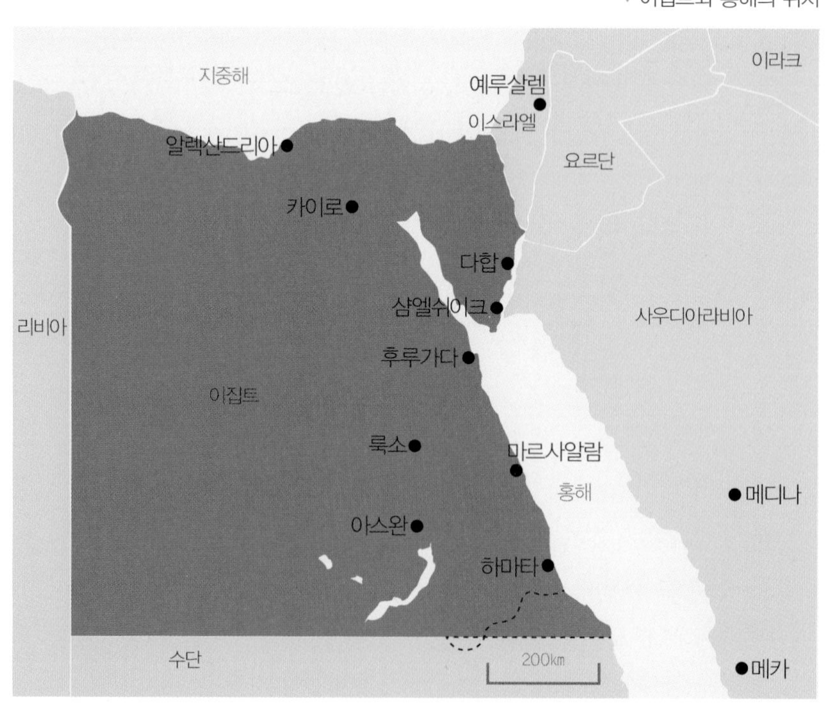

위치 및 지형

성경에서 모세가 이스라엘 백성들을 이끌고 이집트에서 시나이로 가기 위해 건넜던 바다로 유명한 홍해는 지구 상에서 손꼽히는 유명한 다이빙 여행지이기도 하다. 수많은 다이브 사이트들을 품고 있는 홍해는 북쪽으로는 이집트의 시나이 반도에서 시작하여 남쪽으로는 수단에 이르기까지 2,250㎞의 긴 해안선으로 이루어져 있으며, 이집트, 수단, 사우디아라비아 등 모두 일곱 개의 나라들이 이 바다에 접하고 있다. 홍해의 평균 수심은 500m이지만 깊은 곳은 2,500m에 달하는 곳도 있다. 북쪽으로는 수에즈 운하를 통해 지중해와 연결되며, 남쪽으로는 아덴 만을 통해 아라비아 해로 연결된다. 이집트 본토 쪽은 아프리카 대륙에 속하지만, 홍해 건너편 시나이 반도 쪽은 아시아 대륙의 일부이다. 지리적으로 유럽 대륙에 가깝기 때문에 수많은 유럽 다이버들이 찾는 곳임에도 불구하고 이집트 정부의 해양 보호 정책에 힘입어 훌륭한 자연 상태를 잘 유지하고 있어서 여전히 지구 상에서 가장 인기 있는 다이빙 지역으로 손꼽히고 있다.

기후

이집트의 날씨는 낮에는 덥고 밤에는 쌀쌀한 전형적인 사막 기후로 비는 거의 내리지 않는다. 이집트에는 무더운 여름Hot Summer 과 덜 더운 겨울Mild Winter 딱 2개의 계절만 존재한다. 겨울은 12월부터 5월까지로 평균 기온은 섭씨 20도에서 29도 정도이며, 여름은 6월부터 11월까지로 24도부터 42도까지 기온이 올라가기도 한다. 그러나 건조하고 낮은 습도로 인해 실제로 느끼는 더위의 강도는 숫자처럼 살인적이지는 않다. 밤에는 추위를 느낄 정도로 기온이 뚝 떨어지므로 이 지역을 여행할 경우에는 여름철에도 항상 가볍고 따뜻한 옷을 반드시 챙기도록 한다. 낮에도 강한 햇빛을 감안하여 긴팔 옷을 입는 편이 낫다. 특히 12월에서 2월까지의 겨울철에는 햇살이 내리쬐는 낮에도 선선하여 마치 한국의 가을 날씨를 연상시키며 밤에는 긴팔 셔츠에 재킷이나 스웨터를 입어야 할 정도로 쌀쌀함을 느끼므로 복장에 신경 쓰지 않으면 감기에 걸리기 쉽다. 수온은 섭씨 22도에서 30도 정도로 계절에 따라 변화의 폭이 매우 크다. 가장 쾌적한 시기로 관광객들이 가장 많이 찾는 시기는 4월부터 5월까지, 그리고 9월부터 11월까지의 기간이다.

▲ 이집트 후르가다와 마르사알람을 연결하는 사막의 고속도로

인구, 인종 및 종교

이집트의 인구는 약 8천만 명 정도이고, 수도인 카이로 지역에 1천 7백만 명이 살고 있다. 인종 구성은 이집트인과 베두인족 등이 주류를 이룬다. 전체 인구의 90% 이상이 회교도인 이슬람 국가이지만, 원리주의적 성격이 강한 중동 지역의 정통 회교 국가들에 비하면 종교가 사회에 미치는 영향은 비교적 부드러운 편이어서 자유로운 복장을 하고 거리를 활보하는 여성들을 쉽게 볼 수 있고, 와인이나 맥주와 같은 주류도 생산하고 판매한다.

▲ 이집트 맥주와 와인. 이집트는 이슬람 국가이지만 종교로 인한 사회적 제약이 그다지 크지 않아 맥주와 와인을 생산하고 판매한다. 외국에서 들여오는 주류에는 높은 관세가 붙으므로 엄청나게 비싼 반면 이집트산 맥주와 와인은 비교적 합리적인 가격에 구입할 수 있다.

언어

고대 이집트 문명이 꽃을 피울 시기에는 독자적인 문자와 언어를 가지고 있었지만, 이후 많은 역사적 격변을 겪으면서 여러 차례에 걸쳐 언어가 바뀌었고, 오늘날 이집트에서는 아랍어가 표준 언어로 사용되고 있다. 그러나 이집트에서 사용하는 아랍어는 중동 지역의 정통 아랍어와는 발음과 문법에서 상당한 차이가 있다고 한다. 대부분의 다이브 센터 또는 리브어보드에서는 영어가 표준 언어로 사용되고 있다.

전기와 통신

이집트 대부분의 지역에서 220볼트 50헤르츠의 전기를 사용한다. 콘센트는 한국과 비슷한 유럽식 2발 라운드 핀 형식이므로 별도의 어댑터는 필요 없지만, 지역에 따라 구멍의 간격이 조금 달라서 플러그가 잘 들어가지 않는 경우도 있으므로 여행용 유니버설 어댑터가 있다면 하나쯤 가져가는 편이 바람직하다.

이집트의 이동 전화는 유럽 대륙 방식인 GSM 계통의 네트워크이며, 최대 이동 통신사는 보다폰Vodafone이다. 한국의 이동 통신사들과 자동 로밍 계약이 되어 있어 특별한 설정 없이 현지에서 한국 휴대폰을 사용할 수 있지만, 이집트는 통신 요금이 매우 비싼 국가에 속한다. . 도착 후 공항에서 선불 유심을 구입해 사용하는 것이 좋은데 보다폰의 3기가 짜리 유심을 70파운드(약 4천원) 정도의 가격으로 구입할 수 있다. 최근에는 커피숍이나 식당 등에서 와이파이를 제공하는 경우도 많아졌다. 리브어보드 중에는 항구에 정박 중 와이파이를 사용할 수 있는 배들도 있으므로 사전에 확인해 보도록 한다. 대형 호텔의 경우 와이파이 사용에 요금을 받는 경우도 있는데, 한 시간에 미화 5달러 정도로 다른 물가와 비교할 때 그리 싼 편이 아니다.

치안과 안전

최근 반정부 시위 등 정정 불안, 메르스나 에볼라와 같은 중동 및 아프리카발 전염병의 공포 등으로 인해 이집트 여행이 안전한가에 대해 논란이 많은 것이 사실이며, 테러리스트들에 의한 위험 또한 상존하고 있는 지역임에는 틀림없다. 실제로 공항과 여행자들이 많이 찾는 지역에서 아직도 중무장한 군인들과 경찰들을 볼 수 있다. 필자가 후르가다 지역에 체재하고 있는 기간 중에도 인근 시나이 반도 이스라엘 국경 지역에서 폭탄 테러가 발생하여 한국인들이 많이 죽고 다치는 사고가 생기기도 하였다. 그럼에도 불구하고 아직도 수많은 관광객과 다이버들이 이집트를 찾고 있으며 특히 다이버들이 주로 찾는 홍해 인근 지역에서는 테러리스트들에 의한 사고가 발생하는 경우는 거의 없다고 한다. 그러나 정치적 성격을 띤 집회 주변이나 사람들이 많이 몰리는 곳은 최대한 피하는 것이 자신의 안전을 지키는 최선의 방법일 것이다. 후르가다나 샤름엘셰이크 등에는 유럽과 러시아 관광객들이 많은데 특히 밤에 술 취한 러시아 사람들과 시비가 붙지 않도록 주의한다. 전통적으로 아랍권에서는 서구인들에 대한 반감이 있는데 과거에 비해 많이 좋아졌다고는 하지만 아직도 더러 그런 잔재들을 발견할 수 있다. 그러나 한국을 비롯한 아시아인에 대해서는 대체로 호의적인 편이다.

2015년 한국을 공포로 몰아넣은 에볼라 파동을 겪기는 했지만, 이집트는 특별히 위험한 질병 지역은 아니며 입국할 때 백신 접종을 요구하지도 않는다. 그러나 사막 기후 지역이니만큼 개인 위생에 신경을 써야 한다. 가장 중요한 것은 적어도 하루 3리터 이상의 물을 마셔서 탈수증을 예방하는 일이다. 물은 반드시 병에 든 생수를 마시되, 뚜껑이 확실히 봉해져 있는지를 확인하도록 한다. 믿을 만한 호텔이 아닌 이상 수돗물은 물론 우유나 과일 주스, 얼음 등도 먹지 않도록 한다. 음식은 반드시 완전히 조리된 것만 먹되 거리나 시장의 음식은 피하도록 하고, 과일도 본인이 직접 씻거나 껍질을 벗긴 것만 먹도록 한다. 이집트의 모기들은 말라리아를 전파하지는 않지만 물리면 상당히 고통스러우므로 모기약을 준비해 가는 것이 좋다. 관광 지역에서는 병원과 약국을 어렵지 않게 찾을 수 있고 큰 호텔에는 의사가 상주하는 경우가 많다. 그러나 본인이 복용하는 처방약과 상비약은 미리 준비해서 휴대하도록 한다. 다이버들이 많이 찾는 후르가다, 샤름엘셰이크, 마르사알람 등의 도시에는 재압 체임버를 갖춘 병원들이 있다.

시차

이집트의 표준 시각은 GMT+2이지만, 4월의 마지막 목요일부터 9월의 마지막 목요일까지는 서머 타임이 적용되어 GMT+3이 된다. 그러나 2015년처럼 간혹 특별한 이유도 없이 서머 타임 적용이 느닷없이 취소되는 경우도 있으므로 미리 확인해 두어야 한다. 표준 시각 때의 시각은 동유럽 표준시를 따르므로 한국 시각으로 정오가 카이로 시각으로는 새벽 5시가 된다. 이집트는 회교 국가이므로 휴일은 금요일과 토요일이다. 대부분의 공공 기관이나 은행들은 오전 9시경 문을 열고 오후 2시면 문을 닫는다. 관광 지역의 상점들은 비교적 늦은 시간까지 영업하는 경우가 많지만, 비수기인 겨울에는 오후 2시경에 문을 닫는 곳도 많다.

2. 이집트 여행 정보

이집트 입출국

한국인을 포함한 대부분의 다이버들은 카이로 국제공항을 경유하여 홍해 관문도시 세 군데 중 하나로 들어가게 된다. 현재 한국에서 카이로까지는 직항편이 없기 때문에 대부분 아랍 에미레이트의 두바이, 카타르의 도하, 터키의 이스탄불 또는 싱가포르를 경유해서 카이로 국제공항에 도착한다. 카이로에서 샤름엘셰이크, 후르가다 또는 마르사알람 등 최종 목적지까지는 이집트항공을 비롯한 이집트 국내선 편으로 연결된다. 서울에서 홍해의 다이빙 지역까지는 비행기를 최소한 세 번은 갈아타야 한다는 의미이다. 인천공항에서 두바이를 경유하여 후르가다로 들어가는 경우, 비행기를 갈아타기 위한 공항 대기 시간을 제외한 비행 소요 시간은 서울에서 두바이까지가 열 시간 남짓, 두바이에서 카이로까지가 세 시간 반 정도, 그리고 카이로에서 후르가다까

▲ 이집트 도착 비자. 입국 수속을 받기 전에 청사 안에 있는 은행 창구에서 25달러에 구입하여 여권에 부착하여야 한다.

지가 한 시간 남짓 걸려서 총 15시간 정도이다. 환승 대기 시간까지를 고려한다면 보통 24시간 이상이 걸리는 먼 길이다.

카이로 공항은 구청사인 제1청사와 신청사인 제3청사로 나뉘어 있다. 제3청사는 이집트항공을 비롯하여 터키항공 등 스타 얼라이언스 계열의 항공사들이 사용하고 있으며 그 밖의 대부분의 국제선은 카이로 공항 제1청사에서 발착한다. 제2청사는 원래 유럽과 중동의 단거리 국제선 노선에 주로 이용되었지만 현재 전면적인 보수 공사를 하기 위해 폐쇄되어 있다. 제1청사 터미널은 건설한 지 꽤 오래된 낡은 건물로 규모 또한 생각보다는 크지 않으며 부대시설도 빈약한 편이다. 청사 좌측이 입국장, 우측이 출국장이다. 제1청사로 입국한 경우 홍해 다이빙의 거점도시인 샤름엘셰이크, 후르가다 또는 마르사알람으로 가려면 이집트항공 국내선으로 갈아타야 하는데 그러려면 제3청사로 이동해야 한다. 제1청사와 제3청사 간을 이동하는 가장 좋은 방법으로는 '피플 무버People Mover'라고 부르는 모노레일을 타는 것이다. 제1청사의 모노레일 역은 터미널을 나와서 바로 왼쪽에 있으며 제3청사의 역은 터미널을 나와서 오른쪽으로 표지판을 따라 제2청사 쪽 방향으로 약 5분 정도 걸으면 된다. 제1청사와 제3청사를 이동하는 시간은 10분 정도에 불과하지만 모노레일의 운행 간격이 꽤 길기 때문에 시간적인 여유를 가지고 움직이는 것이 좋다. 카이로 공항에서 터미널이 바뀌는 경우 비행기 환승 시간은 최소한 3시간 이상을 확보하도록 한다. 청사 밖에는 여행객들에게 미소 지으며 접근하여 택시를 타라고 호객하는 사람들이 많은데 이런 무허가 택시는 절대 타지 않도록 한다. 차에 탈 때까지는 무척 친절하다가도 막상 차에 오르면 어디선가 또 다른 사람이 조수석에 타고 공항 청사를 벗어나자마자 공포 분위기를 조성하여 바가지를 씌우는 일이 비일비재하기

▲ 카이로 공항 제1청사. 대부분의 외국 항공사 국제선은 이 터미널에서 발착한다. 반면 이집트항공을 비롯한 스타 얼라이언스 항공사들은 이곳에서 멀리 떨어져 있는 제3청사를 이용하기 때문에 터미널 간의 이동이 필요하다.

▲ 카이로 국제공항 제1청사의 '피플 무버' 모노레일 정거장. 제1청사와 제3청사 간을 이동하는 경우 이 모노레일을 타는 것이 가장 편리한 방법이다.

때문이다.

카이로 공항의 세관 또한 악명이 높다. 특히 다이버로 보이는 외국인들의 가방은 열어서 검사한 후 시비를 거는 경우가 많다. 시비의 단골 메뉴는 배터리, 라이터, 술병 등이며, 출국할 때는 지갑 속에 남아 있는 이집트 화폐까지 트집의 대상이 되곤 한다. 물론 원칙적으로 화물에 포함되어 있는 배터리나 라이터는 논란의 소지가 있기는 하지만 그렇다고 마냥 시비를 따지다가는 카메라나 다이브 라이트에 사용할 건전지를 모두 압수당해서 낭패를 보는 경우도 발생할 수 있다. 이럴 때는 미리 주머니에 잔돈 2~3달러 정도를 준비했다가 슬며시 건네주면 대개 그냥 통과된다. 다이브 라이트에 사용되는 배터리는 공항마다 규정이 조금씩 달라서 다이버 여행자들의 애를 먹이는 경우가 많다. 한국 인천공항의 경우 체크인 백에 배터리가 장착된 다이브 라이트를 넣을 수 없으며 배터리를 빼낸 상태에서 기내 반입용 가방에 넣어 가야 한다. 그러나 이집트의 카이로 공항이나 샤름엘셰이크 공항의 경우 반대로 배터리가 들어 있는 다이브 라이트를 기내 휴대품으로 가져갈 수 없으며 반드시 체크인 백에 넣어야만 한다는 점도 알아두는 것이 좋겠다.

인근 중동의 아랍 지역 형제 국가 국민들을 제외한 모든 방문자들은 이집트 관광 비자를 받아야 하며, 유효 기간이 6개월 이상 남은 여권과 체재 기간 중에 필요한 경비, 그리고 귀국 항공권을 소지해야 한다. 30일간 유효한 단수 입국 비자는 여행 전 이집트 공관에서 발급받아도 좋지만, 입국 공항에서 도착 비자VOA; Visa On Arrival를 받는 편이 보다 쉬운 방법이다. 도착 비자는 한국을 비롯한 일부 국가의 국민들에게만 허용되는데, 비행기에서 내려 입국 심사를 받기 전에 청사 안에 있는 환전소나 은행 창

▲ 카이로에서 후르가다까지 운항하는 이집트항공의 국내선 항공기. 이집트항공은 카이로에서 샤름엘셰이크, 후르가다, 마르사알람 등 주요 다이빙 거점 도시로 항공편을 운항하고 있다.

▲ 대부분의 홍해 리브어보드들은 고객 다이버들을 위해 인근 공항이나 시내의 호텔로부터 보트가 정박하고 있는 곳까지 픽업 서비스를 제공한다. 대부분 사진과 같은 밴 차량을 이용하므로 쾌적하고 신속하게 이동이 가능하다.

구에서 구입하여 여권에 붙인 후 입국 심사를 받으면 된다. 도착 비자의 가격은 2014년까지는 15달러였지만, 2015년부터 25달러로 크게 올랐다. 비자의 구입은 미화로만 가능하며 이집트 파운드화는 사용할 수 없다는 점도 참고하도록 한다. 도착 비자가 아닌 정규 비자를 받아야 하는 국가의 국민일 경우 이집트 비자는 받기가 매우 까다롭기로 유명하므로 충분한 시간을 두고 준비하는 것이 좋다.

극남홍해 지역의 수단 수역까지 방문할 계획이라면 수단 비자까지 받아야 하는데, 수단 비자는 도착 비자 형태로 주지 않으므로 여행 전에 수단 공관에서 미리 정규 비자를 받아야 한다. 그런데 수단 비자는 이집트 비자 받기보다 훨씬 더 까다로우므로 개별적으로 시도하기보다는 리브어보드를 예약할 때 현지 에이전트를 통해 받는 편이 그나마 수월한 편이다. 수단 비자는 수수료도 6백 달러 이상으로 매우 비쌀 뿐 아니라 시간도 많이 걸리기 때문에 충분한 여유를 두고 계획을 세워야 한다. 수단 수역에 들어가는 리브어보드를 타는 경우 수단 입국 수속을 하는 순간 기존의 이집트 비자는 효력을 잃으며, 항해를 마치고 다시 이집트 수역으로 들어올 때 이집트 비자를 다시 받아야 하므로, 혹시 이집트 공관을 통해 단수 방문 비자를 받은 경우에는 주의해야 한다. 이는 태국에서 출항해서 미얀마 수역으로 들어가는 리브어보드를 타는 경우 태국 입국 수속을 두 번 받는 것과 같은 상황이라고 볼 수 있다.

현지 교통편

후르가다를 비롯한 대부분의 이집트 지방 도시들에서는 미니 버스가 시내 교통의 주역을 담당하고 있다. 마치 필리핀의 지프니처럼 정해진 노선을 운행하는 저렴한 대중교통 수단이다. 그다음으로 많이 이용하는 것이 택시인데 요금은 미터를 사용하지 않고 운전사 마음대로 부르기 때문에 반드시 타기 전에 가격을 흥정한 후 택시에 오르도록 한다.

리브어보드를 타려는 다이버들이 공항이나 호텔에서 보트가 정박하고 있는 항구로 이동할 때에는 대개 리브어보드 회사 측에서 교통편을 제공하는 경우가 많다. 리브어보드 여정이 끝난 후 공항이나 시내의 호텔로 돌아올 때도 마찬가지이다. 이런 교통편은 보트에 따라 무료로 제공되기도 하고 또는 약간의 요금을 받기도 하지만, 외국인 다이버의 입장에서는 가장 편리한 방법이기 때문에 이것을 이용하는 것이 좋다.

통화와 환전

이집트의 법정 통화는 이집트 파운드EGP이

다. 지폐는 50파운드, 20파운드, 5파운드권이 많이 통용되며 통용되며 특히 5파운드와 10파운드짜리 잔돈이 요긴하게 많이 쓰인다. 2017년 8월 현재 환율로 1이집트 파운드는 한화로 대략 60원 정도이다. 미화 1달러는 현지화로 20파운드 정도라고 보면 되겠다. 한국에서 출국할 때는 가급적 유로화 또는 미화로 환전한 후 현지에서 필요한 만큼만 이집트 파운드로 바꾸는 것이 환율 면에서 더 유리하다. 지리적으로 이집트가 유럽 대륙과 가까운 탓에 홍해 지역에는 유럽 다이버들과 관광객들이 많으며, 따라서 화폐도 미국 달러보다는 유로화가 더 많이 통용된다. 현지의 리조트 또는 리브어보드에 체재할 경우에는 현지화를 쓸 일이 거의 없으며, 시내 대부분의 식당이나 상점에서도 유로화 또는 미화를 사용할 수 있으므로 많은 돈을 바꿀 필요는 없을 것이다.

▲ 이집트 파운드화. 대략 1파운드가 한국 돈으로 160원 정도의 비율로 교환된다. 5파운드 지폐는 미화 1달러를 대신할 수 있는 용도로 현지에서 많이 사용되므로 여유 있게 준비해 두는 것이 좋다.

팁

이집트에서 팁은 박시시Baksheesh라고 하는데 어떤 형태로든 서비스를 제공하면 누구든지 이 박시시를 기대하기 때문에 항상 소액권 지폐를 충분히 가지고 다니는 편이 좋다. 필자는 공항 화장실에서 만난 현지인이 즐거운 여행이 되라고 느닷없이 한 마디 건넨 후 박시시를 달라고 손을 내미는 경우도 경험했다. 식당에서는 청구서에 7%의 세금과 12%의 서비스 차지가 포함되어 있는 경우가 많지만, 서비스가 좋은 웨이터에게는 별도로 5%에서 10% 정도의 팁을 직접 건네는 것이 관례이다. 택시 운전기사에게는 미터 요금의 10% 정도가 일반적인 팁이지만, 미리 요금을 흥정하고 가는 경우에는 팁을 주지 않아도 좋다. 가방을 들어준다든지 길을 가르쳐 주는 등 대부분의 사소한 서비스들에는 현지화 5파운드 또는 미화 1달러이면 충분하다.

리브어보드에서의 팁은 여정이 모두 끝난 마지막 저녁에 선실에 준비된 봉투에 넣어서 전달한다. 팁은 다이브 가이드를 위한 봉투와, 선장을 비롯한 보트 스태프들을 위한 봉투가 따로 마련되어 있는데 팁의 총액은 리브어보드 요금의 10% 정도가 적당하다. 물론 서비스에 따라서 조금 더 주거나 덜 줄 수 있다. 참고로 최근의 홍해 리브어보드 스태프들에 대한 팁은 최소 금액이

50유로로 간주되고 있다. 이 금액을 전제로 스태프들의 인건비가 산정된다고 한다. 다이브 가이드에 대해서는 별도의 가이드라인이 없지만 통상 스태프들에 대한 팁과 같은 금액을 주는 것이 리브어보드 세계에서는 거의 관례에 가깝다. 이집트에서는 법에 따라 25로그 미만의 다이버들은 의무적으로 전문 가이드의 인솔 하에서만 다이빙을 할 수 있다. 그러나 그 이상의 경험이 있는 다이버들은 원할 경우에만 다이브 마스터가 가이드를 해 준다. 가이드를 원치 않을 경우에는 다이빙 전 브리핑을 듣고 버디와 함께 스스로 다이빙을 하면 된다. 가이드 서비스를 받는 경우 다이빙 비용에 추가하여 1인당 1회에 5유로 정도씩 가이드 비용이 청구되는 것이 보통이며 이 경우 따로 가이드 팁을 주지 않아도 좋다. 이런 이유로 홍해 리브어보드에서 다이브 가이드의 가이드 서비스를 받지 않은 경우 팁을 조금만 주는 다이버들도 많다. 반대로 다이빙할 때 가이드 서비스를 받은 경우 1회당 5유로 정도씩은 계산해서 추가해 주어야 한다. 대부분의 다이빙에서 가이드가 동반한 경우 가이드들에 대한 팁은 일주일 일정을 기준으로 다이버 한 사람당 50유로 정도가 적당하다고 여겨진다.

물가

이집트의 일반적인 물가 수준은 동남아 국가들 정도로 비교적 저렴한 편이다. 산유국인 만큼 연료비와 전기료 등이 싸지만, 관광 산업을 제외한 자체적인 산업 기반이 거의 없어서 공산품의 가격은 그다지 싸지 않다. 관광객들과 관련된 주요 물가들은 대략 다음과 같다.

현지 음식점에서 간단한 식사	50파운드
맥도널드 빅맥 세트	60파운드
생수	3파운드
콜라	5파운드
이집트 맥주	23파운드
수입 맥주	30파운드
커피(카푸치노)	24파운드
담배(말보로, 갑)	30파운드

아랍인들은 모두 천부적인 장사꾼들이다. 물건을 살 때 흥정하는 것은 이집트인들에게는 삶의 일부일 정도로 당연시 된다. 상점에서 물건을 살 때 처음 부르는 가격의 절반 이하로 사게 되는 경우가 다반사이다. 심지어는 약국에서 간단한 약품을 살 때도 바가지를 쓰는 경우가 많을 정도이다. 물건을 살 때는 항상 밝은 표정을 유지하되 언제든지 가게를 떠날 준비를 하고 흥정하도록 한다. 흥정이 깨져서 가게 문을 나서면 등 뒤에서 다시 불러 싼 가격에 가져가라는 경우가 자주 있기 때문이다.

홍해 다이빙 가이드

다이브 포인트 요약

지역	포인트	수심(m)	난이도	특징
다합	아일랜드	1~15	초급	비치, 리프, 마크로
	라이트하우스 리프	1~20	초중급	비치, 리프, 마크로, 야간
	일 가든	1~30	초중급	비치, 리프, 마크로
	아부 헬랄	7~30+	초중급	비치, 리프, 마크로, 딥
	아부 탈하	6~30+	초중급	비치, 리프, 마크로, 딥
	캐니언	6~30+	초중급	비치, 리프, 마크로, 월, 딥, 수중 지형
	벨스/블루홀	10~30+	중상급	동굴, 월, 마크로, 대형 어류, 딥
	라스 아부 갈룸	1~30	중급	비치, 마크로, 수중 지형
	골든 블록	1~30	초중급	비치, 마크로, 수중 지형
	샤크 케이브	1~30	초중급	비치, 마크로, 수중 지형
	쓰리 풀스	3~30	초중급	비치, 마크로, 수중 지형
북홍해	케어리스 리프	5~18	초중급	월, 리프, 바라쿠다, 잭피시
	크리솔라 K(아부 누하스)	4~26	중급	렉, 마크로
	카르나틱(아부 누하스)	18~30+	중급	렉, 마크로
	기아니스 D(아부 누하스)	5~30	중급	렉, 마크로
	엘미나 렉	18~30	중급	렉, 마크로
	구발 바지	15~25	초중급	렉, 마크로
	킹스턴 렉	8~16	초중급	렉, 마크로
	로살리 몰러 렉	25~50	상급	렉, 딥
	스몰 기프툰 섬	10~40+	중상급	월, 딥, 드리프트, 마크로
	율리시스 렉	20~30	중상급	렉, 마크로, 돌고래
	둔라벤 렉	15~30	중상급	렉, 마크로
	라스 모하메드	10~25	중상급	리프, 마크로
	티스틀레곰 렉	25~40	중상급	렉, 딥, 마크로
	샬렘 익스프레스 렉	25~40	중상급	렉, 딥
남홍해	아부 다밥	5~20	초중급	리프, 렉, 터널, 써모클라인
	빅 브라더	5~40+	중상급	월, 딥, 리프, 렉, 드리프트, 상어
	리틀 브라더	3~40+	중상급	월, 딥, 드리프트, 환도 상어, 귀상어
	데달루스 리프	5~30+	중상급	월, 딥, 블루 워터, 귀상어
	엘핀스톤 리프	1~40	중상급	동굴, 딥, 대양 화이트팁, 대형 어류
	힌드만 리프	2~14	초급	리프, 마크로, 야간
	파노라마 리프	10~40	중상급	월, 딥, 마크로, 대형 어류
	라스 토롬비	6~18	초중급	리프, 거북이, 돌고래, 상어
	샤아브 샤름	10~40+	중상급	월, 딥, 동굴, 귀상어

지역	포인트	수심(m)	난이도	특징
극남홍해	**파라다이스 리프**	5~30	**중급**	수중 지형, 동굴, 리프, 월, 야간
	세인트존스 케이브	6~15	**중급**	수중 지형, 동굴, 리프
	세르나카	10~50	**중상급**	렉, 딥
	샤아브 클라우디오	5~25	**중급**	리프, 동굴, 수중 지형, 마크로
	샤아브 막사워	5~40+	**중상급**	월, 드리프트, 수중 지형, 대형 어류
	아부 갈라와 케비라	5~30	**중급**	리프, 렉, 야간
	아부 갈라와 소가이르	7~17	**초중급**	리프, 마크로, 렉
	로키 아일랜드	5~30+	**중상급**	월, 드리프트, 대형 어류, 수중 지형
	터틀 베이	5~30+	**중상급**	수중 지형, 터널, 대형 어류, 드리프트
	킨카 렉	10~24	**중급**	렉, 마크로
	넵튜나	5~15	**초중급**	렉, 마크로
	하빌리 알리	5~40+	**중상급**	수중 지형, 드리프트, 대형 어류
	고타 케비라	5~40+	**중상급**	수중 지형, 드리프트, 대형 어류
	고타 소가이르	5~40+	**중상급**	수중 지형, 드리프트, 대형 어류
	할릴리 가파르	5~40+	**중상급**	수중 지형, 드리프트, 대형 어류
	데인저러스 리프	5~25	**중급**	리프, 마크로, 야간
	아부 바살라	5~25	**중급**	리프, 수중 지형, 마크로

3. 홍해 다이빙 개요

홍해Red Sea는 세계의 모든 다이버들이 적어도 한번은 가 보기를 원하는 곳 중 하나로 항상 꼽히곤 하는 세계적인 수준의 다이빙 여행지이다. 홍해의 바닷속에는 1,000여 종이 넘는 무척추 해양 동물들과 200여 종 이상의 각종 산호들이 있으며 1,100종 이상의 어류들이 서식한다고 한다. 이들 생물 중 20% 정도가 오직 홍해 지역에서만 발견되는 특

▼ 사막과 바다가 만나는 홍해는 전 세계의 다이버들이 한번은 가 보고 싶어하는 세계적인 다이브 목적지이다.

성이 있어 홍해에서의 다이빙을 더욱 흥미롭게 만든다. 비교적 낮은 수심의 산호초 지역부터 드리프트 다이빙, 딥 다이빙, 월 다이빙은 물론 적지 않은 난파선 다이빙 사이트도 도처에 가지고 있는 다양성도 홍해의 특징이다.

홍해에는 헤아릴 수 없을 정도로 많은 다이브 사이트들이 있다. 홍해를 처음 찾는 다이버들은 대개 시나이 반도 쪽에 자리 잡은 샤름엘셰이크나 다합, 또는 홍해 북부 본토 쪽에 있는 후르가다를 찾는다. 이곳에는 '라스 모하메드'를 비롯하여 열 군데 이상의 난파선 사이트들이 흩어져 있으며 바라쿠다, 바다거북, 이글레이 등을 자주 볼 수 있다. 샤름엘셰이크나 후르가다를 기점으로 하는 북쪽 홍해에서의 다이빙은 대부분 리프 다이빙 또는 렉(난파선) 다이빙이다. 특히 이 지역에는 대형 난파선들이 많아서 렉을 좋아하는 다이버들에게는 천국과 같은 곳이지만, 반면 상어나 만타레이 등 대형 어류들은 거의 보기 힘든 곳이므로 이런 녀석들을 기대하고 북쪽 홍해를 찾는다면 실망할 가능성이 크다.

홍해를 이미 여러 번 찾은 다이버들은 후르가다나 샤름엘셰이크 대신 남쪽 홍해의 관문인 마르사알람 쪽을 찾는다. 이곳을 기점으로 대양 상어들의 활동이 활발한 브라더스, 엘핀스톤 및 세인트존스 등 상급 수준의 다이버들이 선호하는 다이브 사이트들이 있다. 이 지역들은 대양 화이트팁 상어Oceanic Whitetip Shark를 비롯하여 대형 대양 어류들을 볼 수 있는 확률이 가능 큰 곳으로도 알려져 있으며 흥미로운 동굴과 터널들이 많은 곳이기도 하다. 최근 들어서는 아예 더 남쪽으로 내려가 수단 수역까지 들어가는 리브어보드들도 많이 생기고 있다. 남쪽 홍해는 북쪽에 비해 대물들을 볼 기회가 많기는 하지만, 조류가 매우 강해서 초보 다이버들에게는 적합하지 않다. 이집트 법에 따르면 남쪽 홍해의 국립 공원 수역에서 다이빙을 하기 위해서는 최소한 50로그 이상의 경험을 로그북을 통해 입증해야 한다. 따라서 홍해를 찾을 때는 반드시 50회 이상의 다이빙 기록이 있는 로그북을 지참해야 한다.

홍해 다이빙

이집트 홍해 지역에도 많은 다이브 리조트들이 있으며 이런 곳에 묵으면서도 다양한 다이브 사이트들을 선택하여 다이빙을 즐길 수 있다. 그러나 홍해 다이빙을 제대로 즐기기 위해서는 역시 리브어보드를 타는 것이 최선의 선택이다. 홍해 지역에는 수많은 리브어보드들이 있으며 북쪽의 시나이 반도나 후르가다 인근 렉 지역에서부터 남쪽의 세인트존스에 이르기까지 육지 다이빙으로는 쉽게 접근하기 어려운 다양한 다이브 사이트들로 다이버들을 안내한다.

홍해는 비록 그 모습이 기다란 만灣 형태이기는 하지만, 매우 넓은 바다이며 200개 이상의 다이브 포인트가 있어서 한두 차례의 여행으로 홍해의 전체 모습을 이해한다는 것은 무리라고 생각된다. 어떤 리브어보드도 홍해 전체를 커버하지는 못하며 나름대로 일부 지역을 정해 전문적인 여정을 제공하고 있다. 지역별로 다이빙 특성과 환경, 요구 조건들이 다르므로 본인의 수준과 취향에 알맞은 목적지와 코스를 정하는 것이 홍해 다이빙에 있어서 매우 중요한 요소이다.

홍해의 다이빙 지역은 크게 북쪽 홍해와 남쪽 홍해로 구분되며 이 두 지역은 완전히 다른 다이빙 환경을 가지고 있다. 북쪽 홍해 지역은 다시 다합과 샤름엘셰이크를 포함한 시나이 반도 지역과 후르가다 인근 지역으로 구분되며, 남홍해는 다시 마르사알람 주변의 남홍해 지역과 로키 아일랜드와 세인트존스를 중심으로 하는 극남홍해 지역으로 구분된다. 북홍해 지역은 조류가 강하지 않고 수면 상태도 상대적으로 잔잔하며 렉 다이빙이 주종을 이루는 반면 상어와 같은 대형 어류들은 거의 만나기 어렵다. 반대로 남홍해 지역은 거의 항상 세찬 조류와 파도가 있지만 귀상어, 환도상어, 대양 화이트팁 상어 등 대형 어류들을 쉽게 만날 수 있다.

▲ 후르가다와 시나이 반도 일대의 북쪽 홍해에는 수많은 난파선들이 널려 있어서 렉 다이빙의 천국으로 알려져 있다.

▼ 남쪽 홍해에서는 귀상어를 비롯하여 환도상어, 대양 화이트팁 상어 등을 자주 만날 수 있다. 사진은 데달루스 리프에서 조우한 귀상어

▼ 홍해의 다이빙 지역별 특성

구분	지역	관문도시	다이빙 특징	최소요건
북쪽 홍해	아카바 만	샤름엘셰이크, 다합	비치 다이빙, 리프 다이빙	오픈 워터
	북홍해	후르가다	렉 다이빙, 리프 다이빙	
남쪽 홍해	남홍해	마르사알람, 하마타	월 다이빙, 블루 워터 다이빙, 상어 다이빙	50로그 이상
	극남홍해		동굴 다이빙, 렉 다이빙, 상어 다이빙	

다이빙 시즌

홍해에서는 연중 언제든지 다이빙이 가능하지만 계절에 따라 수온이 큰 폭으로 달라진다. 6월부터 10월까지는 수온이 섭씨 25도 이상을 유지하며 특히 8월과 9월에는 28도 정도까지 올라가지만, 1월에는 20도까지 떨어진다. 따라서 방문하는 시기에 따라 적절한 두께의 수트를 입는 것이 중요하다. 한국을 기준으로 겨울철에는 7밀리 풀 수트를, 봄과 가을에는 5밀리 풀 수트를 그리고 여름철에는 3밀리 풀 수트를 챙기도록 한다. 기온 또한 8월에는 35도 이상까지 올라가지만, 12월부터 2월까지의 겨울철에는 20도 아래로까지 내려가므로 추운 날씨나 찬물에서의 다이빙에 익숙지 않은 사람들은 이 시기는 피하는 것이 좋다.

▼ 홍해 지역 월평균 기온 및 수온 (단위 : ℃)

	1월	2월	3월	4월	5월	6월	7월	8월	9월	10월	11월	12월
평균 기온	17	18	20	23	27	31	35	35	30	28	24	20
평균 수온	20	22	22	23	24	25	26	28	27	25	24	22

홍해의 고래상어 시즌은 5월 말부터 7월 말까지이다. 이 시기에 고래상어는 홍해 북쪽 지역에서 주로 발견되지만 남쪽 지역에서도 가끔씩 출현한다. 이 시기에는 특히 홍해 전역의 수중에서 플랑크톤들의 활동이 왕성한 시기여서 만타레이 등의 대물이 많이 나타나는 때이기도 하다. 반면 겨울철에는 한낮의 엄청난 더위를 피할 수 있고 시야가 최대로 맑아지는 시기여서 추운 유럽의 날씨로부터 탈출하려는 유럽 다이버들을 비롯하여 많은 다이버들이 역시 홍해를 찾는다. 주로 남쪽 홍해 지역에서 각종 상어 종류, 돌고래, 듀공 등은 연중 출현하며 특히 겨울철에는 찬물을 선호하는 환도상어 등도 나타나곤 한다.

북홍해 지역인 시나이 반도와 후르가다 인근 지역은 연중 다이빙이 가능한 곳이다. 수온은 7월부터 9월까지가 섭씨 27도에서 29도로 가장 높다. 10월부터 11월까지는 25도에서 27도 정도로 떨어지고 2월에 섭씨 22도 정도로 연중 가장 차가운 수온이 형성된다. 이후 수온은 점차 상승하기 시작하여 3월부터 6월까지는 23도에서 26도 정도가 된다. 기온 또한 수온과 비슷한 패턴으로 변화하는데 여름철에는 섭씨 35도에서 38도 정도, 겨울에는 22도에서 24도 정도의 분포를 보인다. 샤름엘셰이크 지역의 다이빙 피크 시즌은 10월과 11월이며, 12월부터 2월까지의 겨울철이 비수기로 간주되는데, 이때는 파도가 높은 날도 많아진다.

남쪽 홍해 지역의 날씨는 북쪽 지역에 비해 약간 더 따뜻한 편이다. 수온은 7월부터 9월까지가 섭씨 28도에서 30도 정도로 가장 높으며, 10월부터 11월까지는 27도에서 28도 정도로 떨어진다. 12월부터 2월까지의 겨울철에는 26도에서 23도까지 낮아졌다가 3월부터 6월까지 다시 24도에서 27도로 올라간다. 남쪽 홍해에는 이곳을 항해하는 리브어보드에 영향을 주는 두 개의 계절풍이 있는데, 5월부터 9월까지는 여름 바람이 불고, 10월부터 4월까지는 보다 강한 겨울 바람이 분다. 바람이 강하게 불면 아무래도 항해에 영향을 받기는 하지만, 대부분의 리브어보드들이 항해에 지장을 줄 정도의 바람이 불면 예정된 루트를 변경하여 우회하는 방법으로 문제를 해결한다.

대양 화이트팁 상어는 세인트존스 지역에서 5월이나 6월에 자주 나타나고, 엘핀스

▲ 세미 드라이 수트와 후드, 장갑으로 중무장한 홍해 리브어보드의 다이브 가이드. 홍해는 계절에 따라 수온의 변화가 심해서 방문하는 시기에 따라 3밀리부터 7밀리까지 다른 두께의 수트를 준비해 가야 한다.

▼ 남홍해의 데달루스 리프 지역에서는 희귀한 환도상어를 만날 수 있다.

톤 및 기타 남홍해 지역에서는 10월부터 12월 말까지의 기간에 나타날 확률이 가장 높다. 환도상어는 가을철부터 겨울철에 이르는 기간에 주로 브라더스나 데달루스 먼 바다 지역에서 많이 나타난다. 귀상어는 여름철 데달루스 지역에서 주로 목격되며, 만타레이와 고래상어는 4월부터 5월까지 세인트존스, 데달루스, 브라더스 지역에서 자주 목격되므로 방문 시기를 정하는 데 참고하는 것이 좋겠다.

홍해 리브어보드 다이빙

홍해에는 2백 개가 넘는 많은 다이브 포인트들이 있고 그중 상당수는 육지에서 멀리 떨어진 곳에 위치하고 있어서 데이 트립으로는 들어갈 수 없는 곳이 많다. 홍해 다이빙을 제대로 즐기려면 리브어보드를 타는 것이 최선의 선택이라는 의미이다. 홍해의 리브어보드는 다른 지역에 비해 시설과 서비스는 뛰어난 반면 가격은 상대적으로 저렴한 편이어서 7일짜리 코스를 미화 1천 달러 이하의 비용으로도 예약이 가능하다. 리브어보드에서는 하루에 보통 네 차례의 다이빙을 한다는 점을 고려한다면 다이빙 회당 비용으로 볼 때 랜드 베이스 다이빙에 비해 오히려 더 경제적인 선택일 수도 있다.

홍해 전역에는 수많은 리브어보드들이 있지만, 이들은 주로 운항하는 코스가 정해져 있다. 또 가격대에 따라 저가형부터 럭셔리 급까지 선택의 폭이 다양하다. 홍해 리브어

▲ 후르가다 항구에 정박하고 있는 리브어보드 보트들. 홍해 다이빙을 즐기는 가장 좋은 방법인 리브어보드는 보트마다 북홍해, 남홍해, 극남홍해 등 세부적인 루트를 정해서 운항하며, 다른 지역의 리브어보드에 비해 요금도 저렴한 편이다.

▼ 리브어보드에서 제공되는 음식. 식사는 대부분 사진과 같이 뷔페식으로 제공되지만, 일부 럭셔리 요트에서는 주문을 받아 조리한 음식을 와인과 함께 웨이터가 서빙하는 경우도 있다.

보드를 타기로 결심했다면 가장 먼저 해야 할 일은 홍해의 어느 쪽을 목적지로 삼을 것인지를 결정하는 것이다. 북쪽인지 남쪽인지를 먼저 결정하고, 그다음 북쪽이라면 시나이 반도 중심인지 후르가다 중심인지를 다시 정한다. 남쪽을 선택했다면 남홍해나 극남홍해 중에서 판단하도록 한다. 홍해를 처음 가는 다이버라면 후르가다나 샤름엘셰이크로 들어가서 북쪽 홍해를 뛰는 리브어보드를 타는 것을 권하고 싶다. 특히 다이빙 경험이 많지 않은 초급 다이버라면 처음부터 남쪽을 목적지로 삼는 것은 위험한 선택이 될 가능성이 높다. 목적지가 결정되었으면 해당 지역을 운항하는 리브어보드 중에서 자신의 일정과 예산에 맞는 선박을 찾아 예약하면 된다. 홍해 리브어보드 예약은 온라인을 통해 어렵지 않게 할 수 있다. 인터넷 상에는 수많은 홍해 리브어보드 판매 대리 사이트들이 있지만, 필자가 추천하고 개인적으로 가장 자주 이용하는 사이트는 '다이브 더 월드(www.dive-the-world.com)' 이다. 적당한 리브어보드를 선택해서 예약 요청을 하면 자세한 정보 키트와 함께 입금 안내가 메일로 온다. 신용 카드 또는 페이팔로 리브어보드 요금을 입금하고 리브어보드에서 요구하는 인적 사항 정보와 일정 정보를 보내주면 곧 예약 확정 메일이 날아오게 된다.

홍해의 리브어보드는 코스도 다양하지만 보트 자체의 등급 또한 여러 가지여서 선택의 폭이 넓은 편이다. 일반적으로 7박짜리 표준 코스를 기준으로 미화 1천 달러 이하의 비교적 저렴한 등급과 1천 달러 이상의 중·고급 등급으로 구분하는데, 통상 1,200달러에서 1,500달러 정도면 홍해에서는 럭셔리한 고급 리브어보드 요트로 간주된다. 리브어보드 요금에는 공통적으로 가이드 동반 다이빙, 식사, 간식 및 숙박이 포함된다. 국립 공원 입장료는 별도로 징수한다. 다이빙 장비 렌털, 주류, 탄산음료, 나이트록스 사용료, 공항이나 호텔에서 보트까지의 왕복 교통편 등은 리브어보드에 따라서 포함되는 경우도 있고 별도로 청구하는 경우도 있으며, 별도 비용이 필요한 경우에도 금액은 리브어보드별로 차이가 있으므로 이 부분은 예약 전에 미리 잘 확인해 보도록 한다. 홍해 지역에 취항하는 리브어보드들의 정보는 별첨 자료를 참고하도록 하고 여기에서는 홍해 리브어보드 다이빙에 관한 일반적인 정보들을 설명한다.

(1) 리브어보드 시설

리브어보드에는 적게는 10여 명, 많게는 20명 이상의 다이버들이 바다 위에서 먹고 자고 다이빙하며 생활할 수 있도록 충분한 시설이 갖춰져 있다. 구체적인 시설은 보트마다 조금씩 차이가 있지만 다음과 같은 정도가 일반적인 시설 수준이라고 보면 될 것이다.

•선박 : 대부분 4층 구조의 선박을 많이 사용한다. 아래층에는 다이버들이 잠을 잘 수 있는 선실Cabin들이 자리 잡고 있으며 위층은 라운지 등 휴식공간으로 많이 이용된다. 중간층에 식당, 휴게실, 다이빙 덱 등의 공동시설들이 배치되어 있다. 맨 꼭대기에는 대개 선 덱이 위치한다. 선박의 길이는 작은 보트가 20m 남짓이며 큰 요트는 40m 가까이 되는 것도 있다. 선박의 폭은 6m에서 9m 정도의 크기이다. 운항 속도는 대부분 10노트 내외인 경우가 많다. 통상 두 대의 디젤 엔진으로 추진되며 각종 항해 장비는 물론 위성 전화와 같은 통신 장비, 선박 내 전력을 충당하는 발전기, 바닷물을 담수로 바꿔주는 담수화 장치 등을 갖추고 있다. 고대 이집트 시절부터 나무를 다루는 데 익숙한 이집트인지라 이집트에서 건조되는 선박들은 대개 철제 선체보다는 목제 선체인 경우가 많다.

•선실 및 거주 공간 : 리브어보드의 선실은 주로 두 명이 함께 사용하도록 만들어져 있다. 구조는 여러 가지 형태가 있어서 두 개의 싱글 침대가 좌우로 배치되어 있는 트윈룸, 한 개의 더블베드가 있는 더블룸, 이층 침대 구조의 벙크룸 등이 있으며 더러 3인실이나 4인실을 갖춘 배들도 있다. 저가형 보트일수록 선실 공간이 좁아서

▲ 홍해에 정박 중인 한 리브어보드 보트. 리브어보드 보트는 대부분 4층 구조로 되어 있으며 선체의 길이는 20m에서 40m 사이이다. 다이버들을 본선에서 포인트까지 수송하기 위한 작은 스피드 보트를 별도로 달고 다니는데, 이 소형 스피드 보트를 홍해에서는 '조디악'이라고 부른다.

▼ 리브어보드의 선실 내부 모습. 사진에서 보는 것처럼 트윈 베드 형식의 2인실이 가장 보편적인 구조이지만 더블베드 또는 이층 침대를 갖춘 선실도 있다.

이층 침대를 주로 사용하며, 화장실도 선실마다 있는 것이 아니고 선실 외부에 공동으로 사용할 수 있는 화장실 겸 샤워실을 서너 개 정도 갖추고 있다. 럭셔리급 요트들은 선실이 상대적으로 넓어서 더 쾌적한 편이며 선실마다 개별 화장실과 샤워 시설을 갖추고 있다. 선실 내에 냉장고와 TV를 갖춘 것도 있으며, 휴대폰이나 카메라 등을 충전할 수 있는 전원 콘센트도 설치되어 있다.

•식당 및 편의 공간 : 선박의 수용 인원이 동시에 식사할 수 있는 식당과 다이버들이 휴식을 취하거나 브리핑을 받을 수 있는 라운지가 마련되어 있다. 식사는 하루 세끼가 제공되며 다이빙 중간에는 간식도 준비된다. 간단한 스낵과 커피, 차, 음료 등은 24시간 내내 언제든지 제공된다. 식사는 저가형 리브어보드에서는 주로 뷔페식으로 제공되며 맥주를 포함한 주류는 물론 탄산음료 등은 별도의 요금을 받는다. 럭셔리급 요트에서는 웨이터가 코스 음식을 서빙하는 형태로 제공되며 리브어보드 요금에 식사는 물론 탄산음료와 와인까지 포함되어 있는 경우도 있다. 메인 라운지 외에 위층에 별도의 오픈 라운지가 있는 경우가 많은데 이 공간은 주로 흡연자들이 담배를 피우는 곳으로 많이 사용된다. 요트에 따라서는 별도의 선 덱과 자쿠지까지 갖추고 있는 경우도 있다.

•다이빙 시설 : 리브어보드의 선미 쪽에 다이빙 덱이 설치되어 있는데, 다이빙 덱에는 각 다이버들을 위한 개인 사물함과 공기통, 수트 행거, 장비 세척조, 간단한 샤

▲ 리브어보드 보트의 다이빙 덱. 개인별로 사용하는 공기통 위치가 지정되어 있으며 나이트록스 믹서를 포함한 탱크 충전 장치와 수트 행거, 장비 세척조, 다이빙 플랫폼 등 다이빙에 필요한 모든 설비들이 갖추어져 있다.

▼ 리브어보드의 식당. 대부분의 보트들은 식당 외에 휴식을 위한 살롱과 같은 시설을 별도로 갖추고 있다.

워 시설이 마련되어 있다. 일단 자신의 공기통 위치를 결정하면 트립 기간 내내 같은 공기통을 사용하게 된다. 공기통은 매 다이빙이 끝나자마자 선박에 설치된 컴프레서를 이용하여 즉시 재충전하여 다음 다이빙에 사용할 수 있도록 해 준다. 홍해에서는 다이빙 시간이 평균 한 시간 정도로 긴 편이어서 많은 다이버들이 일반 압축공기보다는 나이트록스를 선호한다. 대부분의 리브어보드는 나이트록스 혼합 시설을 갖추고 있으며, 나이트록스가 요금에 포함되어 있는 경우와 추가 요금을 받는 경우가 있다. 선미 끝부분은 다이빙 플랫폼이며 출수 후 요트에 오를 수 있는 사다리가 설치되어 있다. 다이브 포인트가 요트에서 가까운 경우에는 플랫폼에서 바로 자이언트 스트라이드 방식으로 입수한다. 요트에서 다이브 포인트까지 어느 정도 거리를 이동해야 하는 경우에는 소형 고무보트 형태의 스피드 보트를 사용하는데, 이 소형 스피드 보트를 홍해 지역에서는 조디악Zodiac이라고 부른다. 조디악에서 입수하는 경우에는 대개 백롤 방식으로 들어간다.

(2) 리브어보드 다이빙

홍해의 리브어보드에서는 야간 다이빙을 포함하여 보통 하루에 4회의 다이빙이 이루어진다. 그러나 일정 중 첫날과 마지막 날은 2회 또는 3회 다이빙만 실시된다. 다만 국립 공원으로 지정된 수역과 남홍해의 일부 조류가 강한 지역에서는 야간 다이빙을 할 수 없다. 일반적으로 리브어보드에서의 다이빙은 여러가지 측면에서 랜드 베이스 다이빙에 비해 강도가 높은 편이어서 하루 4회 다이빙은 그다지 만만치 않으므로 항상 컨디션 유지에 신경을 써야 한다.

리브어보드에서는 영어에 능통한 홍해 전문 다이브 가이드들이 승선하는데, 가이드의 비율은 대개 다이버 10명당 1명꼴이다. 다이버들의 숫자에 비해 가이드들의 숫자가 상대적으로 적어 보이는 데에는 이유가 있다. 홍해의 리브어보드에서는 전통적으로 가이드의 인솔에 의한 다이빙보다는 버디끼리 자유롭게 다이빙하는 것이 더 보편화되어 있기 때문이다. 동남아 지역에서 항상 가이드와 함께 다이빙을 하던 다이버들에게는 다소 생소할 수 있겠지만, 사전 브리핑을 잘 듣고 이해한다면 굳이 가이드를 동반하지 않아도 별 문제가 없음을 알게 될 것이다. 물론 가이드의 안내가 필요하다고 느끼면 언제든지 가이드 서비스를 받을 수 있으므로 다른 사람들이 가이드 없는 다이빙을 선택한다고 해서 가

▲ 리브어보드 보트는 덩치가 커서 수심이 얕은 곳으로는 직접 이동하기가 어려우므로 다이버들을 특정한 포인트까지 수송하기 위해 사진과 같은 소형 스피드 보트가 이용된다. 이 소형 보트는 지역에 따라 체이싱 보트, 텐더 보트, 팡가, 도니, 딩기 등 다양한 이름으로 불리는데, 홍해 지역에서는 '조디악'이라고 부른다. 그러나 실은 '조디악'이라는 것은 구명용 고무보트를 비롯한 해양 장비를 제조하는 업체의 이름이다.

▼ 다이빙 직전 실시되는 브리핑. 브리핑에서는 다이빙하게 될 포인트의 지형, 조류 상황, 이동 경로, 예상되는 해양 생물, 주의해야 할 점 등이 꼼꼼하게 설명된다. 특히 홍해에서의 다이빙은 가이드를 동반하지 않는 경우도 많으므로 브리핑 내용을 주의 깊게 잘 들어야만 한다.

이드 서비스를 요청하는 데 눈치를 볼 필요는 없다. 다만 야간 다이빙이나 비교적 간단한 코스의 다이빙인 경우 가이드가 아예 참여하지 않는 경우도 있으므로 이럴 때는 버디끼리 알아서 다이빙해야만 한다. 리브어보드에서는 가이드 서비스에 대해 따로 비용을 청구하지는 않는다. 그러나 홍해 지역에서는 가이드를 원할 경우 보통 1회 1인당 3유로 정도의 요금을 지불하는 것이 일반적이다. 모든 다이버들에게 가이드 서비스가 옵션인 것은 아니며 이집트 법에 따라 25로그 이하의 다이버들은 반드시 가이드 동반 하에서만 다이빙을 할 수 있다. 일반적인 홍해 리브어보드에서의 다이빙 절차는 다음과 같다.

•브리핑 : 예정된 시각에 브리핑에 참석한다. 브리핑은 가이드 없이도 다이빙할 수 있을 정도로 상세하게 진행된다. 가이드 없이 버디끼리 다이빙할 경우에는 특히 수중 지형이나 조류에 관한 정보를 꼼꼼하게 듣고 자신이 진행할 코스를 미리 생각해 두도록 한다. 의문점은 그때그때 질문해서 다이빙하게 될 사이트에 대해 충분히 이해하도록 한다.

•장비 점검 : 브리핑이 끝나면 다이빙 덱으로 이동하여 장비를 점검하고 조립한다. 공기압은 물론 BCD, 호흡기 등의 이상 유무를 다이빙 때마다 꼼꼼히 확인하여

야 한다. SMB 등 안전 장구도 잘 부착되어 있는지 확인한다. 나이트록스를 사용하는 경우 매번 아날라이저를 이용하여 산소 비율을 측정한 후 다이브 컴퓨터의 FO2 값을 조정한다. FO2 값과 최대 허용 수심MOD은 매번 장부에 기록한 후 서명한다. MOD 변수는 ATA 1.4 또는 1.6 중에서 선택하면 되는데, 현지의 가이드들은 대부분 1.4 값으로 설정한다. 장비 점검과 셋업이 끝나면 각자의 장비를 착용하고 버디와 함께 플랫폼으로 이동하여 핀과 마스크까지 착용한다. 플랫폼에서 바로 입수하지 않고 조디악을 타고 이동하는 경우에는 마스크만을 착용하고 핀과 카메라는 조디악 드라이버에게 넘겨준 후 조디악에 승선한다. 예정된 인원이 모두 조디악에 승선하면 핀을 착용한다.

•입수 : 플랫폼에서 바로 입수하는 경우에는 차례대로 신속하게 자이언트 스트라이드로 들어간다. 사전에 정해진 대로 포지티브 엔트리 또는 네거티브 엔트리 방식으로 입수한다. 조디악에서 입수할 경우에는 드라이버나 가이드의 카운트에 따라 전원이 동시에 입수해야 한다. 만일 입수 타이밍을 놓친 경우에는 수면에서 다이버들끼리 충돌하는 사고를 피하기 위해 잠시 기다렸다가 드라이버의 안내에 따라 입수하도록 한다. 포지티브 엔트리인 경우 수면에서 버디와 이상 유무를 확인한 후 바로 하강에 들어간다. 네거티브 엔트리인 경우 수면에 떨어지자마자 바로 하강을 시작해서 미리 정한 수심에서 버디와 이상 유무를 확인한 후 예정된 코스를 따라 다이빙을 진행한다. 가능한 한 당초 예상한 코스대로 진행하는 것이 바람직하지만, 조류의 방향이나 강도가 예상과 많이 다른 경우에는 상황에 따라 적절히 코스를 조정해야 한다. 예정된 코스를 바꿀 경우 나중에 원위치로 돌아갈 수 있도록 주변의 지형지물을 눈여겨보아 두도록 한다.

•출수 : 왕복 코스인 경우 반환 예정 지점에 도달하거나 공기압이 100바로 떨어지면 귀환 위치로 되돌아가기 시작한다. 원웨이 코스인 경우에도 중간 지점을 통과하면 서서히 상승하면서 다이빙을 진행한다. 홍해 리브어보드에서는 모든 다이빙이 무감압 다이빙이므로 수시로 컴퓨터를 통해 수심과 무감압 한계 시간을 확인하도록 한다. 무감압 한계 시간이 5분 이내로 남으면 얕은 수심으로 상승을 시작한다. 예정된 복귀 지점에 도착하면 5m 수심에서 3분 이상 안전 정지를 실시한 후 서서히

수면으로 올라간다. 체력이나 공기 잔압 문제로 인해 예정된 위치까지 가지 못한 경우에는 안전 정지 때 SMB 마커를 수면 위로 띄워 올려 조디악 드라이버에게 자신의 위치를 알린다. 항구와 가까운 지역에서 출수하는 경우에도 SMB를 띄워 지나가는 선박들이 다이버의 위치를 알 수 있도록 하는 것이 좋다. 조디악으로 출수하는 경우에는 카메라와 웨이트 벨트 또는 웨이트 포켓을 벗어 먼저 드라이버에게 건네준 후 BCD를 벗어 드라이버가 조디악으로 끌어 올릴 수 있도록 하고 강한 핀 킥으로 조디악에 기어 올라가는 방법으로 승선한다. 요트 본선의 플랫폼으로 바로 올라가는 경우에는 사다리 밑에서 핀을 벗어 플랫폼 위의 스태프에게 넘겨준 후 장비를 멘 상태로 사다리를 통해 천천히 승선한다. 조디악을 사용한 경우에는 각종 장비들은 스태프들이 본선으로 옮겨 주므로 자신의 카메라만을 챙겨 본선으로 올라가면 된다.

▼ 리브어보드 본선의 다이빙 플랫폼에서 자이언트 스트라이드 방식으로 입수하고 있는 다이버들. 다이브 포인트의 상황에 따라 입수는 본선의 플랫폼에서 하기도 하고 조디악을 이용해서 포인트까지 이동한 후 백롤 방식으로 들어가기도 한다.

•정리 : 본선에 승선했으면 자신의 공기통 위치로 돌아가서 호흡기의 1단계를 공기통에서 분리시켜 스태프들이 다음 다이빙을 위해 공기통을 충전시킬 수 있도록 한다. 카메라와 다이브 라이트, 컴퓨터 등은 장비 세척조에 넣어 헹군다. 수트는 벗어서 행거에 걸고 SMB, 부티 등 기타 개인 장비도 챙겨서 자신의 박스에 넣어둔다. 이집트에서는 법으로 모든 다이브 오퍼레이터들이 다이버별로 다이빙 시간, 최대 수심, 공기압 등에 관한 기록을 유지하도록 되어 있다. 따라서 다이빙이 끝날 때마다 이런 프로파일 정보를 대기 중인 가이드에게 알려주어 기록될 수 있도록 한다. 이상의 절차가 끝나면 각자 선실이나 휴게실로 이동하여 다음 다이빙을 위한 휴식을 취한다.

(3) 홍해 리브어보드 참고 사항

리브어보드는 제한된 공간 안에서 많은 다이버들과 선원들이 함께 생활하게 되므로 공동생활에 관해 지켜야 할 규칙과 예의가 존재한다. 이런 것들은 대개 어느 리브어보드나 비슷하지만 홍해라는 특수성 때문에 다소 다른 점들도 있다. 또 리브어보드에서의 생활이나 다이빙은 육지에서의 그것에 비해 더 거친 편이고 동료 다이버들 역시 초보 다이버들보다는 경험이 많은 다이버들이 대부분이다. 이런 점들을 고려하여 리브어보드에서 생활할 때 주의하여야 하거나 알아두어야 할 점들은 간추려 보면 대강 다음과 같다.

•필수품 : 로그북과 다이버 카드, 보험 카드는 반드시 챙겨간다. 이집트에서는 이런 것들이 권장 사항이 아닌 법에 의한 필수 조건이므로 깜빡 잊어버려 낭패를 보는 일이 없도록 한다. 이를 위해 평소에 로그북은 잘 기록하고 매번 스탬프나 사인을 받아 두는 습관을 들이도록 한다. 이 점은 리브어보드뿐 아니라 홍해 지역에서의 육지 다이빙에도 엄격하게 적용된다. 다이빙 보험 또한 필수인데 보험이 없을 경우에는 리브어보드에서 바로 구입할 수도 있다. 리브어보드에서 판매하는 단기 보험의 가격은 대략 1주일 여정에 25유로 정도 하는데, 사고가 발생할 경우 보상해 주는 한계 수심의 깊이가 30m 정도로 제한되는 경우가 많으므로 이 점을 미리 확인해 두도록 한다.

•안전 장구 및 백업 장비 : SMB와 다이브 라이트 또한 이집트 리브어보드 다이빙

에서 법적으로 요구되는 필수 장비이다. 이런 것들을 가지고 있지 않은 경우에는 승선 전에 미리 구입해 두거나 리브어보드에서라도 빌리던가 구입하도록 한다. 홍해에서는 조류가 강한 사이트가 많고 가이드 없이 다이빙하는 경우도 흔해서 자칫 예정된 코스에서 이탈하는 경우가 발생할 수 있는데, 이때에는 SMB를 쏘아 올려 조디악을 부르는 것이 최선이다. SMB는 필요할 때 능숙하고 안전하게 사용할 수 있도록 평소에 자주 연습해 두도록 한다. 도수가 들어 있는 마스크를 쓰는 다이버의 경우 유사시를 대비하여 백업 마스크를 하나 더 가져가는 것이 권장된다. 가능하기만 하다면 다이브 컴퓨터도 백업을 하나 가져가는 것이 좋다.

•다이브 브리핑 : 브리핑에는 반드시 참석하여 다이빙할 사이트의 지형이나 조류 등에 관한 정보를 최대한 입수한다. 특히 가이드 없이 다이빙하는 경우에는 브리핑 내용을 꼼꼼하게 듣고 이해되지 않는 부분은 질문하여 확인해 두도록 한다. 브리핑을 듣고 난 후에 입수에서부터 출수할 때까지의 과정이 어느 정도 머릿속에 그려져야 무리가 없는 다이빙을 즐길 수 있다.

•무감압 다이빙 : 리브어보드에서의 모든 다이빙은 무감압 다이빙으로 진행된다. 수시로 컴퓨터를 확인하여 수심과 무감압 한계 시간, 그리고 공기압 잔량을 확인하는 버릇을 들이도록 한다. 만일 감압에 걸려 컴퓨터가 다운되면 그때부터 24시간 동안 다이빙이 금지되므로 주의해야 한다. 대부분의 다이빙 보험은 보상해 주는 최대 수심이 정해져 있으며, 이 수심을 벗어나지 않는 사고만을 보상하므로 이 최대 수심을 넘지 않도록 한다.

•음주 및 흡연 : 다이빙 전이나 다이빙 중간에는 일체 술을 마실 수 없다. 만일 조금이라도 술을 마신 경우에는 그 시간 이후부터 다음 날 첫 다이빙 이전까지는 다이빙이 금지된다. 담배는 지정된 오픈 공간에서만 피울 수 있으며 선실이나 메인 라운지, 식당 등 폐쇄된 공간에서는 피울 수 없다. 특히 산소 탱크가 있는 다이빙 덱 주변에서는 절대 담배를 피우지 않도록 한다. 메인 라운지와 선실, 식당 구역은 드라이 에어리어로 지정되어 있어서 젖은 웨트수트 차림으로는 들어갈 수 없으므로 타월로 물기를 닦은 후 들어가도록 한다.

•보트 인식 표지 : 홍해 지역의 다이빙 보트들은 다이빙이 진행되는 동안 보트 아래 5m 수심 위치에 보트의 위치를 식별할 수 있는 표지를 설치하여 다이버들이 다이빙을 마친 후 수중에서 자신의 보트를 쉽게 찾을 수 있도록 하고 있다. 표지는 보트에 따라 비상 감압용 공기탱크, 조명등 또는 금속으로 된 작은 간판 등 여러 종류를 사용하는데, 만일 출수를 위해 수중에서 보트에 접근했을 때 이 인식 표지가 보이지 않을 경우 보트에 접근하지 말고 어느 정도 간격을 두고 리프 쪽으로 상승하여 보트를 기다리도록 한다. 보트 인식 표지가 수중에 걸려 있으면 안전하게 출수할 수 있다는 의미이지만, 인식 표지가 없으면 보트가 조류 등으로 인해 위치를 이동하고 있다는 의미이기 때문이다.

•공기탱크 규격 : 유럽 다이버들이 주류를 이루는 홍해의 특성상 이곳의 리브어보드나 다이브 센터에서는 국제 표준인 요크 타입이 아닌 유럽식 딘DIN 타입의 탱크를 사용한다. 그러나 국제 규격의 요크 어댑터가 항상 비치되어 있기 때문에 개인적으로 따로 준비해 갈 필요는 없다. 그러나 매번 탱크 셋업 때마다 어댑터를 장착하고 공기 누출이 생기지 않는지 확인하여야 한다. 다른 사람들에 비해 공기 소모가 많은 경우에는 12리터 표준 알루미늄 탱크 대신 15리터 스틸 탱크를 사용하는 것을 고려한다. 홍해 지역 대부분의 리브어보드나 다이브 센터에는 15리터 탱크가 준비되

▲ 홍해의 다이빙 보트들은 대개 보트 밑 5m 정도의 수심에 보트를 식별할 수 있는 표지를 해 두는 경우가 많다. 표지 대신 사진과 같이 공기탱크를 매달아두는 경우도 있는데 이는 보트 식별의 용도에 추가하여 공기가 떨어지는 등의 비상 상황에서도 감압 정지를 할 수 있도록 하는 용도로도 사용된다. 보트로 돌아왔을 때 이 식별 표지가 보이지 않으면 보트가 현재 이동 중이라는 의미이므로 보트에 접근해서는 안 된다.

▼ 유럽 다이버들이 많은 홍해 지역에서는 국제 표준인 요크 타입보다는 유럽식 딘DIN 타입의 탱크 밸브를 주로 사용하지만, 요크 타입의 호흡기를 사용할 수 있는 어댑터도 비치하고 있다.

어 있으며 약간의 추가 요금으로 사용할 수 있다.

•다이빙 시간 : 홍해에서의 다이빙은 시간은 따로 정해져 있지 않으며 공기압이 남아 있는 한 다이버가 원하는 만큼 다이빙하고 출수할 수 있다. 그러나 가이드의 인솔 하에 그룹으로 다이빙하는 경우에는 동시에 입수하고 동시에 출수하는 것이 원칙이며, 일반적으로 다음 다이빙 일정을 고려하여 60분은 넘기지 않는 것이 좋다. 만일 60분 이상 다이빙을 진행할 예정이라면 그 의도를 미리 가이드에게 이야기해 두어 다음 다이빙 계획에 참고할 수 있도록 배려하는 것이 바람직하다.

•담수 사용 : 리브어보드에는 바닷물을 담수화하는 장치가 설치되어 있지만 그럼에도 불구하고 바다에서는 항상 민물이 귀하다. 담수는 가급적 아껴 사용하고 다이빙 중간에는 샤워나 장비 세척을 최소화하도록 한다. 화장실의 수도꼭지에서 나오는 물은 바닷물을 담수화한 것이므로 세면이나 샤워용으로만 사용하고 마시지는 않도록 한다. 홍해에서는 무더운 날씨로 인해 탈수 현상이 생가가 쉬우므로 보트에 비치된 정수된 물을 자주 마시도록 한다.

•비용 지불 : 리브어보드에서 사용한 주류 및 음료대, 기념품 구입비, 장비 및 소품 구입비 등은 일정 마지막 날 저녁에 일괄 정산하여 지불한다. 지불 수단은 유로화, 미국 달러화, 이집트 파운드화 또는 비자/마스터 카드로 가능하다. 그러나 가이드와 스태프들에 대한 팁은 반드시 현금으로 지불해야 하므로 이에 필요한 현금은 미리 준비해 가도록 한다.

4. 다합 다이빙

다합 트립 브리핑

이동 경로	서울 ···› (항공편) ···› 이스탄불/두바이/도하 ···› (항공편) ···› 카이로 ···› (항공편) ···› 샤름엘셰이크 ···› (육로) ···› 다합
이동 시간	항공편 14시간(이스탄불, 카이로 경유, 공항 대기 시간 제외), 육로 1시간
다이빙 형태	리조트 다이빙
다이빙 시즌	연중(최적 시기 : 4월부터 11월)
수온과 수트	여름철 : 25도에서 30도(3밀리 수트) 봄/가을철 : 23도에서 28도(3/5밀리 수트) 겨울철 : 21도에서 25도(5/7밀리 수트)
표준 체재 일수	6박 7일(10회 다이빙)
평균 기본 경비	총 270만 원 • 항공료 : 160만 원(외항사, 중간 경유 2회) • 현지 교통비: 10만 원(샤름엘셰이크-다합 택시) • 숙식비 : 50만 원 • 다이빙 : 50만 원

시나이 반도/다합Dahab 개요

시나이 반도Sinai Peninsula는 아시아 대륙과 아프리카 대륙을 잇는 삼각형의 반도 지역이다. 반도의 서쪽으로는 아프리카 대륙에 속하는 이집트 본토와 수에즈 만과 수에즈 운하를 사이에 두고 마주 보고 있으며 반도의 동쪽으로는 아카바 만을 사이에 두고 사우디아라비아와 면해 있다. 북쪽으로는 이스라엘과 국경을 마주하고 있어서 역사적으로 많은 분쟁을 겪어온 지역이기도 하다. 반도의 영유권을 두고 터키와 오랜 분쟁을 치러 오다가 제1차 세계 대전 이후 이집트의 영토로 인정되었다. 그러나 1948년 이스라엘이 독립한 이후부터 수시로 이스라엘의 점령하에 놓여 있다가 국제 사회의 중재를 통해 1982년에야 비로소 이집트 영토로 되돌아오게 된 사연이 많은 지역이다.

시나이 반도의 거점이자 관문도시는 반도의 남쪽 끝 지점에 자리 잡고 있는 샤름엘셰이크Sharm El Sheikh이다. 샤름엘셰이크는 바로 남쪽에는 라스 모하메드 반도가 있으며 바로 동쪽 앞 바다 건너편에 티란 섬이 있어서 많은 다이버들이 찾는 곳이기도 하다. 그러나 이들 지역은 대개 후르가다에서 떠나는 북홍해 리브어보드들이 커버하는 곳들이므로 다음의 북홍해/후르가다 지역 편에서 자세히 소개하기로 한다.

다합Dahab은 시나이 반도의 동쪽 중앙 부분에 자리 잡은 아담한 규모의 도시이다. 원래는 작은 어촌이었다고 하는데, 이집트 정부의 전략적인 관광 개발 정책으로 인해 이제는 많은 호텔과 레스토랑과 같은 시설들이 들어서서 관광지로서의 면모를 갖추고 있다. 홍해의 일부인 아카바 만을 면하고 있는데 비록 홍해 본 바다와 접해 있지는 않지만, 이 지역은 해변에서 들어가면 아름다운 리프를 만나게 되고 바로 이어서 수심 2천m에 이르는 깊은 심연으로 연결되는 독특한 수중 지형 구조로 인해 뛰어난 다이빙 환경을 가지고 있는 곳이기도 하다.

찾아가는 법

시나이 반도를 찾는 다이버들은 대부분 시나이 반도 남쪽에 있는 샤름엘셰이크로 들어간다. 샤름엘셰이크는 원래 아주 작은 한적한 어촌이었지만, 한때 이스라엘이 점령한 적이 있고 이때부터 다이빙 관광이 발달하기 시작하여 이집트로 반환된 이후에도 홍

▸ 샤름엘셰이크 공항. 러시아 여객기 폭파 사건 이후로 보안이 매우 삼엄해졌으므로 이 공항을 이용할 경우에는 충분한 시간적 여유를 확보하는 것이 좋다.

▾ 다합의 해변. 작은 도시인 다합은 해변 도로를 따라 수많은 식당과 바, 다이브 센터들이 들어서 있다.

해를 대표하는 다이빙 관광지로 자리 잡게 되었다. 이 때문에 샤름엘셰이크 지역에는 수많은 다이브 리조트들을 포함하여 호텔, 식당, 바 등이 있다. 시나이 반도 지역의 중심 도시이며 이스라엘과 인접한 전략적 요충지라는 점으로 인해 해군 기지가 있는 곳이기도 하다. 샤름엘셰이크로 가는 가장 좋은 방법 역시 카이로에서 이집트항공 국내선을 타는 것이다. 비행시간은 한 시간 남짓이다. 유럽 주요 도시에서도 직항편이 운행되는데, 소요 시간은 대개 다섯 시간 안팎이다. 따라서 카이로를 경유하지 않더라도 서울에서 모스크바나 런던 등을 경유하여 샤름엘셰이크로 바로 들어갈 수도 있다. 2015년 10월 샤름엘쉐이크에서 출발한 러시아행 항공기가 추락한 사건이 생긴 이후 유럽과 샤름엘쉐이크 사이를 운항하는 항공편에 꽤 많은 변화가 생겼으므로 예약하기 전에 충분히 확인해 두는 것이 좋겠다. 카이로에서 택시나 버스 편으로 샤름엘셰이크에 들어갈 수도 있는데, 버스는 일곱 시간 이상 걸리므로 마음의 준비를 단단히 하고 출발하는 편이 좋다. 택시는 미리 요금을 확실하게 흥정한 후 타도록 한다.

샤름엘셰이크에서 다합까지는 육로로 약 한 시간 정도면 도착할 수 있다. 샤름엘셰이크 공항에도 택시들이 많이 있지만, 이집트의 택시들은 워낙 바가지가 심한 것으로 유명하기 때문에 직접 택시를 잡아 다합으로 가는 것보다는 예약한 숙소나 다이브 센터에 부탁하여 공항에서의 교통편을 함께 수배해 두는 것이 더 바람직한 방법이 된다. 샤름엘셰이크 공항과 다합 시내까지의 택시 요금은 편도를 기준으로 대개 200 이집트 파운드 정도이다.

유럽 주요 도시에서 출발하여 카이로를 경유하지 않고 샤름엘셰이크 공항으로 바로 들어가는 경우에는 이 공항에서 도착 비자를 구입하여 입국한다. 만일 이집트 본토로 들어가지 않고 다합 지역에만 묵는 일정이라면 도착 비자를 구입하지 않아도 되며, 이 경우 입국 심사관에게 '시나이 온리Sinai Only'라고 이야기하면 별도의 비자 없이도 입국이 허용되고 최대 14일까지는 체류가 가능하다. 여권에도 아무런 스탬프를 찍지 않는데 이 제도는 아랍 국가를 방문한 기록이 있는 여권 소지자들에게 입국을 허가하지 않았던 이스라엘의 과거 관행을 염두에 둔 이집트의 관광 진흥 정책의 일부로 나온 것이다. 그러나 이렇게 무비자로 입국한 경우에는 시나이 반도를 벗어날 수 없으며, 심지어 반도 바로 남쪽의 라스모하메드 지역에도 들어갈 수 없으므로 도착 비자를 구입하여 입국하는 것이 속 편한 방법이 될 것이다.

다합 지역 다이브 센터

다합에는 '다합 블루홀 다이빙(http://cafe.daum.net/junsadle)'이라는 한국인이 운영하는 다이브 센터가 있어서 한국인 다이버들이 편하게 다이빙을 즐길 수 있다. 이 다이브 센터에서 그리 멀지 않은 곳에 8명이 묵을 수 있는 도미토리 형태의 숙소와 조금 더 편하게 묵을 수 있는 개인형 숙소도 운영하고 있으며, 미리 예약하면 샤름엘셰이크 공항과의 교통편도 실비로 제공한다. 다만 식사는 제공하지 않게 때문에 각자 해결해야 하며 도미토리에 취사할 수 있는 시설이 갖추어져 있다.

이 외에도 다합 일대에는 해변 도로를 따라 많은 숙소와 식당, 그리고 다이브 센터들이 있다. 다이브 센터와 숙소는 가능하면 미리 인터넷을 통해 예약해 두는 것이 좋지만, 설사 예약하지 않았다 하더라도 방을 잡거나 다이빙을 하는 데에는 큰 문제는 없을 것이다.

◀ 한국인이 운영하는 '다합 블루홀 다이빙'

▼ 다합의 한 다이브 리조트. 다합에 있는 대부분의 다이브 센터들은 숙소와 별도로 운영되지만 더러 이처럼 숙소와 식당, 다이브 센터가 통합된 다이브 리조트 형태로 운영되는 곳도 있다.

다합 다이빙 특징

다합은 전형적인 비치 다이빙 장소로 유명한 곳이다. 대부분의 포인트들은 다합 중심가에서 차량으로 30분 정도면 도착할 수 있는 범위에 흩어져 있지만 일부 포인트들은 접근하는 도로가 정비되어 있지 않아 보트, 사륜구동 자동차 또는 낙타를 타고 들어가야 하는 곳도 있다. 다합 타운 안에도 '라이트하우스 리프' 등 비치 다이빙을 즐길 수 있는 포인트들이 있다. 다합 지역의 다이브 포인트들은 대개 해변에서 바로 바다로 들어가며 아름다운 산호초 지역이 펼쳐져 있어서 경험이 많지 않은 초보급 다이버들도 충분히 다이빙을 즐길 수 있다. 그러나 이 산호초 지역을 조금만 더 벗어나면 직벽이나 사면이 나타나고 곧이어 깊은 수심으로 떨어지기 때문에 경험이 많은 어드밴스드 다이버들에게도 짜릿하고 흥미진진한 다이빙 기회를 제공하는 것이 다합 다이빙의 특징이기도 하다. 특히 깊은 수심의 수직 수중 동굴인 '다합 블루 홀Blue Hole'은 다합을 대표하는 유명한 다이브 포인트다.

일부 인근의 포인트들 중에는 다른 교통편으로 이동해야 하는 경우도 있다. 예를 들어 다합 남쪽의 '가브렐 빈트' 주변의 포인트들은 보트나 낙타를 타고 들어가야 하며 남쪽 끝부분에 있는 '케이브'는 사륜구동 자동차를 타고 들어가야 한다. 특히 낙타를 타고 포인트까지 이동하는 낙타 다이빙은 다합 지역에서만 경험할 수 있는 특이한 형태이다. 대개 아침에 사륜구동 자동차로 만의 끝부분까지 이동한 후 이곳에서부터 낙타를 타고 한두 시간 정도 사막을 건너 작은 베두인족 마을까지 가는 여정인데, 이곳에서 두 차례의 다이빙을 마치고 당일 돌아올 수도 있지만 워낙 이동 시간이 오래 걸려서 대개 1박 2일 일정으로 다녀온다. 2015년 한국을 공포의 도가니로 몰아넣었던 메르스의 영향으로 낙타 다이빙이 그리 추천되지 않는 분위기이기는 하지만 낙타를 타고 다이브 포인트로 이동하는 것은 다합에서만 경험할 수 있는 독특한 다이빙 방식임에는 틀림이 없을 것이다.

다합 지역은 주변이 높은 산과 사막으로 둘러싸여 있는 지형적 특징으로 인해 날씨가 매우 건조한 편이다. 겨울철에는 간혹 많은 비가 짧은 시간에 걸쳐 내리지도 한다. 여름철에는 기온이 무려 45도까지도 치솟지만 해변에서 불어오는 바닷바람으로 인해 체감 기온은 그렇게 무지막지하지는 않다. 연간 수온의 분포는 섭씨 20도에서 27도까지로 남쪽 홍해 지역에 비하면 조금 더 낮은 편이다. 그러나 겨울철이라도 섭씨 22도 아래로 떨

▲ 다합에서는 보트 다이빙보다 비치 다이빙이 주종을 이루고 있다. 사진은 '블루 홀' 다이브 사이트

▼ 다합 지역의 일부 포인트는 진입 도로가 정비되어 있지 않아 낙타를 타고 사막을 지나 들어가야 한다.

어지는 날은 그리 많지 않다. 많은 다이버들이 여름철에는 3밀리 웨트수트를, 그리고 겨울철에는 5밀리 또는 7밀리 수트를 입는다. 사막 지역의 날씨가 대개 그렇듯 낮과 밤의 일교차가 매우 크기 때문에 밤에 입을 수 있는 따뜻한 옷을 반드시 가져가는 것이 좋다. 한낮의 뜨거운 태양 빛을 가릴 수 있는 모자와 선글라스, 그리고 선 블록은 필수품이며 모기약이나 간단한 비상 약품 정도도 미리 챙겨 가는 것이 좋다.

다합 지역 다이브 포인트

다합 일대는 그리 넓지 않은 곳임에도 불구하고 꽤 많고 다양한 다이브 포인트들이 있다. 초보자들도 부담 없이 즐길 수 있는 얕은 수심의 아름다운 리프에서부터 깊은 수심의 직벽이나 드롭 오프, 수중 협곡 등도 많이 있어서 어떤 레벨의 다이버들이건 자신에게 적합한 곳을 찾을 수 있는 것이 다합 포인트들의 특징이다. 다합 지역의 포인트들은 다합 타운에 있는 '라이트하우스'를 기점으로 이보다 더 남쪽에 있는 '사우스 포인트 그룹'들과 북쪽에 있는 '노스 포인트 그룹'으로 구분할 수 있다. 이들 주요 다이브 포인트들을 소개하면 다음과 같다. 물론 다합에서 데이 트립으로 라스 모하메드를 비롯한 남쪽의 홍해 본 바다까지 나갈 수도 있지만, 이들 지역은 후르가다 다이빙 편에서 자세하게 소개하기로 한다.

다합 타운 및 노스 포인트 그룹

•라이트하우스 리프Lighthouse Reef : 다합 라이트하우스 다이브 센터 바로 앞에 있는 포인트로 이 다이브 센터 앞 해변에서 바로 입수한다. 다합 블루홀 다이브 센터 앞에서도 바로 들어갈 수 있다. 전체적인 지형은 모래밭으로 이루어진 완만한 경사면이며 수심이 얕은 부분에는 수초들이 자라고 있는데 이곳에 작은 마크로 생물들이 많이 서식한다. 이후 수심은 점차 깊어져서 30m 이상까지 내려가기 때문에 딥 다이빙을 좋아하는 어드밴스드 다이버들도 만족시킬 수 있는 포인트이다. 부채산호를 비롯한 다양한 종류의 산호초들이 잘 발달한 곳이며 여러 개의 바위들도 있어서 경관도 매우 아름답다. 산호초 주변에는 라이언 피시, 유니콘 피시, 아네모네 피시, 크로커다일 피시 등의 리프 어류들과 문어 종류와 갯민숭달팽이들도 흔히 발견할 수 있다. 포인트 안에 코끼리 모양의 인공 구조물이 설치되어 있는데 이 부근에 라이언 피시 등이 많이 서식한다. 위치가 타운 안에 있는 데다가 계속 완만한 경사면으로만 이루어져 있어서 다이빙 교육 장소로 많이 사용되며 야간 다이빙 장소로도 많이 이용되는 포인트이기도 하다.

•일 가든Eel Garden : 포인트의 바닥에 가든 일들이 많이 서식하기 때문에 '일 가든'이라는 이름이 붙여진 곳이다. 비치에서 바다 쪽으로 약 60m 정도 거리까지 얕은 수심의

▲ '라이트하우스 리프'의 명물인 수중 코끼리 조형물. 이 포인트는 다합 시내에 위치해 있어 체크 다이빙, 다이빙 교육, 야간 다이빙 등에 많이 이용되며 수심이 깊은 곳까지 들어갈 수 있어서 어드밴스드 다이버들도 즐겨 찾는다.

▼ '일 가든'의 완만한 모래 경사면 바닥에 무리를 지어 서식하는 가든 일들

산호초 지대가 펼쳐져 있는데, 이곳을 물속으로 조금 걸어 들어간 후 약 9m 수심의 좁은 협곡 속으로 몸을 던져 입수하게 된다. 좁은 틈은 곧 넓어지며 완만한 경사면을 이루면서 모랫바닥까지 이어지고 수많은 가든 일 무리들을 만나게 된다. 가벼운 조류를 따라 천천히 흔들리는 가든 일들의 모습은 마치 싱크로나이즈드 스위밍의 군무를 연상케 한다. 수심은 1m에서 30m까지이며 시야도 평균 30m 정도로 좋은 곳이다.

• 캐니언Canyon : 다합 일대에서도 매우 인기가 높은 포인트로 모든 레벨의 다이버들이 함께 즐길 수 있는 곳이기도 하다. 비치에서 가까운 곳에서 입수가 시작되며 수심 3m 내외의 얕은 모랫바닥과 리프 지역을 차례로 지나 먼 바다 방향으로 진행하다 보면 커다란 바위가 갈라져서 자연 동굴 형태로 이루고 있는 작은 협곡을 만나게 된다. 협곡 안의 가장 깊은 곳은 수심이 100m 이상이지만 대개는 30m 이내의 수심을 따라 어류들이 집중적으로 모여서 서식하는 '피시 보울'로 향하게 된다. 피시 보울 부근에는 모랫바닥으로 이루어진 공간이 있는데, 대략 여섯 명 정도의 다이버들이 동시에 자리를 잡을 수 있을 만한 면적이다. 이 부근에는 수많은 글라스 피시들이 서식하고 있으며 클리너 피시들이 혹시 먹을 것이 붙어 있는가 해서 다이버들의 마스크와 호흡기를 건드리며 체크하곤 한다. 동굴 바닥에서 위를 쳐다보는 것도 아름답지만 동굴 위쪽에서 다이버들의 거품이 올라오는 모습 또한 장관이다. 다이빙이 끝나면 들어간 방향의 역순으로 원래 위치로 나오게 되는데, 간혹 강한 이안류가 발생하면 원위치로 돌아오는 데 애를 먹을 수 있다.

▲ 거대한 수중 수직 동굴인 '블루 홀' 안에는 프리 다이버들을 위한 하강 로프가 설치되어 있다. 로프를 잡고 하강하고 있는 프리 다이버

▼ '캐니언'의 자연 동굴의 수심 30m 지점에까지 내려가고 있는 다이버

이럴 때는 가이드의 신호에 따라 바위들을 손으로 잡으면서 바닥을 따라 기어가듯이 진행해야 한다.

•벨스/블루 홀Bells & Blue Hole : 다합을 대표한다고 할 정도로 유명한 포인트들이다. '벨스'는 수심 800m 이상의 심연으로 떨어지는 가파른 직벽에 자연적으로 생긴 작은 동굴 형태의 구멍이다. 입수는 핀을 손으로 잡은 상태에서 발을 아래로 하여 바로 좁은 구멍으로 뛰어드는 방식으로 이루어진다. 구멍으로 입수한 후 수중에서 핀을 착용하고 벽을 따라 계속 하강하다가 수심 약 27m 지점에 있는 출구를 통해 블루 쪽으로 나오게 된다. 출구 주변에서는 드물지만 간혹 만타레이가 나타나기도 한다. 이 위치에서 서서히 수심을 높여 가며 15m 정도 깊이까지 올라가면 산호초 지대를 만나게 된다. 이곳을 지나 '블루 홀' 쪽으로 이동하는데, '블루 홀'을 건널 때 꽤 강한 조류를 뚫고 지나가야 하는 경우가 많다. '블루 홀'은 리프 지대에 수직으로 깊이 내려가는 거대한 굴뚝 형태의 동굴인데 최대 수심은 200m 이상이지만 대개 27m 깊이에 있는 동굴 내부의 출구까지 내려간 후 이곳을 통해 나오는 형태로 다이빙이 진행된다. 동굴 출구는 아름다운 푸른색의 블루로 이어지며 바다거북과 상어들도 자주 나타난다. 수심이 깊어 어드밴스드 급 이상의 다이버들만 들어갈 수 있는 곳이며 프리 다이버들을 위한 하강 로프가 설치되어 있어서 이 로프를 타고 프리 다이빙을 즐기는 프리 다이버들을 수중에서 만날 수 있다. 블루 홀에서 출수한 후 해변을 조금 걸어 올라가서 원래의 입수 위치로 돌아가면 된다.

•아부 헬랄Abu Helal : '아부 탈하' 포인트와 함께 밀물이 들어올 때에만 다이빙이 가능한 곳이어서 그만큼 다이버들에게 노출되는 빈도가 낮아 상대적으로 산호초의 상태가 더 좋은 곳이다. 리프는 중앙의 산호 호수를 동그랗게 둘러싼 형태로 전개되어 있는데 평균 수심은 약 12m 정도이다. 리프의 끝부분은 완만한 경사를 이루면서 깊은 수심으로 이어지는데, 이 부근은 다합에서도 가장 아름다운 산호초 군락지로 알려져 있다. 리프 일대의 수심은 그리 깊지 않지만 슬로프를 타고 내려가면 60m 이상의 깊은 수심으로 이어지기 때문에 일반 다이버들은 물론 텍 다이버들도 즐겨 찾는 포인트이다.

•아부 탈하Abu Talha : 다합에서 사륜구동 자동차를 타고 들어가야 하는 북쪽 지역의 포인트이다. 이동 시간은 20분 이내이다. 비치에서의 입수 지점은 모래 지형으로 꽤 미

끄러우며 하강할 수 있는 수심까지 걸어가는 데 바닥이 움푹 꺼진 곳이 많이 있어서 리프 초입 부분부터 핀을 착용하고 엉금엉금 들어가야 한다. 수심이 깊지 않은 부분이 꽤 길게 이어지기 때문에 어느 정도 충분한 수심이 확보되는 지점에 도달한 이후에 하강을 시작하는 것이 좋다. 다이빙을 마치고 출수할 때도 대개 리프를 바라보면서 15m 이상을 수영을 해서 나갈 수 있는 위치까지 이동해야 하는데, 이 과정에서 다양한 종류의 산호들과 바다거북, 그리고 옐로 테일 바라쿠다 무리들을 볼 수 있다. 입수 위치의 수심은 6m 정도이고 가장 깊은 곳은 60m 이상까지 내려간다.

• 라스 아부 갈룸Ras Abu Galum : 다합에서 사륜구동 자동차와 낙타를 갈아타면서 두 시간 정도 사막과 좁은 바위틈 오솔길을 가로질러가야 만날 수 있는 포인트이다. 비치에서 입수하면 산호초 지역이 넓게 펴져 있으며, 이곳을 지나 내려가면 커다란 바위기둥들과 수많은 바위들이 멋진 경관을 연출한다. 그러나 항상 시선은 블루 쪽을 주시하고 있는 것이 좋은데, 이곳에는 대규모의 트레발리 떼들이 자주 출현하기 때문이다. 다이빙을 마치고 다시 산호초 지대가 있는 수심까지 상승하면 붉은색의 산호초 군락과 함께 수많은 리프 어류들을 만나게 된다. 수심은 1m에서 30m 정도까지이다. 이동 시간이 오래 걸리는 데다가 이 지역 안에 꽤 많은 포인트들이 있어서 최소한 1박 2일 이상의 일정으로 들어가야 하는 곳이다.

사우스 포인트 그룹

• 아일랜드Islands : 전형적인 다합 스타일의 포인트라고 할 수 있는 곳으로 위치는 힐튼 리조트 부근이며 이곳에서 비치 다이빙으로 들어가게 된다. 다합 시내에서 자동차로 약 20분 정도 걸리는 곳이며 일부 구간이 비포장 사막 도로라 사륜구동 자동차를 타고 들어간다. 수심이 낮고 산호초가 아름다운 곳이라 다이버들은 물론 스노클러들도 많이 찾는 곳이다. 해변에서 얕은 수심의 리프 위를 약 30m 정도 걸어 들어가면 한 사람이 들어갈 수 있는 작은 구멍이 보이는데, 이곳으로 들어가서 동굴을 통과하면 리프 지역으로 연결된다. 수심이 깊지 않아 산호초들의 색깔이 매우 아름다우며 수중 경관 또한 매우 뛰어난 정말 아름다운 포인트이다. 산호초 주변에는 글라스 피시나 엔젤 피시 같은 리프 어류들이 많이 회유하지만 더러 복어 종류나 나폴레옹 래스 같은 어류들도 나타난다.

•쓰리 풀스Three Pools : 입수 지점을 바로 지나면 주변이 산호초로 둘러싸인 모랫바닥으로 이루어진 세 개의 수영장 같은 형태가 잇달아 이어진 모습의 포인트라고 해서 이런 이름이 붙여지게 되었다. 수영장의 깊이는 3m에서 4m 정도이지만, 세 번째 풀을 지나면서 수심은 점점 깊어진다. 이 지점에는 나폴레옹 피시가 자주 나타나곤 한다. 모랫바닥으로 이어지는 루트를 따라 계속 진행하다 보면 커다란 산호초 군락지가 나타나는데, 몇 개의 바위기둥들도 이곳에 서 있다. 이곳에는 바다거북이 상주하고 있으며 모랫바닥에서는 스콜피온 피시나 문어 등을 발견할 수 있다.

•케이브Caves : 다합 남쪽에 있는 포인트인데 이름과는 달리 실제로는 동굴은 존재하지 않으며 거대한 바위로 가려진 일종의 오버행이 있는 곳이다. 그러나 다소 기이하게 보이는 특이한 수중 경관의 모습과 다양한 해양 생물들로 인해 여전히 인기가 높은 포인트이다. 입수는 파도가 밀려오는 얕은 물 속의 바위 위에서 수중 절벽 밑으로 뛰어내리는 방식으로 이루어진다. 이 바위 표면은 꽤 미끄럽기 때문에 핀은 입수 직전에 착용하는 것이 좋다. 입수하자마자 가파른 경사를 타고 꽤 깊은 수심까지 내려가는데 바닥은 모래로 되어 있으며 많은 가든 일들이 서식하고 있다. 바닥 주위에는 여러 개의 바위기둥들이 있는데 이들 주변에서는 거북이, 모레이 일, 라이언 피시, 나폴레옹 피시 등을 발견할 수 있다. 최대 수심은 35m이고 시야는 보통 30m 이상이다. 다이빙을 마치면 입수했던 절벽 쪽으로 돌아간 후 입수했던 바위 위로 출수하는데, 여기에는 약간의 요령이 필요하다. 일단 바위 끝이 보이는 얕은 수심까지 올라간 후 파도가 밀려오는 것을 기다려서 핀 킥을 하여 마치 고무보트에 오르는 것처럼 바위 위로 올라간 후 바로 몸을 돌려 핀과 BCD를 벗어야 한다.

•골든 블록Golden Block : 리프가 경사면을 이루고 있는 지형인데, 바닥 부근에 모두 세 개의 좁은 모래 경사로가 자리 잡고 있다. 이 중 맨 좌측의 첫째 골목은 수심이 10m 정도에서 시작하여 30m 이상까지 깊어지는데, 약 20m 수심 위치에 다합에서 유일한 작은 난파선이 하나 놓여 있다. 두 번째 골목은 작은 협곡 형태를 띠고 있는데, 내부에 작고 아름다운 산호초 섬이 자리 잡고 있다. 세 번째 골목의 22m 수심 부근에 멋진 부채산호 군락이 펼쳐지며 바로 옆에 작은 동굴도 하나 있다. 이곳에서 더 수심이 낮은 곳으로 올라가면 황금색의 큰 블록 덩어리들을 볼 수 있다. 이 블록들은 거대한 산호 암석으로,

수심 10m 지점에서부터 거의 수면에 닿을 정도의 높이까지에 걸쳐 있다. 더 낮은 수심 부근에도 여러 개의 테이블 산호들과 함께 작은 크기의 블록들을 볼 수 있다. 이곳에서는 대형 그루퍼와 함께 다양한 종류의 갯민숭달팽이들도 찾아볼 수 있다.

•샤크 케이브Shark Cave : 다합 남쪽 '쓰리 풀스'와 '골든 블록' 사이에 있는 매우 아름다운 포인트이다. 입수와 출수가 이루어지는 지점부터 모랫바닥이 펼쳐져 있는데 이곳에서부터 좌측으로 진행할 수도 있고 우측으로 나갈 수도 있다. 또한 조류 상황에 따라서는 '골든 블록'에서 '쓰리 풀스' 쪽으로 드리프트로 진행할 수도 있다. 우측으로 진행할 경우 아름다운 산호초 군락지를 발견할 수 있으며, 이곳을 지나면 작은 벽을 만나게 되는데 여기에서부터 약 50m 정도까지의 수심으로 떨어진다. 벽의 틈을 잘 살펴보면 모레이 일, 갯민숭달팽이, 스콜피온 피시 등을 찾아낼 수 있다. 산호초 경사면을 지나 수심 약 22m 지점에는 커다란 돌기둥이 하나 있다. '샤크 케이브' 좌측으로 진행하면 산호초 리프와 모래로 이루어진 경사면을 만나게 되는데, 점차 깊은 수심으로 이어지게 된다. 이 지역에서도 다양한 종류의 마크로 생물들을 볼 수 있지만, 간혹 기타 상어, 화이트팁 상어는 물론 고래상어도 나타나곤 한다.

•스몰 블루 홀Small Blue Hole : 비치로는 들어갈 수 없고 보트로 가야 하는 포인트인데 그만큼 이곳을 찾는 다이버들의 숫자가 적어서 원래의 상태가 잘 보존되어 있는 곳이

▲ '아일랜드'는 아름다운 산호초들이 다양한 지형을 연출하는 멋진 포인트이며 산호초 사이로 수많은 글라스 피시 떼들을 발견할 수 있다.

▼ '쓰리 풀스'는 산호초로 둘러싸인 모랫바닥으로 이루어진 세 개의 수영장 같은 형태가 이어져 있다. 사진은 세 번째 풀의 모습

기도 하다. 과거에는 낙타를 타고 들어가야만 했던 곳이다. 다합에서 스피드 보트로 거의 한 시간 정도 달려야 도착할 수 있다. 거의 수족관을 연상할 정도로 많고 다양한 종류의 해양 생물들을 볼 수 있다. 입수 지점은 얕은 수심이지만 완만한 경사면을 타고 14m 정도의 깊이까지 들어가면 거대한 산호초 지대가 나타나고 이 부근에 거북이, 바라쿠다, 가오리 등이 종종 나타나곤 한다. 계속 하강하면 18m 정도의 수심부터 직벽으로 깊은 수심으로 떨어지며 이 부분부터는 강한 조류가 흐른다.

•가브렐 빈트Gabr El Bint : 북쪽에 있는 '라스 아부 갈룸'처럼 낙타를 타고 들어가야만 하는 곳이다. 지역이 꽤 넓어서 보통 두 차례 다이빙하는 포인트이다. 오른쪽 부분은 '어두운 쪽The Dark Side'이라고도 부르는데 수심 60m까지 떨어지는 바위 직벽으로 이루어져 있으며 여러 개의 구멍들과 오버행들이 있다. 왼쪽 부분은 아름다운 색깔의 부채산호 군락이 있는 곳이어서 훨씬 밝은 분위기를 가진다. 이 위치에서는 대개 수심 20m 정도까지 내려간 후 수중 산맥을 따라 다이빙을 진행하게 되는데 블루 쪽을 체크해 보면 트레벨리들이 퍼실리어 같은 물고기들을 사냥하는 모습을 볼 수도 있다. 같은 방향으로 10여 분 정도 더 진행하면 대규모의 부채산호 군락을 만나게 되는데, 이곳이 홍해에서 가장 부채산호들의 상태가 좋은 곳으로 알려져 있다. 이후 10m 정도로 천천히 상승한 후 해안선과 평행한 방향으로 진행하여 출수 지점으로 이동하게 된다. 데이 트립으로도 갈 수 있지만 대개 1박 2일 코스로 나가는 경우가 많다. 3회 다이빙이 포함된 1박 2일 패키지의 가격은 대략 260달러 정도이다.

▲ '케이브'는 사실 수중 동굴은 아니고 거대한 오버행으로 가려진 일종의 캐번이다. 캐번 내부를 둘러본 후 블루 쪽으로 나가고 있는 다이버

▼ 다합 일대의 바위 틈에서 간혹 찾아볼 수 있는 희귀한 노란입 모레이 일

5. 후르가다 다이빙

후르가다 트립 브리핑

이동 경로	서울 ⋯→ (항공편) ⋯→ 이스탄불 ⋯→ (항공편) ⋯→ 카이로 ⋯→ (항공편) ⋯→ 후르가다
이동 시간	항공편 14시간(이스탄불, 카이로 경유, 공항 대기 시간 제외)
다이빙 형태	리브어보드 다이빙
다이빙 시즌	연중(최적 시기 : 4월부터 11월)
수온과 수트	여름철 : 25도에서 30도(3밀리 수트) 봄/가을철 : 23도에서 28도(5밀리 수트) 겨울철 : 21도에서 25도(7밀리 수트)
표준 체재 일수	7박 8일(22회 다이빙)
평균 기본 경비	총 260만 원 • 항공료 : 160만 원(서울–이스탄불–카이로–후루가다, 터키항공) • 리브어보드: 100만 원(준 럭셔리급 리브어보드, 북홍해 7박 코스 기준)

후르가다/북홍해 개요

후르가다Hurghada는 이집트 본토의 북쪽 수에즈 만 입구 부근에 위치한 도시이며, 시나이 반도 남쪽 끝자락에서 불과 65㎞밖에 떨어져 있지 않다. 또한 시나이 반도 남쪽 샤름엘셰이크와도 직선거리로는 매우 가까운 거리이지만, 샤름엘셰이크와 후르가다 사이에는 기나 긴 홍해가 가로막고 있어서 이 두 곳을 이동하려면 비행기로 카이로를 거쳐 가야 하므로 북홍해를 찾는 경우라도 처음부터 샤름엘셰이크로 들어갈 것인지 후르가다로 들어갈 것인지를 확실하게 결정하고 출발하는 것이 좋다. 후르가다는 홍해의 북쪽 지역은 물론 중남부 지역까지 운항하는 리브어보드들의 모항으로도 많이 이용된다.

후르가다 인근 기프툰 섬 주변에도 많은 산호초 다이브 포인트들이 산재해 있고 다이버들이 통과할 수 있는 동굴 포인트들도 있지만, 많은 다이버들이 선호하는 사이트들은 대부분 후르가다에서 배를 타고 조금 북쪽으로 올라간 시나이 반도 주변에 포진해 있다. 셰드완 및 구발 섬 인근에 매우 흥미로운 난파선들이 널려 있는데 유명한 '아부 누하스Abu Nuhas' 렉을 비롯하여 '로살리 몰러', '킹스턴', '율리시스', '살렘 익스프레스', '구발 바지선' 등이 대표적인 난파선들로 이들은 침몰 시기, 선박의 유형, 수심 등에 있어서 매우 다양해 이 렉들만 모두 둘러보는 데에도 며칠이 필요하다. 이 지역은 돌고래들이 특히 많

▲ 바다 쪽에서 바라본 후르가다 시내의 모습

아 리조트의 하우스 리프에서도 돌고래를 쉽게 만날 수 있을 정도이다.

후르가다는 다이버뿐 아니라 일반 관광객들도 많이 찾는 이집트의 대표적인 관광 도시 중 하나이기도 하다. 주변에 많은 비치들이 있고 물가도 싼 편이어서 이곳에 베이스를 두고 데이 트립 다이빙과 각종 해양 스포츠 또는 관광을 즐기기에 편리하다.

찾아가는 법

후르가다는 카이로에서 남쪽으로 약 530㎞ 떨어진 해안 지대에 자리 잡고 있으며, 샤름엘셰이크에 이어 이집트에서 둘째로 많은 다이버들이 찾는 도시이기도 하다. 후르가다는 스쿠바 다이빙을 비롯한 해양 스포츠의 메카로도 알려져 있다. 후르가다는 엘 다하르, 시갈라 그리고 뉴 후르가다의 세 군데 지역으로 구분되는데 많은 호텔, 바, 카페, 비치 등이 몰려 있는 전형적인 관광 도시의 성격이 강하다. 후르가다 시내에서 자동차로 40분 정도 떨어진 곳에 있는 마카디베이Makadi Bay 지역은 복잡한 후르가다 시내와 달리 조용한 대규모 고급 리조트들이 밀집되어 있는 곳인데, 이런 리조트들 안에는 큰 규모의 다이브 센터들이 있어서 랜드 베이스 다이빙을 즐기기에 편리한 곳이다.

후르가다로 가는 가장 손쉬운 방법은 카이로에서 이집트항공 국내선을 타는 것이며 한 시간 남짓이면 후르가다 국제공항에 도착할 수 있다. 항공권은 편도 기준 약 100달러 내외이다. 룩소르 국제공항으로 들어가서 택시 편으로 들어가는 방법도 있는데 약 네 시간 정도 소요된다. 카이로 역에서 출발하는 버스를 타고 가는 방법도 있는데 대략 여덟 시간 정도가 걸린다. 후르가다 공항은 최근 대규모의 신청사(제1청사)를 완공하여 가동하고 있지만 카이로에서 출발하는 이집트항공 국내선 편은 여전히 구청사(제2청사)를 이용하고 있다는 점에 유의하여야 한다. 후르가다에서 출항하는 리브어보드들은 대개 후르가다 공항에서 항구까지의 교통편을 무료로 제공하고 있다. 터키항공이 이스탄불에서 카이로를 경유하지 않고 바로 후르가다로 들어가는 편을 운항하고 있어서 이 루트를 이용하면 경유지를 한 군데 줄일 수 있다.

▼ 최근 새로 개관한 후르가다 공항 제1청사. 기존의 청사는 제2청사로 개명되어 카이로와 후르가다 간의 국내선 항공 전용으로 이용되고 있다.

후르가다 지역 다이브 센터

홍해 다이빙은 리브어보드를 타는 것이 최선임은 의심의 여지가 없지만, 리브어보드 트립 전후에 며칠 간의 시간이 남거나, 또는 리브어보드 일정에 도저히 맞출 수 없는 경우에는 육지로부터 데이 트립 다이빙을 선택할 수도 있다. 후르가다 지역에 머물면서 데이 트립으로 다이빙을 할 경우에 참고할 정보들은 다음과 같다.

후르가다 전역에는 헤아릴 수 없을 정도로 많은 다이브 사이트들과 다이브 센터들이 존재한다. 어느 곳을 선택하든 사실 큰 차이는 없지만, 경우에 따라서는 다이브 포인트로 이동하는 데 많은 시간이 필요한 경우도 있고, 함께 다이빙하는 동료들의 스타일이 자신과 맞지 않아 불편한 하루를 보낼 수도 있다. 특히 후르가다 시내의 소규모 다이브 센터들은 이제 막 다이빙을 배우는 초보 다이버들이나 조금이라도 싼 가격을 찾는 혈기 왕성한 젊은 층들이 많아 경험 많은 다이버들에게는 적합하지 않을 수도 있다.

▲ 마카디베이 마니넷 리조트에 있는 '엑스트라 다이버스' 다이브 센터. 엑스트라 다이버스는 유럽, 중동, 아프리카 전역에서 프랜차이즈 방식으로 운영되고 있는 대형 다이브 센터다.

필자가 경험하고 추천하는 장소는 후르가다 시내에서 자동차로 30여 분 걸리는 마카디 베이 지역이다. 이 지역은 번잡한 후르가다 시내와는 달리 대규모 리조트들만이 있는 지역이어서 쇼핑이나 유흥을 즐길 수는 없는 곳이다. 대신 상대적으로 경험 많은 다이버들이 주로 찾는 대규모 다이브 센터들이 많으며 인근 바다의 조건도 만 지역이어서 수면도 잔잔하며 보트로 30분에서 한 시간 이내의 지역에 좋은 리프들이 많은 곳이다. 다이브 센터의 시설이나 장비, 다이빙 절차 등에 있어서도 후르가다 시내보다 더 나은 편이다. 이 지역의 단점은 후르가다 시내와 거리가 있어서 이 지역의 리조트에 묵어야 한다는 점인데 1박당 60달러 내외면 묵을 수 있는 고급 리조트들이 많이 있어서 별문제는 없을 것이다. 필자가 추천하는 다이브 센터

▲ 마카디 베이의 고급 리조트인 티아 하이츠에 있는 '임페러 다이버스' 다이브 센터. 세계적인 리브어보드 회사인 임페러 플릿에서 직영하는 다이브 센터다.

들은 다음과 같다.

• 엑스트라 다이버스 마카디베이Extra Divers Makadi Bay : 세계 전역에 많은 다이브 센터를 보유하고 있는 일종의 프랜차이즈 다이브 센터 네트워크이다. 과거 다른 엑스트라 다이버스 센터에서 다이빙한 기록이 있다면 추가로 할인해 주기도 한다. 마카디베이의 '마니넷 마카디 리조트' 안에 위치해 있다. 다이브 센터 바로 앞에 전용 도크가 있으며 여러 척의 다이빙 보트를 운영하고 있어서 언제든지 다이빙을 즐길 수 있다. 센터 바로 앞의 하우스 리프도 매우 훌륭한 비치 다이빙 사이트이다. 센터에는 다이버 개인별 로커와 샤워 시설, 장비 렌털, 기념품 및 장비 판매점을 갖추고 있다. 다이빙 서비스 외에도 패러 세일링, 바나나 보트, 웨이크 보드 등의 각종 수상 스포츠 서비스도 함께 제공한다.

• 임페러 다이버스Emperor Divers : 세계적인 리브어보드 전문 회사인 임페러 플릿에서 직영하는 다이브 센터로 마카디베이의 '티아 하이츠 리조트' 내에 위치해 있다. 임페러 플릿이 운영하는 다이브 센터는 후르가다 지역 외에도 샤름엘셰이크, 마르사알람, 하마타 등에도 있다. 시설은 매우 좋은 편이지만, 전반적인 서비스 수준은 경쟁 업체인 엑스트라 다이버스에 다소 뒤지는 듯한 느낌이며, 이곳을 찾는 다이버들의 숫자도 엑스트라 다이버스에 비해 적고 따라서 트립이 많지 않아 선택의 폭이 다소 좁다. 이 다이브 센터가 있는 '티아 하이츠 리조트'는 매우 규모가 큰 리조트이며 아침 식사를 포함하여 1박에 60달러 정도의 가격으로 묵을 수 있다.

• 블루 웨이브스 다이브 센터Blue Waves Dive Center : 마카디베이 '선라이즈 로열 마카디베이 리조트'에 위치하고 있는 다이브 센터다. 엑스트라 다이버스나 임페러 다이버스에 비해 시설 수준과 서비스 레벨은 다소 떨어지지만, 그 대신 가격이 이들 경쟁 업체에 비해 다소 저렴하다는 것이 강점이다. 가끔 프로모션도 하기 때문에 일단 한 번쯤 들러 정보를 확인하는 것도 나쁘지는 않을 것이다.

▲ 마카디베이 선라이즈 리조트에 있는 '블루 웨이브스 다이브 센터'. 마카디베이에 있는 다른 다이브 센터들에 비해 다소 가격이 싼 편이다.

후르가다 지역 데이 트립 다이빙

다이빙 프로그램과 비용은 다이브 센터나 사이트별로 약간의 차이는 있다. 마카디 베이 지역의 대형 다이브 센터를 기준으로 보면 2회의 보트 다이빙 데이 트립 요금은 60유로에서 65유로 정도이다. 이 외에 다이빙 허가료가 하루 5유로, 가이드 서비스가 5유로, 15리터 탱크를 사용할 경우 추가 요금 3유로, 풀 세트 장비 대여료가 하루 25유로 정도가 추가된다. 물론 다이빙 허가료 외에는 필요한 경우에만 선택하면 된다. 다만, 이집트 법에 의해 다이빙 경험이 25로그 이하인 다이버들은 가이드 서비스를 반드시 받아야 한다. 다이브 센터에 따라서는 나이트록스를 무료로 제공하는 곳도 있다.

데이 트립 다이빙은 한국에서 출발 전에 미리 예약할 필요까지는 없지만, 다이빙하기 전날까지는 다이브 센터를 찾아가서 체크인을 해 두는 편이 좋다. 이집트에서의 다이빙은 법적 요건에 따라 로그북 및 보험 확인 등 등록 절차에 시간이 걸리기 때문이다. 체크인을 포함한 데이 트립 다이빙 진행 과정은 대략 다음과 같다.

(1) 체크인 : 체크인할 때 다이버 카드, 로그북 그리고 여권을 지참하도록 한다. 면책 동의서와 건강 상태 진술서를 작성하고 원하는 다이빙 일정과 프로그램을 선택한다. 다이브 센터에서는 로그북을 확인하고 여권 또는 다이버 카드를 마지막 다이빙 때까

▲ 데이 트립 보트에서 다이빙 직전에 실시되고 있는 브리핑 모습. 홍해에서는 다이브 가이드의 사용이 선택 사항이기 때문에 경험이 많은 다이버들은 가이드 없이 버디끼리 다이빙을 즐기는 경우가 많으므로 특히 브리핑이 중요하다.

▼ 후르가다 지역의 한 데이 트립 보트. 최대 10여 명 내외의 다이버를 수용하여 대략 한 시간 내외의 거리를 항해할 수 있도록 제작되어 있다.

지 센터에서 보관한다. 이때 나이트록스를 사용할 것인지, 가이드 서비스를 받을 것인지 등의 옵션을 결정한다. 체크인을 마치면 자신의 라커가 할당되는데, 라커 안의 박스에 장비나 사물을 보관하면 된다.

(2) 출발 : 다이빙 당일 보트 출발 시간 20분 전까지 다이브 센터에 도착해서 웨트수트로 갈아입은 후 다이빙 장비는 박스에 넣어 스태프들이 보트로 옮길 수 있도록 한다. 이때 카메라나 컴퓨터 등 소형의 고가 장비들은 박스에 넣지 않고 따로 가져가도록 한다. 예정된 시각에 담당 다이브 가이드가 다이버들을 인솔하여 도크에 정박하고 있는 보트로 안내한다. 보트에 승선하여 사용할 공기탱크와 좌석을 배정받는다. 배정

▼ 첫 다이빙을 시작하기 전에 다이브 마스터가 다이버의 기본 스킬을 확인하고 있다. 이 과정은 이집트의 다이빙 관련 법규에 규정되어 있어서 반드시 실시된다. 수중에서 호흡기를 떼었다가 다시 물 수 있는지, 마스크를 완전히 벗었다가 다시 쓸 수 있는지를 확인한다.

받은 좌석에 공기통을 놓고 장비를 조립한 후 이상 유무를 확인한다. 모든 다이버들의 장비에 이상이 없음이 확인되면 보트는 도크를 출발하여 다이브 포인트로 이동한다. 이동시간은 포인트에 따라 다르지만 보통 20분에서 한 시간 정도 소요되는 경우가 많다.

(3) 브리핑 : 포인트에 가까워지면 가이드가 다이브 포인트에 대한 브리핑을 실시한다. 브리핑 내용을 잘 듣고 다이빙 플랜을 세우도록 한다. 특히 입수 지점과 이동 경로, 출수 지점을 잘 알아두도록 하며, 가이드를 동반하지 않는 경우라면 브리핑 내용을 더욱 주의 깊게 듣고 그 내용을 잘 숙지하는 것이 중요하다.

▼ 후르가다에서의 데이 트립 다이빙은 간혹 바닷가에 있는 리조트의 바로 앞에 있는 포인트로 들어가기도 한다. 사진은 마카디베이의 '포트 아라베스크 리조트'의 전용 비치 바로 앞인데, 보기와는 달리 수중은 매우 훌륭한 다이브 포인트로서 손색이 없다.

⑷ 입수 및 하강 : 브리핑이 끝나면 장비를 착용하고 대기하다가 가이드의 지시에 따라 차례대로 입수한다. 데이 트립 보트는 보통 12인승에서 20인승 규모의 대형 스피드 보트이므로 입수는 선미 쪽에서 자이언트 스트라이드 방식으로 주로 이루어진다. 규모가 작은 소형 보트인 경우에는 백롤 방식으로 들어가기도 한다. 입수 후 버디를 확인하고 하강하여 다이빙을 시작한다. 이집트 법에 의해 최초의 다이빙을 할 경우에는 반드시 체크 다이빙이 진행되는데, 수중에서 마스크를 완전히 벗었다가 다시 쓰는 2단계 마스크 클리어링과, 호흡기를 입에서 뗀 후 다시 찾아서 무는 과정을 다이브 가이드가 확인한다. 이 절차가 끝나면 예정된 통상의 다이빙이 진행된다.

⑸ 출수 : 다이빙을 마치면 예정된 출수 지점에서 안전 정지를 마친 후 수면으로 올라온 후 핀을 벗어 보트 드라이버에게 건네주고 사다리를 통해 보트에 승선한다. 2회 이상 다이빙을 하는 경우에는 첫 다이빙을 마친 후 보트 내에서 한 시간 이상의 수면 휴식 시간을 가진 후 다음 포인트로 이동하여 같은 방식으로 다이빙을 진행한다. 그날의 마지막 다이빙을 마치면 장비를 해체하여 카메라를 제외한 모든 장비를 자신의 박스에 넣는다. 보트가 다시 도크에 도착하면 스태프들이 박스를 다이브 센터로 옮겨준다.

⑹ 정리 및 정산 : 다이브 센터로 돌아와서 장비를 세척하고 간단하게 샤워한 후 장비 박스를 다시 자신의 라커에 넣고 자물쇠를 채운 후 키는 리셉션 데스크에 보관한다. 마지막 날 마지막 다이빙을 마치면 리셉션 데스크에서 비용을 정산, 지불하고 맡겨 놓았던 다이버 카드나 여권을 회수하여 숙소로 돌아온다. 지불은 미화, 유로화, 신용 카드 등으로 가능하다.

북홍해 다이빙 특징

후르가다와 시나이 반도 일대에 걸쳐 있는 북홍해 지역에는 수심이 매우 얕은 산호초 지대가 많이 발달해 있고 좁은 해협이 많아서 이 바다를 항해하는 선박들에게는 매우 위험한 수역으로 알려져 있다. 반면, 이곳은 수에즈 운하로 통하는 해상 교통의 주요 루트인 탓에 항해하는 선박들이 많기도 하다. 이런 이유로 인해 이 지역에는 암초에 걸려 좌초된 후 침몰한 선박들이 많아서 렉 다이빙의 천국으로 알려져 있다. 북홍해 지역을 운항하는 리브어보드의 일정은 대개 침몰한 선박을 따라 이동하며 렉 다이빙을 즐기는 프로그램이 중심이 된다.

북홍해는 남홍해에 비해 상대적으로 조류가 강하지 않고 수면 상태도 조용한 편이어서 다이빙의 난이도는 높지 않다. 따라서 이 지역에서는 다이빙 경험이 많지 않은 오픈 워터 다이버들도 별다른 제약 없이 다이빙을 즐길 수 있다. 그러나 다합의 '블루홀'이나 시나이 반도 남쪽의 '로살리 몰러 렉' 같은 난이도가 높은 일부 포인트들은 일정한 경험을 가진 다이버들에게만 다이빙이 허용된다. 특정 포인트에서 다이빙에 참여할 수 있는지의 여부는 전적으로 가이드의 판단에 따라야만 한다. 조류가 약한 연안 바다인 만큼 상어나 가오리와 같은 대형 해양 생물들은 그다지 찾아보기 어려운 것도 북홍해 다이빙의 특징이며 이런 대물들을 보기 위한 목적으로 북홍해를 찾는다면 실망할 가능성이 크다. 어느 정도 다이빙 경험이 있고 귀상어나 환도상어, 대양 화이트팁 같은 희귀한 상어를 보고 싶다면 북홍해보다는 남홍해를 찾는 편이 더 나을 수 있다.

▼ 북홍해 수역에는 수심이 매우 낮은 산호초로 이루어진 암초들이 많이 있다. 이런 암초들은 다이버들에게는 훌륭한 다이빙 환경을 제공해 주는 고마운 존재이지만, 바다를 항해하는 선박들에게는 좌초의 위험을 유발하는 공포의 대상이기도 하다. 수심이 얕은 산호초에 계류 로프를 연결하여 정박하고 있는 리브어보드 보트들

북홍해 지역 다이브 포인트

북홍해 지역의 포인트들은 크게 후르가다 일대 지역과 시나이 반도 지역으로 구분될 수 있다. 그러나 후르가다를 출발하는 북홍해 리브어보드들은 대개 이들 두 지역을 모두 커버하기 때문에 이 책에서는 이들 두 지역을 따로 구분하지 않고 차례대로 소개하도록 한다.

• 케어리스 리프Careless Reef : 후르가다 북쪽으로 그리 멀지 않은 곳으로 리브어보드로는 한 시간, 데이 트립으로는 두 시간 정도면 도착할 수 있다. 넓은 바다 가운데에 고립된 산호초 지역이므로 날씨가 나쁘면 다이빙이 불가능한 경우도 있다. 특히 파도가 심해지는 겨울철에는 이곳을 방문하기는 거의 불가능하다. 수면 상태는 거친 경우가 많지만 두 개의 대형 수중 암석(피너클)으로 이루어진 물속은 풍부한 영양 성분으로 인해 홍해에서도 손꼽히는 다이브 사이트로 알려져 있다. 수중 암석은 18m 수심으로부터 솟아올라 있으며 윗부분은 5m 수심을 형성한다. 잭피시, 참치, 바라쿠다 등이 흔히 발견되며 간혹 돌고래나 청새치도 나타난다고 한다.

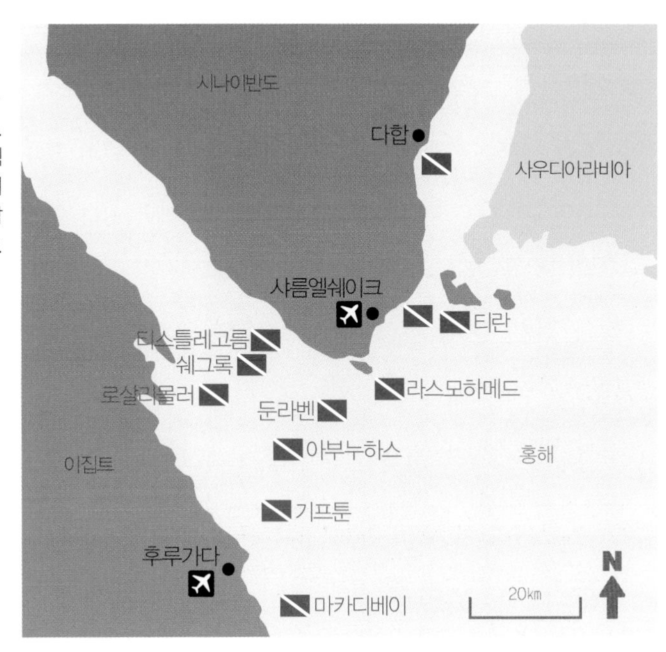

북홍해의 다이브 포인트들. 북홍해 지역은 특히 난파선 렉 사이트들이 많은 것이 특징이며 후르가다 북쪽과 시나이 반도 남쪽에 집중되어 있다.

• 아부 누하스 렉The Abu NuHas Wrecks : 모두 네 개의 난파선으로 이루어진 지역으로 각각의 렉은 나름대로의 개성과 특징을 가지고 있어서 가능한 한 네 곳 모두를 찾아 다이빙을 즐길 것을 권한다. 리브어보드를 타는 경우 네 개의 렉 중에서 세 개 정도에서 다이빙이 이루어진다. 아부 누하스에 속한 렉 사이트들은 다음과 같다.

◇ 크리솔라 케이Chrisola K : 독일에서 건조된 98m 길이의 화물선으로 선체 중앙 부분의 굴뚝에 'K'라는 표시가 되어 있어서 쉽게 식별할 수 있다. 리브어보드가 사이트에 도착하면 가이드가 먼저 입수하여 난파선의 굴뚝 부분까지 로프를 설치하는데, 이 로프는 리브어보드의 계류용이자 다이버들을 위한 하강 라인으로도 사용된다. 이 선박은 선수 부분이 위쪽을 향한 모양으로 침몰해 있는데 선수 쪽 가장 얕은 부분의 수심은 4m에 불과하지만, 선미 쪽 깊은 부분의 수심은 26m 정도까지 내려간다. 선미 쪽에 큰 구멍이 나 있어서 이곳을 통해 선체 안으로 들어갈 수 있다. 선체 화물창 안에는 침몰 당시 싣고 있던 화물인 바닥용 타일과 같은 건축 자재들이 그대로 남아 있다. 렉 내부에는 부유물이 많이 쌓여 있으므로 가위 킥이 아닌 프로그 킥만을 사용해서 진행하여야 한다. 다이빙을 마친 후에는 굴뚝 부분으로 이동하여 안전 정지를 마친 후 로프를 잡고 상승하여 보트에 오르면 된다.

▲ '크라솔라 K' 렉의 내부 화물창 모습. 98m 길이의 화물선 렉으로 선창 쪽으로 큰 구멍이 있어서 이곳을 통해 내부로 쉽게 들어갈 수 있다. 화물창에는 당시 수송 중이던 건축 자재들이 아직도 그대로 남아 있다.

▼ '케어리스 리프' 수역에 자주 출현하는 자이언트 바라쿠다

◇ 카르나틱Carnatic : 1862년 영국 런던에서 건조된 90m 길이의 스팀 엔진 기선으로 런던과 봄베이 간을 금화와 구리판을 싣고 항해하다가 이곳에서 좌초되어 이틀 만에 침몰하였다고 한다. 선체는 크게 두 동강으로 나뉘어 우현 쪽이 바닥을 향한 모습으로 옆으로 넘어져 있다. 선수 끝 쪽에 구멍이 있어서 이곳을 통해 선체 내부로 들어갈 수 있다. 수심 26m 지점 선체 중앙 부분에 스팀 엔진이 놓여 있다. 선체 앞쪽으로 로프가 연결되어 있어서 하강 라인으로 사용할 수 있다.

◇ 기아니스 디Giannis D : 1969년 일본에서 건조된 100m 길이의 대형 화물선으로 건조 당시의 이름은 '쇼요마루Shoyo Maru'였다고 한다. 비교적 최근에 침몰한 선박인데 침몰 원인을 두고 많은 논란이 빚어져서 결국 당시의 선장은 면허가 취소되고 보험 회사 또한 보험금 지급을 거절해 많은 이슈가 되기도 했다. 선체는 크게 세 조각으로 분리되어 있는데, 전체적으로 좌현 쪽으로 45도 정도로 기울어진 자세로 바닥에 가라앉아 있어서 다이버들로 하여금 수평 자세에 대한 착시 현상을 일으키게 한다. 선박 중앙 부분 5m 수심 부분에 로프가 연결되어 있다. 선미 쪽 거주 공간 뒤쪽에 두 개의 출입문이 있는데 이곳으로 들어가면 매우 좁은 계단을 통해 엔진실로 연결되지만, 통로가 너무 좁아 위험하기 때문에 일반 다이버들은 진입하지 않는 것이 좋다. 대신 좌측 갑판 복도를 따라 위쪽 통로를 통해 조타실에 올라가 볼 수 있는데, 이곳에서 보는 전면의 모습이 매우 인상적이다.

▲ 100m 길이의 대형 화물선 렉인 '기아니스 디'에 접근하고 있는 다이버들. 이 렉은 사진에서처럼 좌현 쪽으로 45도 각도로 기울어져 있어서 렉 내부에서 밖을 내다볼 경우 다이버들에게 착시 현상을 일으키게 한다.

▼ 90m 길이의 화물선 렉인 '카르나틱'의 선미 부분을 탐사하고 있는 다이버

•엘미나 렉El Mina Wreck : 후르가다 항구 바로 바깥에 가라앉아 있는 이집트 해군 소해정Minesweeper 난파선이다. 길이 58m의 이 선박은 1876년 이집트와 이스라엘 간의 전쟁 중에 정박 중인 상태에서 이스라엘 공군 팬텀기의 공습을 받아 침몰했다고 한다. 난파선의 선미까지 연결되는 계류 라인이 설치되어 있어 이를 하강 라인으로 이용할 수 있다. 침몰된 지 그리 오래되지 않은 선박이라 아직 많은 생물들이 자리 잡지는 않았지만, 대신 선박의 원형이 비교적 그대로 보존되어 있고 대체로 시야도 좋아서 레크리에이션 렉 다이빙의 재미를 잘 느낄 수 있는 사이트이다. 하강이 이루어지는 선미 부분의 수심은 18m에서 20m이며 여기에서 선수 방향으로 이동하게 된다. 선수 부분의 수심은 25m에서 30m 정도이다. 선수 쪽에는 대공 기관포가 남아 있고 주변 해저에는 포탄, 닻줄 등이 흩어져 있는 것을 볼 수 있다. 다이브 라이트를 켜고 선박 안으로 들어가는 것도 가능하지만, 시야나 조류 상황 등에 따라 달라질 수 있으므로 일단 입구 부근까지만 들어가 보고 상황을 판단한 후 내부로 진입할 것인지의 여부를 결정하는 것이 좋다.

•구발 바지Gubal Barge Wreck : 15m 수심에 위치한 오래된 난파선으로 초보 다이버들도 큰 부담 없이 다이빙을 즐길 수 있는 사이트라서 홍해 북부를 향하는 리브어보드들도 거의 항상 들르는 단골 사이트이기도 하다. 또한 이 지역은 선박들이 야간에 정박하여 밤을 보내는 곳인지라 야간 다이빙 또한 자주 이루어진다. 난파선의 길이는 35m로 다른 난파선에 비해 크기도 작고, 구조 또한 단순한 바지선이며 골격 형태만 남아 있어서 렉 다이

▲ '구발 바지'의 선체 바닥 구멍에서 터를 잡고 살고 있는 대형 모레이 일. 이 모레이 일은 '조지'라는 이름이 붙어 있을 정도로 '구발 바지'를 찾는 다이버들에게는 친숙한 존재이다.

▼ 이집트 해군 소해정 렉인 '엘미나 렉'. 이스라엘 공군 전투기의 폭격으로 침몰한 이 소해정의 선수 부분에는 아직도 대공 기관포들이 남아 있다.

빙 자체로는 그리 흥미롭다고는 할 수 없으나 그 안에 서식하고 있는 해양 생물의 다양성 때문에 많이 알려진 사이트이다. 렉 주변의 산호초 지역도 매우 아름다워 난파선에 다이버들이 많이 몰려 붐빌 경우 방향을 돌려 산호초 지역에서 시간을 보내는 것도 좋은 방법이다.

•킹스턴 렉Kingston Wreck : '티스틀레곰Thistlegorm'에서 남서쪽으로 15분 정도 떨어진 곳에 '쉐그 록'이라는 암초가 있다. 이곳은 또한 '샤브 알리'라고도 불리는 리프 시스템의 일부분이기도 한데 이 암초의 북쪽 경사면에 '킹스턴' 난파선이 놓여 있다. 이 난파선은 78m 길이의 기선이었는데 15m 수심에 선수 부분이 위를 향한 형태로 자리 잡고 있다. 1871년에 건조된 석탄 운반선으로 1881년 런던에서 수에즈를 거쳐 아덴 만으로 항해하던 중 이곳에 좌초되어 침몰하였다. 위치가 구발 해협 바로 입구여서 항상 강한 조류가 흐른다. 따라서 다이빙은 렉 위치로부터 북쪽에서 떨어져서 조류를 타고 난파선 쪽으로 흐르는 드리프트 다이빙으로 주로 진행된다. 최대 수심이 16m로 깊지 않고 큰 구멍이 많아 선체 안쪽으로 통과할 수 있으며 안에 들어가면 강한 조류를 피할 수도 있지만, 가끔 순간적인 서지가 때리는 경우도 있으므로 주의하도록 한다. 선체 내부에는 아라비안 엔젤 피시, 서전 피시, 그루퍼, 옐로 스내퍼 등 다양한 어종들이 서식한다. 난파선 탐험이 끝나면 다시 리프를 타고 남쪽 방향으로 드리프팅을 계속 진행하게 된다. 이 사이트에는 돌고래도 자주 나타나는데 주로 수면에서 목격하는 경우가 대부분이지만, 운이 좋으면 다이빙 중 수중에서도 만날 수 있다고 한다.

•로살리 몰러Rosalie Moller : 1941년 2차 대전 중 독일 공군의 폭격으로 후르가다 북쪽 구발 섬 인근에 침몰한 110m 규모의 대형 석탄 운반선이다. 50m의 깊은 수심에 위치해 있고 강한 조류가 항상 있는 곳이어서 딥 다이빙 경험이 많은 어드밴스드 다이버들만 접근이 가능하며, 가이드의 판단에 따라 일부 다이버들은 이곳에서는 다이빙을 못 할 수도 있다. 깊은 수심 때문에 수중 체류 가능 시간도 40분 이내로 짧아서 이 난파선을 충분히 둘러보려면 여러 번의 다이빙이 필요하다. 주갑판까지의 깊이는 36m이다. 난파선 탐험은 무너진 굴뚝을 시작으로 기관원 숙소, 기관실, 좌현 쪽의 폭격 구멍, 구명정 갑판을 지나 프로펠러와 키 위치까지 다다르는 코스로 진행된다. 선수 쪽 내부에는 많은 종류의 어류들이 서식하고 이를 사냥하려는 잭 피시나 참치 등이 자주 나타난다. 2층 구조로 된

화물창 내부로도 들어갈 수 있는데 깊은 수심의 위험성에 비해 석탄 자루 외에는 특별히 볼 만한 것은 없어서 그리 권할 만한 코스는 되지 못한다.

•스몰 기프툰 섬Small Giftun Island : 기프툰 국립 공원을 이루는 두 개의 섬 중 하나이며, 리브어보드 일정에 단골로 포함되는 사이트이자 후르가다로부터의 데이 트립으로도 갈 수 있는 곳이기도 하다. 직벽은 200m 깊이까지 떨어지며 중간에 두 개의 고원 형태 지형이 나타난다. '스몰 기프툰'에서의 다이빙은 조류의 방향에 따라 흘러가는 드리프트 다이빙으로 진행된다. 조류에 몸을 싣고 편안한 마음으로 떠내려가다 보면 다양한 색깔의 산호초들과 직경이 2m가 넘는 대형 부채산호, 그리고 다양한 해양 생물들을 관찰할 수 있을 것이다. 어둠이 찾아온 이후의 야간 다이빙으로는 각종 새우, 오징어, 랍스터 등 다양한 종류의 갑각류 생물들을 볼 수 있다. 수심이 얕은 곳에서는 죽은 산호 군락과 함께 새롭게 자라나는 어린 산호 군락을 동시에 볼 수 있는데 이는 이 지역이 스노클러들과 부력 조절에 서툰 초보 다이버들이 많은 곳이라는 점에 기인한다. 많은 유람선들과 데이 트립 다이빙 보트들이 빈번하게 지나가는 곳인 만큼 출수할 때 수면 표시 마커SMB를 쏘아 올리는 것이 좋다.

•율리시스 렉Ulysses Wreck : 1871년 영국의 뉴캐슬에서 건조된 95m짜리 화물선으로 1887년에 이 지역에서 좌초되어 침몰한 난파선이다. 최대 수심이 30m 남짓하여 이상적인

▲ 110m 길이의 대형 석탄 운반선인 '로살리 몰러' 렉의 외부 모습. 이 렉은 수심 50m 정도의 깊은 곳에 위치하고 있는 데에다 항상 강한 조류가 있어서 딥 다이빙의 경험이 많은 어드밴스드 다이버들에게만 다이빙이 허용되는 포인트이다.

▼ 78m 길이의 석탄 운반선 렉인 '킹스턴'. 선창 내부에 수많은 글라스 피시 떼들이 터를 잡고 서식하고 있는 모습을 볼 수 있다.

난파선 다이브 사이트를 형성하고 있다. 침몰한 지 2백 년이 훨씬 넘어서 많은 풍화 작용을 거쳐 이제는 주변의 풍경과 거의 동화된 모습을 지니고 있다. 선미 쪽이 깊은 수심의 해저에 있고 선수 쪽은 약 30도 각도로 얕은 수심의 위를 향하고 있는 모습이다. 다이빙은 보통 선미 쪽부터 시작하여 서서히 얕은 수심의 선수 쪽으로 이동해 나가는 방식으로 진행되는데, 앙상한 형태가 남은 주갑판 내부로 진입하여 조심스럽게 핀 킥을 하면서 앞으로 진행해 나가는 것도 가능하다. 선체 내에는 빛이 잘 들어오지 않는 부분이 많으므로 이곳을 다이빙할 때는 다이브 라이트를 가져가는 것이 좋다. 선수까지 도달하면 같은 방향으로 좀 더 진행하여 산호초 지역과 만나게 되고 이 지점을 통해 보트로 되돌아가게 된다. 만일 이상한 끽끽 하는 소리가 주변에서 들리면 눈을 크게 뜨고 주변을 잘 살펴보도록 한다. 이곳은 돌고래들이 자주 나타나는 곳이기도 하기 때문이다.

• 둔라벤 렉Dunraven Wreck : 1873년 영국 뉴캐슬에서 건조된 80m 길이의 기선이다. 1876년 면화와 양모를 싣고 인도에서 영국으로 항해 중 선박의 화재로 인해 이곳의 30m 수심으로 침몰하였는데 1979년에서야 발견된 난파선이다. 렉은 크게 두 조각으로 부러진 상태로 수면에 누워 있는데 깊은 수심 쪽에 있는 선미 부분부터 시작하여 안쪽으로 들어가서 선체 전체를 지나 15m 깊이의 선수 부분까지 진행하는 것도 가능하다. 선체에는 많은 종류의 경산호들이 붙어 자라고 있으며 많은 종류의 물고기 떼들이 서식한다. 다이빙을 마친 후에는 부이 라인을 따라서 수면으로 상승하게 되지만, 그 대신 조금 더 진행해서 산호초 지역까지 나가는 방법도 있다. 이 산호초 지역은 물고기들의 밀도가 매우 높은 곳으로 유명하며 특히 나폴레옹 래스나 거북이들을 볼 수 있다. '둔라벤'은 '티스틀레곰'과 같은 장관을 가진 렉은 분명 아니지만, 그 대신 샤름엘셰이크에서 몰려드는 다이버들의 숫자가 적고 나름대로의 매력이 있는 곳이므로 이 지역을 찾는다면 다이브 사이트에 꼭 포함시키기를 권한다.

• 라스 모하메드Ras Mohammed : 시나이 반도 남단에 자리 잡은 이집트에서 가장 인기가 높은 국립 해양 공원으로 1980년대 이후부터 일체의 어로 행위가 금지된 덕분에 많은 희귀한 해양 생물들을 발견할 수 있는 곳이 되었다. '샤크 리프'부터 '욜란다 리프'까지 조류를 타고 흐르다 보면 수많은 트레발리와 바라쿠다 떼들을 볼 수 있다. '욜란다 리프'의 끝부분에는 '욜란다 렉' 잔해가 남아있는데 렉 주변에는 당시 화물이었던 화장실 변기와 욕

조 등이 널려 있고 파이프 속에는 모레이 일들이 자라 잡고 살고 있는 모습을 볼 수 있다.

• 티스틀레곰 렉HMS Thistlegorm : 비단 홍해만이 아니라 세계를 통틀어서도 매우 유명한 대표적인 렉 다이빙 사이트이다. 2차 대전 중 영국군을 위한 전쟁 물자를 수송하던 미국 해군의 대형 화물선인데 아직도 선창에는 모터사이클, 지프 차량 등 당시의 화물들이 거의 원 상태 그대로 자리 잡고 있으며, 렉의 좌우측 바닥에는 화물로 수송 중이던 기관차까지 볼 수 있다. 독일 공군의 폭격에 맞아 침몰되었지만, 일부러 다이빙을 위해 침몰시켰더라도 이보다 더 완벽하게 가라앉힐 수는 없을 것이라고 평가될 정도로 이상적인 수심과 형태로 해저에 가라앉아 있는 난파선이다. 홍해를 찾는 다이버라면 절대 놓쳐서는 안 될 필수 사이트임이 틀림없다.

• 샬렘 익스프레스Salem Express Wreck : '샬렘 익스프레스'는 메카에서 성지 순례를 마치고 이집트로 돌아가던 1,600명의 승객들과 함께 1991년에 이곳에 좌초되어 침몰한 카페리 여객선이다. 비교적 얕은 수심임에도 불구하고 워낙 빠른 속도로 침몰이 진행된 탓에 생존자는 불과 180명에 불과했고 나머지 1,400명 이상의 사람들이 미처 빠져나올 틈도 없이 목숨을 잃은 비운의 난파선이다. 침몰한 지 얼마 되지 않아 아직은 바닷속 모습과 동화되지 않은 원형에 가까운 모습을 지니고 있지만, 수심이 낮은 우현 쪽에는 적지 않은 산호초들이 벌써 자리를 잡고 있는 것을 볼 수 있다. 수면 바닥 안쪽에는 해양 생

▲ 라스 모하메드 국립 공원의 일부인 '욜란다 렉'. 침몰한 지 오래되어 선체의 모습은 거의 없어졌지만, 주변에는 당시의 화물이었던 세라믹 변기와 욕조 등이 아직도 남아 있다.

▼ 80m 길이의 화물선인 '둔라벤 렉'의 거대한 프로펠러 주변을 살펴보고 있는 다이버들

물들 대신 핸드백, 서류 가방, 텔레비전은 물론 트라이시클 같은 승객들의 물건들이 아직도 그대로 널려 있어 다이버들로 하여금 그 당시의 참사가 얼마나 비극적인 것이었는지를 충격적일 정도로 보여 주고 있다. 선수 부분에는 자동차를 적재하기 위한 대형 출입문이 있는데 암초와 충돌하면서 이 문이 열리는 바람에 큰 사고로 연결되었다고 한다. 다이빙은 주로 이 출입문 쪽에서 시작한다. 이곳을 통해 조타실과 미처 쓰지 못한 구명보트들을 지나 선미 방향으로 진행하게 된다. 일설에 의하면 당시 미처 구조되지 못한 많은 희생자들의 시신이 아직도 선체 어딘가에 갇혀 있을 것이라고도 한다. 다이빙은 수심이 낮은 우현 쪽에서 마치게 되는데 이곳에 있는 창문들을 통해 선실 안을 들여다볼 수 있다. 선실 안에는 좌석과 이층 침대, 그리고 스프링이 튀어나온 매트리스 등이 아직도 그대로 남아 있어서 이를 지켜보는 다이버들에게 큰 충격을 준다. 어느 난파선이든 나름대로의 사연이 있겠지만, '샬렘 익스프레스'처럼 다이버들에게 생생한 충격을 주는 렉은 없을 것 같다. 이 사이트의 다이빙을 마친 다이버들은 대개 리브어보드로 돌아온 후에도 한동안 말을 꺼내지 못한다.

▼ 2차 대전 당시 독일 공군의 폭격을 맞아 침몰한 미국 해군 수송선인 '티스틀레곰'은 홍해에서는 물론 전 세계적으로도 손꼽히는 최고의 렉 포인트 중 하나로 알려져 있다. 이 배의 선창에는 당시 수송 중이던 군용 차량, 모터사이클 등이 그대로 남아 있으며 주변에는 또 다른 화물인 기관차도 있다. 사진은 티스틀레곰 무장 갑판에 거의 원형 그대로 남아 있는 포탄들인데 손으로 표면을 닦아내면 식별 기호와 제조 연도 표시까지 선명하게 드러난다.

6. 남홍해 다이빙

남홍해 트립 브리핑

이동 경로	서울 ···› (항공편) ···› 이스탄불/두바이/도하 ···› (항공편) ···› 카이로 ···› (항공편) ···› 마르사알람
이동 시간	항공편 14시간 30분(이스탄불, 카이로 경유, 공항 대기 시간 제외)
다이빙 형태	리브어보드 다이빙
다이빙 시즌	연중(최적 시기 : 3월부터 11월)
수온과 수트	여름철 : 25도에서 30도(3밀리 수트) 봄/가을철 : 23도에서 29도(5밀리 수트) 겨울철 : 22도에서 27도(7밀리 수트)
표준 체재 일수	7박 8일(22회 다이빙)
평균 기본 경비	총 290만 원 • 항공료 : 170만 원(서울–카이로–마르사알람, 2회 경유) • 리브어보드: 120만 원(준 럭셔리급 리브어보드, 남홍해 7박 코스 기준) • 후르가다 공항을 이용할 경우 육로 교통비 약 15만 원(왕복) 추가 • 국립공원 입장료 별도 (목적지 및 일정에 따라 차이가 있음)

남홍해South Red Sea 개요

2000년대 초반까지만 해도 홍해 다이빙은 후르가다와 시나이 반도 일대의 북쪽 바다에서 주로 이루어져 왔으나, 최근 들어 점점 더 남쪽으로 확장되어 가는 경향을 보이고 있다. 경험이 많은 다이버들 중에서는 이제는 바로 남쪽 홍해로 직행하는 경우도 많이 생겼다. 남쪽 홍해가 인기를 더해가는 이유는 크게 두 가지인데, 첫째는 후르가다나 샤름엘셰이크 지역이 수많은 다이버들로 항상 북적거리는데 반해 남쪽 지역은 상대적으로 더 조용하기 때문이고, 둘째는 남쪽 홍해가 북쪽 홍해에 비해 아기자기한 맛은 떨어지지만, 반대로 대양 상어들을 포함한 대물들과 대규모의 물고기 떼를 쉽게 만날 수 있다는 매력 때문이다.

스쿠바 다이버가 바닷속에서 대양 화이트팁 상어Oceanic Whitetip Sharks와 조우하는 일은 세계 어느 곳에서든 대단히 희귀한 일로 간주된다. 이 상어는 우리가 흔히 볼 수 있는 화이트팁 리프상어와는 전혀 다른 종류이며, 백상아리Great White Shark와도 다른 종류이지만, 이 역시 성격이 포악한 포식자로 백상아리 못지않게 세계에서 가장 위험한 어류 중의 하나라고 한다. 연안이나 산호초 지역과는 거리가 있는 먼 바다를 선호하는 것으로 알려져 있지만, 남쪽 홍해는 위치상 깊은 바다와 인접해 있어서 다이버들이 이 희귀한 상어를 포함한 대양 상어 종류를 비교적 가까운 거리에서 볼 수 있게 된 것이다. 대양 화이트팁 상어 외에도 이 지역에서 볼 수 있는 상어 종류로는 귀상어, 환도상어, 실버팁 상어, 실크 상어 등이 있다. 남쪽 홍해에서는 리브어보드 보트 바로 밑이나 심지어는 비치 다이빙으로도 상어를 발견하는 일이 그리 드물지 않을 정도이다. 상어 종류 외에도 남쪽 홍해는 매우 건강한 산호초 지역이 유지되고 있어서 트레발리, 참치와 같은 대형 원양 어종들이 많이 발견된다.

찾아가는 법

남쪽 홍해로 들어가는 관문도시는 마르사알람Marsa Alam이다. 마르사알람은 후르가다에서 남쪽으로 300㎞ 정도 떨어진 곳에 위치하고 있으며, 남홍해로 나가는 리브어보드는 대부분 이 마르사알람 항이나 인근의 포트갈립 항에서 출항한다. 마르사알람은 포트갈립 인근에 국제공항을 갖고 있어서 카이로 또는 주요 유럽 도시에서 이곳으로 바로 들어갈 수 있다. 수단 수역을 포함한 극남홍해 지역으로 나가는 리브어보드들은 대개 하마다Hamata 항구에서 떠난다. 후르가다에서 마르사알람까지는 자동차로 약 세 시간 반 정도가 소요되며, 하마타는 마르사알람에서 다시 한 시간 반 정도 더 남쪽으로 내려가는 곳에 있다.

▲ 남홍해의 '데달루스 리프'와 '브라더스 아일랜드' 등에서는 각종 상어들을 흔히 만날 수 있다. 사진은 다이빙을 위해 입수한 직후에 리브어보드 보트 바로 밑에서 필자와 조우한 대형 실크 상어의 모습

▼ 포트갈립 항구에 정박 중인 리브어보드 요트들. 남홍해로 향하는 리브어보드들은 이 포트갈립 항구 또는 이곳에서 30㎞ 정도 남쪽에 있는 마르사알람 항구에서 출항하며, 극남홍해로 나가는 보트들은 이보다 더 남쪽에 있는 하마타 항에서 출항하는 경우가 많다.

마르사알람으로 가는 가장 편리한 방법은 카이로에서 이집트항공 국내선을 타는 것이다. 비행시간은 1시간 30분 정도 소요된다. 유럽의 일부 도시에서 마르사알람 공항까지 직항편도 운항된다. 룩소 국제공항으로 들어간 후 택시를 타는 방법도 있는데 소요 시간은 두 시간 정도로 카이로에서의 비행 연결편이 원만치 않을 경우 대안이 될 수도 있다. 카이로에서 버스 편도 있기는 하지만 편도에만 10시간 이상이 소요되는 긴 여정이어서 버스 여행을 엄청나게 좋아하는 경우가 아니라면 그다지 추천하기는 어려운 방법이다. 다만, 카이로에서 마르사알람으로 들어가는 항공편은 후르가다로 들어가는 편에 비해 훨씬 숫자가 적다. 카이로에서 후르가다까지는 매일 10여 편 가까이 운항되는 데 비해 카이로에서 마르사알람까지는 일주일에 세 편 정도만이 운항되고 있다. 다행히 일정이 맞아 마르사알람으로 바로 들어가는 경우에는 조금 더 편안하게 갈 수 있지만, 그렇지 않은 경우에는 대개 일단 후르가다 공항으로 들어간 후 육로를 통해 최종 목적지인 포트갈립, 마르사알람 또는 하마타까지 가야 한다. 육로로 후르가다에서 마르사알람까지 이동하는 경우의 소요 시간은 승용차로는 세 시간 반, 미니밴으로는 네 시간 정도가 걸린다. 포트갈립까지는 마르사알람보다 조금 더 가까워서 30분 정도 덜 걸린다. 리브어보드 회사에서 교통편을 제공해 주는 경우에는 이것을 이용하면 되지만 그렇지 않은 경우에는 별도의 픽

▼ 마르사알람 시내의 모습. 후르가다에 비해 매우 작은 도시이지만, 늘어나는 다이버들과 관광객들을 수용하기 위해 대대적인 재건설이 한창이다.

업 서비스를 이용해야 하는데, 요금은 승용차를 이용할 경우 편도 기준으로 80유로 정도 소요된다.

극남홍해 지역으로 나가는 리브어보드들은 대개 마르사알람 남쪽의 하마타 항구에서 떠나는데 대부분의 리브어보드들은 마르사알람 공항에서 하마타 항구까지의 교통편을 무료로 제공한다. 다만, 마르사알람으로 들어가는 비행기 시간이 맞지 않아서 부득이 후르가다 공항으로 들어가야 하는 경우도 있는데 후르가다 공항에서 하마타 항구까지는 육로 교통편은 별도의 요금을 받고 제공한다. 후르가다 공항에서 하마타 항구까지는 대략 5시간 반 정도가 소요되지만 야간에는 시간이 더 걸릴 수도 있다.

남홍해 다이빙 특징

남쪽 홍해에서의 다이빙은 주로 직벽을 타고 가는 딥 다이빙 형태이다. 그러나 이 지역에는 수많은 터널들이 마치 미로처럼 얽혀 있는 곳도 있고, 렉 사이트도 있으며 사막의 해변을 따라 수많은 비치 다이빙 포인트들도 널려 있다. 마르사알람에서 비교적 가까운 거리에 위치한 '엘핀스톤'이나 비치 다이빙 포인트들을 제외하면 남쪽 홍해의 거의 모든 유명한 다이브 사이트들은 육지에서 먼 바다에 위치해 있어서 데이 트립으로 가는 것이 불가능하다. 따라서 남쪽 홍해에서 다이빙을 제대로 즐기려면 이곳을 찾는 리브어보드를 타는 것이 가장 좋은 방법이다.

▲ 다이빙 사고가 발생한 경우 가까운 의료 기관으로의 후송과 재압 체임버 치료 비용 등을 보상해 주는 DAN Divers Alert Network의 다이버 보험 카드. 홍해 리브어보드에서는 다이버 보험 가입이 필수이며, 보험이 없는 경우 보트나 다이브 센터에서 단기 보험을 구입할 수도 있다.

▼ '데달루스 리프'의 블루 워터에서 조우한 귀상어를 촬영하고 있는 다이버. 남홍해에서는 귀상어, 환도상어, 대양 화이트팁, 실크 상어 등 다양한 종류의 상어들을 만날 수 있다.

극남홍해를 제외한 남쪽 홍해 루트를 항해하는 리브어보드는 후르가다, 포트갈립 또는 마르사알람의 세 군데 항구 중 한 군데에서 출발한다. 이 중에서 후르가다를 출발하는 리브어보드들은 대부분 '브라더스', '데달루스', '엘핀스톤' 지역에만 중점을 두고 있으며, 그보다 더 남쪽 지역인 '자바르가드', '세인트존스', '로키 아일랜드' 등을 찾는 리브어보드들은 후르가다보다 더 남쪽에 위치한 항구인 포트갈립이나 마르사알람 또는 하마타를 모항으로 이용한다. 최근에는 이집트 남쪽 홍해는 물론 국경을 넘어 수단 수역까지 들어가는 리브어보드도 등장했다. 이런 리브어보드들은 경험을 갖춘 모험심 많은 다이버들만을 대상으로 13박 내외의 긴 일정으로 거의 모든 사이트들을 섭렵한다. 이집트 법에 의해 해양 공원으로 지정된 수역에서 다이빙을 하기 위해서는 최소한 50로그 이상의 경험을 갖고 있어야 하며 이를 증명할 수 있는 로그북을 반드시 지참하여야 한다. 법에 따라 다이버 보험 또한 반드시 가지고 있어야 이집트 바다에서 다이빙이 가능하지만, 보험이 없는 경우라도 현지에서 단기 보험을 구입할 수 있다.

마르사알람 데이 트립 다이빙

여러 차례 거듭되는 말이지만, 넓은 홍해 바다에서의 다이빙을 제대로 즐기기 위해

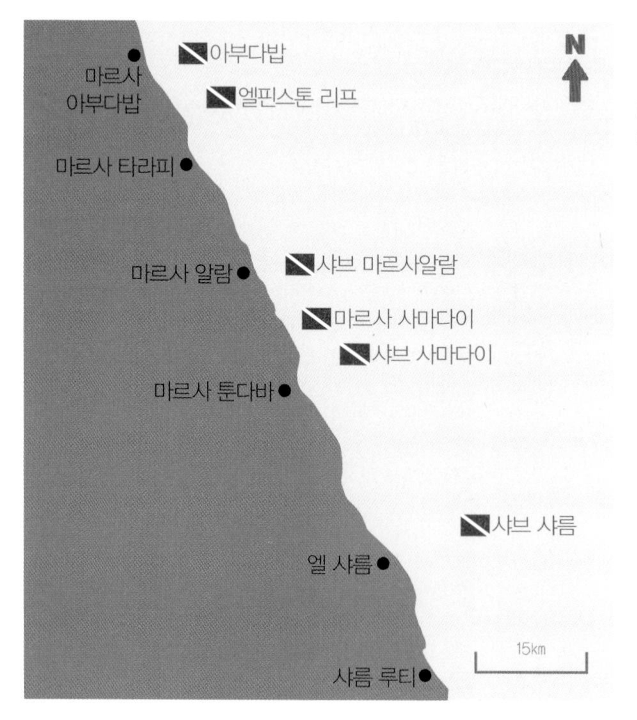

마르사알람 지역의 다이브 포인트들

▲ 마르사알람에서 자동차로 30분 거리에 있는 '아살라야' 포인트의 리프 모습. 비치 다이빙으로 조금만 들어가면 아름다운 홍해의 리프와 다양한 해양 생물들을 만날 수 있다. 심지어는 나폴레옹 래스, 상어, 거북이, 듀공들도 심심치 않게 나타난다.

서는 리브어보드를 타는 방법이 최선이다. 한국에서 많은 시간과 비용을 들여 홍해까지 가서 리브어보드를 타지 않고 육지에서만 다이빙을 하고 돌아온다는 것은 홍해 바다를 수박 겉 핥기 식으로만 보는 것으로, 결코 바람직한 방법이 될 수 없다. 그러나 이집트까지 찾아간 이상 리브어보드 일정만 마치고 그대로 돌아오는 것 또한 아쉬움이 남을 수 있다. 시간만 허락된다면 리브어보드 일정이 시작되기 전이나 일정이 끝난 후에 며칠 더 시간을 내어 다이브 리조트에 머물면서 데이 트립 다이빙을 즐기는 것도 그리 나쁘지는 않을 것이다.

후르가다 지역에 못지않게 마르사알람 지역에도 수많은 데이 트립 다이브 포인트들이 있다. 후르가다 지역의 포인트들이 대개 보트를 타고 나가야 하는 데 반해 마르사알람 지역의 포인트들은 대부분 해안선을 따라 형성되어 있어서 비치 다이빙 형태로 들어갈 수 있는 곳이 많다. 그러나 비치 다이빙이라고 해서 과소평가해서는 안 된다. 해변에서 조금만 들어가면 아름다운 산호초들이 거대한 리프를 형성하고 있고 이 주변으로 수많은 종류의 해양 생물들이 시식한다. 비치 다이빙으로 들어가서 상어를 만나는 일도 심심치 않게 생기며, 모랫바닥의 수초 지역에서는 바다거북들은 물론이고 다른 지역에서는 찾아보기 힘든 듀공도 그리 어렵지 않게 목격할 수 있다.

마르사알람은 후르가다에 비해 훨씬 작은 도시이다. 일반 전화의 번호가 아직도 네 자리에 불과할 정도이며 관광객들을 위한 시설들도 후르가다에 비하면 형편없을 정도로 부족하다. 그러나 마르사알람은 후르가다와 경쟁할 수 있는 관광 도시로 탈바꿈하기 위해 대대적인 도시 재개발이 이루어지고 있어서 마치 전체 도시가 건설 현장이라는 느낌이 들 정도이다. 아마도 2020년 정도에는 마르사알람은 완전히 달라진 관광 도시의 모습으로 다시 태어날 것으로 기대된다.

반면, 마르사알람에서 북쪽으로 40㎞ 정도 떨어져 있는 포트갈립은 외국인 관광객들과 다이버들을 목표로 개발된 특수 지역이다. 잘 정비된 항구에는 수많은 리브어보드들과 데이 트립 다이브 보트들이 정박하고 있으며 주변에는 서구식 호텔과 레스토랑, 바, 다이브 센터 등이 자리 잡고 있다. 포트갈립에서는 데이 트립으로 엘핀스톤까지 나갈 수 있다.

후르가다 지역과는 달리 마르사알람 지역에는 숙소를 갖춘 다이브 리조트들은 아직은 별로 많지 않다. 최근 '블루비전 다이빙 호텔'을 비롯하여 다이브 리조트 형태를 갖춘 곳이 새로 등장하고는 있지만, 아직까지는 일반 호텔에 숙소를 정하고 인근의 다이브

▲ 포트갈립 항구 단지 안에 위치한 '엑스트라 다이버스' 다이브 센터. 이 외에도 포트갈립과 마르사알람 일대에는 수많은 다이브 센터들이 있어서 데이 트립 다이빙을 즐길 수 있다.

▼ 마르사 알람의 '문 리조트' 안에 자리 잡고 있는 'Sea Secret' 다이브 센터

▲ 마르사알람 인근의 다이브 포인트에서 다이빙을 준비하고 있다. 마르사알람 일대에는 사진과 같이 비치에서 바로 입수할 수 있는 다이브 포인트들이 많이 있다.

센터를 찾아 데이 트립 다이빙을 즐기는 방법이 일반적이다. 숙소는 포트갈립이나 마르사알람 중에서 택해야 한다. 이들 두 지역은 자동차로 약 40분 걸리는 위치에 서로 떨어져 있기 때문이다. 참고로 후르가다에서 이동할 경우 포트갈립이 마르사알람에 비해 더 가까운 곳에 있으며, 마르사알람 공항도 마르사알람 시내보다는 포트갈립에서 훨씬 더 가까운 곳에 있다. 반면, 다이빙 비용을 포함한 전반적인 물가는 포트갈립에 비해 마르사알람 쪽이 싼 편이지만 관광객들을 위한 기반시설들은 마르사알람 쪽이 아직은 많이 열악한 편이라는 점을 아울러 고려하도록 한다. 포트갈립 안에는 '엑스트라 다이버스'를 비롯한 다이브 센터들이 여러 군데 영업을 하고 있다.

마르사알람 지역의 데이 트립 다이빙 비용은 일반적인 비치 다이빙 형태의 경우, 포인트까지의 교통편과 점심 식사를 포함하여 2회 다이빙에 60유로 정도이다. 물론 보트를 타고 먼 거리로 나가는 경우에는 더 비싸진다. 마르사알람 지역에서의 데이 트립 다이빙은 대개 다음과 같은 순서로 이루어진다.

(1) 체크인 : 다이빙에 앞서 다이브 센터에서 체크인 절차를 밟아야 한다. 이때 이집트

법에 따라 다이버 카드, 보험 카드 그리고 로그북을 확인한다. 아울러 출발 시각과 출발 장소가 정해지며 렌털 장비가 필요할 경우 체크인 하는 과정에서 미리 사이즈 등을 확인하여 확보해 두어야 한다.

(2) 출발 및 이동 : 정해진 출발 시각에 출발 장소에서 자동차 편으로 포인트까지 이동한다. 이때 복장은 수영복이나 간편한 비치 복장으로 떠나면 된다. 비치 다이빙의 경우 포인트까지의 이동은 위치에 따라 차이가 있기는 하지만, 대개 30분에서 한 시간 사이가 된다.

(3) 브리핑 : 포인트에 도착하면 가이드로부터 포인트에 대한 브리핑이 실시된다. 브리핑의 주요 내용으로는 포인트의 지형, 입수와 출수 방식, 예상 이동 경로, 서식하고 있는 해양 생물, 다이빙 시간, 신호 방법 등이 포함된다.

(4) 입수 : 브리핑이 끝나면 장비를 조립한 후 수트로 갈아입는다. 장비는 반드시 본인이 직접 조립하고 체크해야 하며 특히 공기압은 잘 확인을 해 두어야 한다. 장비의 셋업과 점검이 끝나면 장비를 착용하고 핀과 마스크를 들고 가이드의 인솔 하에 바다로 들어간다. 사막 지역인 홍해의 해변은 모두 고운 모래들로 이루어져 있어서 이동은 어렵지 않다. 대략 가슴 정도 깊이의 수심에 도달하면 핀과 마스크를 착용한 후 수영으로 좀 더 깊은 수심으로 이동하여 가이드의 신호에 따라 하강을 시작한다.

(5) 다이빙 : 마르사알람 지역의 비치 다이빙은 다른 지역의 그것에 비해 대개 수심이 더 깊은 편이다. 일반적으로 최대 수심은 20m에서 30m 사이인 경우가 많다. 해변에서 가까운 만큼 조류는 그다지 강하지 않지만 간혹 세찬 서지나 이안류가 밀려오는 경우가 있으므로 너무 방심은 하지 않도록 한다. 다이빙의 진행은 리프의 좌측 혹은 우측 중 한 군데를 정해 진행한 후 30분이 지나거나 공기압이 100바에 도달하면 방향을 바꾸어 되돌아오는 방식으로 이루어진다. 다이빙 시간은 대체로 60분 내외이다. 비치 다이빙 포인트들은 대개 바닥이 모래로 이루어져 있으므로 너무 바닥에 붙으면 핀 킥의 영향으로 시야가 흐려지므로 항상 적정 수심을 유지하도록 한다.

⑹ 출수 : 다이빙이 끝날 무렵이 되면 서서히 상승하여 5m 수심에서 3분 이상 안전 정지를 하게 되는데, 대개 원래 입수를 했던 해안선을 찾아 얕은 수심의 해변까지 나오는 과정에서 자연스럽게 안전 정지가 이루어진다. 1m 내외의 얕은 수심까지 도달하면 일어서서 핀을 벗은 후 걸어서 차량이 주차된 곳으로 찾아 나오면 된다. 한 번의 데이트립으로 두 차례의 다이빙을 하게 되므로 첫 다이빙이 끝난 후 대략 한 시간 정도의 휴식을 가진 후 두 번째 다이빙이 실시된다.

⑺ 정리 : 모든 다이빙이 끝나면 장비를 해체하고 정리를 한다. 정리할 때에는 호흡기와 같은 장비에 모래가 들어가지 않도록 조심해야 한다. 수트를 벗을 때는 모래사장에서 벗는 것보다는 얕은 물 속에 들어가서 벗는 것이 더 쉽기도 하고 모래가 덜 붙게 하는 방법이기도 하다. 해체된 장비를 지정된 상자에 넣은 후 차량으로 다이브 센터나 숙소로 돌아간다.

▼ 마르사알람 인근의 한 비치 다이빙 포인트의 리프에 나타난 대형 나폴레옹 래스. 마르사알람 인근의 포인트들에서는 상어나 듀공과 같은 대형 해양 생물을 만나는 경우가 그리 드물지 않다.

남홍해 지역 다이브 포인트

남쪽 홍해의 다이빙 지역은 마르사알람 일대의 남홍해 지역과 그 아래쪽인 극남홍해 지역의 두 군데로 나뉜다. 남쪽 홍해를 취항하는 리브어보드들 또한 남홍해 또는 극남홍해 중 한 군데를 정해 들어가고 있다. 남홍해 지역의 대표적인 사이트로는 '브라더스', '데달루스 리프', 그리고 '엘핀스톤' 지역을 들 수 있으며, 극남홍해 지역의 대표적인 사이트는 역시 수중 동굴로 유명한 '세인트존스 리프'와 '퓨리 숄', '자바르가드 섬' 그리고 '로키 아일랜드'를 꼽는다. 이들 중에서 남쪽 홍해 지역의 주요 다이브 사이트들을 소개하면 다음과 같다.

• 아부 다밥Abu Dabab : 포트갈립과 마르사알람의 중간 지점에서 위치하고 있으며 육지에서 4km 정도 떨어져 있다. 수면 바로 아래에 여섯 개의 독립된 리프들이 있는데 모든 리프들을 둘러보려면 며칠 동안에 걸친 다이빙이 필요하다. 이들 중에서 가장 인기 있는 리프들은 동쪽 끝에 위치한 '이트나인 리프'와 '쌀라타 리프'이다. 수심도 최대 20m 정도로 아주 깊지는 않기 때문에 경험이 많지 않은 다이버들도 큰 무리 없이 즐길 수 있는 곳

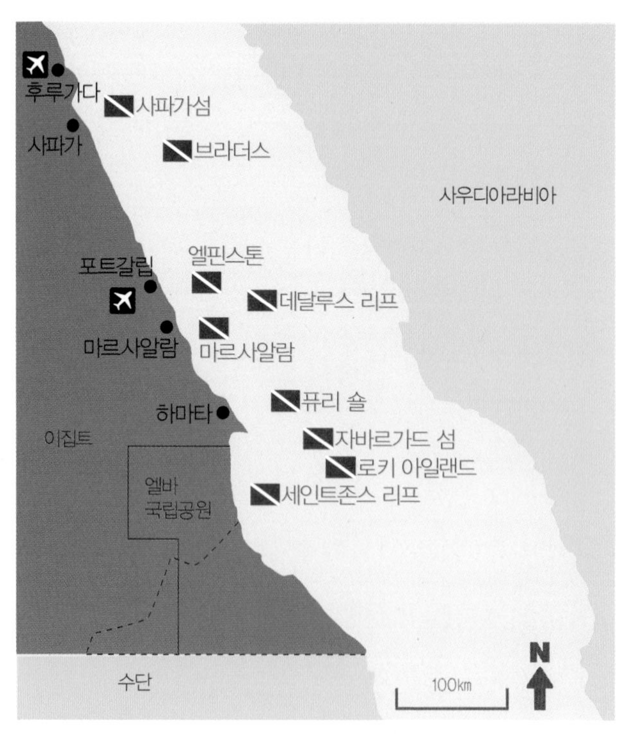

남홍해 지역의 다이브 포인트들

이다. 그러나 조류는 항상 있는 곳이어서 입수 전에 다이브 마스터가 조류 방향을 확인한 후 남쪽 또는 북쪽 중 한 방향으로 드리프팅을 하게 된다. 대부분의 경우 조류는 남쪽에서 북쪽으로 흐르는데 어떤 날은 매우 강한 경우도 있으므로 주의는 필요하다. 이곳의 조류는 조수간만 현상에 의해 생기는 것이 아니고 찬 해류와 더운 해류가 만나면서 생기는 이른바 써모클라인 효과에 의해 일어나는 다소 특이한 조류라고 한다. 하강을 하면 수중 모랫바닥 위에 자리 잡은 커다란 두 개의 수중 바위를 볼 수 있다. 각 바위는 약 40m 정도 떨어져 있는데 강한 조류가 나타날 경우 이를 피할 수 있도록 해 주는 중요한 수중 구조물 역할을 한다. 약 13m 깊이에 '해븐 1'이라는 이름의 다이빙 보트 난파선이 나타나는데, 이 보트는 과거 리브어보드 보트로 운항되다가 2003년에 침몰하여 이제는 다른 리브어보드들의 다이버들이 찾는 난파선이 되어 버렸다고 한다. '이트나인 리프' 남쪽 얕은 지점으로 되돌아오면 다이버들이 통과할 수 있는 여러 개의 동굴들과 터널 형태의 암벽들이 나타난다. 주변의 '쌀라타 리프' 쪽에도 몇 개의 오버행과 터널들이 있지만 직경이 좁아서 경험이 있는 어드밴스드 다이버들만이 통과가 가능하다.

•브라더스 아일랜드The Brother Islands : 포트갈립에서 뱃길로 열 시간 정도 달려야 도착할 수 있는 브라더스 아일랜드는 홍해 바다의 중간에 위치해 있고 수면 상태도 거친 경우가 많아 리브어보드만으로 접근할 수 있는 사이트이다. 그러나 일단 이곳에 도착해서

▼ '빅 브라더 섬'의 모습.

월 다이빙을 통해 수중의 장관을 보게 되면 고생해서 온 보람을 반드시 느끼게 될 것이다. 약 1km 정도의 거리를 두고 두 개의 작은 섬이 자리 잡고 있는데 등대가 있는 큰 섬을 '빅 브라더', 작은 섬은 '리틀 브라더'라고 부른다. 월은 무성하게 자라난 연산호군들과 엄청난 규모의 숲을 형성하고 있는 고르고니안 산호들로 뒤덮여 있다. 이 지역에서 거의 유일한 산호초 지역인 만큼 다른 곳에서는 보기 힘든 희귀한 생물들을 많이 볼 수 있는 곳이기도 하다.

◦빅 브라더Big Brother : 브라더스 아일랜드의 형 섬에 해당하는 '빅 브라더'는 길이가 300m 정도이고 폭도 90m에 달하는 꽤 큰 섬이다. 섬 안에는 1883년에 건조된 오래된 등대가 있다. '빅 브라더' 또한 강한 조류가 항상 있는 곳이어서 입수는 항상 네거티브 엔트리 방식으로 이루어진다. 조류는 대개 북쪽에서 남쪽으로 흐르기 때문에 다이빙은 보통 조디악을 이용하여 섬의 북쪽까지 이동한 후 입수하여 조류를 타고 남쪽으로 흐르다가 출수하는 방식으로 진행된다. 섬의 북쪽에 보트가 정박할 수 있는 계류 부이가 설치되어 있다. 섬 주변은 수심이 얕은 산호초 리프로 둘러싸여 있으며 리프는 가파른 경사의 슬로프를 형성하며 최대 100m 이상의 깊은 수심까지 이어진다. 섬의 북쪽에는 두 척의 난파선 렉이 있는데 이 중에서 크기가 더 큰 '누미디아 렉'은 선체의 길이가 137m에 달하는 거대한 화물선 렉으로 1901년 영국에서 건조되었지만 항해 미스로 인해 좌초되어 같은 해에 이곳에 침몰하였다. 이 렉은 선

▲ '브라더스 아일랜드'는 웅장한 수중 지형과 다양한 해양 생물들, 특히 대형 상어들이 자주 나타나는 곳으로 남홍해에서 인기가 높은 곳이다.

▼ '리틀 브라더'의 수중 지형. 연산호로 뒤덮인 아름다운 리프와 오버행 등의 다양한 해저 지형 경관이 뛰어난 포인트이다.

수를 위쪽으로 거의 수직 방향으로 가라앉아 있는데 상단 부분의 수심은 10m 정도 이지만 맨 밑의 선미 부분은 80m에 달하기 때문에 일반 다이버들은 선수 부분에만 머무를 수 있다. '누미디아 렉'에서 서남쪽으로 이동하다 보면 두번째 렉인 '아이다 렉'이 있다. 아이다 렉은 1911년에 악천후로 인해 침몰한 해상 보급선인데 침몰된 위치가 30m에서 50m에 걸쳐 있어서 일반 다이버들이 렉 다이빙을 즐기기는 어렵지만 '누미디아 렉' 다이빙을 마치고 돌아오는 길에 그 윤곽을 먼 발치에서 바라볼 수 있다. '빅 브라더' 인근 바다에서는 환도상어와 귀상어를 자주 목격할 수 있으며 이 외에도 바라쿠다, 트레발리 등 많은 종류의 대형 어류들을 볼 수 있다.

◇ 리틀 브라더Little Brother : 브라더 아일랜드의 작은 동생 섬인 '리틀 브라더'는 섬의 직경이 20m가 채 되지 않으며, 주변의 물에 잠겨 있는 산호초 지역까지 포함하더라도 길이가 300m 정도에 불과한 곳이다. 산호초 지역의 수심은 1m 미만으로 매우 얕아서 입수는 산호초 밖의 깊은 수심 쪽에서 이루어진다. 산호초로 이루어진 리프의 끝 부분은 모두 직벽으로 40m 이상의 수심까지 가파른 경사로 떨어진다. 섬의 북쪽 수심 40m 지점에는 비교적 평평한 고원 지대가 형성되어 있다. 섬의 남쪽에 보트의 정박을 위한 계류 부이가 설치되어 있는데 다이브 보트들은 이 지점에서만 정박할 수 있다. 이 섬 주변에는 꽤 강한 조류가 항상 흐르는데 대개 북쪽에서 남쪽 방향으로 흐르며 섬의 북쪽 끝 지점에서 양쪽으로 갈라져서 섬의 남쪽 방향으로 강한 조류대를 형성한다. 따라서 보트가 계류되어 있는 남쪽 지점에서 조디악을 타고 섬의 북쪽 끝 지점까지 이동한 후 네거티브 엔트리 방식으로 입수를 하게 되는데, 조류를 타고 섬의 동쪽 해안선을 따라 내려오든가 아니면 서쪽 해안선을 따라 내려오는 두 가지 옵션이 있다. 대부분의 리브어보드들은 이 '리틀 브라더'에서 두 번 이상의 다이빙을 실시한다. 북쪽에서 입수한 후 조류를 타고 남쪽으로 이동한 후 보트가 정박한 지점 부근에서 출수하여 바로 보트에 승선하는 것이 일반적인 패턴이지만, 간혹 강한 역조류로 인해 보트까지 접근이 어려운 경우가 생기고, 이때는 가능한 한 리프에서 멀리 떨어진 곳으로 나와서 SMB를 띄운 후 출수하면 대기하고 있던 조디악이 다이버를 태우고 보트까지 데려다준다. '리틀 브라더' 주변에는 희귀한 환도상어들이 자주 출현하는 곳으로 유명하며 귀상어들도 자주 목격되곤 한다.

• 데달루스 리프Daedalus Reef : 마르사알람 해안선으로부터 80㎞ 정도 떨어진 홍해 한가운데 자리 잡은 전설적인 리프이다. 깊은 월에는 연산호 군락과 부채산호들이 빽빽하게 서식하고 있는 아름다운 곳이어서 해상공원으로 지정된 곳이기도 한데, 육지에서 멀리 떨어져 있는 위치와 강한 조류로 인해 환도상어와 귀상어들이 자주 출몰하는 곳이다. '데달루스 리프'에서의 다이빙은 리프에서 멀리 떨어진 30m 이상의 깊은 바다로 나가서 귀상어나 환도상어를 찾아다니는 블루 워터 다이빙이 주종을 이루기 때문에 경험이 많은 다이버들이나 가이드들이 남홍해에서도 가장 선호하는 사이트이기도 하다. 많은 리브어보드들이 '데달루스 리프'에서 이틀 정도 머물면서 여러 차례 다이빙을 즐기게 된다. 리프의 남서쪽에는 대형 등대가 있는데 다이빙이 없는 시간에는 리프에 상륙하여 등대를 관광할 수도 있다. 가파른 계단을 따라 높은 등대탑 꼭대기까지 올라가면 탁 트인 홍해의 시원한 경치를 만끽할 수 있으므로 한 번쯤은 들러 볼 가치가 있다. 이곳 역시 항상 강한 조류가 일기 때문에 입수는 항상 네거티브 엔트리 방식으로 이루어진다. 상어를 찾아 깊은 블루로 나가기 전에 입수한 주변의 리프 지형을 눈여겨보아 두었다가 나중에 출수할 때 레퍼런스로 삼을 수 있도록 한다. 귀상어들은 대개 따뜻한 물과 차가운 물이 만나는 써모클라인 수심에 많이 나타나기 때문에 경험이 많은 가이드들은 머리로 수온의 변화를 감지하여 상어들을 찾아낸다. 귀상어들은 조심성이 많기 때문에 귀상어를 발견하면 너무 가깝게 접근하지 말고 그 위치에서 멈춘 후 기다리도록 한다. 잠시 멀리 도망간 듯 하더라도 이내 다시 큰 원을 그리며 접근하는 경우가 많다. 깊은 수심에서 이루어지는 데달루스

▲ '데달루스 리프'에서 자주 만날 수 있는 귀상어. 홍해 한가운데에 위치해 있는 데달루스 지역에는 귀상어, 환도상어, 대양 화이트팁 등의 희귀한 상어들이 많이 서식한다.

▼ '데달루스 리프;'의 전경. 매우 얕은 수심의 산호초 리프 위에 아름다운 등대 건물이 지어져 있다. 조디악을 타고 리프에 상륙하여 등대탑 내부를 구경할 수도 있다.

에서의 블루 워터 다이빙에서는 특히 무감압 한계 시간과 공기 잔압을 수시로 체크하여야 한다.

•엘핀스톤Elphinstone : 마르사알람 인근에 자리잡고 있는 좁은 리프 지형인 '엘핀스톤'은 홍해에서 가장 인기 있는 사이트 중 하나로 떠오르고 있는 곳이다. 길이가 약 300m 정도 되는 매우 얕은 수심의 산호초 지역이지만, 수면 위로는 아무런 지형도 노출되어 있지 않아서 계류 부이를 보고 포인트의 위치를 찾는 곳이다. 리프의 상단 수심은 1m가 채 되지 않지만 서서히 깊어져서 최대 40m까지 들어간다. 리프 주변은 가파른 경사의 슬로프 지형이며 최대 수심은 80m 이상까지 떨어진다. 리프의 남서쪽 끝에는 수심 18m에서 40m까지 이어지는 분지가 있으며 그 밑으로 아치형 수중 동굴이 있다. 이 수중 동굴은 수심이 50m에서 60m 정도로 깊어서 텍 다이버들만 들어갈 수 있다. 조류가 바로 부딪치는 가파른 직벽 주위로 바라쿠다, 트레발리, 참치들이 먹이 사냥을 하는 모습을 흔히 볼 수 있으며 대양 화이트팁 상어와 조우할 수 있는 가능성이 큰 곳으로도 알려져 있다. 이 외에도 수심이 낮은 쪽에서는 대형 바다거북과 듀공들도 자주 나타난다. 엘핀스톤은 남홍해 리브어보드들이 단골로 들르는 사이트이기도 하지만 포트갈립 항구로부터의 거리도 그다지 멀지 않아 이곳에서 데이 트립으로도 들어갈 수 있다.

•힌드만 리프Hyndman Reef : 사파가 지역으로 나가는 리브어보드들이 하룻밤 정박하기 위해 들르곤 하는 곳이며 수심이 얕고 수면도 잔잔해서 야간 다이빙 장소로 애용되는 곳이기도 하다. 리프 바닥은 14m 깊이의 모래밭이지만, 리프 위쪽은 수면 아래로 2m에 불과하다. 모랫바닥에서는 스팅레이 종류와 모래 속에 몸을 숨기고 있는 가자미 종류를 볼 수 있다. 다이브 라이트를 이용하여 잘 찾아보면 스파이더 크랩, 허밋 크랩, 데코레이터 크랩 등의 다양한 게 종류를 찾아볼 수 있다. 문어와 오징어 종류들도 자주 나타난다. 그러나 야간에는 수면에 많은 성게들이 모랫바닥에 깔려 있으므로 성게 바늘에 찔리지 않도록 주의하도록 한다.

•파노라마 리프Panorama Reef : 사파가에서 뱃길로 한 시간 정도 떨어진 곳으로 사파가에서는 데이 트립으로도 갈 수 있다. 리프의 북단에 등대가 하나 있으며 서쪽과 남쪽으로는 30m 이상의 깊은 수심의 분지로 떨어지는 지형인데, 주로 남쪽 분지 쪽에서 다이빙

하는 경우가 많다. 리브어보드 다이빙 플랫폼에서 입수하여 10m 지점까지 내려가면 여기에서부터 리프는 직벽으로 떨어지는 드롭 오프 형태로 바뀌면서 40m 이상의 수심까지 내려간다. 벽은 온갖 종류의 산호로 덮여 있는데 특이한 점은 중간 지점에 수평이 아닌 수직 방향으로 자라나고 있는 말미잘들을 볼 수 있다는 것이다. 벽을 왼쪽으로 끼고 계속 진행하면 모랫바닥으로 이루어진 분지 지형을 만나는데 이곳의 수심은 23m에서 32m 정도이다.

•라스 토롬비Ras Torombi : 수심이 낮아 리브어보드 플랫폼에서 바로 입수가 가능하며 조류도 거의 없어서 비교적 쉬운 사이트에 속한다. 최대 수심은 18m 정도이다. 포트갈립이나 마르사알람 항구를 출항하는 리브어보드들이 가장 먼저 들러서 체크 다이빙 포인트로 애용하는 곳이기도 하다. 대개 이곳에서 첫날 두 차례의 다이빙이 체크 다이빙 형태로 이루어지는데 이 두 번의 다이빙 동안에 모든 장비들과 웨이트의 무게 등을 점검하며 SMB 사용법 등을 확인하게 된다. 수중에는 두 개의 산호초 군이 있는데 중간에 모랫바닥으로 나뉘어져 있다. 하강할 때 항상 시선은 블루 쪽을 보도록 한다. 이곳은 돌고래들이 자주 출현하는데, 호기심이 워낙 많은 돌고래 녀석들은 때로는 다이버들에게 매우 가깝게 접근하기도 해서 기가 막힌 사진을 찍을 수도 있다. 돌고래만큼 호기심이 강한 애들은 아니지만 이글레이들도 가끔 이곳에 나타난다. 계속 내려가다 보면 수중 암석 지역을 만나게 되는데 이 부근에는 헤아릴 수 없이 많은 물고기떼들이 떼들이 있고 이들을 사냥

▲ 각종 연산호와 경산호들로 뒤덮여 있는 '엘핀스톤'의 수중 모습. 엘핀스톤은 남홍해 리브어보드들이 반드시 들르는 단골 포인트이기도 하지만, 해안선에서 비교적 가까워서 포트갈립 등에서 데이 트립으로도 갈 수 있는 곳이다.

▼ '라스 토롬비'의 경산호 군락지에서 체크 다이빙을 실시하고 있는 다이버들. 이 포인트는 포트갈립을 출발한 리브어보드들이 체크 다이빙을 위해 처음으로 들르는 곳이다.

하기 위한 큰 물고기들도 자주 출현한다. 다이빙을 마치고 얕은 수심의 산호초 위에서 안전 정지를 하노라면 물 위로 숨을 쉬기 위해 올라가던 거북이들이 호기심 어린 눈으로 다이버들의 주위를 선회하기도 한다.

•샤아브 샤름Sha'ab Sharm : 마르사알람 지역에서 잘 알려진 사이트 중 하나이며 해안으로부터 약 12km 정도 떨어진 곳에 위치해 있는 수중 산호초 지역이다. 리프의 길이는 약 700m 정도로 동서 방향으로 펼쳐지는데 가파른 직벽은 수심 200m까지 떨어지며 남쪽 방향으로 흐르는 강한 조류에 항상 노출되어 있는 곳이다. 수심 45m 지점에 동굴 입구가 있고 이 동굴은 멀리 산호초 지역까지 연결되지만, 너무 깊은 수심 때문에 테크니컬 다이버가 아닌 이상 들어가 보기는 어렵다. 그러나 이 지점에서 블루 쪽을 바라보면 대양 백상어나 대형 귀상어들이 가끔씩 나타나곤 한다. 리프의 남쪽과 북쪽은 월 다이빙에 적합한 지형이다. '샤아브 샤름'은 마르사알람에서 데이 트립으로도 갈 수 있고, 남쪽 세인트존스로 가는 리브어보드들도 자주 들르는 곳이어서 다이버들에게는 잘 알려진 곳이다. 어느 정도 경험이 있는 다이버들에게 추천되는 사이트이다.

극남홍해 지역 다이브 포인트

극남홍해 지역은 마르사 알람에서 자동차로 약 한 시간 반 정도 더 내려가는 하마타 주변부터 수단과의 해상 국경에 이르는 지역을 일컫는다. 이집트 홍해에서는 가장 남쪽에 해당하는 곳으로 수많은 수중 동굴과 돌기둥들로 이루어진 곳이 많아서 수중 경관이 매우 뛰어날 뿐 아니라 대양 화이트팁 상어를 비롯한 다양한 종류의 대형 해양 생물들도 만날 수 있는 매력 있는 곳이다. 극남홍해 지역은 크게 파울 베이 지역, 퓨리 숄 지역, 로키 아일랜드 지역, 자바르가드 섬 지역 그리고 세인트존스 리프 지역 등으로 구분된다. 극남홍해 지역의 대표적인 다이브 포인트들은 다음과 같다.

•파울 베이Foul Bay : '파울 베이'는 라스 바나스Ras Banas 바로 남쪽에 위치해 있으며 이집트와 수단의 경계 지점까지 이어진다. 엄밀하게 보자면 이곳은 '세인트존스' 리프의 일부이지만, 대부분 '파울 베이'를 별개의 다이빙 지역으로 생각하는 경우가 많다. 이곳의 특징은 수많은 터널들로 이루어진 동굴들이며, 동굴 사이트 외에도 리프 다이빙과 렉 다이빙 등 다양한 사이트들이 모여 있는 곳이다. '파울 베이' 지역에 속한 주요 사이트들은

다음과 같다.

◇ 파라다이스 리프Paradise Reef : 세인트존스에서 가장 가까운 다이브 포인트며 좁지만 매우 긴 형태의 수중 산호초 지형으로 이루어져 있다. 다이빙은 주로 리프의 남쪽 끝쪽에서 시작되는데 각종 산호들로 뒤덮인 기암괴석 형태의 장관을 볼 수 있다. 이 지역은 야간 다이빙 장소로도 인기가 높다. 남서쪽 끝쪽에는 몇 개의 흥미 있는 동굴과 터널들이 있는데, 수심도 비교적 얕고 천정의 중간중간에 빠져나갈 수 있는 공간들이 열려 있어서 그다지 위험하지는 않다. 이런 이유로 초급 동굴 다이빙 교육 코스로도 많이 이용되는 곳이다.

▲ '세인트 존스 케이브'에는 여러 개의 동굴 시스템들이 있어서 매우 흥미로운 다이빙을 즐길 수 있다. 동굴 중 일부 구간은 꽤 좁아서 한 사람의 다이버만 지나갈 수 있기 때문에 이런 곳에서는 차례대로 한 사람씩 통과해야 한다.

▲ '파라다이스 리프'는 기암괴석들과 동굴들이 있어서 주간에 흥미로운 다이빙을 즐길 수 있다. 남쪽은 조류도 강하지 않고 수심도 적당해서 야간 다이빙 장소로도 인기가 높다. '파라다이스 리프'의 야간 다이빙에서 흔히 발견할 수 있는 마스크드 퍼프 피시

◇ 세인트 존스 케이브St. Jones Caves : '움차라림Umm Chararim'이라고도 불리는 곳이다. 최대 수심은 15m 정도로 비교적 얕은 곳인데, 수면 높이에서 6m 수심에 이르기까지 리프 위쪽에 수많은 구멍들이 뚫려 있어서 리프 전체가 마치 미로와 같은 동굴 지형을 이루고 있다. 내부에는 수많은 통로들이 서로 연결되어 있어서 이곳을 돌

▼ 극남홍해 지역은 장엄한 수중 경관과 함께 다양한 종류의 상어들도 만날 수 있는 곳이다. 간혹 사진과 같이 거대한 대양 화이트팁 상어들이 리브어보드 보트 바로 밑에까지 접근하기도 한다.

아다니다 보면 시간 가는 줄 모르는 곳이기도 하다. 동굴의 일부 구간은 직경이 좁아서 다이버 한 사람이 간신히 통과할 수 있는데, 이런 곳은 한 사람씩 차례대로 통과해야 한다. 다이빙은 주로 리프의 동쪽 지역에서 이루어지고, 북쪽 지역은 동굴 끝이 막다른 곳이 많아서 가급적 접근하지 않는 편이 바람직하다. 동굴 입구 가까운 곳의 작은 바위틈을 잘 살펴보면 록 무버 래스가 자기 몸의 절반만 한 크기의 돌들을 열심히 옮기는 모습을 볼 수 있다. 동굴 바깥쪽은 아름다운 산호초 정원으로 이루어져 있다.

◦ 세르나카Sernaka : '미카와'라고도 불리는 작은 섬으로 '파울 베이' 사이트들 중에서 가장 북쪽에 위치한 곳이다. 다이빙에 가장 적합한 곳은 섬 남쪽 끝 항해 표지등이 있는 곳이다. 이 지역에서 입수하면 '일 카마시'라는 이름의 어선이 침몰되어 있는데 선수 부분이 바닥을 향하고 선미 부분이 위로 들려 거꾸로 처박힌 모습으로 리프에 기대어 누워 있다. 렉의 깊이는 30m에서 50m까지이다. 나무로 된 선체는 일부가 부식되어 선박의 골격이 드러난 곳도 보이며 이런 곳을 통해 렉 안으로 들어갈 수는 있지만, 수심이 깊어 대부분의 현지 가이드들은 다이버들을 데리고 들어가는 것을 꺼린다. 바닥 주변에는 선박에서 떨어져 나간 부품들이 널려 있으며 프로펠러는 낡은 어망에 감겨 있는 모습을 볼 수 있다.

• 퓨리 숄Fury Shoals : '퓨리 숄'은 라스 바나스에서 13km 정도 떨어진 바다에 30km 길이에 걸쳐 산재해 있는 20여개의 리프 지역을 총칭한다. 비교적 넓고 다양한 지형을 가진 곳이다 보니 수심이 낮은 산호초 지역에서부터 조류와 대물들이 함께하는 가파른 깊은 직벽까지 다양한 면을 가지고 있어서 초보 다이버부터 경험 많은 다이버들, 텍 다이버들까지 찾을 수 있는 다양한 사이트들로 이루어진 곳이다. '퓨리 숄' 지역의 주요 다이브 포인트들은 다음과 같다.

◦ 샤아브 클라우디오Sha'ab Claudio : '퓨리 숄'의 남쪽 지역에 위치한 리프로 매우 아름다운 경치와 함께 비교적 안전하고 쉬운 사이트로 알려져 있다. 최대 수심은 25m 정도이다. 리프 남쪽 8m 깊이에 커다란 동굴 입구가 있는데 이곳으로 들어가서 좁은 동굴을 일주한 후 반대편 리프 남서쪽 출구로 나갈 수 있다. 리프의 서쪽은 전체

▲ '샤아브 클라우디오'의 동굴을 빠져나오고 있는 다이버. 이 지역의 동굴들은 수심도 그리 깊지 않고 위쪽이 개방된 곳이 많아 어둡지도 않아서 다이빙은 그리 어렵지 않다.

▼ '샤아브 막사워'의 리프 주변에 갑자기 출현한 대양 화이트팁 상어를 보고 놀란 다이버

가 거대한 산호초 정원 지역을 형성하고 있는데, 여기에서 조금 북쪽으로 올라가면 또 다른 동굴 입구를 만나게 된다. 비교적 작은 크기의 동굴 입구는 수심이 5m밖에 되지 않으며 이 동굴을 지나 리프 북단의 출구 쪽으로 나가면 또 다른 산호초 정원이 펼쳐진다. 다이빙을 마칠 즈음에 거대한 산호초 탑을 만나게 되는데 이곳에서 초대형 말미잘과 도미 종류들이 산호초 굴속 또는 오버행 밑에서 살고 있는 모습을 볼 수 있다.

◇ 샤아브 막사워Sha'ab Maksour : '퓨리 숄'의 북서쪽에 자리 잡은 좁고 긴 형태의 리프인데 안쪽은 가파른 직벽 형태로 깊은 수심까지 떨어지는 구조이다. 이러한 형태와 위치로 인해 경험 많은 다이버들에게만 추천되는 사이트이다. 다이빙이 많이 이루어지는 위치는 리프의 남쪽 끝자락인데 직벽은 18m까지 떨어지고 그다음부터 40m 수심까지는 비교적 완만한 경사로 이어지다가 다시 매우 깊은 심해로 떨어지는 지형이다. 직벽이 경사면으로 바뀌는 분지 지역에서 각종 상어 종류들과 블루핀 참치, 자이언트 트레발리 등의 포식 어류들을 볼 수 있다. 리프의 북쪽 끝에도 깊은 수심의 분지 지형이 있고 이곳에서도 상어 종류를 볼 수 있는데 조류의 방향이 맞을 경우 이곳에서 떨어져서 동쪽 벽까지 조류를 타고 드리프트 다이빙 형태로 많이 진행된다.

◇ 아부 갈라와 케비라Abu Galawa Kebira : 이집트 남쪽 홍해에서 가장 유명한 리프 중

하나이다. 다이빙은 주로 리프의 서쪽에서 떨어져서 오른쪽 어깨가 벽을 향하도록 하여 남쪽 방향으로 진행된다. 리프가 끝나는 지점에서 조금 더 남쪽으로 진행하면 18m 수심에 보트 한 척이 침몰되어 있는 것을 발견할 수 있다. 이 보트는 항만에서 큰 배를 밀어내는 데 사용하는 터그 보트Tug Boat인데 이름은 '티엔싱Tien Hsing'이고 1935년 중국에서 건조되어 1943년 이곳에서 침몰되었다. 거의 수직에 가깝게 가파른 각도로 좌초되어 있으며 선수 부분은 거의 수면에 닿아 있는 모습이다. 이 난파선은 남쪽 홍해에서 가장 아름다운 렉으로도 알려져 있는데 조류도 거의 없는 곳이어서 초보 다이버들도 큰 부담 없이 찾을 수 있으며 야간 다이빙도 가능하다. 선미 부분 갑판에 큰 구멍이 있어서 이곳을 통해 프로펠러 샤프트가 엔진룸까지 연결되어 있는 모습을 볼 수 있다. 우현 쪽에도 출입문들이 여러 개 있어서 이곳을 통해 렉 안으로 진입하여 화장실 안까지 들어가 볼 수 있다. 주갑판과 굴뚝에는 이미 많은 산호들이 자리 잡고 있으며 내부에는 많은 물고기 떼들이 자리 잡고 살고 있다. '티엔싱 렉'과 같은 쪽 리프의 동쪽 부분에는 여러 개의 개방형 동굴들이 있는데 이 속에서 여러 종류의 게와 새우 등을 발견할 수 있다.

◦ 아부 갈라와 소가이르Abu Galawa Soghayr : 많은 테이블 산호와 연산호 종류들이 군락을 이루고 있는 곳으로 수심이 낮고 시야가 매우 밝으며 조류도 거의 없는 쉬운 다이빙 장소로 인기가 높은 곳이다. 리프 중간 부분에는 산호초들이 밑으로 푹 꺼진 협곡 형태를 이루고 있는데 이곳에서 떨어져서 북서쪽 방향으로 진행하다 보면 분지가 끝나고 산호초 가든이 펼쳐진다. 리프의 남쪽 지역 16m 수심에 작은 요트 한 척이 가라앉아 있는데 선체 안으로 들어가 볼 수도 있다.

• 로키 아일랜드Rocky Island : 홍해에서 가장 남쪽 끝자락에 자리 잡고 있는 또 다른 이집트의 해양 공원 지역이다. '로키 아일랜드'는 '자바르가드'에서 동남쪽으로 5km 떨어진 곳에 있는 작은 모래 섬인데, 물 속으로는 가파른 직벽이 이어지고 항상 강한 조류에 노출되어 있는 곳이지만, 수면 가까운 곳에는 분지 형태의 산호초가 펼쳐져 있어서 안전 정지는 편하게 할 수 있다. '로키 아일랜드'에서 가장 인기 있는 다이빙 장소는 섬의 동쪽 끝부분인데, 이곳에서 흥미진진한 드리프트 다이빙을 즐길 수 있고 다양한 물고기 떼들을 볼 수 있기 때문이다. 이 물고기 떼들을 잡아 먹기 위해 먹이 활동을 하는 상어 종류들도

▲ 퓨리 숄 지역의 '아부 갈라와 케비라'는 수중 경관도 아름답지만 꽤 멋진 렉이 있어서 더욱 흥미로운 곳이다. '아부 갈라와 케비라'의 '티엔싱 렉'을 탐사하고 있는 다이버

▼ '아부 갈라와 소가이르'의 테이블 산호

자주 볼 수 있다. 특히 다른 지역에서 보기 어려운 대양 화이트팁 상어들도 자주 나타난다. 이른 아침에 남쪽 지역으로 들어가면 간혹 희귀한 타이거 상어를 볼 수도 있다. 리프의 벽은 직벽은 아니지만 경사가 상당히 가파른 편이다. 섬 자체가 북쪽에서부터 흐르는 강한 조류를 막아 주는 역할을 하기 때문에 섬의 남쪽 지역은 조류로부터 안전한 편이어서 초보 다이버들도 무난히 다이빙을 즐길 수 있다. 반대로 섬의 북쪽은 강한 조류에 그대로 노출되는 형태여서 경험 많은 다이버들에게만 추천된다. 수면 상태도 대개 거칠어서 이곳에서 다이빙하는 경우 강한 서지를 피해 네거티브 엔트리로 입수한다. 즉, 입수하자마자 바로 깊은 수심으로 하강하여야 한다. 이곳에서는 다이빙마다 조류 방향을 확인한 후 입수하여야 하는데 조류가 강하고 방향이 수시로 바뀌는 곳이어서 잘못 입수할 경우 순식간에 먼 바다 쪽으로 밀려갈 수 있는 위험이 도사리고 있기 때문이다.

•자바르가드 섬Zabargad Island : 남쪽 홍해에 있는 네 개의 이집트 해양 국립 공원 중 가장 규모가 큰 곳이다. 위치는 '로키 아일랜드'에서 북서쪽으로 5km 정도, 이집트 본토 해안에서는 70km 정도 떨어져 있다. 이 섬은 토파즈 색의 만과 백사장을 가지고 있는 아름다운 섬이며 중앙 부분은 200m가 넘는 높은 언덕이 자리 잡고 있다. '자바르가드'라는 말은 이집트어로 토파즈(황옥)라는 의미라고 하는데, 아직도 이 섬에서는 토파즈 채굴이 이루어지고 있다고 한다. '자바르가드' 지역의 주요 다이브 사이트들은 다음과 같다.

◇ 터틀 베이Turtle Bay : '자바르가드' 섬 남쪽 지역은 홍해에서도 손꼽히는 다이브 사

▲ '터틀 베이' 지역은 터널 등의 흥미로운 해저 지형과 함께 대양 화이트팁 상어, 만타레이 등의 대형 어류들이 자주 출현하는 곳으로 인기가 높다.

▼ '로키 아일랜드' 인근에서 바로 앞에 출현한 대양 화이트팁 상어를 촬영하고 있는 여성 다이버

이트로 알려져 있으며, '터틀 베이'도 이 지역에 자리 잡고 있다. 전체적인 지형은 섬 안쪽으로 완만하게 들어간 만 구조이다. 15m 수심까지는 직벽이며, 이후 30m 정도 수심까지는 산호초로 이루어진 경사면이고 이후 깊은 블루로 떨어지는 드롭 오프 지형으로 형성된 곳이다. 대부분 벽을 타고 다이빙이 진행되는데 무성한 산호초 벽면에서 다양한 해양 생물들을 관찰할 수 있다. 벽면에 두 개 정도의 터널도 있는데 이 터널을 타고 리프 반대편으로 나갈 수도 있다. 만의 바깥쪽으로 나가면 가파른 벽이 기다리고 있어 이곳에서 흥미 있는 드리프트 다이빙을 즐길 수 있다. 아울러 이곳에서는 대양 백상어를 만날 수도 있고 인근에 클리닝 스테이션들이 있어서 가끔 만타레이들이 찾아오기도 하다.

◇ 칸카 렉Khanka Wreck : 70m 길이의 구소련 수송선으로 1970년대에 24m 수심으로 침몰한 난파선이다. 좌현 쪽이 바닥을 향한 모습으로 비스듬히 누워 있는데 선수 부분에 파손이 있지만 그 밖의 다른 부분은 아직 양호한 상태를 유지하고 있다. 수면에 가까운 부분은 수심이 10m밖에 되지 않는다. 침몰된 지 그리 오래되지 않아서 아직 많은 산호들이 자리 잡지는 못했지만, 선체 안으로 진입하여 화물창, 조타실, 엔진룸 등을 찾아다니는 흥미 있는 렉 다이빙을 즐길 수 있는 곳이다. 선수와 선미 부분에 각각 커다란 구멍이 있어서 이곳을 통해 진입하거나 진출할 수 있다. 엔진룸은 선체 중간에 있는 해치를 통해 들어갈 수 있다. 조타실은 좁은 계단을 통해 내려가야 하는데 아직도 각종 계기판과 해도실 등이 그대로 남아 있다. 주 돛대는 수면

아래 2m 지점까지 솟아 있어서 지친 다이버들이 보다 편안하게 안전 정지를 마칠 수 있도록 도와주는 역할도 한다.

◇ 넵튜나Neptuna : 자바르가드 섬 서안 쪽에 위치한 또 다른 난파선 사이트이다. 이 선박은 원래 독일에서 건조된 홍해 리브어보드 보트였는데 1981년에 이 지점에 침몰하였다. 선체는 몇 조각으로 부서져 있지만 수면 바닥에 많은 부품들이 아직도 널려 있다. 수심이 15m 정도로 얕아서 쉬운 다이빙 사이트에 속하며 야간 다이빙도 가능한 곳이다.

•세인트존스 리프St. John's Reef : 라스 바나스 반도 바로 남쪽에 위치한 곳이며 하마타 인근에서 수단과의 국경 인접 지역까지에 걸쳐 있다. 전체 면적이 290㎢에 달할 정도로 넓은 지역이다. 남쪽 홍해 지역에서는 물론 홍해 전역에 걸쳐 가장 건강한 상태의 리프를 가지고 있어서 아름다운 경치와 함께 수많은 해양 생물들이 서식하고 있는 곳이기도 하다. 또한 많은 터널과 동굴들로도 유명하며 시야 또한 대단히 좋아서 선명한 사진을 많이 찍을 수 있다. 리프 상어 종류, 대양 상어 종류, 각종 포식 어류들, 그리고 만타레이가 다양하게 출몰하는 다이내믹한 곳이다. 최근 이곳을 찾는 경험 많은 다이버들의 숫자가 계속 늘어나면서 아예 '세인트존스'만을 목적지로 삼는 리브어보드들도 늘어나고 있는 추세이다. 세인트존스 지역의 대표적인 포인트들은 다음과 같다.

▲ '하빌리 알리'는 항상 강한 조류가 있는 곳이어서 다이빙이 쉽지 않지만, 대신 다양한 종류의 상어들을 만날 수 있다. 운이 좋으면 사진과 같은 타이거 상어와 조우할 수도 있는데 상당히 난폭한 상어로 알려져 있기 때문에 너무 가깝게 접근하지 않는 것이 좋다. 사진은 비디오로 촬영한 것의 스냅 샷이다.

▼ '고타 케비라' 중 '빅 고타'에 있는 동굴 입구에 상주하고 있는 작은 화이트팁 리프상어

◇ 하빌리 알리Habili Ali : 타원형 모양의 그리 크지 않은 수중 산호초 지역으로 대개 두 차례의 다이빙으로 전체를 둘러보게 된다. 다이빙의 방향과 진행은 조류의 흐름과 햇살의 상태에 따라 결정된다. 이곳에서는 잭 피시와 그레이 리프 상어들을 흔히 볼 수 있으며 간혹 돌고래들과도 조우하곤 하다. 흔하지는 않지만 귀상어나 만타레이들도 간혹 나타난다. 대양 화이트팁 상어들은 대개 5월에서 6월 사이에 많이 나타난다. 산호초 지역도 대단히 아름다운데 이 주변에는 블랙 스내퍼, 트리거 피시, 서전 피시들이 많이 서식한다. 강한 조류로 인해 다이빙이 쉽지는 않은 곳이지만, 홍해를 대표할 만한 대단히 뛰어난 포인트임이 틀림없는 곳이다.

◇ 고타 케비라Gota Kebira : 전체 길이가 800m에 달하는 꽤 커다란 리프 지역이다. 이곳을 모두 둘러보기 위해서는 여러 차례의 다이빙이 필요하다. 대부분의 리브어보드들은 '빅 고타'와 '스몰 고타'에서 각각 한 차례 이상씩 다이빙한다. 포인트의 북쪽 지역은 두 개의 바위 고원이 있는데 이 부근에서 조류가 갈라지기 때문에 상어나 가오리들이 많이 출현한다. 동쪽과 서쪽 방향은 산호 지대가 완만한 경사를 이루면서 깊은 수심까지 이어지는 지형인데 대부분 갈색 산호들로 이루어져 있다. 햇빛을 고려하여 아침에 다이빙할 때에는 주로 동쪽으로 들어가고 오후에는 서쪽으로 들어간다. 이곳에도 몇 개의 동굴들이 있는데 그중 한 군데는 입구 주변에 작은 화이트팁 리프 상어 한 마리가 상주하고 있어서 항상 이 녀석을 만날 수 있다.

▲ '고타 소가이르' 리프 주변에 자주 나타나는 호크빌 거북이. 몸통 주변에 울퉁불퉁한 톱니 모양의 비늘이 둘러싸여 있어서 매끈한 모양의 그린 터틀과 구분된다.

▼ '할릴리 가파르'의 옐로 테일 스내퍼 떼

▲ '데인저러스 리프'는 이름과는 달리 그다지 위험성이 없는 쉬운 다이브 포인트이다. 흥미로운 수중 동굴이 있으며 야간 다이빙으로 다양한 종류의 마크로 생물들도 만날 수 있다. '데인저러스 리프'의 동굴을 빠져나와 블루 쪽으로 나가고 있는 다이버

◦ 고타 소가이르Gota Soghayr : 산호초로 이루어진 직벽 형태의 지형을 가진 곳인데 깊은 수심에는 주로 채찍 산호들이 많이 서식하며 얕은 수심 쪽에는 연산호들이 주종을 이룬다. 대형 나폴레옹 피시나 범프헤드 패럿 피시 떼들이 자주 나타나는 곳이다. 다이빙 후반부에는 포인트의 남쪽으로 이동하는데, 수많은 오버행들과 동굴들이 있으며 특히 수심 10m 위치에 다이버들이 들어가 볼 수 있는 개방형 동굴이 있다. 리프 주변에는 호크빌 거북이도 자주 나타난다.

◦ 할릴리 가파르Halili Gaffar : 대략 30m 정도 길이의 평평한 리프 지형이며 리프의 기슭 부분은 수심 20m에서 35m 정도까지 경사를 이루다가 깊은 수심으로 떨어진다. 리프의 크기가 작아서 한 번의 다이빙으로 여러 차례 선회하며 둘러보는 것이 가능하다. 다만 강한 조류를 만나는 경우에는 조류를 피할 수 있는 위치에서 지그재그 형태로 다이빙이 진행되곤 한다. 스내퍼, 바라쿠다, 리프 상어들이 많이 나타나는 곳이다.

◇ 데인저러스 리프Dangerous Reef : 세인트존스 리프 시스템의 최남단에 해당하는 포인트이다. 이름과는 달리 이 포인트는 수심이 얕고 바닥도 평평한 지형이어서 리브어보드 보트가 밤을 보내기 위해 정박하는 장소로 자주 이용된다. 따라서 이곳에서는 야간 다이빙도 이루어진다. 스패니시 댄서를 포함한 다양한 종류의 마크로 생물들을 볼 수 있는 곳이며 수중 터널들도 많은데 수심이 얕아서 통과하기는 아주 쉬운 편이다.

◇ 아부 바살라Abu Basala : 세인트존스 리프 시스템 중에서 가장 큰 곳에 속하기 때문에 이곳을 모두 둘러보기 위해서는 보통 서너 차례 정도의 다이빙이 필요하다. 수중 지형은 막대기 기둥 모양의 리프들이 주를 이루고 있다. 다른 홍해 남쪽 지역처럼 이곳에도 직벽은 거의 없지만, 대신 기둥들 사이 사이를 빠져나가는 미로와 같은 지형들이 흥미로운 곳이다. 바닥은 모래로 이루어져 있는데 수심은 15~20m 정도로 비교적 편안한 다이빙을 즐길 수 있는 곳이다.

▼ '아부 바살라'는 수많은 수중 돌기둥(피너클)들이 장관을 이루는 곳이다. 이곳에서의 다이빙은 대개 수많은 수중 돌기둥 사이를 돌아다니며 둘러보는 형태로 이루어진다.

스쿠바 장비 TIP

수트Suits

스쿠바 다이빙은 장비에 대한 의존도가 높은 스포츠이다. 같은 바다에서의 다이빙이라 하더라도 어떤 장비를 어떻게 사용하느냐에 따라 그 내용은 많이 달라질 수 있다는 것이 필자의 생각이다. 필자가 사용하는 장비나 사용 방식이 반드시 정답이라는 것은 아니지만, 여러 차례 다이빙을 통해 습득한 나름의 노하우를 독자들과 공유하고자 한다.

잠수복이라고도 불리는 수트는 수중에서 다이버의 체온을 보호하고 리프나 바위 같은 물체 또는 해파리나 파이어 코랄 같은 해로운 수중 생물과 피부가 접촉하는 것을 막아 주는 용도로 입는 다이빙용 피복이다. 재질은 대개 탄력이 있고 보온성이 좋은 네오프렌 소재로 만들어지며 더러 고무 소재의 제품도 있다. 수트의 종류에도 여러 가지가 있지만, 크게 보면 수트 내부에 물이 들어가지 않는 드라이수트Dry Suit와 물이 들어가서 피부와 수트 사이에 수막을 형성하도록 만들어져 있는 웨트수트Wet Suit로 구분된다. 드라이수트는 BCD 대신 수트 내부에 공기를 넣고 빼는 방식으로 부력을 조절하기 때문에 익숙해지기 위해서는 별도의 교육과 충분한 훈련이 필요하다. 드라이수트와 웨트수트의 중간쯤 되는 세미 드라이수트Semi-Dry Suit도 있다.

▲ 필자가 보유하고 있는 각종 수트들. 1밀리 하프수트, 3밀리 하프수트, 3밀리 풀 수트, 5밀리 풀 수트, 7밀리 투피스 수트를 비롯하여 풀오버, 반바지, 점프수트 등을 구비하고 있어서 여행하고자 하는 지역의 수온에 적합한 수트를 가져간다.

레크리에이셔널 다이버들은 아주 차가운 물이 아닌 이상 대개 웨트수트를 주로 사용하게 된다. 웨트수트는 소재의 두께가 두꺼울수록 보온력이 높아지기 때문에 수온에 맞는 적절한 두께의 수트를 입는 것이 좋다. 너무 두꺼운 수트를 입으면 몸의 움직임이 불편할 뿐 아니라 네오프렌 소재 자체의 부력이 높아서 이를 상쇄하기 위해 불필요하게 무거운 웨이트를 달아야 한다. 반대로 너무 얇은 두께의 수트를 입으면 체온을 충분히 보호하기 어려워 수중에서 추위로 고생을 하게 되며 이로 인해 피로가 빨리 오고 호흡이 빨라져서 공기 소모량도 늘어나게 된다. 어느 한 지역에서만 계속 다이빙하는 경우라면 그 지역의 수온에 맞는 수트만으로 충분하겠지만, 여러 지역을 여행하는 다이버라면 각 지역 또는 계절별 수온에 맞는 여러 종류의 수트가 필요하게 된다.

어느 정도의 수온에서 어떤 종류의 수트를 입는 것이 좋은가 하는 것은 사실 개인의 체질에 따라 많이 달라질 수 있다. 사람에 따라서는 추위를 많이 타는 경우도 있고 그렇지 않은 경우도 있기 때문이다. 여행지의 수온에 따른 필자의 일반적인 수트 선택 기준은 대략 다음과 같다.

수온(℃)	표준 수트	대표적인 다이빙 지역
28도 ~ 30도 이상	하프수트, 점프수트, 래쉬가드	하절기 동남아 지역
24도 ~ 28도	3밀리 풀 수트	대부분의 동남아 지역, 하절기 홍해
22도 ~ 24도	5밀리 풀 수트	발리, 코모도, 코코스아일랜드, 홍해
18도 ~ 22도	7밀리 풀 수트	갈라파고스, 동절기 홍해

그런데 여행지에 따라서는 수온의 변화가 심해서 한 벌의 수트로 해결하기 어려운 경우도 생긴다. 예를 들면 인도네시아의 발리나 코모도 같은 지역은 대부분 수온이 25도 이상이어서 3밀리 풀 수트로 충분하지만 누사페니다 또는 만타 엘리 같은 특정한 포인트들은 22도 이하로 떨어지기 때문에 5밀리 수트도 필요하게 된다. 이럴 경우 수트를 두 벌 챙겨가거나 현지에서 다른 한 종류를 빌려서 입어야 하는데, 꽤 번거로운 일이다. 필자의 경우 이런 문제는 1밀리 두께의 얇은 풀오버Pull-Over 상의만을 하나 더 챙겨가서 필요한 경우 속에 겹쳐서 입는 방법을 사용한다. 수온이 예상보다 더 올라가는 경우에는 수트 대신 풀오버만을 입고 가볍게 다이빙을 즐길 수도 있다. 후드가 달린 소매 없는 조끼 형태의 상의 수트를 이런 목적으로 사용하는 다이버들도 많이 있다.

필자가 다이빙 트립을 갈 때 항상 챙겨가는 또 한가지는 네오프렌 반바지이다. 이것은 그 자체로만 입을 수도 있고 다른 수트 위에 겹쳐 입을 수도 있다. 양쪽에 큼직한 주머니가 달려서 SMB를 포함한 어지간한 소품들을 이 주머니에 수납할 수 있다. 특히 주머니가 없는 경량형 BCD를 주로 사용하는 필자의 경우 대단히 요긴한 반바지이기도 하다.

네오프렌 수트는 건조하는 데 시간이 오래 걸리는 장비 중의 하나이므로 다이빙이 끝나면 바로 말리기 시작하는 것이 좋다. 채 마르지 않은 웨트수트를 가방에 챙겨 넣을 경우 무게도 많이 나가지만, 냄새가 나거나 심하면 곰팡이가 슬어 제품을 상하게 할 수 있기 때문이다. 대개 햇빛이 잘 드는 곳에 걸어서 말리는 경우가 많은데 시간이 충분하지 않을 경우에는 리조트에 부탁을 해서 세탁실에서 사용하는 건조기에 넣고 돌리면 짧은 시간에 잘 말릴 수 있다. 리브어보드에서는 기관실 안에 널어 두면 엔진에서 생기는 높은 열로 인해 빨리 건조된다. 불가피하게 완전히 건조되지 않은 웨트수트를 챙겨 돌아와야 하는 경우에는 집에 도착하는 대로 세탁기의 손세탁 프로그램으로 가볍게 헹구듯 씻어서 말리는 것이 좋다.

수트를 오래 입으면 수압으로 인해 네오프렌이 압착되어 점점 두께가 얇아진다. 그만큼 보온 효과도 떨어지고 부력도 약해지게 되므로 상태가 아주 좋지 않은 오래된 수트는 새것으로 바꿔 입는 것이 좋다. 반대로 새로 산 수트는 네오프렌 층에 공기가 많이 들어 있어서 생각보다 더 높은 부력을 가지므로 처음 다이빙할 때에는 약간의 추가 웨이트를 달거나 더 섬세하게 부력 조절을 하는 것이 필요하다.

▲ 큼직한 주머니가 달린 네오프렌 반바지. 상황에 따라 이것만 입을 수도 있고 수트 위에 겹쳐 입을 수도 있다. 주머니가 없는 경량형 BCD를 사용하는 경우에 특히 요긴하다. 스쿠바프로 제품으로 가격은 80달러 정도

▲ 필자가 즐겨 입는 1밀리 풀오버. 3밀리 웨트수트 안에 겹쳐 입으면 5밀리 수트 못지않은 보온 효과를 얻을 수 있으며 따뜻한 수온에서는 네오프렌 반바지와 함께 이 풀오버만으로 가벼운 다이빙을 즐길 수 있다. 하이퍼플렉스에서 서핑용 자켓으로 개발한 제품으로 가격은 70달러 정도이다.

DATA

홍해 리브어보드 정보

홍해 전역에는 헤아릴 수 없을 정도로 많은 리브어보드들이 운영되고 있다. 이들 리브어보드들은 선박의 시설 등급, 전문적으로 방문하는 코스 및 기간 등에서 매우 다양하며, 그 만큼 다이버 입장에서는 선택의 폭이 크다. 홍해 지역의 리브어보드는 다른 지역에 비해 시설은 좋은 반면 비용은 싼 편이어서 일주일 코스에 1천 달러의 예산으로도 쾌적한 수준의 보트를 선택할 수 있으며, 점심과 저녁 식사를 주문을 받아 조리해서 웨이터가 서빙하는 럭셔리급 요트라도 1,200달러 정도면 예약이 가능하다. 그러나 리브어보드 선택에 있어서 가장 중요한 것은 방문하는 코스로서 북쪽 홍해인지 아니면 남쪽 홍해인지를 먼저 결정하되, 취항하는 코스가 수시로 바뀌기도 하므로 항상 최근의 정보를 확인한 후 예약을 진행하는 것이 좋다. 홍해의 주요 리브어보드들은 다음과 같으며 요금은 2018년 시즌의 것이다

- 드림스MY Dreams : 후르가다를 모항으로 삼아 북홍해 노선을 전문으로 취항하고 있는 저가형 리브어보드로서 7박 코스의 비용은 700달러에서 830달러 정도이다. 장비 대여료는 일주일 코스를 기준으로 188달러를 받는다. 2인실 8개가 있으며 선실이 다소 좁기는 하지만 개별 화장실을 갖추고 있다.

◦선장 : 28m　◦선폭 : 6m

◦순항 속도 : 9노트

◦수용 인원 : 16 다이버

- 블루 플라넷 1MY Blue Planet I : 후르가다를 모항으로 북홍해 지역을 전문으로 취항하는 경제형 리브어보드이다. 7박 코스의 요금은 시즌에 따라 조금 다르지만 대략 820달러에서 940달러의 범위이다. 장비 대여료는 1주에 159달러이고 나이트록스 사용료는 76달러이다. 선실에 개별 화장실이 딸려 있다.

◦선장 : 27m　◦선폭 : 7m

◦순항 속도 : 9노트

◦수용 인원 : 16 다이버

- 미스 노란MY Miss Nouran : 남홍해 노선을 전문으로 운항하는 리브어보드인데 출발하는 항구는 일정에 따라 후르가다, 마르사알람 또는 포트갈립이 된다. 일주일 코스의 요금은 830달러에서 1,000달러 정도이며 장비 대여료는 188달러다.

◦선장 : 30m　◦선폭 : 7m

◦순항 속도 : 10노트

DATA

◦ 수용 인원 : 20 다이버

• 카시오페아MY Cassiopeia : 40m 길이의 거대한 선체를 가진 이 보트는 원래 시나이 반도 남부, 북홍해 또는 남홍해 지역을 주로 취항하던 리브어보드인데 2016년 시즌부터는 수단 지역까지도 들어간다. 요금은 일주일 여정으로 이집트 홍해 코스만 도는 것이 평균 960달러이고 수단 남쪽까지 내려가는 코스는 1,250달러 정도이다. 장비 대여료는 일주일 코스 기준으로 124달러를 받는다. 수단 코스인 경우 수단 홍해 입장료(약 200달러)와 수단 비자 수수료(약 400유로)는 별도이다.
◦ 선장 : 40m ◦ 선폭 : 7m
◦ 순항 속도 : 11노트
◦ 수용 인원 : 26 다이버

• 임페러 슈피리어MY Emperor Superior : 후르가다를 모항으로 삼아 주로 북홍해 노선을 전문으로 하지만 간혹 남홍해까지 들어가는 경우도 있다. 요금은 코스에 따라 다소 다르지만 대략 7박 코스를 기준으로 750달러에서 1,200달러 정도이며 나이트록스가 무료로 제공된다. 장비 대여료는 7박에 177달러이다. 저녁 식사에는 와인도 무료로 제공된다.
◦ 선장 : 37m ◦ 선폭 : 8m
◦ 순항 속도 : 11노트
◦ 수용 인원 : 24 다이버

• 레드 씨 어그레서Red Sea Aggressor : 세계적인 리브어보드 체인인 어그레서 플릿 소속의 럭셔리급 요트이다. 조난 사고에 대비한 GPS 조난신호장치를 무료로 대여해 준다. 주로 브라더 섬, 데달루스, 엘핀스톤 등의 남홍해 지역을 커버하며 7박 요금은 평균 2,200달러이다. 웻수트를 제외한 풀세트 장비 임대료는 175달러이며 나이트록스 사용료는 100달러이다.
◦ 선장 : 36m ◦ 선폭 : 8m
◦ 순항 속도 : 10노트
◦ 수용 인원 : 20 다이버

• 펠로MY Felo : 주로 후르가다를 모항으로 하여 북홍해 노선에 들어가지만 간혹 마르사알람에서 남홍해 코스를 운항하기도 한다. 개별 화장실을 갖춘 2인실 8개와 스위트 룸 2개를 가지고 있다. 요금은 코스에 따라 7박 기준으로 1,000달러에서 1,250달러 정도이다. 요금에는 나이트록스 사용료가 포함되어 있으며, 장비 사용

DATA

료는 별도로 일주일에 106달러다.

◦ 선장 : 39m ◦ 선폭 : 9m

◦ 순항 속도 : 12노트

◦ 수용 인원 : 22 다이버

• 블루 펄MY Blue Pearl : 일정에 따라 북홍해 지역 렉 코스와 남홍해 지역 브라더 코스를 모두 운항하는 리브어보드이다. 북홍해 코스일 경우에는 후르가다 항을 모항으로 사용하고 남홍해 코스일 경우에는 포트갈립 항에서 출항한다. 요금은 7박 기준으로 북홍해 코스가 1,000달러 정도이며 남홍해 코스는 1,200달러 정도이다. 요금에는 나이트록스가 포함되어 있으며 장비 대여료는 159달러를 받는다.

◦ 선장 : 36m ◦ 선폭 : 8m

◦ 순항 속도 : 12노트

◦ 수용 인원 : 20 다이버

• 임페러 엘리트MY Emperor Elite : 북홍해를 전문으로 운항하는 임페러 슈피리어와 같은 회사 소속의 리브어보드이며 두 척의 보트는 모양과 구조가 거의 동일한 쌍둥이 선박들이다. 임페러 엘리트는 포트갈립을 모항으로 하여 브라더스, 엘핀스톤, 데달루스 등 남홍해 지역을 주로 항해하지만, 간혹 세인트존스를 포함한 극남홍해까지 들어가기도 한다. 2인용 일반 선실 11개와 마스터 룸 1개를 갖추고 있다. 요금은 코스에 따라 7박 기준으로 850달러에서 1,250달러 정도이다. 요금에는 나이트록스 사용료와 저녁 식사 때에 제공되는 와인이 포함되어 있다. 장비 대여료는 일주일에 177달러 정도이다.

◦ 선장 : 38m ◦ 선폭 : 8m

◦ 순항 속도 : 10노트

◦ 수용 인원 : 24 다이버

• 로열 이볼루션MS Royal Evolution : 포트갈립을 모항으로 하여 남홍해 지역을 주로 취항하는 리브어보드이며 일정에 따라서는 극남홍해 세인트존스 지역과 수단 홍해 지역까지 들어가는 경우도 있다. 2인용 일반 선실 8개와 디럭스 룸 4개를 갖추고 있는 럭셔리 요트이다. 요금은 7박 코스를 기준으로 남홍해 루트는 1,100달러 정도이고, 세인트존스와 수단까지 들어가는 코스는 2,500달러 정도를 받는다. 장비 대여료, 나이트록스 사용료는 별도이며 수단 비자 발급 비용 또한 별도이다.

◦ 선장 : 39m ◦ 선폭 : 9m

◦ 순항 속도 : 12노트

DATA

◦ 수용 인원 : 24 다이버

• 블루 시즈MY Blue Seas : 후르가다를 출발하는 북홍해 코스와 포트갈립을 출발하는 남홍해 코스를 두루 운항하는 준 럭셔리급 요트이다. 2인용 일반 선실 10개와 허니문 스위트 1개를 갖추고 있다. 요금은 7박 기준으로 남홍해 루트가 1,200달러 정도이다. 나이트록스는 무료로 제공되며 장비 대여료는 159달러 정도를 받는다.

◦ 선장 : 37m ◦ 선폭 : 8m

◦ 순항 속도 : 13노트

◦ 수용 인원 : 22 다이버

• 임페러 아스마아MY Emperor Asmaa : 같은 임페러 플릿 회사에 속한 임페러 엘리트나 임페러 수피리어에 비해 크기도 작고 좀 더 오래된 보트이지만 2015년 전면적인 개보수 공사를 통해 상태는 꽤 좋은 편이다. 주로 하마타 항을 모항으로 하여 세인트 존스 지역을 포함한 극남홍해 지역을 전문으로 들어간다. 요금은 시즌에 따라 약간의 차이가 있지만 대개 일주일 코스에 940불에서 1,100불 정도로 서비스 수준에 비하면 꽤 합리적인 편이다. 나이트록스가 무료로 제공되며 장비 대여료는 하루에 29달러이다.

◦ 선장 : 30m ◦ 선폭 : 7m

◦ 순항 속도 : 9노트

◦ 수용 인원 : 20 다이버

▲ 홍해 바다에 정박하고 있는 리브어보드 보트들

▲ 멕시칸 카리브 해에 위치한 코수멜 일대는 연중 평균 시야가 30m가 넘으며 터널이나 동굴과 같은 다양한 지형들이 있어서 다이버들을 즐겁게 한다. 또한 멕시코의 카리브 해에는 다른 지역에서는 쉽게 보기 어려운 해양 생물들이 많이 서식하고 있다. 사진은 코수멜의 수중 바위 골짜기에서 유영하고 있는 멕시코 포크 피시 무리

PART 12

멕시코 다이빙

멕시코의 동남부 유카탄 반도는 카리브 해와 접해 있어서 좋은 다이브 사이트들을 많이 가지고 있다. 멕시칸 카리브 해 지역의 대표적인 다이브 여행지로 코수멜Cozumel을 꼽는다. 연중 평균 시야가 30m를 넘는 수정 같은 맑은 물이 코수멜의 특징이며 아름다운 리프와 깎아 지른 듯한 직벽, 그리고 강한 조류를 타고 흐르는 드리프트 등 다양한 종류의 다이빙을 만끽할 수 있다. 칸쿤과 코수멜 인근 지역에는 세노테Cenote라고 불리는 거대한 지하 강들이 많이 있는데 이런 지하 동굴의 일부는 밀림 속의 지표면에 노출되어 있어서 이런 땅 속의 구멍을 통해 거대한 지하 동굴을 탐험하는 색다른 다이빙을 즐길 수 있다. 좁고 어두운 지하 동굴 속을 가이드라인을 따라 이동할 때 갑자기 저 멀리에서 찬란한 햇살이 동굴 속으로 쏟아져 들어오는 장관을 목격하는 순간은 다이버들에게 평생 잊히지 않을 강한 기억으로 남게 된다. 한국에서 찾아가기에는 머나먼 길이기는 하지만 기회가 주어진다면 꼭 가볼 만한 가치가 있는 곳이 멕시코의 카리브 해 지역이다.

멕시코 여행 가이드

멕시코Mexico

인구 : 1억 3천만 명

수도 : 멕시코시티Mexico City

종교 : 가톨릭(83%)

언어 : 스페인어

화폐 : 멕시코 페소(MXN, 1 MXN = 약 66원)

비자 : 최대 180일까지 무비자 입국

전기 : 110볼트 50헤르츠(미국식 2발 사각핀 콘센트)

1. 멕시코 일반 정보

▼ 멕시코의 위치와 주요 다이빙 여행지

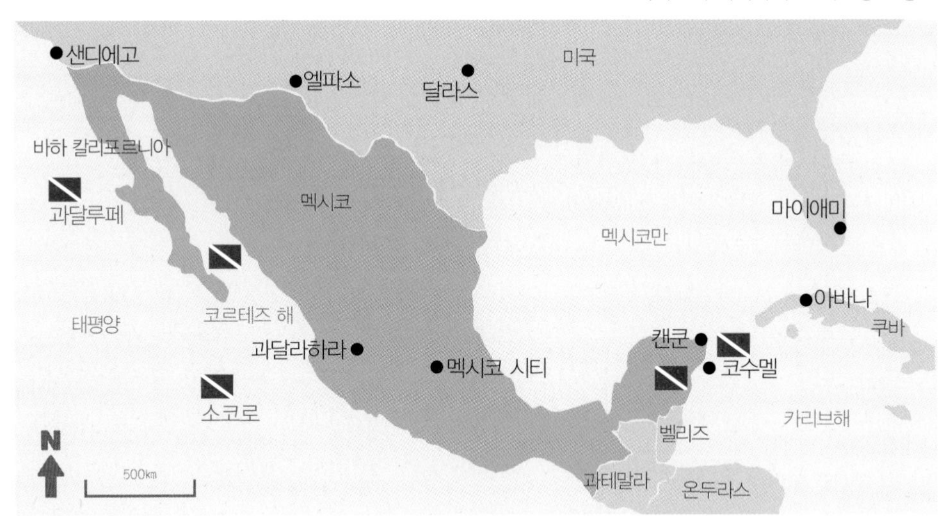

위치 및 지형

멕시코는 미국과 국경을 접하고 있는 북미 대륙의 매우 큰 나라이며 동쪽으로는 멕시코 만과 카리브 해와 접해 있고 서쪽으로는 태평양에 면해 있다. 북쪽의 미국과의 국경선은 육로로만 3,145km에 달하며 이 국경선을 통해 합법적으로 두 나라 간을 통과하는 인원이 연간 3억5천만 명에 달한다고 한다. 멕시코의 남쪽은 지리적으로는 중미 지역에 속하는데, 과테말라 및 벨리즈와 국경이 인접해 있다. 국토의 남동쪽 끝 부분에 유카탄 반도가 나와 있는데 이곳이 멕시코 만과 카리브 해를 구분하는 기준이 된다.

멕시코는 국토의 면적이 한반도의 9배에 달할 정도로 큰 나라이다. 국토의 절반이 해발고도가 높은 고지대로 형성되어 있으며 중심부의 해발 평균은 2,600m에 달한다.

기후

멕시코는 거대한 나라이니만큼 지역에 따라 기후에 차이가 크다. 특히 고도의 차이에 따른 날씨의 차이가 심한 편이다. 국토 전체로 볼 때 열대 기후권이 25%, 건조 기후권이 50%, 온대 기후권이 25% 정도로 분포한다. 다이버들이 주로 찾는 지역 중 카리브 해 해안 지역은 대부분 열대성 기후의 특성을 가지며, 태평양 쪽의 바하 칼리포르니아 지역은 대부분 온대 기후권에 속한다.

칸쿤과 코수멜을 포함한 유카탄 반도 지역의 기온은 11월부터 2월까지의 겨울에는 평균 섭씨 29도, 6월부터 8월까지의 여름에는 평균 섭씨 33도 정도로 연중 큰 변화는 없다. 코수멜 지역의 평균 수온 또한 연중 27도에서 29도의 분포로 대부분의 다이버들

▼ 멕시코 카리브 해 다이빙의 관문도시인 칸쿤의 해변 모습

이 반팔 수트만 입고 다이빙을 하며 수영복 차림으로 다이빙하는 사람들도 심심치 않게 볼 수 있다.

인구, 인종, 종교 및 언어

2016년 통계로 멕시코의 인구는 약 1억2천 8백만 명에 달한다. 인구의 45% 정도가 국토의 14%에 해당하는 중부 고원 지대에 집중되어 있는데, 그중에서도 멕시코시티와 같은 대도시에 특히 밀집되어 있다. 역사적으로 스페인의 통치를 오랫동안 받아온 탓에 전체 인구의 60%가 유럽계 백인과 원주민의 혼혈인 메스티소이며 이 외에도 원주민이 30%, 스페인계 백인이 9% 정도를 차지하고 있다. 언어 또한 다른 대부분의 중남미 국가들과 마찬가지로 스페인어를 사용한다. 유카탄 반도 일대의 칸쿤, 코수멜, 플라야 델 카르멘 등 관광객들이 많이 찾는 곳에서는 영어도 큰 불편 없이 통용된다.

전기와 통신

멕시코의 전기는 110볼트로 미국과 같은 콘센트를 사용하므로 한국산 전자 제품을 사용하기 위해서는 일명 돼지코 어댑터가 필요하다. 전기 사정은 넉넉한 편으로 정전 사태는 거의 생기지 않는다.

이동 통신망 또한 잘 발달된 편이다. 네트워크는 대부분 GSM 방식이며 한국 휴대폰의 자동 로밍도 문제가 없다. 로밍을 통한 통화료는 현지 내에서의 통화가 1분당 1,100원 정도, 한국으로 전화할 때는 분당 4,200원 정도, 그리고 한국에서 걸려온 전화를 받을 때는 분당 2,000원 정도가 청구된다. 미국, 캐나다, 멕시코 3국에서 사용할 수 있는 유심 칩을 구입하여 사용하는 것이 좋다. 칸쿤, 플라야, 코수멜 지역의 거의 모든 호텔이나 식당에서 와이파이가 제공되며 대부분 고객에게는 무료이다.

치안과 안전

멕시코는 일반적으로 치안이 그리 좋은 나라는 아니다. 특히 멕시코시티와 같은 대도시와 티후아나 같은 미국과의 국경도시에는 항상 크고 작은 범죄가 끊이지 않아서 관광객들이라 하더라도 안전에 각별한 주의가 필요하다. 멕시코의 범죄율이 높은 데에는 여러 가지 이유가 있지만, 특히 빈부 격차가 극심하다는 점, 미국을 시장으로 삼는 마약의 공급 채널을 주로 멕시코가 담당하고 있다는 점, 다혈질이고 즉흥적인 멕시코의 국민성, 정부 조직에 대항할 정도로 세력이 강한 멕시코 마피아 조직 등을 들 수 있다. 그러나 관광객이나 다이버들이 많이 찾는 이른바 관광 지역에는 경찰의 치안력이 집중되어 있어서 상대적으로 안전한 편이다. 그러나 이런 관광 지역 내에서도 현지인들이 많이 몰리거나 거주하는 지역은 가급적 피하는 편이 안전하다.

멕시코는 특별한 질병 위험 국가는 아니며 내륙의 밀림 지역 등을 제외하면 미리 예방 주사를 맞거나 할 필요는 없다. 그러나 물이나 음식으로 인한 배탈이라든가 모기에 물려 고통을 겪는 등의 사소한 문제는 항상 일어날 수 있으므로 음식은 항상 안전한 수준의 식당에서 먹도록 하고 물 또한 병에 든 생수를 사서 먹도록 한다. 멕시코의 주요 도시들은 해발고도가 높은 데다가 공해도 심해서 다른 지역에 비해 산소가 30% 정도나 부족하여 두통, 미열, 구토 등의 고산병 비슷한 증세가 나타날 수 있고 알레르기성 질환이 악화될 수 있다는 점도 알아두는 것이 좋겠다.

다이버들이 많이 찾는 코수멜이나 플라야 델 카르멘 지역에는 재압 체임버 시설을 갖춘 다이빙 전문 병원들이 꽤 많이 있다. 그러나 유카탄 반도 이외의 오지 지역이나 태

▲ 재압 체임버를 갖춘 코수멜의 흰 다이빙 전문 병원

평양 쪽의 지역에는 재압 체임버를 갖춘 병원이 거의 없다는 점을 유의할 필요가 있다.

시차

멕시코는 미국에 버금갈 정도로 국토가 넓은 나라인 만큼 여러 개의 시간이 존재한다. 과거에는 전국적으로 세 개의 시각을 사용했으나 2014년 2월부터 한 개가 추가되어 현재는 모두 네 개의 시간대가 있다. 멕시코시티를 포함한 중부 고원 지대의 대부분 지역은 우리나라보다 15시간이 느리다. 한국 시각으로 오전 9시면 멕시코시티에서는 그 전날 오후 7시가 된다. 반면, 태평양으로 나가는 리브어보드가 주로 출항하는 바하 칼리포르니아 지역은 미국 캘리포니아 주와 같은 서부 표준시가 적용되어 한국 시각 오전 9시가 그 전날 오후 5시가 된다.

2. 멕시코 여행 정보

멕시코 입출국

한국인의 경우 관광 목적의 멕시코 입국에는 비자가 필요 없다. 입국 신고서와 세관 신고서를 작성하여 간단한 입국 심사를 거쳐 멕시코에 들어갈 수 있는데 무비자로 체류할 수 있는 기간은 최대 180일이지만, 입국할 때 체류 목적이나 체류 기간을 물어본 후 실제 체류가 가능한 기간을 지정해 주는 경우가 많다. 멕시코 세관은 이른바 복

권 시스템Lottery System이라는 독특한 검사 방식을 사용한다. 모든 입국자는 세관 검사대 앞에 있는 초록색 단추를 눌러야 한다. 그러면 앞에 있는 신호등에 빨간 불 또는 녹색 불 중 하나가 들어오는데 녹색 불이 들어오면 그대로 통과하면 되고 빨간 불이 들어오면 세관 직원이 휴대품을 포함한 모든 짐을 전수 검사한다. 말하자면 일종의 랜덤 샘플링인 셈인데 수 십 차례 이상 멕시코 국경을 통과해 본 필자의 경험과 다른 자료들을 종합해 볼 때 빨간 불에 당첨될 확률은 대략 7분의 1 정도인 것으로 보인다. 이 방식은 공항으로 입국하든, 미국에서 육로를 통해 입국하든 동일하다. 입국 신고서의 반쪽은 여권에 끼워 주는데, 이것을 잃어버리면 출국할 때 벌금을 물어야 하고 출국 절차가 지체되는 불상사가 생기므로 잘 보관해 두도록 한다.

태평양 쪽에 있는 소코로 쪽으로 나가는 리브어보드의 경우 출항은 멕시코 쪽의 항구에서 하게 되지만, 출항일 당일 아침에 미국 쪽 샌디에이고의 호텔에서 픽업 서비스가 이루어지는 경우가 많은데, 이때는 육로를 통해 멕시코 국경을 넘게 된다. 국경에 도착하면 특별 통과 허가를 가지고 있는 운전자 이외의 모든 승객들은 일단 차에서 내려서 멕시코 입국 심사를 받아야 한다. 멕시코 쪽으로 나갈 때는 미국 쪽에서의 출국 심사는 따로 하지 않는다. 멕시코 입국 심사가 끝나면 국경 반대쪽에 대기하고 있는 차량에 다시 탑승하여 출항지로 향하면 된다. 반대로 멕시코에서 미국으로 돌아올 때는 미국 쪽 국경에서 입국 심사를 받게 된다. 입국 심사 대기자가 많은 경우라든가 멕시코 세관 검사에서 빨간 불이 걸려 전수 검사를 받아야 하는 경우에는 시간이 다소 지체될 수는 있지만, 한국 여권 소지자라면 결국 큰 문제 없이 통과하게 될 것이므로 느긋하게 기다리는 것이 좋다.

미국을 경유해서 항공편으로 멕시코에 들어가는 경우에는 일단 첫 기항지인 미국의 도시에서 미국의 입국 심사를 받은 후 부친 짐을 찾아서 세관 통과까지 끝내고 다시 멕시코로 가는 비행기를 타야 한다. 따라서 미국 입국에 비자가 필요한 국가의 국민일 경우 다소 골치 아픈 상황이 발생한다. 그러나 현재 한국 국민은 미국 비자를 받지 않아도 되기 때문에 멕시코로 들어가는 항공권 등을 지참하고 있는 경우 환승에 별다른 문제는 없다.

현지 교통편

태평양 쪽 멕시코에서의 다이빙은 거의 모두 리브어보드 다이빙이므로 리브어보드 회사 쪽에서 제공하는 픽업 서비스를 이용하게 되므로 다른 현지 교통편을 이용할 필요가 없다. 리브어보드 탑승 전 또는 후에는 멕시코 현지에서 머물 만한 곳이 별로 없으므로 대개 일단 미국 국경을 넘어와서 샌디에이고 등에서 시간을 보내게 되며 이 경우에는 대부분 렌터카를 빌려서 교통 문제를 해결하게 된다.

카리브 해 쪽의 멕시코를 찾는 경우라면 대개 플라야 델 카르멘, 칸쿤, 또는 코수멜 중 한 군데에서 머물게 될 것이다. 칸쿤 시내에는 버스 시스템이 잘 갖추어져 있고 저렴한 요금으로 자주 운행되므로 버스를 이용하면 편리하다. 물론 택시도 많이 있으며 아주 비싼 편은 아니므로 전반적으로 시내 교통은 큰 문제가 없다고 볼 수 있다. 플라야 델 카르멘 쪽은 콜렉티보라고 부르는 마을 버스가 운행되지만 외국인들이 이용하기에는 불편하다. 대신 택시가 매우 흔하며 요금도 적정한 편이어서 대부분 택시를 이용한다. 시내 대부분의 목적지는 50페소(한화 5천 원) 이내의 요금으로 갈 수 있다. 플라야 델 카르멘의 택시에는 미터가 달려 있지 않으므로 출발하기 전에 미리 요금을 정해 두도록 한다. 코수멜은 비교적 작은 섬이며 관광객이나 다이버들이 머무는 지역은 대개 한정되어 있어서 어지간한 곳은 도보로 이동이 가능하다. 그러나 조금 먼 거리라면 택시를 이용하면 된다. 택시는 큰 길가에 항상 대기하고 있다.

통화와 환전

멕시코의 법정 통화는 멕시코 페소Peso이다. 2017년 8월 현재 1 멕시코 페소를 약 66원 정도의 환율로 매입할 수 있다. 대부분의 여행자들은 일단 미국 달러로 환전한 후 현지에서 필요한 만큼만 페소로 다시 환전하여 사용하는 방식을 선호한다. 지폐는 20페소, 50페소, 100페소, 200페소, 500페소권이 있으며 10페소 이하는 동전을 사용한다. 칸쿤이나 코수멜, 플라야 델 카르멘 지역의 거의 모든 상점이나 식당 등에서는 미국 달러를 받기 때문에 멕시코 페소화가 없더라도 큰 불편은 없으나 작은 가게에서 소액의 거래를 하거나 버스 요금 등을 내기 위해서는 약간의 페소화를 지니고 다니는 편이 좋다.

칸쿤, 플라야 델 카르멘, 코수멜 등에서는 어디에서든 ATM이 거의 10m 간격으로 발견할 수 있을 정도로 흔하며 멕시코 페소를 인출하는 기계와 미국 달러를 인출하는 기계가 구분되어 있다. 그러나 한국의 ATM 카드는 통용되지 않는 기계가 많고 수수료 또한 꽤 비싼 편이므로 한국에서 출국할 때 충분히 미화로 환전하여 현지에서 필요한 만큼만 페소화로 바꿔 사용하는 편이 좋다.

팁

원래 멕시코는 팁 문화가 거의 없는 나라

이지만, 칸쿤이나 코수멜 지역은 미국인 관광객의 영향인지 거의 미국 수준의 팁이 보편화되고 있는 것 같다. 식당이나 바에서는 음식값의 15% 정도의 팁을 기대하며 아예 청구서에 15% 팁을 요구하는 스탬프를 찍어서 가져오는 경우도 많다. 택시는 미리 요금을 정하고 가기 때문에 별도의 팁을 주지 않아도 되지만 짐을 들어주는 경우에는 미화 1달러 정도의 팁을 주는 것이 좋다. 호텔의 메이드 팁은 침대 한 개당 하루에 미화 1달러 정도가 적당하다.

다이브 가이드에 대한 팁에는 특별한 가이드라인은 없지만 일반적으로 1회의 다이빙당 미화 3달러 정도로 계산해서 마지막 날 팁을 주는 것이 무난하다. 전문 가이드에 대한 의존도가 높은 동굴(세노테) 다이빙의 경우에는 한 번의 다이빙에 5달러 정도로 계산하는 것이 좋다. 예를 들어 3일에 걸쳐 여섯 차례 세노테 다이빙을 한 경우에는 30달러 정도가 평균 수준의 팁으로 보면 될 것 같다. 물론 팁은 실제로 받은 서비스의 수준에 따라 조정될 수 있다.

물가

칸쿤 지역은 세계적인 관광지인 만큼 멕시코의 다른 지역에 비해 훨씬 물가가 비싼 편이다. 특히 식비 등은 한국에 비해 결코 싸지 않다. 제대로 된 아침 식사가 1인당 미화 8달러 정도, 점심이나 저녁은 인당 미화 20달러 정도를 예상해야 한다. 맥주는 멕시칸 워터라고 불릴 만큼 흔한데 종류 또한 코로나, 솔, 테카테 등 다양하며 가격은 식당이나 바에서 마실 경우 한 잔에 2달러 정도이다. 멕시코 국민주로 알려진 데킬라는 종류에 따라 가격도 천차만별이지만, 식당이나 바에서는 한 잔에 5달러에서 10달러 정도의 가격대로 그다지 싼 편은 아니다. 멕시코의 일반적인 물가 수준은 다음과 같다.

현지 음식점에서 간단한 식사	90페소
맥도널드 빅맥 세트	80페소
생수	10페소
콜라	12페소
현지 맥주	25페소
수입 맥주	45페소
커피(카푸치노)	36페소
담배(말보로, 1갑)	49페소

멕시코 다이빙 가이드

다이브 포인트 요약

지역	포인트	수심(m)	난이도	특징
코수멜	**파라다이스 리프**	9~12	**초급**	리프, 마크로, 가오리
	콜룸비아	5~27	**중상급**	월, 리프, 마크로, 대형 어류
	콜룸비아 딥	15~27	**중상급**	월, 딥, 리프, 드리프트, 대형 어류
	푼타 수르	24~40	**중상급**	월, 딥, 드리프트, 대형 어류
	샌프란시스코	15~36	**중상급**	월, 드리프트, 마크로, 대형 어류
	팔랑카	5~30	**중상급**	월, 리프, 동굴, 대형 어류, 마크로
	바라쿠다	5~30	**중상급**	월, 드리프트, 잭 피시, 바라쿠다
	산타로사 월	15~30	**중상급**	월, 리프, 드리프트, 대형 어류
플라야 델 카르멘	**착 물 세노테**	3~15	**중급**	수중 동굴(세노테)
	도스 오호스 세노테	3~21	**중급**	수중 동굴(세노테)
	타지마하 세노테	5~21	**중급**	수중 동굴(세노테)
	폰테 로사 세노테	3~21	**중급**	수중 동굴(세노테)
	그란 세노테	3~10	**중급**	수중 동굴(세노테)
	카 와시 세노테	3~15	**중급**	수중 동굴(세노테)
	앙헬리타 세노테	3~60	**중상급**	수중 동굴(세노테)

3. 멕시코 다이빙 개요

멕시코 다이빙

북미 대륙에 위치한 멕시코는 우리나라에서는 너무 멀리 떨어져 있어서 한국 다이버들 입장에서는 쉽게 갈 수 있는 곳은 아니지만, 미국과 유럽을 비롯한 여러 나라의 다이버들이 즐겨 찾는 세계적인 다이빙 목적지 중 하나로 떠오르고 있는 곳이다. 멕시코에서의 다이빙은 크게 보면 서해안에 해당하는 태평양 쪽에서의 다이빙과 동해안에 해당하는 카리브 해 쪽에서의 다이빙으로 구분된다. 양 지역은 또다시 몇 군데의 세부 지역으로 구분되는데, 멕시코에서의 중요한 다이빙 지역들을 간단히 소개하면 다음과 같다.

먼저, 태평양 지역이다. 미국 캘리포니아 주의 샌디에이고San Diego에서 육로로 멕시코 국경을 넘으면 티후아나Tijuana를 거쳐 바로 길다란 바하 칼리포르니아Baja California 반도로 연결되는데, 태평양 쪽 멕시코 다이브 사이트들은 주로 이 지역에 몰려 있다. 이 지역의 특징은 다이브 포인트들이 대개 육지로부터 먼 바다에 위치해 있어서 랜드 베이스 다이빙보다는 리브어보드 다이빙이 주를 이루며, 코코스아일랜드나 갈라파고스에서의 다이빙과 같은 분위기의 큰 스케일의 다이빙을 즐길 수 있다는 점이다. 태평양 쪽 멕시코의 중요한 다이브 사이트들은 다음과 같은 세 군데를 꼽을 수 있다.

• 소코로 아일랜드Socorro Island : 바하 칼리포르니아 반도의 남쪽 끝 해안선으로부터 400km 정도 떨어져 있으며 거대한 만타레이, 상어, 향유고래 등으로 유명한 곳이다. 지리적으로 갈라파고스에서도 그리 멀지 않은 곳이며 해양 생태계도 비슷한 점이 많아서 흔히 '멕시코의 갈라파고스'라고도 불린다.

• 과달루페Guadalupe : 바하 칼리포르니아 반도에서 서쪽으로 약 240km 정도 떨어진 화산섬이다. 이곳은 특히 철망으로 만든 케이지 안에 들어가서 백상아리Great White Shark를 만나는 상어 다이빙으로 유명한 곳이기도 하다. 과달루페 지역은 상어들의 서식 밀도가 지구 상에서 가장 높은 곳 중 하나로 알려져 있다. 해마다 8월부터 10월 사이에 과달루페로 나가는 리브어보드를 타기 위해 많은 다이버들이 미국 샌디에이고에서 멕시코 국경을 넘어 바하 칼리포르니아로 향한다.

• 코르테스 해The Sea of Cortez : 바하 칼리포르니아 반도와 멕시코 본토 사이에 위치한 좁고 긴 바다인데 수많은 귀상어 떼를 비롯하여 다양한 종류의 해양 생물들이 서식하는 곳으로 잘 알려져 있다.

멕시코의 동해안에 해당하는 카리브 해 지역 또한 많은 다이버들이 찾는 곳이다. 태평양 쪽 멕시코 지역이 주로 리브어보드를 타고 들어가는 하드 코어 다이빙 장소라면 카리브 해 지역은 조금은 더 여유 있는 랜드 베이스 다이빙을 즐기는 곳으로 볼 수 있다. 이 지역은 다이버들 뿐 아니라 일반 관광객들도 많이 몰려드는 곳이라서 멕시코 특유의 먹고 마시는 문화와 함께 마야 문명의 유적지 등을 돌아볼 수 있는 관광도 즐길 수 있다는 것이 장점이다. 멕시코 카리브 해의 다이빙은 주로 유카탄 반도 북부 지역에 밀집해 있다. 그 중심은 플라야 델 카르멘Playa Del Carmen이라는 도시인데, 이곳에서 고속 여객선으로 40분 정도면 들어갈 수 있는 코수멜과 자동차로 한 시간 정도 걸리는 칸쿤, 그리고 역시 보트로 한 시간 정도 걸리는 무헤레스 섬Isla Mujeres 등이 다이버들이 가장 많이 찾는 곳이다. 특히 코수멜 지역은 항상 시야가 30m 이상이 나오는 맑은 물이 큰 특징이며 강한 조류를 타고 흐르는 드리프트 다이빙 장소로도 유명하다. 멕시코 다이빙에서 빼놓을 수 없는 것이 이른바 세노테Cenote 다이빙이다. 세노테란 땅속으로 거미줄처럼 얽혀 있는 지하 강 시스템인데, 바다가 아닌 밀림으로 들어가서 땅속으로 나 있는 작은 구멍을 통해 억겁의 세월을 통해 형성된 거대한 지하 동굴 속에서 다이빙을 즐기는 것이 바로 세노테 다이빙이다. 세노테는 특히 유카탄 반도 일대에서 많이 흩어져 있기 때문에 한 번의 여행으로 카리브 해 다이빙과 함께 세노테 다이빙이라는 특별한 경험을 만끽할 수 있다.

멕시코 서쪽 태평양에서의 다이빙은 시간이나 경제적 이유로 인해 갈라파고스나 코코스아일랜드까지 가지 못하는 미국의 다이버들에게 하나의 대안으로 많이 이용되는 곳이다. 캘리포니아 주에서 국경만 살짝 넘으면 바로 갈 수 있는 곳이기 때문이다. 그러나 한국 다이버의 입장에서는 멕시코 쪽의 태평양을 찾는 것이나 갈라파고스와 같은 본격적인 태평양의 대양 다이빙 장소를 찾는 것이나 그리 큰 차이는 없다고 보이기 때문에 이 책에서는 태평양 쪽 멕시코 지역은 따로 자세하게 소개하지 않는다. 대신 한국의 다이버들에게도 기회가 된다면 한 번쯤은 찾아가 볼 가치가 있는 카리브 해 쪽의 코수멜과 플라야 델 카르멘 지역의 세노테 다이빙을 중심으로 소개하고자 한다.

▲ 멕시코 카리브 해의 특징은 평균 30m가 넘는 맑은 시야와 다양한 수중 지형이다. 코수멜 인근에는 수많은 터널과 동굴들이 있어서 흥미로운 다이빙을 즐길 수 있다.

▼ 멕시코에서는 '세노테'라고 불리는 거대한 지하 강으로 이루어진 동굴 속에서의 환상적인 다이빙을 경험해 볼 수 있다.

다이빙 시즌

태평양 쪽 멕시코는 어느 정도 다이빙 시즌의 개념이 존재하며 대부분의 리브어보드들은 이 시기에 맞추어 목적지로 취항한다. 먼저, 소코로 지역은 11월부터 5월까지가 시즌인데 11월의 수온은 섭씨 28도로 따뜻하지만 2월에는 섭씨 21도까지 급격하게 떨어졌다가 5월에는 섭씨 25도 정도로 회복된다. 이 중에서 11월과 12월이 고래상어 시즌으로 많은 다이버들이 이 시기에 소코로행 리브어보드에 오른다. 혹등고래는 겨울철에 주로 이 지역을 지나가며 만타레이는 연중 언제든지 볼 수 있다. 과달루페 지역의 다이빙 시즌은 8월부터 10월까지로 상당히 짧으며 이 시기의 수온은 섭씨 19도에서 22도로 매우 차갑기 때문에 7밀리 정도의 두꺼운 웨트수트나 세미 드라이수트가 필요하다. 코르테스 해 또한 8월부터 11월까지의 시기에만 리브어보드들이 출항하지만 이 지역의 수온은 상대적으로 따뜻해서 평균적으로 섭씨 27도 정도가 나온다. 9월과 10월 두 달이 코르테스 해에서 귀상어를 가장 많이 볼 수 있는 시기이다.

시즌 개념이 비교적 뚜렷한 태평양 쪽과는 달리 코수멜을 중심으로 하는 카리브 해 쪽의 멕시코 바다는 연중 변화가 거의 없고 따뜻하여 언제든지 다이빙이 가능하다. 수온은 섭씨 25도에서 29도 사이로 계절과 관계없이 3밀리 수트로 충분하다. 시야도 항상 밝지만 특히 8월과 9월에 더 맑아진다. 일반적으로 카리브 해 쪽의 피크 시즌은 12월부터 3월까지로 알려져 있지만, 이 시기에는 일반 관광객들도 이 지역을 많이 찾기 때문에 물가도 비싸지고 항상 북적거리는 곳이 많아서 반드시 이때가 좋은 것만은 아닌 듯하다. 세노테 다이빙은 바다가 아니라 육지에서 땅속의 동굴로 들어가는 것이기 때문에 계절이나 날씨의 영향을 받지 않으며 연중 언제든지 다이빙이 가능하다. 다만 어두운 동굴에서 간혹 땅 위로 나 있는 작은 구멍을 통해 찬란한 빛이 들어오는 레이저 효과는 아무래도 햇살이 더욱 강한 5월부터 9월까지가 가장 아름답다고 알려져 있기는 하다.

카리브 해 쪽은 일반적으로 12월과 1월의 겨울 기간이 비교적 쾌적한 편이며 많은 관광객들이 몰리는 피크 시즌이다. 따라서 숙박비 등 모든 물가들이 이 시기에 가장 비싸진다. 또한 7월부터 10월까지의 가을에는 허리케인이 자주 발생하는 시기이므로 가능한 한 피하는 편이 바람직하다. 반드시 피해야 할 시기는 3월 중순부터 4월 초순까지이다. 이 기간은 미국의 대학들이 이른바 스프링 브레이크라고 불리는 봄방학을 하는 시기

이다. 이때 수많은 미국 대학생들이 칸쿤 일대의 지역에 몰려들어 그야말로 난장판을 만드는데, 실제로 겪어보지 않은 사람들은 스프링 브레이커들의 폐해를 상상하기 어려울 것이다.

▼ 코수멜은 연중 수온이 27도 이상으로 따뜻하여 웨트수트 대신 반바지와 티셔츠 차림으로 다이빙을 즐기는 다이버들을 심심치 않게 발견할 수 있다.

4. 코수멜 다이빙

코수멜 트립 브리핑

이동 경로	서울 ···› (항공편) ···› 미국내 경유 도시 ···› (항공편) ···› 칸쿤 ···› (육로) ···› 플라야 델 카르멘 ···› (보트) ···› 코수멜
이동 시간	총 20시간(국제선 및 국내선 항공, 육로, 보트 포함)
다이빙 형태	데이 트립 다이빙, 리조트 다이빙
다이빙 시즌	연중(최적 기간 : 12월부터 2월, 5월부터 6월)
수온과 수트	25도에서 29도(3밀리 풀 수트 또는 반팔 수트)
표준 체재 일수	6박 7일(5일 10회 다이빙)
평균 기본 경비	총 260만 원 • 항공료 : 130만 원(인천–칸쿤, 미국내 1회 또는 2회 경유) • 현지 교통비 : 10만 원(공항버스, 현지 택시 및 보트) • 숙식비 : 60만 원(1박 10만 원, 6박) • 다이빙 : 60만 원(코수멜 다이빙 3일, 세노테 다이빙 2일)

코수멜Cozumel 개요

카리브 해는 멕시코 남단 유카탄 반도, 중미 제국, 그리고 쿠바, 자마이카, 도미니카공화국 등 서인도 제도에 속한 섬나라들 사이에 위치한 대서양과 인접한 바다를 말한다. 원래 오래전에는 태평양과 대서양이 하나의 대양이었는데 파나마와 코스타리카 지역의 지형이 융기하는 바람에 두 개의 대양으로 갈라진 것이라고 한다. 이때 대서양 쪽 연안의 만灣 지형에 갇힌 바다가 카리브 해인 셈이다. 파나마 운하는 태평양과 카리브 해를

▼ 코수멜 시내의 모습

▲ 코수멜의 한 항구에 빽빽하게 정박해 있는 수많은 다이빙 보트들

통해 대서양과 연결하는 통로 역할을 한다. 카리브 해에 인접한 국가로는 대륙 쪽으로는 멕시코, 벨리즈, 온두라스, 과테말라, 니카라과, 코스타리카, 파나마, 콜롬비아, 베네수엘라 등이 있고 반대편의 서인도 제도의 섬나라들로는 쿠바, 자메이카, 도미니카 공화국, 바하마, 푸에르토리코 등이 있다.

멕시코 남동쪽 끝에 대서양 쪽을 향해 돌출되어 있는 반도가 유카탄 반도인데, 이 유카탄 반도의 동쪽 해안선이 카리브 해와 접해 있다. 세계적인 휴양지로 잘 알려져 있는 칸쿤이 카리브 해의 가장 북쪽에 자리 잡고 있다. 칸쿤 남쪽 지역을 통틀어서 리비에라 마야Riviera Maya 지역이라고 하는데 과거 마야 문명의 본산지로서 아직도 피라미드를 포함한 마야 문명의 유적들이 많이 남아 있는 곳이기도 하다.

칸쿤에서 60㎞ 정도 남쪽에 플라야 델 카르멘이라는 또 다른 관광 도시가 있고 플라야의 동쪽으로 그 유명한 코수멜 섬이 있다. 플라야 델 카르멘에서 배를 타면 40분 정도면 코수멜에 도착한다.

찾아가는 법

코수멜로 가기 위한 멕시코의 관문은 칸쿤 국제공항CUN이다. 칸쿤 공항에서 칸쿤 호텔 지역까지는 자동차로 20분 정도, 그리고 세노테 다이빙의 본거지인 플라야 델 카르멘까지는 약 한 시간 정도 소요된다. 코수멜은 플라야 델 카르멘에서 보트로 40분 정도 걸린다. 코수멜 섬 안에도 작은 규모의 공항이 하나 있기는 하지만, 취항하는 항공편이 별로 많지 않아서 한국에서 가는 다이버들은 대부분 칸쿤 공항을 통해 플라야 델 카르멘이나 코수멜로 들어가게 된다.

미국과 멕시코의 거의 모든 항공사들이 미국 내 주요 도시와 칸쿤 간을 운항하고 있지만, 한국에서는 직항편이 없으므로 일단 미국이나 캐나다의 거점 도시까지 간 다음에 칸쿤으로 가는 항공편으로 갈아타야 한다. 한국에서 칸쿤으로 가는 관문도시로는 뉴욕이나 댈러스가 운항편이 가장 많아 편리하며 이 외에도 로스앤젤레스나 캐나다의 토론토, 밴쿠버에서도 칸쿤행 직항편이 운항되고 있다. 일정상 연결편이 마땅치 않거나 보다 싼 항공권을 찾기 위해 미국 내에서 한 번 더 갈아타는 방법도 생각해 보는 것이 좋다. 멕시코 다이빙 트립의 경우 가장 큰 비용을 차지하는 것이 항공료이므로 이 부분은 시간을 투자해서 잘 알아보고 결정하는 것이 필요하다. 항공료는 항공사, 경유지, 발권 시기 등에 따라 편차가 커서 서울에서 칸쿤까지 가는 데 필요한 항공료는 1백만 원부터 시작하여 3백만 원이 넘는 경우까지 있다. 미국 내에서 칸쿤까지의 정규 항공료는 4백 달러 내외이며 가끔 2백 달러대의 세일 티켓도 더러 나타난다. 만일 미주에 들를 일이 있다면 일정을 연장해서 멕시코를 방문한다면 큰 추가 부담 없이 여행이 가능할 수 있다.

코수멜에서 3일 이상 다이빙을 할 계획이라면 그동안은 코수멜 섬 내에서 숙박하는 편이 더 편리하다. 적당한 가격의 숙소는 인터넷을 통해 어렵지 않게 찾을 수 있을 것이다. 그러나 이틀 이내의 다이빙 일정이라면 플라야 델 카르멘에 숙소를 잡은 후 보트를 타고 코수멜로 통근하는 것도 가능하다.

플라야 델 카르멘 지역에서 세노테 다이빙을 먼저 하든, 일단 코수멜 섬으로 먼저 들어가서 카리브 해 다이빙을 먼저 하든 일단은 칸쿤 공항에서 플라야 델 카르멘으로 이동하는 것이 필수이다. 칸쿤 공항에서 플라야 델 카르멘으로 이동하는 방법은 크게 세

가지가 있다. 처음 이 지역을 방문하는 경우에는 공항에서 합승 밴을 이용하는 쪽을 추천한다. 이를 위해서는 미리 인터넷을 통해 예약해 두어야 한다. 필자의 경우 가장 많이 이용하는 업체는 Best Day(www.bestday.com)인데 인터넷에서 쉽게 검색해서 예약할 수 있다.

• 택시 : 칸쿤 공항의 택시 탑승장에서 택시를 타고 플라야 델 카르멘까지 이동하는 방법이다. 숙소가 공항에서 가까운 칸쿤 시내일 경우 택시가 가장 편리하다. 그러나 플라야 델 카르멘까지 가려면 대략 60달러 정도의 요금을 지불해야 한다. 칸쿤 공항의 택시는 이 지역의 노조에서 관리하는데, 특정 업체의 택시만 공항 내로 진입할 수 있으며 정작 플라야 델 카르멘 지역의 택시는 칸쿤 공항에 들어갈 수 없다. 따라서 공항의 택시는 대부분 칸쿤 지역의 택시들인데 당연히 운전사가 플라야 델 카르멘 지역의 지리에는 그다지 밝지 않은 경우가 많아서 그다지 권할 만한 방법은 아니다.

• 밴 서비스 : 칸쿤 공항에 내리면 청사 밖에 수많은 밴들이 기다리고 있다. 입국장을 빠져나가면 저마다 회사 이름과 승객 이름이 적힌 카드를 들고 있는 밴 회사 직원들을 볼 수 있다. 밴은 프라이빗 서비스와 일반 서비스로 구분되는데 프라이빗 서비스는 예약한 팀만을 전담해서 운송하는 서비스이다. 인원수와 관계없이 요금은 같으므로 일행이 여러 명일 경우 유리하다. 일반 서비스는 인당 요금을 받으며 비슷한 목적지로 가는 몇 명의 승객이 합승하게 된다. 공항에서 플라야까지의 요금은 26달러 내

▲ 코수멜의 버스 터미널에 정차해 있는 칸쿤 공항으로 가는 ADO 공항버스. 우리 돈으로 9천 원 정도의 요금으로 이용이 가능하다.

▼ 플라야 델 카르멘과 코수멜을 40분 정도에 연결하는 UltraMar 보트

외로 프라이빗 서비스에 비해 저렴하므로 혼자 또는 둘이서 여행하는 경우에는 권장할 만한 교통수단이다. 합승이라고는 하지만 같은 항공편에서 내려서 비슷한 목적지로 가는 사람들을 태우는 것이므로 대기 시간은 최대 30분 이내이다. 예약은 인터넷으로 쉽게 할 수 있으며 호텔 예약과 마찬가지로 신용 카드로 요금을 결제한 후 바우처를 인쇄하여 가져가면 된다.

• 공항버스 : 공항 청사를 나와서 버스 탑승장(제2터미널인 경우 1번 승강장)에서 ADO 버스를 탈 수 있다. 버스는 칸쿤 시내로 가는 것과 프라야 델 카르멘으로 가는 것이 있으므로 행선지 표시를 보고 승차권을 구입한 후 탑승하면 된다. 플라야 델 카르멘까지는 120페소로 꽤 합리적인 편이며 중간에 몇 번 정차하기는 하지만 플라야 델 카르멘까지 한 시간 이내에 도착한다. 운행 편수도 많아서 대략 15분 간격으로 출발하며 차량이나 실내도 깨끗하고 쾌적하다. 필자의 경우 가장 많이 이용하는 교통수단이기도 하다. 플라야 델 카르멘에서 공항으로 올 때도 이용할 수 있다. 칸쿤 공항은 세 개의 터미널이 있는 비교적 규모가 큰 공항이고 미국에서 출발하는 항공기는 제2터미널 또는 제3터미널을 사용하므로 미리 확인한 후 해당 터미널에서 하차하도록 한다.

플라야 델 카르멘의 보트 선착장에서 코수멜까지 가는 배는 UltraMar와 Mexico 2

▼ 코수멜 섬을 연결하는 보트들이 출항하는 플라야 델 카르멘 항구

개의 회사가 교대로 운항하는데, 평균 한 시간 간격으로 출발하므로 예약하지 않더라도 언제든지 부두로 나가면 오래 기다리지 않고 배를 탈 수 있다. 운임은 왕복 320페소이며 보트는 600인승 내외의 큰 배이고 에어컨디셔닝은 물론 무료 와이파이까지 갖추어 매우 쾌적하며 운항 시간은 40분 이내이다.

플라야 델 카르멘에서 오전 7시 첫 배를 타면 코수멜의 산 미겔 부두에 8시 이전에 도착하므로, 8시 반 오전 첫 다이빙이 가능하다. 오전에 두 차례의 다이빙을 하고 2시 배로 플라야 델 카르멘으로 되돌아오거나 오후 다이빙까지 마친 후 5시 편으로 돌아오는 방법도 있다. 보트 안에서는 음료나 스낵을 판매하며 밴드의 공연도 볼 수 있다. 플라야 델 카르멘의 선착장 인근에는 수많은 상점들과 음식점, 그리고 휴식 공원들이 있으므로 이 일대를 둘러보는 것도 즐거움 중의 하나이다.

챙겨야 할 물품

미주 노선 항공편에서의 수하물은 무게가 아닌 개수 방식Piece System이 적용된다. 허용되는 수하물과 기내 반입 가방의 규정은 항공사별로 다르므로 미리 확인할 필요가 있다. 우리나라 국적기의 경우 미주 노선은 23kg짜리 가방 두 개까지는 무료로 부칠 수 있다. 미국계 항공사들도 대부분 한 개의 위탁 수하물은 무료이지만 US Airways를 비롯한 일부 항공사는 한 개의 위탁 수하물에도 별도의 요금을 부과한다.

멕시코까지 가기 위해서는 비행기를 최소한 두 번 이상 갈아타야 하므로 너무 많은 짐은 가져가지 않도록 한다. 빠듯한 환승 시간일 경우 가장 문제가 되는 것이 위탁 수하물이며 특히 미국의 도시를 경유할 경우 최종 목적지까지 짐을 바로 부칠 수 없으며 일단 최초 기착지에서 짐을 찾아 입국 수속을 한 후 다시 다음 목적지로 체크인해야 하므로 많은 짐은 그야말로 애물단지가 될 수 있다. 다이빙 여행에서는 쉽지 않은 일이지만 가능하기만 하다면 기내 반입 수하물만으로 여행하는 것이 최선이기는 하다. 따라서 필수 장비만 챙기고 나머지 장비는 현지에서 빌려 쓰는 것도 고려해 보도록 한다. 필자의 경우 다이빙을 위해 멕시코에 가는 경우에는 다이빙 장비는 반팔 웨트수트 한 벌과 도수 렌즈가 들어간 마스크, 그리고 길이가 짧고 가벼운 핀 정도만 기내 반입용 가방에 넣어 가져가고 나머지 장비는 모두 현지에서 빌려서 쓰곤 한다. 코수멜에서는 3밀리 반팔 수트 한 벌이면 충분하지만, 세노테 다이빙을 위해서는 최소한 3밀리 풀 수트가 반드시 필요하다. 두 벌의 수트를 챙겨가기보다는 풀 수트는 현지에서 빌리는 편이 낫다고 보여진다. 세노테 동굴 다이빙의 경우 다이빙 요금에 풀 수트와 장비 렌털 비용이 포함되어 있는 경우가 많다. 따라서 자기 장비를 가져가든 현지에서 빌려서 쓰든 비용은 차이가 없다. 다만 코수멜에서는 장비를 렌털할 경우 하루에 20달러에서 25달러 정도가 소요되지만 단기간 다이빙을 한다면 차라리 이 편이 더 나을 수 있다.

짐을 챙길 때의 원칙은 필요한 것을 챙기는 것이 아니라 꼭 필요하지 않은 것은 챙기지 않는 것이다. 대부분의 다이빙 트립 목적지들과 마찬가지로 멕시코 역시 현지에서는 티셔츠와 반바지, 슬리퍼와 같은 캐주얼 복장이면 충분하므로 의류는 최소한으로 줄인다. 필요하다면 현지에서 기념품을 겸해 티셔츠 등을 구입해서 쓰면 된다. 다이빙 장비도 꼭 필요한 것만 챙긴다. 코수멜이나 세노테 다이빙의 경우 장갑이나 칼의 휴대가 금지되어 있으므로 이런 물품은 아예 처음부터 빼놓도록 한다.

꼭 필요한 물품 중 하나가 모기약Insect Repellent이다. 멕시코 모기는 마치 하루살이와 같이 조그만 녀석들이지만 한번 물리면 후유증이 며칠 동안 계속될 정도로 지독하다. 특히 세노테 다이빙을 가기 위해서는 밀림을 통과해야 하는데 숲과 민물이 있는 세노테 지역에는 엄청난 모기들이 기다리고 있으므로 반드시 모기약을 노출된 모든 신체 부위에 뿌리거나 바르도록 해야 한다. 물론 모기약도 현지에서 쉽게 구입이 가능하다.

코수멜의 다이브 센터

코수멜은 다이버들의 천국으로 불릴 만큼 그야말로 셀 수 없을 정도의 많은 다이브 샵들이 있다. 만약 사전에 예약하지 못하고 코수멜을 찾은 경우라도 어떻게 해서든 다이빙을 할 수 있을 것이다. 플라야 델 카르멘에서 배를 타고 코수멜 선착장에 내리면 길거리에 다이빙 깃발이 걸린 조그만 좌판을 차려놓고 손님들을 기다리는 노점 다이브샵들을 많이 볼 수 있다. 정 안 되면 이런 곳을 이용하는 것도 방법이지만, 이런 곳들의 고객들은 체험 다이빙이나 초보 다이버들이 대부분이어서 좋은 사이트로 나가는 것을 기대하기는 어렵다. 아울러 이런 곳에서는 초보 다이버들이 공기를 빨리 소모하여 설사 본인의 공기압이 많이 남아 있더라도 예정보다 일찍 다이빙을 마쳐야 하는 경우도 많다.

▲ 코수멜 부두에 줄지어 있는 노점 다이브 샵들

▲ 아쿠아사파리 다이브 센터의 전용부두와 다이브 보트들. 왼쪽으로 코수멜 크루즈 항구에 입항해 있는 대형 크루즈선의 모습이 보인다.

필자가 추천하는 다이브 센터는 '아쿠아 사파리Aqua Safari(http://aquasafari.com)'이다. 위치는 Calle 5와 Calle 6 사이에 있는데 부두에서 내려 오른쪽 방향으로 큰길을 따라 약 10분 정도 걸으면 대로변에서 쉽게 찾을 수 있다. 사전에 예약하는 것이 좋지만, 오전 8시 이전에만 도착한다면 예약 없이 직접 찾아가도 대개는 바로 다이빙이 가능하다. 이곳은 주로 유럽에서 온 경험 많은 다이버들이 선호하는 샵이므로 대부분 난이도가 있는 좋은 사이트들을 중심으로 다이빙이 진행된다. 이 샵은 여러 척의 자체 다이빙 전용 스피드 보트를 보유하고 있으며 가이드들의 수준도 매우 높다.

플라야 델 카르멘의 숙소

다이빙을 목적으로 방문한 경우라면 칸쿤보다는 플라야 델 카르멘 쪽에 묵는 편이 더 유리하다. 동굴 다이빙과 코수멜 다이빙 양쪽의 거점으로 더 편리한 위치에 있기 때문이다. 그러나 반약 코수멜 다이빙을 3일 이상 할 계획이라면 이 기간에는 코수멜 섬 안에서 묵고 이후 플라야 델 카르멘 쪽으로 숙소를 옮기는 방법도 생각해 볼 수 있다.

플라야 델 카르멘에는 다양한 종류의 호텔들이 수없이 있으므로 자신의 목적이나 예산에 맞는 숙소를 찾는 것은 그리 어렵지 않다. 최고급 5성급 호텔부터, 모든 음식과 음료가 요금에 포함되어 있는 올 인클루시브 리조트, 그리고 최소한의 시설만을 갖춘 여행자용 숙소까지 다양한 스펙트럼이 존재한다. 다이빙을 목적으로 방문한 경우라면 굳이 비싼 고급 호텔을 고집할 이유는 없을 것이며 이 경우 1박당 50달러 내외의 예산이면 쓸 만한 방을 구할 수 있다. 플라야 델 카르멘 지역에서는 다이빙이 있는 날 아침에 다이브 센터에서 호텔로 픽업나오는 것이 관례이므로 예약한 다이브 센터에 적당한 위치와 가격의 호텔을 추천받는 것도 좋은 방법이다. 호텔 검색이나 예약은 아고다나 익스피디아를 통해 하면 된다.

플라야 델 카르멘 지역에서 추천할 만한 호텔은 5th Ave 선상의 24번가Calle 24와 26번가Calle 26 사이에 있는 포사다 마리포사 호텔Posada Mariposa Hotel이다. 침대 두 개짜리 방을 1박당 50달러 이내로 잡을 수 있다. 가끔 익스피디아 등에서 40달러 이하의 세일 가격이 나오기도 한다. 규모도 크지 않고 비교적 오래된 건물이기는 하지만 주인아줌마가 무척 친절하고, 호텔로부터 도보 5분 이내 거리에 50여 개의 식당과 바들이 밀집되어 있어 먹고 살기가 매우 편리하다.

플라야 델 카르멘의 식당과 바

칸쿤은 말할 필요도 없거니와 플라야 델 카르멘이나 코수멜 지역 또한 수많은 식당, 바, 상점들이 관광객이나 다이버들을 기다리고 있다. 특히 플라야 델 카르멘의 경우에는 5th Avenue에 이런 시설들이 밀집되어 있는데

▲ 플라야 델 카르멘 중심가에 있는 포사다 마리포사 호텔. 주변에 식당과 상점 등 편의 시설이 밀집해 있어서 매우 편리한 곳이다.

▲ 멕시코 음식점인 '라 바가분도'

식당은 멕시코식, 이탈리아식, 아르헨티나식, 일식 등 메뉴도 매우 다양하다. 플라야 델 카르멘에서 아직 한국 음식점은 발견하지 못했지만, 멕시코 음식도 한국인의 입맛에 꽤 잘 맞기 때문에 식성이 극도로 까다롭지 않은 한 별다른 불편이 없을 것이다. 필자가 그동안의 경험으로 추천할 만한 식당들은 다음과 같다.

- 라 바가분도La Vagabundo(멕시코 음식) : 포사다 마리포사 호텔 바로 건너편에 있으며 다른 식당에 비해 아침에 일찍 오픈하므로 다이빙 픽업 시간 전에 든든한 아침 식사를 해결하기에 좋은 장소이다. 멕시코 스타일의 스크램블 에그를 밀가루로 만든 전병인 토르티야에 싸서 먹는 멕시칸 브랙퍼스트가 아주 맛이 있다.

- 일 바레또Il Baretto(이탈리아 음식) : 5th Ave와 Calle 26 교차로에 있는 식당으로 피자와 파스타가 유명하다. 피자 종류는 어느 것을 시키든 모두 맛이 좋고, 파스타 중에서는 조개와 올리브유를 듬뿍 넣은 봉골레 스파게티가 추천 메뉴이다. 서빙을 하는 웨

▲ 이탈리아 음식점 '일 바레또'

▲ 초밥 등 일식을 파는 '초와'

▲ 아르헨티나 스테이크 하우스인 '라 바카 가우차'

▲ 이탈리아식 해물 요리 전문 식당인 '암바시아타 드 이탈리아'

이트리스들이 모두 미인들이라는 점도 플러스 요소라고 보여진다.

• 라 바카 가우차La Vaca Gaucha(아르헨티나 스테이크) : 5th Ave와 Calle 24 교차로에 있으며 아르헨티나에서 공수한 소고기로 조리한 비프스테이크가 아주 맛이 있는 식당이다. 스테이크는 반드시 미디엄 레어로 주문하는 것이 좋다. 미디엄만 해도 너무 많이 익혀서 나온다.

• 초와Chowa(일식/스시) : 5th Ave와 Calle 28 주변에 있는데 인근의 다른 일식당에 비해 비교적 원본에 가까운 초밥을 제공한다. 그러나 단품 초밥(니기리 스시)은 아무래도 실망할 가능성이 많으므로 롤을 주문하는 편이 안전하다. 특히 장어 롤(우나기 롤)이 맛이 좋은데 10피스 한 롤에 120페소 정도이다.

• 암바시아타 드 이탈리아Ambasciata D' Italia(이탈리아 해물) : 파스타 중심의 이탈리아 음식과 해물 요리를 제공하는 식당이다. 랍스터구이(300페소, 2마리)와 Surf & Turf(구운 랍스터 한 마리와 10온스 스테이크, 380페소)가 추천 메뉴이다.

코수멜 다이빙 특징

카리브 해는 해저 지형과 조류 패턴 등이 다른 대서양 지역이나 멕시코 만과 많이 다르며 연중 기후의 변화가 거의 없고 해수의 투명도가 높다. 또한 서식하는 해양 동식물이 다양하여 세계적으로도 매우 이상적인 다이빙 지역으로 알려져 있다. 따라서 카리브 해를 접하고 있는 많은 나라들에서 다이빙이 보편화되어 있으며 세계 각국에서 수많은 다이버들이 이 지역을 찾고 있다. 필자 역시 멕시코 카리브 해는 물론 도미니카 공화국, 자메이카 등에서 여러 차례 다이빙을 경험했는데 대륙 연안 지역인 멕시코 등과, 바다 반대편의 섬나라들은 비록 카리브 해의 양안兩岸이기는 하지만 여러 가지 면에서 비슷한 점이 많다.

코수멜은 연간 평균 시야 30미터 이상의 맑은 바다, 다양한 해양 생물, 강력한 조류 등으로 인해 세계적으로 손꼽히는 다이빙 명소이다. 따라서 연중 항상 많은 다이버들로 붐비며 헤아릴 수 없이 많은 다이브샵들이 들어서 있는 곳이기도 하다. 코수멜은 다이버라면 언젠가 꼭 한번은 가 봐야 할 장소 중의 하나임이 틀림없다. 연중 수온은 섭씨 28도 내외로 많은 다이버들이 반팔 수트 차림으로 다이빙한다.

코수멜의 다이브샵들은 다이빙 서비스만을 제공한다. 물론 일부 대형 업체들은 숙

▲ 코수멜 지역에는 일반적인 열대 어류들 외에 코수멜 지역에서만 자주 발견되는 희귀한 어류들이 꽤 많이 있다. 사진은 코수멜 지역에서 자주 만날 수 있는 전기가오리. 해양 생물학적으로 가오리와 상어는 뿌리가 같은 사촌 간이라고 하는데 이 녀석의 모습을 보면 그것이 사실임을 이해할 수 있다. 이 전기가오리는 꽤 강한 전기 충격을 일으키기 때문에 절대 만져서는 안 된다.

▼ 멕시코 세노테 동굴 다이빙은 바닷속의 다이빙과는 전혀 다른 새로운 경험을 다이버들에게 안겨 준다. 수많은 세노테 중 한 동굴의 천정 모습

소와 식당을 포함한 다이브 리조트 형태로 운영되며 고급 리조트 호텔에는 전용의 다이브 센터가 운영되기도 한다. 샵에 따라서는 자체 보트를 보유한 곳도 있고 다이빙 전문 보트에 위탁을 하는 샵도 있지만 가능한 한 자체 보트가 있는 샵을 택하도록 한다.

카리브 해와 인접한 유카탄 반도 동쪽 해안 지역은 어디에서든 다이빙이 가능하며 어느 동네를 가든 많은 다이브샵을 볼 수 있다. 칸쿤에서도 물론 카리브 해 다이빙이 가능하고, 플라야 델 카르멘이나 툴룸 지역에도 수많은 리프 다이브 사이트들이 널려 있다. 그러나 멕시코 카리브 해 다이빙의 압권은 역시 코수멜이라는 데에는 이견이 없을 것이다. 필자의 경험으로는 칸쿤에서의 다이빙은 정말 시간이 많이 남아돌지 않는 한 피하는 것이 좋다. 워낙 관광객들이 많이 몰리는 지역이라 대부분 초보자들이 많아서 경험자들의 기준으로 볼 때 좋은 사이트를 방문할 기회가 거의 없기 때문이다. 칸쿤에서 몇 차례 다이빙을 해 본 경험에 따르면 포인트 자체는 훌륭한 곳이 많지만 특히 안전에 대한 개념이 별로 없어서 매우 위험하다는 생각이다. 다이브 컴퓨터를 사용하는 가이드들이 별로 없으며 안전 정지마저 생략하는 경우도 많을 정도이다. 시간이 허락하는 한 다소 찾아가는 것이 번거롭더라도 꼭 코수멜에서 다이빙할 것을 권한다.

또 한 가지 리비에라 마야 지역에서 빼놓을 수 없는 것이 바로 세노테 다이빙Cenote Diving이다. 상세한 내용은 다음 편에서 별도로 다루겠지만, 정글 속의 자연 동굴 속에서의 다이빙은 바다에서의 다이빙과는 전혀 다른 새로운 경험을 가져다줄 것이므로 이 지역을 방문한다면 꼭 경험해 보기를 권한다.

한국에서는 쉽게 가기 어려운 먼 거리이므로 이 지역을 찾는 일은 대부분의 아시아 다이버들에게는 평생 한 번 있을까 말까 한 기회일 것이다. 큰마음 먹고 멕시코 카리브 해로 다이빙 트립을 간다면 적어도 5일에서 6일 정도의 다이빙 일정을 확보하고, 이 중 3일은 세노테 동굴 다이빙을, 그리고 남은 이틀이나 사흘을 코수멜에서 보내는 것이 바람직하다. 다만, 이렇게 정해진 일정 중에서 코수멜 일정을 먼저 소화하고 후반부에 동굴 다이빙으로 마치는 편이 낫다. 여기에는 몇 가지 이유가 있다.

• 코수멜은 섬이므로 귀국을 위해 칸쿤 공항으로 나오기 위해서는 보트를 타야 하는

데 육지 교통수단에 비해 날씨의 영향을 받을 가능성이 있기 때문에, 내륙 쪽 일정을 나중에 잡는 편이 만일의 경우에 대비해 안전하다.

• 동굴 다이빙은 해양 다이빙에 비해 상대적으로 수심이 얕아서 깊은 동굴 코스라도 20m를 넘는 경우는 많지 않다. 많은 세노테들이 10m 내외의 평균 수심을 가지므로 감압의 부담이 거의 없고 비행 금지 시간도 해양 다이빙에 비해 짧으므로 일정을 마친 후 장시간 비행기를 타야 하는 입장에서는 아무래도 동굴 다이빙을 나중에 하는 편이 유리하다.

• 동굴 다이빙은 거의 깨끗한 민물이므로 장비의 염분 부식이 거의 생기지 않는다. 코수멜 해양 다이빙을 먼저 하고 나중에 동굴 다이빙을 하는 경우 자연스럽게 장비 세척 효과도 얻을 수 있다.

코수멜 다이빙 비용

코수멜에서의 다이빙 비용은 샵에 따라 다소 차이는 있지만 대략 두 번의 데이 트립 다이빙의 가격이 미화 80달러 정도이다. 아쿠아 사파리와 같은 프리미엄 샵에서는 85달러 정도로 살짝 비싼 편이다. 렌털 장비는 일반 샵이 하루에 25달러, 프리미엄 샵이 30달러 정도이다. 음료와 간식은 보트에서 무료로 제공된다. 이와는 별도로 코수멜 국립 공원 입장료가 미화 2달러 50센트가 필요하며 다이브 샵에 입장료를 지불하고 입장 밴드를 받아 손목에 착용해야 한다. 장비를 현지에서 빌린다고 볼 때 하루 두 번의 다이빙에 미화 120달러를 잡으면 무난하다.

코수멜 다이빙 절차

코수멜에서의 다이빙은 다이브 센터에 따라 약간의 차이는 있지만 일반적으로 다음과 같은 순서로 이루어진다.

(1) 체크인 : 다이브샵에 도착하면 체크인한 후 다이버 카드를 제시하고 면책 동의서를 작성한다. 렌털 장비가 필요한 경우 샵에서 장비를 수령하고 웨이트도 확보한다. 장비들을 메시 백에 챙겨서 전용 부두로 이동해서 지정된 보트에 탑승한다. 개인 물품이

있는 조그만 가방도 별도로 가져갈 수 있다.

(2) 보트 승선 및 장비 셋업 : 다이빙 보트에 탑승하면 가이드로부터 자신의 자리를 지정 받고 바로 장비를 셋업한다. 탱크의 공기압을 체크해야 하는데 미국 다이버들이 많은 코수멜에서는 대부분 PSI 게이지를 사용한다. 200바는 약 3,000 PSI에 해당한다. 셋업이 끝나면 다이브 포인트까지 이동하는 동안 편한 자세로 휴식을 취하면 된다. 포인트까지의 이동에는 대개 한 시간 이상이 걸린다.

(3) 입수 및 다이빙 진행 : 다이브 포인트에 도착하면 가이드의 지시에 따라 장비를 착용하고 지정된 버디와 함께 이상 유무를 체크한다. 가이드의 신호에 따라 입수를 하는데, 보트와 상황에 따라 자이언트 스트라이드 또는 백롤 방식으로 입수한다. 입수 후 역시 가이드의 신호에 따라 하강을 시작한다. 하강 후 전원 이상 유무를 확인한 후 다이빙이 시작된다. 다이빙 중에는 항상 가이드의 뒤쪽에서 따라가도록 하며 가이드보다 앞으로 나가지 않도록 한다.

(4) 출수 : 사전에 약속된 바에 따라 일정한 다이빙 시간이 경과하면 서서히 상승하여 안전 정지를 마친 후 출수한다. 다이브 센터에 따라서 누구든 공기압이 떨어지면 전원 함께 출수해야 하는 곳도 있고, 아쿠아 사파리처럼 개인별로 공기가 떨어진 순서대로 상승하도록 하는 곳도 있다. 후자의 경우에는 다이버별로 상승하는 위치가 다르고 조류로 인해 보트가 떠오른 다이버를 찾기 어려울 수 있으므로 백 가이드가 위치 표시용 마크 부이SMB를 띄운 상태로 다이버들을 따라가므로 아무 때나 상승하더라도 보트로 돌아가는 데에는 문제가 없다.

▲ 맑은 카리브 해의 바다에서 위치 표시용 SMB를 띄우고 다이버 일행을 따라가는 백 가이드

(5) 귀환 및 정리 : 다이빙이 모두 끝나면 장비를 해체하여 다시 메시 백에 넣는다. 보트가 부두에 도착하면 가이드에게 팁을 지불하고 샵으로 가

서 렌털 장비를 반납하면 된다.

코수멜 수역은 멕시코 국립 공원으로 지정되어 있으며 엄격한 다이빙 규칙들이 적용된다. 바닷속에서는 어떤 것이라도 손으로 만질 수 없으며 핀으로 산호를 건드리지 않도록 부력 조절에 신경을 써야 한다. 특히 카메라를 지참하는 경우 사진을 찍기 위해 손으로 무엇인가를 잡는 행위를 하지 않도록 한다. 장갑이나 칼 종류는 일체 휴대할 수 없다.

코수멜 지역 다이브 포인트

코수멜에는 섬 주변을 둘러싼 수많은 다이브 포인트들이 있다. 어느 쪽이 좋은지는 다이버들의 취향에 따라 달라질 수 있지만, 필자의 경우 조류가 강해서 드리프트를 즐길 수 있고 다양한 해양 생물들을 관찰할 수 있는 남쪽 지역의 포인트들을 선호한다. '콜룸비아 리프'와 '푼타 수르', '산타로사' 등이 경험 많은 다이버들이 선호하는 코수멜의 대표적인 포인트들이다. 이 외에도 코수멜에는 다양한 리프와 렉, 월 사이트들이 있어서 결코 지루할 틈이 없다.

▸ 코수멜의 다이브 포인트

다이브 포인트들은 스피드 보트로 평균 한 시간 정도 이동해야 한다. '콜롬비아 리프'나 '푼타 수르'같은 곳은 더 멀어서 한 시간 반 정도까지 소요되고, 비교적 조류가 없고 수심이 낮은 '파라다이스' 같은 포인트는 30분 정도면 도착할 수 있다. 코수멜의 조류는 강도와 방향에 변화가 심해서 심심치 않게 조난이나 사망 사고가 발생하곤 한다. 따라서 가이드의 의견을 참고해서 너무 무리한 다이빙은 하지 않도록 하자.

코수멜 지역에서 다이브 센터나 다이버들에게 인기가 높은 포인트들을 소개하면 다음과 같다.

•파라다이스 리프Paradise Reef : 코수멜 해양 공원이 처음 시작되는 지점이어서 포인트로 이동하는 시간이 짧고 수심 또한 9m에서 12m 정도로 얕아서 초보 다이버들도 큰 무리 없이 다이빙할 수 있는 곳이다. 특히 하루의 마지막 다이빙을 하는 오후 다이빙 장소로도 많이 이용된다. 해안선에서 그리 멀지 않아 경험이 많은 다이버들은 비치 다이빙으로 들어가기도 하는데, 이 경우에는 원래의 위치로 출수하기 위해서 조류를 거슬러 강한 핀 킥을 해야 할 수도 있다. 초급자용 포인트이기는 하지만 간혹 강한 조류가 흐르며 특히 아주 가까운 곳에 크루즈 선박들이 정박하는 항구가 있어서 자칫 조류에 떠밀려서 이동하고 있는 대형 크루즈 선박에 접근하는 위험한 경우가 생길 수 있으므로 주의하여야 한다. 바닥은 모래 지형이지만 해안선을 따라 산호초 지역이 늘어서 있다. 산호초 주변

▲ '파라다이스'의 모랫바닥에 서식하는 가오리. 이 포인트는 수심이 낮아 마지막 다이빙 장소로 많이 이용된다.

▼ 코수멜 일대에는 사진과 같이 다이버들이 통과할 수 있는 동굴과 터널들이 많이 있어서 흥미로운 다이빙을 즐길 수 있다.

에는 다양한 종류의 리프 어류들이 서식하며 모랫바닥에는 가오리 종류와 넙치 종류들을 발견할 수 있다.

• 콜룸비아Columbia : 최대 수심이 27m 정도 되는 어드밴스드급 다이버들을 위한 포인트이다. 바로 인접해 있는 '콜룸비아 딥'과 '콜룸비아 샬로우' 포인트들과 구분하기 위해서 이 포인트를 '콜룸비아 레귤러'라고도 부른다. 일반적으로 조류가 항상 있기는 하지만 아주 강하지는 않아서 중간급 수준의 다이버들에게 적당한 곳이기도 하다. 수중에는 다이버들이 지나갈 수 있는 터널 모양의 바위들이 여러 개 있으며 산호초 지역도 형성되어 있다. 이 곳에서는 대형 어류들과 아름다운 작은 마크로 생물들을 동시에 볼 수 있다. 특히 거북이들이 많이 살고 있으며 모랫바닥 주변으로 이글레이들도 자주 출현한다. 또한 작은 리프 상어 두 마리도 이 주변에 살고 있어서 운이 좋으면 이 녀석들과 만날 수도 있다.

• 콜룸비아 딥Columbia Deep : '콜룸비아' 포인트의 바로 남쪽에 이어져 있는 곳이며 수심은 15m에서 27m 정도이다. 예측이 어려운 강한 조류가 생기는 경우가 많아서 어느 정도 경험이 있는 어드밴스드급 다이버들에게만 추천되는 포인트이다. 이곳에서의 다이빙은 벽을 따라 깊은 수심까지 하강한 후 조류를 타고 흘러가는 드리프트 다이빙이 주종을 이룬다. 이 일대에는 산호초 지역도 잘 발달되어 있는데, 오랜 시간을 두고 죽은 산호의 줄기에 새로운 산호들이 겹쳐서 서식하는 형태가 무수히 반복되어 있는 것을 볼 수 있다. 깊은 수심 쪽으로는 대형 부채산호와 흑산호들도 많이 서식한다. 산호초 지역에는 다양한 리프 어류들이 회유하고 있으며 거북이들이 많고 운이 좋으면 모랫바닥 위에서 이글레이가 지나가는 것을 목격할 수도 있다.

• 푼타 수르Punta Sur : '콜룸비아 딥'의 바로 남쪽 지점으로 코수멜 섬의 거의 최남단에 해당하는 위치에 있는 포인트이다. 대부분의 다이브 센터에서 이곳까지 이동하는 데에는 한 시간이 넘게 걸리며 그나마 날씨가 좋지 않아 파도가 높을 때는 이동이 불가능하다. 수심이 24m에서 시작하여 40m까지로 꽤 깊으며 조류도 항상 강하게 흐르는 곳이어서 경험이 많은 다이버들에게 적합한 곳이기도 하다. 이 지역은 바다 쪽으로 훤하게 노출된 위치로 인해 리프 어류를 제외한 대형 어류들은 그다지 많지 않다. 그러나 이곳에는 깊은 수심까지 이어지는 직벽과 함께 동굴, 캐번 등 다양한 수중 지형들로 이루어져 있어

▲ '콜롬비아 딥'에서 호크빌 거북이를 촬영하고 있는 다이버. 거북이 주변으로 버터플라이 피시 등 리프 피시들이 몰려 있다.

▼ '푼타 수르'의 리프 지역을 지나가고 있는 대형 앵무돔의 일종인 레인보우 패럿 피시

서 매우 흥미로운 다이빙을 즐길 수 있다. 입수한 후 바로 27m 수심까지 하강을 하여 여러 개의 동굴 중에서 사이즈가 큰 곳을 골라 그 안으로 들어가면 온갖 색깔의 산호들이 다이버들을 맞는다. 이런 대형 동굴 중의 하나가 '카테드랄(성당)'이라는 이름을 가지고 있는데 입구를 따라 내부로 진입하면 꽤 커다란 공간이 나타나고 이곳에서 네 군데의 통로로 갈라진다. 각 통로는 서로 연결이 되어 있지만 내부 구조가 꽤 복잡하기 때문에 이곳을 잘 알고 있는 다이브 가이드가 동반한 경우에만 들어가도록 한다.

• 샌프란시스코 리프San Francisco Reef : 코수멜에서 꽤 인기가 높은 월 다이빙 포인트 중의 하나이다. 위치는 '산타로사'에서 조금 더 북쪽으로 올라간 곳에 있다. 아주 강하지는 않지만 적당한 정도의 조류가 거의 항상 있어서 산호초 군락들의 상태가 아주 좋은 곳으로 알려져 있다. 산호초 리프의 끝부분의 수심은 15m 정도이며 이 부분부터 약 36m 정도의 수심까지 떨어지는데, 아주 가파른 직벽은 아니고 각도가 좀 높은 슬로프에 가까운 지형이다.

• 팔랑카 가든/호스슈/케이브Palanca Garden/horse Shoe/Caves : '콜롬비아'에서 조금 더 북쪽에 위치한 포인트로 인근에 '팔랑카 케이브', '팔랑카 호스슈', 팔랑카 딥' 등의 형제 포인트들로 이루어져 있다. 코수멜 섬의 해안으로부터는 약 2km 정도 떨어져 있는데 리프의 일부는 수면 위로 돌출되어 있으며 조류는 아주 강하지는 않지만 어느 정도는 있는 편이다. 그러나 리프 벽 중간중간에 조류를 피할 수 있는 곳이 여러 군데 있어서 그다지 문

제는 되지 않는다. 입수는 길다란 띠 형태의 리프의 상단 부분 수심 5m 지점으로 들어가며 최대 20m 수심까지 내려간다. 리프의 폭은 약 20m 정도이며 군데군데 끊긴 부분도 있고 중간에 동굴도 있다. 리프에서 이어지는 벽을 따라 거대한 스펀지 산호들과 흑산호들이 대규모로 군락을 지어 서식한다. 버터플라이 피시, 엔젤 피시, 패럿 피시 등 다양한 종류의 리프 어종들을 볼 수 있다. '팔랑카 가든'의 리프 지역에서 조금 더 나가면 마치 공연장의 모습처럼 말발굽 모양으로 이루어진 지형을 만나게 되는데, 이곳이 '팔랑카 호스슈'이며 여기에서 조금 더 남쪽으로 이동하면 '팔랑카 케이브'가 나타난다. 이 지역은 최대 수심이 30m 정도까지 깊어지며 리프에서 뻗어 나온 바위들 사이에 수많은 동굴들이 있어서 흥미로운 다이빙을 즐길 수 있는 곳이다. '팔랑카 케이브'에서 벽을 타고 더 남쪽으로 나가면 '팔랑카 딥'이라고 불리는 포인트로 연결된다. 이곳의 수심 또한 최대 30m 정도이며 주변에 클리닝 스테이션이 있어서 대형 어류들이 자주 나타나는 곳으로 알려져 있다.

• 바라쿠다Barracuda : 코수멜 섬의 북서쪽 끝 모서리에 있는 포인트로 주변에 '푼타 몰라스'라는 등대가 있다. 위치적 특성으로 인해 항상 바람이 많이 불고 파도가 거친 곳이어서 경험이 많은 다이버들이 주로 찾는 다이브 센터가 아니면 이 포인트로 잘 나가지 않는다. 이 포인트로 나갈 때는 사전에 코수멜 항만 관리국에 신고를 해야 하며 안전을 위해 보트 한 척에 최대 6명까지의 다이버만 태울 수 있고 전원이 일정 횟수 이상의 경험이 있는 어드밴스드 다이버들이라야만 한다. 더욱이 조류까지 강해서 이곳에서의 다이빙은 결코 쉽지 않지만, 그 대신 대양 어종들을 코수멜에서는 가장 많이 볼 수 있는 곳으로

▲ '팔랑카'를 비롯하여 코수멜에서 종종 발견할 수 있는 코수멜 토드 피시Cozumel Toad Fish. 얼핏 보면 수염이 난 머리의 모습이 호주나 인도네시아 일부 지역에 서식하는 워베공 상어를 닮았지만, 노란색을 띤 몸통의 모습은 많이 다르다.

▼ '샌프란시스코 리프'의 경사면 주변에 떼를 지어 서식하고 있는 옐로 스트라이프 스내퍼 떼

▲ 코수멜에서는 해안선에서 조금 떨어진 곳으로 나가면 바라쿠다들을 흔히 발견할 수 있다. 시야가 40m에 달하는 맑은 물 속에서 미동도 하지 않고 제 자리에 멈춰 있는 모습들이 볼수록 신기하기만 하다.

▼ '산타로사'는 여러 개의 동굴과 터널을 포함한 다양한 수중 지형으로 유명하지만, 게와 랍스터 등의 갑각류 생물들이 많이 서식하는 곳이기도 하다. 한 다이버의 맨손 위를 스치듯 지나가고 있는 랍스터

알려져 있다. 이곳에 자주 나타나는 어류는 잭 피시 떼, 바라쿠다 떼, 상어 등인데 특히 거대한 그레이트 바라쿠다가 흔히 목격되곤 한다.

• 산타로사 월Santa Rosa Wall : '샌프란시스코'와 '팔랑카'의 중간쯤 되는 곳에 위치한 포인트이다. 수심은 얕은 곳이 10m 정도이고 깊은 곳은 30m까지 떨어진다. 전체적으로 넓은 리프 지역을 안고 있는 포인트이기 때문에 이곳에서만 여러 차례의 다이빙이 이루어지는 경우가 많다. 대체로 북쪽으로 올라갈수록 지형의 스케일이 커지고 반대로 남쪽으로 내려오면 리프 자체의 규모는 작아지며 그만큼 조류의 강도도 강해지는 경우가 많다. 리프 중앙 지역에는 대형 터널이 몇 개 있는데 이들은 리프 벽 전체를 관통하여 반대쪽까지 연결된다. 이 외에도 동굴이나 캐번들이 많이 있어서 흥미로운 다이빙을 즐길 수 있는 포인트이다. 이곳에 들어갈 때는 다이브 라이트를 가져가는 것이 좋다. 이곳에 서식하는 해양 생물들 또한 그 종류가 매우 다양하다. 특히 리프 주변에는 게와 랍스터를 비롯한 다양한 종류의 갑각류들이 많으며 블루 쪽으로는 바라쿠다나 그루퍼 등을 흔히 볼 수 있다.

5. 세노테 다이빙

멕시코 세노테Mexican Cenotes

6천만 년 전에는 유카탄 반도 전체가 바다였다고 한다. 빙하기를 거치면서 해수면이 낮아지고 현재와 같은 육지가 형성되었지만 이 과정에서 지하에는 많은 공동空洞이 생기게 되었고 여기에 빗물이 고이면서 지하 강을 이루게 되었다고 한다. 이후 수면이 다시 상승하면서 지하 동굴과 지하 강 안에는 맑은 담수가 가득 차게 되는데 멕시코에서는 이런 지형의 자연 동굴과 지하 강들을 '세노테'라고 부른다.

세노테에는 간혹 자연적인 지층 함몰로 인해 지층 표면에 구멍이 생기고 이를 통해 지하 강 안쪽으로 연결될 수 있는 통로가 생기게 된다. 또한 많은 세노테들은 비록 노출된 위치는 다르지만 지하에서 서로 얽히고설켜 거대한 하나의 시스템을 형성하고 있다. 일부 통로는 바다로 연결되어 세노테 중에는 담수와 해수가 부딪쳐 섞이는 곳도 발생한다. 이 통로들을 통해 우리는 다이빙 장비를 이용해서 억겁의 세월을 버티고 있는 거대한 지하 동굴과 지하 강을 탐험할 수 있게 된 것이다.

유카탄 반도 일대에는 헤아릴 수 없을 정도로 많은 세노테들이 있지만, 이 중에서 극히 일부만이 다이버들에게 개방되어 있다. 일단 입수할 수 있는 개구부開口部, Opening가

▲ '도스 오호스' 세노테의 입구 부분. 겉에서 보기에는 작은 연못에 불과한 것 같지만, 이곳을 통해 어마어마한 지하 강의 세계 속으로 들어가게 된다.

▼ 플라야 델 카르멘 인근의 한 세노테에서 동굴의 좁은 구멍을 통과하기 위해 진입을 하고 있는 다이버

있어야 하고 자동차를 통해 진입할 수 있도록 간선 도로에서 아주 멀지 않는 위치에 자리 잡은 곳들에서만 다이빙이 가능하기 때문이다.

세노테 다이빙 개요

세노테 속의 담수 수온은 연중 섭씨 24도 정도이지만 섭씨 26도 정도의 바닷물과 합류하는 구간에서는 물의 온도에 꽤 변화가 심하다. 세노테 다이빙을 위해서는 대부분 3밀리 풀 수트를 입지만, 추위에 약한 사람은 5밀리 수트 또는 3밀리 위에 쇼티를 겹쳐 입도록 하는 것이 좋다. 세노테 속에서는 다이빙 중에도 수시로 수온이 변화한다.

해양 다이빙에서는 태풍이 불거나 파도가 높은 날에는 다이빙할 수 없지만, 세노테 다이빙은 배가 아닌 SUV나 지프와 같은 사륜구동 차량을 타고 정글로 가서 땅속으로 들어가 다이빙하기 때문에 허리케인이 심하게 불더라도 항상 다이빙이 가능하다. 다만 폭우가 내린 후에는 물의 탁도가 높아져서 외부의 빛이 만들어내는 레이저 효과가 다소 떨어지는 정도의 영향이 있다.

세노테에서의 다이빙은 크게 케이브 다이빙Cave Diving과 캐번 다이빙Cavern Diving으로 구분된다. 캐번 다이빙은 외부와 연결된 개구부 또는 유사시에 부상이 가능한 에어 돔으로부터 최대 67m 거리 이내에서만 가능한 다이빙으로 특별한 전문 장비나 라이선스가 없

▲ 세노테 내부에서 캐번과 케이브가 갈라지는 경계에 서 있는 캐번 다이빙 한계 표지. 적절한 교육을 받지 않았거나 적절한 장비를 갖추지 못한 다이버가 이 지역을 지나 더 깊은 동굴로 들어갈 경우 돌아오지 못할 수도 있다는 섬뜩한 문구가 적혀 있다.

▼ 더블 탱크와 강력한 캐니스터 라이트 등 완벽한 텍 장비를 갖춘 세노테 다이빙 전문 가이드의 모습

어도 자격을 갖춘 가이드의 동반하에 다이빙이 가능하다. 케이브 다이빙은 캐번 다이빙의 한계를 넘어서는 곳으로 진입하는 것을 의미하며 높은 위험도로 인해 풀 케이브 라이선스가 있는 테크니컬 다이버들에게만 전문 장비를 갖추는 조건으로 허용된다.

세노테 다이빙은 자격을 갖춘 현지 가이드의 동반 하에서만 가능하다. 법에 의해 가이드는 풀 케이브 라이선스가 있어야 하며 다음과 같은 엄격한 장비 요건을 항상 만족해야 한다.

* 트윈 탱크 또는 더블 탱크와 두 개 이상의 레귤레이터(한 개는 유사시를 대비한 롱 호스)
* 테크니컬 BCD
* 릴과 가이드라인 두 벌
* 높은 조도의 프라이머리 라이트와 최소 두 개 이상의 백업 라이트

세노테 다이빙 특징

세노테 다이빙은 일반적인 해양 다이빙과는 완전히 다른 환경과 규칙이 적용된다. 중요한 차이점들은 다음과 같다.

• 세노테 다이빙은 전형적인 동굴 다이빙으로 오픈 워터와는 근본적으로 환경이 다른 폐쇄 공간이다.

• 대부분의 구간이 좁은 공간이어서 다이버들은 일렬로 늘어서서 이동하며 두 명이 나란히 진행하는 버디 시스템이 적용되지 않는다.

• 좁은 터널을 통과하면서 바닥의 부유물을 건드리거나 천정의 석순에 부딪히지 않도록 부력 조절이 매우 중요하며, 가위 킥이 아닌 프로그 킥만을 사용해야 한다.

• 유사시를 대비하여 자격이 있는 가이드의 안내가 필수이며 가이드 한 명당 최대 네

▲ 외부로부터 빛이 들어오는 일부 구간을 제외하면 세노테 속은 완전한 암흑이므로 강한 조도를 가진 다이브 라이트가 필수이며 주 라이트에 추가하여 최소한 한 개 이상의 백업 라이트를 휴대해야 한다.

▼ 세노테 내부에는 다이버들을 위한 가이드라인이 설치되어 있으며 케이브 다이버가 아닌 한 이 가이드라인을 따라 다이빙을 진행하여야 한다.

명까지의 다이버만 가이드하는 것이 허용된다.

• 공기압은 "3분의 1 룰One Third Rule"이 적용된다. 즉, 3분의 1은 진입하는 데 사용하고 3분의 1은 돌아오는 데 사용하며 나머지 3분의 1은 비상시를 대비해서 항상 확보하고 있어야 한다. 공기압이 2,000 PSI 또는 140바에 도달하면 전방의 가이드에게 즉시 신호를 보내 출수 위치로 되돌아오기 시작해야 한다.

• 동굴 내부는 대부분의 구간이 빛이 없는 완전한 암흑이므로 강력한 라이트는 필수이며 가이드와의 신호 또한 야간 다이빙과 같은 라이트 신호에 의존한다.

세노테 다이빙 주의 사항

세노테 다이빙에서는 다음과 같은 규칙이 엄격하게 적용되므로 아무리 경험이 많은 다이버라도 이를 반드시 준수해야만 한다.

• 가이드의 사전 브리핑을 잘 숙지해야 하며 어떤 경우든 가이드를 앞서 가지 않도록 하고 가이드의 신호를 항상 주시하고 따라야 한다.

• 개구부나 에어 포켓 등 비상시에 부상이 가능한 지점으로부터 최대 67m를 벗어나서는 안 된다. 캐번 다이빙 한계 지점에는 캐번 다이버 진입 금지 표시가 있는데, 완벽한

장비를 갖춘 동굴 테크니컬 다이버가 아닌 한 이 지점을 넘어서 진행해서는 안 된다.

• 다이브 라이트를 휴대해야 하며 입수를 시작하는 시점부터 출수가 완료되는 시점까지 라이트는 항상 점등시켜 두어야 한다.

• 동굴 안에 설치되어 있는 가이드라인을 항상 주시하고 이 줄을 벗어나서는 안 된다. 가이드라인을 넘어갈 때 줄 아래쪽으로 넘어가면 등 뒤에 있는 탱크나 장비에 줄이 걸릴 위험이 있으므로 반드시 줄 위쪽으로만 넘어가야 한다.

• 동굴 내에서는 가이드를 선두로 일렬로 진행해야 하며, 가이드 또는 바로 앞의 다이버와는 2m 정도의 간격을 유지해야 한다. 너무 접근할 경우 앞 다이버의 핀 킥으로 인해 시야가 방해를 받거나 장비의 손상을 입을 수 있다. 또 너무 거리를 두면 선두 가이드와 후미 다이버의 거리가 멀어져 유사시 위험할 수 있다. 다만 동굴 내 광장과 같은 넓은 공간에 도달한 경우에는 가이드의 신호에 따라 비교적 자유로운 대형 유지가 가능하다.

• 좁은 구간에서 장애물에 걸리지 않도록 장비는 최대한 몸에 밀착할 수 있는 방법으로 정리하고, 불필요한 물품은 부착하지 않는다. 스노클도 가이드라인에 걸릴 수 있으므로 사용하지 않는다.

• 종유석 등을 포함하여 동굴 내에서는 어떤 것도 만지면 안 된다. 칼의 휴대는 금지된다.

세노테 다이빙 절차

세노테에서 다이빙이 진행되는 절차는 다이브 센터에 따라 약간의 차이는 있지만 일반적으로 다음과 같다.

(1) 픽업 및 세노테 체크인 : 오전에 약속된 시각에 숙소 또는 인근 지역에서 가이드가 픽업하게 되므로 미리 아침 식사를 마치고 장비를 챙겨서 대기하고 있도록 한다. 목적

지인 세노테에 도착하면 입구 사무실에서 입장료를 지불하고 체크인 절차를 진행한다. 이 절차는 가이드가 알아서 하기 때문에 다이버는 차량 내에서 대기하면 된다. 입구에서부터 세노테까지는 통상 10분에서 30분 정도 비포장도로를 통해 밀림 구간을 지나게 된다.

(2) 브리핑 및 장비 셋업 : 세노테에 도착하면 먼저 입수 위치로 가이드와 함께 이동해서 자세한 브리핑을 받는다. 브리핑이 끝나면 차량으로 돌아와 장비를 하차하고 셋업한다.

(3) 입수 : 셋업이 끝나면 장비를 착용하고 입수 위치로 이동한다. 입수 직전에 수면 위에서 1차로 장비를 점검하고 입수 직후 수중에서 다시 한 번 가이드에 의해 장비의 이상 유무가 점검된다. 1차 장비 점검이 끝나면 라이트를 켜고 입수한 후 가이드를 따라 다이빙을 진행한다. 세노테의 민물은 바닷물보다 부력이 낮으므로 같은 종류의 수트를 입은 경우 웨이트는 평소에 비해 1파운드에서 2파운드 정도 줄이도록 한다.

(4) 수면 휴식 : 1차 다이빙이 끝난 후 수면 휴식 시간을 가진 후 2차 다이빙이 진행된다. 동굴 다이빙은 수심이 아주 깊지 않으므로 수면 휴식 시간은 해양 다이빙에 비해 짧게 진행된다. 1회 다이빙 시간은 40분 내외가 보통이다.

(5) 귀환 : 다이빙이 끝나면 가이드를 따라 출수하고 차량으로 돌아와 장비를 해체한다. 입구 사무실에서 체크아웃 절차를 마친 후 숙소로 귀환한다.

▼ 바다에서의 다이빙과 달리 세노테 다이빙은 밀림 속에서 시작한다. 대개 입수 위치 주변에 주차를 할 수 있는 공간이 만들어져 있는데, 이 주차장에서 장비를 셋업하여 착용한 후 입수 위치까지 이동한 다음 다이빙이 시작된다.

세노테 전문 다이브 센터

칸쿤을 포함한 리비에라 마야 지역의 거의 모든 다이브샵에서 세노테 다이빙 상품을 판매한다. 그러나 동굴 다이빙은 그 특성으로 인해 자격과 경험을 갖춘 전문 가이드만이 가이드할 수 있다. 일반적인 소규모 다이브샵들은 세노테 전문 가이드가 없기 때문에 직접 가이드 서비스를 제공할 수 없으며, 이런 다이브샵에 예약할 경우 실제로는 동굴 전문 다이브 센터로 다시 넘겨지게 된다. 따라서 처음부터 세노테 전문 다이브 센터를 찾아 예약하는 편이 여러모로 편리하다.

세노테 다이빙을 위해서는 플라야 델 카르멘 지역을 거점으로 삼는 것이 좋다. 대부분의 세노테들이 플라야 델 카르멘과 툴룸 사이에 위치해 있기 때문이다. 칸쿤이나 코수멜에서 출발할 경우 세노테까지 도착하는 데 많은 시간이 낭비될 수밖에 없다.

▼ 플라야 델 카르멘의 한 세노테 입구에서 다이버들이 입수하고 있다.

플라자 델 카르멘 지역에서 소개할 만한 다이브 센터는 '블루 라이프(bluelife.com)'이다. TDI 인스트럭터 트레이너인 프랭크와 PADI 강사인 사라가 중심이 되어 운영하는 이 다이브 센터는 고객의 개인별 취향과 수준에 맞는 서비스를 제공하는 것으로 다이버들 사이에서 좋은 평을 얻고 있다. 동굴 다이빙과 이 지역의 세노테 내부 사정에 능통한 전문 가이드들이 풀 케이브 라이선스를 가지고 있는 다이버들에게는 세노테 동굴 깊숙한 내부까지, 오픈워터 이상의 다이버들에게는 가이드라인이 설치된 안전한 세노테들을 중심으로 안내해 준다. 세노테 다이빙 외에도 카르멘 지역에서의 리프 다이빙이나 코즈멜에서의 월 다이빙도 함께 즐길 수 있는 패키지도 있으며, 본격적인 동굴 다이빙 교육이나 사이드마운트 교육도 제공한다. 비용은 현금이나 신용카드로도 지불할 수 있다.

플라야 델 카르멘에 근거지를 두고 있는 다이브 센터들은 대개 비교적 가까운 거리에 있는 세노테들로 다이버들을 안내하며 3일 이상 장기적으로 다이빙을 하는 경우에만 툴룸 인근의 먼 거리에 있는 세노테까지 안내하는 경향이 있다. 따라서 툴룸 인근에 있는 세노테들을 목표로 하는 경우라면 아예 툴룸 지역의 다이브 센터를 예약하는 것도 방법이 된다. 툴룸 지역에서 비교적 평이 좋은 다이브 센터는 '쿡스 다이브 센터(www.kooxdiving.com)'이다.

▼ 플라야 델 카르멘의 한 세노테에서 다이빙을 즐기고 있는 사이드마운트 다이버 (Photograph by Liah Cha)

세노테 다이빙 비용

동굴 다이빙은 그 특성과 위험도로 인해 다이빙 비용이 해양 다이빙에 비해 조금 더 비싸다. 플라야 델 카르멘 지역의 블루 라이프 다이브 센터의 경우 방문하는 시노테까지의 거리와 다이빙의 난이도 등에 따라 두 차례의 다이빙에 135달러에서 210달러 정도를 받는다. 레크리에이셔널 다이빙 장비 풀 세트 렌탈 가격은 하루에 25달러이다. 세노테 다이빙의 가이드들은 완벽한 텍 다이빙 장비를 갖추고 다이빙 안내를 하지만 일반 다이버들은 보통의 레크리에이셔널 장비만으로도 충분히 시노테 다이빙을 즐길 수 있으므로 따로 텍 다이빙 장비를 빌릴 필요는 없다. 이 외에도 블루 라이프에서는 카르멘에서 2회의 리프 다이빙과 2회의 시노테 다이빙, 그리고 코주멜에서 2회의 월 다이빙을 포함하는 3일짜리 패키지를 335달러의 가격에 제공하고 있는데 멕시코 리베라 마야 지역을 처음 방문하는 다이버가 이 지역 다이빙의 전반적인 특징을 이해하는데 알맞은 프로그램이라고 할 수 있다. 툴룸 지역에 있는 쿡스 다이브 센터 또한 비슷한 가격 수준으로 시노테 다이빙을 서비스 하고 있다.

블루 라이프의 경우 더블탱크나 사이드마운트를 사용하는 본격적인 동굴 다이빙이나 텍 다이빙은 하루에 300달러를 받고 안내하는데 탐사하는 동굴의 종류나 체류 시간에 따라 다이빙의 횟수는 한 번 또는 두 번이 될 수 있다. 헬륨이나 산소 등의 소모품은 실비로 제공되며, 하네스, 윙, 아펙스 텍 호흡기, 캐니스터 라이트와 같은 텍 다이빙용 장비들도 렌트하여 쓸 수 있다.

동굴 다이빙Cave Diving 교육 코스

전문적인 렉 다이버가 되기 위해 교육을 받고자 하는 다이버들은 필리핀의 수비크만이나 코론과 같이 난파선이 많이 있는 지역을 찾는 경우가 많다. 실제로 난파선이 없는 사이트에서 렉 다이빙을 배우는 것은 그다지 효율적인 방법이 아니기 때문일 것이다. 같은 이유로 세계 최고의 동굴 다이빙 장소로 꼽히는 멕시코의 플라야 델 카르멘 지역은 제대로 된 동굴 다이빙 교육을 받을 수 있는 최고의 장소이기도 하다. 가이드를 따라서 세노테의 한정된 부분만 둘러보는 케이브 다이빙으로 만족할 수 없다면 조금 더 시간과 비용을 투자해서 교육을 받고 전문적인 케이브 다이버가 되는 것도 그리 나쁜 생각은 아닐 것이다.

▲ 세노테 동굴의 좁은 구간을 조심스럽게 빠져나가고 있는 가이드. 동굴의 폭은 꽤 넓은 곳도 있지만 다이버 한 명이 간신히 빠져나갈 수 있는 좁은 구간들이 많이 있어서 부력 조절과 장비 정렬이 중요하다.

▼ 암흑의 수중 동굴을 탐사하고 있는 케이브 다이버

플라야 델 카르멘과 코수멜 지역의 대형 다이브 센터들은 거의 전문적인 케이브 다이빙 강사들을 확보하여 동굴 다이빙 교육 과정을 제공하고 있다. 이들 다이브 센터들이 제공하는 코스는 일종의 테크니컬 다이빙인 '케이브 다이버 코스'로 모두 네 개의 과정으로 이루어져 있으며 각 과정을 따로 진행할 경우 10일 정도 소요되지만 통합 코스로 진행할 경우 8일 동안에 걸쳐 모든 과정을 마칠 수도 있다. 이들 과정에는 '어드밴스드 나이트록스' 과정이나 '딥 에어' 과정은 포함되어 있지 않지만 원할 경우 이들 코스를 추가할 수도 있다. 일반적인 테크니컬 케이브 다이버 코스는 다음과 같은 순서의 과정들로 이루어진다.

(1) 캐번 다이빙 과정Cavern Diving Course : 천정이 막혀 있는 이른바 오버헤드 환경에서의 다이빙에 관한 입문 과정에 해당하는 코스이다. 오픈 워터 또는 어드밴스드 자격이 있는 다이버라면 누구나 수강이 가능하다. 소요 기간은 2일 반 정도 걸린다. 제한적으로 폐쇄된 공간에서의 다이빙을 계획하고 실행하는 데 필요한 기술과 문제 해결 방법을 배우게 되는데 수중에서의 자세(트림), 부력 조절법, 비상조치 절차, 가이드라인을 따라가는 방법과 릴의 사용법, 장비나 줄이 엉킨 경우나 방향을 잃어버린 경우의 대처법 등이 포함되며 총 3회의 캐번 다이빙과 테스트가 포함된다.

(2) 케이브 다이빙 입문 과정Intro to Cave Diving : 비상시에 다이버가 수면 위로 올라갈 수 있는 개구부가 일정한 거리 이상으로 떨어진 실제 동굴의 환경에서 문제가 발생한 경우 대처하는 방법을 배우게 되는 첫 단계의 과정이다. 이 과정은 전 단계인 캐번 다이

빙 과정에 합격한 다이버들만 참여가 가능하다. 폐쇄된 동굴 환경에서 필요한 최소한의 기술들을 배우게 되는데 이 과정을 마치면 보수적이고 제한된 범위 내에서 동굴 다이빙을 진행할 수 있다. 표준 소요 기간은 이틀 반 정도이며 총 4회의 동굴 다이빙이 포함된다.

(3) 견습 케이브 다이버 과정Apprentice to Cave Diver : 케이브 다이빙 입문 과정을 성공적으로 마친 다이버들이 그다음으로 참여하게 되는 과정으로 이 코스를 마치면 케이브 다이버로 가는 길의 절반 정도가 끝나게 된다고 한다. 이 과정에서는 완전한 동굴 환경에서 발생할 수 있는 여러 가지 다른 시나리오 하에서의 대처 방법과 필요한 기술들을 익히게 된다. 이 과정부터 본격적으로 더블 탱크를 사용한다. 소요 기간은 이틀 반 정도이며 네 번의 동굴 다이빙이 포함된다.

(4) 풀 케이브 과정Full Cave Course : 동굴 텍 다이버가 되기 위해 필요한 네 가지 과정의 마지막에 해당하는 코스이다. 이 과정에서는 많은 새로운 기술을 배우지는 않지만 지금까지 배운 여러 가지 이론과 기술들을 복잡한 동굴 환경에서 능숙하게 사용하여 위험 상황에서도 안전을 확보하는 데 중점을 두고 있다. 이 과정에서 주로 다루게 되는 내용은 어둡고 좁은 수중 동굴에서 원하는 방향으로 진행하는 기술과 감압 기술 등을 이틀에 걸쳐 이론 교육과 네 번의 실제 동굴 다이빙을 통해 다루게 된다. 이 과정을 성공적으로 마치게 되면 드디어 정식 케이브 다이버가 된다.

리비에라 마야 지역 주요 세노테

리비에라 마야 지역에는 헤아릴 수 없을 정도의 많은 세노테들이 있다. 이 중에서 다이버들에게 개방된 세노테는 20여 곳 정도로 알려져 있으며 대개 하루에 한 군데의 세노테에서 2회 다이빙을 진행하는 패턴으로 진행된다. 다이버들에게 잘 알려져 있는 세노테들은 다음과 같다.

• 착 물Chac Mool : 플라야 델 카르멘에서 남쪽으로 약 20분 정도 거리에 위치해 있으며 간선도로에서 나와 밀림의 비포장도로를 또다시 20분 정도 달려서 도착한다. 수심이 깊지 않고 지하 강의 흐름도 거의 없어서 수중 환경은 매우 안정적이다. 또한 민물

▼ 유카탄 반도 일대에 자리 잡고 있는 주요 세노테들

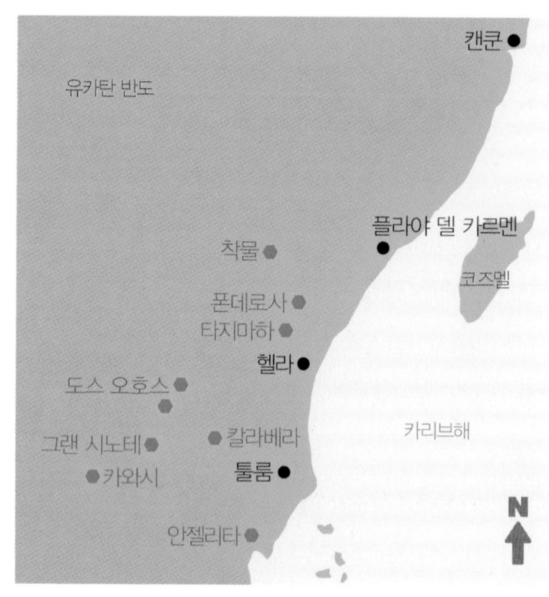

과 바닷물이 합쳐지면서 발생하는 안개와 같은 환상적인 할로클라인Halocline 효과가 자주 생기며 아름다운 수중 구조로 인해 항상 많은 다이버들로 붐비는 세노테다. 할로클라인 효과가 생기는 지점에서는 호흡기의 마우스피스를 통해 바닷물의 짠맛이 느껴지고 갑자기 시야가 뿌옇게 흐려지며 마치 홀로그램을 보는 듯 전방의 모습들이 아지랑이처럼 흔들리는 착각에 빠져들게 된다. 이때에는 앞쪽에 어른거리는 가이드의 윤곽을 놓치지 말고 계속 따라서 이동해야 한다. '착 물'은 마야어로 호랑이라는 뜻이라고 하는데, 전체 동굴의 모양이 호랑이를 닮아 붙여진 이름이라고 한다. 그러나 실제로 설명을 들어보면 호랑이가 아닌 재규어에 가까운 것 같다. 최대 수심은 14.5m이며 케이브 테크니컬 다이버들에게는 지구 상에서 가장 길고 규모가 큰 지하 동굴로도 많이 알려져 있다. 입출수가 가능한 곳은 세 군데가 있다. 동굴 내부에는 캐번 다이버들을 위한 가이드라인이 설치되어 있는데 전체 코스가 두 개로 나뉘어 있으므로 2회 다이빙으로 돌게 된다. 좌측 코스로는 중간에 커다란 에어 돔이 있어서 이곳에서 수면 부상하여 잠시 휴식을 취한 후 다이빙이 계속된다.

•도스 오호스Dos Ojos : '도스 오호스'는 스페인어로 두 개의 눈이라는 뜻인데 세노테의 전체 윤곽이 해골 모습을 하고 있으며 두 눈에 해당하는 위치에 입수와 출수를 위한 개구부가 형성되어 있다. 세노테의 위치는 '착 물'에서 남쪽으로 15분 정도 더 내려가야 하는데 플라야 델 카르멘의 남쪽 50km 지점이다. 간선도로에서 역시 비포장도로를 따라 정글 속으로 20여 분 진입하면 도달할 수 있다. 개구부는 동쪽 눈(이스트 아이)와 서쪽 눈(웨스트 아이) 두 군데가 있지만, 대부분 동쪽 눈 쪽을 통해 입수와 출수를 한다. 개구부에는 넓은 플랫폼이 설치되어 있어서 입출수가 편리하다. 가이드라인은 '바비 라인Barbie

▲ '착 물' 세노테의 중간 부분에 있는 넓은 광장. 위로 열려 있는 구멍을 통해 빛이 들어오고 바닥에는 나무 뿌리들과 줄기들이 널려 있는 모습을 볼 수 있다.

▼ '도스 오호스' 세노테 안에도 외부로 노출된 구멍이 몇 군데 있어서 이 구멍을 통해 물 속에서 외부의 모습을 볼 수 있다. 어두운 동굴의 물속에서 찬란한 빛과 함께 홀연히 나타나는 숲과 나무들의 모습은 아름답기 그지없다.

Line'과 '뱃 케이브 라인Bat Cave Line'으로 나뉘어 있어 각각 한 차례씩 다이빙을 진행한다. 바비 라인을 따라가다 보면 악어 인형이 바비 인형을 물어뜯는 모습을 볼 수 있는데 어두운 동굴 속에서 보면 다소 섬뜩한 느낌은 들지만 다이버들에게는 나름대로 명물로 통한다. 뱃 케이브 라인 끝 부분에는 많은 박쥐들이 서식하는 커다란 에어 돔이 있어서 이곳에서 잠시 부상하여 수면 휴식을 취하게 된다. 물속 바닥에서 솟아오른 석주들과 물속 천정에서 뾰족하게 내려오는 수많은 석순들이 장관을 이루는 곳이다. 이 세노테는 총 연장이 67㎞에 달하는 동굴들이 복잡하게 엮여 있고 25개의 세노테들이 연결되어 있는 거대한 동굴 시스템으로 케이브 다이버들에게는 매우 도전적인 코스로 알려져 있다. 물론

▲ 한 세노테의 캐번 다이빙 한계점에 도달한 다이버가 반환을 준비하고 있다. 이런 표식 이후부터는 풀 케이브 라이선스를 가진 텍 다이버들만 진입이 가능하다.

▼ '타지마하' 세노테 중간의 낮은 수심 부분에 나 있는 구멍을 향해 진행하는 다이버

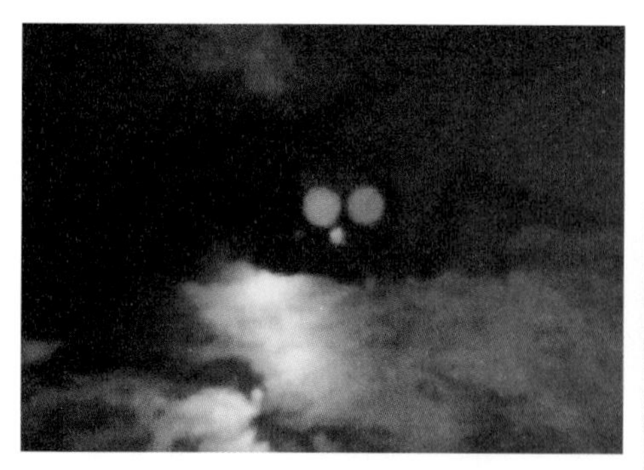

▲ 땅속 동굴인 세노테에는 대개 담수가 채워져 있지만, 복잡한 지하 강 시스템을 통해 일부는 바다로 연결된다. 민물과 바닷물이 만나는 지점에서는 마치 강한 아지랑이가 피어나는 듯한 할로클라인 현상이 생기면서 시야가 뿌옇게 된다.

▼ '그란 세노테'에서는 아름다운 빛의 효과가 다양한 모습으로 나타난다. 민물과 바닷물이 섞이는 아지랑이와 같은 할로클라인으로 인해 외부의 빛이 중간에서 굴절되는 것 같은 느낌을 받는다.

풀 케이브 라이선스가 없는 다이버들은 캐번 지역에서 벗어나서는 안 된다. 캐번 지역의 최대 수심은 21m 정도이다.

•타지마하Tajma Ha : 타지마하는 '착 물'과 '도스 오호스' 사이에 있는 세노테다. 입수와 출수를 할 수 있는 개구부는 하나이지만 수중은 매우 넓은 지형이어서 모두 돌아보기 위해서는 두 번의 다이빙이 필요하다. 석순과 종유석의 구성이 매우 아름답고 내부에는 몇 개의 에어 돔도 있다. 특히 여름철에는 군데군데 열려 있는 천정으로부터 찬란한 햇살이 쏟아지는 레이저 효과가 환상적인 동굴로 유명하다. 바닷물과 섞이는 할로클라인 지역도 있으며, 최대 수심은 21m이지만 다이빙 중 동굴의 위아래 방향으로 수심 변동이 심한 코스이므로 항상 귀의 이퀄라이징에 주의해야 한다.

•폰데로사Ponderosa : 입구는 한 군데로 한 번의 다이빙으로 모두 살펴볼 수 있다. 최대 수심은 21m이고 약 10m 지점에서 할로클라인 효과를 경험할 수 있다. 초록색 이끼로 덮여 있는 거대한 수중 바위가 명물이다. 주변 다른 세노테와도 연결되어 있어 본격적인 케이브 다이버들에게도 인기가 있다.

•그란 세노테Gran Cenote : 툴룸 근교 4km 지점에 위치해 있어서 플라야로부터는 다소 먼 거리이지만 동굴 속으로 비치는 빛의 효과가 대단히 아름다운 곳으로 유명하다. 최

대 수심은 10m로 입구는 하나이고 한번의 다이빙으로 충분한 곳이다.

•칼라베라Calavera : 역시 툴룸 인근 지역에 위치한 동굴로서 규모는 크지 않아서 입구 하나에 한 번의 다이빙을 하는 곳이다. 지면에서 수면까지 3m 정도로 높아서 점프하거나 사다리를 통해 입수해야 한다. 아름다운 수중 지형과 강력한 할로클라인 효과를 경험할 수 있다.

•카 와시Car Wash 세노테 : 툴룸에서 8km 정도 외곽 지역에 있으며 하나의 입구를 통해 한 번의 다이빙을 하는 곳이다. 입구에서 거대한 나무뿌리를 타고 입수를 시작한다. 수중에 걸쳐 있는 나무들의 뿌리 사이를 통해 쏟아지는 빛의 레이저 효과가 대단히 아름답다. 최대 수심은 14.5m이다.

•앙헬리타Angelita 세노테 : 툴룸에서도 17km 정도 더 떨어져 있는 다소 먼 곳이며 세노테까지 차량이 진입할 수 없어서 장비를 매고 5분 정도 정글의 오솔길을 따라 걸어가야만 하는 다소의 난코스가 포함된 세노테다. 물속에 함유된 수산화황Hydrogen Sulfate 성분으로 인해 마치 거대한 구름과 같은 모습을 볼 수 있으며 아래층은 바닷물, 위층은 민물로 분리된 기이한 수중 모습을 볼 수 있어 어느 정도 고생을 할 만한 가치가 있는 곳으로 알려져 있다. 최대 수심은 60m에 달하지만 대부분 40m 지점까지만 다이빙을 진행한다. 다만 텍 다이버들의 경우 바닥까지 내려간 후 감압 다이빙으로 진행하기도 한다.

▲ 세노테 다이빙의 백미는 역시 어두운 동굴 천정에 나 있는 작은 구멍을 통해 찬란한 빛줄기가 물속으로 쏟아져 들어오는 레이저 효과를 감상하는 것이다.

▼ 물 속인지 구름 속인지 구분하기 어려운 환상적인 세노테 속의 모습. 실제로 세노테에서 다이빙하다 보면 물속이 아닌 하늘 속을 유영하고 있다는 착각이 들 때도 있다.

스쿠바 장비 TIP

다이브 라이트Dive Lights

스쿠바 다이빙은 장비에 대한 의존도가 높은 스포츠이다. 같은 바다에서의 다이빙이라 하더라도 어떤 장비를 어떻게 사용하느냐에 따라 그 내용은 많이 달라질 수 있다는 것이 필자의 생각이다. 필자가 사용하는 장비나 사용 방식이 반드시 정답이라는 것은 아니지만, 여러 차례 다이빙을 통해 습득한 나름의 노하우를 독자들과 공유하고자 한다.

흔히 토치Torch라고도 불리는 다이브 라이트는 배터리를 이용하여 수중에서 조명을 비칠 수 있도록 만든 다이빙용 손전등이라고 할 수 있는 장비이다. 잘 알려져 있다시피 물속에서는 수심에 비례하여 투과되는 햇빛의 양이 급격하게 줄어들어 어두워지기 때문에 깊은 수심으로 내려갈수록 시야 확보를 위한 조명의 필요성이 더 커진다. 특히 야간 다이빙, 난파선 다이빙, 동굴 다이빙 등 시야가 극히 제한되어 있는 환경에서의 다이빙은 다이브 라이트가 없이는 사실상 불가능하다. 어느 정도 시야가 좋은 상황에서도 바위틈과 같은 어두운 부분을 살펴볼 때 다이브 라이트가 요긴하게 사용되며 좋지 않은 시야의 상황에서 다른 다이버에게 신호를 하기 위한 목적으로도 사용된다. 필자는 주간에 보통 형태의 다이빙을 할 때에도 가급적 작은 다이브 라이트를 지참하곤 한다.

▲ 필자가 보유하고 있는 여러 가지 종류의 다이브 라이트들

시중에는 수많은 종류의 다이브 라이트들이 판매되고 있으며 그 성능이나 특성, 가격 등에 있어서도 선택의 폭이 대단히 넓다. 과거에는 야외용 랜턴을 연상시키는 커다란

덩치에 제논Xenon 전구로 빛을 내는 형태의 다이브 라이트가 많이 사용되었으나 최근에는 훨씬 크기도 작고 밝은 LED 램프로 급격하게 바뀌고 있는 경향을 보이고 있다. 제논 램프를 사용하는 라이트는 상대적으로 가격이 싸고 빛의 색깔이 자연색에 가까운 장점이 있지만 전력 소모가 LED 램프에 비해 훨씬 많고 무엇보다도 램프의 수명이 짧다는 단점이 있어서 이제는 거의 사용되지 않는다. 반면 LED 램프를 사용하는 라이트는 전력 소모도 적고 소형인 데다가 조도도 높다. 다만 빛의 색상이 형광등과 같은 백색 기운이 강해 수중에서 원색을 재현하는 특성은 제논 램프보다 조금 떨어진다고 한다.

다이브 라이트를 선택할 때 고려하여야 할

▲ 필자가 최근 프라이머리 라이트로 사용하는 다이브 라이트. 컴팩트한 디자인이지만 3개의 LED 발광소자를 사용하여 최대 조도가 무려 1천 루멘 이상에 달한다. 사용 가능한 최대 수심은 100m이며 두 개의 18650 리튬 이온 배터리를 사용한다. 아마존에서의 판매 가격은 약 35달러 정도(배터리 제외 가격)

또 다른 변수는 최대 허용 수심Depth Rate과 조명 패턴, 그리고 조도照度이다. 모든 스쿠바용 다이브 라이트는 그것을 사용할 수 있는 최대 수심이 정해져 있고 이 깊이를 초과해서 사용할 경우 누수나 단선 등의 문제가 발생할 수 있다. 프라이머리 라이트로 사용하기 위해서는 최대 허용 수심이 100m 이상인 제품을 선택하는 것이 좋으며 백업 라이트인 경우라도 최소한 50m 이상의 깊이까지 허용되는 제품을 선택하는 것이 좋다. 실제로 최대 허용 수심보다 더 깊이 다이빙을 하지 않더라도 이 수치가 높은 제품이 누수의 가능성이 그만큼 적다고 볼 수 있기 때문이다. 조명 패턴은 크게 넓은 범위를 비춰 주는 와이드 빔Wide Beam 타입과 특정 부분을 좁고 밝게 비춰 주는 네로우 빔Narrow Beam 타입이 있다. 두 타입은 각각 장단점이 있지만, 필자의 경험으로 보자면 프라이머리 라이트는 넓은 시야를 확보할

▲ 여러 종류의 건전지를 충전할 수 있는 유니버설 충전기. 아래의 것은 18650 배터리이고 위의 것은 RCR123 배터리이다.

수 있는 와이드 빔 타입이 좋고 대신 백업 라이트는 네로우 빔 타입을 선택하는 것이 권할 만한 컴비네이션이라고 생각된다. 일반적으로 빛이 도달하는 위치의 밝은 동심원이 10인치(25㎝) 내외이면 네로우 빔 타입이고 20인치(50㎝) 이상이면 와이드 빔 타입으로 볼 수 있다. 빛의 밝기인 조도는 보통 루멘Lumens이라는 단위로 표시하는데, 제조업체별로 기준이 조금씩 다르고 어떤 업체는 아예 표시하지 않는 경우도 있어서 절대적인 기준이라고는 하기 어렵다. 그러나 일반적으로 프라이머리 라이트로는 적어도 500루멘 이상의 제품을 선택하는 것이 좋다. 다이브 라이트의 조도는 밝을수록 좋다. 한 가지 주의할 점은 같은 성능의 라이트라도 빛이 가운데로 집중되는 네로우 빔 스타일의 것이 수치상으로는 훨씬 높은 루멘으로 표시되기 때문에 이 점을 감안할 필요가 있다.

다이브 라이트 제품이 다양한 것처럼 라이트에 사용되는 배터리의 종류 또한 꽤 다양하다. 흔히 일상생활에서 많이 사용되는 AA, AAA, C 타입 등의 건전지를 사용하는 라이트도 있지만 이런 배터리들은 전압이 1.5볼트 정도로 낮아서 여러 개를 사용하지 않는 한 강한 빛을 내기는 어렵다. 대부분 성능이 좋은 다이브 라이트들은 CR1230이나 18650 타입의 고전압 고용량의 리튬이온 배터리를 많이 사용한다. 이런 전지들은 일회용도 있고 충전용도 있는데 충전용 배터리가 초기 구입비는 조금 더 비싸지만 충전해서 반복 사용이 가능하기 때문에 장기적으로는 더 경제적인 방법이 된다. 다만 카메라나 라이트 등을 포함하여 여러 종류의 배터리를 사용하는 경우에는 하나의 충전기로 여러 가지 종류의 배터리를 충전할 수 있는 유니버설 스타일의 충전기를 장만하는 것이 좋다. 또한 목적지에 따라서는 현지의 전기 사정이 좋지 않아 충전이 여의치 않을 수도 있으므로 미리 확인해 두는 것이 좋다.

다이브 라이트는 제품의 속성상 배터리와 발광소자가 들어 있는 제품을 깊은 물 속에서 껐다 켰다 하는 스위치 조작을 반복하며 사용해야 하기 때문에 다른 장비에 비해 트러블이 생길 확률이 더 높다. 라이트는 사용하기 전에 작동 여부를 확인하여야 하고 사용한 후에는 깨끗한 물에 헹구고 잘 말려서 써야 하며 특히 오링O-Ring은 수시로 이상 여부를 확인하고 청소하고 실리콘 그리스를 발라 관리해 주어야 한다. 그럼에도 불구하고 필자의 경험으로 보자면 다이브 라이트는 비싼 제품을 사더라도 아주 오래 사용하기는 어렵다. 그래서 최근에는 다이브 라이트는 일종의 소모품이라는 생각으로 적당한 가격대의 제품을 주로 구입해서 사용하고 있는데 의외로 가격이 저렴하면서도 내구성과 성능이 뛰어난 제품들을 꽤 알게 되었다. 렉 다이빙이나 동굴 다이빙을 전문으로 하는 텍 다이버라면 1천 달러 이상을 호가하는 고성능 캐니스터 타입의 다이브 라이트가 필요하겠지만, 일반 레크리에이셔널 다이버들에게는 차라리 50달러 내외의 적당한 가격대의 제품을 몇 개 사서 사용하는 편이 더 낫다는 것이 필자의 생각이다.

수중에서 시야를 확보하기 위한 목적으로 사용하는 다이브 라이트는 아니지만 야간 다이빙에 유용한 소품으로 미니 플레셔Mini Flasher라는 것이 있다. BCD나 호흡기의 호스에 부착하는 형태로 사용하며 빨간색 또는 파란색의 빛이 깜박거리도록 만들어져 있어서 어두운 수중의 먼 거리에서도 다이버의 위치를 쉽게 식별할 수 있다. 특히 버디끼리 두 가지 다른 색깔의 미니 플레셔를 붙여 두면 야간 다이빙에서 서로의 위치를 인식하는 데 매우 유용하다. 또 시야가 나쁜 상태에서도 다이버의 위치를 쉽게 알 수 있기 때문에 안전 장구로서의 가치도 높다. 실제로 갈라파고스와 같이 조난의 위험이 큰 곳에서는 미니 플레셔의 사용이 의무화되어 있을 정도이다. 크기도 작을 뿐 아니라 가격도 저렴하기 때문에 하나쯤 항상 휴대할 것을 권한다.

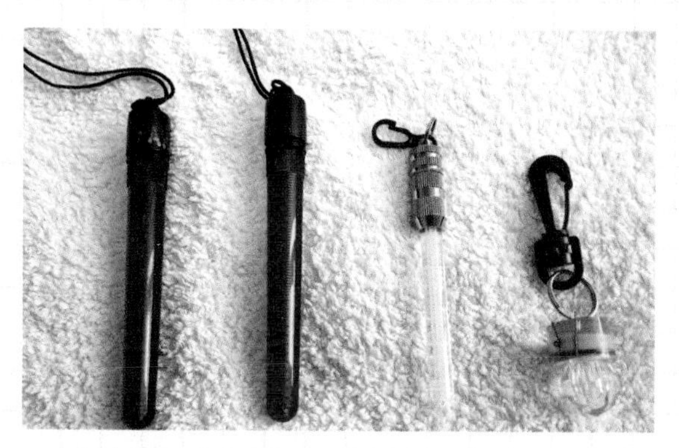
▲ 야간 다이빙에서 다이버의 위치를 식별하는 데 유용한 도구인 미니 플레셔들. 고리나 끈을 이용하여 BCD 등에 부착하도록 만들어져 있으며 여러 가지 색상의 제품들이 판매되고 있다. 대개 가격은 10달러 내외로 저렴하다.

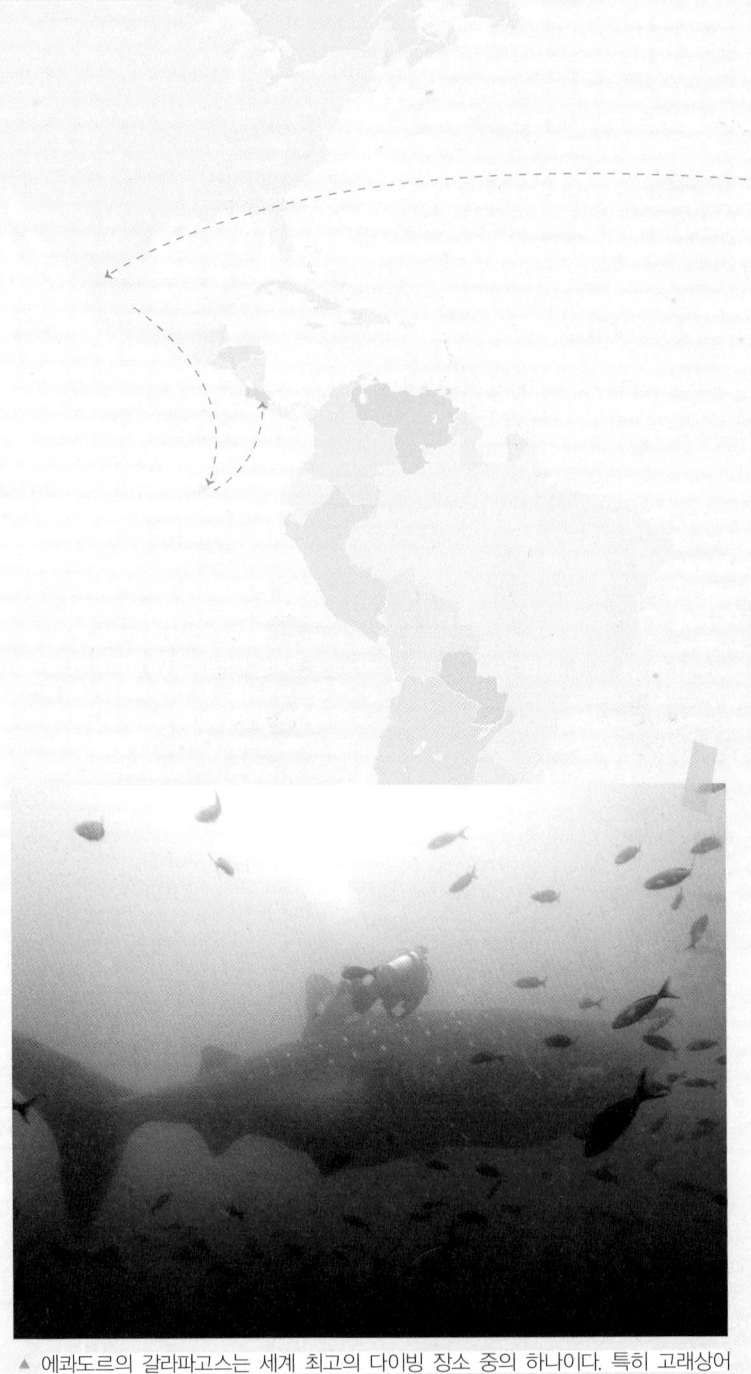

▲ 에콰도르의 갈라파고스는 세계 최고의 다이빙 장소 중의 하나이다. 특히 고래상어 시즌에는 거대한 바다의 신사를 자주 만날 수 있는 곳이기도 하다. 사진은 갈라파고스에서 조우한 거대한 고래상어인데 상당한 거리를 두고 접근하고 있는 다이버의 크기와 비교해 보면 이 고래상어가 얼마나 큰 덩치인지를 짐작할 수 있을 것이다.

PART 13

갈라파고스 다이빙

중미 에콰도르의 해안에서 1천km나 멀리 떨어져 있는 동태평양의 갈라파고스는 먼 바다인 만큼 거친 파도와 강한 조류, 그리고 차가운 수온 등으로 인해 상당한 경험이 있는 다이버들에게만 다이빙이 허용되는 곳이다. 리브어보드로만 가능한 다이빙의 비용 또한 만만치 않으며, 한국에서 머나먼 갈라파고스에 가기 위해서는 거액의 항공료와 많은 시간을 할애해야만 가능하다. 그러나 세계 여러 곳을 찾아다니며 다이빙을 즐기는 다이버라면 언젠가는 꼭 갈라파고스에 갈 수 있기를 기원하게 마련이다. 아무나 쉽게 찾아갈 수 없는 곳이 갈라파고스이지만, 그 대신 준비를 갖추어 이곳을 찾는 다이버에게는 평생 잊을 수 없는 최고의 기억을 선사하는 곳이기도 하다. 바로 옆의 버디를 제대로 볼 수 없을 정도로 많은 물고기 떼를 비롯하여 수많은 귀상어들, 그리고 고래상어, 갈라파고스 상어, 실크 상어, 화이트팁 상어, 블랙팁 상어, 그레이팁 상어, 불헤드 상어 등 다양한 종류의 상어들과 만타레이, 이글레이, 마블레이 등 온갖 종류의 가오리들도 원 없이 볼 수 있다. 안전 정지 중에는 다이버들을 둘러싸고 재롱을 떠는 돌고래나 바다사자들을 바로 눈앞에서 목격할 수도 있다. 남극 지역에만 서식하는 것으로 알려져 있는 펭귄도 볼 수 있다. 두말할 필요로 없이 갈라파고스는 지구 상에 존재하는 최고의 다이브 목적지 중 하나임이 틀림없다.

갈라파고스 여행 가이드

에콰도르Ecuador

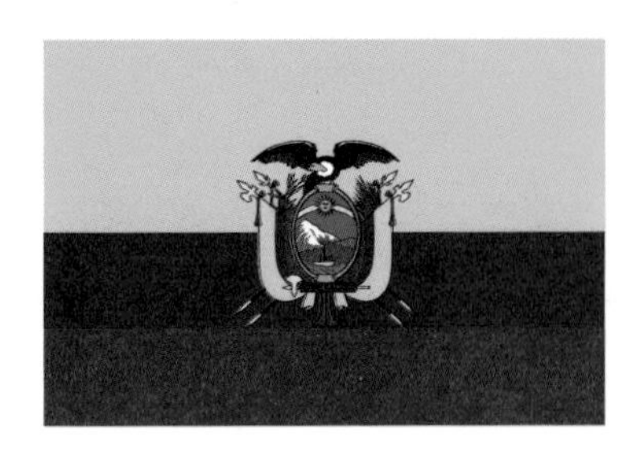

인구 : 1천 6백만 명

수도 : 키토Quito

종교 : 천주교(95%)

언어 : 스페인어

화폐 : 미국 달러

비자 : 최대 90일 무비자

전기 : 110볼트(미국식 2발 사각핀 콘센트)

1. 에콰도르 일반 정보

▼ 에콰도르의 위치. 남아메리카 대륙의 북서쪽 끝에 자리 잡은 에콰도르는 서쪽으로는 태평양에 면해 있고 내륙 쪽으로는 각각 콜롬비아 및 페루와 국경을 맞대고 있다.

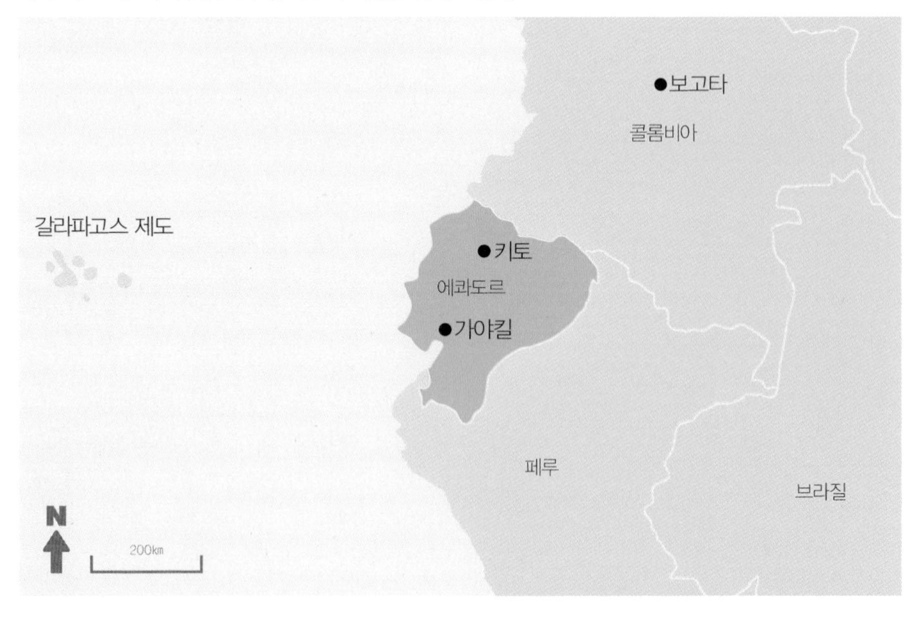

▲ 하늘에서 본 키토의 모습. 키토는 에콰도르의 수도이자 제2의 대도시인데 시내 중심가는 스페인 통치 시절에 건설된 고색창연한 건물들이 많아 유네스코 세계 유산으로 지정되어 있다.

위치 및 지형

갈라파고스가 속한 에콰도르Ecuador는 남아메리카 대륙의 북서쪽 모서리에 위치한 그리 크지 않은 나라이다. 북쪽으로는 콜롬비아, 동쪽과 남쪽은 페루와 국경을 접하고 있으며 서쪽으로는 태평양과 맞닿아 있다. 갈라파고스 제도는 이 해안선으로부터 965㎞ 서쪽으로 떨어진 먼 곳에 있다. 에콰도르라는 말은 스페인어로 '적도'라는 뜻이며 실제로 국토의 북쪽 지역으로 적도선이 지나간다. 국토의 길이는 남북으로는 725㎞, 동서로는 640㎞로 전체 국토 면적은 한반

▲ 에콰도르의 갈라파고스에서는 어디를 가든 바다사자들이 흔히 볼 수 있다. 심지어는 산크리스토발 항구의 벤치까지 바다사자들이 차지하고 낮잠을 자고 있는 경우가 많다. 바다사자가 이미 차지하고 있는 벤치의 한 켠에 조심스럽게 앉아 있는 필자의 모습

도의 약 1.3배 정도 된다. 태평양에 면한 서부 지역은 비교적 평야 지대가 많지만, 중부 지역은 안데스 산맥의 일부로 해발 고도가 높은 고산 지역이다. 동부 지역은 아마존 강을 끼고 있어서 밀림 지대가 많다. 에콰도르의 수도는 키토이며 가장 큰 도시는 과야킬이다.

키토Quito는 에콰도르의 수도이자 제2의 대도시이지만, 과거 스페인 식민 시대에 건설된 고색창연한 건물들과 시가지가 잘 보존되어 있는 아름다운 도시이기도 하다. 키토는 도시 전체가 유네스코 세계 유산으로 지정되어 있다. 특히 시내 중심에 자리 잡은 올드타운Old Town 지역에는 오래된 아름다운 건축물과 성당 등이 많이 있다. 키토는 갈라파고스로 가는 국내선 항공기가 처음 출발하는 도시이기도 하다. 갈라파고스로 가는 길에, 혹은 갈라파고스에서 다이빙 여행을 마치고 돌아가는 길에 며칠 정도 여유가 있다면 키토에 묵으면서 키토 시내와 인근 지역을 둘러보는 것도 좋은 선택일 수 있다. 키토는 안데스 산맥 줄기의 고산 지대에 위치해 있어서 해발이 높은 도시이다. 키토의 해발 높이는 2,850m로서 3,600m 해발에 위치한 볼리비아의 수도 라파스에 이어 세계에서 두 번째로 해발 고도가 높은 수도이기도 하며, 도시 주변을 수많은 화산들이 둘러싸고 있다.

과야킬Guayaquil은 에콰도르의 서해안에 자리 잡은 항구 도시로 에콰도르에서 인구가 가장 많은 대도시이다. 키토에서 출발한 여객기가 갈라파고스로 향하기 전에 기착하는 중간 도시이기도 하다. 원래는 어선과 화물선들이 드나드는 항구를 기반으로 발전한 도시였지만, 최근 에콰도르 정부의 관광 진흥 정책에 힘입어 수많은 관광객들이 찾는 관광 도시로 변신하고 있다. 그러나 아직도 변두리 지역은 과거와 크게 달라지

▲ 고색창연한 건물들이 늘어서 있는 키토의 올드타운의 모습

▲ 하늘에서 내려다 본 에콰도르 최대의 도시인 과야킬

지 않아서 상당히 지저분하고 치안도 불안하기 때문에 과야킬에서 갈라파고스로 가는 비행기를 타고자 하는 다이버들은 시내 중심가에 위치한 호텔에 묵는 편이 좋다. 이 지역은 전면 재개발을 통해 상대적으로 깨끗하고 안전한 곳이기 때문이다.

기후

에콰도르는 적도에 위치해 있어서 두 개의 계절로만 구분된다. 12월부터 6월까지는 더운 시기로, 기온은 섭씨 26도에서 30도 정도이며 비가 자주 오기는 하지만 대체로 맑은 날이 많다. 7월부터 11월까지는 태평양 쪽으로 유입되는 찬 공기의 영향으로 낮 기온이 섭씨 20도에서 24도 정도로 쌀쌀해지며 밤에는 더 추워진다. 더욱이 에콰도르는 안데스산맥 지역에 위치해 있어서 고도가 높다. 키토시의 경우 해발 2,820m에 있어서 위도에 비해 기온이 매우 낮다. 한마디로 우리가 생각하는 것보다 훨씬 낮은 기온이며 특히 밤에는 초겨울을 연상시킬 정도로 춥게 느껴진다. 사람들은 두툼한 외투나 털옷에 털모자까지 쓰고 다니며 길거리 야외 식당에는 대형 난로들이 등장할 정도이다. 에콰도르에 갈 때는 적도에 위치한 나라라는 생각은 잊어버리고 반드시 두툼한 겉옷을 챙겨가도록 하자.

인구, 인종, 종교 및 언어

에콰도르의 인구는 약 1천6백 명 정도로 추산되고 있으며 이 중 많은 사람들이 대도시인 과야킬과 키토에 몰려 있다. 인종 구성은 아메리카 원주민인 인디오가 25% 정도이며, 원주민과 스페인계 백인 간의 혼혈인 메스티소가 65%로 가장 높은 비율을 차지한다. 이 외에도 흑인이 약 10% 정도 된다.

▲ 에콰도르의 날씨는 적도에 가까운 위치에도 불구하고 생각보다 훨씬 춥다. 두꺼운 파카를 입고 경비 근무를 하고 있는 키토 시내의 경찰들

▲ 에콰도르 인구의 대부분은 아메리카 인디언과 백인 간의 혼혈인 메스티소들이 차지하고 있다. 키토 시내의 한 거리에 서 있는 에콰도르 원주민 부부

전기와 통신

전기는 110볼트 60헤르츠로 미국과 같은 규격의 2발 콘센트를 사용한다. 따라서 한국에서 사용하던 전기를 이용하는 제품을 쓰려면 일명 돼지코가 필요하다. 갈라파고스로 가는 리브어보드에는 220볼트 충전 시설이 갖추어져 있으나 선실 내의 콘센트는 대개 모두 110볼트 용이다.

에콰도르의 전반적인 통신 사정은 그리 좋은 편은 아니다. 최근 들어 휴대폰 보급률이 높아지고는 있지만, 아직도 많은 사람들이 길거리의 공중전화나 상점의 유료 전화를 주요 통신 수단으로 사용하는데, 서비스의 질이 일정하지 않다. 특히 국제 전화는 전화 카드를 사서 사용해야 하는데 가격도 비싸고 통화 품질도 그리 좋지 못하다. 이런 이유로 많은 관광객들은 인터넷이 되는 곳에서 인터넷 전화를 많이 사용하고 있다.

유선 통신망은 워낙 낙후되어 있지만 상대적으로 이동 통신망은 비교적 최근에 구축된 탓에 형편이 좀 더 나은 편이다. 이동 통신 시스템은 WCDMA 방식이며 한국에서 사용하던 스마트폰을 세팅만 바꾸어 자동 로밍으로 사용할 수 있다. 그러나 통화 요금은 꽤 비싼 편이다. 에콰도르 현지 내에서의 통화는 분당 1,110원 정도, 그리고 에콰도르에서 한국으로 전화를 할 경우에는 분당 3,660원 정도가 청구된다.

치안과 안전

에콰도르의 도시 중에서 키토는 중남미의 다른 도시들에 비해 상대적으로 치안 상태는 나은 편이다. 관광객들이 많은 도심 지역의 낮 시간대에는 많은 경찰들이 배치되어 상당히 안전하다. 그러나 지역에 따라 위험한 곳도 많으므로 특히 야간에는 잘 모르는 곳에 혼자 다니지 않는 편이 좋다. 전차 정거장 등 사람들이 많은 곳에서 소매치기나 절도와 같은 범죄들이 자주 발생한다고 한다. 택시를 포함하여 자동차를 타고 다닐 때는 반드시 창문을 내리고 잠금장치를 걸어 두도록 한다. 필자가 키토에서 고용한 현지인 가이드에 따르면 가끔 전단지 같은 것을 창문 틈 사이로 주는 사람들이 있는데 멋모르고 받아서 얼굴 가까이 대면 강력한 마약

▲ 키토나 과야킬 같은 대도시의 경우 관광객들이 많이 있는 다운타운 지역은 경찰들이 집중적으로 배치되어 있어서 치안이 양호한 편이다. 그러나 변두리 지역은 아직도 치안이 불안하기 때문에 조심하여야 한다.

성분으로 마취 상태에 빠지고 그 사이에 강도를 당하는 경우가 종종 생긴다고 한다. 중남미 도시인 만큼 마약도 흔해서 특히 공원 같은 곳에는 가지 않도록 한다. 관광객들이 많이 몰리는 지역은 경찰들이 대규모로 투입되어 있으므로 비교적 안전하다.

과야킬은 키토에 비해 치안 상태가 더 좋지 않다. 주간에 다운타운 지역은 그나마 나은 편이지만 그래도 항상 주의를 기울이고 카메라나 고급 시계, 스마트폰 같은 값비싼 물품은 다른 사람들에게 노출되지 않도록 하는 것이 좋다. 외출할 때는 필요 이상으로 많은 현금이나 신용 카드를 가지고 다니지 않도록 한다. 택시기사가 강도로 돌변하는 사건도 많이 발생하고 있으니 공항에서는 반드시 공항 택시를 이용하도록 하고 시내에서는 호텔을 통해 택시를 불러서 타도록 한다.

에콰도르는 특별한 질병 위험 국가는 아니지만 여행자들에게 빈번하게 발생하는 질병은 주로 음식이나 물 때문에 발생하는 배탈이나 설사와 같은 소화기 질환이다. 전반적인 위생 수준이 그리 높지 않은 에콰도르에서는 길거리에서 파는 음식은 가급적 피하는 것이 좋으며 물은 반드시 병에 든 생수만을 사서 마셔야 한다. 식당에서도 음식은 반드시 잘 익힌 것만을 먹도록 한다. 우유와 같은 낙농 제품들도 살균하지 않고 파는 경우가 많기 때문에 피하도록 한다. 만일의 경우에 대비하여 비상 약품을 준비해 가는 것도 좋은 방법이다. 키토나 과야킬 같은 대도시에는 대형 병원들이 있으며 약국은 길거리 어디에서든 쉽게 찾을 수 있다.

시차

에콰도르 본토에서는 GMT-5 시간이 적용된다. 따라서 한국과는 10시간의 차이가 있어 한국 시각으로 자정이 에콰도르 본토에서는 그 전날 오전 10시가 된다. 본토에서 멀리 떨어져 있는 갈라파고스 제도는 에콰도르 본토보다 한 시간 더 늦은 GMT-6 시간이지만, 통상 리브어보드 탑승 중에는 편의상 에콰도르 본토 시간을 사용한다. 그러나 갈라파고스 공항에서의 항공편 시간은 정규 갈라파고스 지역 시간을 적용하기 때문에 특히 비행기 시각을 착각하지 않도록 주의해야 한다.

2. 에콰도르 여행 정보

에콰도르 입출국

에콰도르는 관광 진흥 정책의 일환으로 2008년부터 지구 상의 모든 국가 국민들에게 비자 없이 입국을 해서 최대 3개월까지 체류하는 것을 허용하고 있다. 정확하게는 공항에서 90일간 체류가 가능한 도착 비자

VOA: Visa on Arrival를 발급해 주는 것이다. 유효 기간이 6개월 이상 남은 여권과 에콰도르를 떠나는 항공권만 있으면 별문제 없이 입국이 가능하다. 관광객에 대해서는 세관 규정도 매우 너그러워서 마약 등 일부 금지 품목을 제외한 거의 모든 물품을 별다른 제한 없이 반입할 수 있다.

현지 교통편

키토나 과야킬 시내에서의 이동은 택시가 가장 편리하다. 택시는 워낙 많아서 어디에서든 쉽게 잡을 수 있으며 택시 요금 또한 저렴하다. 시내 어느 곳이든 대개 3~4달러 정도면 갈 수 있다. 에콰도르가 산유국이라 기름값이 싸서 그런 것 같다. 키토에서는 모든 택시들이 미터기를 사용하지만, 과야킬에서는 출발 전에 미리 가격을 흥정해 두어야 한다. 그러나 시내의 거의 모든 길은 일방통행이며 변두리 지역에는 의외로 위험

▲ 키토 시내를 달리고 있는 택시들. 키토에서는 이동을 할 때 택시를 이용하는 것이 가장 편리하며 요금도 싼 편이다. 그러나 치안 상황이 좋지 않은 과야킬에서는 택시 탈 때 어느 정도 주의가 필요하다.

한 곳도 많으므로 직접 운전하는 것은 삼가도록 한다. 차가 필요한 경우 하루 80달러 정도면 택시를 대절해서 원하는 대로 사용할 수 있다.

통화와 환전

에콰도르는 엄연한 독립 국가이지만 자체 화폐를 발행하지 않고 대신 미국 달러를 공식 화폐로 사용한다. 따라서 에콰도르를 여행할 때는 미국 달러로 환전해서 가져가면 된다. 그러나 대부분의 상점이나 식당에서는 위조지폐에 대한 불안감으로 50달러 이상의 고액권은 잘 받지 않으므로 잔돈을 충분히 준비하는 것이 좋다. 물론 리브어보드에서는 항해 기간 중에 사용한 모든 경비를 마지막 날에 일괄 정산하므로 많은 잔돈은 필요 없지만, 며칠 육지에서 머물 생각이면 환전에 고려하는 것이 좋겠다. 비자나 마스터 카드 같은 신용 카드도 통용되는 곳이 많다. ATM은 비교적 쉽게 찾아볼 수 있다. 특이하게도 소액권으로 미국 본토에서는 구경하기 어려운 1달러짜리 동전이 지폐보다는 더 많이 유통된다.

팁

에콰도르에서는 의외로 팁이 일반화되어 있다. 주차장에서 주차를 도와주는 사람으로부터 슈퍼마켓 계산대에서 식품을 봉투에 담아 주는 보조 직원들, 식당의 종업원

에 이르기까지 모두 자신들의 서비스에 대한 작은 대가를 기대한다. 주차장과 슈퍼마켓과 같은 아주 사소한 서비스에 대해서는 대개 25센트에서 50센트 정도, 무거운 짐을 들어주거나 방을 청소해 주는 정도의 서비스에는 1달러 정도의 팁이 적당하다. 도시의 호텔이나 식당 등에서의 청구서에는 12%의 부가 가치세와 10%의 서비스 차지가 붙어서 나오는 경우가 많으므로 잘 살펴보고 지불한다. 서비스 차지가 붙어 나온 경우 잔돈 정도만 남겨두면 된다. 택시를 탄 경우에는 미터 요금을 기준으로 잔돈을 남겨주는 정도면 충분하다.

리브어보드에서는 마지막 날 팁을 봉투에 넣어 전달하는데, 통상 리브어보드 요금의 10% 수준을 기대한다고 한다. 갈라파고스 리브어보드는 어지간한 요트의 경우 1주일짜리 요금이 5천 달러 이상이므로 팁만 5백 달러 이상을 지출해야 한다는 뜻이다. 필자의 개인적인 견해로는 정말 과분할 정도의 서비스를 받았다고 느끼지 않는 한 5백 달러는 다소 과한 느낌이며 350달러에서 400달러 정도가 적정 수준의 팁으로 생각된다.

물가

에콰도르의 경제 상황은 다른 중남미 국가들과 크게 다르지 않으며 전반적인 물가 수준도 꽤 낮은 편이다. 그러나 현지에서 생산하는 물품과 수입하는 물품 간의 가격 차이가 심한 편이다. 일부 대형 상가에서는 정찰제를 실시하는 곳도 있지만, 길거리의 많은 상점이나 시장에서는 가격 흥정이 필수적이다. 대개 처음 부르는 가격은 생각보다 훨씬 높은 가격이므로 대개 절반 이하로 깎지 않으면 바가지를 쓰기 쉽다. 에콰도르의 주요 상품과 서비스에 대한 평균적인 가격은 다음과 같다.

현지 음식점에서 간단한 식사	3.5달러
맥도널드 빅맥 세트	6달러
생수	50센트
콜라	80센트
현지 맥주	1달러
수입 맥주	3달러
커피(카푸치노)	2달러
담배 (말보로, 1갑)	5달러

음식

국토의 대부분이 안데스 산악 지형인 에콰도르는 감자와 옥수수를 주재료로 만든 음식이 많다. 특히 에콰도르는 감자의 원산지로 알려져 있는 만큼 그 종류도 다양하고 맛이 좋다. 멕시코 스타일과 미국 스타일이 혼합된 느낌이 많이 나는 에콰도르 음식은 의외로 우리 입맛에도 잘 맞는다. 시내 대형 식당이나 호텔에서는 서양식을 포함한 다양한 음식이 제공된다. 길거리에서 파는 음식도 나쁘지는 않지만 안전을 위해 반드시 익힌 음식만을 먹어야 하며, 물은 꼭 병에 든 생수를 사서 마시도록 한다. 노천 식당에서 주는 물은 위험하며 조리되지 않은 날 것은 과일, 야채, 주스를 포함하여 어떤 것도 그냥 먹지 않도록 한다. 유사시를 대비해서 배탈약을 가져가는 것이 좋다. 에콰도르 사람들이 특히 좋아하는 육류는 기니피그Guinea Pig라는 토끼와 쥐 중간 정도의 동물인데 가격은 꽤 비싼 편이다. 길을 가다 보면 야생 쥐를 구워 파는 모습도 더러 볼 수 있다. 키토에 도착한 첫날은 가급적 가볍게 식사를 하는 것이 좋다. 워낙 해발이 높은 고지대여서 산소가 희박하고 소화도 잘 되지 않기 때문이다.

▼ 길가에서 야생 쥐를 구워서 팔고 있다. 에콰도르 사람들은 기니피그나 야생 쥐 같은 작은 동물들을 즐겨 먹으며 가격도 꽤 비싼 편이다.

갈라파고스 다이빙 가이드

다이브 포인트 요약

지역	포인트	수심(m)	난이도	특징
중부	**카보 마르살**	10~30+	**중상급**	만타레이, 모불라레이, 귀상어
	쿠진스 록	2~30	**중상급**	만타레이, 귀상어, 이글레이
	푼타 캐리언	8~18	**중급**	바다사자, 모불라레이, 귀상어
	빈센트 로카	10~22	**중상급**	불헤드 상어, 붉은 입술 뱃 피시
	로카 레돈다	6~40	**중상급**	갈라파고스 상어, 귀상어
	고든 록	7~40	**중상급**	귀상어, 갈라파고스 상어, 만타레이
다윈	**다윈**	10~23	**중상급**	귀상어, 고래상어
울프	**케이브**	10~30+	**중상급**	동굴, 귀상어, 고래상어
	랜드슬라이드	10~30+	**중상급**	귀상어, 갈라파고스 상어, 이글레이
	샤크 베이	8~25	**중상급**	귀상어, 바다사자, 바라쿠다

3. 갈라파고스 다이빙 개요

갈라파고스 트립 브리핑

이동 경로	서울 ···› (항공편) ···› 미국내 경유도시 ···› 키토/과야킬 ···› (항공편) ···› 갈라파고스
이동 시간	총 22시간(국제선 19시간, 국내선 3시간)
다이빙 형태	리브어보드 다이빙
다이빙 시즌	연중(최적 기간 : 6월부터 10월)
수온과 수트	20도에서 28도(7밀리 풀 수트와 후드)
표준 체재 일수	7박 8일(22회 다이빙)
평균 기본 경비	총 750만 원 • 항공료 : 180만 원(서울-키토 1회/2회 경유, 키토-갈라파고스) • 리브어보드: 500만 원(일반 등급 리브어보드, 7박 코스 기준) • 기타 비용 : 70만 원(키토/과야킬 2박, 갈라파고스 입도료, 리브어보드 팁 등)

갈라파고스 다이빙

비록 갈라파고스에 직접 가 보지 못한 경우라도 다이버라면 갈라파고스의 명성에 대해서는 익히 들은 바가 있을 것이다. 다이버들간의 대화 도중 갈라파고스 이야기가 나오게 되면 이곳을 이미 다녀온 경험이 있는 다이버들은 갈라파고스에서 겪은 험한 다이빙에 대한 무용담과 그곳에서 목격한 헤아릴 수 없이 많은 해양 생물들에 대해 열변을 토하게 마련이고, 아직 갈라파고스에 가 보지 못한 다이버들은 이런 꿈 같은 이야기를 들으며 나도 언젠가는 꼭 가 보고 싶다는 강한 욕망에 휩싸이게 마련이다. 도대체 갈라파고스의 어떤 점이 그토록 다이버들의 가슴을 뛰게 하는 것일까?

갈라파고스를 한마디로 이야기하라고 했을 때 가장 적당한 표현은 '지구 상에 존재하는 최고의 리브어보드 다이빙 여행지' 정도가 아닐까? 다이버들에게 최고의 사이트라는 것은 사실 주관적인 측면이 있을 수 있다. 그러나 많은 다이버들이 동의하는 좋은 사이트의 조건은 역시 그곳에서 볼 수 있는 해양 생물들일 것이다. 갈라파고스의 바다에서 볼 수 있는 해양 생물들을 나열하는 것은 간단치 않다. 그만큼 다양하기 때문이다. 우선 상어 종류를 들자면 갈라파고스의 대표 선수라고 할 수 있는 수많은 귀상어 떼를 비롯하여 고래상어, 갈라파고스 상어, 실크 상어, 화이트팁 상어, 그레이팁 상어, 블랙팁 상어, 그레이리프 상어, 불헤드 상어 등이 있다. 대부분의 다이버들은 리브어보드 일정 중에 적어도 다섯 가지 이상의 다른 상어들을 보게 된다. 가오리 종류만 해도 거대한 만타레이를 비롯하여 이글레이, 마블레이, 모불라레이 등을 흔히 목격하게 된다. 특히 여러 마리가 떼를 지어 편대 비행을 하는 이글레이들의 멋진 모습과 거대한 날개를 천천히 흔들며 우아한 자태로 유영하는 만타레이의 모습은 갈라파고스를 다녀온 이후에도 오랫동안 다이버들의 기억에 남게 마련이다.

이 외에도 갈라파고스에서는 여러 종류의 거북이들, 돌고래, 바다사자 등이 흔히 발견된다. 다이빙을 마치고 안전 정지를 할 때 다이버들을 둘러싸고 재롱을 떠는 돌고래나 바다사자들의 모습 또한 오래 기억에 남는 인상적인 모습이 될 것이다. 다이빙 도중 물속에서 직접 만나기는 쉽지 않지만 갈라파고스의 작은 섬의 해안선에는 검은색의 바다 이구아나, 회색의 육지 이구아나는 물론 희귀한 갈라파고스 펭귄도 볼 수 있다. 바다 위와 섬 주변에서는 군함새(프리깃)나 펠리컨과 같은 대형 조류들도 원 없이 볼 수 있다. 일정을 마치고 섬에 상륙하면 그 유명한 갈라파고스 육지 거북과 핀치새와 같은 갈라파고스에서만 서식하는 희귀한 동물과도 만날 수 있다.

한국에서 찾아가기에는 정말 먼 곳에 있는 갈라파고스, 보통 사람들에게는 어마어

▲ 갈라파고스는 고래상어, 귀상어, 실크 상어, 갈라파고스 상어 등의 다양한 종류의 상어들과 만타레이, 이글레이, 모불라레이 등의 대형 가오리 종류들을 흔히 만날 수 있는 곳이다.

▼ 갈라파고스의 '다윈'에서 거대한 만타레이를 촬영하고 있는 여성 다이버

마할 정도의 막대한 여행 비용, 거친 파도와 강한 조류, 그리고 살을 에는 듯한 차가운 물 등 다이빙 자체만으로 본다면 그다지 쉬운 곳은 아니지만, 갈라파고스는 갈라파고스만이 가지고 있는 결코 거부할 수 없는 너무나 강한 매력을 가진 곳임이 틀림없다. 갈라파고스는 다이버라면 누구라도 평생에 한 번은 꼭 가 보고 싶어하는 성지와도 같은 곳이라고 해도 심한 말은 아닐 것 같다.

갈라파고스 제도의 다이빙 지역은 크게 울프 및 다윈 지역과 중부 갈라파고스 지역으로 구분된다.

• 다윈Darwin과 울프Wolf 지역 : 이 두 개의 작은 섬은 갈라파고스 제도의 북서쪽 끝부분에 자리 잡고 있다. 갈라파고스 제도에서도 가장 끝부분인 만큼 바다 위는 항상 거친 파도가 몰아치고 바닷속은 강한 조류들이 흐른다. 그러나 그만큼 고래상어, 귀상어, 만타레이 등 대형 어류들의 역동적인 모습들을 자주 목격할 수 있다. 갈라파고스 리브어보드들의 운항 코스는 어떻게 보면 산크리스토발이나 발트라의 모항을 떠나 이 두 곳의 섬을 찾아가는 항로라고 볼 수도 있다. 이 지역의 수온은 갈라파고스의 다른 지역에 비하면 조금 더 따뜻한 편이어서 아름다운 산호초 지역도 감상할 수 있는 매력이 있다.

• 중부 갈라파고스Central Galapagos 지역 : 갈라파고스를 찾는 다이버들의 관심은 아무

래도 울프나 다윈 쪽에 집중되기 마련이지만, 이곳으로 가는 과정과 다시 모항으로 돌아오는 과정에서 들르게 되는 중간 지역의 다이브 사이트들도 보통은 기대 이상의 감동을 주게 된다. 특히 이사벨라 섬 인근의 '로카 레돈다'나 '카보 마르샬', 그리고 '빈센트 로카' 등은 아름다운 경관과 다양한 해양 생물들로 인해 북서쪽 지역과는 전혀 다른 나라에서 다이빙한다는 느낌을 들게 한다. 산타크루즈 인근의 '쿠진 록' 또한 경관이 매우 아름다우며 귀상어, 만타레이, 이글레이, 모불라레이 등의 다양한 대형 어류들을 많이 볼 수 있는 절대 놓쳐서는 안 될 포인트이기도 하다. 이 지역은 수온이 북서쪽 지역에 비해 낮은 편이다. 특히 '빈센트 로카'는 태평양의 한류가 흐르는 곳으로 수온이 섭씨 20도 이하로까지 떨어지는 경우가 많다. 찬물로 인해 다이빙이 고통스러운 것은 사실이지만, 그만큼 몰라몰라와 같은 희귀한 냉수 어류들을 만날 확률이 높은 곳이기도 하다.

다이빙 시즌

갈라파고스에는 건기와 우기의 두 가지 계절이 존재한다. 지구 온난화의 영향 때문인지 다른 적도 주변 지역과 마찬가지로 갈라파고스에서도 건기와 우기의 경계는 점점 희미해져 가고 있지만 그래도 이 지역에서의 다이빙 시즌은 다음과 같이 구분된다.

우기는 1월부터 6월까지이다. 우기라고는 하지만 하루 종일 비가 오는 것이 아니고

▲ 갈라파고스는 적도 지역에 위치해 있지만 훔볼트 해류와 엘니뇨의 영향으로 수온이 매우 낮은 곳이다. '빈센트 로카'와 같은 곳은 섭씨 20도 이하로 내려가기도 한다. 많은 다이버들이 사진과 같이 두꺼운 드라이수트와 후드로 무장하고 다이빙한다.

▼ 중부 갈라파고스 '빈센트 로카' 지역의 바라쿠다 떼. 이 지역은 섭씨 20도 이하의 차가운 수온으로 다이빙 자체는 다소 힘들지만 그만큼 환상적인 수중 세계를 경험할 수 있는 곳이다.

대부분은 화창한 날씨였다가 느닷없이 엄청난 양의 비가 쏟아진 후 다시 맑게 개는 패턴이 매일 반복된다. 우기에는 수온도 따뜻해지는 편이지만 그 폭은 섭씨 20도에서 25도 사이로 변동이 심하다. 특히 1월부터 4월까지 일부 수역의 수온은 27도에서 28도까지 올라가기도 한다. 그러나 항상 한류가 흐르는 '빈센트 로카'같은 지역은 여전히 20도 또는 그 이하로 차갑기 때문에 우기에 갈라파고스를 방문하더라도 후드는 물론 5밀리 이상의 넉넉한 수트를 가져가는 것이 안전하다.

7월부터 12월까지는 건기로 분류된다. 이 시기에는 확실히 우기에 비해 비는 덜 내리지만 기온과 수온은 더 낮아진다. 이 시기의 수온은 대략 섭씨 19도에서 23도까지의 변화를 보인다. 수면에서의 파도 또한 높아지는 시기여서 이래저래 건기의 다이빙은 우기의 그것에 비해 훨씬 더 힘든 것은 사실이다. 그럼에도 불구하고 많은 다이버들은 이 건기에 갈라파고스를 찾는다. 이때에 상어들이 더 많이 나타나기 때문이다. 특히 고래상어 시즌은 6월부터 11월까지인데 이때가 다이버들이 가장 많이 붐비는 시기이다. 상대적으로 1월부터 5월까지의 기간에는 비수기라고 할 정도로 한가해지는데 사실 갈라파고스의 사정을 잘 아는 일부 다이버들은 이 시기를 오히려 더 선호한다. 전반적인 날씨도 더 좋을 뿐 아니라 비록 고래상어는 보기 어렵지만 귀상어와 만타레이 등은 더 많이 볼 수 있기 때문이다.

4. 갈라파고스 다이빙

찾아가는 법

갈라파고스는 한국 기준으로 지구의 거의 반대편에 위치한 먼 곳으로, 찾아가는 길이 그다지 쉬운 편은 아니다. 당연히 한국에서 직항은 없고 최소한 세 번 이상 비행기를 갈아타야만 한다. 갈라파고스에 가기 위해서는 우선 에콰도르에 들어가야 한다. 에콰도르에는 두 개의 국제공항이 있다. 수도인 키토와 에콰도르 최대 도시인 과야킬인데 이 중 어느 곳으로 들어가더라도 갈라파고스로 가는 국내선 비행기를 탈 수 있다. 한국에서는 이들 도시로 가는 직항편이 없기 때문에 어딘가에서 갈아타야만 한다. 갈라파고스로 들어가는 국내선 항공편만 생각한다면 키토보다는 과야킬이 더 가깝고 요금도 싸지만 대신 과야킬보다는 키토 쪽으로 들어가는 국제선 항공편이 조금 더 많은 편이다. 현재 에콰도르로 취항하는 항공사와 연결 도시는 다음과 같다.

항공사	에콰도르로 연결되는 도시
American Airlines	미국 마이애미
United(구 Continental)	미국 휴스턴
Delta	미국 애틀랜타
AeroGal	미국 마이애미
LAN(에콰도르 항공사)	미국 마이애미 또는 뉴욕JFK
LACSA(코스타리카 항공사)	코스타리카 산호세
Copa(파나마 항공사)	파나마 파나마시티
Iberia(스페인 항공사)	스페인 마드리드
KLM(네덜란드 항공사)	네덜란드 암스테르담

일단 에콰도르의 키토나 과야킬에 도착했다면 다음으로 이들 도시에서 갈라파고스로 가는 국내선 항공편을 타야 한다. 갈라파고스에는 산크리스토발San Cristobal과 발트라Baltra, 산타크루즈Santa Cruz라는 세 개의 공항이 있다. 이 중에서 본인이 탑승할 리브어보드 보트가 출항하는 곳으로 가야 한다. 많은 리브어보드 요트들이 산크리스토발에서 출항하지만, 일부 보트들은 발트라나 산타크루즈에서 출항하기 때문에 최종 목적지를 정확

▼ 갈라파고스 바다에 떠 있는 리브어보드의 모습. 갈라파고스에서의 다이빙은 역시 리브어보드 다이빙이 주종을 이룬다.

하게 확인한 후 항공편을 결정해야 한다. 에콰도르 본토와 갈라파고스를 연결하는 항공사는 Tame, Avianca(구 AeroGal), LAN 등 세 개가 있으며 매일 여러 편이 운항되고 요금도 성수기 기준 왕복 500달러 수준으로 비슷하다. 운항하는 편수로는 Avianca 항공사가 가장 많은 편이다. 대부분의 항공편은 키토를 출발하여 과야킬을 거쳐 갈라파고스의 세 개 공항 중 한 군데로 들어간다. 이 국내선 구간은 개인적으로 예약해도 상관없지만, 대부분 리브어보드 회사 측에서 국내선 항공편까지 예약해 준다. 리브어보드 회사를 통해 항공편을 예약한 경우 키토나 과야킬 공항에서의 수속과 갈라파고스 공항에서의 수속을 리브어보드 회사 직원들이 도와주기 때문에 더 편리하다.

정리하자면, 한국에서 출발하는 경우, 일단 직항편이 닿는 미국의 애틀랜타, 뉴욕, 또는 유럽의 마드리드나 암스테르담 등을 거쳐 에콰도르의 키토 또는 과야킬로 들어간 후 국내선으로 최종 목적지인 갈라파고스의 세 개 공항 중 한 군데로 들어가야 한다는 것이다. 어느 경로로 가든 비행시간만 20시간이 넘고 항공료도 만만치 않으므로 항공편

▼ 갈라파고스의 산크리스토발 공항의 모습. 갈라파고스에는 이 공항을 포함하여 모두 세 개의 공항이 운영되고 있다.

은 모쪼록 잘 알아보고 결정하도록 한다.

항공편 결정 시 주의해야 할 점은 적어도 리브어보드 출발일 하루 전에는 에콰도르에 도착해야 한다는 것이다. 에콰도르 본토에서 갈라파고스로 들어가는 모든 항공편은 오전에만 있으며, 반대로 갈라파고스에서 나오는 항공편은 오후에만 운항한다. 갈라파고스의 공항들은 작은 섬에 건설된 소규모 공항들이어서 항공기를 오래 주기시킬 수 있는 시설이 없기 때문에 같은 날 왕복 비행을 끝내야 하기 때문이다. 따라서 키토나 과야킬에서 1박 한 후 그다음 날 오전 국내선 편으로 갈라파고스에 들어가야만 리브어보드 탑승 시간을 맞출 수 있다. 돌아올 때도 통상 키토나 과야킬에 오후에 도착하여 그곳에서 하루 묵은 후 그다음 날 국제선 편으로 에콰도르를 떠나는 일정으로 잡는 것이 일반적이다.

에콰도르 입국은 6개월 이상 유효 기간이 남아 있는 여권이 있으면 된다. 별도의 비자는 필요하지 않지만 워낙 먼 길이고 가는 길도 복잡하다 보니 가급적 여행자 보험을 들어 두는 것이 바람직하다. 아울러 리브어보드에 탑승하기 위해서는 다이버 카드C-Card와 다이버 보험이 반드시 필요하다. 다이버 보험은 DANDiver Alert Network에서 간단히 가입할 수 있다. 보험에 가입하지 못한 경우에는 현지의 리브어보드에서 단기 보험을 바로 구입할 수도 있다.

갈라파고스 입도 절차

생물학이나 지질학 등 학술적으로 특별한 위치에 있는 갈라파고스는 에콰도르 정부는 물론 여러 국제기구로부터 철저한 환경 보전에 관한 규제를 통해 보호받고 있으며, 다이버나 관광객들에게도 지나칠 정도로 엄격한 규칙을 지키도록 요구하고 있다. 에콰도르 본토에서 갈라파고스로 들어갈 때는 국제선 수준의 화물 및 보안 검색을 거치게 된다. 따라서 갈라파고스로 들어가는 비행기를 타려면 적어도 출발 시각 한 시간 반 전에는 공항에 도착하여야 한다. 키토나 과야킬에서 갈라파고스로 들어가는 절차는 다음과 같다.

(1) 화물 검색 : 먼저 국내선 공항에 도착하면 청사 안으로 바로 들어가지 말고, 청사 바깥 우측에 있는 갈라파고스행 화물 검사 장소에서 별도의 화물 검색을 받는다. 이 과정은 오직 갈라파고스로 들어가는 승객들에게만 적용되는 특별한 검사 절차이다.

이곳에서는 갈라파고스 생태계에 영향을 미칠 수 있는 동식물, 식품 등을 중심으로 검사한다. 검사소를 통과한 화물은 꼬리표를 달아 구분한다. 검색이 끝난 후 짐을 다시 찾아 청사 안으로 통하는 쪽문으로 들어간다.

(2) 트랜싯 카드 구입 : 화물 검사소 출구를 빠져나오면 창구가 하나 나타나는데, 이곳에서 여권을 제시한 후 트랜싯 카드Transit Control Card라는 것을 구입한다. 이 카드는 갈라파고스로 들어가는 비자와 같은 것이다. 이 카드는 원래 10달러였으나 2015년부터 20달러로 인상되었으며 미화 현금으로만 구입할 수 있다. 구입한 카드는 갈라파고스 공항에서 기재 내용을 확인하고 회수하기 때문에 섬에 도착하기 전까지 빠짐없이 기입을 마치도록 한다.

(3) 체크인 : 트랜싯 카드를 구입했으면 청사 안으로 들어가서 예약된 항공사의 체크인 카운터에서 체크인하는데, 검색 꼬리표가 붙은 짐을 부치고 탑승권을 받으면 된다. 이때 체크인 가방의 중량을 확인하게 되는데 리브어보드 회사를 통해 예약한 경우에는 리브어보드 회사 직원이 체크인 카운터 앞에서 이 과정을 대신해 준다. 화물에는 리브어보드 회사의 인식용 태그를 별도로 붙여준다.

▲ 갈라파고스 공항에 도착하여 입도 심사를 받기 위해 줄을 서 있는 관광객들. 심사 라인은 모두 3개가 있는데 2번은 에콰도르 시민권자용이고 3번은 갈라파고스 주민용이므로 관광객들은 1번 쪽에 줄을 서야 한다.

▼ 키토 공항에서 갈라파고스에 들어가기 위해 줄을 서서 대기하고 있는 관광객들. 갈라파고스에 가는 비행기를 타기 위해서는 공항 청사 밖에 따로 마련된 입구를 통해 별도의 화물 검색을 받아야 한다.

(4) 보안 검색 및 탑승 : 엑스레이 보안 검색대를 통과하여 대합실로 들어가서 대기한 후 안내 방송에 따라 지정된 게이트로 가서 항공기에 탑승한다. 이 보안 검색대는 주로 금속 물질만을 검사하므로 신발을 벗거나 기내 반입용 가방에서 액체류를 빼내거나 할 필요는 없다.

▲ 갈라파고스에 막 도착한 다이버들이 팡가를 타고 리브어보드 본선에 도착해 승선을 준비하고 있다.

(5) 입도 심사 : 갈라파고스 공항에서는 마치 국제선 항공편의 입국 심사와 비슷한 입도 절차를 거치게 된다. 공항에는 세 개의 라인이 있는데 그중에서 'Visitor'라고 표시된 쪽에 줄을 서서 입도 절차를 밟는다. 다른 두 개의 라인은 에콰도르 국민용, 그리고 갈라파고스 주민용이며 거의 사람들이 없다. 따라서 긴 줄이 있다면 그곳이 'Visitor' 라인이므로 그 뒤에 서면 된다. 창구에서 작성이 끝난 트랜짓 카드를 제출하고, 갈라파고스 국립 공원 입장료 미화 100달러를 낸 후 통과한다. 이 입장료는 반드시 미화 현금으로만 받는다. 12세 이하의 어린이는 50달러다.

(6) 화물 픽업 및 항구로 이동 : 여기까지 과정에 통상 거의 1시간 가까이 소요된다. 그 사이에 화물은 리브어보드 회사 직원들이 따로 모아서 보관하고 있다. 각자 화물을 확인하면 짐들은 별도의 트럭으로 바로 항구를 거쳐 요트로 운반되며 승객들은 손가방만을 들고 미리 영접 나온 리브어보드 가이드들에 의해 버스로 안내되어 요트가 있는 항구로 이동한다. 갈라파고스의 섬들은 그리 크지 않아서 대개 공항에서 항구까지 10분 정도면 도착한다. 항구에 도착하면 대기하고 있는 팡가를 타고 리브어보드에 승선한다. 짐은 스태프들이 따로 운반해 준다.

챙겨야 할 물품

갈라파고스에 갈 때는 자신이 평소 사용하여 익숙한 다이빙 장비를 풀 세트로 챙겨서 가져가는 것이 좋다. 렌털 장비나 새로 구입한 장비를 사용할 경우 갈라파고스 바다에 적응하는 데 더 고생할 가능성이 크기 때문이다. 특히 신경 써야 할 장비들은 다음과 같다.

•수트류 : 갈라파고스 바다는 상상 이상으로 차가우므로 7밀리 이상의 풀 수트가 필요하다. 별도로 구입할 필요까지는 없지만, 혹시 드라이수트나 세미드라이 수트가 있다면 가져가도록 한다. 보온용 후드와 부츠는 물론 다이빙 장갑을 반드시 챙기도록 한다. 조류가 심한 차가운 갈라파고스 바다에서 장갑 없이 다이빙하기는 정말 어렵다. 갈라파고스 바다 속에서 보내는 시간의 거의 절반은 양손으로 단단한 바위를 꽉 잡고 강한 조류를 버티는 것으로 보낸다고 생각하는 것이 좋다.

•백업 장비 : 부피가 크지 않고 중요한 장비는 비상시를 대비하여 하나씩 더 챙기도록 한다. 특히 도수 안경을 끼는 다이버의 경우 백업 마스크는 필수이다. 강한 조류에 맞아 마스크가 날아가는 경우가 심심치 않게 생긴다. 이 외에도 다이브 컴퓨터, 호흡기의 마우스피스, 소형 라이트 등은 하나쯤 더 챙겨가는 것이 좋다.

•안전 장비 : 갈라파고스에서는 안전 규칙에 따라 필수 안전 장비가 없으면 다이빙을 할 수 없다. 마커 부이SMB, 호각 또는 반사 거울은 필수이고 BCD의 인플레이터 호스에 연결하여 유사시 큰 소리를 낼 수 있는 다이브 알럿, 다이버의 위치를 알 수 있도록 해 주는 소형 깜빡이 등이 필수품이므로 미리 챙겨 두도록 하자. 조류에 쓸려 조난될 경우 요트에 조난 신호를 보내고 다이버의 위치를 GPS로 알려주는 조난 신호 장치는 요트에서 다이버들에게 빌려준다.

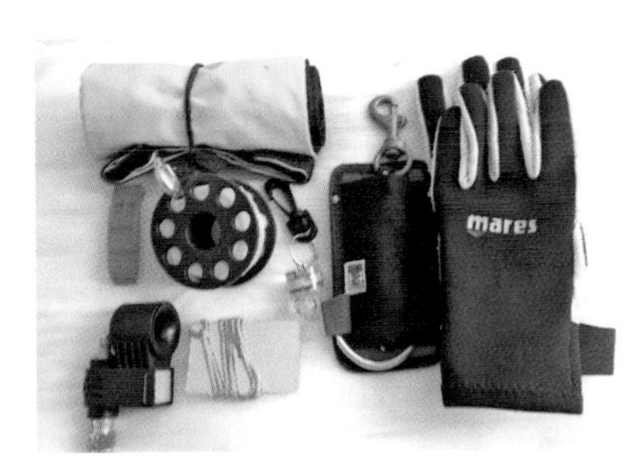

▲ 갈라파고스에서의 다이빙을 위해서는 호흡기에 부착할 수 있는 다이브 알럿, SMB, 비상 신호용 반사 거울, 미니 깜빡이, 호각 등의 안전 소품들을 반드시 챙겨 가야 한다. 이 외에도 장갑, 나침반, 조류걸이 등도 챙겨 가도록 한다.

▼ 5밀리 수트와 후드로 무장하고 다이빙을 기다리고 있는 필자. 그러나 갈라파고스에서는 5밀리 수트 정도로는 추위를 막기 어려워서 대부분의 다이버들은 뒤에 보이는 것처럼 훨씬 두꺼운 수트나 드라이수트를 입는다.

•의류와 신변용품 : 리브어보드 요트 내에서의 드레스코드는 물론 인포멀이다. 그러나 럭셔리 요트의 경우 웨이터가 서빙을 하는 저녁 식사 때만은 캐주얼 수준 정도의 복장이 바람직하다. 이런 점을 고려해 최소한의 의류를 챙기도록 한다. 에콰도르와 갈라파고스는 생각 이상으로 춥다. 특히 바다에서는 찬 바람이 장난이 아니므로 따뜻한 스웨터 셔츠나 후드 재킷을 꼭 챙겨 가도록 한다. 아울러 마지막 날에는 섬에 상륙하여 육상 투어를 하게 되므로 편안한 운동화 한 벌과 작은 배낭 또는 색도 챙겨 가도록 한다. 수영복은 추운 바람 속에서 젖은 것을 다시 입는 불상사가 없도록 최소한 두 벌 이상 챙긴다. 이 외에도 본인이 복용하는 처방 약, 멀미약, 선 블록, 선글라스, 카메라, 챙이 넓은 모자, 세면도구 등을 빠짐없이 챙기도록 한다.

•중량 제한 : 에콰도르 본토와 갈라파고스를 연결하는 국내선에서는 인당 20kg(44파운드) 이내의 가방 한 개만 부칠 수 있고 이와는 별도로 소형 캐리온Carry-On 가방 한 개가 허용된다. 따라서 짐을 요령 있게 잘 싸야만 한다. 그러나 리브어보드 회사를 통

▾ 갈라파고스 바다에 정박해 있는 리브어보드 요트

해 단체 예약을 한 경우 대개 중량이나 개수가 초과되더라도 묵인되는 경우가 많다. 다만 개인적으로 예약해서 체크인하는 경우에는 위의 규정이 엄격하게 적용되므로 주의하도록 한다. 선박의 선실은 한정된 좁은 공간이므로 커다란 하드케이스는 처치 곤란한 경우가 많으므로 소프트 수트케이스나 바퀴 달린 더플백을 사용하는 것이 권장된다.

갈라파고스 리브어보드 다이빙

갈라파고스에서의 다이빙은 얼마 전까지만 해도 리브어보드로만 가능했으나 최근에 다이빙 관련 법률들이 완화되면서 육상으로부터의 다이빙도 가능해졌다. 그러나 갈라파고스 제도 북단의 다윈이나 울프 같은 지역은 거리가 멀어서 데이 트립으로는 다이빙이 불가능하므로 갈라파고스 다이빙을 제대로 즐기려면 역시 리브어보드 승선이 필수적이라고 생각된다. 그러나 갈라파고스에서 랜드 베이스 다이빙이 허용된 이후부터 리브어보드 승선 전이나 승선 후에 갈라파고스에 더 머물면서 추가로 다이빙을 즐기는 다이버들도 많이 생기고 있는 것 같다. 대부분의 다이버들에게 갈라파고스는 평생에 한 번 정도밖에 갈 수 없는 곳이라는 점을 생각한다면 시간만 허용되면 이런 방법도 충분히 고려할 수 있을 것 같다.

갈라파고스에 가 보면 수많은 리브어보드 요트들을 볼 수 있으며, 인터넷을 검색해 보면 역시 크고 작은 많은 갈라파고스 리브어보드들을 찾을 수 있다. 이들 보트들은 항로, 여행 기간, 다이브 포인트, 서비스 수준, 가격 등에 있어서 천차만별이다. 이왕 비싼 항공료와 시간을 투자하여 갈라파고스까지 가서 리브어보드를 타겠다고 결심한 이상 너무 값이 싼 보트만을 찾는 것보다는 어느 정도 수준 이상의 요트를 선택하는 것이 더 나은 선택이 될 것이다.

전 세계 어느 곳이든 리브어보드에서의 생활은 비슷한 점이 많다. 그러나 갈라파고스 리브어보드를 타기 위해서, 또는 갈라파고스에서 리브어보드 다이빙을 즐기기 위해서 알아두어야 할 참고 사항들을 정리하면 다음과 같다.

▲ 갈라파고스의 한 럭셔리 리브어보드의 레스토랑 모습. 고급 리브어보드의 경우 메뉴에 있는 음식을 주문받아 조리하여 웨이터가 서빙해 준다.

(1) 리브어보드 예약

리브어보드 예약은 인터넷을 통해 그다지 어렵지 않게 할 수 있다. 주의할 점은 인터넷을 검색하면 수많은 사이트들이 갈라파고스 리브어보드를 판매한다고 나오지만, 리브어보드 회사에서 직접 운영하는 사이트, 또는 리브어보드 회사들의 연합체가 운영하는 사이트를 통해서 직접 예약하는 편이 훨씬 빠르고 효과적이다.

리브어보드를 선택할 때 가장 중요한 고려 사항은 역시 비용과 일정이다. 최근 들어 10박 이상의 일정으로 갈라파고스에 들어가는 요트들도 생기고 있지만 그래도 아직까지는 많은 갈라파고스 리브어보드들이 7박 8일 일정으로 운항된다. 즉, 일요일 저녁에 출항하면 그다음 일요일 아침에 다시 출발했던 항구로 돌아와 급유와 보급을 받고 같은 날 저녁에 다시 다음 항차航次를 출발하는 방식이다. 보트마다 가격과 출발 요일이 다르므로 자신의 예산과 스케줄에 맞는 요트를 선택하면 된다. 아울러 고려하여야 할 사항이 요트의 항해 루트와 다이빙 포인트들이다. 많은 다이버들이 가급적이면 갈라파고스의 하이라이트에 해당하는 다윈이나 울프 지역이 포함되고 또 이 지역에서 많은 다이빙이 이루어지는 여정을 택한다. 또한 리브어보드 비용에 포함되어 있는 사항과 별도로 비용을 지불해야 하는 사항들도 따져 볼 필요가 있다. 대표적인 것이 나이트록스 비용과 요트 내에서 마시는 음료 비용인데 이것들이 포함되어 있느냐에 따라 실제 비용은 달라질 수 있기 때문이다.

요트를 선택했으면 해당 회사의 홈페이지나 메일을 통해 예약 신청을 한다. 이때 인원과 가능한 일정, 희망하는 선실의 종류 등을 알려 준다. 만일 원하는 요트의 선실이 가능할 경우 각종 안내 자료와 신청서 및 면책동의서, 그리고 입금에 필요한 정보 등이 회신된다. 면책 동의서를 다운로드해 작성한 후 서명하여 팩스나 메일로 보내주고 대금을 지불하면 얼마 후 예약 확정 메일이 날아오게 된다. 대금 지불은 신용 카드나 페이

팔로 가능한 경우가 많지만 더러 지정된 은행 구좌로 송금을 해 주어야 하는 경우도 있다. 리브어보드 예약이 확정될 때까지는 항공편은 예약만 유지하고 발권은 이 확정 통보를 받은 후 하도록 한다. 대부분의 리브어보드에서 자기 회사들과 계약된 갈라파고스 국내선 항공편을 확보하고 있으므로 키토나 과야킬에서 갈라파고스로 들어가는 국내선 항공편은 이들을 통해 예약하는 편이 훨씬 편리하다. 발권과 탑승 수속, 짐 부치기 등을 모두 대신해 주기 때문이다. 예약 과정에서 키토나 과야킬로 들어가는 국제선 항공편 정보를 이들에게 알려 주어야 한다. 또한 국제선 항공편 예약이 변경된 경우 즉시 해당 선박 회사에 이를 통보해 주도록 한다. 면책 동의서를 보내 주지 않으면 예약 진행이 이루어지지 않으며 예약 확정 후 10일 전까지 이 서류가 접수되지 않으면 예약이 취소되는 경우도 있으므로 이 작업은 최대한 빨리 처리해 주도록 한다. 면책 동의서 원본은 요트에 승선할 때 다시 제출해야 하므로 가지고 가도록 한다.

(2) 리브어보드 여행 비용

갈라파고스는 모든 다이버들이 평생 한 번은 꼭 가 보고 싶어 하는 곳이다. 쉽게 가기 어려운 곳인 만큼 비용도 만만치 않다. 탑승하는 요트와 방문하는 시기, 국제선 항공료 등에 따라 비용은 개인별로 차이가 있겠지만, 대략 한국에서 출발하는 기준으로 본다면 약간의 개인 경비를 포함하여 거의 1천만 원 정도까지 예상해야 할 것이다. 중요한 비용 내역은 다음과 같다. 리브어보드 비용을 제외하면 가장 큰 부분은 역시 항공료인데 운이 좋아서 값이 싼 비행기 표를 구할 수 있다면 상당 부분 비용이 절감될 수도 있다.

* 국제선 항공료 : 한국에서 에콰도르까지의 국제선 항공료로 최소 1,200달러에서 최대 4,000달러
* 국내선 항공료 : 에콰도르 본토(키토 또는 과야킬)에서 갈라파고스까지 왕복 평균 500달러
* 리브어보드 요금 : 최소 4,200달러에서 최대 6,300달러
* 에콰도르 2박 체류 비용 : 호텔, 식사, 시내 관광 등 평균 500달러
* 기타 비용 : 갈라파고스 입장료 100달러, 리브어보드 팁(통상 요금의 10% 정도) 500달러 등

(3) 리브어보드 코스

대부분의 갈라파고스 리브어보드들은 매주 일정한 날의 저녁에 산크리스토발, 발트라 또는 산타크루즈 항구를 출항하여 7박 8일 일정을 마치고 그다음 주 같은 요일 아침에 원래의 항구로 돌아온다. 모든 항로와 다이빙 포인트들은 그 전 해에 미리 에콰도르 정부에 신청하여 항해 면허를 받아야만 한다. 따라서 한 번 정해진 항로와 다이빙 포인트들은 1년 내내 변경되지 않는다. 구체적인 항로와 다이브 포인트들은 보트별로 다소의 차이가 있지만, 가장 보편적인 일정은 다음과 같다.

•1일차 : 새로운 승객들이 탑승하고 오리엔테이션, 객실 배정, 장비 셋업, 체크 다이빙이 이루어진다. 체크 다이빙은 항구에서 가까운 지정 수역에서 실시되는데 수심은 대개 5m에서 10m 정도이고 부력 조절을 포함한 전반적인 장비 점검, 그리고 다이버들의 수준 평가가 목적이다. 체크 다이빙 도중에 많은 바다사자들을 볼 수 있다. 저녁 무렵 항구를 출항하여 밤새 첫 다이브 사이트인 이사벨라 섬 동쪽 끝 부분에 있는 '케이프 마르살'로 이동한다.

•2일차 : 오전에 '케이프 마르살'에서 1회의 다이빙을 실시한다. 수중 지형은 거의 직벽이며 만타레이, 마블레이 등이 많은 곳으로 알려져 있다. 이 외에도 운이 좋으면 귀상어나 개복치(몰라몰라)를 볼 수도 있다. 첫 다이빙이 끝나는 대로 이사벨라 섬 반대편에 있는 '빈센트 로카'를 향해 항해를 시작하며 이곳에서 오후 2회의 다이빙을 한다. 이곳은 수온이 매우 차가운 곳으로 다양한 수중 생물을 관찰할 수 있다. 일정이 끝나면 요트는 바로 북상하여 '울프'로 향한다.

•3일차 : '울프'에서 오전 2회, 오후 1회 총 3회의 다이빙이 진행된다. 이곳은 귀상어, 고래상어, 갈라파고스 상어, 실크 상어 등 각종 상어 종류는 물론 만타 등 가오리 종류와 돌고래를 만날 수 있는 갈라파고스의 대표적인 다이브 사이트 중 하나이다. '울프'에서의 일정이 끝나면 다시 북진하여 '다윈'으로 향한다.

•4일차 : '다윈'에서 오전 2회, 오후 1회 총 3회의 다이빙이 이루어진다. '다윈'에서도 역시 귀상어를 포함한 상어 종류들이 주된 목표가 되며 '울프'와 함께 갈라파고스의

내표적인 다이브 사이트로 유명한 곳이다.

•5일차 : '다윈'에서 오전 두 차례의 다이빙을 더 하고 다시 '울프'로 내려와 한 차례의 다이빙을 한다. '울프'에서의 오후 다이빙이 끝나면 바로 요트는 다시 '케이프 마르살' 쪽을 향해 밤을 새우는 항해를 시작한다.

•6일차 : '케이프 마르살'에서 오전 1회 다이빙을 한 후 '로카 블랑카'로 이동하여 이곳에서 오후 두 차례의 다이빙을 실시한다. '로카 블랑카'는 갈라파고스 지역에서도 비교적 최근에 새로 개발된 사이트이다. 한 곳에서 최대 여섯 종류의 다른 상어들을 볼 수 있는 곳으로 유명하다. 오후 다이빙이 끝나는 대로 '쿠진 록'으로 이동한다.

•7일차 : '쿠진 록'에서 오전 1회 다이빙을 하는데 이것이 여정의 마지막 다이빙이 된다. 오전 다이빙이 끝나면 드디어 산타크루즈 섬에 상륙하여 육상 투어를 하고 섬에 있는 식당에서 저녁 식사를 한 후 밤에 다시 요트로 돌아온다. 원할 경우 요트로 돌아가는 대신 섬에서 묵을 수도 있다. 요트는 육상 투어가 진행되는 도중 다음 항차를 위한 급유와 보급을 한 후 늦은 밤에 산타크루즈를 떠나 원래의 모항을 향해 출발한다.

•8일차 : 이른 아침에 원래 출항했던 항구에 귀항한다. 승객들은 비행기 시간에 맞추어 공항으로 안내되는 것으로 모든 일정이 마무리된다.

▲ 예정된 다이빙을 마치고 블루에서 SMB를 쏘아 올린 채 안전 정지를 하고 있는 다이버

▼ 다이빙에 앞서 다이브 마스터가 다이빙 계획을 브리핑하고 있다.

갈라파고스 리브어보드 다이빙 절차

리브어보드마다 약간의 차이는 있을 수 있겠지만, 일반적으로 갈라파고스 리브어보드에서 다이빙이 진행되는 순서를 설명하자면 다음과 같다.

(1) 브리핑 : 아침에 정해진 시간에 일일 브리핑이 진행된다. 이때 그 날의 다이빙 장소와 위치, 수중 지형, 다이빙 방법, 주의 사항, 예상되는 해양 생물 등의 정보가 제공된다.

(2) 셋업 및 준비 : 브리핑이 끝나면 다이빙 덱으로 이동하여 각자 자신의 자리로 가서 나이트록스 탱크의 산소 비율을 측정하고 호흡기를 셋업한 후 공기압을 체크한다. 측정된 산소 비율과 공기압은 다이빙 때마다 비치된 장부에 기재하고 사인한다. 아울러 다이브 컴퓨터의 FO2 값도 조정해 준다. 행거에서 자신의 수트를 찾아 입고, 웨이트 벨트 박스에서 자신의 벨트를 찾아 착용한다. 후드와 장갑, 컴퓨터도 착용하고 마스크를 챙겨 목에 건다. 이 때 BCD의 공기를 완전히 빼내어 입수에 대비한다.

(3) 승선 : 가이드의 지시에 따라 장비를 메고 조별로 팡가에 탑승한다. 팡가에 탑승할 때는 양손에 아무것도 들고 있지 않도록 한다. 팡가 탑승은 한 줄로 서서 한 사람씩 천천히 하는데 다이빙 덱에서 팡가로 탑승하기 전에 스태프들이 최종 장비 점검과 공기탱크 개방 여부를 일일이 확인한다. 전원 탑승이 끝나고 핀 박스가 실리면 자신의 핀을 찾아 착용한다. 아울러 카메라도 개별적으로 전달되므로 챙겨 둔다.

▼ 다이빙을 마친 다이버들이 팡가를 타고 다시 본선으로 돌아오고 있다.

(4) 입수 : 팡가가 포인트에 접근하면 가이드의 지시에 따라 마스크와 호흡기를 착용하고 입수 준비를 갖춘 후 가이드의 콜에 따라 일제히 입수한다. 사이트와 수면, 조류 상태에 따라 입수 방법은 달라질 수

있으며 사전에 가이드가 정해 준 방식대로 입수한다. 갈라파고스 수역은 조류가 심해서 네거티브 엔트리 방식으로 입수하는 경우가 대부분이므로 미리 BCD의 공기를 입으로 빨아 완전히 제거해서 신속하게 하강할 수 있도록 한다. 반대로 포지티브 엔트리 방식의 입수인 경우 BCD에 공기를 조금 넣어 둔다. 가이드가 지정한 위치에 도달하면 이상 유무를 재확인하고 버디와 가이드 위치를 확인한다. 가이드의 지시에 따라 수중 집합 장소를 출발하여 다이빙을 진행한다.

(5) 상승 및 출수 : 다이빙이 끝나면 가이드를 따라 서서히 상승하여 5m 수심에서 3분간 안전 정지를 실시한 후 수면으로 올라온다. 만일 가이드로부터 이탈한 경우 버디와 함께 블루 쪽으로 나가서 안전 정지를 한 후 상승한다. 대기하고 있는 팡가로 접근하여 카메라와 웨이트 벨트를 스태프에게 넘겨준다. 그다음 BCD를 벗어 팡가로 전달한다. 팡가의 로프를 잡고 힘껏 핀 킥을 하면서 보트 위로 넘어 승선한다. 팡가에 오르면 핀을 벗어 박스에 넣는다. 카메라는 팡가 바닥에 놓아 둔다.

(6) 본선 귀환 : 팡가가 본선에 도착하면 카메라, 핀 등은 그대로 남겨 두고 마스크와 컴퓨터만 챙겨서 본선에 승선한다. 이때도 양손에는 아무것도 들지 않아야 한다. 본선에 승선하면 수트를 벗어 수조에 넣어 둔다. 수트는 이후 스태프들이 세척하여 행거에 걸어두게 된다. 카메라 또한 스태프들이 별도로 회수하여 지정된 세척조에서 세척한 후 카메라 테이블에 갖다 두게 된다. 다이빙 덱에서 따뜻한 물로 간단히 샤워하고 지정된 타월 랙에서 자신의 타월을 꺼내 물기를 닦고 바로 다이빙 덱을 떠난다. 이번 다이빙에서 사용한 공기탱크는 귀환 즉시 다음 다이빙을 위해 충전해야 하므로 이 작업을 방해하지 않기 위해서다.

갈라파고스 다이빙 특징

갈라파고스에서는 여유 있게 유영을 즐기는 편안한 다이빙은 없다. 최근에 갈라파고스에서도 다이브 센터를 통해 육상에서 출발하는 랜드 베이스 다이빙이 생겼지만, 갈라파고스에서 리브어보드 다이빙을 했다면 강한 조류를 뚫기 위해 죽어라 핀 킥을 하거나, 조류에 휩쓸려 나가지 않기 위해 바위를 단단히 붙잡고 고래상어나 몰라몰라 등이 나타나기를 하염없이 기다리거나, 강한 조류에 실려 씽씽 지나가는 바람 소리를 들으며 드리프

▲ 갈라파고스의 바다는 항상 강한 조류가 다이버들을 괴롭힌다. '다윈'의 한 포인트에서 양손으로 커다란 바위를 필사적으로 붙잡고 강한 조류를 버텨내고 있는 다이버. 다이버로부터 나오는 호흡 거품이 위로 올라가지 못하고 거의 90도 각도로 쏠릴 정도로 조류의 파워는 막강하다.

▼ 갈라파고스에서 다이브 포인트로 이동하는 수단으로는 고무로 만든 소형 스피드 보트인 '팡가'를 사용한다. 고무 재질의 팡가는 유연성이 뛰어나서 단단한 재질의 보트보다 파도가 높은 갈라파고스 바다에서 더 유리하다.

팅을 하거나, 전후 좌우 상하로 파란 색 외에는 아무것도 레퍼런스가 없는 깊은 블루 워터에서 무언가를 찾아 헤매는 네 가지 경우 중 하나일 것이다. 따라서 갈라파고스는 초보자를 위한 곳이 아니다. 조류나 찬물 다이빙 경험이 있고 적어도 50로그 이상의 경험이 있어야만 가능하다. 대부분의 리브어보드들이 공식적으로는 25로그 이상의 경험을 필수 조건으로 요구한다. 그러나 필자의 견해로는 적어도 100로그 정도의 경험을 쌓은 후 갈라파고스를 찾아야 진정한 이곳의 다이빙을 즐길 수 있을 것으로 생각한다. 갈라파고스 다이빙에서 알아 두어야 할 점들은 다음과 같다.

(1) 파도와 조류

험한 파도와 강한 조류는 갈라파고스 바다와 뗄 수 없는 관계를 가진다. 수면에는 항상 파도나 서지가 넘실거리고 수중에는 강한 조류가 다이빙마다 기다리고 있다. 갈라파고스의 조류는 팔라우나 발리, 투바타하에서처럼 한 방향으로만 흐르는 것이 아니고 수시로 방향이 바뀌며 두 개 이상의 조류를 한꺼번에 맞는 경우도 있다. 아무리 조심해도 조류에 휩쓸려 불가피하게 일행과 떨어지는 경우가 생긴다. 하강한 후에는 조류에 휩쓸리지 않기 위해 바위를 붙잡고 버티는 경우가 많다. 따라서 갈라파고스 다이빙에서는 장갑 착용은 필수이고, 낙오되는 경우를 대비해서 호각과 마커 부이는 물론, 다이브 알럿(BCD의 공기를 이용해서 수중이나 수면에서 큰 경보음을 내주는 장치), 점멸식 미니 플레셔, 반사 거울 등을 다이빙마다 소지해야 한다. 또한 비상시 보트의 브리지에 조난 신호를 보낼 수 있는 장치와 GPS를 이용하여 조난 위치를 전송하는 장치를 다이빙 때마다 휴대해야 하는데 이 장치들은 요트 측에서 준비해서 오리엔테이션이 끝나면 버디 조별로 한 세트씩 지급한다. 시야는 그때그때 바다 상황에 따라 수시로 변하는데, 좋을 때는 20m 이상이 확보되는 경우도 있지만, 대개의 경우에는 5m에서 12m 정도에 불과한 경우가 많다.

(2) 수온과 부력 조절

비록 갈라파고스가 적도에 바로 위치하고 있기는 하지만 변화 무쌍한 조류와 엘리뇨 현상 등으로 인해 수온이 매우 차갑다. 지역에 따라서는 6월에도 섭씨 13도까지 내려가는 경우도 있다. 7밀리 수트 또는 드라이수트, 부츠, 장갑, 후드까지 갖추고 조류를 뚫고 빠른 속도로 하강하려면 평소와는 다른 부력 세팅이 필요하다. 특히 입수하자마자 빠른 속도로 바닥까지 내려가는 네거티브 엔트리 방식이 주로 사용되기 때문에 웨이트는 정확한 부력보다 조금 더 넉넉하게 달고 들어가는 것이 안전하다. 따라서 첫날의 체크 다이빙은 절대 필수이다. 카메라를 포함한 모든 장비를 풀로 착용하고 알맞은 부력을 맞추도록 한다. 적당한 부력점을 찾았다면 거기에 1kg에서 2kg 정도를 추가하는 것을 권한다.

(3) 입수

리브어보드에서의 다이빙은 대개 작은 다이빙 전용 스피드 보트를 이용하여 실시된다. 갈라파고스에서는 이 보트를 팡가Panga라고 부른다. 갈라파고스의 팡가는 모두 고무보트이다. 험한 파도 위를 넘어 다이브 포인트까지 이동하려면 단단한 목재나 합성수지로 만든 보트보다는 고무보트가 유연성이 있어서 더 유리하기 때문이다. 작은 보트이기 때문에 입수는 항상 백롤 방식으로 한다. 간혹 수면이 잔잔한 경우에는 포지티브 엔트리 입수로 일단 수면 위에서 이상 여부를 확인한 후 함께 하강하는 경우도 있지만, 거의 대부분 거친 파도와 강한 조류 때문에 네거티브 엔트리 방식으로 떨어진다.

갈라파고스식 네거티브 엔트리 입수의 요체는 하강 도중 조류에 휩쓸려 일행과 떨어지지 않도록 최대한 빠른 속도로 바닥까지 내려가서 단단한 바위를 붙잡는 것이다. 따라서 중성 부력을 맞춘 웨이트에 약간의 추가 중량을 더 다는 편이 낫다고 생각된다. BCD에는 디플레이터 단추를 완전히 누른 후에도 약간의 공기가 남아 있고 이 잔류공기가 부력을 발생시켜서 빠른 하강을 방해한다. 따라서 입수 전에 BCD의 디플레이터 버튼을 누른 상태에서 입으로 공기구멍을 강하게 빨아 BCD에 남은 공기를 완전히 빼내야 한다. 필자는 처음에 이것을 모르고 그냥 들어가서 너무 천천히 내려가는 바람에 일행들과 떨어져 조난당할 뻔했는데 이 방법을 나중에야 알았다.

평소 손을 코에 대지 않고 압력 평형Equalizing을 하는 연습을 해 두는 것이 좋다. 압력 평형이 잘 되지 않아 귀가 아프면 하강을 중지하거나 조금 상승하여 압력 평형이 이루어진 후에 다시 하강을 계속해야 하는 것이 원칙이지만, 그러다 보면 강한 조류로 인해 가이드와 일행들로부터 멀리 떨어져 낙오될 것이 분명하고 그것은 곧 그 다이빙을 바로 포기해야만 한다는 의미가 된다. 이런 이유로 갈라파고스에서는 입수 도중 압력 평형이 잘 안 되어도 바닥까지 일단 그냥 내려가는 경우가 더러 생기며 이 때문에 일정 중에 귀에 이상이 생겨 어쩔 수 없이 중간에 다이빙을 포기하는 다이버들이 종종 나타나곤 한다.

가이드의 카운트가 떨어지면 지체없이 물로 뛰어든다. 만일 잠시 머뭇거리다 타이밍을 놓치면 혼자 다이빙을 포기해야 하거나 아니면 이미 들어간 전원이 다시 출수해서 처음부터 다시 입수 절차를 시작해야만 한다. 단 몇 초 정도만 늦게 들어갔다가는 이미 다른 일행들은 보이지도 않을 정도로 저 멀리에 가 있을 것이다. 따라서 입수 직전에는 정신

▲ 거친 조건의 다이빙이 이루어지는 갈라파고스에서는 가이드의 역할이 절대적이다. 법률에 의해 가이드 없는 다이빙은 허용되지 않으므로 가이드를 놓치게 되면 즉시 다이빙을 중지하고 출수해야 한다. 다이브 포인트의 가장 높은 위치에 있는 바위에 자리를 잡고 모든 다이버들을 지켜보고 있는 여성 다이브 가이드의 모습. 바위의 틈을 붙잡고 몸을 숙여 조류를 피하고 있는 자세가 역시 안정적이다.

▼ 하강을 마친 후 바닥의 바위를 붙잡고 귀상어나 고래상어가 나타나기를 기다리고 있는 다이버들

을 단단히 차리고 있어야만 한다. 백롤로 떨어지는 즉시 머리가 아직 아래에 있을 때 바로 핀 킥을 시작해서 최대한 빠른 속도로 하강한다. 내려갈 때 우물쭈물하다가는 강한 조류에 휩쓸려 저 멀리에 착지하게 되고 그러면 조류를 안고 바닥을 기어서 일행과 합류해야 하는 가혹한 처벌이 기다리게 된다. 바닥에 닿으면 주변의 단단한 바위를 양손으로 꽉 붙잡아야 한다. 필자는 처음에 멋모르고 한 손으로만 잡고 있다가 갑자기 반대 방향에서 때리는 조류로 인해 튕겨 나갈 뻔했다. 조류가 여러 방향에서 교대로 몰아치므로 조류걸이는 대개 그다지 유용하지 않다. 주변을 살피기 위해 고개를 돌릴 때는 조심해야 한다. 자칫 예상치 못한 강한 조류로 인해 마스크가 벗겨져 날아가버리는 사태가 생길 수 있기 때문이다.

(4) 다이빙 진행

일단 전원이 일정 지역에 낙하에 성공해서 바위를 잡고 있는 것이 확인되면 그때부터 가이드의 신호로 다이빙이 시작된다. 대개의 경우 조류를 타고 서서히 하강하면서 일정 거리를 이동하여 목표 지점에 도달하는 방법이 사용되지만, 경우에 따라서는 어느 정도 조류를 뚫고 가야 하는 경우도 있다. 이때는 그야말로 죽을 힘을 다해 핀을 차야 한다. 혹시 바닥에 바위가 있는 지형이라면 바위를 손으로 교대로 잡으면서 앞으로 기어가듯 진행하는 것이 좋다. 모랫바닥인 경우에는 장갑을 낀 손가락을 모랫바닥에 교대로 박아 가며 전진한다. 특히 위험한 곳이 코너를 돌 때이다. 꼭짓점을 지나자마자 다른 방향에서 조류가 몰아치기 때문이다. 이때는 가이드를 따라서 말 그대로 바닥을 기어야 한다. 낮은 포복 자세로 몸을 최대한 낮추고 양손으로 바닥을 잡고 한 걸음씩 전진해서 돌도록 한다.

갈라파고스의 다이브 가이드들은 일반적인 다이브 마스터 자격 외에 에콰도르 정부에서 특별한 교육을 받고 네추럴리스트 자격증을 얻은 사람만이 가이드를 할 수 있다. 갈라파고스에서는 관련 법에 의해 자격을 갖춘 가이드가 동반하지 않으면 다이빙할 수 없다. 가이드로부터 혼자 떨어져 낙오된 경우 더 이상 다이빙을 진행하지 못하고 바로 출수해야 하는 이유도 여기에 있다. 또한 다이버들은 가이드보다 앞으로 나가서는 안 되며 항상 가이드 뒤를 따르고 수중에서 지시하는 대로 따라야만 한다. 이 규칙은 다이빙할 때에는 물론이고 섬에 상륙하여 투어를 하는 경우에도 똑같이 적용된다. 갈라파고스에서는 절대 가이드로부터 떨어지지 말고, 항상 따라다니고, 가이드 하는 대로 따라 하는 착한 다이버가 되도록 하자.

(5) 낙오된 경우의 조치 방법

갈라파고스에서 다이빙을 해 보면 버디가 얼마나 중요한지 절감하게 된다. 무슨 일이 있어도 버디와 떨어지지 않도록 한다. 만일 조류나 시야의 문제로 일행과 떨어져 고립되었다는 것이 확인되면 더 이상 다이빙을 진행할 수 없으며 바로 버디와 함께 출수를 시작한다. 아무 것도 보이지 않는 블루에서 홀로 외롭게 안전 정지를 하는 것은 그다지 유쾌한 경험이 아닐 것이다. 더군다나 인상이 험악한 커다란 상어들이 무리를 지어 내 주위를 빙글빙글 돌며 접근한다면 3분의 안전 정지 시간이 꽤 괴로운 시간이 될 수도 있다. 그래도 버디와 함께라면 훨씬 심리적으로 안정된 상태로 안전 정지를 마칠 수 있을 것이다. 안전 정지가 끝나면 천천히 수면으로 올라와서 팡가가 건져 주기를 기다리면 된다. 갈라파고스의 팡가 보트 드라이버들은 높은 파도 속에서도 떠오른 다이버들을 귀신같이 찾아내므로 너무 걱정할 필요는 없다. 실제로 다윈이나 울프 지역에서 다이빙을 하다 보면 혼자 또는 버디와 함께 일행에서 고립되어 따로 구조되는 경우가 그리 드물지 않게 일어난다. 특히 다윈에서의 첫 다이빙에서는 아직 세찬 조류에 적응되지 못한 다이버들이 예정 시간의 절반도 못 채우고 거의 모든 버디 그룹들이 산산이 흩어져서 출수하는 불상

▲ 갈라파고스의 다이빙은 대개 30m 내외의 깊은 수심에서 자리를 잡고 대형 해양 생물이 나타나기를 기다리는 형태가 많아서 대부분의 다이버들이 무감압 한계 시간을 늘리기 위해 일반 압축 공기보다는 나이트록스를 사용한다. 다이버 별로 두 개의 탱크가 배정되어 원하는 탱크를 사용할 수 있도록 배치해 놓은 한 리브어보드의 다이빙 덱. 좌측의 초록색 캡이 씌워져 있는 탱크가 나이트록스 탱크이고 우측은 일반 압축 공기탱크이다.

▼ 갈라파고스에서는 강한 조류와 그리 좋지 않은 시야 등의 이유로 가이드나 일행으로부터 떨어져서 홀로 낙오되는 경우가 생각보다 자주 발생한다. 이런 경우를 대비해서 SMB, 호각 등의 안전 장구를 다이빙마다 반드시 휴대해야 한다. 사진 오른쪽 아래의 튜브가 달린 물건은 조난되었을 때 다이버의 위치를 알려주는 조난 신호 장치로 리브어보드에서 다이버들에게 빌려준다.

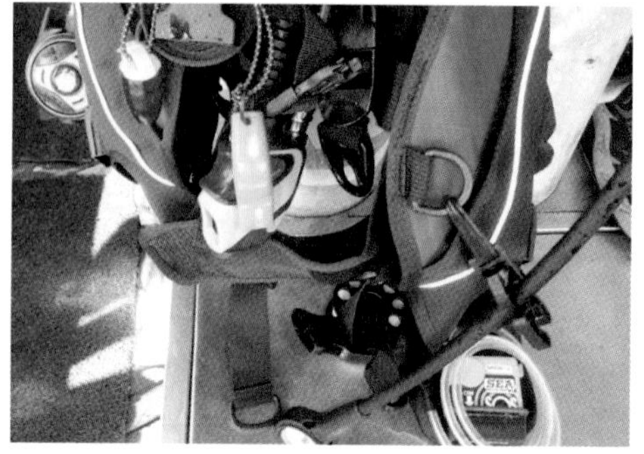

사가 흔히 발생한다. 마커 부이와 호각은 반드시 휴대하도록 하고 소시지를 평소 많이 사용해 보지 않았다면 갈라파고스에 오기 전에 충분히 연습해 둘 것을 권한다.

일행과 낙오되어 홀로 출수해야 하는 경우에는 반드시 벽Wall 쪽이 아닌 깊은 블루 쪽으로 나가서 해야 한다. 벽에 너무 가깝게 출수하면 세찬 서지로 인해 팡가 보트의 접근이 불가능할 수 있기 때문이다. 강한 하강 조류Down Current를 만나면 당황하지 말고 BCD에 공기를 조금 넣고 핀 킥을 하면서 서서히 빠져나온다. 그러나 이 경우 하강 조류가 멎으면 BCD에 들어 있는 공기로 인해 급상승하는 사고가 생길 우려가 있으므로 언제든지 공기를 빼낼 수 있도록 왼손은 계속 디플레이터 버튼을 잡은 상태로 올라간다. 더러 약한 하강 조류를 만나는 경우가 있는데, 이때는 대부분의 다이버들은 자신이 점점 깊이 들어가고 있다는 것을 잘 느끼지 못한다. 갑자기 여기저기에서 컴퓨터의 나이트록스 한계 수심 경보음이 울리기 시작하면 이런 상황이 벌어진 것이다. 이때는 서서히 핀 킥을 하면서 컴퓨터를 보며 올라가면 된다.

(6) 나이트록스Nitrox

갈라파고스에서는 일반 압축 공기보다는 나이트록스가 많이 사용된다. 깊은 수심에서 오랜 시간 동안 머물며 고래상어나 귀상어 떼를 기다리는 경우가 많기 때문이다. 일부 리브어보드에서는 나이트록스가 무료로 제공되기도 하고 또 다른 보트에서는 어느 정도 요금을 받고 제공하기도 하지만 설사 유료인 경우라도 나이트록스를 사용하는 것이 좋다. 모두들 알고 있는 사실이지만, 나이트록스로 다이빙할 때는 혼합된 산소의 비율에 따른 한계 수심MOD; Maximum Operating Depth을 잘 확인하고 이를 넘기지 않도록 주의해야 한다. 매 다이빙 전에 비치된 아날라이저를 사용하여 탱크 안에 들어 있는 산소의 혼합 비율을 측정하고 확인하여 장부에 기재하고 서명하야 한다. 만일 표준 비율인 32%에서 너무 밑돌거나 높으면 가이드에게 알려서 블렌더의 배합 비율을 조절하도록 한다. 측정된 산소 비율에 맞추어 다이브 컴퓨터의 FO2 값도 조정한다.

(7) 갈라파고스 다이빙 규칙

리브어보드에서의 다이빙 룰은 어디에서든 큰 차이는 없지만, 특히 갈라파고스는 지역 특성상 몇 가지 주의해야 할 규칙들이 있으므로 반드시 준수하도록 한다.

•입수는 전원이 동시에 실시해야 하므로 타이밍을 놓치지 않도록 한다. 또 다이빙 중에는 가이드를 추월해서 먼저 나가지 않도록 하며, 일행들과 같은 수심을 유지한다.

•갈라파고스 수역 안에서는 어떤 것도 만질 수 없다. 조류에 휩쓸리지 않기 위해 산호가 아닌 바위를 잡는 것은 허용되지만 돌 밑에 있는 생물체를 확인하기 위해 돌을 들어 올리는 행위는 금지된다. 바위를 붙잡기 전에 그곳에 모레이 일이나 스콜피온 피시와 같은 위험한 생물이 없는지 반드시 확인하도록 한다.

•해양 동물에 2m 이내로 가깝게 접근하거나 추격할 수 없다. 갈라파고스에서 유일하게 추격이 허용되는 동물은 고래상어뿐이다. 만일 동물이 자신에게 접근하는 경우에는 움직이지 말고 가만히 동물이 통과할 때까지 기다린다.

•동물을 향해 사진을 촬영할 경우에는 원칙적으로 플래시를 사용할 수 없다.

•팡가에 승선하거나 하선할 때는 양손에 아무것도 들지 않는다.

•갈라파고스에서는 하루 최대 3회까지만 다이빙이 허용되며 그것도 일몰 전에만 가능하다. 안전과 수중 환경 보호를 위해 야간 다이빙은 허용되지 않는다.

•갈라파고스에서는 자격을 갖춘 가이드의 인솔이 없으면 다이빙할 수 없다. 따라서 다이빙 도중 가이드를 놓친 경우에는 즉시 다이빙을 중지하고 출수하여야 한다.

갈라파고스 지역 다이브 포인트

(1) 중부 갈라파고스Central Galapagos 지역

•카보 마르살Cabo Marshal : 산크리스토발 섬에서 북서쪽으로 약 210㎞ 정도 떨어진 곳에 있는 포인트이다. 이 포인트는 무엇보다도 만타레이로 유명한 곳이다. 많은 만타들이 이곳에서 먹이 활동을 하거나 클리닝 스테이션에서 몸단장을 한다. 대개의 경우 다이빙 도중 만타레이를 만나게 되지만 설사 운이 없어서 만타를 보지 못

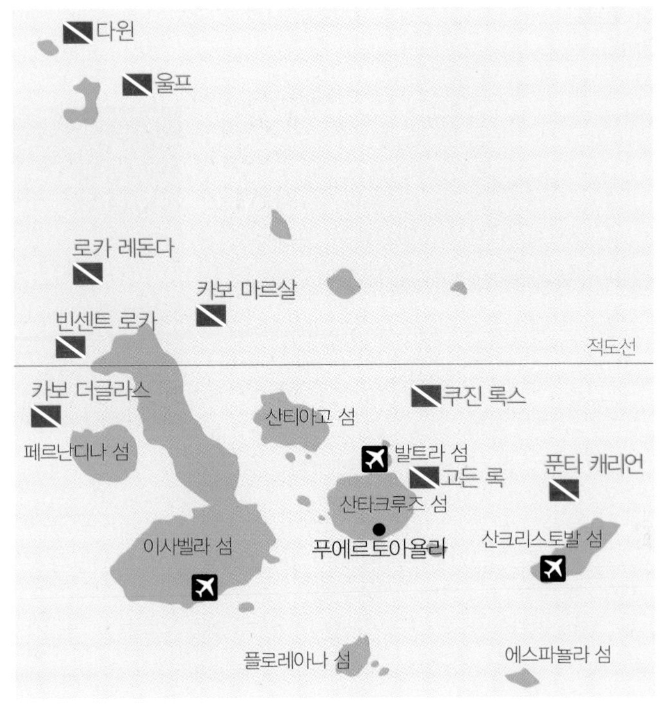

▶ 갈라파고스 지역의 주요 다이브 사이트

하더라도 화이트팁 상어, 귀상어, 거북이, 바다사자 등을 볼 수 있다. 입수는 수심 약 10m 정도의 평평한 바위 바닥 위로 떨어지는데 이 바위는 벽으로 이어져서 수심 30m 이하의 깊이까지 떨어진다. 그러나 이 포인트는 만타를 목표로 하고 있는 만큼 실제로는 아주 깊은 곳까지 내려가지는 않는다. 대부분 적당한 수심에서 조류를 피할 수 있는 위치를 찾아 자리를 잡은 후 블루 쪽을 향해 만타를 기다리는 형태의 다이빙이 이루어진다. 이 지역에 나타나는 만타는 흔히 '자이언트 만타'라고 불리는데 날개의 길이가 4m에 이르는 거대한 녀석들이다. 만타레이 외에도 모불라레이(머리 쪽에 뿔 같은 것이 나와 있어서 '데블레이' 라고도 불린다)나 이글레이들이 떼를 지어 나타나기도 한다.

• 쿠진스 록Cousin's Rock : 바르톨로메 섬의 북쪽 끝에 있는 산티아고로부터 동쪽으로 조금 떨어진 곳에 위치한 포인트이다. 이곳은 갈라파고스 지역에서도 비교적 최근에 개발되었지만 많은 다이버들로부터 인기를 얻고 있는 포인트이기도 하다. 갈라파고스 제도의 먼 바다 쪽에 있는 대부분의 포인트들이 거친 바위들로만 이루어진 반면

▲ '카보 마르살'은 클리닝 스테이션이 있어서 항상 만타레이를 비롯한 대형 어류들이 자주 나타나는 곳이다. 특히 이곳의 사진과 같이 만타는 날개 길이가 4m가 넘는 대물들이 많다.

▼ '쿠진스 록'은 아름다운 리프가 있는 곳이어서 대형 어류들과 함께 예쁜 마크로 생물들도 만나 볼 수 있는 갈라파고스에서는 다소 특이한 포인트이다.

이 '쿠진스 록'은 산호로 뒤덮인 아름다운 바위들로 이루어져 있기 때문이다. 따라서 이 포인트에서는 다양한 대형 해양 어류들 외에도 작고 아름다운 마크로 생물들도 찾아볼 수 있는 특징이 있다. 수면 위로는 삼각형 모양의 뾰족한 바위들이 수면 위 약 10m 높이까지 솟아있는데 수중으로 이어지면서 북쪽과 서쪽은 가파른 경사의 직벽으로, 그리고 동쪽으로는 완만한 경사의 슬로프로 이어진다. 반면, 남쪽으로는 여러 개의 거대한 바위들이 모여 있는데 바위들 사이는 좁은 채널이 형성되어 있다. 바위 주변에는 수많은 크레바스와 오버행들이 있어서 작은 생물들이 포식자들로부터 몸을 숨기기 쉬운 형태를 이루고 있다. 많은 리브어보드들이 모든 일정을 마치고 돌아오는 길에 마지막으로 들르곤 하는 곳이 이 '쿠진스 록'인데 거칠고 험악한 갈라파고스 다이빙에 지친 다이버들에게 이곳은 아름답고 평화로운 느낌을 주는 마크로 다이빙을 즐길 수 있는 기회를 제공한다. 이곳의 바위틈과 리프에서 자주 발견되는 해양 생물로는 다양한 종류의 호크 피시, 갯민숭달팽이, 프로그 피시, 갈라파고스 해마 그리고 거북이 등이 있다. 블루 쪽으로는 만타레이, 갈라파고스 상어, 귀상어, 그리고 바라쿠다 떼들이 자주 목격된다. 또한 이글레이들이 떼를 지어 편대 비행을 하는 모습도 자주 발견되는 곳이기도 하다. 안전 정지를 하고 있을 때면 바다사자들이 나타나 다이버들 주변을 맴돌면서 재롱을 떠는 모습을 자주 볼 수 있다.

• 푼타 캐리언Punta Carrion : 산크리스토발에서 85km 정도 떨어진 곳으로 이타바카 해협과 발트라 섬 사이에 위치한 포인트이다. 위치적 특성으로 인해 갈라파고스 리브

어보드들이 '다윈' 쪽으로 이동하면서 들르는 맨 첫 다이브 포인트인 경우가 많다. 물론 출항하기 직전에 체크 다이빙을 하기는 하지만, 대개 항구 주변의 얕은 물에서 실시되기 때문에 엄밀한 의미에서 갈라파고스에서의 첫 다이빙이라고 말하기는 어렵고 이곳에서의 다이빙이 사실상 첫 갈라파고스 다이빙이 되는 셈이다. 따라서 다이버들은 이 포인트에서 갈라파고스 다이빙에 대한 전반적인 감각을 얻게 마련이다. 입수는 대개 네거티브 엔트리로 바로 하강을 해서 약 8m 정도의 수심에서 만나 본격적인 다이빙을 시작하게 된다. 대부분의 다이빙은 12m에서 18m 사이의 수심에서 바위벽과 블루 사이의 지점에서 이루어진다. 바다사자가 많은 곳이지만 특히 이 포인트는 모불라레이들이 많이 나타나는 곳으로도 잘 알려져 있다. 갈라파고스 상어와 귀상어들도 자주 출현하며 대규모의 바라쿠다 떼들도 간혹 출현한다.

•푼타 빈센트 로카Punta Vincent Roca : 갈라파고스에서의 다이빙이 차가운 수온으로 악명이 높은데 그 대표적인 곳이 바로 이 '빈센트 로카'이다. 이사벨라 섬의 북동쪽 끝 지점에 위치한 이 포인트의 수온은 20도를 넘는 경우가 거의 없어서 입수하자마자 마치 얼음물에 뛰어드는 듯한 엄청난 한기가 온몸을 뒤덮는다. 이곳에 들어가기 위해서는 가지고 간 모든 보온 장비들을 총동원하는 것이 좋다. 후드는 기본이고 가지고 있는 모든 수트들을 겹쳐서 입는 다이버들이 많다. 차가운 물 속에서의 다이빙은 아무래도 고통스럽기 마련이지만 '빈센트 로카'는 그 고통 이상의 보상을 받을 수 있는 곳이다. 이곳에는 찬물을 좋아하는 몰라몰라도 자주 출현한다. 바닥의 수심은 대략 18m에서 22m 정도인데 모랫바닥에서 희귀한 붉은 입술 뱃 피시Red-Lipped

▲ '빈센트 로카'의 모랫바닥에서 간혹 발견되는 붉은 입술 뱃 피시Red-Lipped Batfish

▼ '푼타 캐리언'의 대규모 바라쿠다 떼
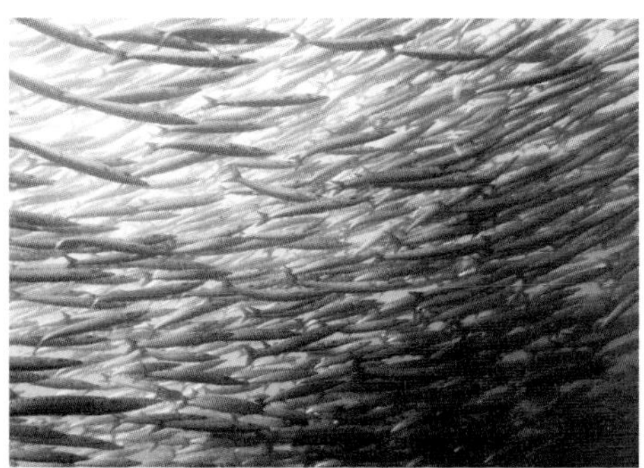

Batfish를 목격할 수 있다. 다이브 라이트를 비춰 보면 선명한 빨간 색의 입을 확인할 수 있다. 조금 수심을 높여서 바위 쪽으로 접근하면 스파이더 크랩이나 랍스터를 찾아볼 수 있으며 바위틈에는 클리닝 새우들이 모여 있는 것도 볼 수 있다. 조금 손이 시리겠지만 장갑을 벗은 맨손을 바위틈에 집어 넣으면 이 녀석들은 주저 없이 피부에 달라붙어 각질 제거 작업을 시작한다. 한편 모래밭과 바위틈이 만나는 곳에서는 갈라파고스 불헤드 상어를 만날 수도 있다. 마치 레오파드 상어처럼 등에 얼룩무늬가 있는 이 작은 리프 상어는 머리 부분에 뿔이 나 있어서 뿔 상어라고도 불린다. 안전 정지를 위해 얕은 수심으로 올라오면 바다사자들이 접근해서 장난을 걸어오곤 한다. 주변에는 복어 종류들도 많이 있는데 장난기 많은 바다사자들이 하도 귀찮게 건드리는 바람에 이들을 피하기 위해 온몸에 바람을 잔뜩 넣어 동그란 몸집으로 돌아다니는 우스운 모습을 볼 수 있다.

•로카 레돈다Roca Redonda : 이 포인트 역시 이사벨라 섬의 서쪽 지역에 위치한 곳이어서 '다윈'이나 '울프' 지역에 비하면 현저하게 수온이 낮은 곳이다. 따라서 이곳에 들어가기 전에도 충분한 보온 조치를 취해야 한다. 가지고 있는 수트 중에서 가장 두꺼운 곳을 골라 입고 후드도 반드시 쓰도록 한다. 수중에는 상승 조류와 하강 조류가 반복되는 이른바 세탁기 조류가 있어서 다이빙도 꽤 어려운 곳이다. 입수하자마자 최대한 빠른 속도로 바닥까지 내려가서 바위를 꽉 붙잡고 버티는 것이 매우 중요하다. 바위틈에 자리를 잡을 때는 다른 다이버들의 핀 킥에 얼굴을 맞지 않도록 어느 정도 이상의 간격을 두고 은신처를 정하는 것이 좋다. 다른 다이버들보다 늦게 바닥에 도착한 경우에는 이미 자리를 잡은 다이버들 뒤쪽으로 가도록 한다. 이 지역은 아직도 화산 활동의 영향을 받고 있는 곳이어서 바닥으로부터 거품이 올라오는 모습을 볼 수 있다. 장갑을 벗어 이 거품을 만져 보면 매우 온도가 높은 것을 알 수 있다. 이곳 또한 많은 수의 귀상어들과 다른 대형 어류들이 흔한 곳이다. 그러나 이 포인트의 주인은 많은 수의 갈라파고스 상어들이다. 배 쪽은 흰색을 띄고 등 쪽은 비단처럼 부드러운 느낌의 회색 피부로 이루어진 이 미끈한 상어는 더러 상당히 난폭한 모습을 보이기도 한다. 특히 안전 정지를 하고 있을 때 다이버들의 주변을 매우 가까운 거리까지 접근해서 빙글빙글 돌 때는 적지 않은 공포심이 들기도 한다. 특히 일행과 떨어져 혼자 안전 정지를 하고 있을 때 이런 상황을 만나면 당장 안

전 정지를 포기하고 수면으로 올라가고 싶은 유혹을 느끼게 된다. 안전 정지를 마치고 리프에서 조금 떨어진 블루에서 수면으로 올라올 때에 수면 부근에서 갑작스러운 하강 조류가 발생하곤 하기 때문에 항상 핀 킥을 할 준비를 한 상태로 출수하는 것이 좋다.

•고든 록Gorden's Rock : 갈라파고스 제도 중부 지역에서 꽤 많이 알려진 포인트이다. 산크리스토발에서 북서쪽으로 약 80㎞ 정도 떨어진 곳에 플라자 섬이라는 작은 섬이 있는데 이 포인트는 이 섬의 북쪽에 해당한다. 대부분의 갈라파고스 섬들과 마찬가지로 이 섬 또한 화산 활동으로 만들어진 것이며 섬 가운데에 직경 100m 정도의 분화구가 아직도 남아 있다. 갈라파고스의 많은 다른 포인트들과 마찬가지로 이곳 역시 초보 다이버들에게는 적합하지 않은 꽤 어려운 조건을 가지고 있다. 수면에는 강한 파도와 서지가 있고 수중에는 변화무쌍한 강한 조류들이 있어서 현지에서는 '워싱머신'이라고도 부른다. 대개 이렇게 거친 곳에는 이런 환경을 좋아하는 대형 어류들이 많이 나타나게 마련이다. 이곳에 출현하는 귀상어들은 대개 덩치가 매우 큰 편으로 알려져 있으며 이 외에도 갈라파고스 상어, 만타레이, 이글레이 등도 자주 출현한다. 특히 이곳의 주변에는 바다사자들이 많이 서식하는 곳이기 때문에 이 재롱둥이들을 다이빙 도중에도 자주 만날 수 있다.

▲ 모래밭의 작은 바위틈에 머리를 숨기고 있는 갈라파고스 불헤드 상어. 이 작은 몸집의 상어는 얼핏 레오파드 상어나 밤부 상어를 닮은 듯하지만 모습이 약간 다르다. 사진에서는 나타나지 않지만 특히 머리 부분이 크고 소의 머리를 닮았다고 해서 불헤드 상어라는 이름이 붙여졌다.

▼ '고든 록'에 출현한 한 무리의 이글레이들. 이곳은 마치 세탁기와 같은 불규칙한 강한 조류가 있어서 다이빙이 쉽지 않지만 여러 종류의 상어들과 가오리 종류들이 빈번하게 출현하는 매력적인 곳이기도 하다.

(2) 다윈Darwin 및 울프Wolf 지역

• 다윈Darwin Island : '다윈'은 갈라파고스 제도의 북서쪽 끝에 자리 잡고 있는 작은 섬으로 인근의 '울프'와 함께 갈라파고스를 대표하는 다이브 포인트다. 거의 모든 갈라파고스 리브어보드들은 이곳을 최종 목적지로 삼아 일주일간 항해하게 된다. 위치적 특성으로 중부 갈라파고스를 관통하여 흐르는 훔볼트 해류의 영향을 비교적 덜 받기 때문에 수온 또한 중부 지역에 비해 조금 높은 편이며 따라서 이 지역에 서식하는 어종도 중부 갈라파고스와는 조금 다르다. 트럼펫 피시, 트레발리, 바라쿠다, 패럿 피시, 엔젤 피시, 서전 피시 등의 아열대성 어류들이 이곳에서는 비교적 자주 발견된다. 그러나 뭐니뭐니해도 '다윈'은 귀상어들로 유명한 곳이다. 더러는 수많은 무리들이 떼를 지어 움직이기도 하고 더러는 커다란 귀상어 한 마리가 다이버들에게 가깝게 접근하기도 한다. 귀상어 외에도 이 지역에는 이글레이와 갈라파고스 상어, 거북이들도 매우 흔하다. 특히 6월부터 10월까지의 시즌에는 이곳을 지나는 거대한 고래상어를 볼 수 있다. 대부분의 리브어보드들은 '다윈' 지역에서 여러 차례의 다이빙을 실시한다. '다윈'은 생각보다 작은 섬이기 때문에 그 자체가 하나의 다이브 포인트로 간주된다. 입수 지점 또한 언제나 똑같은데 그 위치는 바로 유명한 '다윈 아치'의 바로 앞 지점이다. 그러나 입수한 후에는 대략 세 가지 정도의 서로 다른 다이빙 진행 방법이 있다.

▲ 갈라파고스를 대표하는 다이브 포인트의 상징물이기도 한 다윈의 '다윈 아치'. 주변에는 항상 거친 파도가 넘실댄다. 대부분의 리브어보드들은 이곳에서 3차례 정도의 다이빙을 한다.

▼ '다윈'에서는 입수하자마자 엄청난 규모의 물고기 떼들이 다이버들을 반긴다. 워낙 물고기들이 많아서 바로 옆에 자리를 잡은 버디의 모습도 잘 보이지 않을 정도이다.

◦ 코스 1 : 가장 단순한 방법으로 일단 바위 경사면을 따라 빠른 속도로 하강한 후 양손을 이용하여 바위를 잡으며 조류 속을 이동하면서 10m에서 24m 사이의 수심에서 적당히 몸을 의지할 수 있는 장소를 마련한 후 그곳에서 바위를 붙잡고 버티면서 주변에서 벌어지는 환상적인 물고기들의 공연을 관람하는 방법이다. 워낙 조류가 강한 지역이기 때문에 고개를 돌릴 때는 마스크가 벗겨지지 않도록 조심하면서 아주 천천히 움직여야 한다. 잠복하는 도중에 운이 좋으면 대형 귀상어가 다이버의 코앞까지 접근하기도 한다. 이 코스를 택하는 유일한 목적은 귀상어를 기다려서 가까운 거리에서 관찰할 수 있는 행운을 기대하는 것이다. 조류를 뚫으면서 핀 킥을 해서 이동하는 구간이 없기 때문에 '다윈'에서 할 수 있는 가장 손쉬운 다이빙 방법이기도 하다. 그러나 귀상어의 출현에만 모든 정신을 팔지 말고 수시로 주변의 다른 장소에 매복하고 있는 동료 다이버들과 가이드의 동태도 살펴야 한다. 이곳은 워낙 많은 물고기들이 있기 때문에 시야가 가려서 바로 가까이 있는 것도 잘 보이지 않아서 모두들 자리를 떴는데도 그것을 모르고 혼자 남아 있게 되는 불상사가 생길 수 있다. 무감압 한계 시간이 되면 바위기둥으로 조류를 최대한 피하면서 안전 정지를 마친 후 블루 쪽으로 이동하여 출수한다.

◦ 코스 2 : '코스 1'과는 확연하게 다른 스타일의 다이빙 방법이다. 바위 경사면을 타고 내려가면서 매복 장소를 찾는 '코스 1'과는 달리 이 코스에서는 위쪽이 평평한 고원 모습을 하고 있는 커다란 바위를 찾아서 조류를 피할 수 있는 틈으로 들어가는 방법이 사용된다. 이 바위를 흔히 '다윈 극장Darwin Theater'이라고 부르는데, 넓은 바위 위의 군데군데 마련된 홈이 극장의 객석과 같은 기능을 하며 이곳에서 탁 트인 시야로 그야말로 다양하기 짝이 없는 무수한 어류들의 공연을 감상하는 것이 이 코스의 목적이기 때문에 붙여진 이름이다. '코스 1'이 오로지 귀상어라는 주연 배우만을 기다리는 것이라면 이 '코스 2'는 다양한 배우들이 총출동하는 버라이어티 쇼를 감상하는 것이라고 할 수 있다. 바위 주변으로는 버터플라이 피시, 엔젤 피시, 래스, 담셀 등의 리프 어류들이 엄청나게 큰 무리를 지어 돌아다니며 주변의 바위틈 속에서는 랍스터들이 다이버 손님들을 쳐다보고 있다. 조류의 움직임을 따라 형형색색의 작은 물고기들이 무수히 왔다가 사라지기를 반복한다. 물론 이들 리프 어류들의 뒤쪽으로는 갈라파고스 상어나 귀상어

▲ '울프'에서의 다이빙은 결코 쉽지는 않지만, 그만큼 많은 종류의 해양 생물들을 만날 수 있는 보상이 따르는 곳이기도 하다. '울프'의 바위 구석에 몸을 의지한 채 사진을 촬영하고 있는 다이버

▼ '다윈'의 수심 20m 내외의 모랫바닥에는 헤아릴 수 없이 많은 갈라파고스 가든 일들이 살고 있다. 그 위로는 수많은 물고기 떼들이 유영하며, 간혹 귀상어 떼들이 지나다니기도 한다.

같은 큰 녀석들도 수시로 출현한다. 간혹 바위를 잡고 자리를 조금 옮겨서 또 다른 장면을 감상할 수도 있다. 무감압 한계 시간이 다가오면 가이드의 신호에 따라 바위를 잡고 있는 손을 일제히 놓는다. 그러면 자연스럽게 몸이 뜨면서 조류를 따라 흘러가며 일행들이 함께 안전 정지 위치까지 옮겨지게 된다. 흔히 안전 정지는 5m 수심에서 3분을 보내는 것으로 알고 있지만 갈라파고스에서는 반드시 그렇게 되지는 않는다. 안전 정지를 하고 있을 때면 어김없이 나타나는 돌고래나 바다사자들이 쉴 새 없이 재롱을 떨기 때문에 언제 안전 정지를 마치고 수면으로 올라갈지는 아무도 알 수 없다.

◦ 코스 3 : 조류가 그리 심하지 않은 경우에 택하는 방법인데 수심 18m에서 23m의 바닥까지 바로 내려가는 것이다. 모래로 된 바닥에는 수많은 갈라파고스 가든 일들이 떼를 지어 서식하는 모습을 볼 수 있다. 수많은 물고기 떼들이 마치 모랫바닥을 스치듯이 움직이는 모습도 볼 수 있다. 위치가 바닥에서 위를 쳐다보는 것이기 때문에 수면 쪽으로 회유하는 귀상어 떼들이나 고래상어의 이동하는 모습을 볼 수도 있다.

• 울프Wolf : 산크로스토발에서 약 350km 떨어진 갈라파고스 제도의 북서쪽 끝 부분에 위치한 곳으로 다윈 섬에서 비교적 가까운 곳에 있다. '울프'라는 이름은 방위의 관점에서 지구의 정중앙 부분의 지점을 발견한 유명한 지질학자인 '테오도어 울프'

의 이름을 딴 것이다. 북위와 동경 공히 0도에 해당하는 지구의 원점은 에콰도르의 수도인 키토의 외곽에 존재하며 그 위치에 적도 박물관이 세워져 있다. 이 '울프' 지역은 수많은 귀상어 떼들과 갈라파고스 상어들, 그리고 거대한 고래상어들로 인해 갈라파고스의 대표적인 다이브 사이트 중 하나로 유명한 곳이다. '다윈'에는 단 하나의 포인트와 입수 지점이 있지만 '울프' 지역에는 모두 세 개의 다이브 포인트가 있다. 대부분의 리브어보드들은 이 환상적인 곳에서 여러 차례의 다이빙을 하게 된다. 이곳에는 특히 돌고래들이 많아서 리브어보드 주변에는 항상 돌고래들이 뛰노는 모습을 볼 수 있다. 심지어 팡가를 타고 다이브 포인트로 이동하거나 혹은 다이빙을 마치고 본선으로 돌아올 때 보트의 뱃머리 부분에 몸을 가로로 걸치고 보트에 떠밀려 가는 모습도 종종 볼 수 있으며, 이 장난마저도 재미가 없어지면 팡가 옆으로 다가와서 갑자기 크게 점프를 해서 팡가 안의 다이버들에게 온통 물보라 세례를 주는 만행도 저지르곤 한다. 물론 바다사자와 거북이들도 수면 부근에서 흔히 목격된다. '다윈'과 함께 '울프' 또한 갈라파고스 지역에서 가장 다이빙이 험난한 곳으로 꼽힌다. 스쿠바 장비를 멘 상태로 팡가를 타고 커다란 파도 사이를 마치 롤러코스터를 탄 듯 간신히 넘어가면서 포인트까지 이동하는 과정부터 쉽지 않지만, 거친 파도 속으로 몸을 던진 이후부터 더 큰 고난이 시작된다. 네거티브 엔트리로 최대한 신속하게 바닥까지 떨어진 후 바위를 꽉 붙잡고 조금씩 조금씩 이동해서 강한 조류로부터 몸을 보호할 만한 장소를 찾아 정착하기까지의 과정이 말처럼 그리 쉽지만은 않다. 자칫 하강 속도를 늦추게 되면 순식간에 다른 일행들과 멀리 떨어지게 되고, 그러면

▲ '울프' 일대에서는 바다사자, 돌고래, 상어 등이 리브어보드나 팡가 보트의 바로 옆까지 접근하는 경우를 흔히 볼 수 있다. 리브어보드 보트 바로 옆의 수면 부근까지 접근한 실크 상어

▼ '울프'의 '랜드슬라이드'에서는 거대한 귀상어가 리프 가까운 곳에 있는 다이버의 바로 앞까지 접근하기도 한다.

바위를 잡고 기다시피 해서 합류해야 하는 고통도 감내해야만 한다. 그러나 일단 안전한 곳에 자리를 잡고 나면 큰 고생은 끝나고 엄청난 규모의 다양한 어류들과 대형 해양 생물들이 펼치는 환상적인 공연을 감상할 수 있는 특권을 얻게 된다.

◦ 케이브The Cave : 갈라파고스를 대표하는 곳이 '다윈'과 '울프'라면, '울프'를 대표하는 곳이 이 '케이브'라고 할 수 있을 정도로 환상적인 포인트이다. 이곳에서의 다이빙은 사실 글로 묘사하기가 거의 불가능하다. 귀상어, 갈라파고스 상어, 돌고래 등 헤아릴 수 없이 많은 해양 생물들을 볼 수 있는 곳이고 특히 이 지역에는 여러 개의 해저 동굴이 있어서 다이버들에게 색다른 경험을 제공하기도 한다. 그러나 '케이브'에서의 다이빙의 진미는 이런 해저 생물이나 해저 지형의 존재 그 자체보다는 이것들이 한꺼번에 어우러져서 펼쳐지는 엄청난 역동성에 있다고 여겨진다. 동굴을 하나 발견하고 조류를 헤치며 통과를 했는데 동굴을 빠져나오자마자 귀상어나 갈라파고스 상어가 다이버들을 쳐다보고 있는다거나 하는 것이 하나의 예가 될 것이다. 입수해서 바위벽을 따라 하강하고 이후 적당한 위치와 지형을 찾아 조금씩 이동을 하며 간혹 바위를 붙잡고 지나가는 거대한 상어들을 구경하고 간혹 나타나는 동굴을 빠져나가고 하는 일련의 과정들이 50여 분의 다이빙 시간 동안 숨 돌릴 틈 없이 전개되는 곳이 '케이브'이다. 다이빙을 마치고 안전 정지를 하는 일도 이곳에서는 절대 평범할 수 없다. 커다란 갈라파고스 상어들이 다이버들의 주변을 선회하고 또 다른 쪽에서는 바다사자들과 돌고래들이 부지런히 움직이는 것을 보자면 3분의 시간 내내 몸을 360도 돌려가며 움직이는 동작을 수도 없이 반복하다 보면 목이 아플 정도이다. 한마디로 '케이브'에서의 다이빙은 갈라파고스 다이빙의 백미라 해도 과언이 아닐 것이다.

◦ 랜드슬라이드Landslide : 갈라파고스 리브어보드들이 '다윈'이나 '울프' 지역에 들어가기 위해서는 오랜 시간에 걸쳐 먼 바닷길을 항해해야만 한다. 드디어 이 수역에 도착하면 맨 처음에 맞는 포인트가 바로 이 '랜드슬라이드'이다. 이곳은 '울프' 섬의 동쪽 해안선 부근에 있는데 다이빙은 수중의 벽을 따라 진행된다. 대개 네거티브 엔트리로 들어가자마자 바로 하강해서 10m 내외의 수심에서 집결한 후 본격적인 다이빙을 시작하게 된다. 이곳은 대체로 가파른 직벽 구조이지만 바닥 주

변에는 수많은 크고 작은 바위들이 널려 있는 모습이다. 적당한 바위를 찾아 양손으로 붙잡은 후 자리를 잡게 되는데, 이곳의 바위들 표면에는 따개비와 같은 자잘한 조개류들이 많이 붙어 있어서 장갑을 끼었더라도 손을 다치지 않도록 조심해야 한다. 이 일대 바위 사이에는 모레이일들이 많이 살고 있고 주변에는 엄청난 규모의 작은 리프 어류들이 회유하지만, 다이버들의 관심은 귀상어나 갈라파고스 상어가 나타나는 블루 쪽으로 집중된다. 이곳의 주역은 역시 귀상어들로 간혹 바위틈에 잠복하고 있는 다이버들도 뚜렷하게 볼 수 있을 정도로 여러 마리의 귀상어들이 벽에 꽤 가까운 거리까지 접근하기도 한다. 이 지역에는 이글레이들도 자주 나타나는데 조류의 강도에 따라서는 다이버들이 손을 뻗으면 닿을 정도의 거리까지 접근하기도 한다.

◇ 샤크 베이Shark Bay : '샤크 베이'는 '랜드슬라이드'의 바로 북쪽에 위치해 있다. 이름에서 시사하는 바와 같이 이 곳에는 항상 상어들이 다이버들을 기다린다. 입수는 대개 해안선에서 가까운 곳에서 시작하는데 수심 8m에서 10m 되는 곳에 자잘한 바위들이 널려 있는 곳까지 바로 떨어져야 한다. 해안선과 가까운 비교적 얕은 수심인 탓에 이 포인트에서는 다른 어느 곳보다도 바다사자들과 함께 다이빙하게 될 확률이 높은 곳이기도 하다. 여기에서는 다이버들이 굳이 바다사자들을 찾아다닐 필요가 없다. 이 녀석들이 기다렸다는 듯 다이버들에게 접근하여 엄청나게 빠른 속도로 다이버들의 머리 위를 선회한다. 간혹 호기심 많은 녀석들은 다이버의 바로 얼굴 앞까지 접근해서 빤히 눈을 쳐다보기도 한다. 바다사자들과 놀다 보면 시간이 순식간에 지나가기 때문에 얼른 정신을 차리고 나머지 다이빙을 진행해야 한다. 이곳에서의 다이빙 또한 주목적이 귀상어이기 때문이다. 계속 하강하다 보면 수심 25m 정도의 지점에 모랫바닥이 나타나고 이 주변에 여러 개의 작은 바위들이 널려 있다. 이 중 적당한 바위를 하

▼ '울프'의 '샤크 베이'는 상어로 유명한 곳이지만, 이에 못지않게 바다사자들이 자주 나타나서 다이버들을 따라 다니는 곳이기도 하며 대형 옐로 핀 참치들도 자주 출현한다.

나 택해서 이것을 잡고 안정된 자세를 취한 다음 블루 쪽을 감시하면 된다. 간혹 많은 개체의 귀상어들이 유유히 이동하는 장관을 목격할 수도 있다. 이 지점을 떠나서 조류를 따라 조금 더 흘러가다 보면 옐로 핀 참치나 펠리컨 바라쿠다를 만나기도 한다. 갈라파고스 상어와 실크 상어, 그리고 이글레이 또한 이곳에서 자주 조우하는 녀석들이다. '울프'에서의 다이빙은 여러 가지 측면에서 흥미롭기 그지없다. 50여 분의 다이빙 시간은 순식간에 지나가지만 그동안에 겪게 되는 과정은 마치 2시간 이상 다이빙을 했던 것과 같은 느낌을 받게 될 것이다.

사이드 트립

키토 시내 관광

갈라파고스 리브어보드 여행을 가려면 에콰도르의 키토 또는 과야킬에서 최소한 2박은 보내야 한다. 갈라파고스로 들어가는 이른 아침 비행기를 타기 위해서는 그 전날 밤을 육지에서 묵어야 하며, 마찬가지로 갈라파고스에서 오후에 출발하는 비행기를 타고 키토나 과야킬로 들어오면 당일 바로 연결편을 타고 출발하기가 쉽지 않기 때문에 역시 하룻밤을 더 묵어야 한다. 이런 이유로 많은 다이버들은 키토나 과야킬에서 하루나 이틀 정도 더 묵으면서 시내 관광 또는 인근 지역의 관광을 즐기는 경우가 많다. 지리적으로만 보자면 키토보다는 과야킬이 갈라파고스에서 더 가깝고 항공료도 조금 더 싸지만 관광이나 안전의 측면에서는 키토가 과야킬보다 더 낫다. 주요 도시에서 에콰도르로 들어가는 국제선 항공편 또한 과야킬보다는 에콰도르의 수도인 키토 쪽에 더 자주 있는 편이다. 하루나 이틀 정도 키토에서 시간을 보내게 될 경우 추천할 만한 몇 군데의 포인트를 소개한다. 관광은 시내의 관광 회사 또는 호텔의 컨시어지 카운터에 요청하면 쉽게 예약이 가능하다. 시내 관광의 경우 택시를 대절하여 개인적으로 몇 군데를 둘러보는 것도 가능하다.

▲ 키토 올드타운의 한 고색창연한 성당 건물. 내부로 들어가 둘러볼 수도 있다.

- 키토 올드타운Quito Old Town: 키토 시내의 한복판에 위치한 다운타운 지역이며 스페인 점령 시기에 건축된 고색창연한 건물과 유적지들이 거의 원형 그대로 남아 있

▲ 키토의 적도 박물관에서 한 관광객이 작은 못 위에 달걀을 세우고 있다. 그 반대쪽에는 누군가가 이미 한 개를 세워 둔 것이 보인다. 이 지점은 위도와 경도 모두 0도에 해당하는 곳이어서 전후좌우 어느 방향으로도 중력이 작용하지 않아 이런 신기한 현상이 일어날 수 있다. 싱크대에 물을 부으면 소용돌이가 전혀 일어나지 않고 조용히 그대로 밑으로 빠져나가는 모습도 이곳에서 경험해 볼 수 있다.

다. 택시를 타고 골목을 누비며 한 바퀴 돌아보는 것도 좋고 잠시 차를 세워 두고 도보로 이곳저곳을 둘러보는 방식도 좋다.

- 적도 박물관Equator Museum : 키토는 에콰도르의 수도일 뿐 아니라 지구과학이나 세계지리 측면에서도 매우 중요한 곳이다. 지구의 원점이 되는 곳이 키토에 있기 때문이다. 물론 지구 상에는 적도선이 지나가는 나라가 많이 있다. 동남아시아의 인도네시아도 그중의 하나이다. 그러나 키토는 단순히 위도상의 0도(적도)가 통과하는 것뿐만 아니라 경도상의 기점이 되는 곳이기도 하다. 적도 박물관은 바로 그 위치에 자리 잡고 있는데 엄청난 시설이나 볼거리를 가지고 있지는 않지만, 그 상징성만으로도 한 번쯤은 방문해 볼 만한 곳이라고 여겨진다. 키토 시내에서 자동차로 약 한 시간 정도면 갈 수 있는 곳이다. 대중교통 수단인 버스를 탈 수도 있

▼ 키토 외곽에 위치한 풀룰라와 화산의 정상에서 내려다본 모습. 아래에 보이는 전체가 화산의 분화구에 해당하는 곳이라고 하는데 이곳에 사람들이 마을을 이루고 살고 있다.

지만, 여러 번 갈아타야 하고 시간도 훨씬 더 많이 걸린다. 입장료는 4달러인데 박물관 내부를 둘러볼 수 있고 가이드가 친절하게 설명도 해 준다.

• 풀룰라우아 화산Pululahua Volcano : 키토는 환태평양 지진대에 걸쳐 있어서 주변에 수많은 화산들이 있고 그중에는 활화산들도 꽤 많이 있다. 키토 시에 바로 인접해 있는 4,784m의 거대한 피친차 화산은 아직도 왕성하게 활동이 일어나고 있는 활화산으로 언제 다시 폭발할지 몰라 키토 시민들에게는 두려운 존재이다. 가장 최근의 폭발은 2002년에 일어났는데 이때 많은 희생자가 생겼다고 한다. 키토 주변에 있는 많은 화산들 중에서 비교적 접근성이 좋고 경관이 아름다운 곳으로는 풀룰라우아 화산을 꼽을 수 있다. 키토 시내에서 당일치기로 다녀올 수 있는 거리이며 입장료는 무료이지만 이곳에 들어가기 위해서는 여권이 필요하다. 산악도로를 따라 거의 정상에 위치한 관리 사무소를 지나 작은 오솔길을 따라 조금 걸어 올라가면 이내 엄청난 규모의 분화구를 발아래로 내려다볼 수 있다. 그 규모가 매우 커서 그 안에서 사람들이 마을을 이루고 살아가고 있다. 언제 터질지 모르는 화산의 분화구에서 사람들이 산다는 것이 잘 이해가 가지 않는 관광객의 시각으로는 신기할 뿐이지만, 전체적인 경관은 매우 아름다운 곳임이 틀림없다.

갈라파고스 생태 관광

잘 알려져 있는 바와 같이 갈라파고스는 환상적인 스쿠바 다이빙 외에도 지구 상의 다른 어느 곳과도 다른 독특한 생태 환경으로도 유명한 곳이다. 육지와는 멀리 떨어진 외딴 작은 섬들로 이루어진 갈라파고스 제도는 생태학적으로 큰 가치를 가진 곳이며 이 때문에 찰스 다윈이 '진화론'을 정립하는 데 결정적인 영감을 얻은 곳이기도 하다. 따라서 다이버들뿐 아니라 수많은 관광객들이 이 독특한 생태 환경과 특이한 동식물들을 관찰하기 위해 갈라파고스를 찾아온다. 이왕 갈라파고스로 다이빙 여행을 간 이상 다이버들도 잠시나마 이런 체험을 해 보는 것이 좋을 것이다. 사실 거의 모든 갈라파고스 리브어보드들은 일정 중에 한 번은 섬에 상륙하여 생태 관광을 할 수 있는 기회를 제공하고 있다. 환경 보호 관련법에 따라 리브어보드 다이버들은 일정 중간에는 팡가 보트를 타고 섬에 접근하여 해안선 부근에 서식하는 동식물들을 관찰하는 것까지는 허용되지만 섬에 상륙할 수는 없다. 그러나 모든 다이빙 일정이 끝난 이후에는 섬에 상륙하는 것이 허용된다.

▲ 하루의 다이빙이 끝난 후 팡가를 타고 인근의 섬 주변에 접근하여 해안 주변에 서식하는 이구아나 무리를 살펴보고 있는 다이버들. 리브어보드 일정 중에는 섬에 상륙할 수는 없으며 바다 쪽에서 관찰하는 것만 허용된다. 그러나 다이빙 일정이 모두 끝나면 가이드 인솔하에 섬에 상륙하여 본격적인 생태 관광을 즐길 수 있다.

비록 섬에 상륙하지는 못하더라도 팡가를 타고 해안선 주변에 접근하면 바다사자, 거북이들은 물론이고 검은색의 바다 이구아나, 회색의 육지 이구아나, 갈라파고스 펭귄 등을 쉽게 찾아볼 수 있다. 프리깃이라고도 불리는 군함새와 펠리컨, 알바트로스 같은 커다란 바다 새들도 많이 목격된다. 이런 희귀한 동물들을 한꺼번에 모두 볼 수 있는 기회는 오직 갈라파고스에서만 주어지는 것이므로 혹시 리브어보드 일정 중에 잠시 이런 사이드트립이 마련된다면 망설이지 말고 참여하는 것이 좋다.

본격적인 생태 투어는 다이빙 일정이 모두 끝난 마지막 날에 이루어진다. 리브어보드 요트는 산타크루즈 섬에 가이드와 다이버들을 내려주고 다음 주 항해를 위한 주유 작업을 시작한다. 산타크루즈 섬은 전체가 갈라파고스 국립 공원으로 지정된 곳이어서 수많은 관광객들로 찾는 곳이며 특히 숙소와 상가들이 밀집해 있는 푸에르토 아요라는 항상 많은 인파들이 넘쳐난다. 이곳은 갈라파고스 제도에서 유일하게 쇼핑이 가능한 곳이기도 하며 호텔, 레스토랑, 바와 같은 관광 시설들은 물론이고 병원과 다이브 센터들도 모두 이 지역에 몰려 있다. 리브어보드 일정이 끝난 후 갈라파고스에 며칠 더 묵으면서 랜드 베이스 다이빙을 즐기고 싶다면 이곳에 자리를 잡으면 된다. 그동안 웨트수트를 입고 물속에서 다이버들을 안내했던 가이드는 이번엔 반바지에 운동화 차림으로 다이버들을 갈라파고스 생태 공원으로 안내한다. 다이버들은 대기하고 있는 버스에 타고 공원으로 향하게 된다. 지평선 끝까지 거의 일직선으로 뻗어 있는 산타크루즈의 관통 도로는 포장 상태도 매우 훌륭하여 쾌적한 여행을 즐길 수 있다.

투어 도중에 화산 분화구 등 꽤 여러 장소를 들르게 되지만, 역시 그 백미는 유명한 갈라파고스 육지 거북을 만나는 것이다. 육지 거북은 에콰도르 정부와 국제기구들에 의해 철저하게 보호되고 있는데 버스를 타고 보호 구역으로 들어가는 길가에서도 어슬렁거리며 지나가는 거북을 자주 목격할 수 있는 것을 보면 개체의 수는 꽤 많은 듯하다. 보호 구역에 들어가면 간단한 오리엔테이션을 받은 후 공원 내부를 둘러보게 되는데 이때도 물속에서와 마찬가지로 항상 가이드의 인솔하에서만 이동할 수 있다.

▲ 산타크루즈 섬의 잘 포장된 관통 도로. 다이버들은 푸에르토 아요라를 출발해서 이 길을 따라 생태 관광 목적지로 향하게 된다.

▲ 가이드가 공원 안에서 이동 도중 갈라파고스 육지 거북을 만나자 동반한 다이버들에게 이 동물에 관해 설명해 주고 있다.

신호용 소품Signaling Device

스쿠바 다이빙은 장비에 대한 의존도가 높은 스포츠이다. 같은 바다에서의 다이빙이라 하더라도 어떤 장비를 어떻게 사용하느냐에 따라 그 내용은 많이 달라질 수 있다는 것이 필자의 생각이다. 필자가 사용하는 장비나 사용 방식이 반드시 정답이라는 것은 아니지만, 여러 차례 다이빙을 통해 습득한 나름의 노하우를 독자들과 공유하고자 한다.

다이빙을 하다 보면 흔하게 발생하는 일은 아니지만 예상치 못한 문제가 생겨서 다른 다이버들의 도움을 받아야 하는 경우가 생길 수 있다. 예를 들면 그물이나 로프, 수초 같은 장애물에 장비가 걸렸다거나 발에 쥐가 나서 움직이기 어렵다거나 하는 경우일 것이다. 이런 상황에서 혼자 수습하기가 어렵다고 판단되면 가능한 한 빨리 버디나 다른 동료 다이버들의 도움을 받아야 하며 시간이 지체되어 다른 일행들과 멀어져 버리면 아주 위험한 상황에 처하게 될 수도 있다. 반대로 동료 다이버의 장비에 문제가 생긴 것을 내가 발견하고 이것을 알려주어야 할 때도 있다. 예를 들면 탱크의 공기가 계속 누출된다거나 주변에 위험한 해양 동물이 있는 것을 본인은 알지 못하고 있는 상황이 그런 경우일 수 있다. 꼭 이런 문제 상황이 아니더라도 수중에서는 언제든지 필요할 때에 가이드나 버디, 또는 동료 다이버들에게 신호를 보내 주의를 환기시킬 수 있는 방법을 가지고 있어야 한다.

▲ 마레스의 마그네틱 쉐이커. 작은 금속제 실린더에 자석 볼이 들어 있어서 흔들면 소리가 난다. 크기도 작아서 BCD의 주머니에 넣거나 D링에 부착하여 부담 없이 휴대가 가능하다. 가격은 약 40달러 정도

이런 수중 신호의 수단으로 가장 흔히 사용되는 방법이 금속제 포인터 같은 물체로 탱크를 두드려서 소리를 내는 것이다. 이 방법은 특히 가이드가 다른 다이버들의 주의를 얻기 위해 많이 사용한다. 이런 목적으로 필자가 사용해 왔던 도구로 고무로 된 링에 플라스틱으로 만든 볼을 붙인 것이 있다. 다이빙을 시작하기 전에 이 링을 탱크의 아래 부분에 감아 두었다가 수중에서 필요할 경우 볼을 당겼다가 놓으면 볼이 탱크에 부딪치며 꽤 큰 소리가 만들어진다. 이

장치를 발견하기 전에는 BCD의 아래쪽 덤프 밸브에 연결된 작은 플라스틱 손잡이를 풀어내고 그 자리에 구멍을 뚫은 골프공을 붙여 놓는 방법을 고안하여 사용했다. 필요할 경우 골프공을 손으로 잡고 탱크를 두드리는 것이다. 이 방법은 유사시 빠른 속도로 BCD의 공기를 빼내야 때에 덤프 밸브의 손잡이를 쉽게 찾을 수 있는 방법으로도 이용되곤 했다. 그러나 최근에는 더욱 획기적인 신제품을 발견하고 이것을 구입하여 잘 사용하고 있다. 마레스에서 만든 '마그네틱 쉐이크'라는 제품인데 작은 원통형 금속 실린더 안에 자석 성분을 가진 금속 볼이 들어 있어서 이것을 흔들면 딸랑딸랑 하는 소리가 난다. 현재 시중에는 이것과 비슷한 제품들이 여러 가지 나와 있으며 포인터와 쉐이커를 결합시킨 형태의 제품도 있다. 어떤 종류든 여러 가지 상황에서 주변 다이버들의 주의를 끄는 데 요긴하게 사용할 수 있으므로 하나쯤 장만해 두면 좋을 것 같다.

수중에서 멀리 떨어져 있는 그룹에게 신호를 보내거나 긴급한 상황에서 보다 강한 신호를 보내야 할 상황에서 유용한 소품이 '다이브 알럿'이다. 이 장치는 BCD의 인플레이터 호스의 끝에 연결하여 사용하는데 단추를 누르면 공기탱크의 압력을 이용하여 뱃고동과 같은 큰 소리를 낸다. 워낙 소리가 커서 약 2km 정도의 거리에서도 소리를 들을 수 있다. 다이브 알럿 제품 중에는 수중에서는 물론 수면 위에서도 소리를 낼 수 있는 것들도 있는데 이런 제품들은 멀리 떨어진 보트에서 다이버를 발견하지 못할 때 위치를 알려주기 위한 신호용으로도 유용하게 쓸 수 있다. 워낙 파도와 조류가 강해서 조난 사고가 빈번하게 발생하는 갈라파고스 같은 곳에서는 다이버 알럿의 사용이 의무로 규정되어 있다.

그다지 바람직한 상황은 아니지만 간혹 세찬 조류에 휩쓸려 일행으로부터 떨어지거나 나쁜 시야로 인해 방향을 잃어 예정된 출수 지점에서 멀리 떨어진 엉뚱한 곳에서 홀로 출수하는 경우도 생길 수 있다. 실제로 이런 상황은 생각보다는 더 자주 발생한다. 이 경우 신속하게 구조가 이루어지지

▲ 필자가 사용하는 다이브 알럿. BCD 인플레이터 호스의 끝에 붙여 사용하며 단추를 누르면 공기탱크의 압축 공기를 이용한 큰 소리가 생긴다. 수중에서는 물론 수면 위에서도 사용할 수 있어서 비상 상황에서 멀리 떨어진 보트에 신호를 보낼 때 요긴하게 사용할 수 있다. 가격은 80달러 정도

않으면 강한 햇빛으로 인한 화상이나 탈수 또는 저체온 증세 등으로 인해 심각한 사고로 이어질 위험이 크다. 이런 상황에서 가장 효과적인 장치는 GPS를 이용한 위치 신호 장치이지만 이것은 가격도 비쌀 뿐 아니라 보트나 기지 쪽에서도 수신 시스템이 갖추어져 있어야 하므로 개인 다이버가 쉽게 챙길 수 있는 성질의 것은 아닌 것 같다. 이런 상황에서 가장 보편적으로 사용되는 장치는 역시 호각과 신호용 거울이다. 물론 다이브 알럿이 있다면 더욱 효과적일 것이다. 안전한 다이빙이란 만의 하나를 대비하는 것인 만큼 적어도 거울과 호각과 같은 기본적인 안전 소품은 항상 휴대하는 습관을 들이는 것이 좋다.

DATA

갈라파고스 리브어보드 정보

갈라파고스에는 수많은 리브어보드들이 연중 항해를 하고 있다. 보트마다 시설, 항로, 요금, 출항지 등이 조금씩 다르기 때문에 자신의 일정과 예산에 맞는 리브어보드를 선택하는 것이 갈라파고스 다이빙 여행에서는 매우 중요한 일이다. 다이버들에게 비교적 잘 알려져 있는 갈라파고스의 리브어보드들은 다음과 같다.

• 훔볼트 익스플로러Humbolt Explorer : 2009년에 건조된 철제 리브어보드 전용 요트이다. 갈라파고스 리브어보드 중에서는 비교적 최근에 취항한 보트인지라 전반적인 시설은 깔끔한 편이다. 선실에는 전용 화장실과 샤워 시설을 갖추고 있으며 DVD 시스템도 딸려 있다. 선 덱에는 자쿠지가 있어서 다이빙 후의 피로를 풀 수 있다. 일주일 여정 코스의 요금은 5,100달러 선으로 비교적 합리적인 편이다. 맥주와 와인은 무료로 제공되지만, 나이트록스는 150달러를 받는다.
  ◦ 선장 : 32m　◦ 선폭 : 7m
  ◦ 순항 속도 : 8노트
  ◦ 수용 능력 : 16 다이버
  ◦ 출항지 : 산크리스토발(매주 월요일 출항)

• 노르타다Nortada : 길이가 26m로 갈라파고스 리브어보드로서는 아주 작은 사이즈의 보트이며 7명의 스태프에 최대 8명까지의 다이버만을 수용하므로 단촐한 가족적인 분위기에서 다이빙을 즐길 수 있는 장점이 있다. 일주일짜리 코스의 가격은 비수기에는 4,600달러, 성수기에는 5,600달러 정도이다. 나이트록스 사용료는 150달러이다. 보트 전체를 빌릴 경우에는 최대 12명까지 승선할 수 있으며 전세 요금은 8명에 해당하는 요금을 받는다.
  ◦ 선장 : 26m　◦ 선폭 : 5.5m
  ◦ 순항 속도 : 10노트
  ◦ 수용 능력 : 8 다이버
  ◦ 출항지 : 발트라(매주 금요일 출항)

• 갈라파고스 스카이Galapagos Sky : 1주일 코스의 평균 요금이 5,900달러 수준인 럭셔리급 리브어보드이다. 8개의 깔끔한 선실을 갖추고 최대 16명까지의 다이버를 태울 수 있다. 맥주와 와인이 무료로 제공되며 나이트록스 또한 무료이다.
  ◦ 선장 : 30m　◦ 선폭 : 7m
  ◦ 순항 속도 : 10노트
  ◦ 수용 능력 : 16 다이버
  ◦ 출항지 : 산크리스토발(매주 일요일 출항)

DATA

• 갈라파고스 어그레서 3Galapagos Aggressor Ⅲ : 세계적인 리브어보드 전문회사인 어그레서 플릿 소속의 럭셔리급 요트이다. 대부분 일주일 여정으로 갈라파고스에 들어가지만 간혹 10박짜리 코스를 운영하기도 한다. 요금은 7박짜리가 6,300달러이지만 비수기에는 5,300달러 정도의 할인 요금이 나오기도 한다. 알코올 음료는 무료로 제공되며 나이트록스는 7박 기준으로 100달러를 받는다.

◦ 선장 : 30m ◦ 선폭 : 7m
◦ 순항 속도 : 10노트
◦ 수용 능력 : 16 다이버
◦ 출항지 : 발트라(매주 화요일 출항)

• 갈라파고스 마스터Galapagos Master : 건조된지 꽤 오래된 선박이지만 대대적인 개보수 작업을 거쳐 2015년부터 다시 갈라파고스에 취항하고 있는 준 럭셔리급 리브어보드이다. 대개 7박짜리 코스를 운영하지만 더러 10박짜리 코스도 운항한다. 요금은 7박 코스가 5,500달러 정도이고 10박 코스는 7,100달러 정도까지 한다. 나이트록스 사용료는 7박 코스 기준으로 100달러이다.

◦ 선장 : 32m ◦ 선폭 : 7m
◦ 순항 속도 : 10노트
◦ 수용 능력 : 18 다이버
◦ 출항지 : 산 크리스토발

• 마제스틱 익스플로러Majestic Explorer : 세계적인 리브어보드 체인인 익스플로러 플릿 소속의 대형 요트로 선덱에 자쿠지를 갖추고 있다. 7박짜리 요금은 7,100달러 정도이며 맥주와 와인을 포함한 모든 음료가 무료로 제공된다. 나이트록스 사용료는 150달러이다.

◦ 선장 : 36m ◦ 선폭 : 7m
◦ 순항 속도: 8노트
◦ 수용 능력 : 16 다이버
◦ 출항지 : 발트라(매주 토요일 출항)

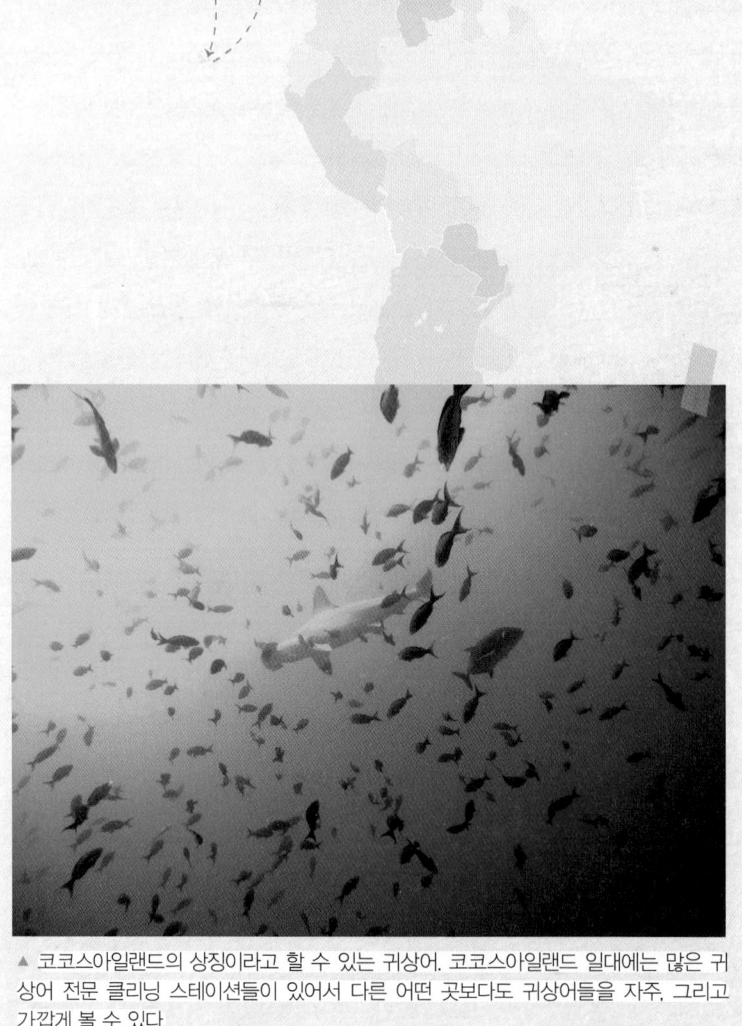

▲ 코코스아일랜드의 상징이라고 할 수 있는 귀상어. 코코스아일랜드 일대에는 많은 귀상어 전문 클리닝 스테이션들이 있어서 다른 어떤 곳보다도 귀상어들을 자주, 그리고 가깝게 볼 수 있다.

PART 14

코코스아일랜드 다이빙

지구 상에 존재하는 수많은 다이빙 목적지 중에서 많은 다이버들이 가장 가 보고 싶어 하는 곳은 어디일까? 물론 다이버들의 취향과 수준, 그리고 살고 있는 지역 등에 따라 그 답은 달라질 수 있겠지만, 많은 다이버들이 공통적으로 꼽는 곳들은 있게 마련이다. 다이버들의 버킷리스트 맨 꼭대기에 자주 등장하는 곳 중 하나가 갈라파고스일 것이다. 특히 지구의 반대편에서 살고 있는 한국의 다이버들에게 갈라파고스는 다이버 인생에서 꼭 한 번은 가 보고 싶은 곳으로 자주 꼽히곤 한다. 그러나 이미 갈라파고스를 경험해 본 다이버들에게는 또 다른 도전적인 장소가 기다리고 있으니 그곳이 바로 중미 코스타리카의 작은 섬인 코코스아일랜드다. 지구 최후의 다이빙 목적지라고 불러도 그다지 손색이 없을 코코스아일랜드를 소개한다.

코코스아일랜드 여행 가이드

코스타리카Costa Rica

인구 : 456만 명

수도 : 산호세San Jose

종교 : 가톨릭(70%)

언어 : 스페인어

화폐 : 콜론(500콜론 = 약 1천 원)

비자 : 최대 90일까지 무비자 입국

전기 : 110볼트 60헤르츠(미국식 2발 사각핀 콘센트)

1. 코스타리카 일반 정보

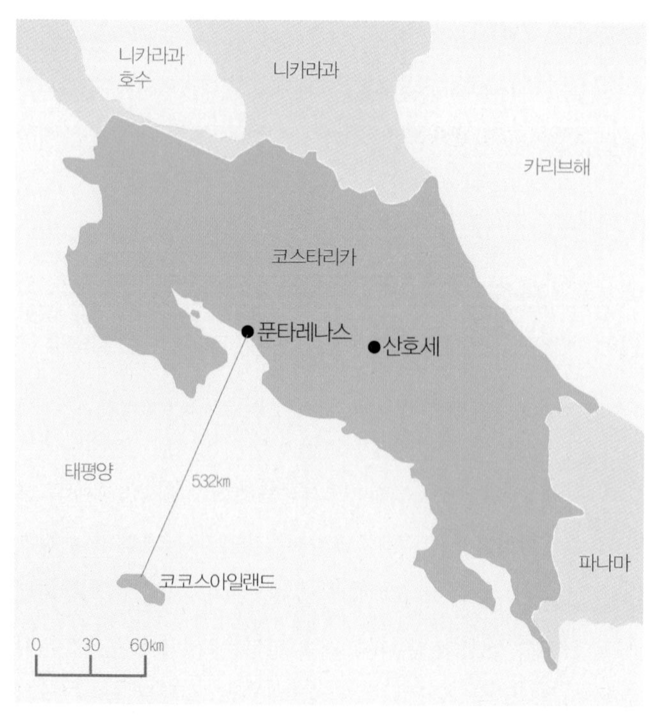

◀
코스타리카와 코코스아일랜드의 위치. 코코스아일랜드는 푼타레나스 항구로부터 532km 떨어져 있는 태평양 상의 작은 섬이다.

▲ 이른 아침 태양이 떠오르는 코코스아일랜드의 차탐 베이 전경

위치 및 지형

코스타리카는 중앙아메리카의 작은 나라인데, 동쪽으로는 카리브 해를 면하고 있고 서쪽으로는 북태평양에 접해 있다. 육지로는 북쪽으로 니카라과, 그리고 남쪽으로는 파나마와 국경을 마주하고 있다. 수도는 산호세San Jose이다.

코코스아일랜드는 코스타리카의 서해안에 해당하는 태평양 쪽으로 육지에서 500㎞ 이상 멀리 떨어져 있는 작은 섬이다. 코코스아일랜드 일대에는 연중 많은 비가 내리며 섬 내부는 열대 우림 지역이다. 코코스아일랜드는 갈라파고스와 마찬가지로 화산 활동의 결과로 만들어진 섬이며, 바닷속 또한 대부분 화산암 지형이다.

▲ 코코스아일랜드 전경. 섬 자체는 그리 크지 않지만, 열대우림으로 뒤덮여 있어서 매우 아름다우며 영화 《쥐라기 공원》의 배경으로도 등장한 바 있다.

기후

코스타리카의 전반적인 날씨는 온화한 아열대 기후이다. 우기는 대략 4월 중순부터 11월까지인데 건기에 비해 비가 더 자주 내리고 바닷속의 시야도 더 떨어지는 시기이기는 하지만, 상대적으로 대형 어류들의 활동이 더 활발한 때이기도 하다. 건기는 12월 말부터 4월까지이다. 기온은 섭씨 23도에서 28도까지의 분포이지만 연중 큰 변동은 없는 편이다. 다만, 수도인 산호세는 해발 1,200m의 고지대에 자리 잡고 있어서 평균 기온인 21도에서 27도 사이로 더 낮으며 특히 밤에는 쌀쌀함을 느낄 정도로 기온이 떨어진다. 따라서 긴소매 셔츠나 가벼운 재킷을 준비하는 것이 좋다.

바다의 수온은 섭씨 24도에서 30도까지의 분포이지만 간혹 엄청나게 차가운 물이 섞이는 써모클라인 현상이 생기곤 하기 때문에 많은 다이버들이 5밀리 또는 7밀리 풀수트와 후드, 장갑 등을 가져간다.

언어

대부분의 인근 중남미 국가들과 마찬가지로 코스타리카 또한 공용어는 스페인어이다. 그러나 관광과 관련된 업종에서는 영어가 널리 사용되고 있으며, 코코스아일랜드로 들어가는 리브어보드에서도 영어가 표준 언어로 사용된다.

전기와 통신

코스타리카의 전기는 미국이나 일본과 같은 110볼트 60헤르츠이며 사용되는 콘센트는 110볼트 표준인 사각형의 두발 플러그를 사용한다. 코코스아일랜드에 취항하는 대부분의 리브어보드들도 같은 종류의 전기를 주로 사용하기 때문에 한국에서 사용하던 전기용품을 쓰기 위해서는 돼지코를 준비해 가야 한다.

본토 내에서의 이동 통신 사정은 원활한 편이며, 한국에서 사용하던 스마트폰을 로밍으로 사용할 경우 요금은 현지 내에서의 통화는 1분당 800원, 한국으로 전화할 경우에는 1분당 1,550원, 한국에서 걸려온 전화를 받을 경우에는 1분당 560원 정도이다. 내륙에 오래 머물 경우에는 현지의 선불 SIM 카드를 사서 사용하던 전화기에 꽂아 쓸 수도 있다. 최근 들어 와이파이의 보급이 늘어나고 있으며 산호세 시내에는 PC방(인터넷 카페)도 많이 볼 수 있다. 현지에서 한국의 스마트폰으로 데이터 로밍을 사용하는 경우 대부분 3G 망으로 접속이 되어 인터넷을 사용하는 데 큰 불편이 없지만, 간혹 2G 이하의 저속 네트워크로 다운되는 경우도 생긴다.

일단 리브어보드를 타고 항구를 떠나면 다시 본토로 돌아올 때까지는 휴대폰을 포함한 거의 모든 통신 수단이 두절된다고 생각해야 한다. 밤을 보내기 위해 보트를 정박하는 섬 지역에 간혹 셀 타워가 설치되어 있어서 휴대폰 신호가 약하게 잡히는 경우도 있지만, 대부분의 항로에서는 휴대 전화 신호가 전혀 잡히지 않는다. 차탐 베이 지역에 정박하고 있을 때는 섬 안의 레인저 스테이션에서 흘러나오는 와이파이 신호가 약하게 잡히는 경우가 있지만, 기대하지 않는 편이 좋다. 사실상 유일한 통신 수단은 선박에 설치된 위성 전화인데 사용료가 매우 비싸기 때문에 비상 상황에서만 사용하도록 하도록 한다.

치안과 안전

코스타리카는 중미 국가들 중에서는 의료 서비스 수준이 높은 나라에 속한다. 특별히 위험한 질병이 만연하는 지역은 아니지만, 비교적 흔하게 생기는 질병으로는 간염(B형과 C형), 뎅기열, 광견병 정도이다. 가능한 한 병에 든 생수만을 마시고 야채나 과일은 잘 씻거나 껍질을 벗겨서 먹는 것이 좋다. 육류나 어류 또한 잘 익혀서 먹도록 한다. 개를 비롯한 동물에게 물리지 않도록 조심하고 만일 동물에게 물린 경우 반드시 병원을 찾아 조치를 받도록 한다. 산호세에는 세 군데의 종합 병원이 있는데 시설은 꽤 양호한 편으로 알려져 있다.

전반적으로 코스타리카의 치안 상태는 다른 중남미 국가에 비해 양호한 편이다. 범죄율은 그다지 높지 않지만 소매치기나 좀도둑과 같은 범죄는 어느 나라든 항상 있게 마련이므로 스스로 조심하도록 한다. 특히 값비싼 시계와 같은 고가품이나 여권과 같은 중요한 서류는 가능한 한 가지고 다니지 않도록 한다.

코스타리카 관련 법규의 영향인지는 알 수 없지만, 코코스아일랜드에 들어가는 리브어보드 보트들은 약품에 대해 매우 민감하다. 다이버들이 필요한 약품은 반드시 본인이 챙기고 보관해야 하며 보트의 공용 냉장고 등에 넣어둘 수 없다. 또한 보트에는 간단한 밴드에이드만을 비치하고 있으며 소독약이나 소염제 등을 포함한 일체의 약품을 비치하고 있지 않다. 따라서 자신이 필요한 처방 약은 물론 항생제 연고나 진통제, 소염제, 멀미약 등의 비상 약품을 반드시 챙겨가도록 한다.

코코스아일랜드는 육지에서 멀리 떨어진 먼 바다에 위치한 곳이니만큼 다이빙 조건이 그리 만만치는 않다. 상당히 강한 조류를 만나는 경우가 많아서 대부분의 리브어보드들은 조난될 경우 다이버들의 위치를 자동적으로 본토의 구조 센터에 알려주는 GPS 방식의 조난 신호 장치를 다이버들에게 빌려준다. 조난당한 경우 먼저 수면으로 부상한 다음 조난 신호 장치의 전원을 켠 후 긴급 구조SOS 버튼을 누르고 기다리면 된다. 그러면 장치에서는 10초 간격으로 다이버의 위치 좌표를 산호세의 구조 센터에 전송하게 되며, 위치 좌표는 다시 리브어보드 보트 조타실로 전달되어 구조가 이루어지게 된다. 코코스아일랜드에는 병원은 물론 간단한 의료 시설도 없으므로 사고가 발생한 경우 본토로 이송하는 것 외에 다른 방법이 없다. 따라서 코코스아일랜드에서는 최대한 보수적으로 안전하게 다이빙해야만 한다. 큰 사고가 아니더라도 큰 비용과 많은 시간을 들여 코코스아일랜드까지 와서 압력 평형Equalizing이나 무감압 한계 시간 초과와 같은 사소한 실수로 인해 더 이상 다이빙을 하지 못하는 불상사가 생기지 않도록 안전을 최우선으로 두고 조심해서 다이빙을 하도록 한다. 생명과 관련된 심각한 사고일 경우에는 항공기를 이용한 긴급 구조가 이루어지지만, 그렇지 않은 상황에서는 섬에서 본토로 돌아오는 데에만 36시간이 걸린다는 점을 고려하여 특히 조심하여 지내야 하는 곳이 코코스아일랜드다.

▲ 다이빙 장비에 긴급 조난 신호를 보낼 수 있는 GPS 장치가 부착되어 있다. 이 장치는 리브어보드에서 각 버디 조별로 빌려주며 다이빙 때마다 반드시 휴대하여야 한다.

시차

코스타리카의 표준시는 GMT-6으로 미국 동부 시각보다 한 시간 빠르고 한국 시각보다는 13시간 늦다. 따라서 한국 시각으로 정오는 코스타리카 시각으로는 그 전날 오후 9시가 된다.

2. 코스타리카 여행 정보

코스타리카 입출국

미국과 캐나다, 멕시코의 주요 도시들로부터 코스타리카의 수도인 산호세SJO까지 항공편이 운항되고 있으며, 일부 유럽의 도시들과도 항공편으로 연결된다. 산호세의 후앙 산타마리아 국제공항까지 직항편이 연결되는 미국의 도시로는 뉴욕JFK, 애틀랜타, 마이애미, 피닉스 그리고 캐나다의 토론토 등이 있으며 그 밖의 도시에서는 한 번 더 비행기를 갈아타야 한다. 한국에서는 코스타리카의 산호세까지 직항편이 없기 때문에 일단 미국이나 캐나다로 들어간 후 비행기를 갈아타야 하는데, 아무래도 한국과 코스타리카에서 동시에 직항편이 운항되고 있는 뉴욕의 JFK 공항을 이용하는 편이 가장 편리하다고 할 수 있다. 인천공항에서 JFK까지는 14시간 정도 걸리고, 뉴욕에서 산호세까지는 또 5시간 반 정도 걸리기 때문에 공항 대기 시간을 제외한 순 비행시간만 20시간 정도 걸리는 먼 길이다. 산호세까지 항공편의 수가 많은 곳은 마이애미이기 때문에 실제로 전 세계의 많은 다이버들이 마이애미 공항을 거쳐 산호세로 들어오는 경우가 가장 많다.

한국 여권을 소지한 사람은 따로 비자를 받지 않아도 공항에서 최대 90일까지 체류가 가능한 입국 허가를 받을 수 있다. 단, 대부분의 나라들과 마찬가지로 입국을 위해서는 최종 체류 예정 날짜로부터 최소한 6개월 이상의 유효 기간이 남아 있는 여권이 있어야 한다. 입국을 위해서는 입국 신고서와 세관 신고서 양식을 작성해야 하는데 산호세 공항 입국장에는 이런 양식들이 비치되어 있지 않은 경우가 많으므로 반드시 비행기 안에서 승무원에게 요청해서 미리 작성해 두도록 한다. 특히 세관 신고서는 그 내용이 다소 헷갈리게 만들어져 있어서 조금은 당혹스러울 수 있지만, 이해가 되지 않는 항목은 다른 사람에게 물어서라도 빠짐없이 기입하도록 한다. 입국 심사는 체류 기간 정도만을 물어보고 바로 입국 스탬프를 찍어 준다. 짐을 찾은 후 세관을 통과할 때는 모든 가방을 엑스레이로 다시 검사하지만, 특별히 까다로운 점은 없다. 짐을 찾는 구역에 환전소와 ATM 기계가 있으므로 현지화가 필요할 경우 이용할 수 있다. 세관을 통과하면 바로 청사 밖으로 나오게 된다.

▲ 코스타리카 산호세 국제공항 출국장 내부 모습. 꽤 큰 규모의 현대식 공항으로 여행자들에게 필요한 시설을 고루 갖추고 있다.

산호세를 출국할 때는 공항의 출국세 카운터에서 29달러의 출국세를 징수하는데, 항공사 체크인을 하기 전에 납부하고 영수증을 받아야 한다. 출국세 영수증 부본의 뒷면은 출국 신고서 양식이므로 체크인을 하기 전에 이 양식도 기입을 해 두어야 한다. 출국세는 미화, 콜론화 또는 신용 카드로도 납부할 수 있으므로 굳이 현지화를 남겨둘 필요는 없다.

통화와 환전

코스타리카의 법정 통화는 콜론CRC이며 2017년 현재 미화 1달러가 약 560콜론 정도의 비율로 교환되고 있다. 최근 화폐의 도안이 바뀌어 신권과 구권이 동시에 유통되고 있는데, 새로 나온 화폐는 재질의 질감이나 도안, 크기 등이 유로화와 비슷하다. 500콜론권까지는 동전이, 그리고 1,000콜론권부터 지폐가 주로 사용되는데 특히 코스타리카의 동전은 그 크기가 매우 크고 무겁다.

코코스아일랜드 리브어보드에서는 모든 비용이 미국 달러를 기준으로 정해져 있으며 결제 역시 달러화 또는 유로화로 이루어진다. 공원 입장료 등 일부 비용은 미화 현금으로만 받지만, 그 밖의 비용은 비자나 마스터카드 등의 신용 카드를 사용하여 지불할 수 있다. 그러나 코코스아일랜드 리브어보드를 타기 위해서는 산호세에서 최소한 1박을 하여야 하며 많은 다이버들이 리브어보드 일정이 끝난 후에 추가적인 다이빙이나 관광을 위하여 코스타리카에 더 머물기도 한다. 이런 경우라면 적당한 금액을 그때그때 필요한 만큼 환전하여 사용하도록 한다. 그러나 산호세 지역에서는 어디서든 현지화 대신 미화가 통용된다. 택시나 호텔은 물론 작은 구멍가게나 식당에서도 현지화를 미화로 환산해서 지불할 수 있기 때문에 굳이 콜론화를 환전하지 않더라도 큰 불편은 없을 것이다. 다만, 50달러나 100달러 같은 고액권은 잘 받지 않으므로 잔돈은 항상 넉넉하게 준비하는 것이 좋다.
본토에서는 신용 카드도 많이 통용되지만 카드 수수료를 받지 않은 곳에서부터 무려 18% 정도의 수수료를 추가하는 곳까지 있으므로 신용 카드를 사용할 경우에는 주의할 필요가 있다. 시내에는 환전소가 있기는 하지만 그리 흔치는 않다. 그러나 ATM 기계는 어디에서든 비교적 쉽게 찾을 수 있다. 대부분의 ATM 기계에서는 미국 달러나 코스타리카 콜론화 중 선택하여 찾을 수 있다. 다만 한국에서 발행된 스마트칩이 부착된 현금 카드는 사용할 수 없는 기계가 대부분이다. 그러나 신용 카드를 이용한 현금 서비스는 대부분 가능하므로 현금이 꼭 필요한 경우에 이용하도록 한다.

코코스아일랜드에서 다이빙하기 위해서는 소정의 국립 공원 입장료를 지불해야 한다. 입장료는 2014년 12월부터 크게 인상되어 10박 일정을 기준으로 미화 490달러이고 이 금액은 미화 현금으로만 받는다. . 8박짜리 일정일 경우 입장료는 350달러이다. 또한 다이빙 사고 등의 비상 상황이 발생했을 때 다이버를 코스타리카 본토의 의료 기관으로 긴급 수송해 주는 프로그램이 코스타리카 정부에 의해 운영되고 있는데, 이 서비스를 위한 비용으로 모든 다이버들이 30달러를 의무적으로 지불해야 한다. 이 비용은 다이버들이 개인적으로 가지고 있는 다이버 보험과는 별도로 징수된다. 또한 코스타리카를 출국할 때 29달러의 출국세를 내야 하기 때문에 충분한 정도의 미화 현찰을 준비해 두어야 한다.

국립 공원 입장료 490달러와 비상 후송 보험료 30달러는 리브어보드 회사와 관계없이 코스타리카 정부가 징수하는 것으로 대개 다이빙이 시작된 첫날에 스태프들이 미리 거두어 두었다가 리브어보드 보트에 승선하는 국립 공원 레인저들에게 전달한다. 그 외에 리브어보드에서 발생하는 모든 비용, 즉 나이트록스 사용료, 기념품이나 다이빙 소품 구입비, 따로 비용이 발생하는 주류나 음료대 등은 장부에 기입해 두었다가 일정의 마지막 날에 한꺼번에 정산한다. 이 금액은 현금 또는 신용 카드로 납부할 수 있다.

일반적으로 코스타리카의 물가 수준은 다른 중남미 국가들에 비해 꽤 비싼 편에 속한다. 호텔에서의 뷔페식 아침 식사나 식당에서 맥주를 곁들인 간단한 식사라도 대개 20달러 이상을 지불해야 한다. 특히 술에 부과되는 관세율이 매우 높아서 술값이 비싼 편이기 때문에 애주가들은 코스타리카에 입국하기 전에 한국이나 미국의 공항에서 좋아하는 술을 한 병 정도 사가지고 가는 것도 고려해볼 만하다.

팁

코스타리카 자체는 팁의 관행이 거의 없다. 고급 식당에서는 보통 10%의 서비스 차지와 13%의 판매세가 붙어서 청구가 된다. 설사 청구서에 서비스 차지가 포함되지 않은 경우라도 별도의 팁을 그다지 기대하지 않는다. 호텔에서 짐을 들어주는 포터나 택시 기사에게는 약간의 잔돈을 팁으로 주는 정도면 충분하다. 대개 리브어보드에서는 일정한 팁이 관례화되어 있고 보트마다 나름대로의 관행적 표준을 가지고 있지만 코코스아일랜드의 리브어보드들은 이렇다 할 팁의 가이드라인을 전혀 주지 않는다. 그러나 필자의 경험과 견해로 보자면 팁의 비율이 높은 갈라파고스 리브어보드가 요금의 10% 정도를 표준으로 보고 있다는 점, 코코스아일랜드 리브어보드의 전반적인 서비스 표준이 갈라파고스의 그것보다는 다소 낮다는 점, 코스타리카 지역이 팁의 수준이 그다지 높지 않다는 점 등을 종합적으로 고려한다면 총 요금의 5%에서 8% 정도가 무난한 팁의 금액이라고 여겨진다. 즉, 리브어보드 요금이 5천 달러라면 본인이 받은 서비스의 수준에 따라 최하 250달러에서 최고 400달러 정도를 기준으로 보면 될 것 같다. 팁은 일정의 마지막 밤에 선실에 준비된 봉투에 담아 건네주면 된다. 현금이 넉넉하지 않은 경우에는 신용 카드나 여행자 수표로도 팁을 지불할 수 있다. 다이버들이 건넨 팁은 모두 모아서 선장을 포함한 모든 스태프들이 균등하게 나누어 가진다.

관광과 쇼핑

어렵게 시간과 비용을 들여 코스타리카까지 왔다면 코코스아일랜드 리브어보드 여행을 전후하여 산호세에서 며칠 더 묵으면서 관광을 즐기는 것도 좋은 방법일 것이다. 산호세에서 둘러볼 만한 곳들은 다음과 같다.

- 황금 박물관Museo de Oro Precolombino; Gold Museum : 컬추라 플라자 지하에 있는 박물관으로 서기 500년부터 1500년 사이에 만들어진 각종 금공예품들이 전시되어 있다. 개관 시간은 오전 10시부터 오후 4시 반까지이며 매주 월요일은 휴관한다. 입장료는 9달러. 박물관 매점에서 질이 좋은 기념품도 구입할 수 있다.

- 옥 박물관Museo del Jade : 아베니다 센트럴과 칼레 13이 교차하는 지점에 있는 박물관으로 월요일부터 토요일까지 개관하는데, 관람이 가능한 시간은 오전 10시부터 오후 3시 반까지이다. 단, 토요일에는 오전 9시에 오픈해서 오후 1시에 문을 닫는다. 입장료는 외국인은 15달러, 현지인은 5달러다. 각종 옥 제품들이 전시되어 있으며 옛날에 어떻게 옥을 채굴하고 가공하였는지를 보여준다.

- 국립 박물관Museo Nacional : 칼레 17과 아베니다 2에 있으며 아침 8시 반에 열어서 오후 4시 반에 닫는다. 입장료는 2,000콜론(약 4달러)이며 내부에는 콜럼버스 시대 이전의 다양한 물품들과 사료들이 전시되어 있으며 특히 대규모의 나비 정원이 포함되어 있다.

박물관 외에도 버스나 승용차를 이용한 관광 패키지들도 쉽게 이용할 수 있는데 인기가 높은 코스는 시내 관광과 커피 농장 투어 등이 있다. 산호세 시내에는 카지노가 몇 군데 있어서 게임을 좋아하는 사람들은 이런 곳에서 시간을 보낼 수도 있다. 관광객들에게 특히 인기가 높은 카지노는 'Casino del Rey'이다. 그러나 산호세의 카지노는 규모나 시설 면에서 미국이나 필리핀 등의 카지노와는 비교하기 어려우며 그다지 추천할 만한 정도는 아니다. 코스타리카에서는 매춘이 합법이어서 카지노 같은 곳에서는 콜롬비아와 같은 가난한 중남미 국가는 물론 멀리 필리핀 같은 나라에서까지 돈을 벌기 위해 찾아온 직업 여성들을 많이 볼 수 있어서 전반적인 분위기는 그다지 밝지 않다. 현지인들이 많지 않은 조용한 카지노를 원한다면 에스카주 지역의 셰러턴 호텔을 추천한다.

관광객들에게 인기가 높은 기념품으로는

수공예품, 커피, 시가 등이 있다. 특히 100% 담뱃잎만 사용하여 손으로 직접 말아서 만든 코스타리카 시가는 가격에 비해 품질이 좋아서 인기가 높다. 쿠바에서 만든 유명한 수제품 시가들도 살 수 있지만, 쿠바 시가를 미국으로 반입하는 것은 아직도 불법이므로 미국 도시를 경유하여 귀국하는 경우에는 구입하지 않는 편이 안전하다.

▲ 맛이 좋기로 유명한 코스타리카 커피. 커피는 코스타리카를 경제적으로 자립하게 만들어 준 중요한 작물이자 수출품이며 코스타리카 사람들은 자신들이 생산한 커피의 품질에 큰 자부심을 가지고 있다.

코코스아일랜드 다이빙 가이드

다이브 포인트 요약

지역	포인트	수심(m)	난이도	특징
코코스 아일랜드	**알시오네**	25~32	**중상급**	귀상어, 고래상어, 이글레이
	더티 록	20~35	**중상급**	귀상어, 만타레이, 이글레이
	도스 아미고스	15~40+	**중상급**	화이트팁 상어, 이글레이, 잭피시
	에베레스트	100+	**없음**	특수 심해 잠수정 사용
	마뉴엘리타 딥	20~35	**중상급**	귀상어, 타이거 상어
	마뉴엘리타 가든	10~22	**중급**	마크로, 화이트팁 상어 떼, 야간
	푼타 마리아	20~40+	**중상급**	딥, 갈라파고스 상어, 귀상어
	차탐 베이	10~30	**중급**	리프, 화이트팁, 이글레이
	파하라	30~40+	**중상급**	딥, 타이거 상어, 마크로

3. 코코스아일랜드 다이빙 개요

코코스아일랜드 다이빙

사실 코코스아일랜드는 동양권의 다이버들에게는 그다지 잘 알려져 있지는 않은 곳이다. 그리고 이곳을 찾아가는 것은 막대한 경비와 시간이 필요한 일이다. 하지만 수많은 귀상어 떼를 비롯하여 갈라파고스 상어, 실크 상어, 타이거 상어, 고래상어, 블랙팁, 실버팁, 화이트팁 등 온갖 종류의 대형 어류들을 원 없이 볼 수 있는 곳이 바로 코코스아일랜드다. 코코스아일랜드는 코스타리카 본토에서 500㎞나 떨어진 태평양 상의 작은 섬으로 열대 우림과 주변 바닷속 해양 생물들을 보호하기 위해 해양 공원으로 지정되어 있다. 이곳을 찾는 거의 유일한 방문객은 리브어보드를 타고 들어오는 다이버들 뿐이다. 그만큼 인간의 손이 거의 타지 않은 거친 자

▲ 필자의 바로 앞을 지나가고 있는 귀상어 한 마리. 갈라파고스에서도 귀상어들을 자주 볼 수 있지만, 이 정도로 가까운 곳에서 귀상어들을 볼 수 있는 곳은 코코스아일랜드가 거의 유일한 곳이라고 알려져 있다.

연의 환경 그대로의 상태에서 거대한 해양 동물들의 원시적인 활동들을 지켜볼 수 있다. 상어들을 비롯하여 이곳의 해양 생물들은 사람들을 거의 만나보지 못했기 때문에 다이버들을 그다지 두려워하지 않는다. 심지어 모불라레이 같은 동물들은 다이버들을 클리닝 스테이션으로 착각하고 스스로 바로 눈앞의 가까운 거리로 접근해 오기도 할 정도이다.

코코스아일랜드를 찾는 다이버들은 대부분 이미 지구 상의 다른 유명한 다이브 사이트들을 모두 섭렵한 사람들이며, 이들 중 많은 사람들이 다이버로서 생전에 맨 마지막으로 한 번은 찾아가야 할 성지와 같은 곳이 바로 코코스아일랜드라고 말한다.

다이빙 시즌

갈라파고스보다 북쪽의 태평양 상에 위치한 코코스아일랜드에는 크게 두 개의 계절만 존재한다. 적도와 가까운 다른 지역들이 그러하듯 코코스아일랜드 또한 생각보다 기온이 낮아서 연평균 기온은 섭씨 25.5도이며 연간 평균 강수량은 2m에 달한다.

계절은 건기와 우기로 구분되는데 다이버들의 취향에 따라 선호하는 시기가 달라질 수 있다. 잔잔한 바다와 밝은 시야를 중요하게 생각하는 다이버라면 건기에 해당하는 12월부터 5월 사이에 코코스아일랜드를 방문하는 것이 좋다. 이 시기의 수중 시야는 보통 30m가 넘는다. 비는 꼭 우기가 아니더라도 연중 내리며 건기에는 비가 오는 날과 맑은 날이 번갈아 가며 나타나지만 비가 오는 날이라도 다이빙에 별다른 지장을 받지는 않는다.

그러나 실제로는 많은 다이버들이 우기에 해당하는 6월부터 11월까지의 시기를 더 선호한다. 이 시기에는 먼 바다에서 밀려온 영양분 많은 바닷물이 수심이 낮은 곳까지 솟구쳐 올라오며 이로 인해 대규모의 귀상어들과 만타레이, 그리고 고래상어들이 자주 출몰하기 때문이다. 물론 우기에는 바다의 상태도 거칠어지고 시야 또한 10m에서 25m 정도로 떨어진다. 시야를 결정하는 일차적인 변수는 날씨보다는 바닷물 속에 포함되어 있는 플랑크톤의 밀도이다. 코스타리카 본토에서 만 하루 반에 걸쳐 코코스아일랜드까지 이동하는 기나긴 항해 또한 이 시기에는 더 거친 파도로 인해 그다지 편하지만은 않지만 다이버들은 이런 고통을 기꺼이 감수한다.

수온은 통상 섭씨 24도에서 30도 사이이며 연중 그 변동폭이 별로 크지는 않다. 연평균 수온은 섭씨 28도 정도이지만 복잡한 해류의 영향으로 간혹 최저 6도까지 급격하게 떨어지는 써모클라인 현상이 자주 발생하곤 한다. 따라서 코코스아일랜드에서 다이빙할 때는 이 점을 충분히 감안하여야 하는데, 대부분의 다이버들은 5밀리 풀 수트에 부츠와 후드는 물론 두꺼운 장갑으로 무장하고 바다에 들어간다. 결론적으로 코코스아일랜드에서 다이빙하기 가장 좋은 시기가 언제인가 하는 것은 다이버의 성향에 달렸다. 통계적으로 다이버들이 가장 몰리는 시기는 8월과 9월이며, 확률적으로 바다의 상태가 좋으면서도 대형 해양 생물들을 많이 만날 수 있는 시기는 6월과 7월이라고 말할 수 있다.

4. 코코스아일랜드 다이빙

코코스아일랜드 트립 브리핑

이동 경로	서울 ···› (항공편) ···› 미국/캐나다 경유도시 ···› (항공편) ···› 산호세 ···› (육로) ···› 푼타레나스
이동 시간	총 20시간(항공편 18시간, 육로 2시간)
다이빙 형태	리브어보드 다이빙
다이빙 시즌	연중(최적 시기 : 6월부터 9월)
수온과 수트	연중 24도에서 30도(5밀리 수트)
표준 체재 일수	10박 11일(24회 다이빙)
평균 기본 경비	총 770만 원 • 항공료 : 130만 원(서울–산호세, 1회/2회 경유) • 리브어보드: 500만 원(일반 등급) • 국립 공원 입장료 및 보험료: 60만 원 • 기타 비용: 80만 원(산호세 1박 및 공항–호텔 택시비, 출국세, 팁 등)

찾아가는 법

코코스아일랜드로 가기 위해서는 우선 중미 코스타리카의 수도인 산호세San Jose까지 들어가야 한다. 서울에서 산호세까지는 직항편이 없기 때문에 최소한 한 번 이상 비행기를 갈아타는 것이 불가피하다. 한국의 인천과 코스타리카의 산호세에서 공통적으로 직항편을 취항하고 있는 중간 도시로는 미국의 로스앤젤레스와 휴스턴이 있다. 이 외의 도시를 경유할 경우에는 또 한 번의 환승이 필요하다. 로스앤젤레스나 휴스턴을 경유하는 항공편은 왕복 기준으로 대개 가격이 2,600달러 이상이지만, 두 번 환승을 하는 번거로움을 감수한다면 1,300달러대의 저렴한 가격으로 항공권 확보가 가능할 수도 있다.

코코스아일랜드로 들어가는 대부분의 리브어보드 보트들은 산호세에서 서쪽으로 자동차로 두 시간 정도 걸리는 푼타레나스Puntarenas 항구에서 출항한다. 보트의 출항 시각은 조수간만에 따라 그때그때 바뀐다. 밀물과 썰물의 시각에 따라 아침 일찍 출항하는 때도 있고 오후 늦게나 출항이 가능할 수도 있다. 이런 불규칙한 출항 시각에 맞추기 위해서는 출항 전날 밤을 산호세의 호텔에서 묵어야만 한다. 호텔로부터 푼타레나스 항구까지의 교통편은 리브어보드 측에서 제공하는데, 아무 호텔에서나 픽업해 주는 것이 아니고 리브어보드 회사에서 지정하는 두 세 군데의 호텔에서만 픽업한다. 따라서 다른 호텔에 묵는 경우 정해진 픽업 시간에 맞추어 이들 호텔로 알아서 이동해야 한다. 픽업 장소로 지정된 호텔은 보트 회사별로 차이가 있지만, 가장 많은 회사에서 선호하는 호텔은 에스카주 지역에 위치한 홀리데이인 호텔, 인디고 호텔, 알타 호텔, 메리어트 호텔 등이다. 이들 호텔들은 대개 1박에 100달러 내외의 4성급이며 아고다 또는 익스피디어 등을 통해 예약할 수 있다. 상세한 사항은 첨부된 리브어보드 자료를 참고하도록 한다. 코코스아일랜드 섬 안에는 어떤 종류의 숙소도 없기 때문에 섬에서 며칠 묵겠다는 생각은 하지 않도록 하자.

산호세 공항은 시내에서 약 17㎞ 정도 떨어져 있으며 택시로는 20분, 버스로는 25분 정도면 도착할 수 있다. 공항에서 시내까지의 택시 요금은 목적지 위치에 따라 다르지만 대략 미화 30달러 내외라고 생각하면 된다. 반드시 허가를 받은 주황색의 공항 택시를 타야 하는데 택시 옆에 'Taxi Aeropuerto'라고 표시가 되어 있으며 미터를 사용한다.

▲ 코코스아일랜드의 상징인 귀상어 떼 〈Photo by Carlos de la Cruz, Wind Dancer〉

▼ 리브어보드 회사들이 픽업 장소로 많이 이용하는 홀리데이인 에스카주 호텔. 고급 식당가와 쇼핑몰이 인접해 있어서 편리한 곳이다. 공항에서 택시로 약 20분 정도 거리이다.

공항 출구 부근에는 무허가 택시들이 호객을 하는데, 이런 택시를 타면 적정 요금의 두 배 이상 바가지를 쓰기 쉬우므로 피하도록 한다. 보다 경제적인 방법으로는 공항에서 버스를 타고 일단 산호세 시내까지 들어간 다음 일반 택시로 갈아타고 목적지까지 가는 것인데 버스 요금은 1달러 이하이다. 버스에는 별도의 화물칸이 마련되어 있어서 큰 짐이 있더라도 이용할 수 있다. 택시는 달러화도 받지만 버스는 현지 콜론화만 받는다. 공항 청사 안에 환전소와 ATM이 있으며 미화 또는 콜론화를 모두 취급한다.

산호세 시내에서의 이동 또한 택시가 가장 편리하며 요금도 합리적인 편이다. 산호세의 모든 택시는 미터를 사용하며 시내 안에서의 이동은 1,000콜론에서 2,500콜론 정도면 갈 수 있다. 요금은 미화로도 지불할 수 있는데 대략 500콜론당 1달러로 환산된다. 어느 나라든 마찬가지이지만, 택시를 타려다 보면 현지 사정에 어두운 관광객들에게 바가지를 씌우려는 경우가 항상 생긴다. 출발하기 전에 반드시 미터를 켜도록 요구하고 다른 소리를 하는 경우 나중에 시비의 소지가 생길 수 있기 때문에 타지 않는 편이 상책이다. 도시 간의 이동은 버스가 가장 편리한데 스케줄에 맞춰 정시에 운행되고 차량도 쾌적한 편이며 무엇보다도 요금이 매우 싸다.

리브어보드 보트를 타려면 산호세 시내에서 자동차로 약 두 시간 정도 걸리는 푼타레나스 항구로 이동해야 한다. 이 교통편은 대개 리브어보드 회사 측에서 무료 또는 유료

▲ 코스타리카 서해안 태평양 쪽에 위치한 푼타레나스 항구의 모습. 한 때 파나마 운하를 건너는 대신 이곳에서 화물을 내린 후 육로를 통해 동해안의 카리브 해 쪽으로 수송하는 물동량으로 인해 번창하던 항구였지만, 지금은 조용한 어항으로 바뀌었다. 코코스아일랜드로 들어가는 리브어보드들은 모두 이 푼타레나스 항구에서 먼 여정을 시작한다.

▼ 푼타레나스 항구의 전용 도크에서 출항을 준비하고 있는 '윈드 댄서' (현재의 오케아노스 어그레서 2) 리브어보드 보트. 이 도크는 바깥에서는 전혀 보이지 않으며 커다란 철문을 열면 그 모습이 나타난다.

로 제공한다. 다만, 픽업해 주는 호텔이 미리 지정되어 있으므로 이 호텔에서 전날 밤을 묵는 것이 좋다. 만일 이 픽업 서비스를 받지 않거나 또는 픽업 버스를 놓친 경우에는 개인적으로 푼타레나스 항구의 승선 장소까지 택시 편으로 이동해야 한다. 그런데 푼타레나스의 보트 선착장은 대개 밖에서는 보이지 않도록 벽이나 철문으로 가려져 있으며 간판이나 주소 표기도 거의 없으므로 산호세의 일반 택시기사가 찾아가기가 쉽지가 않다. 따라서 보트가 계류하고 있는 푼타레나스 항구에서의 정확한 위치를 미리 파악해 두면 유사시에 도움이 될 수 있다. 참고로 '오케아노스 어그레서 1' 또는 '오케아노스 어그레서 2"가 정박하고 있는 위치는 AvenidaAvenue 3과 CalleStreet 7이 교차하는 지점에 있으며 인근에 소방서가 있다.

푼타레나스 항구에서 목적지인 코코스아일랜드까지는 장장 36시간 정도의 긴 시간을 배를 타고 이동해야만 한다. 지루한 항해를 잘 버티기 위해서는 스마트폰이나 컴퓨터에 평소에 좋아하는 영화나 읽을거리를 충분히 다운받아 가져가는 것이 좋다. 이래저래 한국의 다이버들이 코코스아일랜드를 찾는 것은 고행 그 자체라고 할 만하지만, 가능하기만 하다면 평생에 한 번은 꼭 가 보아야 할 꿈의 다이빙 목적지임이 틀림없다.

코코스아일랜드에서의 일정이 끝나면 다시 먼 뱃길을 거쳐 푼타레나스 항구로 되돌아온다. 항구의 도착 시각은 오전 7시 내외의 이른 아침으로 예정되어 있지만 워낙 먼 길이고 항구 일대의 조수간만 수위 등에 따라 지연이 발생할 수 있기 때문에 산호세 공항에서의 항공편 출발 시각은 적어도 오후 12시 30분 이후 편을 예약해야 한다.

코코스아일랜드 다이빙 특징

코코스아일랜드에서 다이빙을 즐길 수 있는 유일한 방법은 이 지역을 전문적으로 취항하고 있는 리브어보드를 타는 것이다. 2017년 8월 현재 다섯 척 정도의 리브어보드 보트들이 코코스아일랜드 항로를 취항하고 있다. 이 보트들은 코코스아일랜드 수역에 동시에 들어가 있는 기간이 최대한 겹치지 않도록 출항 일정이 짜여 있다. 따라서 코코스아일랜드에서는 대부분 단 한 척의 보트만이 정박하게 되며 많을 때도 두 척의 보트만이 코코스아일랜드 바다에 정박한다. 코스타리카 본토에서 코코스아일랜드까지의 소요 시간은 바다의 상태에 따라 달라지지만, 보통 36시간이 걸린다. 워낙 먼 거리를 배로 건너

가야 하는 곳인지라 이곳을 찾는 사람들은 다이버들이 거의 유일하며 다른 관광객들은 거의 없다. 그만큼 이 지역의 해저 상태나 해양 생물들은 사람들의 손을 거의 타지 않아서 지구 상의 다른 어느 곳보다도 더 환상적인 다이빙을 경험할 수 있다. 이 지역의 대표적인 해양 생물로는 귀상어를 비롯한 다양한 상어 종류들과 모불라레이, 만타레이를 포함한 대형 가오리 종류들이다.

코코스아일랜드에 들어가는 리브어보드들은 대부분 10박 11일의 여정으로 운항된다. 10박이라고 하더라도 코스타리카 본토의 항구에서 코코스아일랜드까지 왕복하는 데에만 꼬박 만 3일이 걸리기 때문에 실제 다이빙을 하는 날짜는 7일이 되며, 하루 평균 다이빙 횟수는 3회이고 일정 중 최대 2회의 야간 다이빙이 이루어지므로 총 다이빙 횟수는 23회를 표준으로 하고 있다.

태평양 상의 먼 바다에 위치해 있고 비교적 강한 조류가 있는 경우가 많으며 대부분의 포인트들의 수심이 깊다는 점에서 이곳을 찾는 다이버들은 어느 정도 조류 다이빙

▼ 코코스아일랜드에 정박 중인 리브어보드 보트 중 하나인 '씨 헌터'. 현재 코코스아일랜드에는 모두 다섯 척의 리브어보드들이 정해진 순서에 따라 교차하여 들어간다.

과 딥 다이빙에 경험이 있는 사람들이라고 간주된다. 경험이 적은 초보 다이버들에게는 그다지 추천할 만한 곳은 되지 못한다. 워낙 먼 거리를 보트로 항해해서 가야 하는 곳이니만큼 뱃멀미에 특히 약한 사람들도 코코스아일랜드를 찾는 것에는 신중해야 할 필요가 있다.

일부 코코스아일랜드 리브어보드 중에는 심해용 잠수정을 갖추고 있어서 이것을 이용하여 수심 100m 이하의 깊은 바닷속을 구경할 수 있는 기회를 제공하기도 한다. 만약 이런 배를 타게 되었다면 일생에 단 한 번뿐일 수 있는 심해 잠수의 기회를 놓치지 않도록 하자.

다이빙 장비와 나이트록스

코코스아일랜드를 찾는 다이버들은 보통 5밀리 풀 웨트수트에 부티와 후드를 착용한다. 그러나 찬물에 비교적 강한 체질의 다이버들은 3밀리 풀 웨트수트로 충분한 경우도 있으며, 반대로 추위에 약한 다이버들은 7밀리 수트를 입거나 수트를 두 벌 겹쳐 입기도 한다. 심지어 세미드라이 수트나 풀 드라이수트를 사용하는 다이버들도 꽤 많이 발견할 수 있다. 그러나 필자의 경험상 아주 심한 써모클라인을 만나지 않는 이상 대부분의 다이빙에서 수온은 28도 내외인 경우가 많으므로 3밀리 풀 수트로 충분하며, 이상 한파를 대비하여 속에 껴입을 수 있는 1밀리 정도의 얇은 풀오버 스타일의 네오프렌 셔츠 정도를 하나 더 가져가면 충분할 것으로 본다. 실제로 현지의 다이브 가이드들은 대부분 3밀리 풀 수트 또는 반팔 수트만을 착용하고 다이빙하고 있다.

코코스아일랜드에서의 다이빙은 조류도 강한 편이지만, 대형 해양 생물을 찾아 이동해야 하는 일이 많기 때문에 수중에서 빨리 움직일 수 있도록 추진력이 강한 핀을 가져가는 것이 좋다. 대부분의 다이빙이 조류를 타고 흐르는 드리프트 다이빙으로 이루어지기 때문에 마커 부이SMB 휴대 또한 필수이다. 코코스아일랜드에서는 개인별로 다이브 컴퓨터가 없으면 다이빙이 허용되지 않는다. 조류걸이(리프 훅)는 반드시 휴대해야 하는 필수품은 아니지만, 많은 다이버들이 이것을 휴대하고 또 사용한다. 이 외에도 장갑 또한 필수품이며 백업용 마스크와 다이빙 라이트, 호각 등을 챙겨가도록 하자. 그리고 코코스아일랜드에서는 강한 조류나 토네이도 조류를 만나서 마스크나 카메라, 심지어 핀이 날아가버리는 경우가 심심치 않게 발생한다는 점을 알아두는 것이 좋다. 섬 안에 아무 시설도 없는 코코스아일랜드에서는 장비에 문제가 생길 경우 이것을 대체할 방법이 거의 없기 때문에 부피가 크지 않은 물품이라면 가급적 백업을 하나 더 가져가는 것이 안전하다.

코코스아일랜드의 다이브 포인트들은 대개 30m 이상의 깊은 수심인 데다가 거의 모든 다이빙이 귀상어를 기다리는 형태여서 수중에서 머무는 시간이 생각보다 길어지게 마련이다. 따라서 이곳에서는 일반 압축 공기보다 나이트록스가 많이 사용된다. 나이트록스 다이버들은 일반 공기를 사용하는 다이버들에 비해 훨씬 오래 수중에 머물 수 있기 때문이다. 나이트록스는 보트에 따라 무료로 제공되는 경우도 있고 150달러 정도(10박 일정 기준)의 요금을 받고 제공되는 경우도 있지만, 어느 경우든 나이트록스를 사용하는 것이 권고된다. 만일 나이트록스 라이선스를 아직 받지 못했다면 코코스아일랜드로 향하는 긴 시간 중에 보트 내에서 교육을 받고 자격을 따는 것도 좋은 방법이다. 나이트록스 스페셜티 코스의 요금은 대개 230달러 정도이지만, 첫 다이빙부터 마지막 다이빙까지 나이트록스를 사용하는 비용이 포함되어 있으므로 상당히 좋은 조건이라고 볼 수 있다. 다이브 버디끼리는 같은 종류의 호흡 기체를 사용해야 한다. 예를 들어 나이트록스 다이버와 압축 공기 다이버가 버디가 될 경우 나이트록스 다이버는 무감압 한계 시간이 많이 남아 있더라도 공기를 쓰는 버디로 인해 일찍 다이빙을 마치고 출수해야만 하기 때문에 나이트록스를 사용하는 효과가 없어지기 때문이다. 나이트록스를 사용할 경우 다이빙마다

▲ '오케아노스 어그레서 1'의 다이빙 덱에 설치되어 있는 나이트록스 탱크. 코코스아일랜드에서는 깊은 수심으로 인해 거의 모든 다이버들이 나이트록스를 사용한다. 보트에 따라 나이트록스가 무료로 제공되는 경우도 있고 별도의 추가 요금을 받는 경우도 있다.

▼ 코코스아일랜드에서는 강한 조류로 인해 조류걸이를 사용하는 다이버들이 많다. 수중에서 바위를 붙잡고 있어야 할 경우가 많아서 장갑을 끼지 않으면 손가락이나 손바닥에 상처를 입기 쉬우므로 장갑 또한 필수품에 속한다.

아날라이저로 탱크 속의 산소 농도를 측정하여 장부에 기입하고 컴퓨터의 FO2 값을 조정해 주어야 한다. 안전한 다이빙이 무엇보다 중요한 코코스아일랜드에서는 나이트록스 산소 비율에 따른 최대 허용 수심MOD; Maximum Operating Depth 또한 보수적으로 잡아야 하므로 다이브 컴퓨터의 PO2 값은 반드시 1.4로 맞추도록 규정되어 있다.

코코스아일랜드 리브어보드 생활

코코스아일랜드에 들어가는 리브어보드 보트들은 대개 평균 가격이 5천 달러가 넘는 준럭셔리 또는 럭셔리급 요트들이다. 승선 인원은 보트 크기에 따라 16명에서 24명까지 정도이며 대개 화장실과 샤워 시설이 딸린 2인용 선실에서 생활하게 된다. 침대의 종류는 싱글 베드 두 개를 갖춘 선실이 가장 보편적이지만, 더러 커플을 위한 더블베드를 갖춘 선실도 있다. 선실의 크기가 작은 보트일 경우 이층 침대 형태의 것도 있다. 선실은 에어컨디셔닝이 되므로 쾌적한 편이고 의류나 소지품을 보관할 수 있는 옷장이나 서랍이 제공된다. 그러나 큰 가방은 선실 안에 두기가 어려운 경우가 많은데 대개 스태프들이 별도의 장소에 보관해 준다. 코코스아일랜드 일대의 바다는 파도가 거친 경우가 많아서 비교적 조용한 만 지역에 정박한 경우라도 롤링이나 피칭이 심하여 숙면을 취하기 어려울 수도 있다. 그러나 일부 럭셔리 요트는 안정화 장치Stabilizer를 갖추고 있어 거의 흔들림을 느낄 수 없는 경우도 있다.

아침 식사와 점심 식사는 대개 뷔페 스타일로 제공되며 저녁 식사는 웨이터가 코스 요리를 서빙하는 형태가 많다. 아침과 점심에는 물론 술을 마실 수 없지만, 저녁 식사 때에는 대개 와인이 서빙된다. 식사 메뉴는 매일 바뀌며 질은 매우 뛰어난 편이다. 현지 맥주를 비롯한 음료는 언제든지 마실 수 있도록 공용 냉장고 등에 비치되어 있다. 커피와 차, 그리고 간단한 스낵 또한 24시간 언제든지 먹을 수 있다.

리브어보드에서의 생활은 대개 어느 지역이나 크게 다르지는 않다. 코코스아일랜드에서의 리브어보드 생활에 관해 참고할 만한 사항들은 다음과 같다.

• 픽업 버스가 푼타레나스 항구에 도착하면 대기하고 있는 보트에 승선한다. 대개 조수 시각에 맞추어 픽업 시각이 정해져 있으므로 도착하면 바로 보트에 오를 수 있는

것이 보통이지만, 여의치 않을 경우 보트는 항구 안쪽에 정박하고 있고 다이버들은 작은 텐더 보트를 이용하여 보트까지 이동한 후 승선해야 하는 경우도 있다. 가방은 스태프들이 보트까지 운반해 준다.

• 보트에 승선하면 휴게 장소에 집합하여 웰컴 드링크와 함께 선장이 다이브 가이드를 포함한 스태프들을 소개 하고 이어서 간단한 오리엔테이션이 실시된다. 그리고 선실 배정이 이루어지는데 커플이나 일행은 같은 방에 배치되지만, 싱글 다이버들은 같은 성별끼리 같은 방을 쓸 수 있도록 배정된다. 자신의 룸메이트를 확인하고 스태프의 안내에 따라 배정된 선실로 이동하여 선실 내 시설을 확인한다. 아울러 두 개의 다이빙 조도 발표가 되는데 자신이 어느 조에 속하는지를 잘 알아두어야 한다. 각 조는 별개의 팡가를 이용하여 다이빙을 하게 된다.

• 선실 확인과 침대 선정이 끝나면 다시 다이빙 덱으로 나와 자신에게 배정된 탱크를 확인하고 장비를 셋업한다. 대개 탱크에 자신의 이름이 표시되어 있는데 그 탱크가 앞으로의 일정 중에 본인이 계속 사용할 탱크가 된다. 특별한 다른 요청이 없는 한 12리터짜리 표준 나이트록스용 알루미늄 탱크가 사용되는데 꼭 압축 공기를 사용하고 싶을 경우에는 일반 공기탱크로 교체를 요청한다. 또한 공기 소모량이 많은 다이버들을 위해 15리터짜리 대형 탱크가 갖추어져 있는 경우도 많으므로 필요할 경우 요청하도록 한다. 15리터 탱크는 약간의 추가 비용을 받는 경우가 대부분이다. 자신의 탱크가

▲ '오케아노스 어그레서 2'에서의 저녁 식사 모습. 코코스아일랜드 리브어보드에서는 대개 아침 식사와 점심 식사는 뷔페 스타일로 제공되지만 저녁 식사는 에피타이저, 수프와 샐러드, 메인 요리, 디저트의 순서로 웨이터가 서빙하는 경우가 대부분이다.

▼ 출항 직전 승선을 마친 다이버들에게 웨이터가 웰컴 드링크를 제공하고 있는 모습. 이후 일반적인 보트에서의 생활에 관한 오리엔테이션과 선장을 비롯한 스태프들에 대한 소개가 이어진다.

확정이 되면 BCD와 호흡기를 셋업한다. 이때 탱크의 오링이 손상되지 않았는지를 체크하여 상태가 좋지 않을 경우 교환을 요청한다.

• 셋업이 끝난 탱크와 장비들은 스태프들에 의해 정해진 팡가로 이동된다. 이후 마지막 날 마지막 다이빙이 끝날 때까지 장비와 탱크는 팡가에 머무르며 다이버들은 핀과 마스크, 카메라와 같은 개인 소품 장비만을 휴대하고 팡가로 이동하면 된다. 다이빙이 끝난 후 탱크의 충전 또한 팡가에 실린 상태로 이루어진다.

• 장비 셋업이 끝나면 의류 등의 개인 생활용품을 각자의 선실로 옮긴다. 매번 사용하지 않는 백업 장비 등은 다이빙 덱에 마련된 개인별 락커에 보관할 수 있다. 웨트수트는 옷걸이를 사용하여 행거에 걸어둔다. 카메라는 별도로 마련된 카메라 덱에 올려놓으면 되고 충전이 필요한 배터리 등은 지정된 충전 스테이션에서 충전을 하면 된다. 빈 가방은 나중에 스태프들이 별도의 보관 장소에 보관했다가 마지막 날에 다시 꺼내준다.

• 개인 사물 정리가 끝나면 최초의 점심 식사가 제공되고 이후 한 사람씩 선임 다이브 가이드에 의해 인터뷰가 진행된다. 이때 여권과 나이트록스 카드를 포함한 다이버 자격증을 제출한다. 여권은 언제든지 국립 공원 레인저들이 검사할 수 있도록 보트에서 보관한다. 가이드는 다이버의 보유 자격과 다이빙 횟수, 보험 여부, 사용하는 다이브 컴퓨터 등을 확인하게 되며, 자연스럽게 버디 조가 결정된다. 버디 조별로 GPS 조난 신호 장치가 지급되고 사용하는 방법을 설명하게 된다.

• 담배는 지정된 장소 외에서는 피울 수 없다. 특히 에어컨이 가동되는 실내와 산소 탱크가 비치되어 있는 다이빙 덱에서는 절대로 담배를 피워서는 안 된다. 대개 흡연 장소는 2층 선덱 후미인 경우가 많다. 식당과 실내 휴게 장소 등은 드라이 존으로 지정되어 있어서 젖은 웨트수트나 수영복 차림으로 들어가면 안 된다. 보트의 화장실은 마린 토일렛이므로 화장지를 포함한 일체의 물체를 변기 안에 버릴 수 없다.

• 샤워나 세면에 사용되는 물은 보트에 설치된 담수화 장치를 이용하여 바닷물을 정

수한 것이므로 마실 수는 없다. 다이빙 덱에 마련된 물통은 카메라나 컴퓨터, 다이브 라이트와 같은 전자 장치를 위한 것이므로 여기에 웨트수트나 다른 장비를 씻어서는 안 된다. 이런 장비들은 샤워 시설을 이용하여 세척한다. 카메라 덱에는 카메라만 놓아두어야 한다.

코코스아일랜드 다이빙 유의 사항

리브어보드에서 첫 다이빙을 시작하기 전에 선임 다이브 가이드에 의해 전반적인 다이빙의 방법과 주의해야 할 사항들이 브리핑 형태로 전달된다. 이 내용은 코코스아일랜드에서 안전하게 다이빙하기 위해서 매우 중요한 것들이므로 주의 깊게 듣도록 해야 한다. 보트에 따라 약간의 차이는 있을 수 있지만 공통적인 내용들은 다음과 같다.

• 코코스아일랜드는 전역이 국립 공원이자 해양 생물 보호 구역으로 지정되어 있다. 국립 공원 레인저들이 수시로 섬 주위를 순찰하는 것은 물론 리브어보드 다이버들이 다이빙하고 있는 동안에도 레인저들은 2인 1조로 직접 다이빙하면서 수중에서 다이버들이 규칙을 어기지 않는지를 감시한다. 또한 코코스아일랜드 리브어보드의 다이브 가이드들 또한 법률에 따라 다이버들이 국립 공원 규칙을 어기지 않는지 감시하는 역할을 수행해야 한다. 조류에 떠내려가는 것을 막기 위해 바위를 붙잡는 것은 허용되지만, 어떤 경우든 해양 생물들을 만지는 것은 엄격하게 금지되어 있다. 만일 해양 생물을 만지는 것이 레인저나 가이드에 의해 목격되면 그 다이버는 즉시 상승해야 하며 나머지 일정 중에 더 이상의 다이빙이 허용되지 않으므로 혹시라도 무심결에 상어나 만타레이 또는 거북이 등을 만지는 일이 생기지 않도록 조심하여야 한다. 코코스아일랜드의 해양 생물들이 다이버들을 두려워하지 않는 이유는 다이버들이 이들을 건드리지 않기 때문이며 일단 이 규칙을 어기기 시작하는 순간 이런 동물들은 더 이상 다이버들 주변에 나타나지 않을 것이라고 이들은 믿고 있다.

• 다른 대부분의 지역과 마찬가지로 코코스아일랜드의 리브어보드에서는 무감압 다이빙No-Decompression Diving을 원칙으로 한다. 조류가 강한 코코스아일랜드에서 긴 시간의 감압이 걸릴 경우 감압 정지를 하고 있는 도중에 조류에 밀려 멀리 조난당할 가능성이 크며, 설사 그렇지 않다 하더라도 감압이 끝날 때까지 동료 다이버들은 거친 파

도 위의 작은 팡가 보트에서 오랜 시간을 기다려야 하는 민폐를 끼치기 때문이다. 만일 감압이 걸려서 이를 풀지 못하여 컴퓨터에 에러가 생기면 그때로부터 24시간 동안 다이빙을 할 수 없다.

• 조별로 다이브 가이드들이 동행하지만, 코코스아일랜드에서의 다이빙은 원칙적으로 버디끼리 다이빙을 진행하게 된다. 물론 원할 경우 다이브 가이드를 따라다녀도 좋지만 꼭 그렇게 하지 않아도 무방하다. 실제로 코코스아일랜드를 찾는 대부분의 다이버들은 자신의 수준에 맞는 버디와 팀을 이루어 독립적인 다이빙을 하는 것을 더 선호한다. 가이드가 먼저 출수하더라도 본인과 버디의 공기압과 무감압 한계 시간이 아직 남아 있다면 버디끼리 계속 다이빙을 진행해도 좋다. 버디 팀은 두 명이 원칙이지만, 세 명 이상이라도 상관없다. 만일 버디가 공기가 떨어졌다거나 다른 이유로 출수해야 하지만 본인은 계속 다이빙을 할 수 있는 상태라면 다른 다이버들의 그룹에 합류해서 계속 다이빙을 진행해도 무방하다. 갈라파고스의 경우 법으로 다이브 가이드 없는 다이빙이 허용되지 않지만, 코코스아일랜드에서는 가이드 없는 버디 다이빙이 허용되며 또 대부분의 다이빙이 가이드와 관계없는 버디 다이빙으로 이루어진다. 그러나 어떤 경우라도 버디 없이 혼자 다이빙을 할 수는 없다. 따라서 코코스아일랜드에서 다이빙하기 전에 이 책에 서술되어 있는 각 포인트의 설명을 잘 읽고 사전에 포인트에 대한 정보를 확보한 후, 다이빙 직전의 브리핑을 주의 깊게 듣고 다이빙을 시작하는 것이 중요하다. 그러나 야간 다이빙은 전원이 동시에 입수해서 전원이 동시에 출수하는

▲ 코코스아일랜드에서는 다이브 가이드를 따라다니지 않고 버디와 함께 독립적으로 다이빙을 즐기는 것이 일반적이다. 하강을 마친 후 사전에 약속한 지점을 찾아 버디와 함께 이동하고 있는 다이버들

▼ 코코스아일랜드 국립 공원 레인저들이 해상 순찰을 하고 있다. 이들은 모두 다이버들이며 2인 1조로 다이빙 장비를 메고 수중으로 들어가 다이버들이 공원 규칙을 어기지 않는지를 감시하기도 한다.

것을 원칙으로 한다. 다이빙이 끝나면 서서히 상승해서 5m 수심에서 3분 이상 안전 정지를 마친 후 SMB를 쏘아 올린 후 출수하는데, SMB는 그룹별로 하나만 사용해야 한다. 버디 조별로 SMB와 GPS 조난 신호 장치를 의무적으로 휴대하여야 한다.

• 코코스아일랜드는 초보 다이버를 위한 곳은 아니다. 실제로 이곳을 찾는 다이버들은 대부분 세계의 다른 모든 곳들을 거의 다녀본 베테랑들이며, 더 이상 갈 곳이 없어서 코코스아일랜드를 찾아오는 경우가 많다. 이집트의 홍해처럼 법적으로 일정한 횟수 이상의 다이빙 경험을 요구하는 것은 아니지만, 강한 조류와 서지에 맞설 수 있는 충분한 경험과 자신감을 갖춘 후 코코스아일랜드를 찾는 것이 바람직하다. 다이빙 기술이나 경험 외에도 코코스아일랜드의 바다는 급격한 수온의 변동, 엄청나게 내리는 비, 그리고 30시간이 넘는 긴 해상 이동 시간 등의 요소로 인해 강한 인내심 또한 필수적인 조건이다.

• 모든 다이빙은 조류를 따라 흐르는 드리프트 다이빙으로 진행된다. 코코스아일랜드의 조류는 매우 강하며 때로는 그 방향을 예측하기 어렵다. 조류의 상황에 따라 예정했던 다이빙의 진행 방법이나 방향은 언제든지 변경될 수 있다. 또한 급격하게 수온이 변화하는 이른바 써모클라인 현상이 수시로 발생할 수 있다. 다이빙의 최대 수심은 35m로 제한되며 최대 다이빙 시간은 안전 정지 시간을 포함하여 55분이 표준으로 되어 있다. 모든 다이버들은 각자 다이브 컴퓨터를 휴대하여야 한다. 강한 조류로 인해 조난의 위험이 크기 때문에 블루 워터 다이빙은 금지되며 항상 수중 섬이나 벽 등 지형지물이 시야에 있는 범위 내에서만 다이빙을 하여야 한다. 그러나 섬 주변은 특히 파도와 서지가 심하여 팡가 보트가 접근하기 어렵기 때문에 출수할 때에는 벽으로부터 어느 정도 떨어져서 나오도록 하여야 한다. 갈라파고스의 경우 블루 워터 다이빙이 허용되며 특히 고래상어를 만날 경우 뒤를 쫓아가는 것이 허용되지만 코코스아일랜드에서는 이런 행위들이 허용되지 않는다.

• 첫 다이빙이 시작되는 시각은 대개 아침 식사를 마친 후인 8시 전후가 되며, 다이빙을 마친 후 다시 보트로 돌아와 한 시간 이상의 수면 휴식을 가진 후 11시경에 두 번째 다이빙이 실시된다. 점심 식사를 마친 후 오후 3시경에 세 번째 다이빙이 이루어지

며 야간 다이빙이 있는 날에는 저녁 식사를 하기 전인 오후 6시 전후에 네 번째 다이빙이 실시된다. 예정된 다이빙 시각은 날씨나 다른 사정에 따라 수시로 변경될 수 있다. 마지막 다이빙이 끝나기 전까지는 맥주를 포함하여 어떤 종류의 주류도 마실 수 없다. 만일 술을 마실 경우 그 다이버는 그 순간부터 다음 날 첫 다이빙까지는 다이빙을 할 수 없다.

코코스아일랜드 다이빙 절차

리브어보드 본선이 코코스아일랜드에 도착하면 지정된 장소에 닻을 연결하여 정박하는데, 정박 장소는 '차탐 베이' 또는 '와퍼 베이'이다. 다이빙 포인트까지의 이동은 항상 팡가 보트를 사용한다. 즉, 코코스아일랜드에서의 모든 다이빙은 본선이 아닌 팡가에서 이루어진다. 팡가 보트는 고무보트가 많이 사용되지만, 리브어보드에 따라서는 FRP 소재의 소형 스피드 보트를 사용하기도 한다. 팡가는 보트당 두 척이 운용되며 다이버들은 그룹 특성에 따라 두 개의 조로 나뉜다. 각 조는 지정된 팡가를 일정 내내 이용하게 된다. 물론 일단 정해진 조 또한 특별한 사유가 없는 이상 일정 내내 바뀌지 않는다. 각 팡가에는 한 명씩의 다이브 가이드가 승선한다.

각 다이버에게는 전용의 공기탱크가 할당되며 일정 내내 같은 탱크를 사용하게 된다. 첫날은 탱크가 본선에 실려 있지만, 일단 다이빙 장비를 셋업하고 점검을 마치면 탱크들은 스태프들에 의해 팡가로 옮겨지며, 이 후 계속 팡가에 실려 있게 된다. 즉, 다이버들

▲ '씨 헌터'의 팡가 보트. 파도가 높은 코코스아일랜드에서는 대개 고무보트 형태의 팡가를 많이 사용하지만, 사진과 같은 FRP 소재의 스피드 보트를 팡가로 사용하는 경우도 있다. 다이빙 장비들은 팡가에 실려 있으므로 다이버들은 간단한 개인 소품만을 들고 팡가에 오르내리면 된다.

▼ 와퍼 베이에 정박 중인 리브어보드 '오케아노스 어그레서 2'. 좌현 뒤쪽에 다이빙 전용 스피드 보트인 팡가가 보인다.

은 핀과 마스크와 같은 개인 물품만을 가지고 본선에서 팡가로 옮겨 탄 후 다이브 포인트로 이동해서 다이빙하게 된다.

구체적인 다이빙 절차는 리브어보드마다 다소의 차이는 있을 수 있지만, 대체로 다음과 같은 순서로 이루어지는 것이 보통이다.

(1) 브리핑 : 예정된 다이빙 시간이 되면 종이 울리고 다이버들은 지정된 브리핑 장소로 집합하여 수트로 갈아입고 브리핑에 참석한다. 브리핑은 해당 포인트의 지형, 예상 조류 상황, 수심, 이동 코스, 예상되는 해양 생물, 주의해야 할 사항 등이 꼼꼼하게 설명되므로 주의 깊게 들어야 한다. 코코스아일랜드에서는 가이드를 따라다니지 않고 버디끼리 다이빙해야 하는 경우가 많으므로 특히 사전 브리핑은 매우 중요하다. 브리핑 내용을 참조하여 버디 조끼리 구체적인 다이빙 방법을 미리 약속해 두도록 한다..

(2) 나이트록스 측정 : 브리핑이 끝나면 각자 나이트록스 탱크의 산소 농도를 비치된 아날라이저를 이용해서 측정한다. 산소 농도 측정은 본인이 직접 하는 경우도 있고 팡가 드라이버가 대신해 주는 경우도 있다. 팡가 드라이버가 측정을 해 주는 경우라도 반드시 수치를 본인이 확인한 후 장부에 기입하고 서명을 하여야 한다. 또한 매번 다이브 컴퓨터의 FO2 값을 측정치에 맞추어 조정해 주어야 한다. 이때 해당 산소 농도에 따른 최대 허용 수심MOD 값이 얼마인지도 기억해 두도록 한다. MOD 값은 PO2

▲ 다이빙 직전의 브리핑 모습. 가이드에 의존하지 않고 버디 다이빙이 주종을 이루는 코코스아일랜드에서는 사전 브리핑을 잘 듣고 다이브 포인트에 대한 정보를 확보하고 이를 바탕으로 다이빙 작전을 세우는 것이 매우 중요하다.

▼ 다이브 포인트를 향해 본선을 떠나는 팡가 보트. 코코스아일랜드는 그다지 크지 않은 섬이라 어느 포인트로든 대략 20분 이내에 도착할 수 있다.

1.4를 기준으로 결정한다.

⑶ 팡가 승선 : 나이트록스 기록이 끝나면 핀과 마스크, 카메라 등 개인 장비를 지참하고 팡가에 오른다. 팡가에 승선할 때 무거운 카메라 등은 먼저 팡가 드라이버에게 넘겨준 후 승선하도록 한다. 어떤 경우에도 한 손은 완전히 비어 있도록 하여야 한다. 팡가에 승선하면 자신의 장비가 위치한 곳으로 이동하여 그 앞에 앉도록 한다. 다른 사람의 장비 앞에 앉을 경우 다이브 포인트에 도착해서 거친 파도에 흔들리는 좁은 팡가에서 자리를 바꾸려고 위험한 이동을 해야 하기 때문이다.

⑷ 포인트 이동 : 팡가에 전원 승선하면 다이브 포인트로 이동한다. 포인트까지의 이동 시간은 보트의 정박 장소와 포인트의 위치에 따라 조금씩 달라질 수 있지만, 대개 코코스아일랜드의 어떤 포인트이든 20분 이내로 이동이 가능하다.

⑸ 입수 준비 : 포인트에 도착하면 드라이버와 가이드의 신호에 따라 장비를 착용한다. 먼저 핀과 마스크를 착용한 상태로 기다리면 가이드와 드라이버가 차례대로 장비 착용을 도와준다. 장비를 착용한 후 탱크의 개방 여부와 잔압계 수치를 반드시 확인한다. 또한 입수한 후 빨리 하강할 수 있도록 BCD의 공기를 완전히 빼내 두도록 한다.

⑹ 입수와 하강 : 준비가 완료되면 가이드의 신호에 따라 백롤 방식으로 입수한다. 입

▲ 다이브 포인트에 도착해서 장비를 착용하고 있는 다이버들. 코코스아일랜드에서는 입수 후 수면에서 머물지 않고 바로 하강하는 네거티브 엔트리 방식으로 들어가기 때문에 입수하기 전에 철저한 장비 점검이 필요하며 BCD의 공기는 미리 완전히 빼놓아야 한다.

▼ 팡가에서 입수하자마자 바닥을 향해 하강하고 있는 다이버들. 파도와 조류가 심한 코코스아일랜드에서는 항상 네거티브 엔트리 방식으로 입수한다.

수는 대개 전원이 동시에 하지 않고 한 사람씩 차례대로 들어간다. 코코스아일랜드에서의 입수는 항상 네거티브 엔트리로 진행된다. 즉, BCD의 공기를 완전히 뺀 상태에서 백롤 방식으로 수면에 떨어지면 머리가 아직 아래쪽에 있을 때 바로 핀 킥을 시작해서 미리 약속을 한 수심까지 그대로 하강해야 한다. 다만, 대형 카메라가 있는 경우에는 수면에서 신속하게 장비를 건네받은 후 즉시 하강을 시작하도록 한다.

(7) 다이빙 진행 : 약속한 수심에 도착하면 조류로부터 보호받을 수 있는 바위틈과 같은 곳에 숨어서 버디를 기다린다. 가이드나 버디를 만나면 본격적인 다이빙을 시작하면 된다. 다이빙은 사전에 버디와 약속한 수심에서 약속한 방향으로 진행하게 되지만, 예기치 않은 강한 조류를 만날 경우 부득이하게 방향이나 수심을 바꾸어야 할 경우도 자주 생긴다. 어떤 조는 일정한 위치에 진을 치고 귀상어 떼를 기다리는 작전을 쓰기도 하고, 또 다른 조는 벽을 따라 계속 이동하면서 대형 상어와 마주치기를 기대하는 작전을 쓰기도 한다. 어떤 작전을 채택하느냐에 따라 같은 다이빙에서도 그 결과는 엄청나게 다른 경우가 많다. 가장 좋은 방법은 역시 사전에 경험이 많은 가이드들에게 조언을 받고 그 조언에 따라 다이빙하는 것이라고 여겨진다.

(8) 안전 정지 및 출수 : 코코스아일랜드에서의 다이빙은 거의 예외 없이 수심 30m에서 35m 사이에서 이루어진다. 따라서 항상 컴퓨터의 무감압 한계 시간을 체크하여야 하며 한계 시간이 3분 이내로 들어가면 서서히 수심을 높여가면서 다이빙을 진행해야 한다. 무감압 한계 시간에 도달하거나 공기압이 50바 이하로 떨어진 경우, 또는 총 다이빙 시간이 50분을 넘어간 경우에는 버디와 함께 서서히 상승을 시작해서 5m 수심에서 3분 이상 안전 정지를 한 후 출수한다. 안전 정지는 벽에서 어느 정도 멀리 떨어진 곳에서 해야 하며 안전 정지를 진행하는 도중에도 강한 조류에 계속 밀려가는 경우도 있지만 팡가 보트가 SMB나 수면 위의 거품을 보고 찾아오기 때문에 걱정하지 않아도 좋다. 벽에서 그다지 멀지 않은 곳에서 출수할 경우 굳이 SMB를 띄우지 않아도 되지만, 꽤 멀리 떠내려가거나 수면의 파도가 거친 경우에는 버디 조별로 SMB를 띄운 후 출수하여야 한다. 코코스아일랜드에서는 가이드가 먼저 출수를 시작하더라도 본인의 잔압과 다이빙 시간이 남아 있다면 굳이 가이드를 따라 올라가지 않고 계속 다이빙을 해도 무방하다. 버디 조 중에서 한 사람이 공기가 떨어져서 출수해야 하

는 경우에는 다른 사람도 함께 출수하는 것이 원칙이지만, 잔압의 차이가 많은 경우에는 버디가 안전하게 출수하는 것을 수중에서 확인한 후 계속 다이빙을 진행해도 무방하다. 다만, 이 경우 다른 다이버를 찾아 새로운 버디 조에 합류해야 하며 어떤 경우에도 홀로 다이빙을 진행할 수는 없다. 비싼 경비가 들어가는 코코스아일랜드에서의 다이빙은 단 1분의 시간도 소중하기 때문에 자신의 능력과 안전이 확보되는 한 최대한 오래 다이빙을 즐기도록 하는 것이 하나의 관례로 자리 잡고 있다.

(9) 팡가 승선 : 안전 정지를 마치고 수면 위로 올라가면 대개 팡가가 기다리고 있다. 그러나 먼저 떠오른 다른 다이버를 건지기 위해 먼 곳에 팡가가 있는 경우에는 그 쪽으로 수영을 해서 이동하지 말고 그대로 수면에서 팡가가 찾아올 때까지 기다리도록 한다. 수면에 파도가 심해서 팡가가 다이버를 찾기가 어려운 상황이라고 판단이 되면 수면 위에서 SMB를 부풀려서 위치를 표시하고 호각이나 다이브 알럿Dive Alert을 써서 소리로 신호해 주도록 한다. 팡가가 다이버에게 접근하면 먼저 카메라와 웨이트 벨트를 풀어 팡가 드라이버에게 전달한다. 다만, BCD 안에 웨이트를 부착한 경우에는 굳이 떼어낼 필요는 없다. 다음으로 핀을 벗어 드라이버에게 전달한 후 탱크를 멘 상태로 사다리를 통해 팡가에 오르면 된다. 허리가 좋지 않거나 컨디션이 좋지 않은 경우에는 BCD를 벗어 스태프들의 도움을 받아 장비를 먼저 올리고 맨몸으로 팡가에 오를 수도 있다. 팡가에 오르면 장비를 벗고 출수한 순서대로 안쪽부터 앉아 나머지 다이버들이 모두 출수할 때까지 대기한다. 이때 공기통에 연결된 호흡기의 1단계를 분리

▲ '더티 록' 포인트의 수심 30m 지점 바위틈에 몸을 의지하고 있는 다이버의 앞을 가깝게 지나가고 있는 귀상어. 다이버들은 물론 다른 해양 동물들과도 가깝게 마주치는 것을 극도로 싫어하는 귀상어들이지만 이곳 코코스아일랜드에서는 이처럼 다이버에게 가까운 거리까지 접근하곤 한다.

▼ 다이빙을 마친 후 팡가를 타고 본선으로 돌아오고 있는 다이버들

해서 본선에 돌아가는 즉시 공기통을 다시 충전할 수 있도록 해 둔다.

⑽ 귀환 : 모든 다이버들이 팡가에 승선한 것이 확인되면 팡가는 본선으로 돌아간다. 본선에 도착하면 차례대로 팡가에서 본선으로 이동한다. 이때 마스크와 카메라 등 즉시 세척이 필요한 장비만을 가지고 보트에 오른다. 다만, 하루의 마지막 다이빙일 경우에는 핀과 웨이트 벨트까지 가지고 올라가야 한다. 본선에 승선하면 대기하고 있는 스태프들에게 해당 다이빙의 최대 수심과 다이빙 시간을 보고하고 기록한다. 이후 수트를 벗고 간단한 샤워를 한 후 카메라 등을 세척하고 휴식을 취하면 된다. 다이버들이 모두 본선에 승선하면 스태프들이 다음 다이빙을 위해 팡가에 있는 탱크에 공기를 다시 충전한다.

⑾ 최종 정리 : 마지막 날 마지막 다이빙이 끝나면 팡가에 있던 모든 장비들은 스태프들에 의해 본선으로 다시 옮겨진다. 자신의 장비를 탱크에서 해체한 후 세척하고 선덱 등에 걸어서 잘 말리도록 한다. 수트 등은 이동 중에 강한 바람에 날아가는 일이 없도록 반드시 묶어서 건조시켜야 한다. 충분히 건조가 되면 가방에 다시 패킹해서 다이빙 덱에 놓아두어 보트가 항구에 도착한 후 스태프들이 운반을 할 수 있도록 한다.

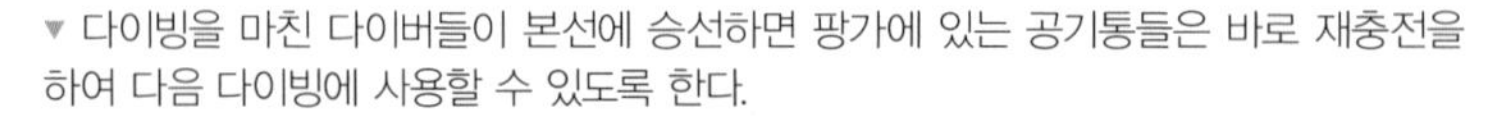
▼ 다이빙을 마친 다이버들이 본선에 승선하면 팡가에 있는 공기통들은 바로 재충전을 하여 다음 다이빙에 사용할 수 있도록 한다.

▲ 코코스아일랜드의 대표적인 클리닝 피시인 '바버 피시'. 흔히 버터플라이 피시라고도 불리는 물고기로 어느 열대 바다에서든 쉽게 찾아볼 수 있지만, 코코스아일랜드에서는 귀상어를 전문으로 클리닝을 하는 주역이다.

▼ '마뉴엘리타 딥'의 한 클리닝 스테이션에서 클리닝 손님을 기다리고 있는 바버 피시들. 저쪽 언덕 너머에서 새로운 손님인 귀상어 한 마리가 클리닝 서비스를 받기 위해 접근하고 있는 모습이 보인다.

코코스아일랜드의 클리닝 스테이션

귀상어나 환도상어, 대양 만타레이 등의 희귀한 대형 해양 동물을 볼 수 있다고 알려진 유명한 다이브 포인트들은 대개 클리닝 스테이션을 가지고 있는 곳이 많다. 주로 먼 바다의 깊은 수심에서 주로 생활하는 대양 어류들이 다이버들이 접근할 수 있는 연안의 얕은 수심까지 찾아오는 것은 몸에 붙은 기생충들을 제거하기 위한 클리닝 서비스를 받기 위해서이기 때문이다.

코코스아일랜드에서 다이버들에게 인기가 높은 '알시오네', '더티 록', '마뉴엘리타

▲ 코코스아일랜드에서의 또 다른 클리닝 피시인 '엔젤 피시'. 이 물고기 또한 열대 바다 어디에서든 찾아볼 수 있는 흔한 종류이지만 코코스아일랜드에서는 귀상어를 전문으로 청소해 주는 클리닝 피시이다.

▼ 먼 바다에서 클리닝 서비스를 받기 위해 '블랙 록'의 한 클리닝 스테이션을 찾아온 귀상어에게 클리닝 서비스를 제공하기 위해 접근하고 있는 엔젤 피시들

딥' 등의 포인트들 또한 예외 없이 여러 군데의 클리닝 스테이션들을 가지고 있는데 이 시설로 인해 다이버들은 다른 곳에서는 쉽게 보기 어려운 귀상어들을 아주 가까운 거리에서 목격할 수 있는 것이다. 클리닝 서비스가 필요한 귀상어들은 먼 길을 찾아와 이곳에서 바버 피시나 엔젤 피시와 같은 클리닝 피시들에게 깨끗하게 청소를 받은 후 개운한 마음으로 원래 살던 곳으로 돌아간다.

코코스아일랜드의 대표적인 클리닝 피시는 두 종류가 있다. 흔히 버터플라이 피시라고도 불리는 '바버 피시'와 '엔젤 피시'가 그들이다. 다른 지역의 클리닝 피시들이 대개 작은 물고기들인 반면 코코스아일랜드의 클리닝 피시들은 상대적으로 덩치가 큰 편이다. 이들 클리닝 피시들은 자신의 영역 안에서 귀상어들이 찾아오기를 기다리고 있다가 손님이 클리닝 스테이션 영역 안에 들어오면 일제히 접근하여 귀상어의 몸에 붙어살고 있는 기생충들을 잡아먹는다. 다이빙 도중에 이런 클리닝 피시들을 만났다면 그 주변이 클리닝 스테이션이라는 의미이므로 조만간 귀상어를 보게 될 확률이 높다. 클리닝 스테이션에서는 귀상어들의 클리닝 작업에 방해가 되지 않도록 반대편의 바위틈으로 숨어서 지켜보는 것이 다이버들의 에티켓으로 되어 있다는 점도 알아두자.

코코스아일랜드 다이브 포인트

코코스아일랜드 주변에는 모두 20여 곳 정도의 다이브 포인트들이 있으며, 대부분의 포인트들은 섬의 해안선에서 그리 멀리 떨어져 있지 않다. 포인트들의 해저 지형은 거대한 직벽, 화산 활동으로 만들어진 수중 산맥과 바위기둥 등이 다양한 형태로 이루어져 있다. 포인트들 중에서 '알시오네Bajo Alcyone'는 커다란 수중 산 지형인데 지구 상의 다른 어떤 곳보다 귀상어들의 서식 밀도가 높은 곳으로 알려져 있는 곳이다. 이곳에 서식하는 상어들과 가오리들은 다이버들과 조우한 경험이 많지 않아서 다이버들이 나타나도

▲ '더티 록'의 수중 산맥. 산맥들의 안쪽은 커다란 분지와 같은 모습이어서 비교적 조류가 약한 편이어서 상대적으로 편안한 다이빙이 가능한 곳이다.

▼ 코코스아일랜드의 다이브 포인트들. 다이버들에게 인기가 높은 '알시오네'와 '더티 록'을 포함하여 모두 20여 군데의 포인트가 있다. 코코스아일랜드 자체가 그리 큰 섬이 아니어서 아무리 멀리 있는 포인트라 하더라도 보트가 정박하고 있는 차탐 베이나 와퍼 베이에서 팡가로 20여 분 이내로 도착할 수 있다.

별로 무서워하지 않으며 오히려 아주 가까운 거리까지 접근해 오는 경우도 많다. '더티 록 Dirty Rock' 또한 다이버들에게 인기가 높은 포인트인데 수중 지형이 능선과 돌기둥들로 둘러싸여 있으며 이로 인해 중간의 해협 지형에는 조류가 거의 없기 때문에 숙련도가 다소 떨어지는 다이버들에게도 큰 무리가 없는 곳이기도 하다. 이곳에서도 귀상어와 마블레이들이 많이 나타나지만, 이 외에도 대규모의 빅아이 잭피시 떼와 이 잭 피시를 사냥하려는 참치들 또한 흔히 목격할 수 있다.

코코스아일랜드의 다이브 포인트들은 대개 섬 주변에서 그리 멀지 않은 지점들에 위치해 있다. 다이버들에게 가장 인기가 높은 포인트는 역시 귀상어들이 떼를 지어 서식하고 있는 '알시오네'와 다양한 종류의 대형 어류들을 볼 수 있는 '더티 록'이지만, 이 외에도 거의 모든 포인트들이 나름대로의 특징과 강점들을 가지고 있다. 코코스아일랜드의 대표적인 포인트들을 소개하면 다음과 같다.

• 알시오네Bajo Alcyone : 코코스아일랜드에서 귀상어를 가장 잘 볼 수 있는 포인트로 꼽히는 곳이다. 해안선에서 약 1.5km 정도 떨어져 있는 수중 산맥이지만 수면 위로 솟아 있는 섬은 없고 대신 보트를 계류시킬 수 있는 부이로 포인트의 위치를 확인할 수 있다. 강한 조류가 수시로 일어나는 곳이라서 입수는 계류용 로프를 잡고 내려가야 한다. 계류 로프의 바닥 부분 수심은 32m이지만 바닥까지 다 내려갈 필요는 없으며 25m 깊이의 바위산 정상이 보이면 이곳으로 이동한 후 적당한 바위틈을 찾아 몸을 의지한 다음 귀상어들이 나타날 때까지 기다리면 된다. 이 포인트는 주변에 서식하는 귀상어들의 개체 수가 많아서 거의 반드시 귀상어를 볼 수 있는 곳이다. 이곳의 귀상어들은 써모클라인 층의 아래쪽으로 다니는 것을 선호하기 때문에 30m 아래의 깊은 수심으로 내려가고 싶은 욕구를 많이 느끼게 된다. 이래저래 코코스아일랜드에서 다이빙을 즐기기 위해서는 적어도 어드밴스드 이상의 자격을 갖출 필요가 있다. 이 포인트는 해안선으로부터 비교적 멀리 떨어진 곳인 만큼 귀상어 외에도 다양한 종류의 대형 해양 생물들이 출몰한다. 대표적인 것들로는 모불라레이, 만타레이, 이글레이, 실크 상어, 갈라파고스 상어 등이며 종종 거대한 고래상어들까지 나타나기도 한다. 출수는 다시 계류 로프를 따라 천천히 올라가다가 5m 정도 수심에 도달하면 3분 이상 안전 정지를 하고 보트 쪽으로 올라가면 된다. 입수 때와는 달리 출수 시에는 가능한 한 로프를 잡지 않도록 한다. 한꺼번에 많은 다이버들이 로프에 매달려 안전 정지를 하게 되면 로프 끝에 매달린 작은 팡가 보트가 안정성을 잃을 수 있기 때문이다. 안전 정지 도중 어느 정도 조류에 흘러나가는 것은 큰 문제가 되지 않는다. 안전 정지를 하고 있는 동안에도 수많은 잭피시 떼들이 주위를 선회하며

▲ '알시오네'의 25m 수심 바위 능선에 대기하고 있는 다이버들 앞을 무심한 표정으로 유유히 지나가는 이글레이. 코코스아일랜드의 해양 생물들은 다이버들의 존재에 대해 그다지 신경을 쓰지 않는다.

▼ '알시오네'에 출현한 고래상어. 코코스아일랜드에서는 고래상어 시즌이 아니더라도 이 거대한 물고기를 심심치 않게 목격할 수 있다.

종종 옐로 핀 참치나 이글레이들까지 등장하곤 한다. 바호 알시오네에서 다이빙을 실제로 경험해 보아야만 코코스아일랜드 다이빙이 어떤 것인지를 비로소 이해하게 된다.

• 더티 록Dirty Rock : 코코스아일랜드를 대표하는 또 다른 포인트로 귀상어를 비롯하여 다양한 대형 해양 생물들이 많은 곳이다. 지형은 화산 봉우리들과 거대한 바위기둥들이 수면 바로 위로부터 바닥까지 이어지는 형태이다. 이들 바위 사이는 약 100m 정도 길이의 해협으로 형성되어 있다. 입수한 후 20m에서 25m 정도 지점까지 하강하여 잠시 기다리고 있으면 귀상어들이 나타나기 시작한다. 이곳에서는 귀상어 외에도 많은 종류의 상어들과 가오리 종류들이 다이버들의 앞으로, 뒤로, 위로 그리고 밑으로 종횡무진 누비고 다니는 모습을 감상할 수 있는데 그 모습이 너무나 역동적이어서 이곳에서는 사진보다는 동영상을 찍는 것이 더 추천된다. 상어와 가오리들 외에도 잭 피시 떼들과 참치 종류들도 수시로 출몰한다. 어느 정도 시간 동안 잠복을 하고 있어도 귀상어가 나타나지 않는다면 벽을 오른쪽 어깨로 두고 약 50m 정도 더 진행을 하면 커다란 바위기둥을 만나게 되는데, 이곳에서 또 다른 기회를 기다리는 것도 좋은 방법이다. 바위 윗부분 수심이 낮은 쪽에는 거북이들도 많이 서식하고 있으며 안전 정지를 하고 있노라면 간혹 돌고래들이 다가와서 재롱을 부리기도 한다. 코코스아일랜드 리브어보드들은 보통 이곳에서 여러 차례 다이빙을 하게 되지만, 그럼에도 불구하고 매번 다시 들어가고 싶은 곳이 '더티 록' 포인트이다.

▲ '더티 록'에는 여러 군데의 클리닝 스테이션이 있어서 사진과 같은 대형 귀상어들이 자주 출현한다. 다른 지역의 귀상어들과는 달리 코코스아일랜드의 귀상어들은 종종 다이버들의 코앞까지 가깝게 접근하곤 한다.

▼ '더티 록'의 수면 위 모습. 물 밖으로 보이는 것은 작은 바위 섬이지만, 그 아래 수중으로는 엄청난 규모의 수중 산맥이 펼쳐진다.

•도스 아미고스Dos Amigos : '두 친구'라는 뜻의 '도스 아미고스'는 두 개의 바위 섬으로 이루어져 있는데, 그중에서 큰 바위 섬이 '도스 아미고스 그란데'이고 작은 섬이 '도스 아미고스 페케나'이다. '도스 아미고스 그란데' 포인트는 거대한 수중 아치로 잘 알려진 곳이다. 이 아치는 수심 28m 지점부터 19m 지점까지에 걸쳐 자리 잡고 있는데 가운데의 구멍은 그 크기가 엄청나게 커서 열 명 이상의 다이버들이 동시에 지나가기에 충분할 정도이다. 몇 년 전까지만 해도 이곳에서도 많은 귀상어들을 볼 수 있었으며 다이버들과 함께 상어들이 함께 아치를 통과하는 모습을 종종 볼 수 있었을 정도였다고 한다. 그러나 2013년 이후부터 이곳에서 귀상어들이 자취를 감추고 더 이상 나타나지 않는다고 한다. 다만 화이트팁 상어와 이글레이, 그리고 스내퍼 또는 잭피시 떼들은 흔히 볼 수 있다. 아치를 지나 코너를 돌아가면 마블레이들이 갑자기 나타나서 다이버들을 스치듯 가깝게 지나가기도 한다. 바닥과 벽의 바위틈에는 랍스터를 비롯한 수많은 갑각류들이 서식하기 때문에 이곳을 찾을 때에는 다이브 라이트를 지참하는 것이 좋다. 조류의 방향에 따라 아치 지점에서 다이빙을 시작할 때도 있고, 반대로 아치에서 다이빙을 끝낼 때도 있다. 최근에는 강한 조류가 자주 발생하며 더러 강력한 회오리바람과 같은 치명적인 토네이도 조류가 발생하기도 한다. 필자 또한 이곳의 37m 수심에서 강력한 토네이도 조류에 걸려 정신이 없을 정도로 온몸이 회전하면서 15m 수심까지 끌려 올라갔다 내려갔다 하는 과

▲ '도스 아미고스 그란데'에서 발생한 엄청난 강도의 토네이도 조류에 휘말린 다이버들. 토네이도의 직경은 다이버 한 명을 간신히 싸잡을 정도의 작은 굵기에 불과하지만, 회전력이 엄청나게 강하며 마치 뱀이 꿈틀거리듯 계속 방향과 높이가 바뀌면서 다이버들을 꼼짝하지 못하게 붙잡는다. 토네이도 줄기의 위쪽에 붙잡혀 있는 작게 보이는 다이버가 필자이다. 이 사진은 필자의 버디인 이스라엘 다이버 Saar가 엉겁결에 촬영한 비디오의 스냅 샷이다. 〈Photo by Saar Vardyzer〉

▼ 차탐 베이에서 바라본 '마뉴엘리타' 섬(사진의 오른쪽). 정면으로 보이는 쪽이 '마뉴엘리타 가든' 포인트이고, 그 뒤쪽이 '마뉴엘리타 딥' 포인트이다. 좌측으로 보이는 섬은 코코스아일랜드

정을 무려 20여 분 동안 반복한 경험이 있다. 정신없이 몸이 돌아가는 와중에 간신히 바위를 붙잡았지만, 조류의 회전력이 너무 강해서 붙잡고 있던 바위의 끝부분이 장갑과 함께 떨어져 나가 버렸다. 코코스아일랜드에서만 7년의 경험을 가진 필자의 가이드도 함께 토네이도 조류에 걸렸는데 입에 물고 있던 호흡기가 빠져나가고 양 발의 핀이 모두 날아가버려서 먼저 다이빙을 중단할 수밖에 없는 수모를 당하기도 했다. 이 사건이 일어난 직후 보고를 받은 공원 관리 사무소에 의해 이 포인트는 잠정적으로 폐쇄되었다. 그만큼 이 지역의 조류는 강력하기 때문에 항상 주의를 기울이고 주변을 살펴가며 다이빙하여야 한다.

•에베레스트Everest : 아르고MV Argo 등 일부 리브어보드에서 제공하는 심해 잠수정을 타고 100m 깊이 이상의 수심까지 들어가 볼 수 있는 곳이다. 운이 좋아서 이런 보트를 탔다면 다이버 평생 단 한 번, 그리고 평생 가장 깊은 수심까지 들어가 볼 수 있는 기회를 놓치지 않도록 하자. 잠수정의 창밖으로 스쳐 지나가는 모불라레이들과 수많은 귀상어 떼들을 편안하게 지켜볼 수 있는 색다른 경험을 할 수 있다. 그러나 비용은 그다지 싸지는 않다.

•마뉴엘리타 딥Manuelita Deep : 코코스아일랜드 북쪽 지점인 차탐 베이의 북쪽에 위치한 길이 약 150m 정도 크기의 마뉴엘라 섬에 있는 포인트이다. 이 포인트의 서쪽은 수심이 꽤 깊은데 이곳이 귀상어들과 함께 다이빙을 즐길 수 있는 장소로 잘 알려져 있다. 팡가 보트에서 백롤 방식으로 입수하면 어느 정도 깊은 수심으로 떨어지기 전까지는 서지가 매우 강하기 때문에 조심해서 가능한 한 빨리 바위 지형의 경사면을 타고 목표 수심까지 내려가야 한다. 조류의 방향에 따라 동쪽 방향으로 진행할 수도 있고 반대로 서쪽 방향으로 진행할 수도 있다. 만일 서쪽 방향으로 진행하는 경우라면 바위기둥의 가장 깊은 지점인 35m 수심까지 내려가게 되는데, 이곳에서 클리닝 스테이션의 주인인 엔젤 피시와 바버 피시들을 볼 수 있다. 이 포인트에는 모두 네 군데의 클리닝 스테이션이 있다. 이런 클리닝 피시들을 목격한다는 것은 곧 조만간 클리닝 스테이션의 손님인 귀상어들을 볼 가능성이 크다는 의미이기도 하다. 특히 이곳에서 클리닝 서비스를 받는 귀상어들은 덩치들이 큰 놈들이어서 무려 4m에 달하는 대형 귀상어들이 모랫바닥을 천천히 선회하면서 자신의 서비스 순서를 기다리는 모습을 볼 수도 있다. 시야가 좋은 날에는 한 곳

에서 여러 마리의 귀상어를 보는 경우도 있다. 수면을 뒤덮는 수많은 귀상어 떼를 볼 수 있는 곳은 아니지만, 클리닝 스테이션을 찾는 대형 귀상어를 거의 반드시 볼 수 있는 포인트이다. 2007년 이후부터는 타이거 상어들도 자주 이곳을 찾는다고 보고되어 있다. 성격이 난폭한 편인 타이거 상어는 그 커다란 덩치와 등 쪽의 얼룩무늬로 인해 귀상어들과 쉽게 구분된다. 또 다른 다이빙 진행 방법은 북쪽 벽을 따라 진행하는 것인데 서쪽이 바위기둥 지형인데 반해 북쪽은 가파른 경사의 직벽으로 이루어져 있으며 바닥은 50m까지 떨어진다. 이쪽에서는 화이트팁 리프상어를 비롯하여 서전 피시, 레인보우 러너, 크레올 피시 등 다양한 종류의 어종들을 볼 수 있다. 벽의 북쪽 끝 부분에서는 매우 강한 조류가 마치 세탁기처럼 상하좌우로 거칠게 일어나기 때문에 충분한 주의를 기울여야 한다. 그러나 터뷸런스가 일어나는 짧은 지점만 조금 힘들게 통과하면 다시 정상 상태로 돌아오므로 너무 겁을 먹을 필요는 없다. 다만, 진행하는 도중에 맞조류가 너무 강해지면 방향을 바꾸어 되돌아가는 것이 좋다. 수심이 깊은 포인트이니만큼 수시로 잔압계와 컴퓨터를 확인하도록 한다.

• 마뉴엘리타 가든Manuelita Garden : 마뉴엘리타 섬에 있는 또 다른 포인트로 '마뉴엘리타 샬로우'라는 이름으로도 불린다. 위치는 '마뉴엘리타 딥'의 반대편으로 섬의 해안선 안쪽으로 들어간 조용한 지형이어서 많은 리브어보드들이 이곳에서 코코스아일랜드에서의 첫 다이빙을 시작한다. 이 포인트는 또한 코코스아일랜드에서 몇 군데 되지 않는 산호초 지역 중 하나이기도 하다. 만 지형의 안쪽이라 파도나 조류가 거의 없고 대개 이곳에서의 다이빙은 부력과 장비를 점검하기 위한 체크 다이빙이므로 이곳에서만은 일단 수면에서 장비 등을 체크한 후 입수하는 포지티브 엔트리로 다이빙이 시작된다. 입수 지점은 10m 정도의 얕은 수심이며 산호초 지역의 바깥쪽 끝부분으로 들어가서 약 22m 지점까지 내려간다. 바위 쪽에는 대형 솔저 피시와 랍스터들이 다이버들을 반긴다. 이 외에도 다양한 종류와 색깔들의 해양 생물들을 관찰할 수 있으며, 블루 쪽으로는 먼 바다 쪽에서 섬 쪽으로 밀려오는 영양분이 풍부한 해류를 타고 들어오는 귀상어들과 마블레이들을 흔히 볼 수 있다. 특히 이 일대에는 대략 여섯 마리 정도의 타이거 상어들이 정기적으로 배회하는 곳으로 알려져 있어서 운이 좋으면 이 녀석들을 목격할 수도 있다. 코코스아일랜드의 리브어보드들은 저녁에는 차탐 베이 아니면 와퍼 베이에 닻을 내리고 밤을 보내기 때문에 이곳은 야간 다이빙 장소로도 많이 이용된다. 조용한 마뉴엘리타 인셋에서 바라보

▲ '마뉴엘리타 가든'에서의 야간 다이빙에서는 수백 마리가 넘는 화이트팁 상어들이 몰려드는 장관을 볼 수 있다. 10박 일정 중 단 한 번의 야간 다이빙만 허용되는 이 포인트는 지구 상에서 가장 역동적인 최고의 야간 다이빙 포인트로 손꼽히는 곳이다.

▼ '마뉴엘리타 가든'의 모랫바닥에 접근해서 유영하는 이글레이를 촬영하고 있는 다이버. 오후 무렵에는 이글레이들이 모래밭에 바짝 붙어서 유영하며 먹이를 먹는 모습을 관찰할 수 있다.

는 석양의 모습은 너무나 아름답지만, 이곳에서 경험하는 야간 다이빙은 수면 위의 모습 못지않게 환상적이며 세계에서 가장 뛰어난 야간 다이빙 장소로 알려져 있다. 다이버들의 라이트 불빛을 따라 주변에서 모여든 헤아릴 수 없이 많은 숫자의 화이트팁 상어들이 그야말로 장관을 이룬다. 한 곳에서 수 백마리 이상의 화이트팁 상어를 볼 수 있는 곳은 아마도 이곳이 세계에서 유일할 것이다. 코코스아일랜드 국립 공원 규칙에 따라 10박 일정 중 야간 다이빙은 단 두 번만 허용되며 그중에서 이곳 마뉴엘리타 가든에서의 야간 다이빙은 단 한 차례만 허용되므로 이 기회를 절대로 놓치지 않도록 하자.

• 푼타 마리아Punta Maria : 코코스아일랜드에서 남쪽으로 약 500m 정도 떨어진 곳에 위치한 수중 산이다. 산꼭대기 부분은 약 25m 정도의 수심이고 주변의 경사면을 따라 깊은 수심으로 연결된다. 수중 산에서 북쪽 방향으로 약 20m 지점에는 두 개의 수중 바위 기둥이 서 있다. 이 지점은 조류가 매우 강한 곳이어서 입수는 대개 보트의 계류 로프를 잡고 내려가는데, 30m 수심까지 하강한 후 조류의 방향에 따라 왼쪽 또는 오른쪽 어깨를 산 쪽으로 향하게 하고 진행한다. 이 포인트는 갈라파고스 상어들로 유명한 곳이다. 이 상어는 다 자라면 3.5m 정도까지 커지는데 물고기 또는 오징어와 같은 연체동물들을 즐겨 잡아먹는다. 역시 코코스아일랜드와 갈라파고스 지역에서 흔히 발견되는 실크 상어와 갈라파고스 상어는 그 모습이 비슷해서 혼동하는 경우가 많은데, 갈라파고스 상어는 등지느러미가 가슴지느러미의 중간 부분부터 시작하는 반면 실크 상어는 등지느러미가 훨씬 뒤쪽에 붙어 있어서 거의 가슴지느러미가 끝나는 부분부터 시작하는 차이가 있다. 수

중 산의 벽을 따라 북쪽으로 진행하면 바버 피시가 지키고 있는 클리닝 스테이션에 도착한다. 이곳에서 가능한 한 낮은 쪽으로 자리를 잡고 기다리면 귀상어가 다이버의 바로 눈앞까지 접근하는 모습을 볼 수 있다. 다시 더 북쪽으로 진행하다 보면 수중바위들을 만나게 된다. 이곳에서 먹이 활동에 정신이 없는 잭 피시 떼들과 화이트팁 상어들을 보면서 나머지 다이빙 시간을 보내게 된다. 이곳에는 만타레이도 클리닝을 받기 위해 자주 나타나는 곳이기도 하다. 이 포인트가 얼마나 환상적인가 하는 것은 어느 정도 운에 달려있기는 하지만, 어떤 경우든 가장 얕은 곳의 수심이 20m 내외일 만큼 깊은 딥 다이빙을 하게 된다. 따라서 이곳에서는 일반 압축 공기를 사용하면 무감압 한계 시간이 너무 짧아서 많은 다이버들이 나이트록스를 사용한다.

•차탐 베이Chatham Bay : 리버보드 보트가 코코스아일랜드에 처음 도착해서 계류하는 곳이다. 이곳은 해안선이 섬 안쪽으로 쏙 들어간 만 지형이라 파도와 조류가 강하지 않기 때문에 보트를 정박시키기에 적합한 곳이기 때문이다. 코코스아일랜드의 첫 체크 다이빙은 대개 이곳에서 가까운 '마뉴엘리타 가든'에서 하거나 아니면 이곳 '차탐 베이'에서 실시된다. 해안선에 가까운 입수 지점의 수심은 약 10m이며 이곳에서부터 20m 수심 부근까지 경산호 밭으로 형성되어 있다. 산호 지역이 끝나는 곳에서부터는 수심이 30m로 깊어지며 모랫바닥으로 이어진다. 조류가 거의 없는 만 지역이기 때문에 귀상어들은 잘 나타나지 않지만 많은 숫자의 화이트팁 상어들과 마블레이 등의 가오리 종류를 많이 볼 수 있다.

▲ '푼타 마리아'의 주인인 대형 갈라파고스 상어. 얼핏 보기에는 실크 상어와 비슷해 보이지만, 덩치가 더 크고 등지느러미의 위치가 실크 상어보다 조금 더 앞쪽에 있는 점이 다르다. 〈Photo by Carlos de la Cruz〉

▼ 차탐 베이'에서의 체크 다이빙 도중 모랫바닥에서 휴식을 취하고 있는 화이트팁 상어에 접근하여 촬영을 시도하는 다이버

•파하라Pajara : 차탐 베이와 와퍼 베이 중간쯤에 위치한 작은 바위섬으로 코코스아일랜드 본 섬의 해안선과 좁은 해협을 끼고 마주 보고 있는 곳이다. 본 섬에 가까운 쪽의 수심이 30m 정도이고 외해 쪽 방향으로는 40m에서 50m까지로 깊어지는 대표적인 딥 다이브 포인트이다. 섬 주변 바닥은 대개 모래밭이지만, 본 섬과 가까운 쪽은 경산호 밭도 펼쳐져 있다. 입수하자마자 35m 정도의 수심까지 떨어진 후 서서히 수심을 높여 가며 섬을 시계 방향으로 일주하는 방식으로 다이빙이 이루어진다. 이곳에서의 다이빙 활동은 주로 바닥에 있는 희귀한 해양 생물들을 찾아내는 것이지만, 최근 이 지역에 타이거 상어들이 자주 출몰하기 때문에 항상 전후좌우는 물론 수면 쪽도 잘 살펴가면서 다이빙을 진행하는 것이 좋다. 필자 또한 이 포인트에서 3m가 넘는 거대한 타이거 상어와 조우한 바 있다.

▲ '파하라'의 30m 수심에서 조우한 3m가 넘는 대형 타이거 상어. '파하라'와 '마뉴엘리타 딥' 일대에는 여러 마리의 타이거 상어들이 상주하고 있어서 정말 운이 없지 않은 이상 다이빙 일정 중에 적어도 한 번 이상은 이 희귀하고 난폭한 상어를 만날 수 있다. 〈Photo by Saar Vardyzer〉

코코스아일랜드 트레킹

코코스아일랜드는 코스타리카 정부가 특별히 관리하는 국립 공원 지역으로 공원 레인저들 외에는 섬 안에 거주하는 것이 허용되지 않는다. 그러나 리브어보드로 이 지역을 방문하는 다이버들에게는 섬에 상륙하여 오솔길을 따라 트레킹을 하는 것이 허용된다. 다이버들은 일정 도중 쉬는 시간을 이용하여 섬에 들어가서 국립 공원 관리 사무소 부근과 레인저들이 묵는 시설 등을 둘러볼 수 있다. 레인저 숙소 주변에는 작은 개울과 이 개울을 건너는 구름다리가 있어서 가벼운 산책 코스로도 아주 훌륭하다.

하이킹을 좋아하는 다이버라면 섬 안에 나 있는 작은 오솔길을 따라 산 정상까지 올라가 볼 수도 있다. 이 코스는 생각보다는 거칠고 거리도 꽤 되기 때문에 정상까지 올라갔다가 다시 돌아오는 데에는 최소한 세 시간 정도가 소요된다. 특히 비가 오거나 바람이 부는 등 날씨가 좋지 않을 때는 더 힘들어지기도 한다. 그러나 산꼭대기에서 내려다보는 코코스아일랜드 주변 바다의 모습은 정말 아름답다.

▲ 코코스 섬 레인저 스테이션 부근에서 한가로운 산책을 즐기는 다이버들

▼ 레인저 스테이션 잔디밭에서 뛰어노는 새끼 돼지 한 마리. 육지에서 멀리 떨어진 이 작은 섬에서 오랜 시간 동안 버텨야 하는 레인저들의 외로움을 달래 주는 녀석이기도 하다.

스페어 부품과 소품Spare Parts and Accessories

스쿠바 다이빙은 장비에 대한 의존도가 높은 스포츠이다. 같은 바다에서의 다이빙이라 하더라도 어떤 장비를 어떻게 사용하느냐에 따라 그 내용은 많이 달라질 수 있다는 것이 필자의 생각이다. 필자가 사용하는 장비나 사용 방식이 반드시 정답이라는 것은 아니지만, 여러 차례 다이빙을 통해 습득한 나름의 노하우를 독자들과 공유하고자 한다.

다이빙 자체에 필수적으로 필요한 물건은 아니지만 갖추어 두면 요긴하게 사용할 수 있는 소품들도 꽤 있다. 이런 종류들의 소품들 중에서 필자가 애용하고 있는 몇 가지를 소개하고자 한다.

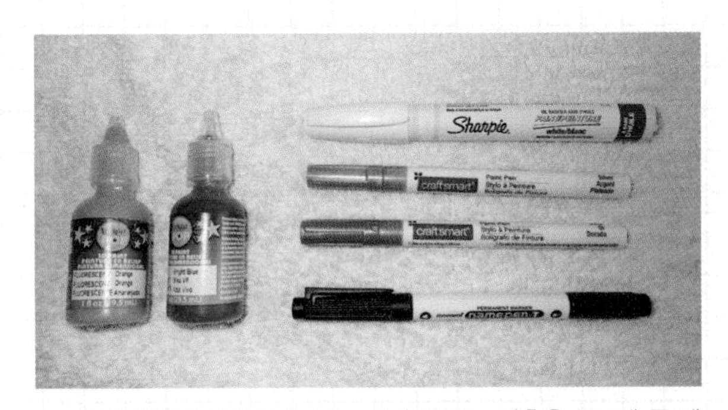

▲ 다이빙 장비에 표시할 수 있는 마커 종류들. 좌측은 튜브에 든 에폭시 계통의 페인트형 마커로 BCD나 핀과 같은 거친 표면을 가진 대형 장비에 주로 사용하고 우측의 펜 형태의 마커들은 작은 장비나 물건에 마크를 하는 용도로 주로 사용한다. 이런 마커들은 미술용품점에서 쉽게 구입할 수 있다.

먼저 장비나 소지품에 표시를 할 수 있는 소품들이다. 많은 다이버들이 북적거리는 대형 리조트나 리브어보드에서는 비슷하게 생긴 장비들이 서로 엉켜 있는 경우를 흔히 보게 된다. 이럴 때 장비에 자신의 이름이나 고유한 표식을 해 둔다면 보다 쉽게 자신의 장비를 인식할 수 있게 된다. 실제로 필자는 다이빙 도중 수중에서 잃어버린 SMB나 조류걸이, 다이브 라이트 같은 장비를 다른 다이버들이 찾아서 거기에 표시된 이름을 보고 되찾아 준 경험이 꽤 자주 있다. 장비에 마크를 하는 도구는 유성 페인트를 사용하는 퍼머넌트 마커 종류가 가장 보편적으로 사용된다. 마커의 색상이나 굵기도 다양하며 표면이 매끄럽지 않더라도 어지간한 곳에는 모두 선명하게 표시가 가능하다. BCD나 웨트수트, 부티, 핀과 같이 덩치가 큰 장비에는 튜브에 든 페인트 스타일의 마커를 사용하면 튼튼하고 선명하게 표시를 할 수 있다. 이런 제품들은 다이빙 용품점에서도 구입할 수 있지만 필자의 경우 미술용품점에서 주로 구입하는데, 이쪽이 선택의 폭이 훨씬 넓고 가격도 더 저렴하기 때문이다.

또 한 가지 유용한 마킹 방법은 스티커 형태의 라벨을 사용하는 것이다. 필자는 아마존에서 다이버 로고와 함께 영문 이름이 인쇄된 방수 스티커를 주문하여 사용하는데 아주 작은 것부터 큰 것까지, 장방형 모양과 정사각형 모양이 골고루 섞어 제작해 주기 때문에 다양한 용도로 사용이 가능하다. 재질은 3M사의 반사형 방수 스티커 용지를 사용하므로 어느 곳이든 잘 부착되며 수중에서 오래 사용해도 잘 떨어지지 않는다.

▲ 필자가 주문하여 사용하는 표식용 방수 스티커. 레터 사이즈의 반사형 방수 스티커 용지에 다이버 로고와 영문 이름을 넣은 도안을 사용한다. 원할 경우 다른 로고로 대체할 수도 있다. 아마존에서 한 장당 26달러(배송료 제외) 정도에 제작할 수 있는데 이 정도면 꽤 오랜 기간 동안 사용한다.

다음으로 소개하고자 하는 소품은 이른바 '스페어 파트' 종류들이다. 필자는 다이브 컴퓨터나 마스크와 같은 중요한 물품은 항상 백업을 하나 더 챙겨 가곤 한다. 물론 카메라나 라이트를 위한 여분의 배터리 또한 필수품이다. 그러나 이런 장비들 외에도 챙겨 두면 유용하게 사용할 수 있는 작은 물건들이 더러 있다. 필자가 항상 가방 구석에 넣어 가는 것들로는 여분의 마우스피스와 케이블 타이, 오링 키트, 그리고 실리콘 그리스이다.

필자는 다른 사람들에 비해 치아가 좀 날카로운 편인지 유난히 마우스피스의 손상이 자주 발생한다. 수중에서 마우스피스가 망가지면 호흡이 불편해지고 그 상태로 오래 더 다이빙을 진행하기가 어려워진다. 이런 경우 대개 임시변통으로 주 호흡기 대신 옥토퍼스로 바꾸어 물고 다이빙을 계속하지만, 여분의 마우스피스가 있다면 일단 리조트나 보트로 돌아온 후에 즉시 수선을 해 둘 수 있다. 마우스피스는 크기도 작고 가격도 비싸지 않으므로 하나쯤 여분을 준비해 두는 것도 그리 나쁘지는 않을 것 같다. 케이블 타이 또한 마우스피스를 체결하는 용도 외에도 장비에 사소한 문제가 생겼을 경우 임시로 수선하는 데 요긴하게 사용할 수 있는 소품이다. 예를 들면 장비 가방의 지퍼가 고장 나거나 BCD나 수트가 찢어지거나 하는 경우에 케이블 타이를 사용해서 마치 바느질을 하듯 수선을 하면 대개 여행을 마칠 때까지는 별문제 없이 사용이 가능하다.

오링 키트O-Ring Kit 역시 시중에 여러 가지 종류의 제품들이 나와 있다. 이 중에서 필자가 선호하는 제품은 알루미늄 재질로 만든 엄지손가락 크기의 미니어처 공기통 같은 실린더 안에 오링을 제거할 수 있는 핀과 여벌의 오링 세트가 들어있는 것이다. 크기는 작지만 실제로 필요한 사이즈의 오링들이 골고루 들어 있어서 비상용으로 휴대하기에는 적합한 제품이라고 생각된다. 물론 대부분의 리조트나 다이브 보트에는 공기탱크의 오링이 손상된 경우 교환할 수 있는 부품과 공구가 준비되어 있다. 그러나 상황에 따라서는 이것이 없어서 작은 고무줄 하나 때문에 먼 바다까지 나가서 다이빙을 하지 못하는 황당한 경우가 생길 수도 있다. 더욱이 오링은 공기탱크뿐 아니라 BCD, 호흡기, 게이지, 카메라, 라이트, 컴퓨터 등 다이빙 장비의 거의 모든 곳에 숨어 있고 언제든지 문제를 일으킬 수 있다. 필자 역시 오링으로 인한 문제를 많이 겪어 보았기 때문에 비상용 오링 키트를 항상 가지고 다닌다.

오링과 불가분의 관계를 가지는 소품이 바로 실리콘 그리스이다. 오링에 살짝 발라서 얇은 피막을 형성함으로써 물이나 공기가 새는 것을 막아 주는 중요한 역할을 하는 것이 바로 실리콘 그리스인데 어느 장비이든 오링을 교환한 후에는 반드시 실리콘 그리스를 얇게 발라 준 다음에 조립하여야 한다. 오링을 교환하지 않았더라도 열고 닫는 빈도가 높은 카메라나 다이브 라이트 같은 장비의 오링은 수시로 점검을 해서 불순물이 묻어 있거나 너무 말라 있으면 링을 꺼내서 깨끗이 닦은 후 그리스를 발라 주는

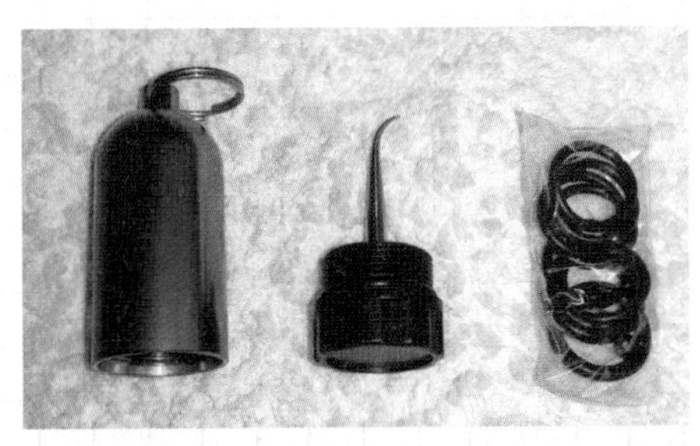

▲ 필자가 항상 휴대하고 다니는 오링 키트. 작은 알루미늄 실린더 속에 여러 가지 종류의 오링과 교환용 핀이 들어 있다.

습관을 들이는 것이 좋다. 실리콘 그리스를 바를 때는 손가락 끝에 작은 양만을 덜어 살짝 문지른 후 링의 표면에 골고루 얇게 발라 주는 것이 방법이다. 이때 너무 많은 양을 바르면 오히려 기밀 효과가 떨어진다. 실리콘 그리스는 소비량이 적기 때문에 작은 튜브 하나면 꽤 오랫동안 사용한다.

▲ 오링의 표면에 얇게 발라서 방수 효과를 높이는 목적으로 사용하는 실리콘 그리스. 오링을 교환한 후에는 물론 카메라나 다이브 라이트의 오링은 수시로 점검하여 건조된 경우 실리콘 그리스를 다시 발라 주는 것이 좋다.

DATA

코코스아일랜드 리브어보드 정보

2018년 시즌에 코코스아일랜드에 취항하는 리브어보드는 다섯 척 정도이다. 그러나 이 중 한 척은 보트 전체를 전세로 빌려주는 차터 형태로만 운영되기 때문에 실제로 일반 개인 다이버들이 이용할 수 있는 리브어보드는 네 척에 불과하다. 코스타리카 정부의 엄격한 해양 자원 보호 정책에 따라 더 이상의 리브어보드 라이선스가 발급되지 않기 때문에 당분간 보트의 숫자가 늘어날 가능성은 별로 없는 것 같다. 두 척 이상의 보트들이 동시에 코코스아일랜드에 들어갈 수 없기 때문에 모든 보트들은 각자 다른 날짜에 코코스아일랜드를 찾아 출항한다. 모든 보트들은 산호세에서 서쪽으로 약 두 시간 정도 떨어져 있는 푼타레나스 항구에서 떠난다. 따라서 코코스아일랜드에 들어가는 리브어보드를 타려는 다이버들은 일단 비행기로 산호세에 도착한 후 이곳에서 하룻밤을 묵은 다음 출항하는 날 아침에 푼타레나스 항구로 이동하여 승선하게 된다. 산호세에서 푼타레나스 항구까지의 교통편은 리브어보드 회사 측에서 제공하는데, 요금에 이 운송 서비스 비용이 포함되어 있는 경우도 있고 별도의 요금을 추가로 받는 경우도 있다. 픽업 서비스를 제공하는 경우에도 아무 호텔에서나 데려가 주는 것이 아니고 리브어보드 회사에서 지정한 두 세 군데의 호텔에서만 픽업하기 때문에 산호세에서 묵을 때는 지정한 호텔에 투숙하여야 한다.

현재 코코스아일랜드에 들어가는 리브어보드들은 다음과 같다. 이 자료에 표시한 요금은 2018년 시즌 10박 코스의 2인 1실 기준 평균적인 인당 비용이며, 시기나 일정에 따라 어느 정도 변동이 있을 수 있다. 10박 코스의 경우 최대 23회까지의 다이빙이 이루어진다. 비용에는 공통적으로 2인 1실 기준의 숙박, 하루 3회의 식사와 2회 정도의 간식, 음료수, 총 23회 정도의 다이빙 서비스 등이 포함된다. 국립 공원 입장료(10박 코스 기준 490달러)와 비상시 항공편을 이용한 후송 서비스에 필요한 일종의 보험료 30달러는 승선한 후 현금으로 별도로 지불해야 한다. 보트에 따라서 와인이나 맥주와 같은 주류를 무료로 제공하는 경우도 있고 별도의 비용을 받는 경우도 있다. 코코스아일랜드에서는 많은 다이버들이 일반 압축 공기보다 나이트록스를 사용하는 경우가 많은데 나이트록스 비용 또한 요금에 포함되어 있는 경우와, 별도로 지불해야 하는 경우가 있다. 별도로 지불해야 하는 경우의

DATA

나이트록스 비용은 10박 일정 기준으로 대략 150달러 정도이다. 코코스아일랜드 리브어보드는 평균 비용이 5천 달러 정도에 달할 정도로 비싸기 때문에 일정과 요금에 포함되어 있는 서비스 등을 꼼꼼히 따져 보고 결정하는 것이 좋다.

• 오케이노스 어그레서 2Okeanos Aggressor II : 세계적인 리브어보드 전문회사인 어그레서 플릿 소속의 보트로 과거에는 '윈드댄서'라는 이름으로 운항하다가 최근 이름을 바꾸었다. 코코스아일랜드 10박 코스를 전문적으로 항해하며 출항지는 푼타레나스이다. 10박 23회 다이빙 코스의 평균 요금은 약 5,500달러이고 나이트록스를 사용할 경우 별도로 150달러가 추가된다. 픽업 호텔은 홀리데이인 또는 인디고 호텔이다. 대부분의 선실은 2층 침대 구조의 2인실인데 아래쪽은 더블베드, 위쪽은 싱글베드 형태로 이루어져 있다. 선박은 다소 낡은 편이지만 전반적인 서비스는 양호한 편이다.

◦ 선장 : 37m ◦ 선폭 : 9m

◦ 순항 속도 : 9노트

◦ 수용 인원 : 22 다이버

▲ 어그레서 플릿 소속의 준 럭셔리급 리브어보드인 '오케아노스 어그레서 2'

• 오케아노스 어그레서 1Okeanos Aggressor I : 역시 어그레서 플릿 소속의 선박으로 선체가 큰 편이어서 최대 22명의 다이버를 수용할 수 있다. 주로 10박 일정으로 코코스아일랜드에 들어가는데 평균 요금은 5,100달러 정도로 같은 회사 소속의 오케아노스 어그레서 2보다 조금 싸다. 나이트록스는 150달러의 별도 요금을 받고 제공한다. 출항지는 역시 푼타레나스이며 산호세의 인디고 호텔과 홀리데이인 호텔에서 픽업 서비스를 제공한다. 가끔 코코스아일랜드 대신 산호세 남쪽 연안에 있는 작은 섬인 카노 아일랜드로 7박짜리 트립을 가기도 하는데 이 코스의 요금은 2,800달러이다.

◦ 선장 : 34m ◦ 선폭 : 7m

◦ 순항 속도 : 10노트

DATA

▲ 어그레서 플릿 소속의 '오케아노스 어그레서 1'

◦ 수용 인원 : 22 다이버

• 씨 헌터MV Sea Hunter : 코코스아일랜드를 처음 들어가기 시작한 원조 격의 리브어보드이다. 원래 해상 구난이나 수중 작업을 하는 상업 다이빙 지원선으로 건조되었지만, 나중에 리브어보드 보트로 개조한 보트이기 때문에 특히 장거리 순항에 특화되어 있다. 10개의 선실을 갖추고 최대 20명의 다이버를 수용할 수 있다. 10박 24회 다이빙 코스의 평균 요금은 5,640달러 선이다. 심해 잠수정을 보유하고 있는 아르고Argo와 같은 회사 소속의 선박이어서 아르고와 같은 시기에 코코스아일랜드에 있는 경우에는 씨 헌터의 다이버들도 아르고로 이동해서 이 심해 잠수정을 이용할 수 있다. 출항지는 푼타레나스인데 산호세와 푼타레나스 간의 교통편을 별도의 요금(60달러)을 받고 제공하지만

▲ 원래 해난 구조 등을 위한 목적으로 건조되었다가 리브어보드로 개조된 '씨 헌터'

DATA

나이트록스 사용은 무료이다.

◦ 선장 : 36m ◦ 선폭 : 8m

◦ 순항 속도 : 10노트

◦ 수용 인원 : 20 다이버

• 아르고MV Argo : 2008년에 건조된 비교적 신형의 선박이며 코코스아일랜드에 들어가는 리브어보드 중에서는 럭셔리급에 속하는 요트이다. 선박의 길이가 39m로 다른 보트들에 비해 꽤 큰 편이지만, 최대 16명까지의 다이버만 받으며 9명의 선원들이 각종 서비스를 제공하고, 대개 한 달에 한 번꼴로만 코코스아일랜드에 들어간다. 10박 24회 다이빙 코스의 평균 요금은 6,300달러 정도로 꽤 비싼 편이다. 산호세 지정 호텔에서 출항지인 푼타레나스까지의 교통편은 별도의 요금(60달러)을 받지만, 나이트록스는 무료로 제공된다. 이 요트는 선박 안에 최대 300m 수심까지 들어갈 수 있는 심해 잠수정을 운용하고 있는데 일정 중 별도의 요금을 받고 심해 다이빙을 즐길 수 있다. 이용 요금은 들어가는 수심에 따라 1,450달러에서 1,850달러까지이다.

◦ 선장 : 39m ◦ 선폭 : 8m

◦ 순항 속도 : 10노트

◦ 수용 인원 : 16 다이버

• 언더씨 헌터MV Undersea Hunter : 원래 해양 연구선으로 건조된 선박을 리브어보드로 개조한 것이다. 선장은 28m로 리브어보드 치고는 작은 선체이며 최대 수용 인원은 14명이다. 일반 개인 다이버들은 받지 않으며 주로 수중 사진작가 그룹들을 대상으로 전세 형태로만 운영하며 대개 10박 또는 12박 일정으로 코코스아일랜드에 들어간다. 차터 전문인 만큼 서비스 수준이 높은 것으로 알려져 있으며 선박 내에서 무료 세탁 서비스까지 제공된다. 전세 요금은 10박 기준으로 나이트록스 사용료를 포함하여 6만달러 정도인데 다이빙 클럽이나 다이브 센터를 중심으로 수요가 늘고 있는 추세라고 한다.

◦ 선장 : 28m ◦ 선폭 : 8m

◦ 순항 속도 : 9노트

◦ 수용 인원 : 14 다이버

스쿠바다이빙
세계여행 2

초판 1쇄 발행 2015년 12월 28일
초판 2쇄 발행 2017년 08월 22일

지 은 이 박승안
펴 낸 이 김양수
표지 본문 디자인 이정은 **교정교열** 장하나

펴낸곳 도서출판 맑은샘 **출판등록** 제2012-000035
주소 경기도 고양시 일산서구 중앙로 1456(주엽동) 서현프라자 604호
대표전화 031.906.5006 **팩스** 031.906.5079
이메일 okbook1234@naver.com **홈페이지** www.booksam.co.kr

ISBN 979-11-5778-095-2 (04980)
ISBN 979-11-5778-092-1 (세트)

*이 책의 국립중앙도서관 출판시도서목록은 서지정보유통지원시스템 홈페이지(http://seoji.nl.go.kr)와 국가자료공동목록시스템(http://www.nl.go.kr/kolisnet)에서 이용하실 수 있습니다. (CIP제어번호 : CIP2015035346)